本书大型交互式、专业级、同步教学演示多媒体DVD说明

1.将光盘放入电脑的DVD光驱中，双击光驱盘符，双击Autorun.exe文件，即进入主播放界面。（注意：CD光驱或者家用DVD机不能播放此光盘）

主界面

辅助学习资料界面

多媒体光盘使用说明

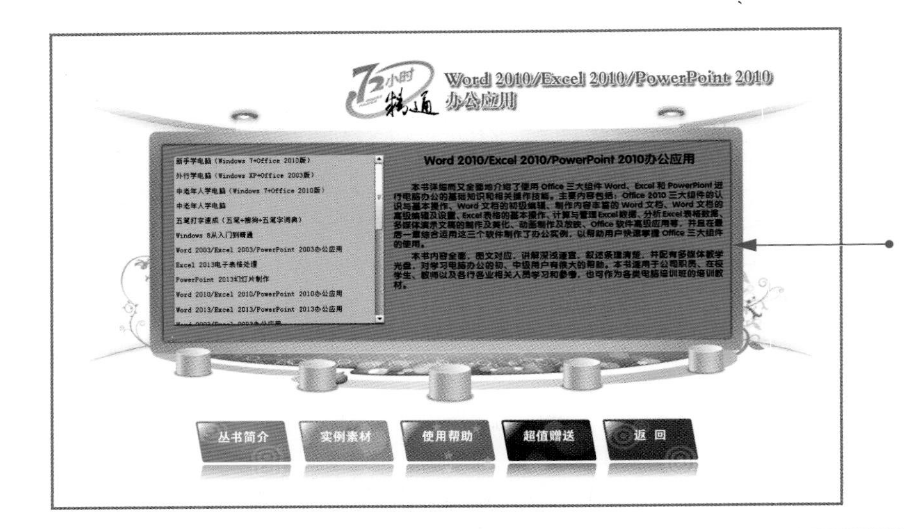

“丛书简介”显示了本丛书各个品种的相关介绍，左侧是丛书每个种类的名称，共计26种；右侧则是对应的内容简介。

“使用帮助”是本多媒体光盘的帮助文档，详细介绍了光盘的内容和各个按钮的用途。

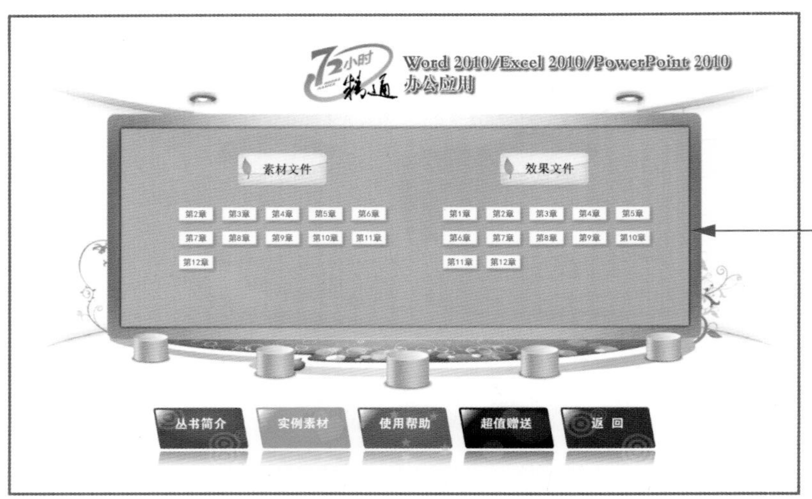

“实例素材”界面图中是各章节实例的素材、源文件或者效果图。读者在阅读过程中可按相应的操作打开，并根据书中的实例步骤进行操作。

2.单击“阅读互动电子书”按钮进入互动电子书界面。

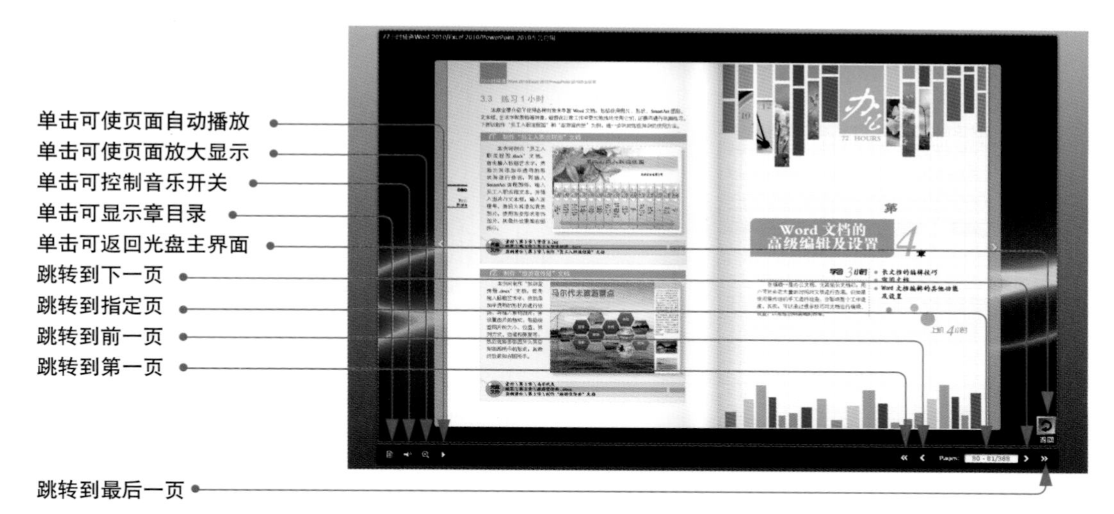

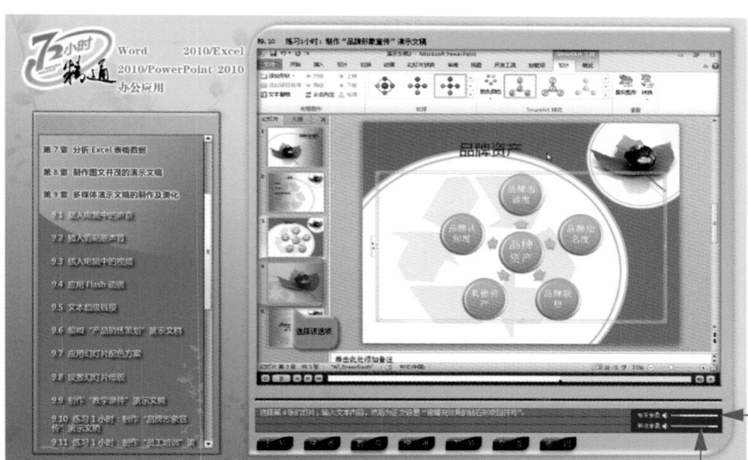

调节背景音乐音量大小。

调节解说音量大小。

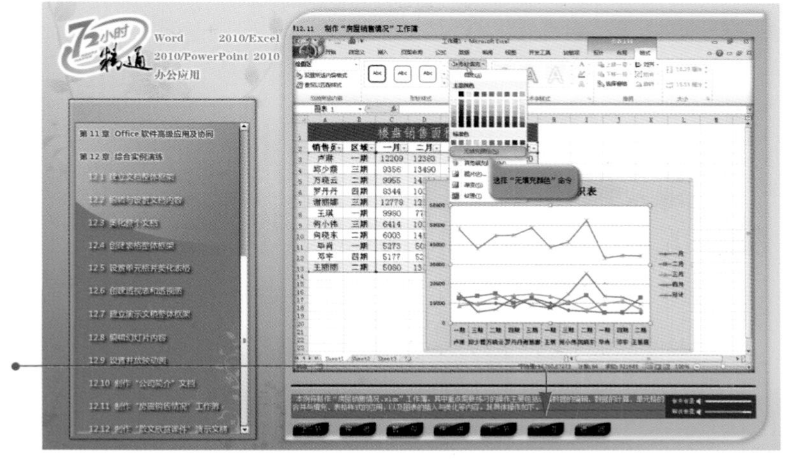

单击“交互”按钮后，进入模拟操作，读者须按光标指示亲自操作，才能继续向下进行。

本书部分实例

Excel

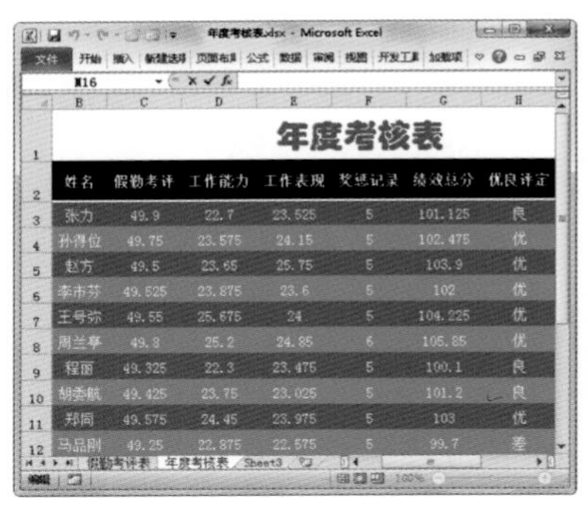

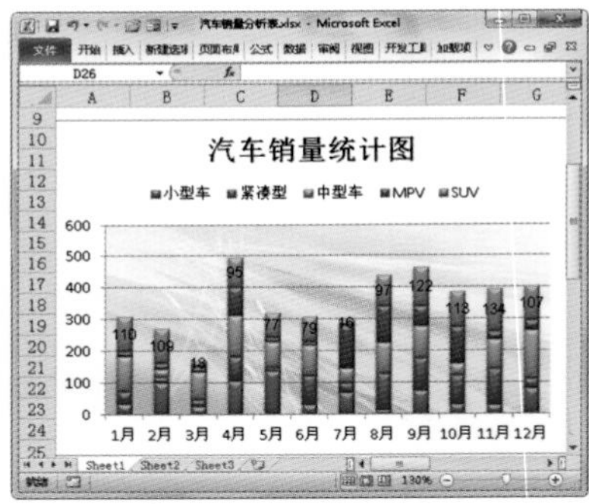

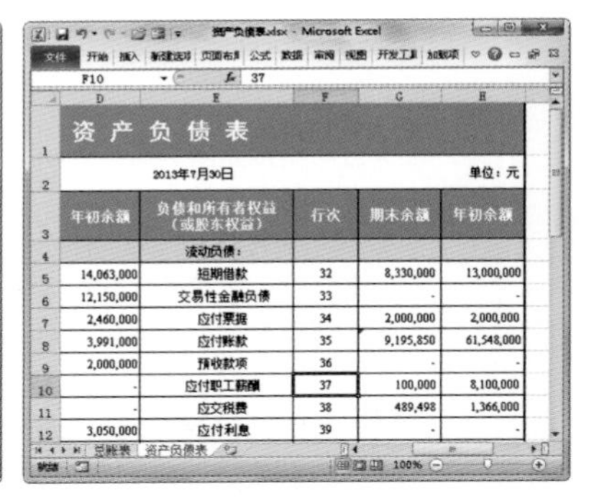

化妆品宣传

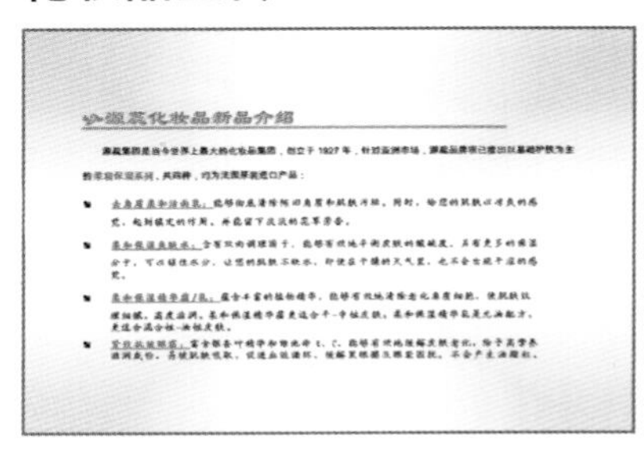

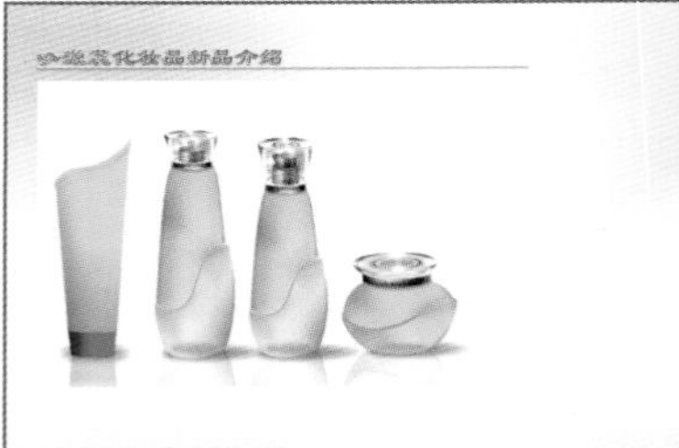

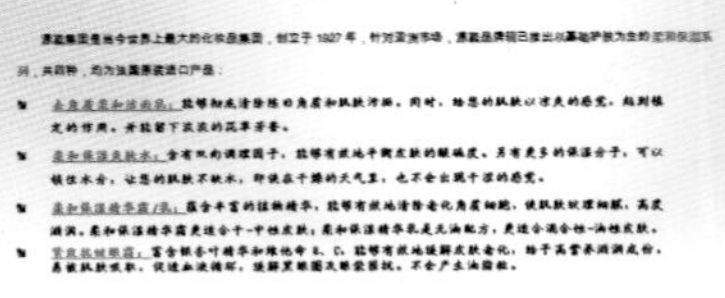

员工手册

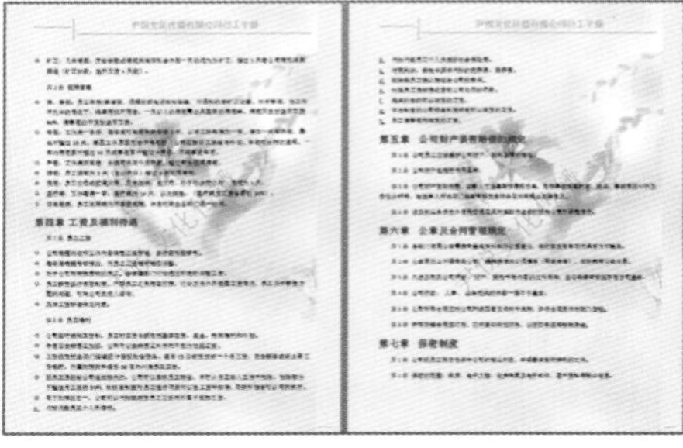

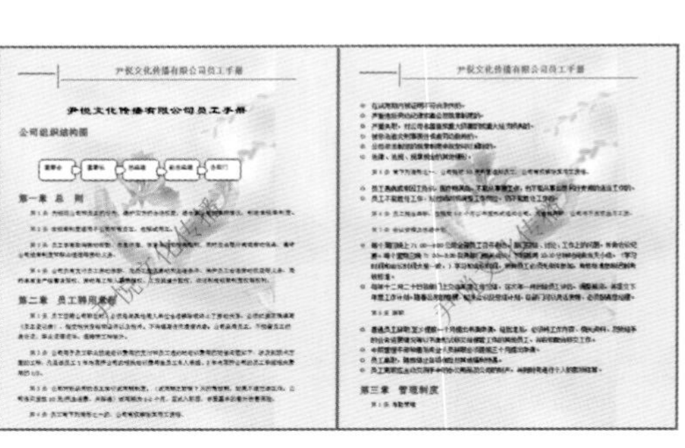

宣传手册

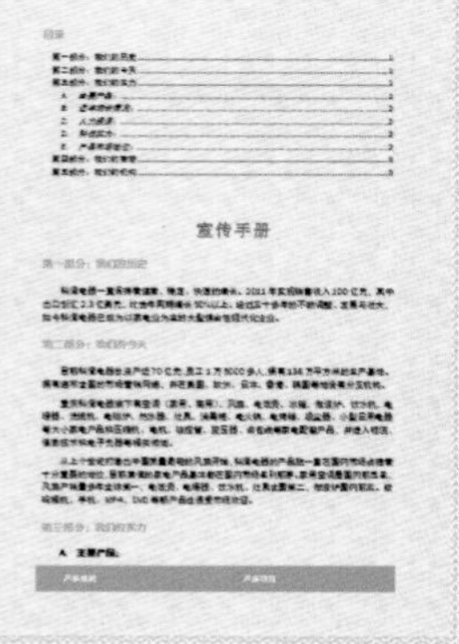

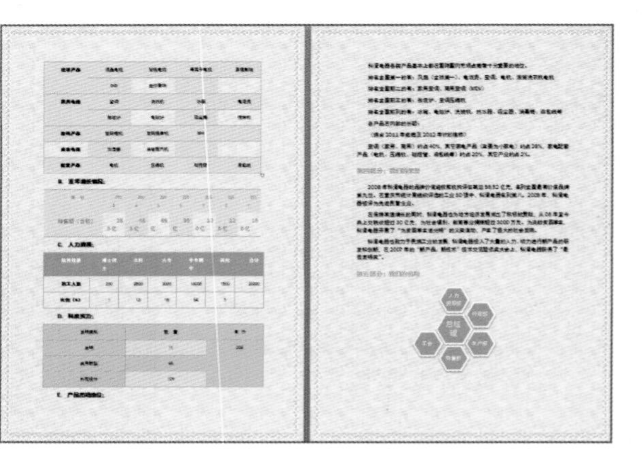

宣传手册

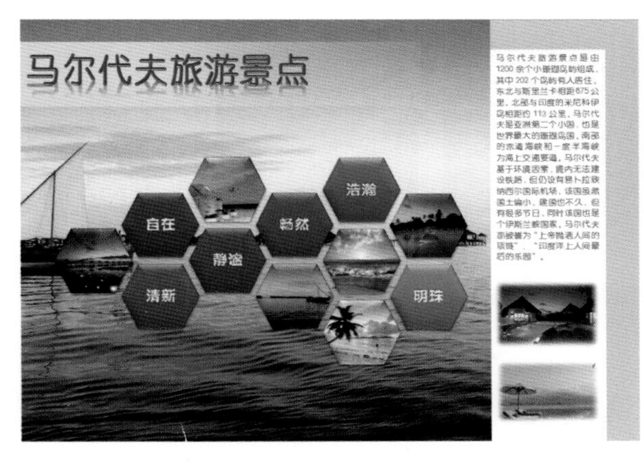

员工入职流程

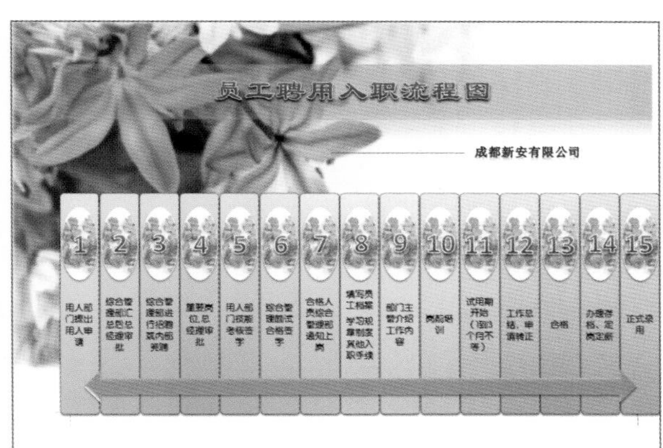

公司招聘

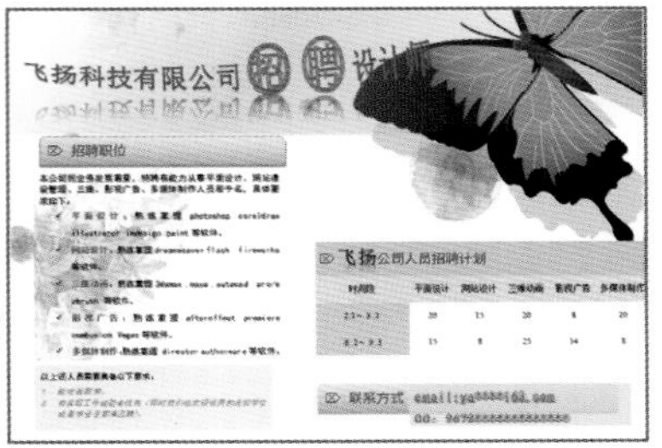

贺卡

食品采购记录表

丹美百货1月食品采购表

商品代码	商品名称	单价	上月库存	进货数量	出货数量
000-01	雀巢咖啡	¥250	262	163	254
000-03	麦斯威尔咖啡	¥250	377	363	558
000-07	蓝剑冰啤	¥250	235	456	324
000-05	百威啤酒	¥200	843	534	742
000-02	青岛啤酒	¥200	266	345	395
000-04	蓝剑啤酒	¥200	423	456	567
000-08	香浓咖啡	¥200	953	645	973

丹美百货1月食品采购表

商品代码	商品名称	单价	上月库存	进货数量	出货数量
000-01	雀巢咖啡	¥250	262	163	254
000-03	麦斯威尔咖啡	¥250	377	363	558
000-07	蓝剑冰啤	¥250	235	456	324
000-05	百威啤酒	¥200	843	534	742
000-02	青岛啤酒	¥200	266	345	395
000-04	蓝剑啤酒	¥200	423	456	567
000-08	香浓咖啡	¥200	953	645	973

服装进货单

英和服装进货单

订货电话：023-62****91

商品编号	商品名称	尺码	颜色	价格	款式	适应人群
AL-080401	复古系列	155-170CM	复古色	85	长袖连衣裙	各类人群
AL-080402	浪漫系列	155-170CM	粉红、桃红	86	针织短外套	18-27
AL-080403	青春系列	155-170CM	各色齐全	75.5	开衫长袖	17-25
AL-080404	皮衣系列	155-170CM	棕色、黑色	325	镶边牛仔外套	22以上
AL-080405	茄克系列	155-170CM	各色齐全	152	商务休闲	18-27
AL-080406	白领系列	155-170CM	白色、粉色	120	中短裙	各类人群
AL-080408	毛衣系列	155-170CM	条纹	56	V领针织衫	17-25
AL-080409	家居系列	155-170CM	各色齐全	52	连体睡衣	各类人群

英和服装进货单

订货电话：023-62****91

商品编号	商品名称	尺码	颜色	价格	款式	适应人群
AL-080401	复古系列	155-170CM	复古色	85	长袖连衣裙	各类人群
AL-080402	浪漫系列	155-170CM	粉红、桃红	86	针织短外套	18-27
AL-080403	青春系列	155-170CM	各色齐全	75.5	开衫长袖	17-25
AL-080404	皮衣系列	155-170CM	棕色、黑色	325	镶边牛仔外套	22以上
AL-080405	茄克系列	155-170CM	各色齐全	152	商务休闲	18-27
AL-080406	白领系列	155-170CM	白色、粉色	120	中短裙	各类人群
AL-080408	毛衣系列	155-170CM	条纹	56	V领针织衫	17-25
AL-080409	家居系列	155-170CM	各色齐全	52	连体睡衣	各类人群

Sheet1 Sheet2 Sheet3

旅游景区

游戏宣传片头

语文课件

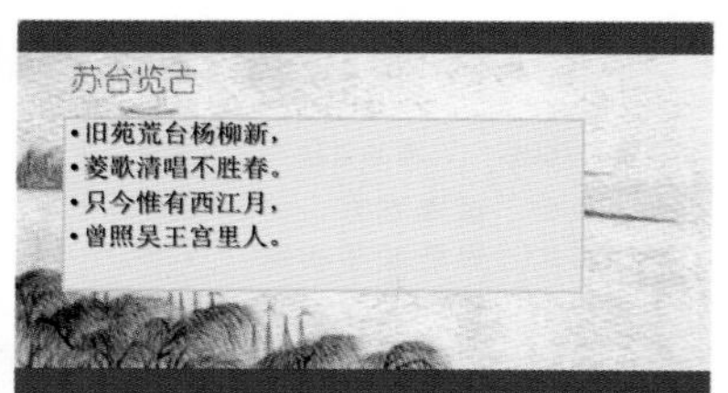

员工年度销售额统计表

年度销售统计表

员工编号	员工姓名	第一季度	第二季度	第三季度	第四季度	总销售额
TD001	李梅	¥79,500.00	¥98,500.00	¥68,000.00	¥100,000.00	¥346,000.00
TD002	田歌	¥112,000.00	¥74,500.00	¥63,000.00	¥68,000.00	¥317,500.00
TD003	李乐	¥76,000.00	¥63,500.00	¥85,000.00	¥81,000.00	¥305,500.00
TD004	丁丁	¥82,050.00	¥63,500.00	¥90,500.00	¥97,000.00	¥333,050.00
TD005	郑艳	¥87,500.00	¥63,500.00	¥67,500.00	¥98,500.00	¥317,000.00
TD006	许丽	¥76,000.00	¥60,500.00	¥68,050.00	¥85,000.00	¥289,550.00
TD007	崔霞	¥63,000.00	¥99,500.00	¥78,500.00	¥63,150.00	¥304,150.00
TD008	白亮	¥74,000.00	¥72,500.00	¥85,600.00	¥94,000.00	¥326,100.00
TD009	张三	¥72,500.00	¥74,500.00	¥60,500.00	¥87,000.00	¥294,500.00
TD010	李小	¥100,000.00	¥93,500.00	¥76,000.00	¥73,000.00	¥342,500.00
TD011	汤宏	¥75,500.00	¥60,500.00	¥85,000.00	¥58,000.00	¥279,000.00

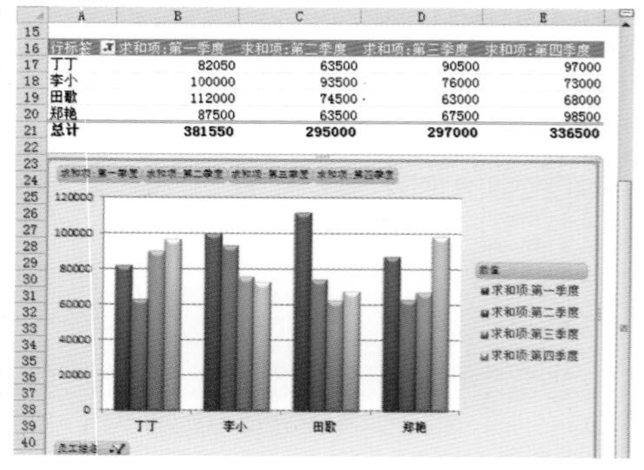

行标签	求和项:第一季度	求和项:第二季度	求和项:第三季度	求和项:第四季度
丁丁	82050	63500	90500	97000
李小	100000	93500	76000	73000
田歌	112000	74500	63000	68000
郑艳	87500	63500	67500	98500
总计	381550	295000	297000	336500

送货记录表

送货记录表

商家	送货时间	数量	金额
达丰	2014/1/17	1	200
运程	2014/1/19	2	455
腾跃	2014/2/4	4	345
达丰	2014/2/10	4	860
运程	2014/2/16	2	245
腾跃	2014/2/23	1	100
运程	2014/2/23	2	385
达丰	2014/3/4	2	250
腾跃	2014/3/11	3	300
腾跃	2014/3/16	1	200
达丰	2014/3/21	3	530
达丰	2014/3/22	1	450
运程	2014/3/26	1	100

汇总表

商家	数量	金额
达丰		
运程		
腾跃		

送货记录表

商家	送货时间	数量	金额
达丰	2014/1/17	1	200
运程	2014/1/19	2	455
腾跃	2014/2/4	4	345
达丰	2014/2/10	4	860
运程	2014/2/16	2	245
腾跃	2014/2/23	1	100
运程	2014/2/23	2	385
达丰	2014/3/4	2	250
腾跃	2014/3/11	3	300
腾跃	2014/3/16	1	200
达丰	2014/3/21	3	530
达丰	2014/3/22	1	450
运程	2014/3/26	1	100

汇总表

商家	数量	金额
达丰	11	2290
运程	7	1185
腾跃	9	945

员工工资表

员 工 工 资 表

结算日期：2014年3月10日　　工资统计范围（2014年2月1日-2014年2月28日）

姓名	职位	基本工资	提成	奖金	应扣工资	应发工资	低于平均值
王艳红	财务会计	2000	1300	300	0		
王欣	销售经理	2300	3000	300	0		
周军	销售代表	2000	2500	300	30		
文楚媛	销售代表	2000	2300	300	0		
付娜霓	销售代表	2000	2300	300	80		
肖天天	销售代表	2000	2500	300	0		
肖云	企划部长	2300	4000	300	0		
唐晓棠	企划员	1800	2500	300	50		
向芸竹	技术经理	2000	2000	300	0		
宋晓	财务主管	2000	2000	300	0		
刘沙	研发主管	1600	1500	300	30		
周涵	策划主管	1600	1500	300	10		
龚淑	行政主管	1600	1500	300	0		
陈江华	前台接待	1600	1500	300	10		
罗凤春	业务员	1600	1500	300	30		
陈宏大	业务员	1600	1500	300	0		
贾丽	业务员	1600	1500	300	30		
林建平	业务员	1600	1500	300	0		
金刚山	业务员	1600	1500	300	0		
赵不蓄	业务员	1600	1500	300	50		

合计	平均工资	最高工资	最低工资

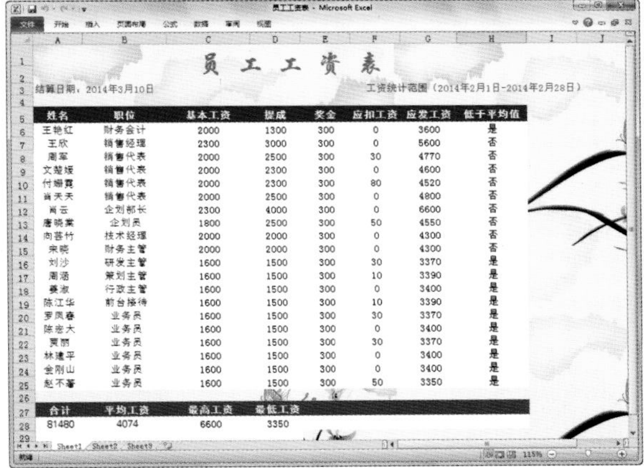

员 工 工 资 表

结算日期：2014年3月10日　　工资统计范围（2014年2月1日-2014年2月28日）

姓名	职位	基本工资	提成	奖金	应扣工资	应发工资	低于平均值
王艳红	财务会计	2000	1300	300	0	3600	是
王欣	销售经理	2300	3000	300	0	5600	否
周军	销售代表	2000	2500	300	30	4770	否
文楚媛	销售代表	2000	2300	300	0	4600	否
付娜霓	销售代表	2000	2300	300	80	4520	否
肖天天	销售代表	2000	2500	300	0	4800	否
肖云	企划部长	2300	4000	300	0	6600	否
唐晓棠	企划员	1800	2500	300	50	4550	否
向芸竹	技术经理	2000	2000	300	0	4300	否
宋晓	财务主管	2000	2000	300	0	4300	否
刘沙	研发主管	1600	1500	300	30	3370	是
周涵	策划主管	1600	1500	300	10	3390	是
龚淑	行政主管	1600	1500	300	0	3400	是
陈江华	前台接待	1600	1500	300	10	3390	是
罗凤春	业务员	1600	1500	300	30	3370	是
陈宏大	业务员	1600	1500	300	0	3400	是
贾丽	业务员	1600	1500	300	30	3370	是
林建平	业务员	1600	1500	300	0	3400	是
金刚山	业务员	1600	1500	300	0	3400	是
赵不蓄	业务员	1600	1500	300	50	3350	是

合计	平均工资	最高工资	最低工资
81480	4074	6600	3350

产品销量统计表

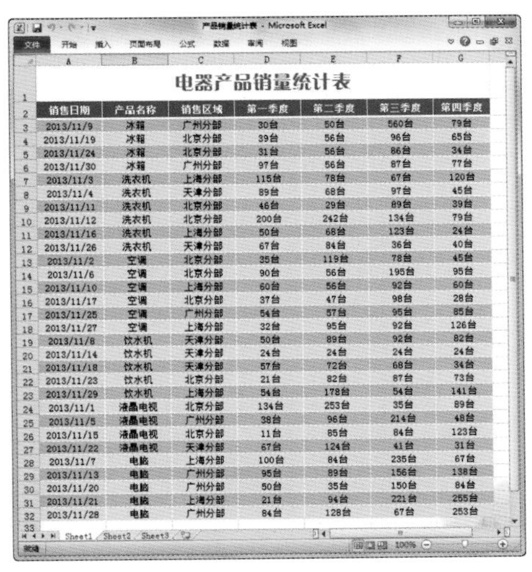

电器产品销量统计表

销售日期	产品名称	销售区域	第一季度	第二季度	第三季度	第四季度
2013/11/9	冰箱	广州分部	30台	50台	560台	79台
2013/11/19	冰箱	北京分部	39台	56台	96台	65台
2013/11/24	冰箱	北京分部	31台	56台	86台	34台
2013/11/30	冰箱	广州分部	97台	56台	87台	77台
2013/11/3	洗衣机	上海分部	115台	78台	67台	120台
2013/11/4	洗衣机	天津分部	89台	68台	97台	45台
2013/11/11	洗衣机	北京分部	46台	29台	89台	39台
2013/11/12	洗衣机	北京分部	200台	242台	134台	79台
2013/11/16	洗衣机	上海分部	50台	68台	123台	24台
2013/11/26	洗衣机	天津分部	67台	84台	36台	40台
2013/11/2	空调	北京分部	35台	119台	78台	45台
2013/11/6	空调	北京分部	90台	56台	195台	95台
2013/11/10	空调	上海分部	60台	56台	92台	60台
2013/11/17	空调	北京分部	37台	47台	98台	28台
2013/11/25	空调	广州分部	54台	57台	95台	85台
2013/11/27	空调	上海分部	32台	95台	92台	126台
2013/11/8	饮水机	天津分部	50台	89台	92台	82台
2013/11/14	饮水机	天津分部	24台	24台	24台	24台
2013/11/18	饮水机	天津分部	57台	72台	68台	34台
2013/11/23	饮水机	北京分部	21台	82台	87台	73台
2013/11/29	饮水机	上海分部	54台	178台	54台	141台
2013/11/1	液晶电视	北京分部	134台	253台	35台	89台
2013/11/5	液晶电视	广州分部	38台	96台	214台	48台
2013/11/15	液晶电视	北京分部	11台	85台	84台	123台
2013/11/22	液晶电视	天津分部	67台	124台	41台	31台
2013/11/7	电脑	上海分部	100台	84台	235台	67台
2013/11/13	电脑	广州分部	95台	89台	156台	138台
2013/11/20	电脑	广州分部	50台	35台	150台	84台
2013/11/21	电脑	上海分部	21台	94台	221台	255台
2013/11/28	电脑	广州分部	84台	128台	67台	253台

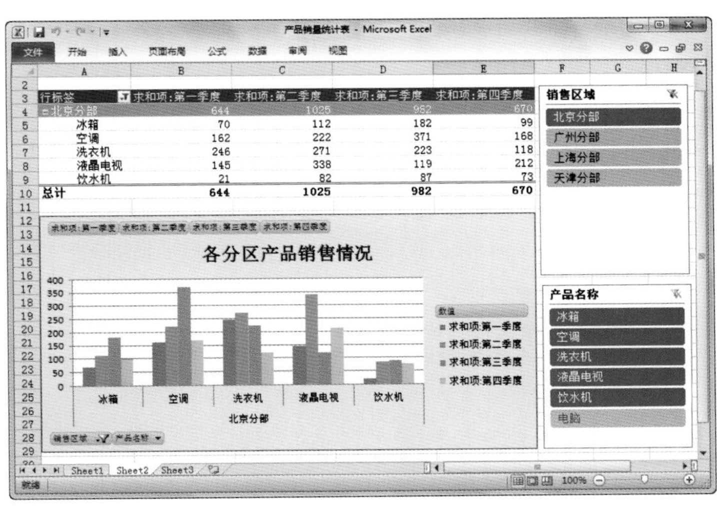

行标签	求和项:第一季度	求和项:第二季度	求和项:第三季度	求和项:第四季度
北京分部	644	1025	952	670
冰箱	70	112	182	99
空调	162	222	371	168
洗衣机	246	271	223	118
液晶电视	145	338	119	212
饮水机	21	82	87	73
总计	644	1025	982	670

品牌服装销售统计表

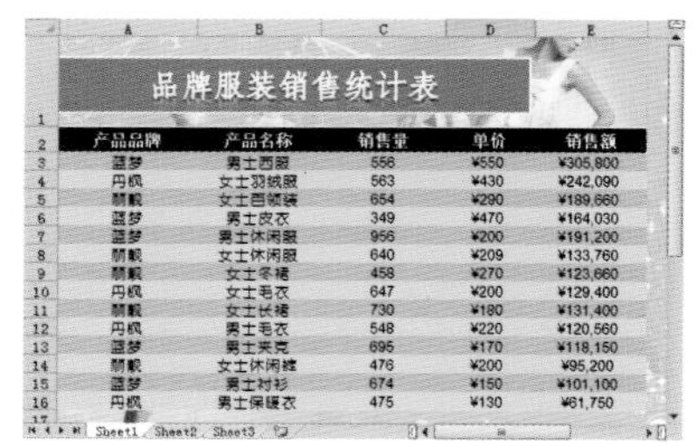

品牌服装销售统计表

产品品牌	产品名称	销售量	单价	销售额
蓝梦	男士西服	556	¥550	¥305,800
丹枫	女士羽绒服	563	¥430	¥242,090
丽靓	女士百领装	654	¥290	¥189,660
蓝梦	男士皮衣	349	¥470	¥164,030
蓝梦	男士休闲服	956	¥200	¥191,200
丽靓	女士休闲服	640	¥209	¥133,760
丽靓	女士冬裙	458	¥270	¥123,660
丹枫	女士毛衣	647	¥200	¥129,400
丽靓	女士长裙	730	¥180	¥131,400
丹枫	男士毛衣	548	¥220	¥120,560
蓝梦	男士夹克	695	¥170	¥118,150
丽靓	女士休闲裤	476	¥200	¥95,200
蓝梦	男士衬衫	674	¥150	¥101,100
丹枫	男士保暖衣	475	¥130	¥61,750

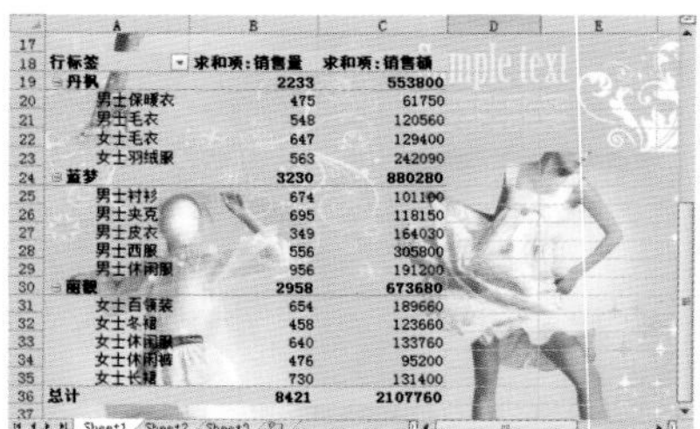

行标签	求和项:销售量	求和项:销售额
丹枫	2233	553800
男士保暖衣	475	61750
男士毛衣	548	120560
女士毛衣	647	129400
女士羽绒服	563	242090
蓝梦	3230	880280
男士衬衫	674	101100
男士夹克	695	118150
男士皮衣	349	164030
男士西服	556	305800
男士休闲服	956	191200
丽靓	2958	673680
女士百领装	654	189660
女士冬裙	458	123660
女士休闲服	640	133760
女士休闲裤	476	95200
女士长裙	730	131400
总计	8421	2107760

各组销售统计

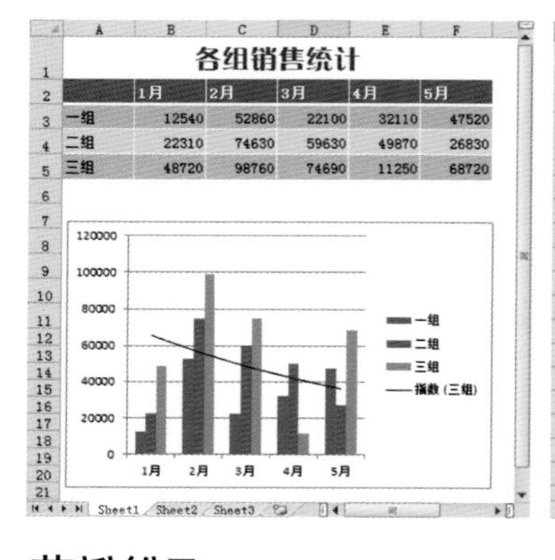

各组销售统计

	1月	2月	3月	4月	5月
一组	12540	52860	22100	32110	47520
二组	22310	74630	59630	49870	26830
三组	48720	98760	74690	11250	68720

销售报表

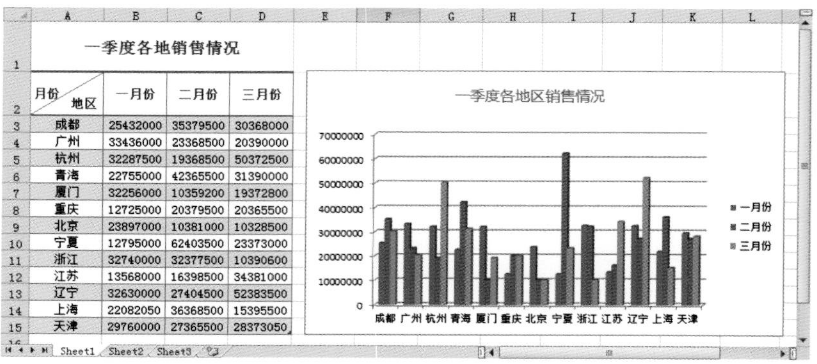

一季度各地销售情况

月份 / 地区	一月份	二月份	三月份
成都	25432000	35379500	30368000
广州	33436000	23368500	20390000
杭州	32287500	19368500	50372500
青海	22755000	42365500	31390000
厦门	32256000	10359200	19372800
重庆	12725000	20379500	20365500
北京	23897000	10381000	10328500
宁夏	12795000	62403500	23373000
浙江	32740000	32377500	10390600
江苏	13568000	16398500	34381000
辽宁	32630000	27404500	52383500
上海	22082050	36368500	15395500
天津	29760000	27365500	28373050

花瓣纷飞

PowerPoint

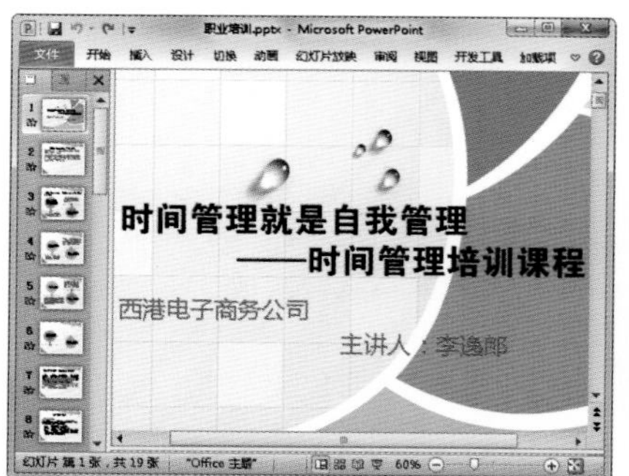

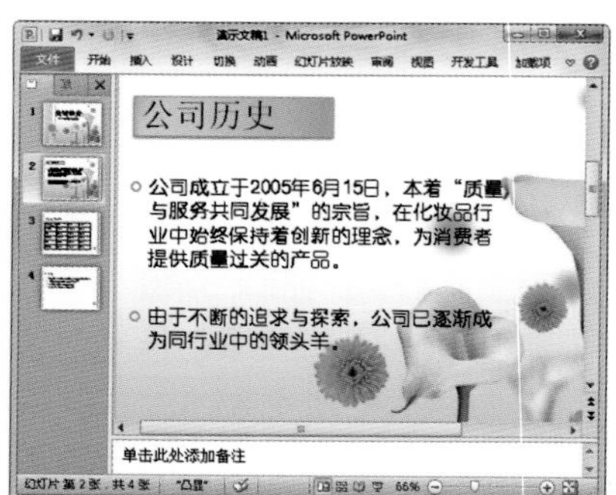

Word应用

Word 2010/Excel 2010/PowerPoint 2010

办公应用

九州书源 / 编著

清华大学出版社

北　京

内容简介

《Word 2010/Excel 2010/PowerPoint 2010办公应用》一书详细而又全面地介绍了使用Office三大组件Word、Excel和PowerPoint进行电脑办公的基础知识和相关操作技能，主要内容包括：Office 2010三大组件的认识与基本操作、Word文档的初级编辑、制作内容丰富的Word文档、Word文档的高级编辑及设置、Excel表格的基本操作、计算与管理Excel数据、分析Excel表格数据、多媒体演示文稿的制作及美化、动画制作及放映、Office软件高级应用等，并且，在最后一章综合运用这三个软件制作了不同类型的办公实例，以帮助用户快速掌握Office三大组件。

本书内容全面，图文对应，讲解深浅适宜，叙述条理清楚，并配有多媒体教学光盘，对初学电脑的用户有很大的帮助。本书适用于公司职员、在校学生、教师以及各行各业相关人员进行学习和参考，也可作为各类电脑培训班的培训教材。

本书和光盘有以下显著特点：

118节交互式视频讲解，可模拟操作和上机练习，边学边练更快捷！

实例素材及效果文件，实例及练习操作，直接调用更方便！

全彩印刷，炫彩效果，像电视一样，摒弃“黑白”，进入“全彩”新时代！

372页数字图书，在电脑上轻松翻页阅读，不一样的感受！

图书在版编目（CIP）数据

Word 2010/Excel 2010/PowerPoint 2010办公应用/ 九州书源编著. —北京：清华大学出版社，2015
（72小时精通）

ISBN 978-7-302-37952-2

I. ①W… II. ①九… III. ①文字处理系统 ②表处理软件 ③图形软件 IV. ①TP391.1

中国版本图书馆CIP数据核字（2014）第207789号

责任编辑：赵洛育
封面设计：李志伟
版式设计：文森时代
责任校对：马军令
责任印制：李红英

出版发行：清华大学出版社
网　址：http://www.tup.com.cn，http://www.wqbook.com
地　址：北京清华大学学研大厦A座　　邮　编：100084
社 总 机：010-62770175　　邮　购：010-62786544
投稿与读者服务：010-62776969，c-service@tup.tsinghua.edu.cn
质 量 反 馈：010-62772015，zhiliang@tup.tsinghua.edu.cn

印 刷 者：三河市君旺印务有限公司
装 订 者：三河市新茂装订有限公司
经　销：全国新华书店
开　本：185mm×260mm　印　张：24　插　页：4　字　数：614千字
（附DVD光盘1张）
版　次：2015年10月第1版　　印　次：2015年10月第1次印刷
印　数：1～4000
定　价：69.80元

产品编号：052261-01

前言 PREFACE

随着电脑在办公领域的普及，一些办公软件也逐步得到应用与推广，而熟练使用常用的办公软件已经成为众多办公人员必备的职业技能。Office 系列的软件是当前最为流行的办公软件，而其中的三大组件 Word、Excel 和 PowerPoint 是文档编辑、电子表格处理以及演示文稿制作的得力助手，并广泛应用于各行各业，成为人们办公不可或缺的一部分。本书将针对这些情况，以目前应用广泛的 Word 2010、Excel 2010 及 PowerPoint 2010 的使用为例，为广大办公应用的初学者、爱好者讲解各种文档、电子表格及演示文稿的制作方法，从全面性和实用性出发，以让用户在最短的时间内达到从初学者变为办公应用高手的目的。

※如果您还在为制作一篇宣传或长文档而发愁；
※如果您还在为大量的数据分析及计算而苦恼；
※如果您还在为演讲教案一愁莫展；
※请翻开《Word 2010/Excel 2010/PowerPoint 2010 办公应用》，
※这些问题都能在其中找到并得到解决的办法，
※它将帮您快速解决办公应用所遇到的问题，
※成为您学习办公应用的指明灯。

本书的特点

本书将从初学者的角度全面讲解 Office 办公应用的一些基础知识。当您在茫茫书海中看到本书时，不妨翻开它看看，关注一下它的特点，相信它一定会带给您惊喜。

27 小时学知识，45 小时上机：本书以实用功能讲解为核心，每章分为学习和上机两个部分，学习部分以操作为主，讲解每个知识点的操作和用法，操作步骤详细、目标明确；上机部分相当于一个学习任务或案例制作，同时在每章最后提供有视频上机实战任务，书中给出操作要求和关键步骤，具体操作过程放在光盘演示中。

内容丰富，简单易学：书中讲解由浅入深，操作步骤明确，并分小步讲解，与图中的操作提示相对应，文中穿插了“提个醒”、“问题小贴士”和“经验一箩筐”等小栏目。其中“提个醒”主要是对操作步骤中的一些方法进行补充或说明；“问题小贴士”是对用户在学习过程中产生疑惑的解答；而“经验一箩筐”则是知识的总结，以提高读者对软件的掌握能力。

技巧总结与提高：本书以“秘技连连看”列出了学习电脑的各方面的技巧，并以索引目录的形式指出其具体的位置，使读者能更方便地对知识进行查找。最后还在“72 小时后该如何提升”中列出了学习本书过程中应该注意的地方，以提高读者的学习效果。

书与光盘演示相结合：本书的操作部分均在光盘中提供了视频演示，并在书中指出了相对应的路径和视频文件名称，可以打开视频文件对某一个知识点进行学习。

排版美观，全彩印刷：本书采用双栏图解排版，一步一图，图文对应，并在图中添加了操作提示标注，以便于读者快速学习和掌握。

配超值多媒体教学光盘：本书配有一张多媒体教学光盘，

提供有书中操作所需的素材、效果和视频演示文件，同时光盘中还赠送了大量相关的教学教程。

赠电子版阅读图书：本书制作有实用、精美的电子版放置在光盘中，在光盘主界面中单击“电子书”按钮可阅读电子图书，单击“返回”按钮可返回光盘主界面，单击“观看多媒体演示”按钮可打开光盘中对应的视频演示，也可一边阅读一边进行上机操作。

■ 本书的内容

本书共分为 6 部分，用户在学习的过程中可循序渐进，也可根据自身的需求，选择需要的部分进行学习。各部分的主要内容介绍如下。

Office 2010 基础知识与操作（第 1 章）：主要介绍了 Office 2010 三大组件的认识与基本操作，包括在办公领域的应用、安装与卸载的方法、启动与退出的方法，以及 Office 组件的共性操作，如新建、打开、保存和打印等。

Word 文档的编辑（第 2~4 章）：主要介绍了 Word 文档的初级编辑、制作内容丰富的 Word 文档、Word 文档的高级编辑及设置等，包括输入与修改文本、设置字体与段落、页面设置与美化、插入与编辑图形图像、长文档编辑技巧和审阅文档等内容。

Excel 表格的编辑（第 5~7 章）：主要介绍了 Excel 表格的基本操作、计算与管理 Excel 数据、分析 Excel 表格数据，包括工作簿、工作表与单元格的操作，Excel 数据输入与编辑，使用底纹和边框美化表格，使用公式和函数计算 Excel 数据，排序汇总数据，使用图表、透视表和透视图分析数据等内容。

PowerPoint 演示文稿的编辑（第 8~10 章）：主要介绍了多媒体演示文稿的制作及美化、动画制作及放映，包括幻灯片的操作与文本添加、丰富幻灯片元素、制作多媒体演示文稿、整体美化演示文稿外观、动画设置与制作技巧、放映和输出演示文稿等内容。

Office 高级应用（第 11 章）：主要介绍了 Office 软件高级应用及协作，包括宏的使用、图片的高级编辑功能、使用形状制作个性图案、Word/Excel/PowerPoint 的协作应用等。

综合实例演练（第 12 章）：主要介绍了综合运用这三个软件制作实例的方法，包括制作公司宣传文档、制作工资表和制作个人简历。

■ 联系我们

本书由九州书源组织编写，参加本书编写、排版和校对的工作人员有何晓琴、包金凤、刘霞、廖宵、曾福全、陈晓颖、向萍、李星、贺丽娟、彭小霞、蔡雪梅、杨怡、李冰、张丽丽、张鑫、张良军、简超、朱非、付琦、何周、董莉莉、张娟。

如果您在学习的过程中遇到困难或疑惑，可以联系我们，我们会尽快为您解答，联系方式为：

QQ 群：122144955、120241301（注：只选择一个 QQ 群加入，不重复加入多个群）。

网址：http://www.jzbooks.com。

由于作者水平有限，书中疏漏和不足之处在所难免，欢迎读者不吝赐教。

九州书源

目录

CONTENTS

第1章 Office 2010 初体验

学习 2 小时

Office 是目前常用的办公软件，因为它满足了人们办公时的基本需求，而且简单实用。可以说 Office 办公软件是目前职场人员必须掌握的软件之一。为了更好地掌握 Office，用户需要对 Office 有一定了解。

- 认识并安装 Office 2010 组件
- Office 2010 三大组件的基本操作

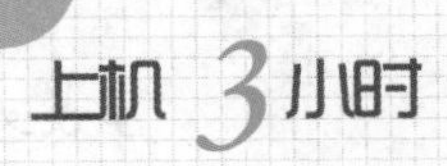

1.1 认识并安装 Office 2010 组件

Office 2010是由微软公司推出的新一代办公软件，Office中的每个组件都有其特殊的功能，能够完成不同领域的工作，如制作文档、电子表格和演示文稿等，下面主要对其最常用的3个组件——Word、Excel和PowerPoint进行讲解。

学习1小时

- 认识 Word 2010/Excel 2010/PowerPoint 2010 在办公中的应用。
- 了解 Office 2010 的安装环境。
- 掌握安装与卸载 Office 2010 的方法。

1.1.1 Word 2010/Excel 2010/PowerPoint 2010 办公应用

Word、Excel和PowerPoint是当前办公不可或缺的组件，广泛应用于文字处理领域、数据处理领域和文档演示领域，并且发挥着巨大的作用，备受各行各业用户的青睐。下面对这三个组件在办公领域中的应用分别进行介绍。

1. Word 2010 在办公中的应用

Word是一款专业的文字处理软件，在其中，用户可以进行文字的输入与编辑、排版以及表格的简单处理等操作，广泛应用于日常办公类文档、教案类文档和宣传类文档的制作，下面分别进行介绍。

- **制作日常办公类文档**：使用Word中的模板，用户可以快速制作出个人简历、信函、传真和报告等文档，用户也可创建空白文档，根据需要制作通知、说明书、员工手册、员工档案和劳动合同等日常办公文档，如下图所示为使用Word制作的员工手册效果。

- **制作教案与宣传类文档**：通过使用Word的插入图片、图表、表格、声音和视频等功能，用户可以快速制作出各类美观并且实用的电子教案和宣传类文档，如公司简介、产品宣传单和招聘启事等，如下图所示为使用Word制作的化妆品宣传单效果。

2. Excel 2010 在办公中的应用

与 Word 不同，Excel 主要用于将办公中常见的数据制作成电子表格。在 Excel 中，用户可进行数据输入与编辑、表格美化、数据计算、数据分析与数据管理等操作。下面将对 Excel 在办公中的常见应用进行介绍。

- **制作日常办公表格：**在日常办公中会经常遇到一些表格的制作，常见的有员工工资表、员工考勤表、时间安排表、登记表和办公费用表等。如下图所示为利用 Excel 制作的年度考核表。

年度考核表

姓名	假勤考评	工作能力	工作表现	奖惩记录	绩效总分	优良评定
张力	49.9	22.7	23.525	5	101.125	良
孙得位	49.75	23.575	24.15	5	102.475	优
赵方	49.5	23.65	25.75	5	103.9	优
李市芬	49.525	23.875	23.6	5	102	优
王号弥	49.55	25.675	24	5	104.225	优
周兰亭	49.8	25.2	24.85	6	105.85	优
程丽	49.325	22.3	23.475	5	100.1	良
胡委航	49.425	23.75	23.025	5	101.2	良
郑同	49.575	24.45	23.975	5	103	优
马品刚	49.25	22.875	22.575	5	99.7	差

假勤考评表 年度考核表 Sheet3

- **制作财务表格：**利用 Excel 的函数、公式和图表功能，用户可以快速对财务数据进行计算与分析，包括报销单、损益表、资产负债表和设备折旧表等。如下图所示为利用 Excel 制作的资产负债表效果。

资 产 负 债 表

2013年7月30日　　单位：元

年初余额	负债和所有者权益（或股东权益）	行次	期末余额	年初余额
	流动负债：			
14,063,000	短期借款	32	8,330,000	13,000,000
12,150,000	交易性金融负债	33	-	-
2,460,000	应付票据	34	2,000,000	2,000,000
3,991,000	应付账款	35	9,195,850	61,548,000
2,000,000	预收款项	36	-	-
-	应付职工薪酬	37	100,000	8,100,000
-	应交税费	38	489,498	1,366,000
3,050,000	应付利息	39	-	-

总账表 资产负债表

- **制作销售、生产和库存统计表格：**在对销售、生产和库存数据进行记录后，用户可通过 Excel 的函数、排序、筛选和图表等功能，对数据情况进行统计，帮助公司了解销售、生产和库存情况，如仓库货物统计表、产品销售统计表和生产统计表等。如下图所示为利用 Excel 制作的汽车销量统计图效果。

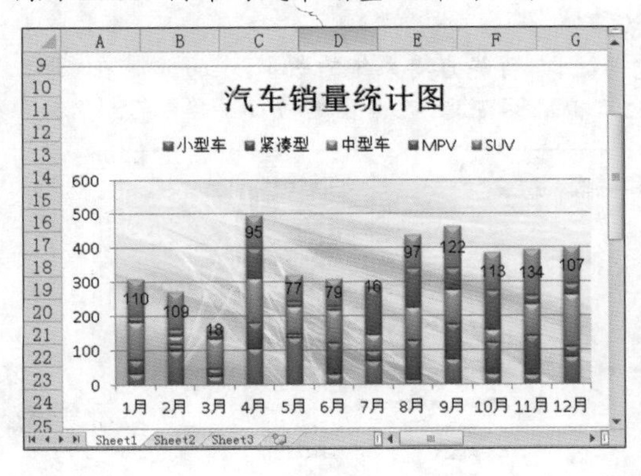

经验一箩筐——Excel 的个人应用

对于个人而言，使用 Excel 可以制作家庭开支表和家庭成员联系表等，还可在求职时制作个人简历表格。如下图所示为使用 Excel 制作的个人简历表效果。

个人简历

➢基本资料				
姓 名	李华	性 别	女	
年 龄	25	身 高	170cm	
现居住地	四川成都			
毕业学校	纺织大学	期望职位	服装设计师	
➢个人信条，做事先做人				
能力+努力+机会=成功				
➢个人技能				
技能	◇对成衣时装设计，服装产品季度开发与策划，服 ◇具备独立操作及管理品牌服装设计流程能力，能准确把握流行趋势及产品市场定位，确保产品符合市场需求。 ◇熟练使用photoshop CS、Austrator、CorelDRAW等绘图软件与办公软件。、illustrator、CorelDRAW			
➢奖励情况				
参加大学生服装设计大赛，获得优秀作品称号。				
参加环保服装设计大赛，进入前50名。				

Sheet1 Sheet2 Sheet3

3. PowerPoint 2010 在办公中的应用

PowerPoint 2010 主要用于演示文档的制作，一般用于会议、产品展示以及教学课件等领域。如在一项公司培训中，使用 PowerPoint 可以更生动、形象地将相应的内容通过投影仪表达出来；在推广产品方面，其强大的图片展示功能，可更好地表现出产品的特点；在教学课件领域，使用它可形象地将老师要表达的观点以文字、图形和动画的方式向学生展示出来，一改传统课堂枯燥、无味的状态。如下图所示为使用 PowerPoint 制作的公司简介和职业培训效果。

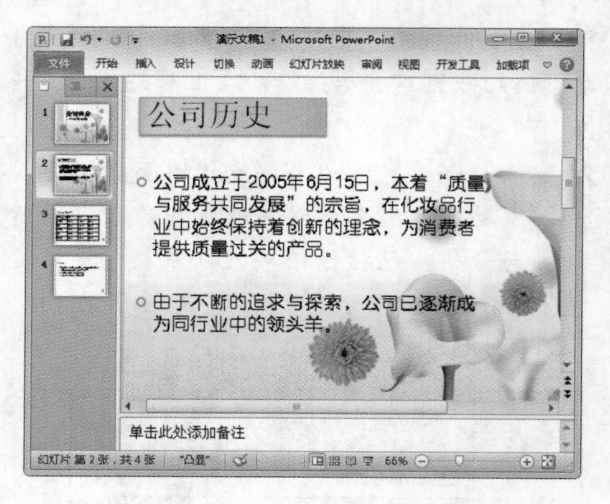

1.1.2 Office 2010 的安装环境

Office 2010 并不是系统自带的软件，要想使用 Office 2010 各组件，用户需要先将其安装到电脑中。由于 Office 是一个功能强大的软件包，因此安装 Office 2010 需要一定的安装环境，下面将对安装 Office 2010 的系统和硬件方面的要求分别介绍如下。

- 系统环境：Office 2010 可在多种系统中安装，目前主流的 Windows 7 和 Windows 8 操作系统都支持 Office 2010 的安装。需注意的是，32 位操作系统仅支持 32 位版本 Office 2010，64 位操作系统则支持 32 位和 64 位 Office 2010。因此，在购买 Office 2010 的安装光盘前需了解电脑安装的是 32 位的操作系统还是 64 位的操作系统。
- 硬件环境：Microsoft 公司安装 Office 2010 推荐的最低硬件配置是 CPU 为 500MHz 处理器、内存为 256MB 和 2GB 的磁盘空间。但要使实际安装与使用不遇到障碍，应保证电脑的硬件配置尽量高于其最低配置。

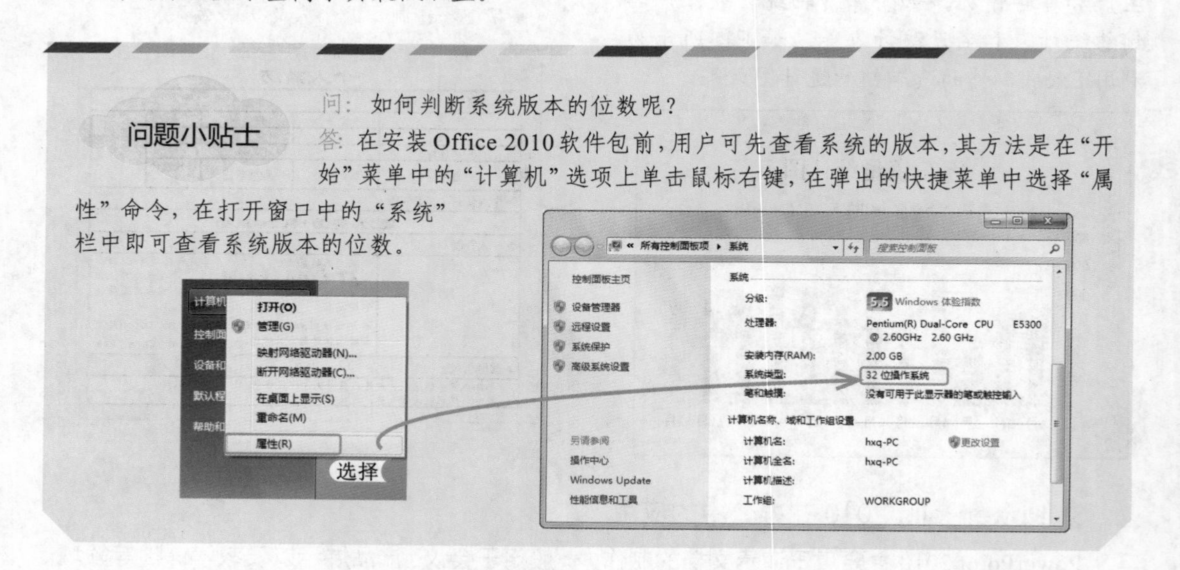

问题小贴士

问：如何判断系统版本的位数呢？

答：在安装 Office 2010 软件包前，用户可先查看系统的版本，其方法是在“开始”菜单中的“计算机”选项上单击鼠标右键，在弹出的快捷菜单中选择“属性”命令，在打开窗口中的“系统”栏中即可查看系统版本的位数。

1.1.3 安装与卸载 Office 2010

安装 Office 2010 是使用 Office 2010 各组件的前提，安装后，若发现安装的 Office 组件中没有需要的组件，或软件发生损坏时，可以将其卸载后重新安装。下面将分别对安装与卸载

Office 2010 的操作方法进行讲解。

1. 安装 Office 2010

当电脑的安装环境达到 Office 2010 的要求后，用户即可开始安装。其方法很简单，只需将安装光盘放入光驱，双击安装文件（安装文件一般以 .exe 为后缀名），系统即可打开安装对话框，用户根据提示即可进行安装。

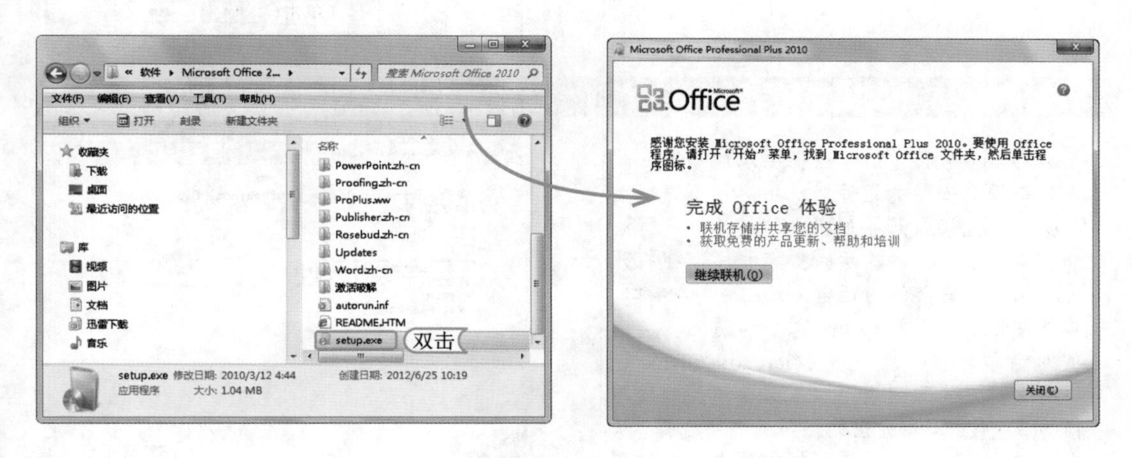

2. 卸载 Office 2010

当不需要 Office 软件时，用户可将其从电脑中删除，以节约磁盘空间，下面对卸载 Office 2010 的方法进行介绍。其具体操作如下：

光盘文件　实例演示 \ 第 1 章 \ 卸载 Office 2010

STEP 01： 选择卸载的程序

1. 选择【开始】/【控制面板】命令，打开控制面板窗口，单击“程序和功能”超级链接。
2. 打开“程序和功能”窗口，在右侧的“名称”栏中选择“Microsoft Office Professional Plus 2010”选项，然后单击 卸载 按钮。

提个醒 用户也可再次运行安装程序，将打开提示更改安装的对话框，在其中选中 删除(R) 单选按钮，然后单击 继续(C) 按钮，按照提示也可进行卸载 Office 2010 的操作。

STEP 02: 卸载程序

在打开的“安装”对话框中将询问是否删除该程序，单击[是(Y)]按钮，确定删除该程序。软件将自动卸载程序，并显示卸载进度，卸载完成后，在打开的对话框中单击[是(Y)]按钮。

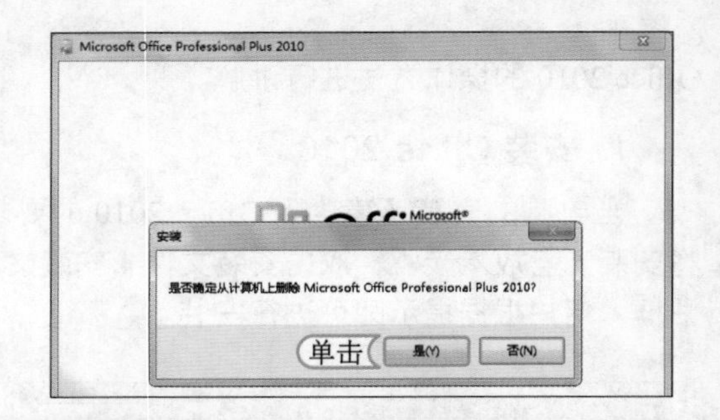

经验一箩筐——删除与添加 Office 组件

安装 Office 软件包后，当需要添加 Office 软件包中没有安装的组件时，用户可不进行重新安装，直接打开添加组件的对话框进行添加，其方法是：再次运行安装程序，在打开的提示更改安装的对话框中选中[添加或删除功能(A)]单选按钮，然后单击[继续(C)]按钮，进入安装选项对话框，在“自定义 Microsoft Office 程序的运行方式”列表中单击需要添加的程序前的[▾]按钮，在弹出的下拉列表中选择“从本机中运行”选项，再根据提示进行操作即可。若需要删除组件，可选择“不可用”命令，将删除该组件。

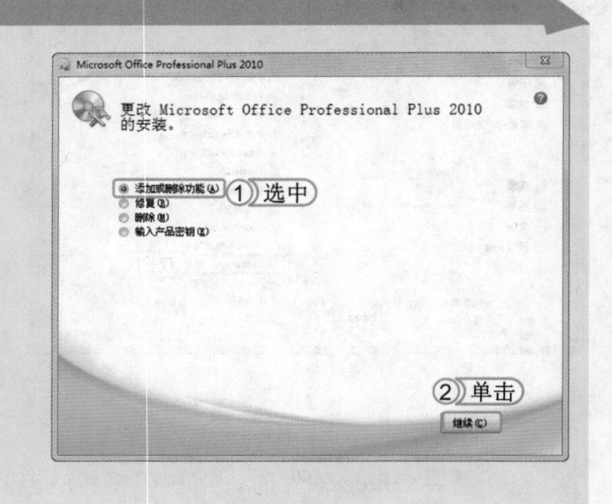

上机 1 小时 ▶ 自定义安装 Office 2010 组件

- 掌握自定义安装 Office 2010 组件的方法。
- 掌握设置 Office 2010 组件安装路径的方法。

Word、Excel 和 PowerPoint 三大组件可以通过 Office 软件包一次安装成功，无需分别安装，且安装方法与一般软件类似。本例将自定义安装 Word 2010、Excel 2010、PowerPoint 2010 组件，包括设置安装路径等，下面进行详细介绍。

光盘文件 实例演示 \ 第 1 章 \ 自定义安装 Office 2010 组件

STEP 01: 输入产品密钥

1. 将 Office 2010 的安装光盘放入光驱中，找到光盘的安装文件 Setup.exe，并双击该安装文件的图标。
2. 系统将自动运行安装配置向导并复制安装文件。在打开的“输入您的产品密钥”对话框中输入 25 个字符的产品密钥（该密钥印在 Office 软件的安装光盘上）。
3. 输入完成后单击[继续(C)]按钮。

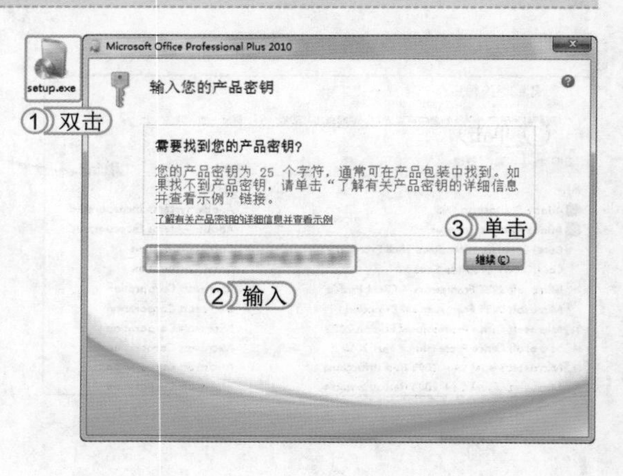

STEP 02：接受许可证协议

1. 在打开的对话框中选中 复选框。
2. 单击 按钮。

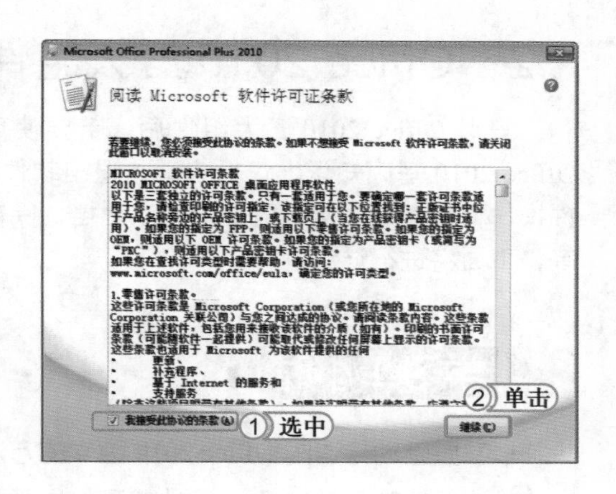

提个醒
如果计算机中已安装了Office的早期版本软件，将打开“选择所需的安装”对话框，单击 按钮，可对Office 2010程序进行自定义安装。

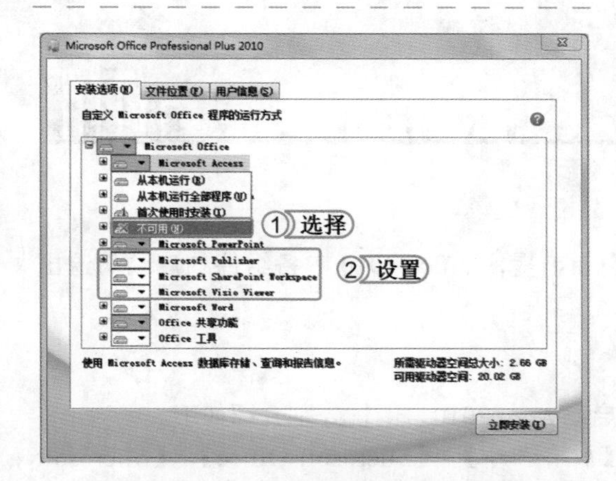

STEP 03：选择安装的组件

1. 选择“安装选项”选项卡，在“自定义Microsoft Office程序的运行方式”列表框中单击不需要安装的程序按钮，如单击“Microsoft Visio Viewer”选项前的 按钮，在弹出的下拉列表中选择“不可用”选项，此时可以看到该选项上有叉标记。
2. 使用相同方法，将不需要安装的Office组件设置为“不可用”状态，自定义要安装的组件。

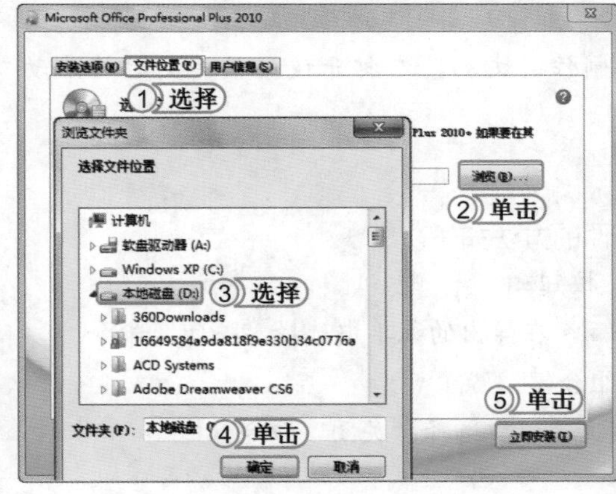

STEP 04：设置安装位置并安装

1. 选择“文件位置”选项卡。
2. 在“选择文件位置”栏中单击 按钮。
3. 在打开的“浏览文件夹”对话框中选择安装位置，这里选择“本地磁盘（D）”盘。
4. 单击 按钮返回安装对话框。
5. 单击 按钮。

STEP 05：完成安装

在打开的对话框中将显示安装进度，安装完成后，在打开的对话框中单击 按钮即可。

提个醒
用户也可使用一些系统优化软件来安装与卸载Office 2010，如Windows优化大师、360安全卫士等，此外，一些网站还提供了Office 2010安装程序的下载地址。

1.2 Office 2010 三大组件的基本操作

安装 Office 2010 三大组件后，若要使用这些组件制作办公文档，用户需要掌握一定的 Office 2010 基础知识。包括启动与退出软件的方法、熟悉软件的操作界面和 Office 2010 的共性操作，如新建文档，打开与关闭文档，保存文档，复制、剪切与粘贴操作，撤销与恢复操作等，下面将进行详细讲解。

学习 1 小时

- 掌握启动与退出 Office 2010 组件的方法。
- 认识 Office 2010 三大组件的工作界面。
- 掌握 Office 2010 三大组件的共性操作。

1.2.1 启动与退出 Office 2010 组件

掌握启动与退出软件的方法是软件使用的必要前提，Office 2010 中各组件的启动与退出方法都是一致的，下面将分别进行介绍。

1. 启动 Office 2010 组件

启动Office 2010组件常用的方法有两种，以启动Word 2010为例，分别介绍如下。

- 通过"开始"菜单启动：选择【开始】/【所有程序】/【Microsoft Office】/【Microsoft Word 2010】命令。
- 通过双击文档启动：双击使用 Word 2010 制作的文档，在打开该文档的同时将启动 Word 2010 组件。

2. 退出 Office 2010 组件

与启动操作对应的是退出，退出Office 2010组件的方法如下。

- 单击 Office 2010 各组件标题栏上的"关闭"按钮。
- 单击快速访问工具栏中的"程序控制"按钮，在弹出的菜单中选择"关闭"命令。
- 在 Office 2010 各组件工作界面中按 Alt+F4 组合键。
- 在标题栏空白处单击鼠标右键，在弹出的快捷菜单中选择"关闭"命令。

1.2.2 认识 Office 2010 三大组件界面

启动 Office 2010 的相关组件，即可进入对应的操作界面。了解不同组件的操作界面将为用户的操作带来便利，下面将对 Word、Excel 和 PowerPoint 2010 的操作界面分别进行介绍。

1. 认识 Word 2010 的工作界面

启动 Word 2010 后即可进入并查看其工作界面，其工作界面主要由快速访问工具栏、标题栏、编辑功能区、文档编辑区、状态栏和视图栏组成，如下图所示。Word 2010 工作界面的各部分含义和作用分别介绍如下。

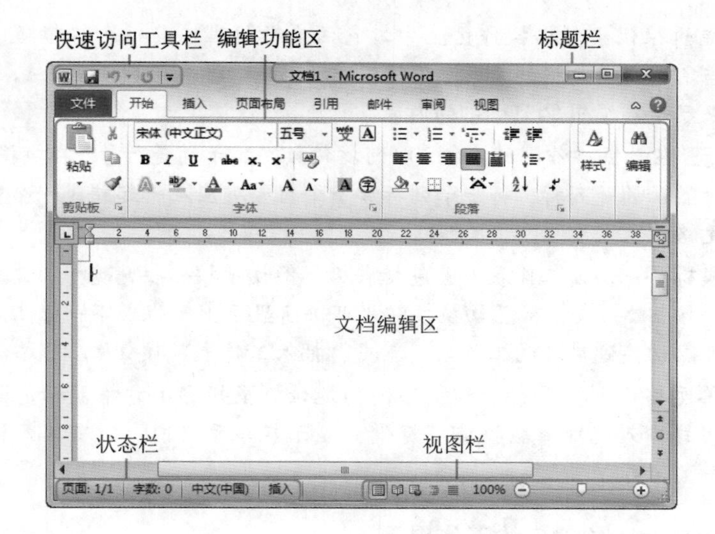

- 快速访问工具栏：用于保存常用的操作按钮或命令，默认只提供了“程序控制”按钮、“保存”按钮、“撤销”按钮和“恢复”按钮。如需添加其他按钮，可单击其后的下拉按钮，在弹出的下拉列表中选择“其他命令”选项，在打开的对话框中进行添加。
- 标题栏：用于显示Word文档名称和程序名称，其右侧的3个按钮分别用于对窗口执行最小化、最大化和关闭操作。
- 编辑功能区：Word 2010将所有命令集成在该区域，在功能区中有许多自动适应窗口大小的工具栏，不同的工具栏中放置了与此相关的命令按钮或列表框。
- 文档编辑区：所有关于文本编辑的操作都在该区域中完成，文档编辑区中有一个闪烁的光标，通常将其称为文本插入点，用于定位文本的输入位置。在文档编辑区的左侧和上侧都有标尺，用于确定文档在屏幕及纸张上的位置。在文档编辑区的右侧和底部都有滚动条，通过拖动滚动条可显示未显示出来的区域与内容。
- 状态栏：状态栏位于窗口底端左侧，主要用于显示当前文档的一些信息，如页码、字节等。
- 视图栏：视图栏位于窗口底端右侧，用于切换页面显示模式，拖动滑块还可调整当前文档的显示比例。

2. 认识Excel 2010的工作界面

启动Excel 2010后，进入其工作界面，与Word 2010工作界面的组成相似，不同的是，Word文档编辑区在Excel操作界面中变成了数据操作区，并且在数据操作区的上方增加了编辑栏，如右图所示。数据操作区主要用于编辑数据，它又由行号、列标、切换工作表标签和单元格组成，下面对Excel 2010的特有部分的作用进行介绍。

- **编辑栏**：编辑栏位于数据操作区上方，它由名称框、工具框和编辑框3部分组成。名称框显示当前选择单元格的名称；工具框默认只有“插入函数”按钮，用于插入函数；编辑框用来显示和编辑单元格中的内容。
- **行号和列标**：在数据操作区的左侧，以阿拉伯数字显示的是行号；在数据操作区的上方，以英文字母显示的是列标。将一个列标和一个行号对应在一起就是一个唯一的小方格，它就是单元格。
- **切换工作表标签**：切换工作表标签包括表格标签切换按钮栏、工作表标签和“插入工作表”按钮。表格标签切换按钮栏可快速显示上一张或下一张工作表；单击某工作表标签可以切换到对应的工作表；单击“插入工作表”按钮，可添加新的工作表。
- **单元格**：单元格由列标和行号组成唯一的地址，呈矩形小方格显示，是存储数据的最小单元，用户输入的所有数据都将存储和显示在单元格内，所有单元格组合在一起就构成了一个工作表。

3. 认识 PowerPoint 2010 的工作界面

启动 PowerPoint 2010 后，可进入其操作界面，与 Word 2010、Excel 2010 的操作界面不同之处主要在于中间的操作区，该操作区主要由“幻灯片 / 大纲”窗格、幻灯片编辑窗格和备注窗格组成，其作用分别介绍如下。

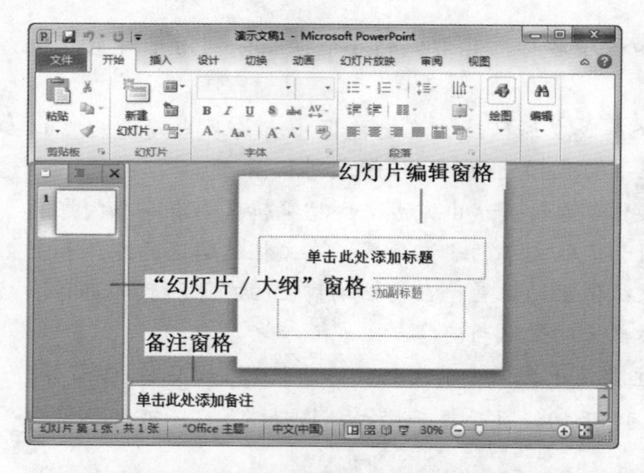

- **“幻灯片 / 大纲”窗格**：用于显示演示文稿的幻灯片数量及位置，通过它可更加方便地掌握演示文稿的结构并对其进行相应编辑。
- **幻灯片编辑窗格**：用于显示和编辑幻灯片，可输入文字、插入图片和设置动画效果等，是演示文稿的制作平台。
- **备注窗格**：用于输入和编辑与幻灯片相关的其他信息，可以将其打印出来，以达到辅助演讲的目的。

经验一箩筐——切换窗格

在“幻灯片 / 大纲”窗格中提供了两种模式，即幻灯片模式和大纲模式。在“幻灯片”窗格下，将显示整个演示文稿中幻灯片的编号及缩略图；在“大纲”窗格下，将列出当前演示文稿中各张幻灯片中的文本内容。用户可选择不同的选项卡进行切换。

1.2.3 Office 2010 三大组件的共性操作

要想制作 Office 2010 三大组件的相关文档，仅仅认识操作界面是远远不够的，还需要掌握一些基础操作知识。Word 2010、Excel 2010 和 PowerPoint 2010 的基础操作方法是一致的，如新建、打开和关闭、保存、复制与移动、撤销与恢复、打印等，下面将以 Word 2010 为例进行介绍。

1. 新建文档

常见的新建文档的方法有两种，即新建空白文档和根据模板新建文档，各创建方法分别介绍如下。

- 新建空白文档：启动 Word 2010，选择【文件】/【新建】命令，在打开的对话框中双击“空白文档”图标，或在页面右侧的列表框中单击“创建”按钮即可。

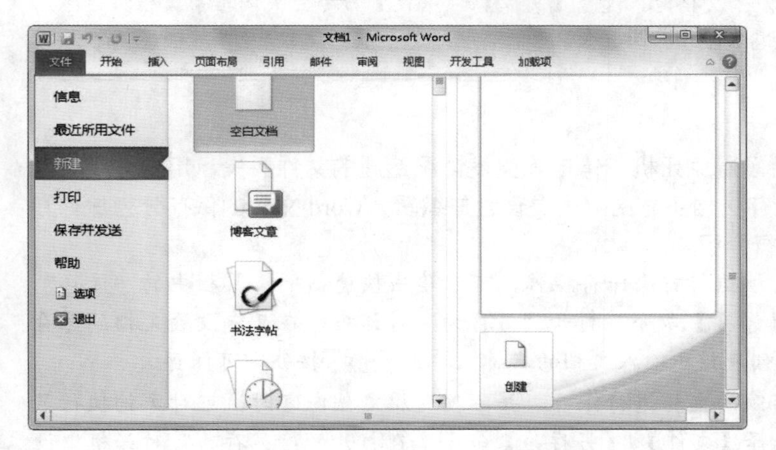

提个醒 在不同的 Office 2010 组件中，新建空白文档时其操作方法相同，但名称会有所不同。此外，用户也可在 Word 2010 工作界面中按 Ctrl+N 组合键快速新建空白文档。

- 新建模板文档：选择【文件】/【新建】命令，在打开的对话框的列表框中选择“样本模板”选项，再在打开的页面中选择合适的模板，如选择“原创报告”选项，在右侧的列表框中单击“创建”按钮，则新建的文档具有模版样式，如下图所示。

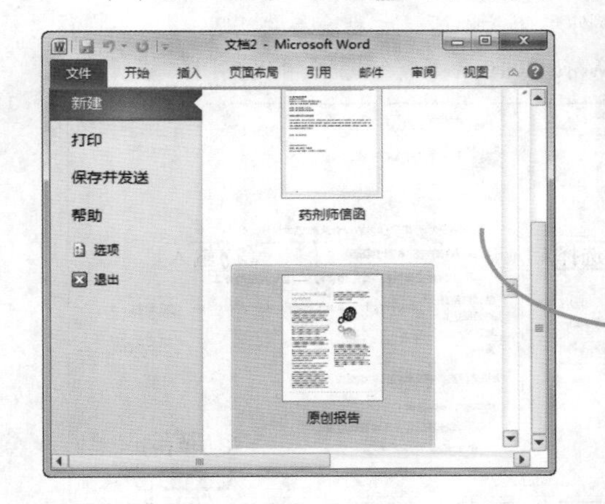

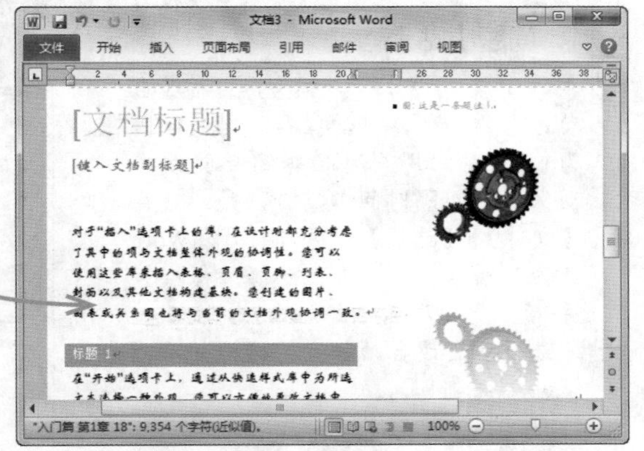

经验一箩筐——获取更多模板

如果电脑连接了网络，用户可在新建文档页面的“Office.com 模板”栏中下载并创建 Office.com 模板的文档。

2. 打开与关闭文档

当需要查看或编辑电脑中已有的文档时，需要先打开该文档，打开文档常见的方法有两种，分别介绍如下。

- 通过打开命令打开：启动 Word 2010，然后选择【文件】/【打开】命令，打开“打开”对话框，在其中选择需打开的文件，单击打开(O)按钮即可。
- 双击打开：直接双击需要打开的文档，可快速打开该文档，若没有启动程序，将先启动程序，再打开文档。

经验一箩筐——关闭文档

当在 Office 组件程序中打开单个文档时，用户可采用退出 Office 2010 组件的方法关闭文档；当在 Office 组件程序中打开多个文档时，选择【文件】/【关闭】命令可关闭当前文档；选择【文件】/【退出】命令将退出软件并关闭所有文档。

3. 保存文档

在编辑文档的过程中，为了避免死机、停电等突发情况造成的文件丢失，用户需要将其保存在电脑磁盘中，此外，保存文档还方便下一次查看与编辑。Word 文件的保存分为保存和另存为两种情况，下面分别进行介绍。

- 保存文档：若对新建的文档执行首次保存操作，可以单击快速访问工具栏中的“保存”按钮或选择【文件】/【保存】命令，打开“另存为”对话框，在其中设置文档的保存位置，在“文件名”下拉列表框中输入文档的名称，单击保存(S)按钮即可保存。
- 另存为文档：当需要将修改的文档进行保存，并不改变原文档内容时，可对文档执行另存为操作。其方法是：选择【文件】/【另存为】命令，在打开的“另存为”对话框中设置保存的其他位置或输入其他的文件名，单击保存(S)按钮即可另存文档。

问题小贴士

问：当忘记保存文档，而意外关闭软件时，文档会丢失吗？

答：不会完全丢失，因为 Word 2010 为了降低意外情况关闭文档所造成的损失，自带了自动保存的功能，自动保存的时间间隔为 10 分钟。用户可根据需要更改自动保存的间隔时间，其方法是：选择【文件】/【选项】命令，打开“Word 选项”对话框，在左侧选择“保存”选项，在 ☑ 保存自动恢复信息时间间隔(A) 复选框后更改自动保存的时间并单击 确定 按钮即可。

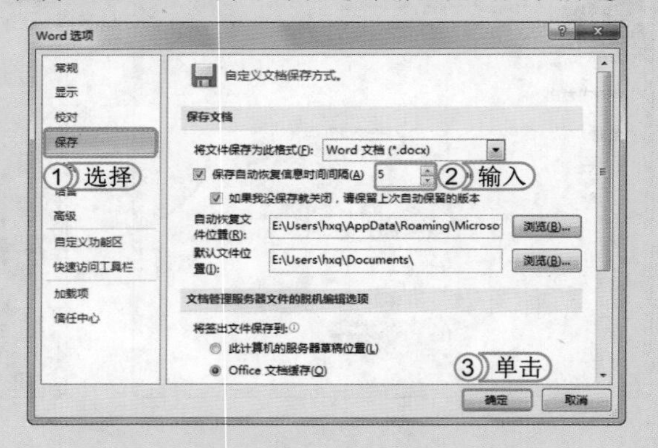

4. 打印文档

对于制作的一些特殊的办公文档，用户可根据需要将其打印在纸张上，以便进行传阅。在Word 2010中打印文档的方法是：在编辑窗口中选择【文件】/【打印】命令，在中间窗格中设置打印的各项参数，如打印份数、打印机、打印范围、单双页打印、打印方向和纸张类型等，在右侧的预览框中可预览到打印的效果，预览无误后单击“打印”按钮即可打印出文档。

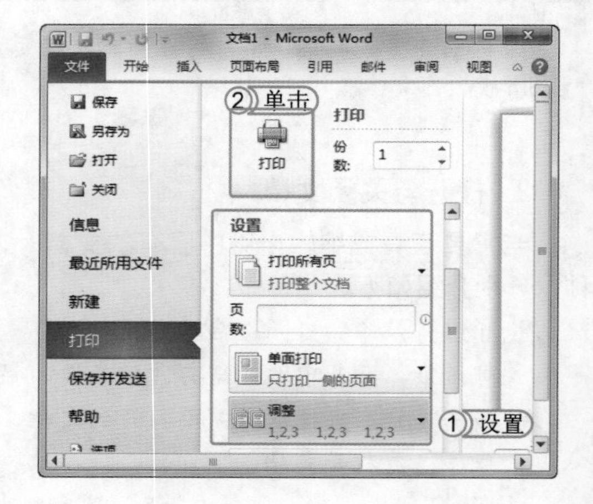

经验一箩筐——加密文档

对于一些保密性高的机密文档，用户可为其设置保护密码，即只有输入正确的密码后才能打开并浏览该文档。加密文档的方法是：打开需要加密的文档，选择【文件】/【信息】命令，在右侧单击“保护文档”按钮，在弹出的下拉列表中选择“用密码进行加密”选项，打开“加密文档”对话框，在“密码”文本框中输入密码后单击确定按钮即可完成加密操作，下次打开该文档时，需要输入密码才能打开该文档。

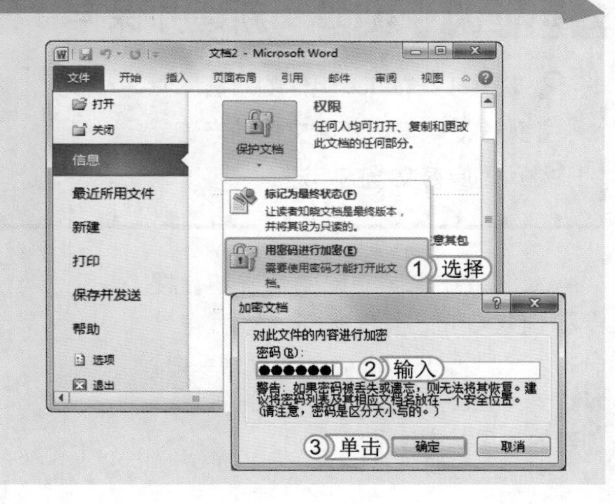

5. 复制、剪切与粘贴操作

在管理与编辑文档过程中，经常会用到复制、剪切与粘贴操作。在Office 2010各组件中复制、剪切与粘贴操作的方法基本相同，分别介绍如下。

- 复制操作：选择需要复制的文件，按Ctrl+C组合键进行复制，或在文件所在的窗口中单击组织按钮，在弹出的下拉列表中选择“复制”选项。若在编辑文档时复制对象，可在文档编辑窗口中选择【开始】/【剪贴板】组，单击“复制”按钮。
- 剪切操作：选择需要剪切的文件，按Ctrl+X组合键进行剪切，或在文件所在的窗口中单击组织按钮，在弹出的下拉列表中选择“剪切”选项。若在编辑文档时剪切对象，可在文档编辑窗口中选择【开始】/【剪贴板】组，单击“剪切”按钮。
- 粘贴操作：执行复制或剪切操作后，选择文件粘贴的目标位置，按Ctrl+V组合键进行粘贴，或在文件所在的窗口中单击组织按钮，在弹出的下拉列表中选择“粘贴”选项。若在编辑文档时粘贴对象，用户可将鼠标光标定位到目标位置，选择【开始】/【剪贴板】组，单击“粘贴”按钮。

经验一箩筐——删除操作

在管理与编辑文档过程中，用户还会遇到删除操作，其常用的方法是：选择需要删除的文件、文本和对象，按Delete键即可将其删除。

6. 撤销与恢复操作

在Word中进行文档编辑时，系统会记录最新的操作和执行过的命令。当执行了失误操作时，用户可以利用这些记录撤销操作，在没有进行其他操作时，也可将撤销的操作恢复回来，下面分别对撤销和恢复操作的方法进行介绍。

- 撤销操作：执行失误操作后，在快速访问工具栏中单击“撤销”按钮，也可按Ctrl+Z组合键。
- 恢复操作：如果撤销失误，在快速访问工具栏中单击“恢复”按钮，也可按Ctrl+Y组合键。

上机1小时 ▶ 新建并保存“日记”文档

- 巩固打开 Office 组件的方法。
- 巩固使用模板新建文档的方法。
- 巩固保存文档的方法。

本例将在电脑联网的情况下，搜索和创建 Office 模板文档，然后将其命名为“日记.docx”，并保存到桌面，以练习 Office 组件基础操作的方法，创建的效果如右图所示。

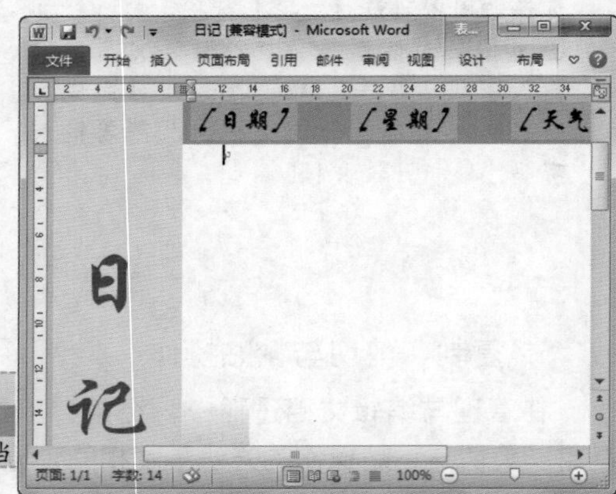

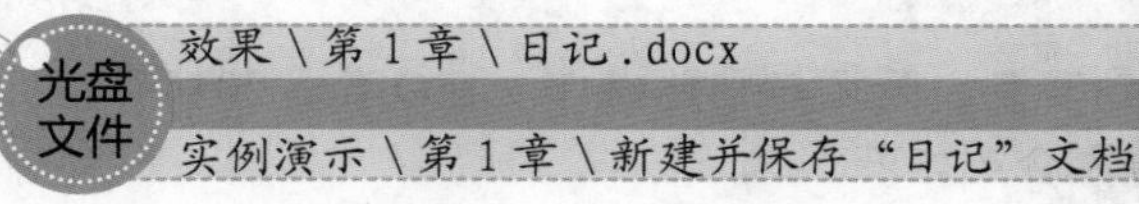

STEP 01：搜索模板

1. 选择【开始】/【所有程序】/【Microsoft Office】/【Microsoft Word 2010】命令，启动 Word 2010。选择【文件】/【新建】命令，在打开的页面中的“Office.com 模板”栏后的文本框中输入模板类型，这里输入“日记”。
2. 单击其后的按钮，将在打开的页面中显示搜索的结果。
3. 选择“日记 1”选项。

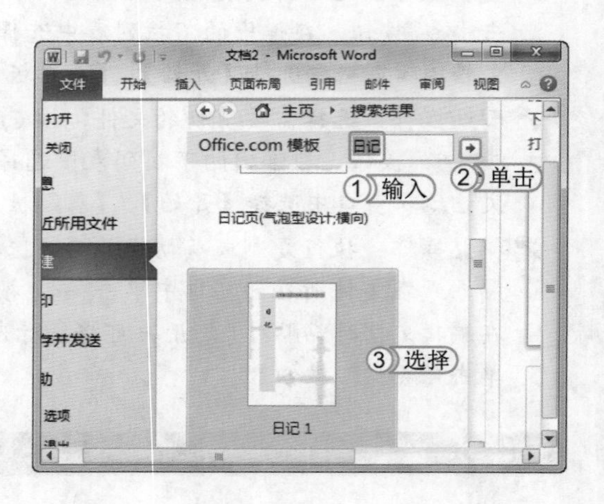

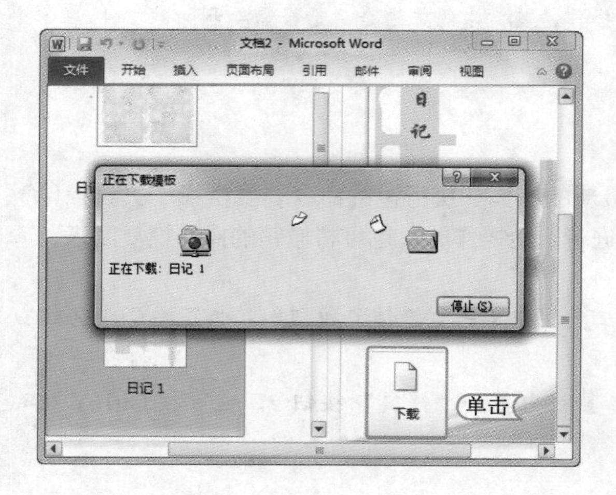

STEP 02：下载模板

在右侧可浏览该模板的效果，单击预览区下方的下载按钮，打开“正在下载模板”对话框。

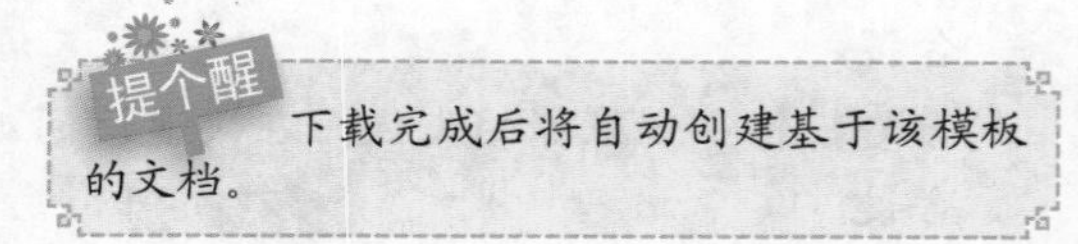

提个醒 下载完成后将自动创建基于该模板的文档。

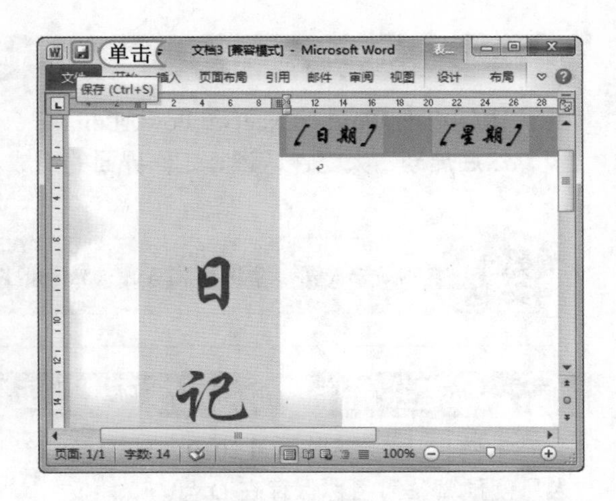

STEP 03： 保存文档

在打开的窗口中将显示创建的模板文档，如右图所示，单击快速访问工具栏中的“保存”按钮。

> **提个醒**
> 在 Word 2010 中提供的模板并不全是该版本的模板，有些是以低版本保存的模板，因此基于低版本的模板创建的文档，在标题栏会显示“[兼容模式]”字样。

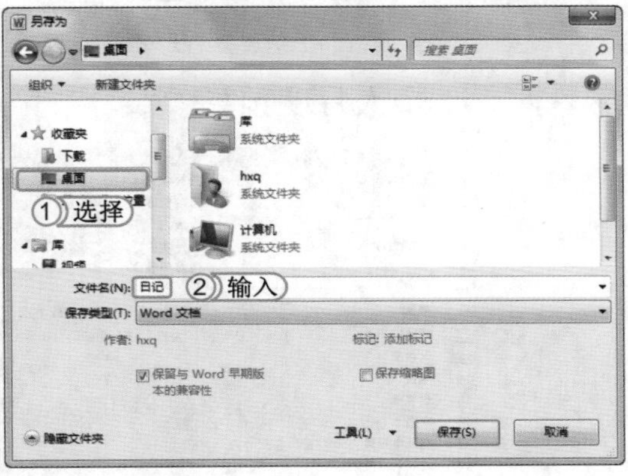

STEP 04： 设置保存参数

1. 打开“另存为”对话框，在左侧的窗格中选择保存的位置，这里选择“桌面”选项。
2. 在“文件名”文本框中输入保存文件的名称，这里输入“日记”。

> **提个醒**
> 现在很多用户还在使用版本较低的Office 软件办公，为了能打开 Office 2010 相关组件制作的文件，用户可将文档保存为最低版本。其方法是：打开“另存为”对话框，在“保存类型”下拉列表框中选择含有“97-2003”字样的低版本格式后，再执行保存操作。

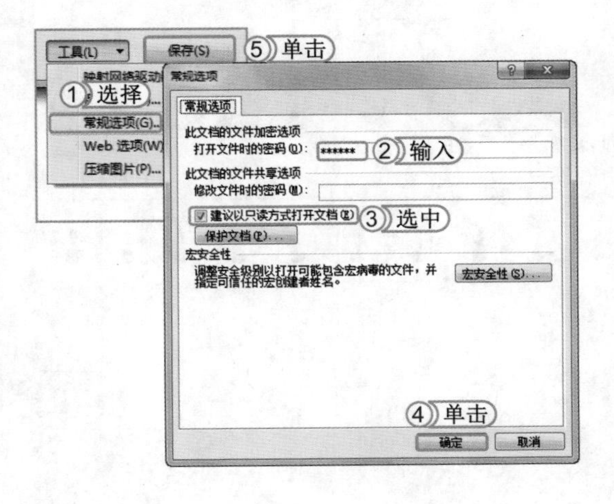

STEP 05： 加密文档

1. 在“另存为”对话框中单击 工具(L) 按钮，在弹出的下拉列表中选择“常规选项”选项，打开“常规选项”对话框。
2. 在“打开文件时的密码”文本框中输入密码。
3. 选中 建议以只读方式打开文档(E) 复选框。
4. 单击 确定 按钮返回“另存为”对话框。
5. 单击 保存(S) 按钮返回文档编辑界面，单击窗口右上角的“关闭”按钮退出软件。

1.3 练习 1 小时

本章主要介绍了 Office 三大组件的基础知识，如认识三组件的办公应用、安装和卸载组件的方法、掌握操作界面和简单的共性操作的方法，下面将通过两个练习进一步巩固这些知识的使用方法。

1. 安装与认识 Word、Excel 和 PowerPoint 三大组件

本例将把 Word、Excel 和 PowerPoint 三大组件安装到电脑中，并设置安装的位置为 D 盘，然后启动三大组件认识其工作界面的组成。

光盘文件　实例演示 \ 第 1 章 \ 安装与认识 Word、Excel 和 PowerPoint 三大组件

2. 新建并保存“个人月度预算”工作簿

本例将首先启动Excel 2010，新建一个“个人月度预算”的样本模板文档，然后将其以“个人月度预算”为名称保存在 D 盘。

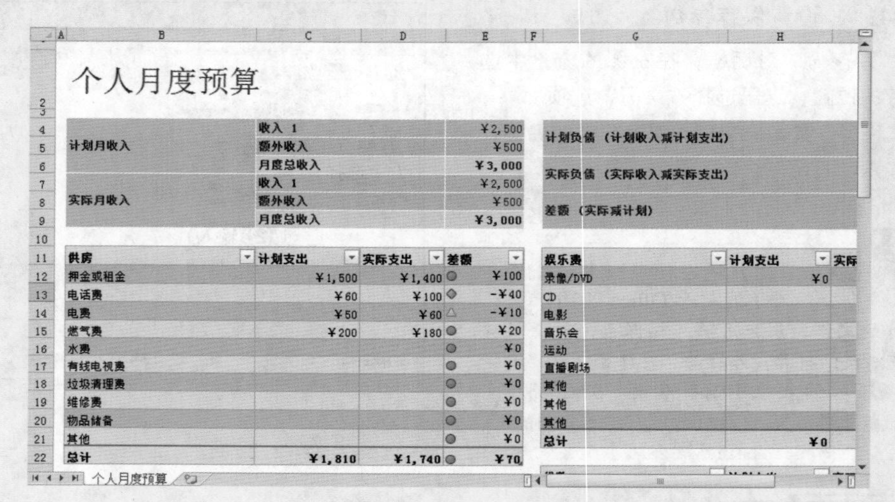

光盘文件　效果 \ 第 1 章 \ 个人月度预算 . xlsx

实例演示 \ 第 1 章 \ 新建并保存“个人月度预算”工作簿

读书笔记

第2章 Word 文档的初级编辑

学习 3 小时

Word 是 Office 中用于文字输入与文档编辑的组件，它被用于制作任何需要文本排版的文件，是 Office 中最常使用到的组件之一。下面将对 Word 文档的初级编辑方法进行介绍。

- 输入并修改文本
- 美化文本效果
- 设置并美化页面效果

上机 4 小时

2.1 输入并修改文本

新建文档后，即可在文档中输入和修改文本，在 Word 2010 中输入文本包括输入普通文本和特殊符号、插入日期和时间等，而修改文本包括选择文本、移动与删除文本、查找与替换文本和自动更改错误等。下面将进行详细讲解 。

学习 1 小时

- 掌握输入普通文本和特殊符号的方法。
- 掌握插入日期和时间的方法。
- 掌握选择文本的方法。
- 掌握移动和删除文本的方法。
- 掌握查找和替换文本的方法。
- 掌握自动更改错误文本的方法。

2.1.1 输入普通文本和特殊符号

在文档中输入文本是编辑文档最基础的操作，而输入特殊符号可以增强文档的条理性与活泼性。

1. 输入普通文本

在输入文本前，用户需要首先认识文本插入点。文本插入点是指输入与编辑文本的位置，显示为闪烁的竖线。认识文本插入点后，用户可以根据需要将文本插入点定位到需要输入文本的位置，将输入法切换到用户熟悉的输入法后即可输入文本。下面将介绍常见的 3 种定位文本插入点的方法。

- 双击定位文本插入点：新建文档后，将鼠标光标移至需输入文本的位置，然后双击鼠标左键，即可将文本插入点定位到该位置。若将鼠标光标移至文档中心线上，鼠标光标呈I形状；若将鼠标光标移至文档中心线左侧，鼠标光标呈I≡形状；若将鼠标光标移至文档中心线右侧，鼠标光标呈I≡形状。
- 单击定位文本插入点：在有内容的文档中，鼠标光标显示为I形状，这时只需将鼠标光标移至需要输入或编辑文本处，单击鼠标即可将文本插入点定位到该位置。
- 通过快捷键定位文本插入点：按 Enter 键可将文本插入点定位到下一行；按方向键可将文本插入点上下或左右移动。

2. 插入特殊符号

在编辑文档过程中，经常会需要输入一些特殊符号。有些符号能够通过键盘直接输入，如 ¥、% 和 @ 等。但有些特殊的符号，只能通过插入特殊符号的方法来输入，如一些图形标志✎、✉和✂等。

下面将在“招聘启事 .docx”文档中插入特殊符号➲、☎和✉，以增强该文档的条理性与美观性。其具体操作如下：

素材 \ 第 2 章 \ 招聘启事 .docx
效果 \ 第 2 章 \ 招聘启事 .docx
实例演示 \ 第 2 章 \ 插入特殊符号

STEP 01: 定位文本插入点

1. 打开“招聘启事.docx”文档，将文本插入点定位到招聘职位的前面。
2. 选择【插入】/【符号】组，单击 Ω符号 按钮右侧的下拉按钮，在弹出的下拉列表中选择“其他符号”选项。

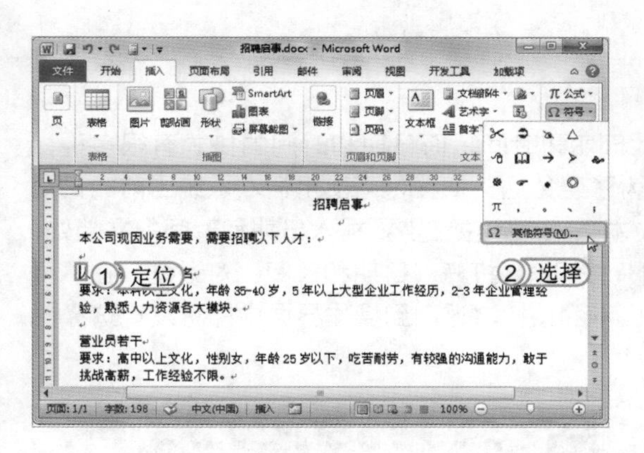

STEP 02: 选择插入的特殊符号

1. 在打开的“符号”对话框的“字体”下拉列表框中选择“Wingdings”选项。
2. 在中间的列表中选择➲符号选项。
3. 单击 插入(I) 按钮，此时所选择的符号将插入到文档中。

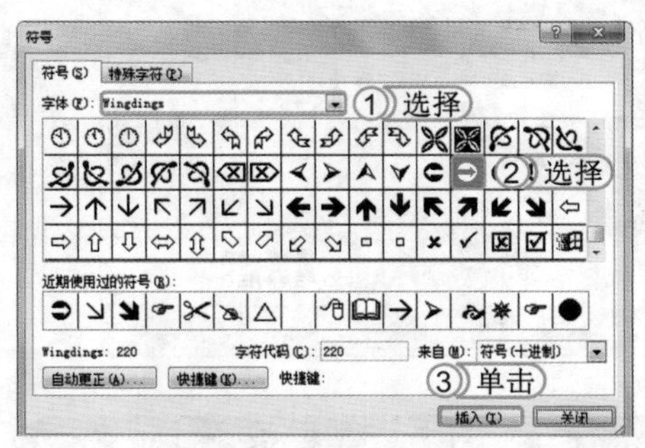

STEP 03: 再次插入特殊符号

1. 在不关闭“符号”对话框并且选择➲符号的前提下，将文本插入点定位到第二个招聘职位的前面。
2. 再次单击 插入(I) 按钮，插入➲符号。

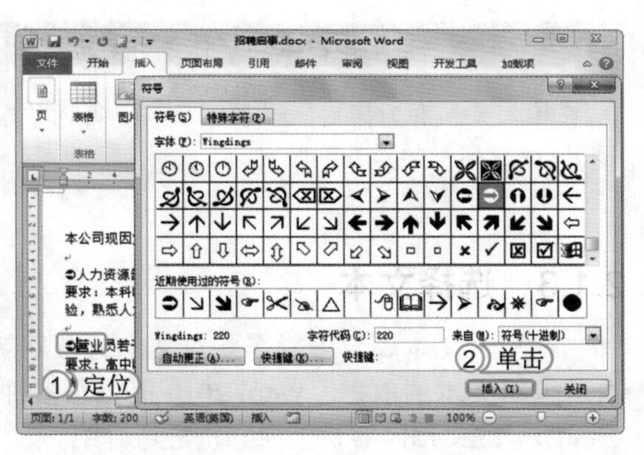

STEP 04: 插入其他特殊符号

使用同样的方法在电话数字和邮箱前分别插入☎符号和🖂符号，在➲符号后输入空格，在☎符号和🖂符号后输入冒号，完成本例的制作。

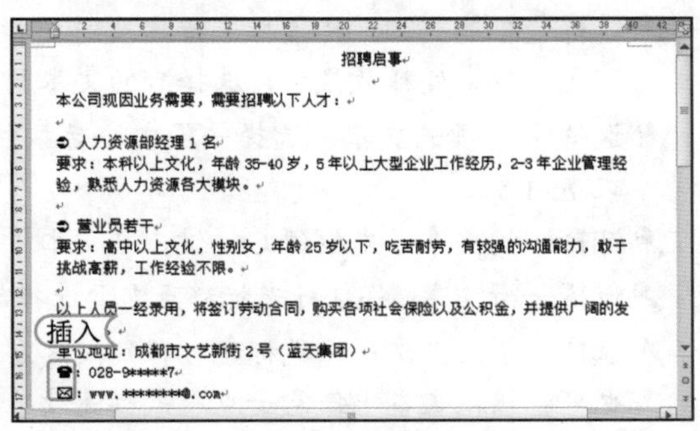

提个醒 若在“符号”对话框中选择“特殊字符”选项卡，可插入连字符、长短线和空格等字符。

经验一箩筐——为特殊符号设置快捷键

当在一篇长文档中需要多次插入同一个特殊符号时，用户可为该特殊符号设置快捷键。当需要插入该符号时，按对应的快捷键即可快速插入，以提高文档编辑速度。其方法是：在“符号”对话框中选择需要常用的特殊符号，单击 快捷键(K)... 按钮，打开“自定义键盘”对话框，在“新建快捷键”文本框中输入需要的快捷键，单击 指定(A) 按钮后单击 关闭 按钮即可。

2.1.2 插入日期与时间

在制作一些特殊的文档时，需要经常输入日期和时间，而日期和时间的格式有很多种，若手动输入不但不方便，而且很可能会出错。为了避免这一情况，可使用插入系统当前的日期和时间来输入。插入日期与时间的方法是：将文本插入点定位在需要插入日期和时间的文档处，选择【插入】/【文本】组，单击“日期和时间”按钮，打开“日期和时间”对话框，在“可用格式”列表框中选择需要的日期格式，单击确定按钮。返回到操作界面中即可发现选择的日期格式已插入到文档中。

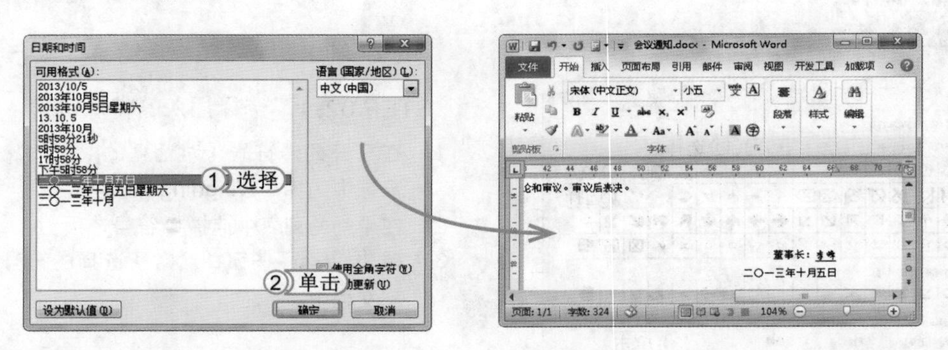

经验一箩筐——按 Enter 键输入日期和时间

在输入日期和时间时，当输入日期与时间的前部分时，会自动弹出当前日期和时间，这时按 Enter 键即可插入当前时间。

2.1.3 选择文本

在输入文本后，可能需要对文本进行复制、删除等操作，以进一步完善文档，而选择文本是编辑文本的前提。Word 2010 提供了多种文本的选择方式，可以帮助用户快速、方便地选择所需的文档内容，下面分别进行介绍。

- 选择连续的文本：将鼠标光标插入到文本的开始位置或末尾，按住鼠标左键不放并拖动，到文本结束处释放鼠标，选择后的文本呈蓝色底纹显示。
- 选择不连续的文本：选择一段文本后按住 Ctrl 键，再选择其他的文本，可选择不连续的文本内容。
- 选择一句文本：先按住 Ctrl 键，在文本中需要选择的句子上的任意位置单击鼠标。
- 选择一行文本：将鼠标光标移至需要选择的行的左侧，当鼠标光标变成↗形状时单击鼠标。
- 选择一整段文本：将鼠标光标移到段落左边的选定栏中，当光标变为↗形状时双击鼠标。也可在该段文本中任意一点用鼠标连续单击 3 次。
- 选择整篇文档：选择【编辑】/【全选】命令，或按 Ctrl+A 组合键直接选择。

经验一箩筐——取消文本的选择

若选择文本后，需要取消选择，可在选择对象以外的任意位置单击一下鼠标即可。

2.1.4 移动与删除文本

移动文本与删除错误的文本是修改文档过程中最重要的操作，分别介绍如下。

- 移动文本：选择需要移动的文本，选择【开始】/【剪贴板】组，单击“剪切”按钮，然后在目标位置处单击“粘贴”按钮即可移动文本。或选择文本，按 Ctrl+X 组合键，再在目标位置处按 Ctrl+V 组合键粘贴所选内容。
- 删除文本：删除多余或错误的文本，通常可分为三种情况，将鼠标光标定位在文档中，如按 Delete 键可删除文本插入点右侧的文本；按 Backspace 键可删除文本插入点左侧的文本；选择文本后按 Delete 键或 Backspace 键即可删除选择的文本。

2.1.5 查找与替换文本

使用 Word 2010 的查找和替换功能，可以快速查找和替换指定的文本，常用于在长文档中修改多处同样的错误，以提高文档的编辑效率。

下面在“员工手册.docx”文档中，应用查找和替换功能，查找并替换条款文本的文本颜色。其具体操作如下：

光盘文件
素材\第2章\员工手册.docx
效果\第2章\员工手册.docx
实例演示\第2章\查找与替换文本

STEP 01：查找文本

1. 打开“员工手册.docx”文档，选择【开始】/【编辑】组，单击 查找 按钮右侧的下拉按钮，在弹出的下拉列表中选择“高级查找”选项。
2. 打开“查找和替换”对话框，选择“查找”选项卡，在“查找内容”文本框中输入“第？条”。
3. 单击 更多(M) >> 按钮。

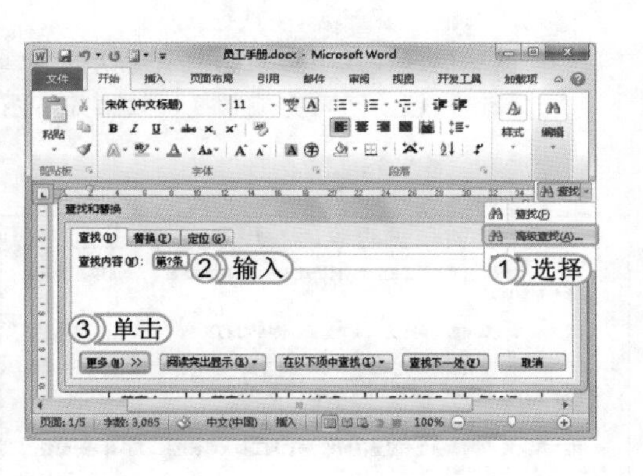

STEP 02：设置搜索选项

1. 在展开的“搜索”选项栏中可设置搜索选项，这里选中 使用通配符(U) 复选框。
2. 单击 查找下一处(F) 按钮。
3. 即可查看到文档中的“第3条”文本呈蓝底显示。继续单击 查找下一处(F) 按钮可以继续查找到其他文本的相关文本。

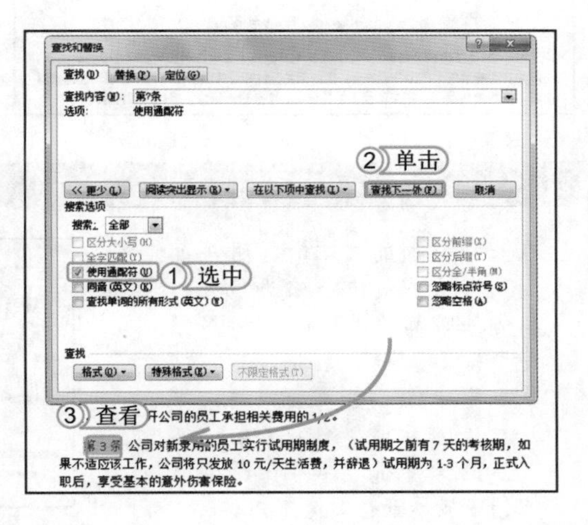

> **提个醒**
> 通配符是一种特殊语句，主要有星号（*）和问号（?），用来模糊搜索文件。当查找文件夹时，可以使用它来代替一个或多个真正字符。但在使用通配符之前，需要选中 使用通配符(U) 复选框，且需要注意的是，应在英文状态下输入星号（*）和问号（?）。

STEP 03：设置替换格式

1. 选择“替换”选项卡，将鼠标光标定位到“替换为”文本框中，单击格式(O)按钮，在弹出的下拉列表中选择“字体”选项。
2. 打开“替换字体”对话框，在“字体”选项卡的“字体颜色”下拉列表框中选择“深红色”选项。
3. 单击确定按钮返回“查找和替换”对话框。

提个醒

用户不仅可以替换字体格式，还可以在弹出的下拉列表中选择需要替换的其他格式选项。

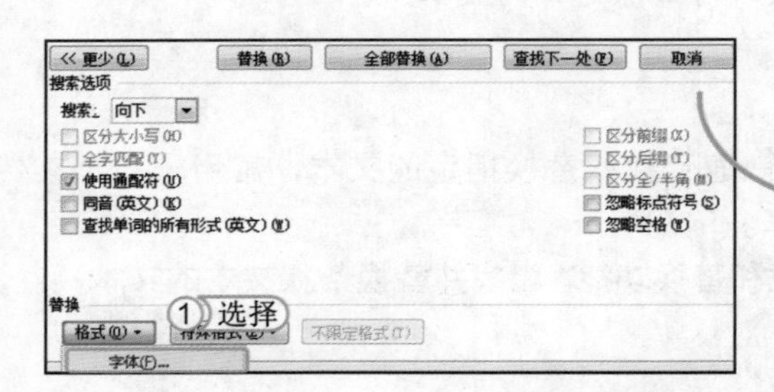

STEP 04：替换文本

1. 在“替换为”文本框下面将显示设置的替换格式，单击全部替换(A)按钮。
2. 替换完毕后，在系统打开的提示对话框中单击确定按钮，即可完成替换，效果如下图所示。

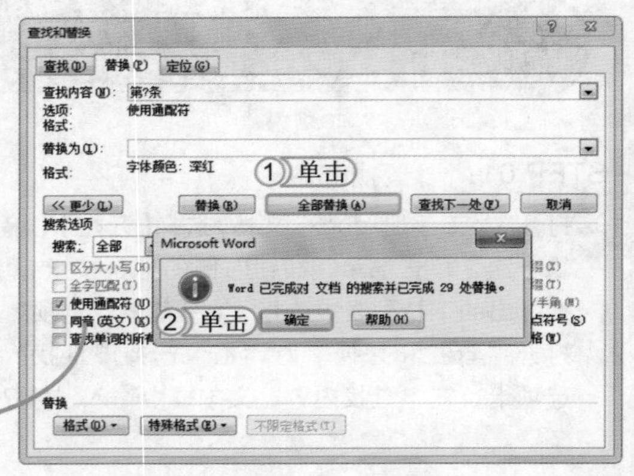

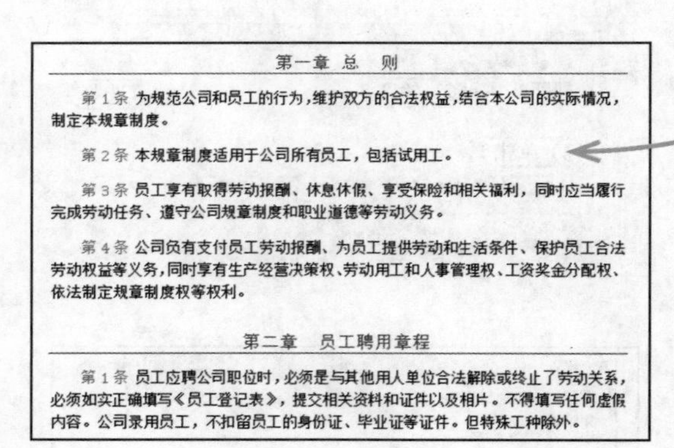

第一章 总 则

第 1 条 为规范公司和员工的行为，维护双方的合法权益，结合本公司的实际情况，制定本规章制度。

第 2 条 本规章制度适用于公司所有员工，包括试用工。

第 3 条 员工享有取得劳动报酬、休息休假、享受保险和相关福利，同时应当履行完成劳动任务、遵守公司规章制度和职业道德等劳动义务。

第 4 条 公司负有支付员工劳动报酬、为员工提供劳动和生活条件、保护员工合法劳动权益等义务，同时享有生产经营决策权、劳动用工和人事管理权、工资奖金分配权、依法制定规章制度权等权利。

第二章 员工聘用章程

第 1 条 员工应聘公司职位时，必须是与其他用人单位合法解除或终止了劳动关系，必须如实正确填写《员工登记表》，提交相关资料和证件以及相片。不得填写任何虚假内容。公司录用员工，不扣留员工的身份证、毕业证等证件。但特殊工种除外。

提个醒

若单击替换(R)按钮，可替换当前查找的文本或文本格式。使用高级查找功能，用户还可查找文本的格式，方法与替换格式的方法一样。

经验一箩筐——使用一般查找

在查找普通的文本时，用户可使用一般查找的方法来进行查找。其方法较简单，单击查找按钮，即可打开“导航”窗格，在“搜索”文本框中输入需要查找的文本，这里输入“第？条”文本，单击其后的按钮，即可在窗格中和文档中显示查找的文本内容。

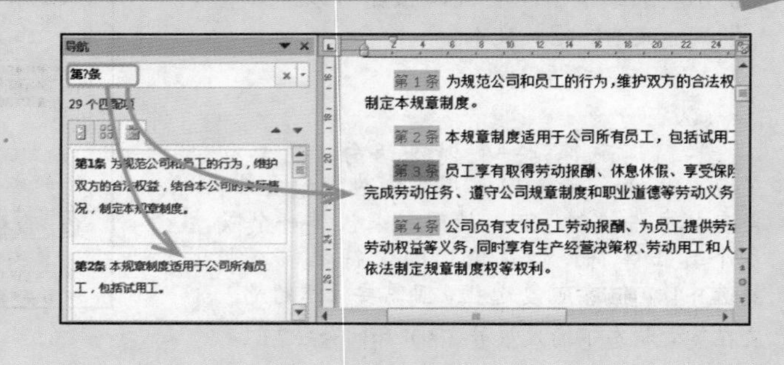

2.1.6 自动更改错误文本

在输入文本前，用户可将容易混淆的错别字设置成自动更正词条，一旦输入错误将自动进行更正。下面以将“监察”自动更正为“检查”为例讲解自动更改错误文本的方法。其具体操作如下：

光盘文件 实例演示 \ 第 2 章 \ 自动更改错误文本

STEP 01：打开“自动更正”对话框

1. 选择【文件】/【选项】命令，打开“Word 选项”对话框，在其左侧选择“校对”选项。
2. 在“自动更正”栏中单击 自动更正选项(A)... 按钮，即可打开“自动更正”对话框。

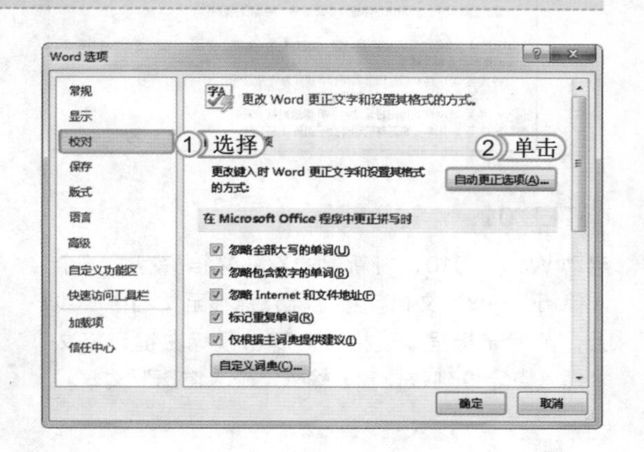

提个醒 除了对文本进行自动更正外，用户还可对数学符号和格式进行自动更正。只需在“自动更正”对话框的“数学符号自动更正”选项卡或“键入时自动套用格式”选项卡中进行设置即可。

STEP 02：启动键入时自动替换

1. 在“自动更正”选项卡下选中相应的复选框可设置相应的自动更正选项。选中 ☑键入时自动替换(T) 复选框，可使用列表框中的自动更正的词条。
2. 在“替换”文本框输入替换前的词，在“替换为”文本框中输入自动更正的词条。
3. 单击 添加(A) 按钮即可将设置的词条添加到自动更正词条列表框中。

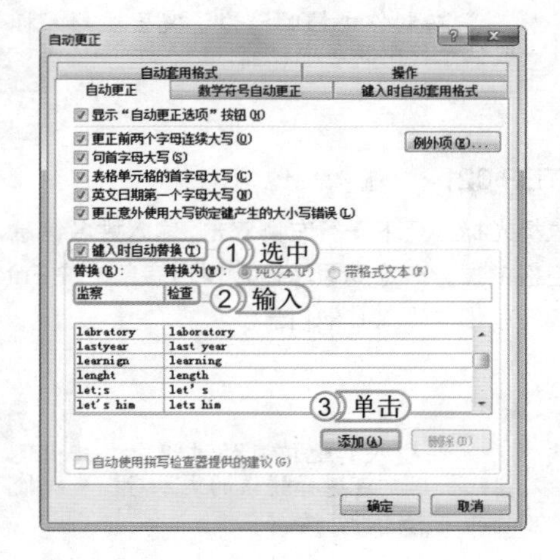

上机 1 小时 新建与修改“个人简历”文档

- 进一步掌握输入普通文本、输入特殊符号和时间的方法。
- 进一步练习选择、复制和粘贴文本的方法。

本例制作的“个人简历.docx”文档包括两个部分，即个人简历部分与求职信部分，在其中将输入各种类型的文本、特殊符号与时间。在制作过程中将使用到复制、粘贴等文本的编辑操作，制作完成后的简历效果如下图所示。

光盘文件 效果 \ 第 2 章 \ 个人简历 .docx
实例演示 \ 第 2 章 \ 新建与修改“个人简历”文档

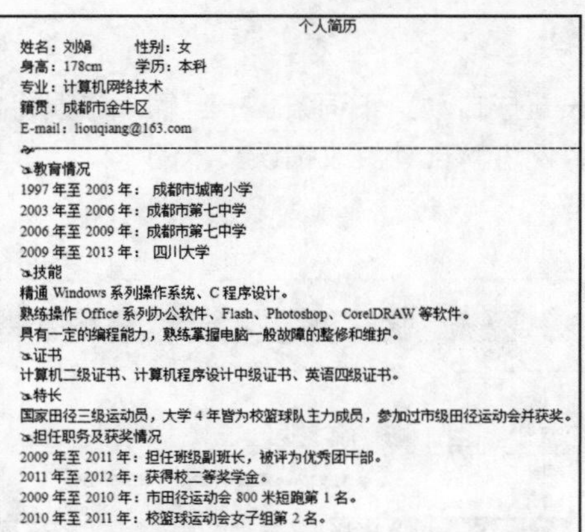

个人简历

姓名：刘娟　　性别：女
身高：178cm　　学历：本科
专业：计算机网络技术
籍贯：成都市金牛区
E-mail：liouqiang@163.com

教育情况
1997年至2003年：成都市城南小学
2003年至2006年：成都市第七中学
2006年至2009年：成都市第七中学
2009年至2013年：四川大学
技能
精通Windows系列操作系统、C程序设计。
熟练操作Office系列办公软件、Flash、Photoshop、CorelDRAW等软件。
具有一定的编程能力，熟练掌握电脑一般故障的整修和维护。
证书
计算机二级证书、计算机程序设计中级证书、英语四级证书。
特长
国家田径三级运动员，大学4年皆为校篮球队主力成员，参加过市级田径运动会并获奖。
担任职务及获奖情况
2009年至2011年：担任班级副班长，被评为优秀团干部。
2011年至2012年：获得校二等奖学金。
2009年至2010年：市田径运动会800米短跑第1名。
2010年至2011年：校篮球运动会女子组第2名。

求职信
尊敬的领导：
您好！
十分感谢您能抽出宝贵的时间予以审定，我真诚地希望能加入贵公司，为贵公司的长远发展贡献自己的青春和智慧！
我是四川大学计算机网络技术专业即将毕业的一名学生，在校期间，我努力学习，有较强的独立分析问题和解决问题的能力，同时也具备一定的团队合作精神。我在学好专业基础知识的同时，还利用课余时间广泛地涉猎了大量书籍，参加各种技能培训，不但充实了自己，也培养了多方面的技能。更重要的是，严谨的学风和端正的学习态度塑造了我朴实、稳重、创新的性格特点。
在校期间，我担任过副班长，成功组织过各种班级活动；假期里，我积极地参加各种社会实践锻炼自己。这些经历培养了我敏捷的思维，良好的交际能力和组织能力。我热爱贵单位所从事的事业，殷切地期望能为这一光荣的事业添砖加瓦，我会在实践中不断学习、进步。虽然在众多的应聘者中我不一定是最优秀的,可是我仍很自信,请关注我的未来!
对贵公司的实力和发展前景，我深感敬佩和信服！特呈上简历一份，希望您能给我一次机会。
诚盼佳音，深表谢意！

求职人：刘娟
2013年5月20日

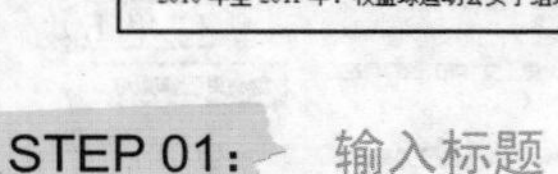

STEP 01：输入标题

启动Word 2010，将新建的空白文档另存为“个人简历.docx”文档，将鼠标光标移至文档中心线上，鼠标光标呈 I 形状时，双击鼠标左键，将文本插入点定位到该位置，输入“个人简历”文本。

> 提个醒
> 在制作文档时，为了突出主题，标题一般位于行中的居中位置。

STEP 02：输入其他信息

将鼠标光标移至下一行左侧双击，输入姓名信息，按空格键拉开一定间距后输入性别信息，按Enter键换行。依次输入其他信息。

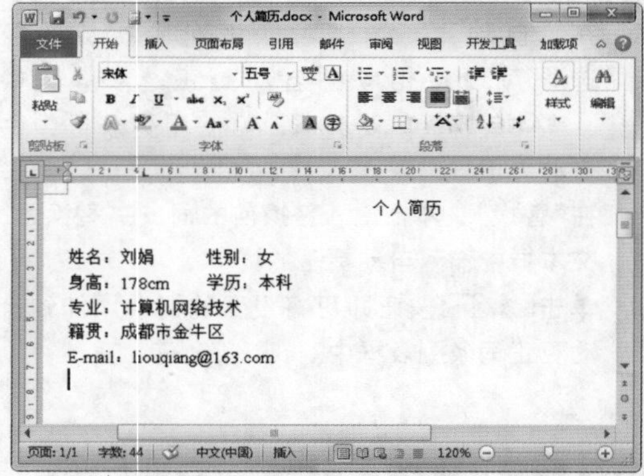

> 提个醒
> 在输入其他信息的过程中，若出现输入错误，用户可选择错误的文本后，直接输入正确的文本进行修改。

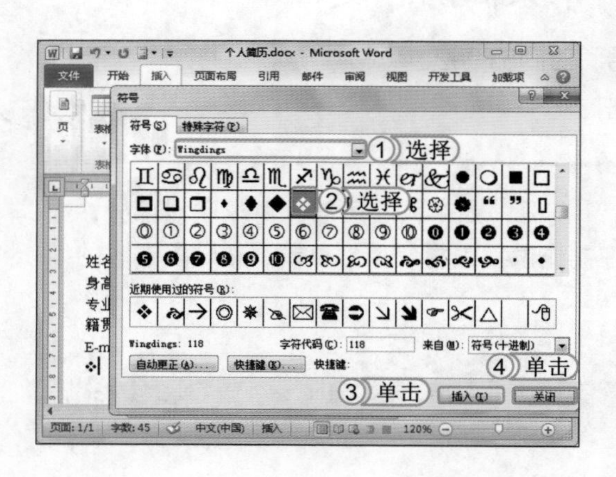

STEP 03：插入特殊符号

1. 在段落后的下一行行首单击，将鼠标光标定位到此处，选择【插入】/【符号】组，单击“符号”按钮 Ω 右侧的 ▾ 按钮，在弹出的下拉列表中选择“其他符号”选项。打开“符号”对话框，在“字体”下拉列表框中选择“Wingdings”选项。
2. 在中间的列表中选择 ❖ 符号选项。
3. 单击 插入(I) 按钮，此时选择的符号将插入到文档中。
4. 单击 关闭 按钮关闭对话框。

STEP 04：选择并复制文本

1. 插入特殊符号后，连续输入短划线，按 Enter 键换行，用同样的方法插入 符号，在其后输入教育情况信息。
2. 拖动鼠标选择 符号，按 Ctrl+C 组合键复制，在教育情况信息的下一行行首，双击插入文本插入点，按 Ctrl+V 组合键进行粘贴。

> **提个醒** 当执行“复制”或“移动”操作后，将会出现“粘贴选项”按钮 (Ctrl)，单击该按钮，可在弹出的下拉列表中选择相应的粘贴方式，下面分别进行介绍。
>
> - 保留源格式：被粘贴内容保留原始内容的格式。
> - 合并格式：被粘贴内容保留原始内容的格式，并且合并应用目标位置的格式。
> - 仅保留文本：被粘贴内容清除原始内容和目标位置的所有格式，仅仅保留文本。

STEP 05：输入个人简历其他信息

继续输入个人简历的技能、证书、特长和担任职务及获奖情况，按 Ctrl+Enter 组合键进入下一页。

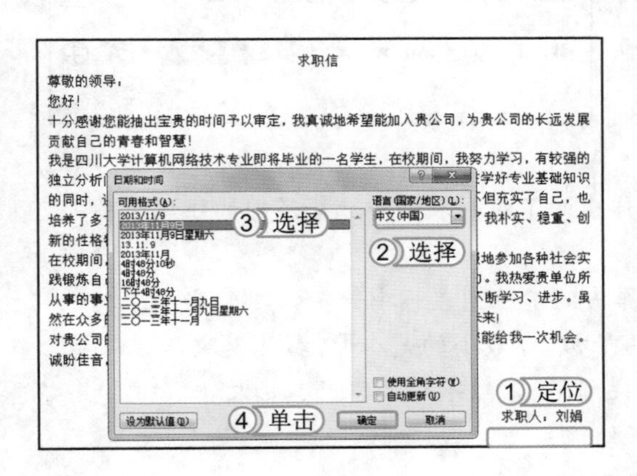

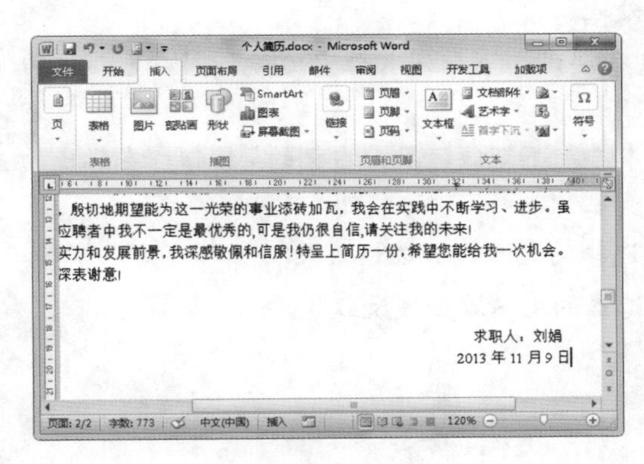

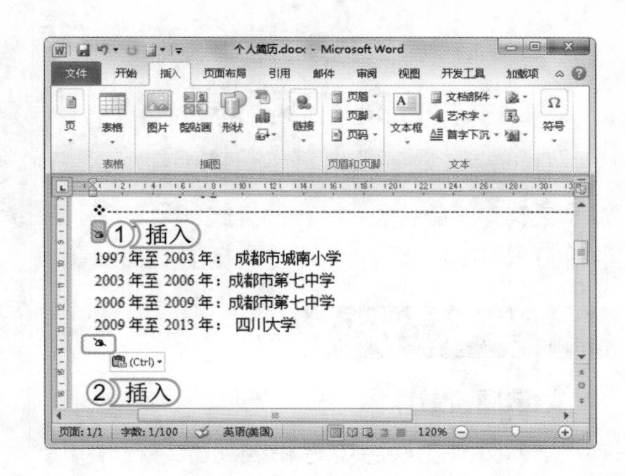

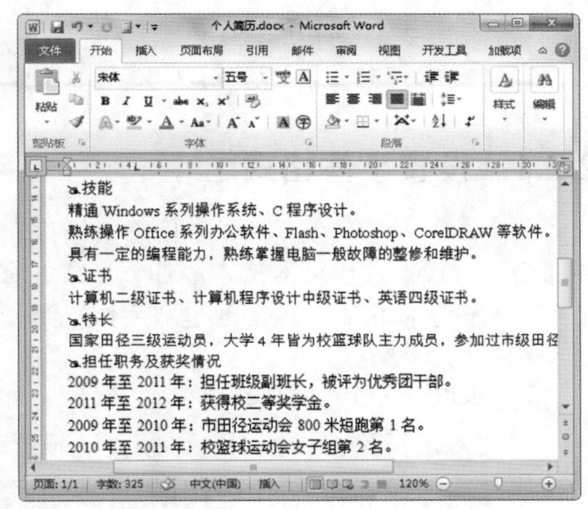

STEP 06：输入求职信并插入时间

1. 在新建的页面中输入如左图所示的求职信，将文本插入点定位到“求职人：刘娟”后，按 Enter 键换行。
2. 选择【插入】/【文本】组，单击“日期和时间”按钮，打开“日期和时间”对话框，在“语言”下拉列表框中选择“中文（中国）”选项。
3. 在“可用格式”列表中选择如左图所示的日期格式。
4. 单击 确定 按钮。

STEP 07：查看插入的时间效果

返回文档操作界面，即可查看插入的时间，保存文档完成操作。

> **提个醒** 插入时间后，时间可能不在一行中显示，用户可将鼠标光标定位到时间前，按 Backspace 键删除空格，直到下一行时间完全显示到上一行中。

2.2 美化文本效果

规范的办公文档不仅需要输入并修改各种类型的文本，还需要对修改的文本进行美化设置。如设置文本的颜色、大小、样式和形态等。在编辑长文档时，往往还需要设置段落格式、添加项目符号和编号等，从而使文档的版面更美观、结构更清晰、更便于向读者传递信息。

学习 1 小时

- 掌握设置字体格式的方法。
- 掌握设置段落格式的方法。
- 掌握添加项目符号和编号的方法。
- 掌握分栏排版的方法。
- 掌握首字下沉的方法。

2.2.1 设置字体格式

在 Word 中，输入文本时默认的字体、大小和颜色是“宋体、五号、黑色”，用户可以根据需要进行设置，也可对文本添加下划线、底纹、阴影和发光等效果，从而使文档更加美观、实用。设置字体格式一般可通过“字体”组和“字体”对话框进行，下面分别进行讲解。

1. 通过“字体”组设置

对文本进行格式设置时，必须先选择要设置的文本对象，然后通过“开始”选项卡的“字体”组来快速设置文本的格式。右图为“字体”组中的各按钮，单击这些按钮或选择所需的选项，即可进行相应的格式设置。

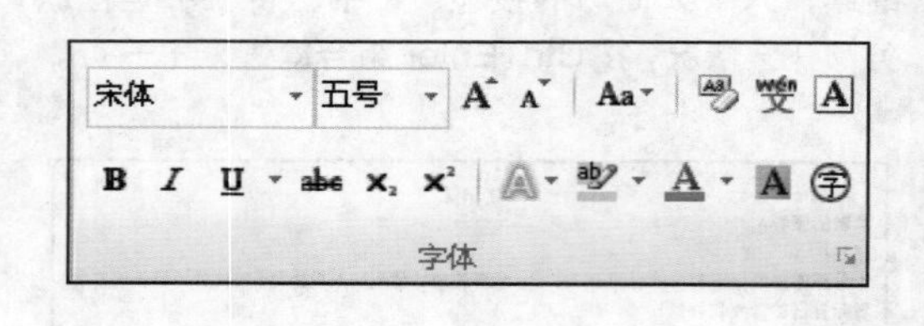

常用选项设置与作用分别如下。

- 宋体下拉列表框：单击右侧的按钮，在弹出的下拉列表框中选择不同的字体选项，可为文本设置不同的字体效果。
- 五号下拉列表框：单击右侧的按钮，在弹出的下拉列表框中选择需要的字号。其中，中文标准用一号字、二号字等表示，最大的是初号，最小的是八号，数字越大，文本越小；西文标准用“5”、“8”等表示，最小的是“5”，数字越大，文本越大。
- “加粗”按钮 **B**：用于对文本进行加粗效果处理。
- “倾斜”按钮 *I*：用于对文本进行倾斜效果处理。
- “字体颜色”按钮 A：单击右侧的按钮，在弹出的下拉列表框中选择不同颜色，可为文本设置不同的字体颜色效果。
- “下划线”按钮 U：单击该按钮，可以为文本添加下划线，单击右侧的按钮，在弹出的下拉列表框中可设置不同样式的下划线。
- “字符边框”边框 A：单击该按钮，可以为选择的文本添加边框效果。
- “字符底纹”按钮 A：单击该按钮，可以为选择的文本添加底纹效果。

经验一箩筐——用浮动工具栏设置字体格式

在文档中选择需要设置的文本后，将在文本的旁边自动弹出浮动工具栏。在浮动工具栏中单击相应的按钮或在下拉列表框中选择所需选项，即可设置所需的文本格式，这些选项或按钮的作用与“字体”组类似。

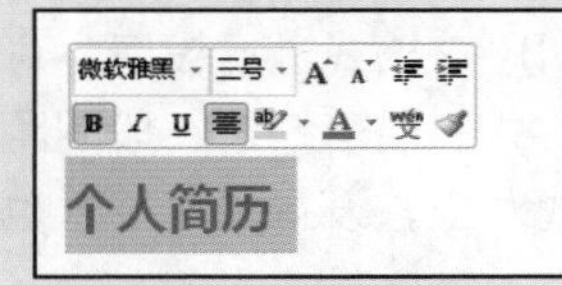

2. 通过“字体”对话框设置

通过“字体”对话框，用户可更加详细地设置选择的文本格式。选择要设置格式的文本后，在【开始】/【字体】组中单击右下角的功能扩展按钮或单击鼠标右键，在弹出的快捷菜单中选择“字体”命令，即可打开“字体”对话框，可选择“字体”和“高级”选项卡进行设置，如下图所示。

“字体”对话框中除了前面介绍过的文本格式外，其他主要设置功能介绍如下。

- 西文字体：将选择的文本中的字母和数字单独设置为其他字体，从而实现协调的中英文搭配效果。
- 着重号：可以在选择的文本下方添加圆点形的着重符号。
- 效果：选中“效果”栏中的各个复选框，便可为选择的文本添加删除线、双删除线、上标和下标效果等。
- 间距：选择“高级”选项卡，在“间距”下拉列表框中选择“加宽”或“紧缩”选项，然后在右侧的“磅值”数值框中输入加宽或紧缩的值，可调整字符间距。
- 缩放：在“高级”选项卡中的“缩放”下拉列表框中可以选择字符缩放比例，或直接输入缩放值。默认“缩放”为100%，表示不缩放，比例大于100%时得到的字符趋于宽扁，小于100%时得到的字符趋于瘦高。
- 位置：在“高级”选项卡中的“位置”下拉列表框中选择“提升”或“降低”选项，在右侧的“磅值”数值框中输入提升或降低的值，可以调整字符在文本行的垂直位置。
- OpenType 功能：OpenType只能用于支持如Calibri、Cambria、Candara等字体，使打印出来的文档更具专业效果。样式集、连字、数字形式和数字间距等可以在“高级”选项卡中对其参数进行调整。

2.2.2 设置段落格式

段落是体现文本的组合，是体现文档层次与结构不可或缺的部分。除了设置文本的格式，用户还可对段落格式进行设置，可以使文档的结构层次更加清晰、版面更加美观。包括设置段落的对齐方式、段落缩进、段间距和行间距，以及为段落添加适当的边框和底纹等操作。与设置字体格式对应，设置段落格式也可通过“段落”组和“段落”对话框来实现，下面分别进行介绍。

1. 通过“段落”组设置

设置一般的文档段落格式可通过“段落”组快速实现，如右图所示。将文本插入点定位到某个段落，然后直接单击相应的按钮或在下拉列表中选择所需选项即可执行相应设置。

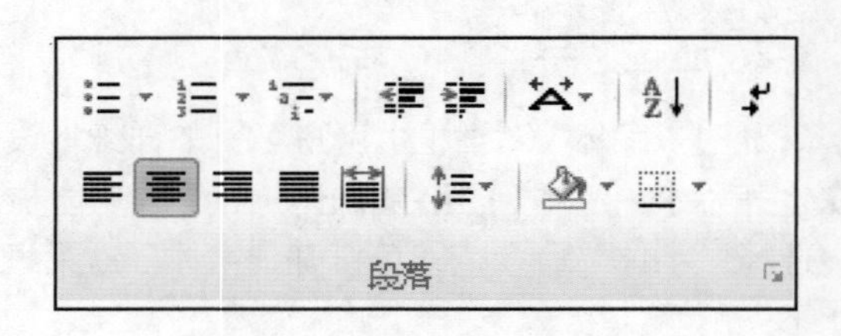

“段落”组中用于设置段落对齐的常用选项的作用分别如下。

- “左对齐”按钮：使段落中的文本靠页面左侧对齐。
- “居中”按钮：使段落中的文本居中对齐。
- “右对齐”按钮：使段落中的文本靠页面右侧对齐。
- “两端对齐”按钮：使段落中的文本（除最后一行外）同时对齐左右页边距，它与左对齐的效果类似，但当每行文本的长度不一时，就可看出它们之间的差别。
- “分散对齐”按钮：使段落中所有的文本同时对齐左右页边距，即段落中每行文本的两侧具有整齐的边缘。
- “减少缩进量”：使段落中的文本向页面左边缘移动。
- “增加缩进量”按钮：使段落中的文本向右边缘移动。
- “行和段落间距”按钮：单击该按钮右侧的按钮，在弹出的下拉列表中可选择段落中各行文本的间距。

经验一箩筐——使用水平标尺设置段落对齐与缩进

使用 Word 中的水平标尺可以直观并快速地调整段落缩进，其调整方法主要是拖动水平标尺中的各个缩进滑块。其中，为首行缩进滑块；表示悬挂缩进；表示左缩进；表示右缩进。如右图所示为调整首行缩进两个字符的效果。如果在文档中没有显示水平标尺，此时可选择【视图】/【显示】组，然后在其中选中☑标尺复选框，即可在文档中显示出水平标尺。

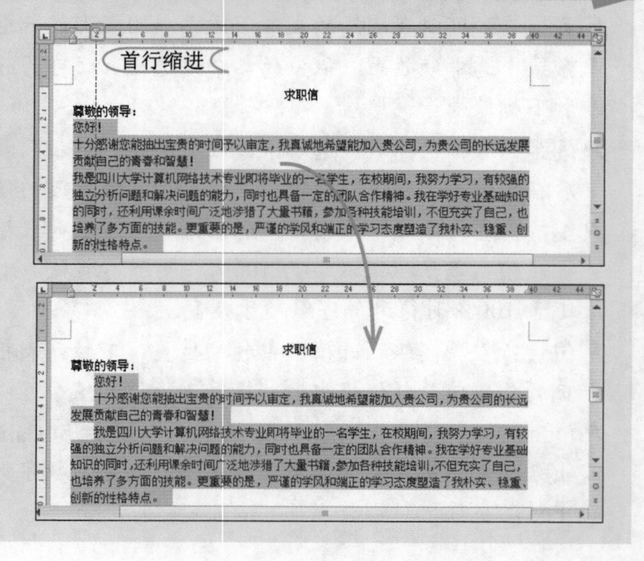

2. 通过“段落”对话框设置

“段落”对话框与“字体”对话框一样集成了更多的格式设置功能，主要包括设置首行缩进、段前间距、段后间距以及行距等。下面以设置“求职信.docx”文档为例来讲解“段落”对话框的使用方法。其具体操作如下：

素材\第2章\求职信.docx
效果\第2章\求职信.docx
实例演示\第2章\通过“段落”对话框设置

STEP 01： 选择设置格式的段落

打开“求职信.docx”文档，拖动鼠标选择除标题外的所有文本，选择【开始】/【段落】组，单击按钮。

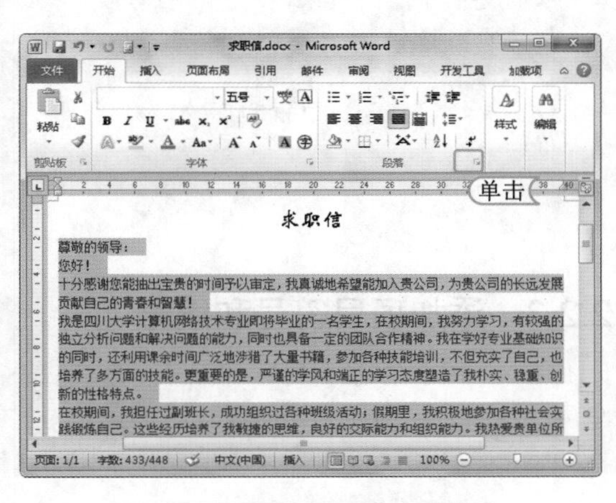

提个醒

选择文本后，单击鼠标右键，在弹出的快捷菜单中选择“段落”命令，也可打开“段落”对话框。

STEP 02： 设置段落格式

1. 打开“段落”对话框，在“缩进”栏的“特殊格式”下拉列表框中选择“首行缩进”选项。
2. 在“间距”栏的“行距”下拉列表框中选择“1.5倍行距”选项，在其后的文本框中可设置具体的行距值。
3. 单击 确定 按钮。

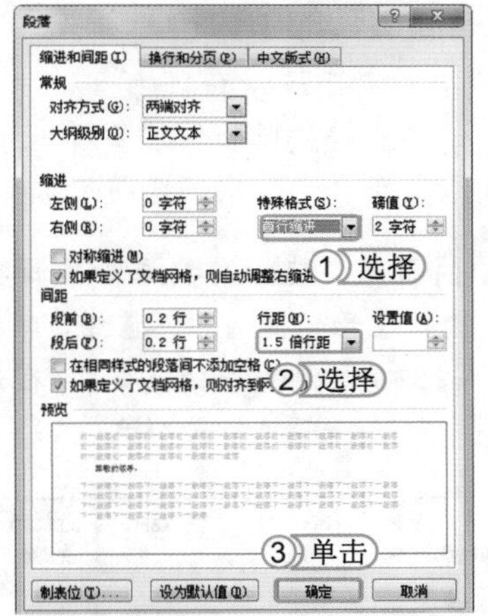

提个醒

在特殊格式中，首行缩进是指对段落的第一行进行缩进；悬挂缩进是将段落除第一行外的每行进行缩进。这些缩进方式均可在“段落”对话框的“缩进”栏中进行设置。

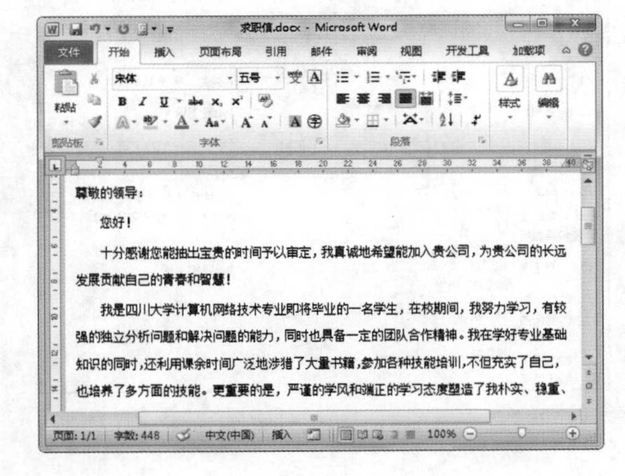

STEP 03： 查看效果

设置后的效果如左图所示。

提个醒

浮动工具栏除了可设置字符格式外，还可以对段落格式进行简单设置，主要包括“居中”按钮、“减少缩进”按钮和“增加缩进”按钮。

72 Hours
62 Hours
52 Hours
42 Hours
32 Hours
22 Hours
12 Hours

经验一箩筐——添加边框与底纹

除了设置文本与段落格式外，用户还可通过【开始】/【段落】组中的“底纹”按钮与“边框”按钮为文本或段落添加底纹与边框效果，来美化文本或段落。如右图所示为标题文本添加绿色底纹的效果。若要设置更为详细的边框与底纹效果，用户可在单击“边框”按钮右侧的下拉按钮，在弹出的下拉列表中选择“边框和底纹”选项，打开“边框和底纹”对话框进行设置。

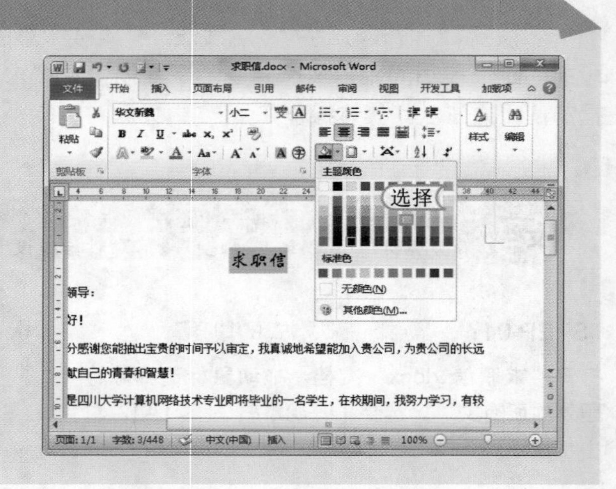

2.2.3 添加项目符号和编号

在文档中添加项目符号和编号，是编辑长文档的必要手段，其目的是为了突出文档的要点与层次结构，从而使文档的逻辑性更强、内容更加连贯。用户不仅可以添加软件预设的项目符号和编号，还可添加自定义的项目符号和编号样式，下面分别进行介绍。

1. 添加自带的项目符号和编号

项目符号适用于没有顺序且为并列关系的多段文本。使用项目符号不但能达到醒目的效果，而且能使文档的排版更加美观。而编号广泛用于操作步骤、条款等文本，能够让读者一目了然。下面分别介绍添加项目符号的编号的方法。

添加项目符号：选择需要添加项目符号的文本后，选择【开始】/【段落】组，单击“项目符号”按钮右侧的下拉按钮，在弹出的下拉列表中可选择项目符号样式。

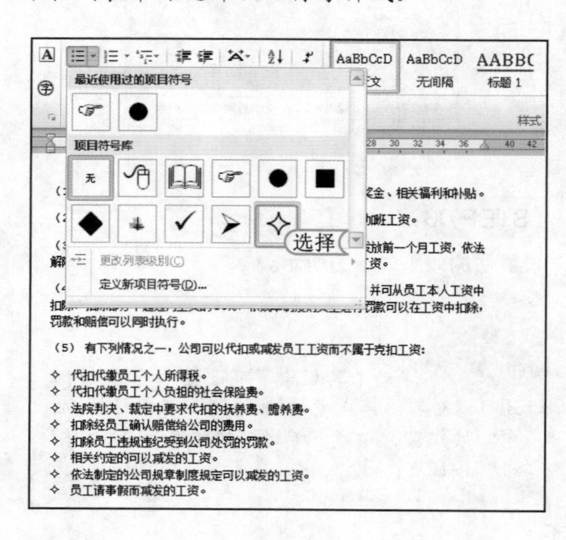

添加编号：选择需要添加编号的文本后，选择【开始】/【段落】组，单击“编号”按钮右侧的下拉按钮，在弹出的下拉列表中选择需要的编号样式即可。

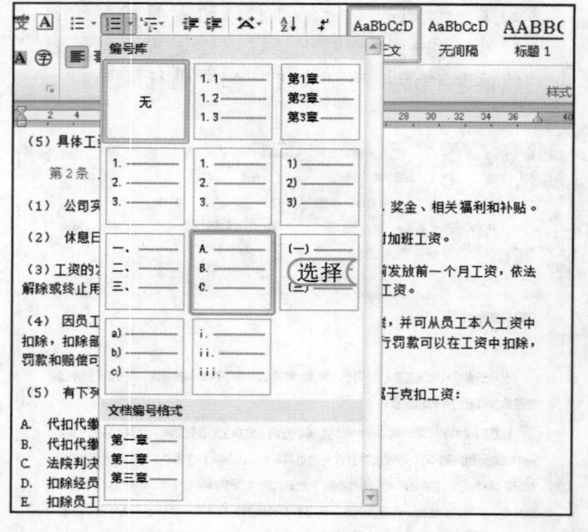

经验一箩筐——快速应用项目符号和编号

默认情况下，单击“项目符号”按钮即可添加“●”项目符号，单击“编号”按钮，可添加样式为“1、2、3”的阿拉伯编号样式。若在前面设置了项目符号和编号样式，则单击“项目符号”按钮和“编号”按钮即可快速应用前面设置的项目符号和编号样式。

2. 自定义项目符号和编号样式

系统默认的项目符号和编号样式有限，如果用户在制作文档的过程中发现这些样式不能满足自己的需要，可以自定义项目符号和编号。下面在“员工手册 1.docx”文档中自定义项目符号和编号。其具体操作如下：

素材 \ 第 2 章 \ 员工手册 1.docx
效果 \ 第 2 章 \ 员工手册 1.docx
实例演示 \ 第 2 章 \ 自定义项目符号和编号样式

STEP 01： 选择编号样式

1. 打开“员工手册 1.docx”文档，选择第五章前的第（5）条下的文本。在【开始】/【段落】组中单击“编号”按钮右侧的按钮，在弹出的下拉列表中选择“定义新编号格式”选项。
2. 打开“定义新编号格式”对话框，在“编号样式”下拉列表框中选择“a，b，c，…”选项。
3. 单击字体(F)...按钮。

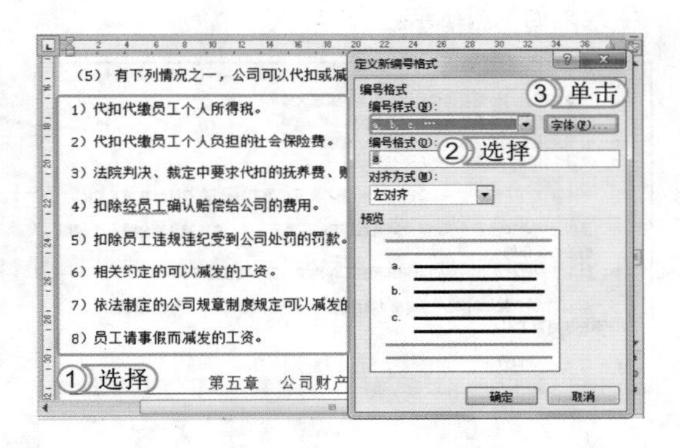

STEP 02： 自定义编号格式

1. 在打开的“字体”对话框中设置西文字体为“Arial”，设置“字形”为“倾斜”，字体颜色为“深红”，添加下划线，并设置下划线的颜色为“黑色”。
2. 单击确定按钮，效果如下图所示。

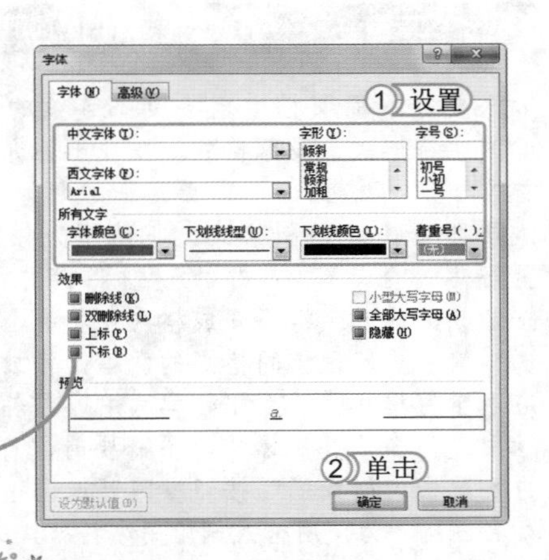

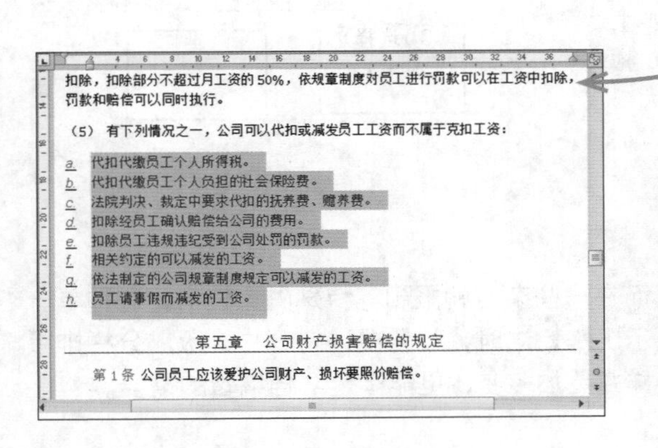

提个醒

为文本设置编号后，如果用户希望某些段落的编号级别更低，使文本间的层次更加清楚，可选择需设置的段落，单击“编号”按钮右侧的按钮，在弹出的下拉列表中选择“更改列表级别”选项，再在弹出的子列表中选择更低级别的样式即可。

STEP 03： 自定义项目符号

1. 选择编号为“（1）……（2）……”的段落，在【开始】/【段落】组中单击“项目符号”按钮右侧的·按钮，在弹出的下拉列表中选择“定义新项目符号”选项。
2. 打开“定义新项目符号”对话框，在“项目符号字符”栏中单击 符号(S)... 按钮。

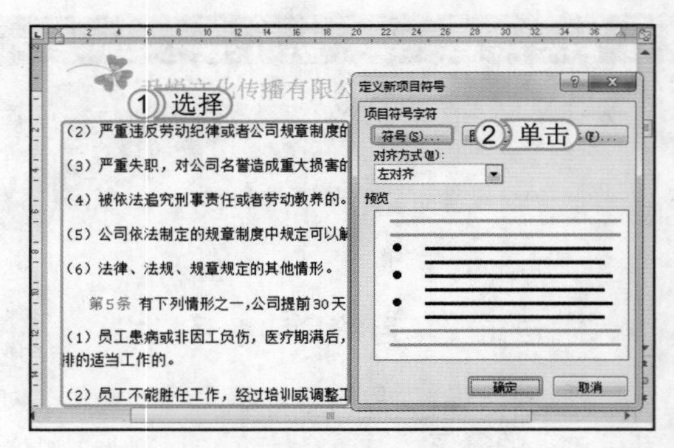

STEP 04： 选择符号

1. 打开“符号”对话框，在中间的列表框中选择☼符号。
2. 单击 确定 按钮，完成符号的自定义，继续选择相似的文本段落，为其添加该项目符号，效果如下图所示。

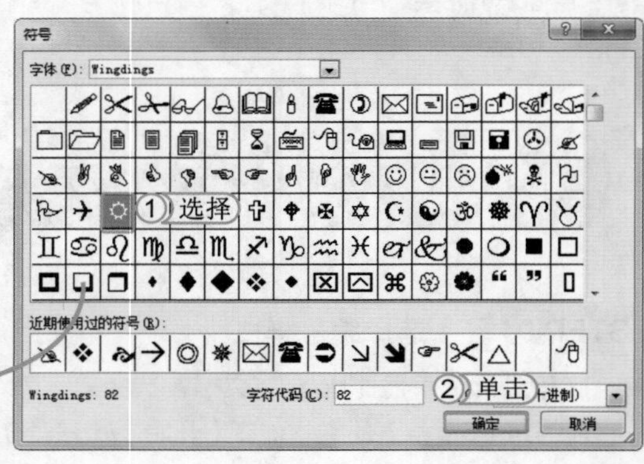

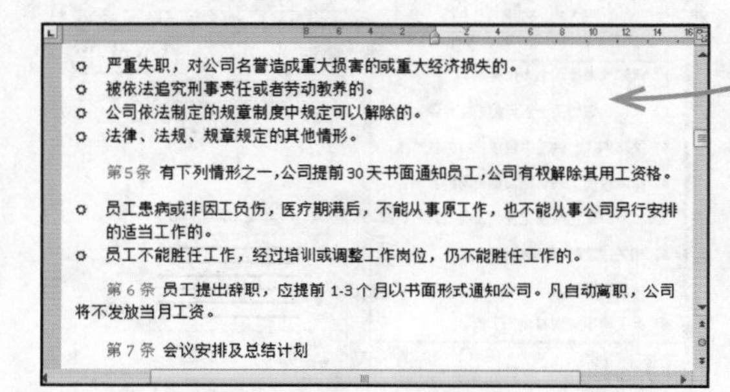

提个醒 在“定义新项目符号”对话框中单击 图片(P)... 按钮和 字体(F)... 按钮可为段落设置图片项目符号或文字项目符号。

经验一箩筐——使用格式刷快速应用格式

如果要在一篇文档中对多处不连续的文本设置相同的字符格式、段落格式，以及下面介绍的分栏或首字下沉等格式，不需要逐一设置，直接使用格式刷即可快速复制格式。其使用方法是：选择设置好格式的文本，单击“剪贴板”组中的“格式刷”按钮，此时光标将变成格式刷状态，用鼠标拖动选择其他要应用相同格式的文本，释放鼠标后便可应用字符格式。若双击“格式刷”按钮，可在文档中进行多次复制操作，不需要时，可按Esc键或再次单击“格式刷”按钮即可退出格式刷状态。如右图所示为使用格式刷应用字符格式的效果。

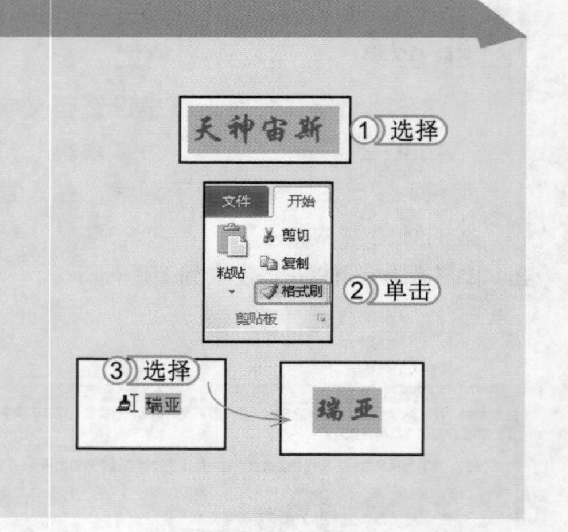

2.2.4 分栏排版

默认情况下，页面的排版方式是通栏排，而在一些杂志和报刊等特殊的文档中，这种单一的排版方式并不能将文档内容紧凑、美观地显示出来，这时，就需要进行分栏排版。分栏排版的方式可以让文档页面呈多栏显示，使排版的样式更加多变，更能满足文档编辑的需要。

设置分栏排版的方法是：选择需设置分栏的文本，选择【页面布局】/【页面设置】组，单击 分栏 按钮，在弹出的下拉列表中选择具体的分栏方式即可，单击文档中的空白处取消文本选择状态，即可完成文档分栏设置。通过拖动标尺中间的按钮可分别调整双栏的间距与对齐方式。

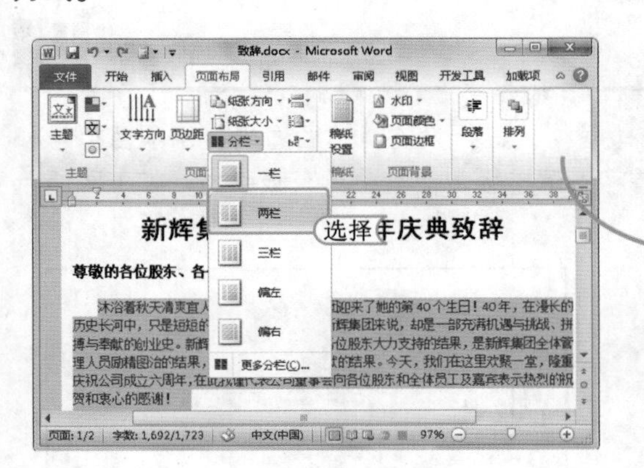

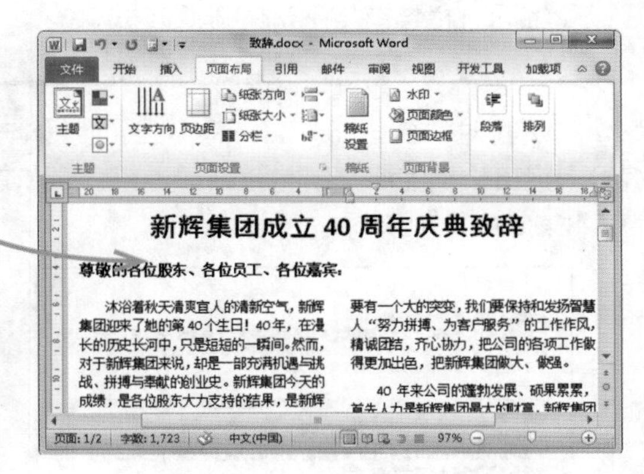

问题小贴士

问：在设置分栏时，可以平均分布两栏吗？

答：可以，在分栏文本时，如选择文本最后一段所在的段落标记，分栏后的文本将第一栏排完之后，再排第二栏；如不选择段落标记，可将两栏平均分布。

2.2.5 首字下沉

首字下沉是指将段落第一个字进行放大突出显示，主要用于修饰文档，使文档风格更加美观、活泼且更加有趣味性，常用于一些散文、杂志、小说和报刊之中。

设置首字下沉的方法是：选择需要设置首字下沉的段落或将文本插入点定位到该段落，选择【插入】/【文本】组，单击 首字下沉 按钮，在弹出的下拉列表中选择“下沉”选项即可。

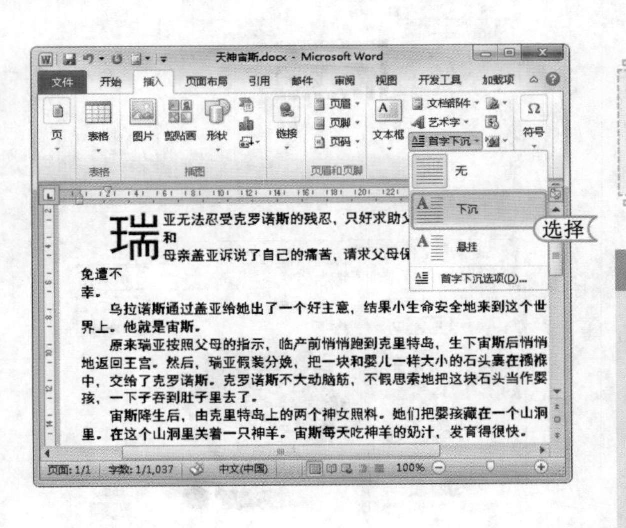

提个醒 首字下沉默认是下沉三行，用户可选择“首字下沉选项”选项，在打开的对话框中可设置下沉的具体参数，如下沉的行数、距正文的距离以及该下沉文字的字体等。

经验一箩筐——设置首字悬挂

首字悬挂是指将首字放大突出显示在段落左侧，其设置方法是：选择需要设置首字悬挂的段落或将文本插入点定位到该段落，选择【插入】/【文本】组，单击 首字下沉 按钮，在弹出的下拉列表中选择“悬挂”选项即可。

上机 1 小时 ▶ 美化“公司简介”文档

- 巩固设置字体格式与效果的方法。
- 巩固设置段落格式的方法。
- 练习分栏与首字下沉的排版方式。

光盘文件
素材 \ 第 2 章 \ 公司简介 .docx
效果 \ 第 2 章 \ 公司简介 .docx
实例演示 \ 第 2 章 \ 美化“公司简介”文档

本例将对“公司简介 .docx”文档的字体与段落格式进行设置，然后适当应用项目符号和编号来突出文档的层次结构，最后进行分栏和首字下沉排版，使其更具有吸引力，如下图所示为美化前后的对比效果。

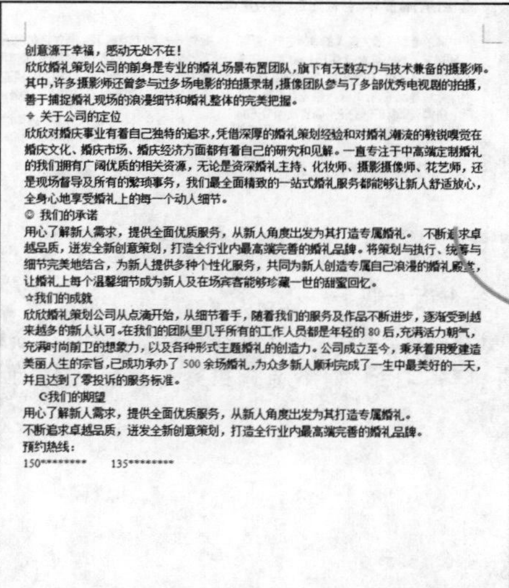
创意源于幸福，感动无处不在！
欣欣婚礼策划公司的前身是专业的婚礼场景布置团队，旗下有无数实力与技术兼备的摄影师。其中，许多摄影师还曾参与过多场电影的拍摄录制，摄像团队参与了多部优秀电视剧的拍摄，善于捕捉婚礼现场的浪漫细节和婚礼整体的完美把握。
◆ 关于公司的定位
欣欣对婚庆事业有着自己独特的追求，凭借深厚的婚礼策划经验和对婚礼潮流的敏锐嗅觉在婚庆文化、婚庆市场、婚庆经济方面都有着自己的研究和见解。一直专注于中高端定制婚礼的我们拥有广阔优质的相关资源，无论是资深婚礼主持、化妆师、摄影摄像师、花艺师，还是现场督导及所有的繁琐事务，我们最全面精致的一站式婚礼服务都能够让新人舒适放心，全身心地享受婚礼上的每一个动人细节。
☺ 我们的承诺
用心了解新人需求，提供全面优质服务，从新人角度出发为其打造专属婚礼。 不断追求卓越品质，迸发全新创意策划，打造全行业内最高端完善的婚礼品牌。将策划与执行、统筹与细节完美地结合，为新人提供多种个性化服务，共同为新人创造专属自己浪漫的婚礼殿堂，让婚礼上每个温馨细节成为新人及在场宾客能够珍藏一世的甜蜜回忆。
☆我们的成就
欣欣婚礼策划公司从点滴开始，从细节着手，随着我们的服务及作品不断进步，逐渐受到越来越多的新人认可。在我们的团队里几乎所有的工作人员都是年轻的 80 后，充满活力朝气，充满时尚前卫的想象力，以及各种形式主题婚礼的创造力。公司成立至今，秉承着用爱建造美丽人生的宗旨，已成功承办了 500 余场婚礼，为众多新人顺利完成了一生中最美好的一天，并且达到了零投诉的服务标准。
☪我们的期望
用心了解新人需求，提供全面优质服务，从新人角度出发为其打造专属婚礼。
不断追求卓越品质，迸发全新创意策划，打造全行业内最高端完善的婚礼品牌。
预约热线：
150********　　135********

创意源于幸福，感动无处不在！
欣婚礼策划公司的前身是专业的婚礼场景布置团队，旗下有无数实力与技术兼备的摄影师。其中，许多摄影师还曾参与过多场电影的拍摄录制，摄像团队参与了多部优秀电视剧的拍摄，善于捕捉婚礼现场的浪漫细节和婚礼整体的完美把握。
◆ 关于公司的定位
欣欣对婚庆事业有着自己独特的追求，凭借深厚的婚礼策划经验和对婚礼潮流的敏锐嗅觉在婚庆文化、婚庆市场、婚庆经济方面都有着自己的研究和见解。一直专注于中高端定制婚礼的我们拥有广阔优质的相关资源，无论是资深婚礼主持、化妆师、摄影摄像师、花艺师，还是现场督导及所有的繁琐事务，我们最全面精致的一站式婚礼服务都能够让新人舒适放心，全身心地享受婚礼上的每一个动人细节。
☺ 我们的承诺
用心了解新人需求，提供全面优质服务，从新人角度出发为其打造专属婚礼。 不断追求卓越品质，迸发全新创意策划，打造全行业内最高端完善的婚礼品牌。将策划与执行、统筹与细节完美地结合，为新人提供多种个性化服务，共同为新人创造专属自己浪漫的婚礼殿堂，让婚礼上每个温馨细节成为新人及在场宾客能够珍藏一世的甜蜜回忆。
☆ 我们的成就
欣欣婚礼策划公司从点滴开始，从细节着手，随着我们的服务及作品不断进步，逐渐受到越来越多的新人认可。在我们的团队里几乎所有的工作人员都是年轻的 80 后，充满活力朝气，充满时尚前卫的想象力，以及各种形式主题婚礼的创造力。公司成立至今，秉承着用爱建造美丽人生的宗旨，已成功承办了 600 余场婚礼，为众多新人顺利完成了一生中最美好的一天，并且达到了零投诉的服务标准。
☪ 我们的期望
用心了解新人需求，提供全面优质服务，从新人角度出发为其打造专属婚礼。 不断追求卓越品质，迸发全新创意策划，打造全行业内最高端完善的婚礼品牌。
预约热线：150********，135********

STEP 01：设置全文文本格式

1. 打开“公司简介 .docx”文档，按 Ctrl+A 组合键选择所有文本内容，选择【开始】/【字体】组，设置文本字体字号为“宋体、五号”。
2. 将文本颜色设置为“茶色，背景 2，深色 50%”。

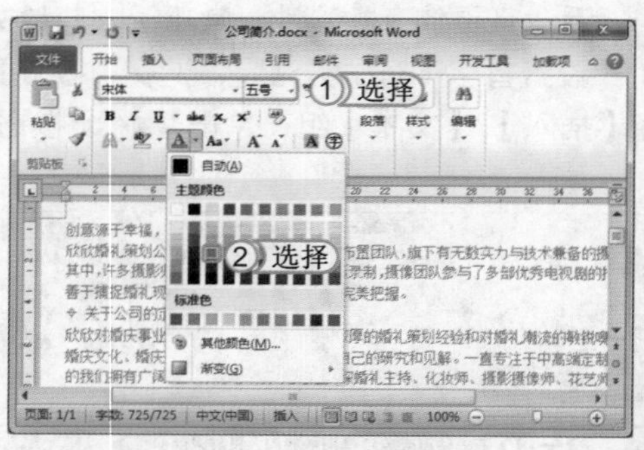

STEP 02：设置标题文本格式

1. 选择文档标题，设置字体字号为“方正稚艺简体、二号”，分别单击 **B** 按钮和 *I* 按钮进行加粗和倾斜。
2. 单击“字体颜色”按钮 A 右侧的下拉按钮，在弹出的下拉列表中选择“其他颜色”选项。打开“颜色”对话框，在其中的“标准”选项卡中选择如右图所示的颜色。
3. 单击 确定 按钮。

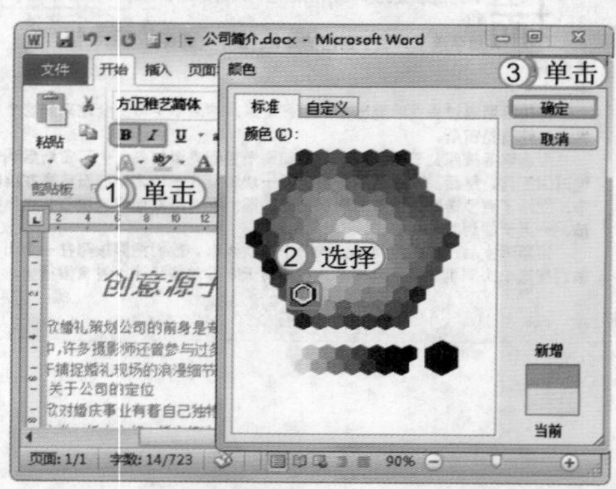

STEP 03： 添加文本阴影效果

在【开始】/【字体】组单击“文本效果”按钮，在弹出的下拉列表中选择“阴影”选项，在弹出的子列表的“外部”栏中选择“向右偏移”选项，为文本添加阴影效果。

提个醒 当不需要设置字体格式时，可选择设置文本格式后的文本，在【开始】/【字体】组单击“清除格式”按钮即可。

STEP 04： 添加映像效果

继续单击“文本效果”按钮，在弹出的下拉列表中选择“映像”选项，在弹出的子列表的“外部”栏中选择“全映像，接触”选项，添加映像效果。

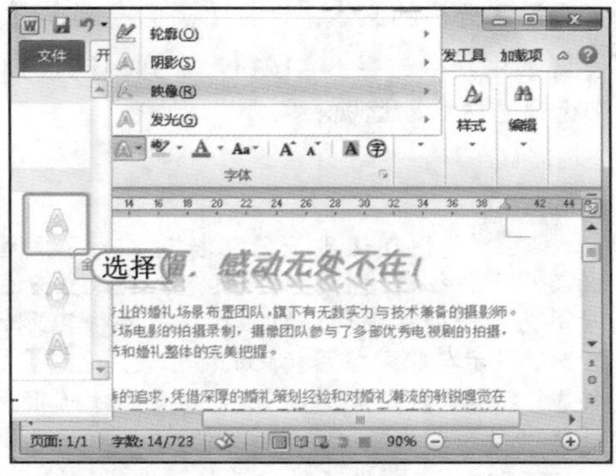

提个醒 单击“文本效果”按钮，在弹出的下拉列表中选择任一选项下的对应选项，将打开“设置文本格式”对话框，在其中可具体设置文本的填充、轮廓、阴影、映像和发光等格式。

STEP 05： 添加字符底纹

返回工作界面，在标题后输入空格转到行尾，用鼠标选择标题行，在【开始】/【字体】组单击“字符底纹”按钮，添加灰色底纹效果。

提个醒 添加字符底纹与以不同颜色突出显示文本的作用相似，但添加底纹只有一种颜色，且只需在选择文本后，单击“字符底纹”按钮即可。

STEP 06： 设置段后间距

1. 按Ctrl+A组合键选择所有文字内容，选择【开始】/【段落】组，单击按钮。打开“段落”对话框，在“间距”栏的“段后”数值框中输入“12磅”。
2. 单击 确定 按钮。

STEP 07：设置首字下沉

1. 选择需要设置首字下沉的段落或将文本插入点定位到该段落，选择【插入】/【文本】组，单击首字下沉按钮，在弹出的下拉列表中选择“首字下沉选项”选项，在打开的对话框的“位置”栏中选择“下沉”选项。
2. 在“下沉行数”数值框中输入“4”。
3. 单击确定按钮。

STEP 08：设置分栏排效果

选择需设置分栏的文本，选择【页面布局】/【页面设置】组，单击分栏按钮，在弹出的下拉列表中选择“两栏”选项。

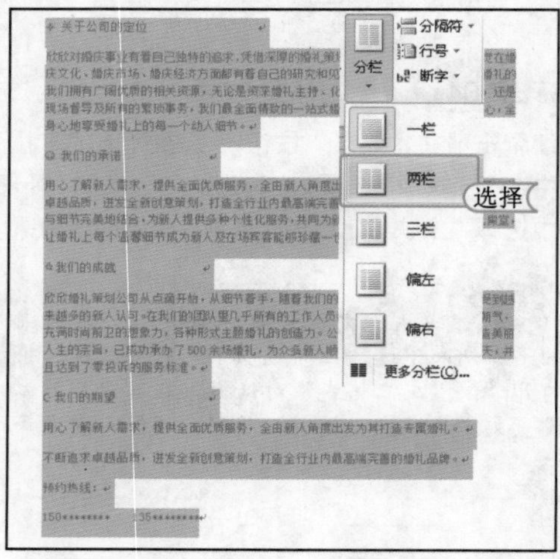

提个醒 文档默认显示段落标记，为了文档的美观，往往需要将其隐藏起来。在设置分栏时，为了使分栏平均分布，往往需要将其显示出来，显示与隐藏段落标记的方法是：选择【文件】/【选项】命令，打开“选项”对话框，选择“显示”选项卡，在右侧选中或取消选中 段落标记(M) 复选框即可显示或隐藏段落标记。

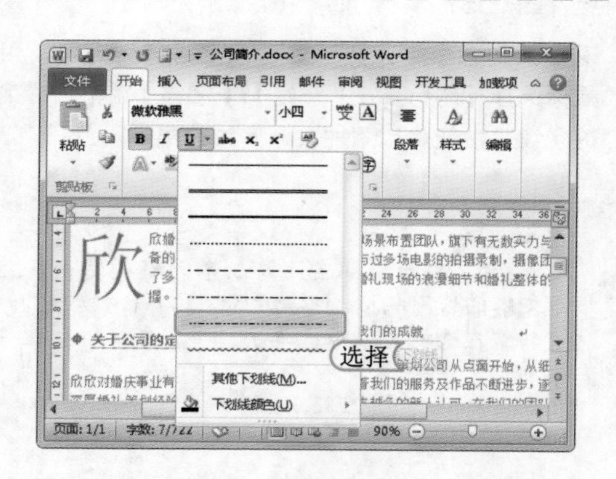

STEP 09：添加下划线

拖动鼠标选择“关于公司的定位”文本，在【开始】【字体】组单击“下划线”按钮右侧的下拉按钮，在弹出的下拉列表中选择如左图所示的点划线选项。

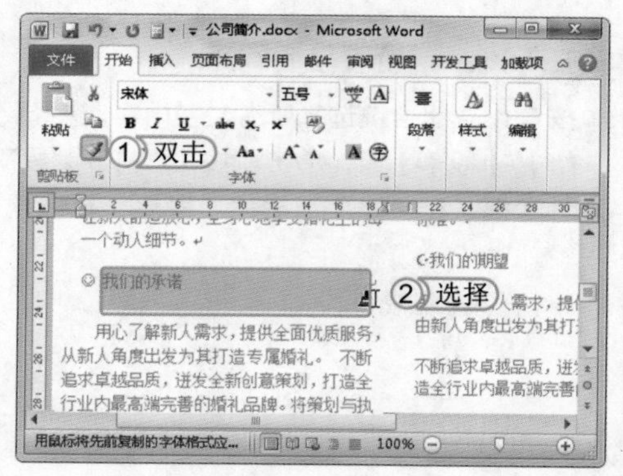

STEP 10：应用格式刷

1. 选择“关于公司的定位”文本，双击“剪贴板”组中的“格式刷”按钮。
2. 此时光标将变成格式刷状态，用鼠标拖动选择“我们的承诺”文本应用格式，继续选择其他同级别的文本应用该格式，完成后按Esc键退出格式刷状态。

STEP 11： 设置项目符号格式

选择项目符号，在【开始】/【字体】组中将字号更改为“三号”，且在项目符号与文本之间添加一个空格。

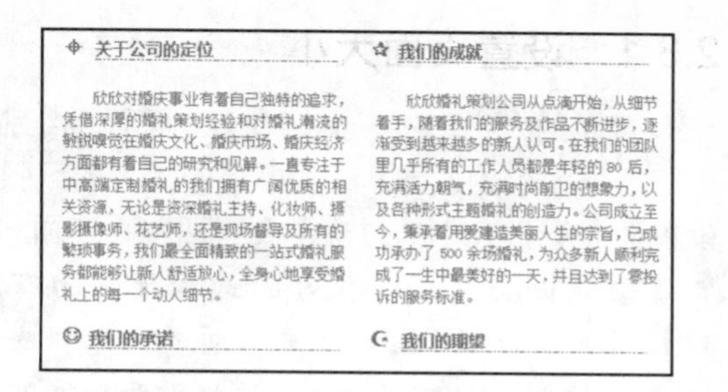

STEP 12： 设置渐变填充

1. 选择预约电话相关的文本和号码，设置字体字号为“华文新魏、小四”，分别单击 **B** 按钮和 *I* 按钮进行加粗和倾斜。
2. 单击“字符底纹”按钮A添加灰色底纹效果。
3. 单击“字体颜色”按钮A右侧的下拉按钮，在弹出的下拉列表中选择“渐变”选项，在弹出的子列表的“变体”栏中选择如右图所示的“中心辐射”选项。

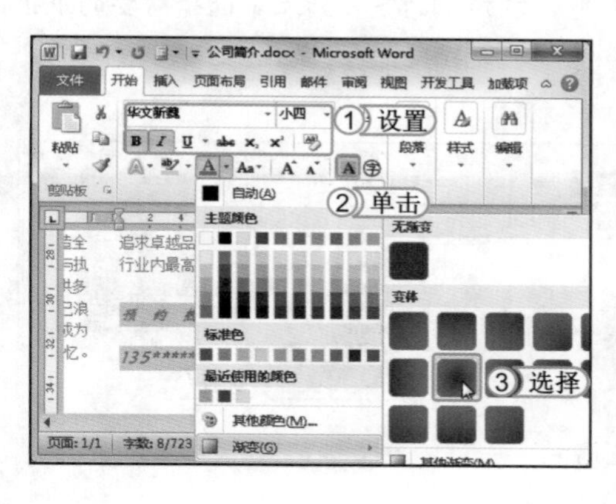

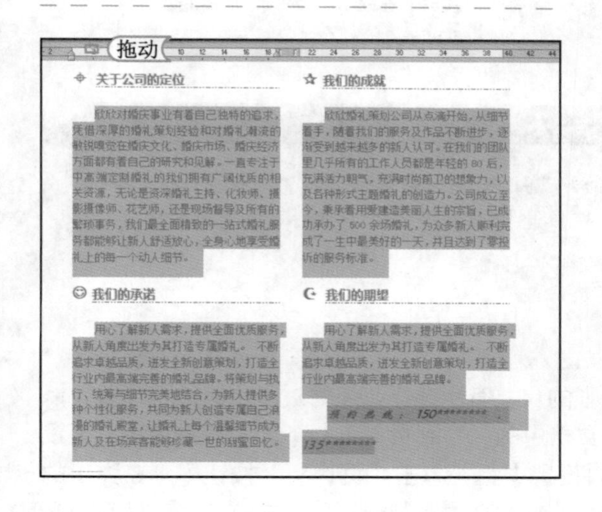

STEP 13： 设置首行缩进

配合 Ctrl 键选择如左图所示的段落，拖动标尺上的“首行缩进”按钮至刻度 2，即设置首行缩进 2 个字符，完成本例的制作。

提个醒 用户除了可以通过“段落”对话框或“标尺”来进行首行缩进的设置外，也可直接按空格键来设置首行缩进的效果。

2.3 设置并美化页面效果

在制作一些特殊的文档时，除了设置文本和段落格式，往往还需要对其进行打印装订，这就要求在制作文档前设置页面大小和页面边框等，还需要添加页眉页脚、插入页码来美化页面。下面将对这些设置与美化页面的相关知识进行具体介绍。

学习 1 小时

- 掌握设置页面大小和页边距的方法。
- 掌握添加页眉页脚的方法。
- 掌握设置页码的方法。
- 掌握设置页面边框和填充的方法。
- 掌握设置稿纸效果的方法。
- 掌握设置水印的方法。

2.3.1 设置页面大小

页面的大小取决于文档在多大幅面的纸张上显示或打印，因此，页面大小的设置实质就是打印纸张大小的设置。一般办公中常见的纸张大小为 A4，这也是 Word 2010 默认的纸张大小。设置页面纸张大小的方法主要有两种，下面将分别进行介绍。

- 直接选择页面纸张大小：选择【页面布局】/【页面设置】组，单击“页面大小”按钮，在弹出的下拉列表中选择需要的纸张大小。
- 通过“页面设置”对话框设置：单击【页面布局】/【页面设置】组下方的“扩展”按钮，在打开的“页面设置”对话框中选择“纸张”选项卡，在“纸张大小”栏中选择所需的纸张大小。

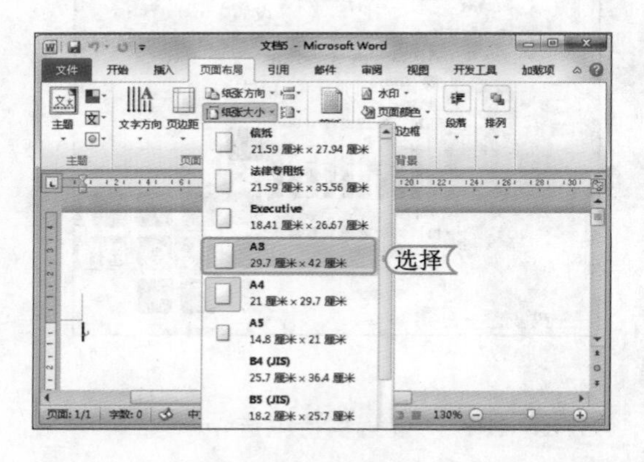

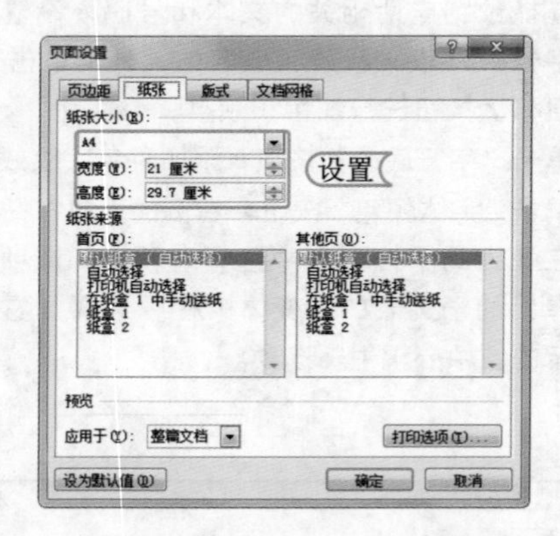

经验一箩筐——设置纸张方向

纸张方向只有横向和纵向两种，默认的纸张方向为纵向。若用户需要将其设置为横向，可选择【页面布局】/【页面设置】组，单击“纸张方向”按钮，再在弹出的下拉列表中选择“横向”选项即可。

2.3.2 设置页边距

在实际应用中，装订的文档不仅对打印纸张的尺寸有所选择，还需对页边距进行设置，以方便装订与提高页面的美观度。页边距就是指文档中的内容到页面上、下、左和右的距离。设置页边距的方法是：选择【页面布局】/【页面设置】组，单击“页边距”按钮，在弹出的下拉列表中选择相应的页边距类型即可。若选择“自定义边距”选项，可在打开的对话框中自定义页边距的值。

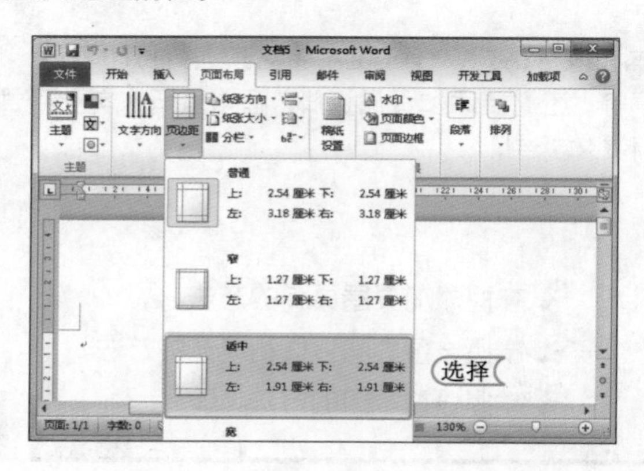

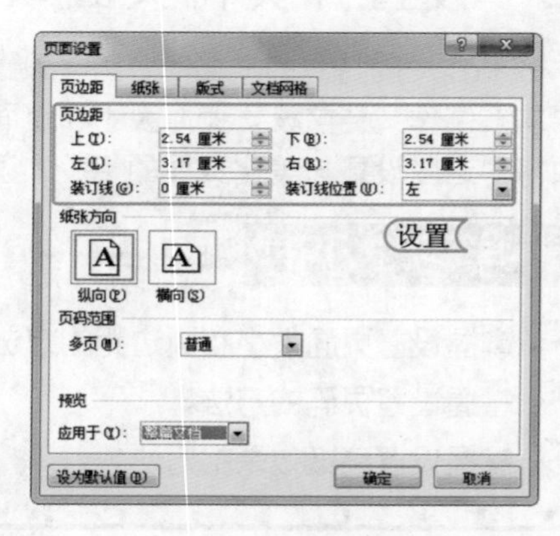

2.3.3 添加页眉与页脚

页眉和页脚分别位于一页文档的首部和尾部，通常用于插入文档标题、公司标志、文件名或日期等，可以起到注释的作用。下面将对页眉和页脚的应用分别进行介绍。

1. 插入页眉和页脚

通过 Word 的页眉页脚功能，可在文档的顶部或底部添加内容，以使文档的内容更完整，用户可直接选择页眉和页脚的样式进行应用。其方法为：选择【插入】/【页眉和页脚】组，单击 页眉 按钮，在弹出的下拉列表中选择需要的页眉样式即可插入页眉，用户可将样式中的文本更改为需要的文本即可。同样，用户还可在【插入】/【页眉和页脚】组单击 页脚 按钮，在弹出的下拉列表中选择需要插入的页脚样式。如下图所示为在页眉中插入“瓷砖型”页眉样式的效果。

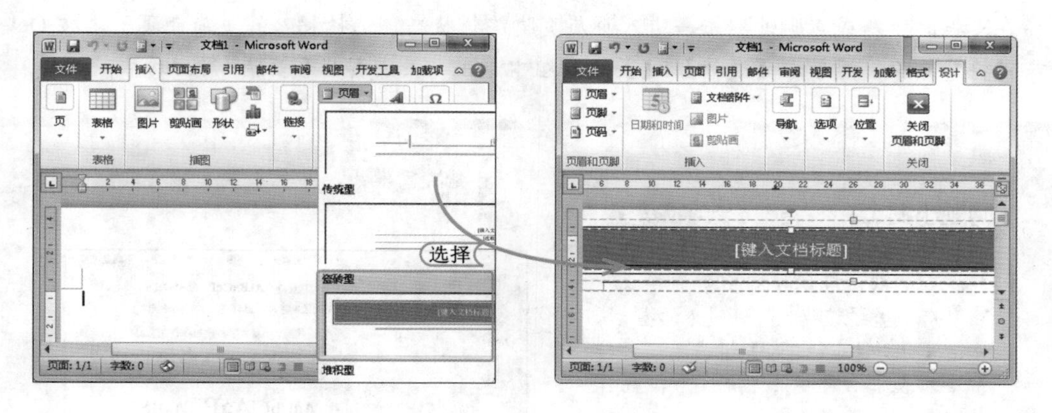

2. 编辑页眉和页脚

除了直接套用页眉与页脚样式外，用户还可自行编辑页眉页脚。下面分别对页眉页脚常用的编辑操作进行介绍。

- 进入与退出页眉和页脚：在页眉和页脚处双击，可快速进入页眉页脚编辑状态。编辑完成后，用户可双击文档的正文区域，或在【设计】/【关闭】组中单击“关闭页眉和页脚”按钮即可退出页眉和页脚的编辑状态。
- 插入对象：进入页眉页脚编辑状态后，用户不仅可以输入并设置文本格式，还可插入时间、图片和剪贴画等对象。其方法很简单，只需在【页眉页脚】/【设计】/【插入】组中单击相关的按钮即可。如下图所示为单击“图片”按钮，插入标志图片的效果。

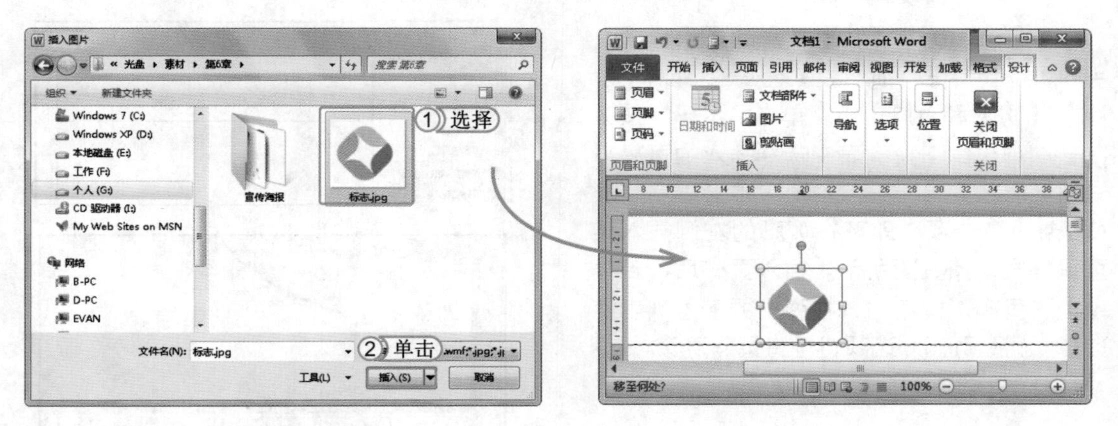

经验一箩筐——编辑插入的对象

插入图片或剪贴画等对象后，用户可设置对象的对齐方式，其设置方法与设置文本的对齐方法一样。用户还可通过拖动图片周围的控制点来调整图片的大小，关于图片的具体编辑操作将在第3章中进行详细讲解，这里不再赘述。

- 设置页眉和页脚首页不同显示：为奇偶页创建不同的页眉页脚，首先应设置页眉页脚奇偶显示不同，然后再分别设置奇数页和偶数页。为奇偶页设置不同页眉和页脚显示的方法为：选择【页眉页脚】/【设计】/【选项】组，选中☑奇偶页不同复选框即可。若要在首页取消页眉页脚，或设置不同的页眉页脚，用户可在【页眉页脚】/【设计】/【选项】组选中☑首页不同复选框。
- 删除页眉和页脚：当文档中不需要设置页眉和页脚时，也可分别将其删除，其方法为：在文档的页眉或页脚处双击，进入页眉页脚编辑状态，选择插入的页眉或页脚，按Delete键将其删除，然后在【设计】/【关闭】组中单击“关闭页眉和页脚”按钮。

问题小贴士

问：为什么进入页眉后，会出现黑色横线，并且不能直接将其删除，这是怎么回事呢？

答：这是因为进入页眉后，默认应用了空白页眉样式。若用户不需要该横线，可进入页眉后，选择【开始】/【样式】组，单击“样式”列表框右侧的下拉按钮，在弹出的下拉列表中选择“清除格式”选项，即可清除页眉的横线。

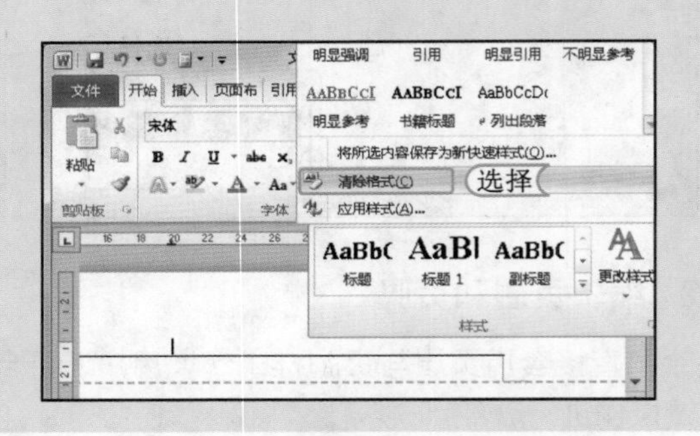

2.3.4 设置页码

在编辑一些长文档时，不仅需要对页眉页脚进行设置，还要在文档中添加页码，以方便文档的查看与目录的制作。

1. 插入页码

Word 2010中提供了丰富的页码样式，用户可以直接进行插入。其方法是：选择【设计】/【页眉和页脚】组，单击“页码”按钮，在弹出的下拉列表中选择插入的页码样式即可插入页码，这里选择“页面底端”/“堆叠纸张1”选项，即可在页脚的左侧插入该页码样式，如右图所示。插入页码后，若再单击“页码”按钮，在弹出的下拉列表中选择“删除页码”选项，可将页码清除。

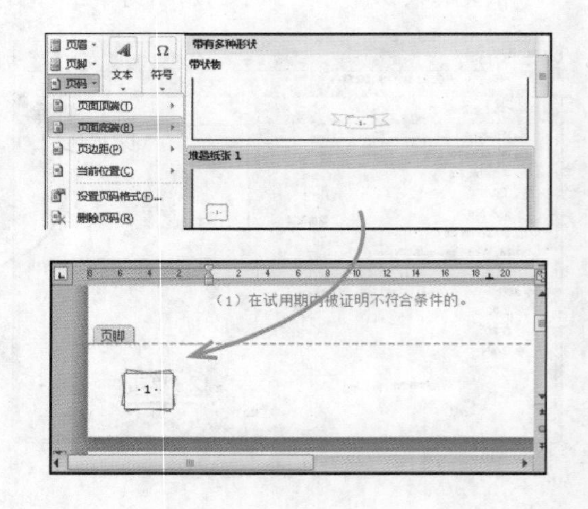

经验一箩筐——为设置页眉页脚奇偶不同的文档插入页码

当文档设置了页眉页脚奇偶不同，直接插入页码将只会显示奇数页，这时，用户需要进入页眉页脚编辑状态，在偶数页页眉或页脚单击鼠标，将鼠标光标定位到偶数页页眉或页脚中，再选择插入的页码样式即可。

2. 设置页码格式

默认插入的页码是以阿拉伯数字“1”开始的，其实，用户可根据需要设置插入页码的编号格式与起始页码。其方法是：在【设计】/【页眉和页脚】组单击“页码”按钮，在弹出的下拉列表中选择“设置页码格式”选项，即可打开“页码格式”对话框，在“编号格式”下拉列表框中可选择页码的编号样式，选中 起始页码(A): 单选按钮，可在后面的页码文本框中输入页码的起始页码。

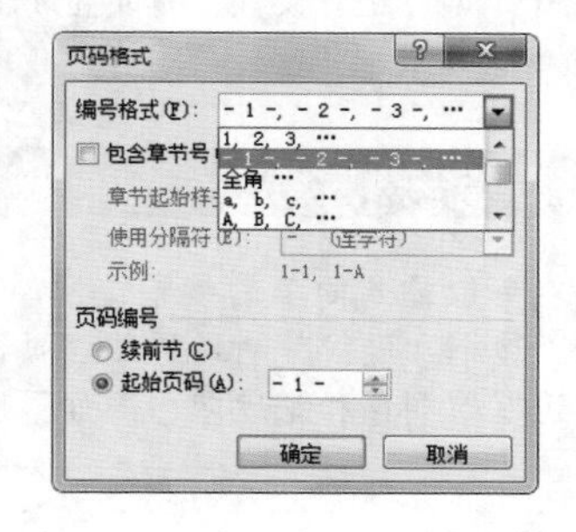

2.3.5 设置页面边框与填充效果

在 Word 2010 中，可以为页面设置边框和填充效果，来美化文档页面，这种美化操作使文档版式更为生动、活泼，是比较常用的文档美化操作方法。

1. 设置页面边框

页面边框是指在文档页面的四周添加的边框效果，Word 2010 提供了丰富的边框样式供用户选择，既有较正式的普通边框线，也有较活泼的花边效果，所以其适用范围很广。下面在“公司简介 1.docx”文档中添加页面边框。其具体操作如下：

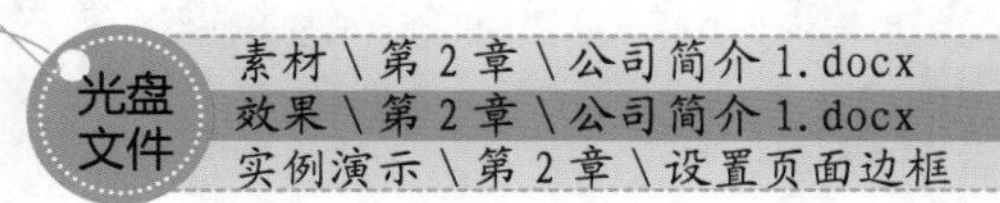

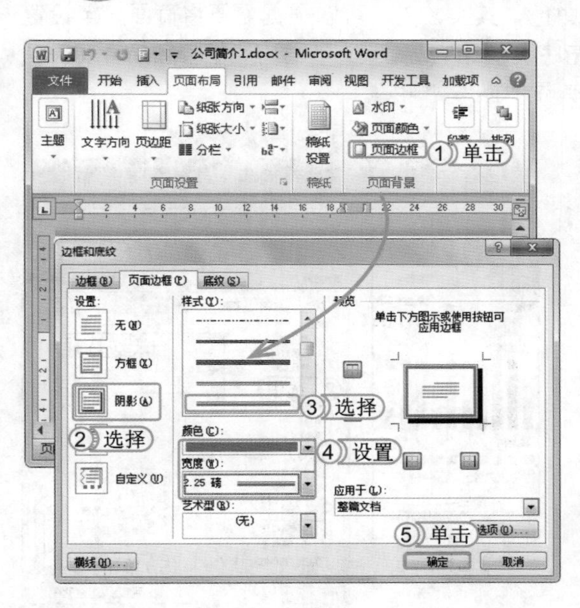

STEP 01: 设置页面边框效果

1. 打开“公司简介 1.docx”文档，选择【页面布局】/【页面背景】组，单击“页面边框”按钮。
2. 打开“边框和底纹”对话框，选择“页面边框”选项卡，在“设置”栏中选择“阴影”选项。
3. 在“样式”列表框中选择如左图所示的线型。
4. 在“颜色”和“宽度”下拉列表框中分别选择“橄榄色”和“2.25 磅”选项。
5. 单击 确定 按钮。

提个醒 若在“边框和底纹”对话框右下角单击 选项(O)... 按钮，可在打开的对话框中设置边框的各边与页面边线的距离。

STEP 02：查看设置的边框效果

返回 Word 编辑窗口，即可查看设置页面边框效果后的文档，如右图所示。在“设置”栏中单击“无”按钮可清除添加的边框。

提个醒

用户也可为文本或段落设置边框效果，其方法是：选择需要设置边框效果的文本或段落，在“边框和底纹”对话框中选择“边框”选项卡，即可进行设置，其设置方法与设置页面的方法相同。

经验一箩筐——应用艺术边框

用户不仅可以插入简单的线条边框，还可应用并设置软件自带的艺术边框效果。其方法很简单，只需在“边框和底纹”对话框的“页面边框”选项卡的“艺术型”下拉列表框中选择相应的样式，再设置边框的颜色和宽度即可，如下图所示为应用的艺术边框效果。

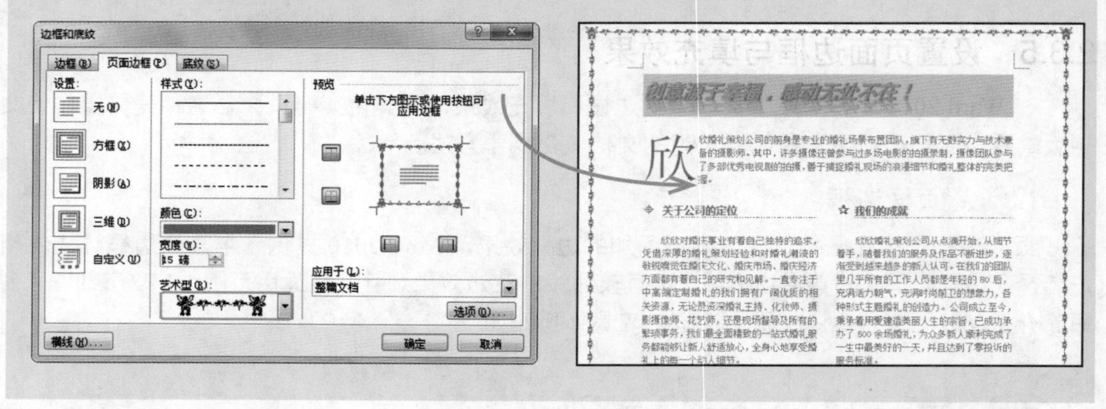

2. 设置页面填充效果

在 Word 2010 中，文档默认的页面颜色为白色，其实，用户可以根据需要将页面颜色设置为其他颜色。除此之外，用户还可在页面上填充底纹、图片或图案。下面将“化妆品简介 .docx”文档的页面颜色设置为红白渐变的颜色效果。其具体操作如下：

光盘文件

素材 \ 第 2 章 \ 化妆品简介 .docx

效果 \ 第 2 章 \ 化妆品简介 .docx

实例演示 \ 第 2 章 \ 设置页面填充效果

STEP 01：设置页面填充效果

1. 打开“化妆品简介 .docx”文档，在【页面布局】/【页面背景】组中单击“页面颜色”按钮，在弹出的下拉列表中选择“填充效果”选项。
2. 打开“填充效果”对话框，选择“渐变”选项卡，选中 双色(T) 单选按钮。
3. 在“颜色 1(1):”、“颜色 2(2):”下拉列表框中分别选择“粉红色”、“白色”选项。
4. 在“底纹样式”栏中选中 角部辐射(F) 单选按钮。
5. 单击 确定 按钮。

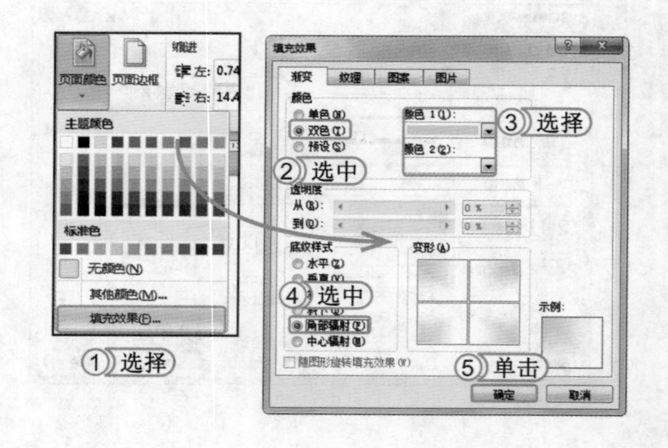

STEP 02： 查看设置的填充效果

返回 Word 编辑状态，即可查看设置背景填充效果后的文档。

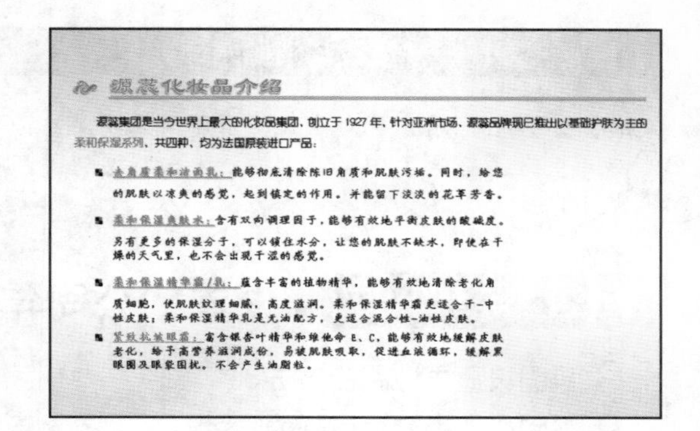

提个醒 用户还可在“填充效果”对话框中为页面填充其他效果，如选择“纹理”选项卡，可在其中设置页面的纹理效果；选择“图案”选项卡，可在其中设置页面的图案效果；选择“图片”选项卡，可在其中设置图片填充效果。

2.3.6 设置稿纸效果

利用 Word 2010 的稿纸功能，可以方便地制作出各种稿纸样式的页面，如方格样式、行线样式和框线样式等。其设置方法是：选择【页面布局】/【稿纸】组，单击“稿纸设置”按钮，打开“稿纸设置”对话框，在其中可设置网格格式、行数和列数、网格颜色、纸张大小与方向以及页眉与页脚的样式等，如下图所示为设置方格样式的效果。

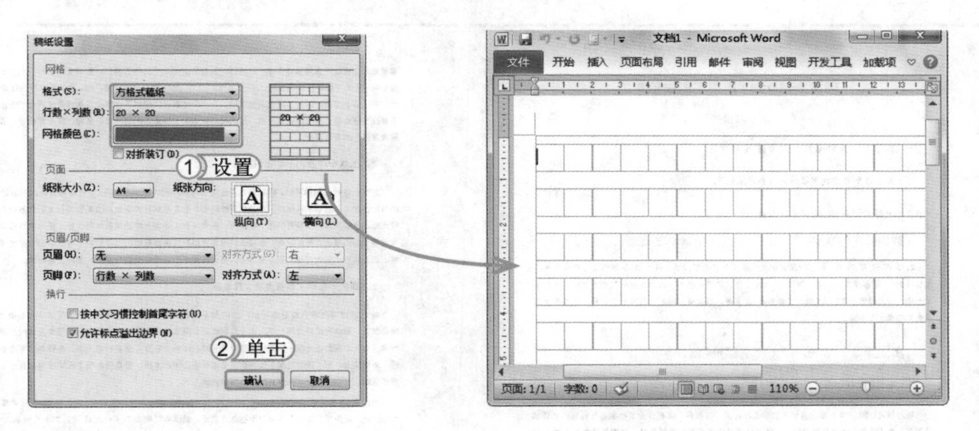

2.3.7 设置水印效果

在 Word 2010 中，用户不仅可以快速使用内置的水印样式，还可以为文档添加自己喜欢的“水印”文字或“水印”图片作为文档的背景。其方法是：选择【页面布局】/【页面背景】组，单击“水印”按钮，在弹出的下拉列表中可选择内置的水印样式。若选择“自定义水印”选项，将打开“水印”对话框，若选中 图片水印(I) 单选按钮，可单击 选择图片(P)... 按钮，在打开的对话框中选择图片作为水印；若选中 文字水印(X) 单选按钮，可在下方设置文字的内容、字体、大小、颜色以及版式等，设置完成后单击 应用(A) 按钮即可将其插入文档中，如下图所示为添加“宏泰”文字水印的效果。

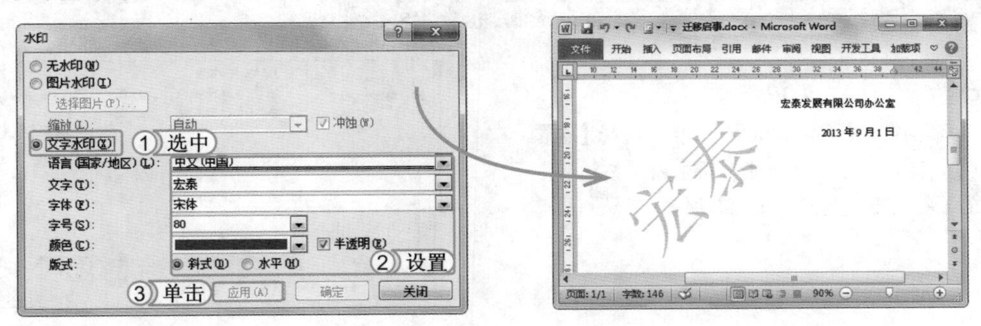

经验一箩筐——更改与清除水印效果

添加水印后，用户若对添加的水印效果不满意，可继续插入其他水印，将自动替换当前水印的效果；若不需要水印，可单击“水印”按钮，在弹出的下拉列表中选择“删除水印”选项清除水印。

上机 1 小时 设置“公司年终总结报告”文档

- 巩固设置页边距的方法。
- 巩固添加页眉与页脚的方法。
- 巩固使用图片水印填充页面的方法。

本例将对“公司年终总结报告.docx”文档的页面属性进行设置，包括设置页边距、设置装订线位置，将标题插入到页眉，在页脚插入当前时间，以及插入图片背景与图片水印来美化文档，最终效果如下图所示。

光盘文件

素材\第 2 章\公司年终总结报告\
效果\第 2 章\公司年终总结报告.docx
实例演示\第 2 章\设置“公司年终总结报告”文档

STEP 01: 设置页边距

打开“公司年终总结报告.docx”文档，选择【页面布局】/【页面设置】组，单击“页边距”按钮，在弹出的下拉列表中选择“窄”选项。

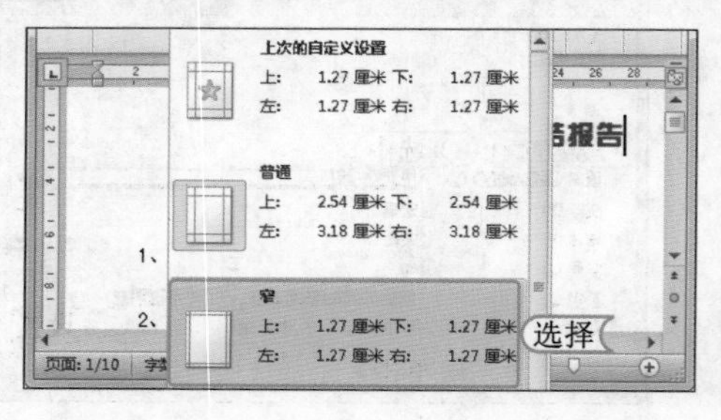

STEP 02： 设置装订线位置

1. 再次单击“页边距”按钮，在弹出的下拉列表中选择“自定义边距”选项，打开“页面设置”对话框，选择“页边距”选项卡。
2. 在“页边距”栏的“装订线”数值框中输入“2厘米”。
3. 在“页边距”栏的“装订线位置”下拉列表框中选择“左”选项。
4. 单击 确定 按钮。

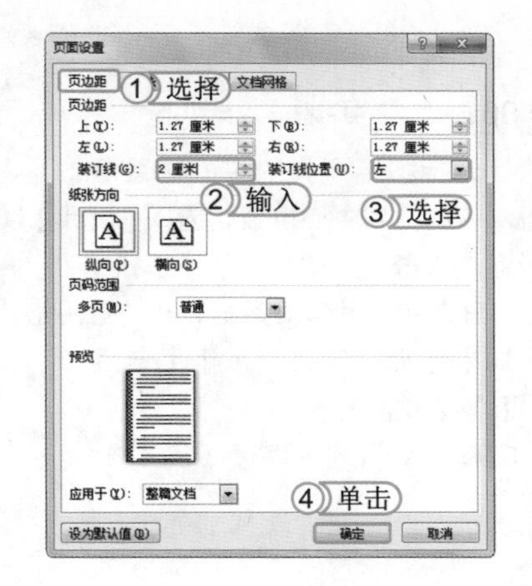

提个醒 在办公时，经常会打印很多的文件，这些文件有时可能一页打印不完，这个时候就需要装订一下，进行装订时，往往需要设置装订线的位置与装订线的宽度。

STEP 03： 清除页眉横线

在页眉处双击进入页眉编辑状态，并将鼠标光标插入到页眉，选择【开始】/【字体】组，单击“清除格式”按钮清除页眉横线。

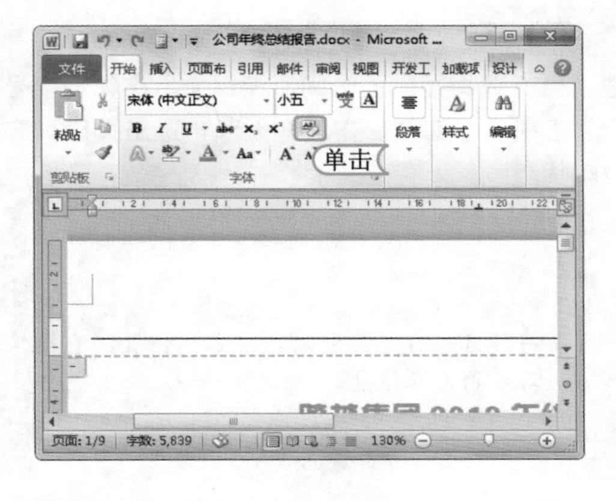

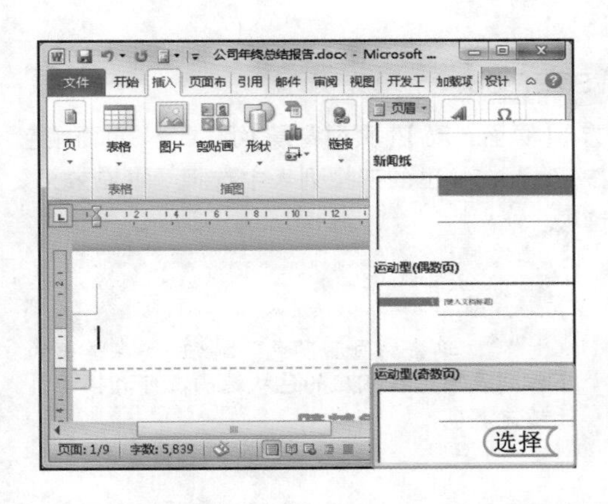

STEP 04： 插入页眉

选择【插入】/【页眉和页脚】组，单击“页眉”按钮，在弹出的下拉列表中选择“运动型（奇数页）”选项。

提个醒 由于没有设置奇偶页不同，因此用户也可单击“页眉”按钮，在弹出的下拉列表中选择“运动型（偶数页）”选项，得到相同的效果。

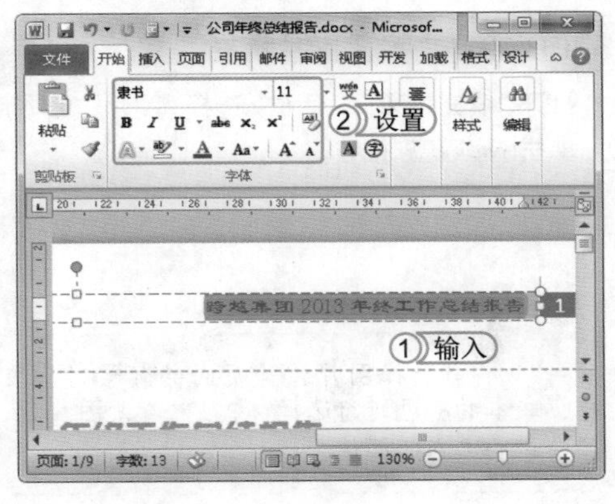

STEP 05： 设置页眉

1. 将插入的页眉中的文本清除，重新输入“跨越集团 2013 年终工作总结报告”文本。
2. 拖动鼠标选择输入的文本，将字体设置为“隶书”，将字号设置为“11”，将字体颜色设置为“深蓝，文字 2”。

提个醒 插入“运动型”页眉样式后，将自动在相应的页中提取标题，为了保持统一性，需要将自动插入的标题删除，输入需要的文本。

STEP 06：在页脚插入时间

1. 将鼠标光标移至页脚的中心位置双击，将文本插入点定位到中心位置，选择【设计】/【插入】组，单击“日期和时间”按钮。
2. 打开“日期和时间”对话框，在“可用格式”列表框中选择“二〇一三年十一月二十二日星期五”选项。
3. 单击确定按钮。

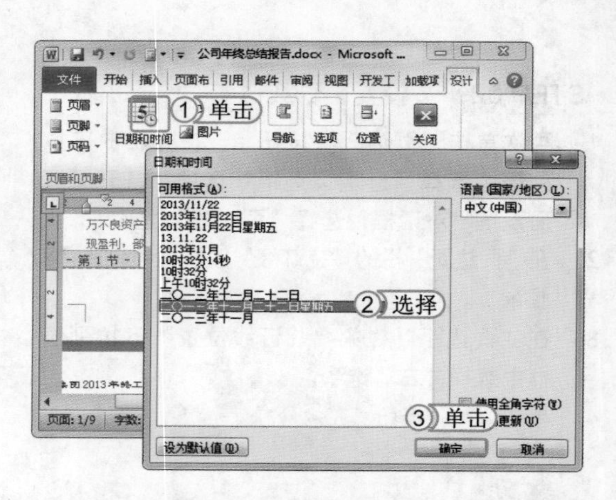

STEP 07：设置页脚格式

拖动鼠标选择插入的时间，设置文本字体、字号为“隶书、小四”。在正文上双击退出页眉页脚编辑状态。

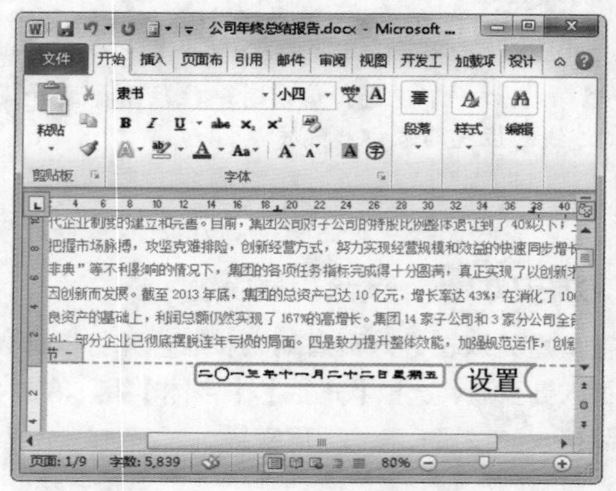

提个醒

用户也可在进入页眉页脚编辑状态后，将鼠标光标定位到输入文本的位置，直接输入需要的文本信息。

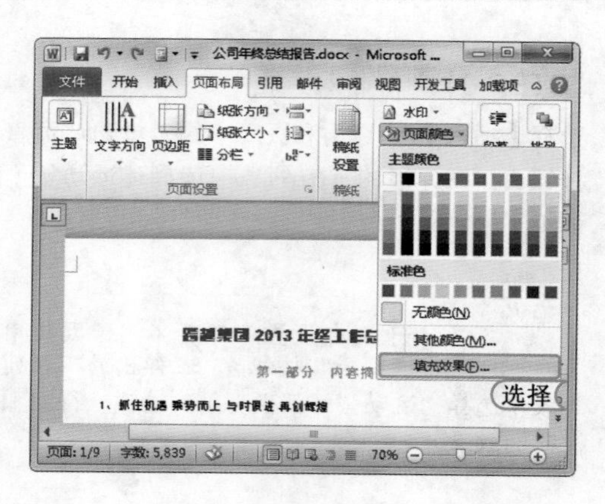

STEP 08：填充页面

选择【页面布局】/【页面背景】组，单击“页面颜色”按钮，在弹出的下拉列表中选择“填充效果”选项。

提个醒

单击“页面颜色”按钮，在弹出的下拉列表中选择相应的色块选项，可直接为页面填充颜色。

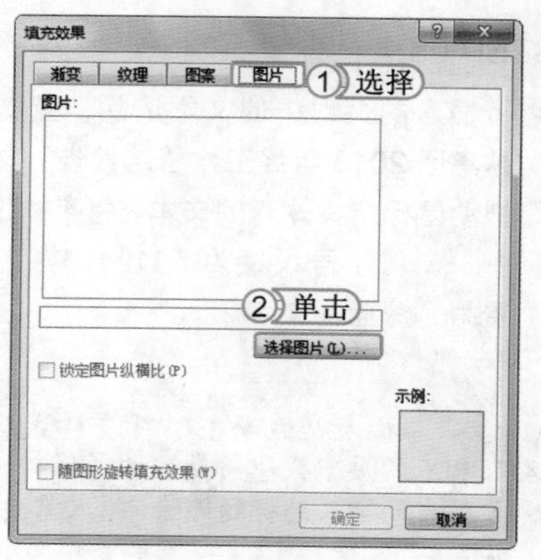

STEP 09：设置图片填充

1. 打开“填充效果”对话框，选择“图片”选项卡。
2. 单击选择图片(L)...按钮。

提个醒

当选择图片作为页面的背景时，应根据文本的颜色进行选择，即插入背景图片后，不会影响文本的阅读。

STEP 10： 选择填充的图片

1. 打开“选择图片”对话框，在其中选择需要填充为背景的图片，这里选择“背景.png”图片。
2. 单击[插入(S)]按钮返回“填充效果”对话框，单击[确定]按钮完成图片背景的设置。

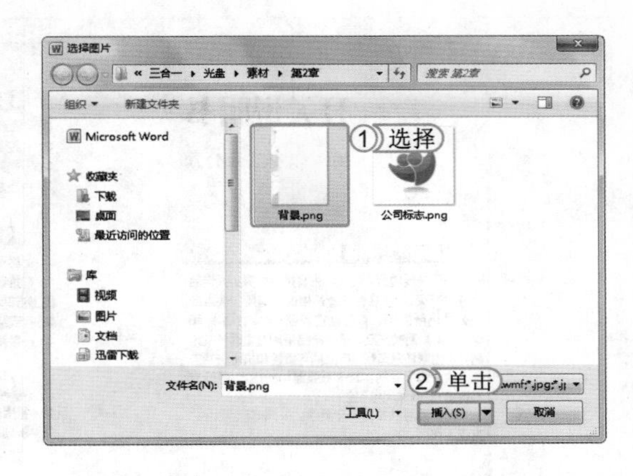

STEP 11： 设置图片水印

1. 选择【页面布局】/【页面背景】组，单击“水印”按钮，在弹出的下拉列表中选择“自定义水印”选项。打开“水印”对话框，选中[图片水印(I)]单选按钮。
2. 单击[选择图片(P)...]按钮。

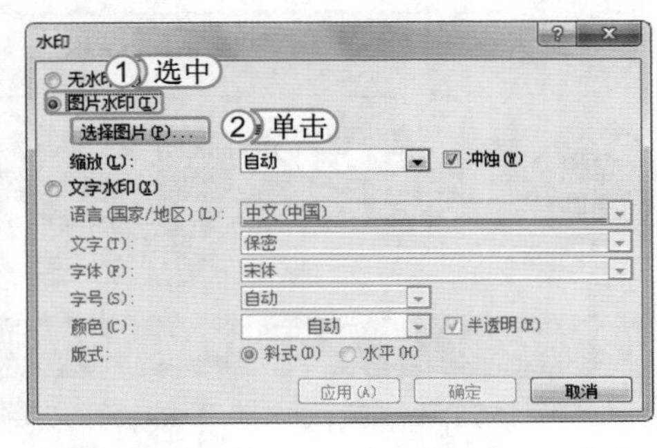

STEP 12： 选择水印图片

1. 打开“插入图片”对话框，在其中选择需要填充为背景的图片，这里选择“公司标志.png”图片。
2. 单击[插入(S)]按钮返回“水印”对话框，单击[应用(A)]按钮即可将该水印插入到文档中。

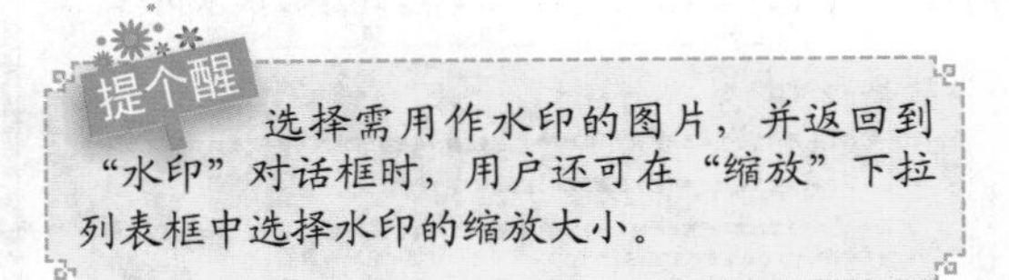

提个醒 选择需用作水印的图片，并返回到“水印”对话框时，用户还可在“缩放”下拉列表框中选择水印的缩放大小。

2.4 练习1小时

本章主要介绍了Word文档的初级编辑操作，包括输入并修改文本、美化文本效果、设置并美化页面等知识，用户要想在日常工作中熟练使用它们，还需再进行巩固练习。下面以新建并编辑“产品说明书”、编辑“员工手册”页面属性为例，进一步巩固这些知识的使用方法。

1. 新建并编辑“产品说明书”文档

本例将首先新建“产品说明书.docx”文档，输入并修改产品说明相关的文本信息，再对文档的字体格式、段落格式进行设置，并添加项目符号和编号、设置多栏排版和首字下沉效果，设置完成后，其最终效果如下图所示。

★丰光声双控★

开关说明书

感谢您购买我公司的该产品！

【产品功能】

白天关闭电灯，晚上人来有声控灯亮，人走自动延时灯灭。适宜在各种建筑楼道、厕所、洗漱间等公共场所应用。有应急控制端：DDWII-4/E 和 DDWII-4/F 两款产品，该类产品采用继电器开关控制，可控制任意负载，产品的可靠性和抗电流冲击能力大大增强。可实现火线强制切断技术（最新专利技术），确保用电安全。

此产品可以根据用户要求，采用交直流工作。12V，24V，36V。

【性能指标】

- 工作电压：V 交流 光控灵敏度：关闭 160-250 >1-4Lx
- 控制功率：≤延时 时间：秒±或用户自选 60W 60 30%
- 声控灵敏度：控制负载：阻性 白炽灯 节能灯
- 应急控制 可选 外观尺寸：45x70x28

【安装使用须知】

- 尽可能将开关装在人手不及的高度以上，以延长实际使用寿命。
- 推荐一只开关控制一个灯泡，灯泡不大于 200W，控制负载较大时，请向厂家提出咨询。
- 安装时不得带电接线，防止灯泡接口短路。
- 接线方法参见产品接线图。

【保修事宜】

- 售出产品如有质量问题，三年内修，保换。
- 系列声光控延时开关的型号包括：DDWII-4/E、DDWII-4/F、DDWII-4/G 等规格。

分节符(连续)

上海新丰科技有限公司 网站：http://www.shanghaixinfeng.com 地址：上海市*****号 电话：153********

光盘文件

效果\第 2 章\产品说明书.docx

实例演示\第 2 章\新建并编辑“产品说明书”文档

2. 编辑“员工手册”页面属性

本例将打开“员工手册 2.docx”文档，对其页面属性进行设置，包括设置页边距，将标题插入到页眉，在页脚插入当前时间，以及插入图片背景与文字水印来美化文档，最终效果如下图所示。

尹悦文化传播有限公司员工手册

尹悦文化传播有限公司员工手册

公司组织结构图

董事会 → 董事长 → 总经理 → 副总经理 → 各部门

第一章 总 则

第二章 员工聘用章程

尹悦文化传播有限公司员工手册

第三章 管理制度

光盘文件

素材\第 2 章\员工手册 2.docx

效果\第 2 章\员工手册 2.docx

实例演示\第 2 章\编辑“员工手册”页面属性

第3章 制作内容丰富的Word文档

学习 2小时

使用 Word 能轻松地对文档进行排版，但在实际操作时，一篇文档中不可能仅仅只有文字。为了使制作的文档能应用于日常办公，用户还可以添加图片、艺术字和表格等元素，使文档看起来更加美观、正式。

- 插入与编辑图形对象
- 应用其他对象

上机 3小时

3.1 插入与编辑图形对象

在文档中插入图形对象是美化文档的常用手段，同时也可减少文档的单调性、增强文档的可读性与趣味性。在 Word 2010 中插入的图形对象主要分为三种，即图像、形状与 SmartArt 图形，下面就将详细进行讲解 。

学习 1 小时

- 掌握插入与编辑图像的方法。
- 掌握插入与编辑形状的方法。
- 掌握插入与编辑 SmartArt 图形的方法。

3.1.1 插入图像

制作图文并茂的文档少不了插入图像。在 Word 2010 文档中，用户不仅可以插入 Word 2010 自带的剪贴画，而且可以插入一些收集到的精美图片，此外，用户还可插入屏幕截图，使文档效果更美观。下面将分别介绍插入这三种图像的方法。

1. 插入剪贴画

剪贴画就是 Word 2010 自带的图片，在制作文档时，用户可根据需要选择插入与文档对应的剪贴画，快速实现图文混排。其方法是：将文本插入点定位到需插入剪贴画的位置，选择【插入】/【插图】组，单击"剪贴画"按钮，打开"剪贴画"任务窗格，在"搜索文字"栏中输入需查找的剪贴画，这里输入"开关"，单击搜索按钮。在搜索到的结果列表中，选择所需的剪贴画即可。

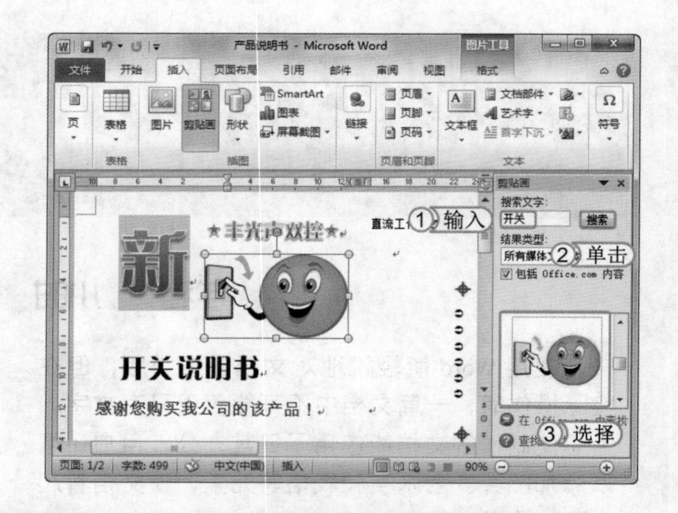

经验一箩筐——显示所有剪贴画

打开"剪贴画"任务窗格后，若不输入搜索的图片类型，直接单击搜索按钮可将所有的剪贴画都显示在下方的列表中。

2. 插入电脑中的图片

软件中的剪贴画数量有限，当不能满足用户的需求时，用户也可以插入电脑中保存的精美图片，来达到图片与文本完美契合的效果。下面在"化妆品宣传 .docx"文档中插入图片，讲解插入图片的方法。其具体操作如下：

光盘文件
素材 \ 第 3 章 \ 化妆品 . jpg、化妆品宣传 . docx
效果 \ 第 3 章 \ 化妆品宣传 . docx
实例演示 \ 第 3 章 \ 插入电脑中的图片

STEP 01： 定位文本插入点

1. 打开“化妆品宣传 .docx”文档，将文本插入点定位到第一行文本后，按 Enter 键换行。
2. 选择【插入】/【插图】组，单击“图片”按钮。

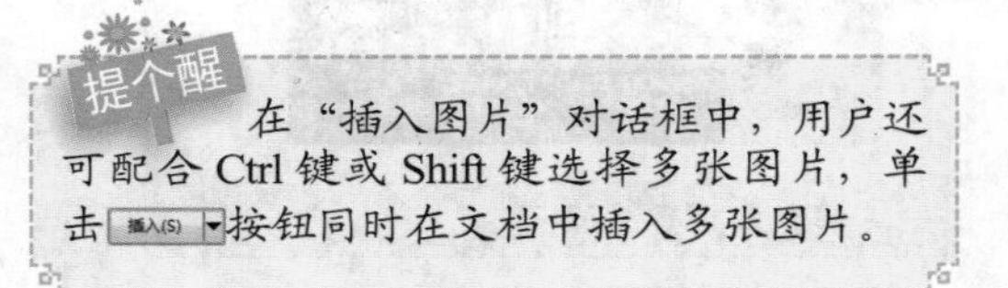
提个醒 在“插入图片”对话框中，用户还可配合 Ctrl 键或 Shift 键选择多张图片，单击 插入(S) 按钮同时在文档中插入多张图片。

STEP 02： 选择插入的图片

1. 打开“插入图片”对话框，在“查找范围”下拉列表框中选择计算机中保存的图片位置，在下方的列表框中选择“化妆品 .jpg”图片。
2. 单击 插入(S) 按钮，即可返回文档编辑窗口查看插入的图片效果。

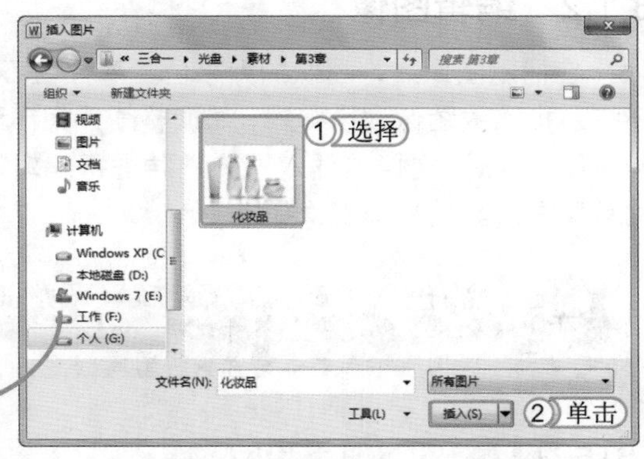

经验一箩筐——自动更新图片

若单击 插入(S) 按钮右侧的下拉按钮，在弹出的下拉列表中选择“插入和链接”选项，图片将会被插入到文档中，且与原始图片建立链接。一旦原始图片发生改变（前提是该文件的存储位置没有变化且文件名也没有变化），当再次打开文档时，图片将被自动更新。如果文件名和存储位置发生了变化，则文档中的图片保持不变。

3. 插入屏幕截图

在编辑文档的过程中，用户可使用 Word 2010 新增的屏幕截图功能快速将打开的窗口作为整张图片插入到文档中，还可截取所需部分插入到文档中，该功能常用于截取网页，下面分别对窗口截图和区域截图进行介绍。

- 窗口截图：将文本插入点定位在需插入截图的位置，打开所需窗口，选择【插入】/【插图】组，单击“屏幕截图”按钮，在弹出的下拉列表的“可用视图”栏中选择窗口缩略图，返回 Word 文档即可看到窗口图片已插入文档中。
- 区域截图：将文本插入点定位在需插入截图的位置，打开所需窗口，然后单击“屏幕截图”按钮，在弹出的下拉列表中选择“屏幕剪辑”选项，可通过拖动鼠标截取窗口中的部分区域进行插入，如下图所示为插入截取网页中的图片的效果。

3.1.2 编辑图像

在插入图像后，图像的大小位置等往往不能满足需要，为了更好地与文档文字内容搭配，还需对插入的图像进行编辑，如调整图片大小和位置、裁剪图片和设置图片格式等。下面在“茶叶说明.docx”文档中插入图像，并进行编辑，使其能更好地融合到文档中，以学习编辑图像的常见方法。其具体操作如下：

光盘文件
素材\第3章\茶.jpg、茶叶说明.docx
效果\第3章\茶叶说明.docx
实例演示\第3章\编辑图像

STEP 01： 设置图片大小

打开“茶叶说明.docx”文档，插入“茶.jpg”图片，选择插入的图片，选择【格式】/【大小】组，在“形状高度”和“形状宽度”数值框中分别输入“6厘米”和“10.5厘米”。

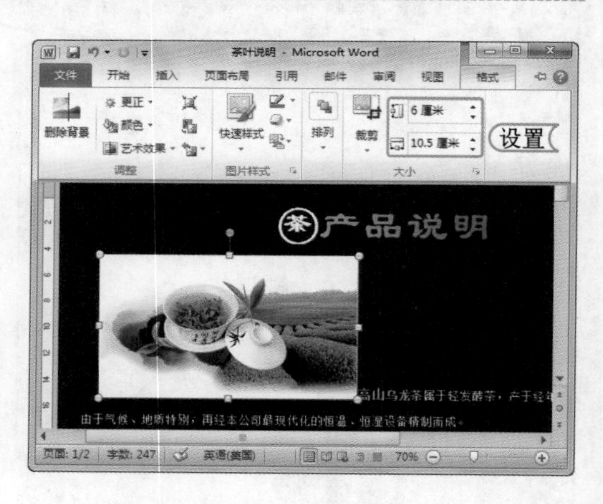

> 提个醒
> 插入图片后，将鼠标光标移动到图片四角的圆形控制点，按住鼠标左键不放，拖动鼠标可同时调整图片的长度和宽度。

STEP 02： 设置图片环绕方式

1. 单击“自动换行”按钮，在弹出的下拉列表中选择“其他布局选项”选项，打开“布局”对话框，选择“文字环绕”选项卡。
2. 在“环绕方式”栏中选择“四周型”选项。

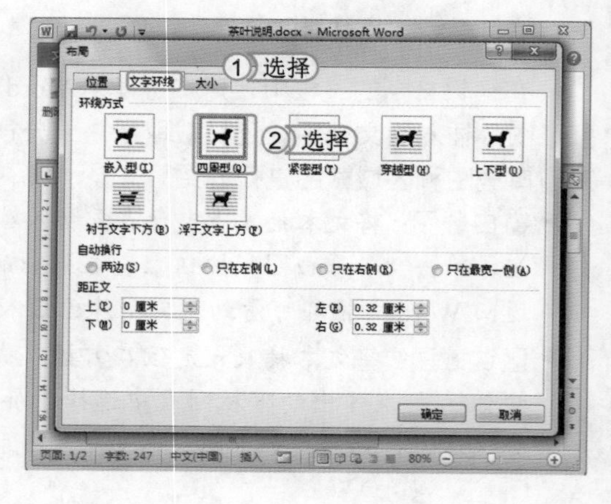

> 提个醒
> 默认情况下，插入到 Word 2010 文档中的图片是作为字符插入到文档中的，也就是“嵌入”的文本环绕方式，在该模式下，用户不能自由移动图片，而通过为图片设置文字环绕方式，则可以自由移动图片的位置。

STEP 03：调整图片位置

将鼠标光标移动到图片上，当其变为形状时按住鼠标左键向左拖动，当移动到需要的位置后释放鼠标。

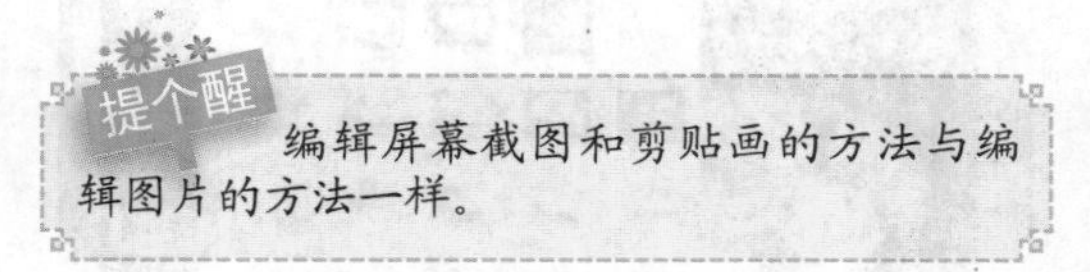

提个醒 编辑屏幕截图和剪贴画的方法与编辑图片的方法一样。

STEP 04：旋转图片并设置对齐方式

1. 在【格式】/【排列】组中单击旋转按钮，在弹出的下拉列表中选择"水平翻转"选项。
2. 在【格式】/【排列】组中单击对齐按钮，在弹出的下拉列表中选择"左对齐"选项。

提个醒 也可将鼠标光标移至图片上方的绿色圆点上，按住鼠标左键或右键不放进行拖动，随意旋转图片。

STEP 05：裁剪图片

1. 选择插入的图片，选择【格式】/【大小】组，单击"裁剪"按钮。
2. 将鼠标光标移到图片右边的控制点上，向左侧拖动鼠标，将不需要的右边部分剪切掉，利用相同的方法将图片中所有不需要的部分裁剪掉，单击文档任一地方，完成裁剪操作。

提个醒 单击"裁剪"按钮下的下拉按钮，用户可在弹出的下拉列表中选择其他裁剪方式，如按比例裁剪、裁剪为形状等。

STEP 06：更正图片的亮度和对比度

选择【格式】/【调整】组，单击"更正"按钮，在弹出的下拉列表中选择"亮度：+20% 对比度 0%（正常）"选项。

提个醒 在【格式】/【调整】组除了更正图片的亮度和对比度外，还可更改图片的颜色、应用艺术效果和删除背景等。

STEP 07： 套用图片样式

保持图片的选择状态，然后选择【格式】/【图片样式】组，在中间的列表框中单击“快速样式”列表框右侧的按钮，在弹出的下拉列表中选择“柔化边缘椭圆”选项。

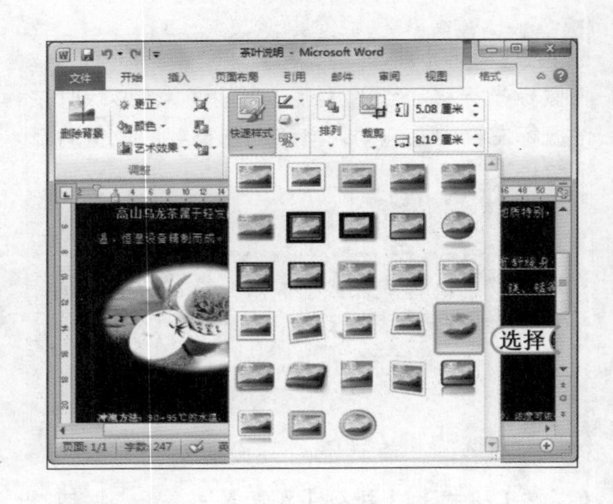

提个醒

用户也可在快速样式列表框右侧单击相关的按钮对图片边框、图片效果和图片版式进行设置，还可单击【格式】/【图片样式】组右下角的“扩展”按钮，在打开的对话框中设置图片的效果，其设置方法与设置文本效果格式的方法相似。

STEP 08： 查看效果

编辑完成后返回文档，在其中可查看到设置后的效果，然后保存该文档完成本例的操作。

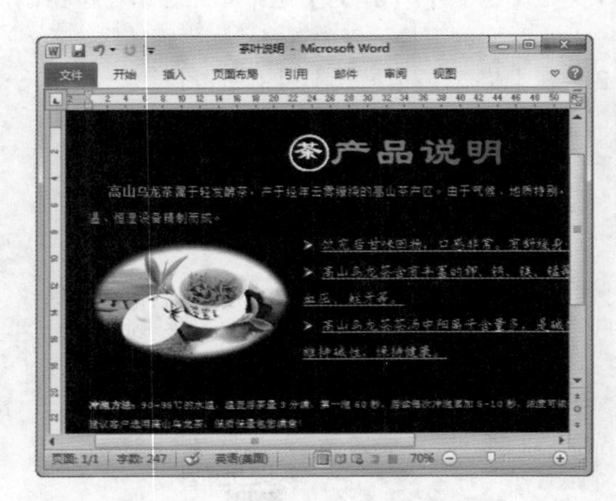

提个醒

若对设置的效果不满意，用户可选择【格式】/【调整】组，单击“更换图片”按钮，打开“插入图片”对话框，在其中选择需要的图片，单击插入(S)按钮可将当前的图片更换为选择的图片。或单击“重设图片”按钮，恢复图片设置前的效果，重新进行设置。

经验一箩筐——多图形对象的常用编辑

在文档中插入了多个图形对象时，除了上面的编辑操作外，可能还需要使用到叠放顺序的设置与组合的操作。下面分别对其方法进行介绍。

- 设置叠放顺序：在多个图片并存的文档中，若将图片排列在一起时，常常需要设置其叠放的顺序，其方法是，选择需要调整的图形对象，在【格式】/【排列】组中单击“下移一层”按钮可将图片叠放到下一层，单击“上移一层”按钮，可将图片向上移动一层。单击相应按钮右侧的下拉按钮，可在弹出的下拉列表中选择“置于底层”或“置于顶层”选项。
- 组合图形对象：组合对象即是将多个对象组合成一个对象，以方便整体进行移动等操作，其方法是，选择多个对象，单击鼠标右键，在弹出的快捷菜单中选择【组合】/【组合】命令即可。

3.1.3 插入形状

形状是图形的一种，不仅可以丰富文档，还可以体现一些文本的关系，如并列关系、流程关系等，从而使文档简洁明了。Word 2010 中提供了多种类型的形状，其插入方法与插入图片不同，其方法是：选择【插入】/【插图】组，单击“形状”按钮，在弹出的下拉列表中选择所需的形状，在文档中单击鼠标即可插入形状，同时，用户还可在文档中拖动鼠标随意绘制需要形状的大小。如下图所示为插入“心形”形状的示意图。

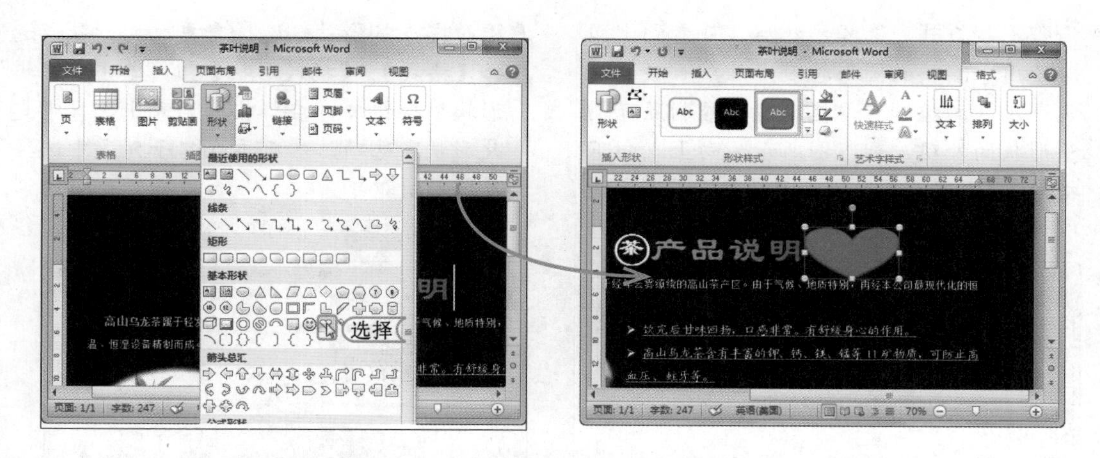

经验一箩筐——绘制等比例图形

在绘制形状时，按住 Shift 键不放的同时拖动鼠标，可绘制出等比例的图形效果，如正方形、正圆形等。

3.1.4 编辑形状

在 Word 2010 中，编辑形状的方法与编辑图片类似，用户可拖动形状调整形状的大小、位置、角度、排列方式和组合形状等。此外，用户还可编辑形状的颜色、在形状中添加文本、调整形状样式和更改插入的形状等，其方法分别介绍如下。

- 设置形状颜色：选择形状后，选择【格式】/【形状样式】组，在快速样式列表框中可快速设置形状的效果，除此之外，单击 形状填充 按钮和 形状轮廓 按钮，可在弹出的列表中选择形状内容的填充颜色和外部的轮廓颜色。如下图所示为设置填充色为红色，轮廓色为橙色的横竖卷的形状效果。
- 在形状中添加文本：如果绘制非线条类的形状，可在形状中添加文本，其方法是：在绘制的形状上单击鼠标右键，在弹出的快捷菜单中选择“添加文字”命令。此时文本插入点自动定位到形状中，然后输入所需的文本即可。在形状中添加文本后，还可对文本进行格式设置，其方法与设置普通文本完全相同。

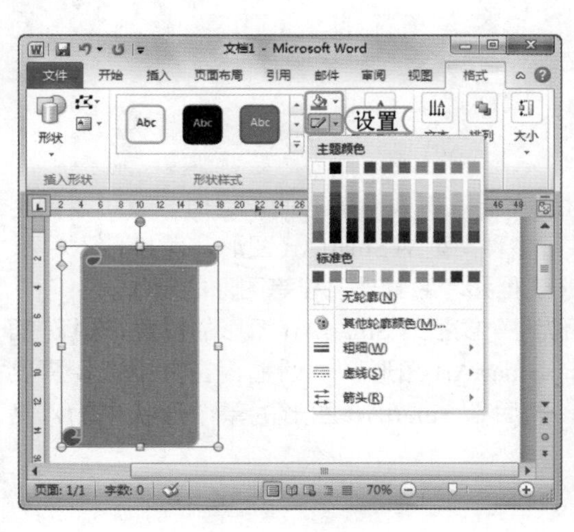

- 调整形状样式：选择形状后，可看到上面除了用于缩放的圆形控制点外，一般还有几个黄色的控制点，拖动这些控制点可调整形状的外观，如下图所示为向上或向下拖动“上凸带形”形状底部的黄色控制点，以调整褶子的高度。

- 更改插入的形状：选择需更改的形状，选择【格式】/【插入形状】组，单击“编辑形状”按钮，在弹出的列表中选择“更改形状”选项，然后再在其子列表中选择目标形状即可。

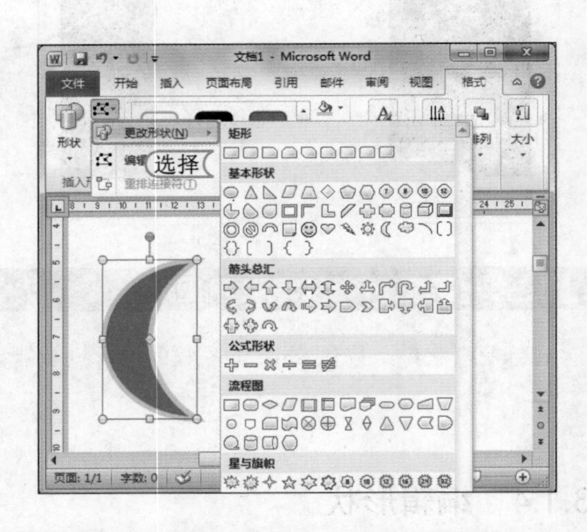

经验一箩筐——编辑形状的曲线

用户除了可更改曲线的外观和样式外，还可手动对曲线的位置和弧度进行编辑，其方法是：选择需更改的形状，选择【格式】/【插入形状】组，单击“编辑形状”按钮，在弹出的列表中选择“编辑顶点”选项，这时可看见插入的形状上出现黑色控制点，用户可拖动黑色控制点调整控制点的位置，也可单击黑色控制点，拖动出现的横线两端的白色方块调整曲线的弧度。用户也可根据需要添加或删除节点，在需要添加节点的线段处单击鼠标右键，在弹出的快捷菜单中选择“添加节点”命令即可添加节点；在需要删除的节点上单击鼠标右键，在弹出的快捷菜单中选择“删除节点”命令可将选择的节点删除。

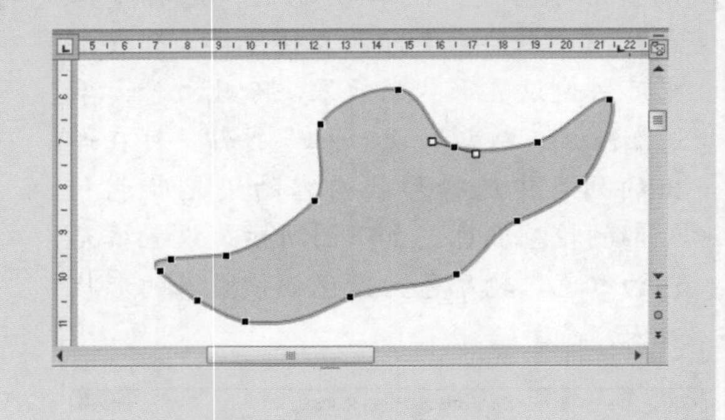

3.1.5 插入 SmartArt 图形

当需要绘制多个形状来表现一些文本关系时，需要浪费大量的时间，这时，就可以使用SmartArt图形来解决这一问题。Word 2010中提供了多种类型的SmartArt图形，有上下级关系、流程型和循环型等，广泛用于公司组织结构、生产流程和考勤管理流程等图形的制作。

插入SmartArt图形的方法是：将鼠标光标定位到需要插入SmartArt图形的位置，选择【插入】/【插图】组，单击SmartArt按钮。打开“选择SmartArt图形”对话框，在其中选择需要的组织结构图后，单击确定按钮插入该图形，然后在SmartArt图形的单个形状中输入文本即可。

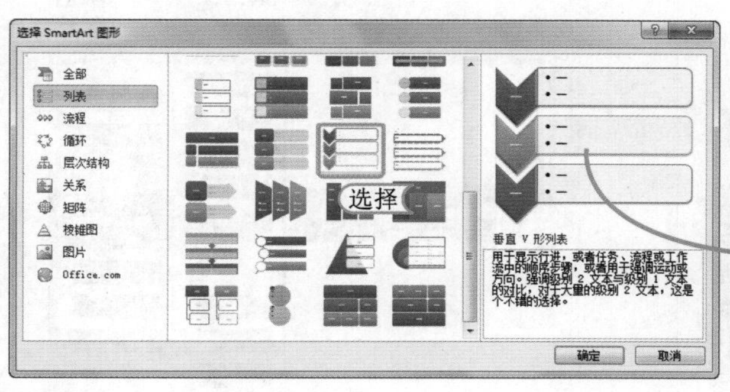

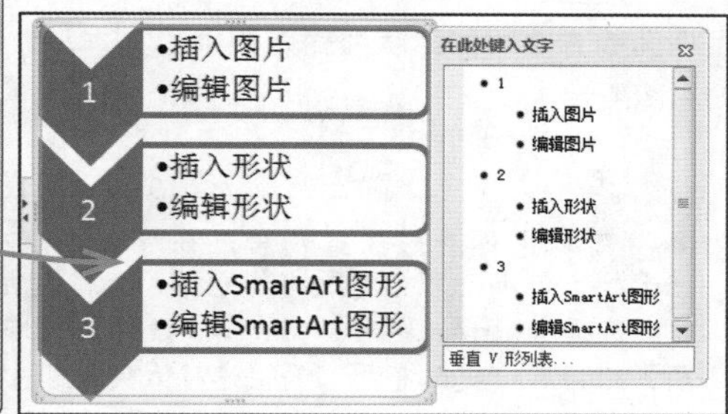

3.1.6 编辑 SmartArt 图形

插入 SmartArt 图形后，其颜色、形状大小、形状数量和形状样式等并不一定能满足文档的需求。当不能满足要求时，可对其进行编辑，使插入的图形更加实用、美观。

下面在“公司组织机构 .docx”文档中插入层次结构的 SmartArt 图形，并根据需要添加或删除形状、设置 SmartArt 图形颜色、样式和文本样式等。其具体操作如下：

光盘文件

素材 \ 第 3 章 \ 公司组织机构 .docx
效果 \ 第 3 章 \ 公司组织机构 .docx
实例演示 \ 第 3 章 \ 编辑 SmartArt 图形

STEP 01： 更改 SmartArt 图形大小

打开“公司组织机构 .docx”文档，插入“水平多层层次结构”SmartArt 图形后，选择图形，在图形边缘四周会有一个矩形框，拖动矩形框四周的控制点，调整插入图形的大小，输入对应的文本。

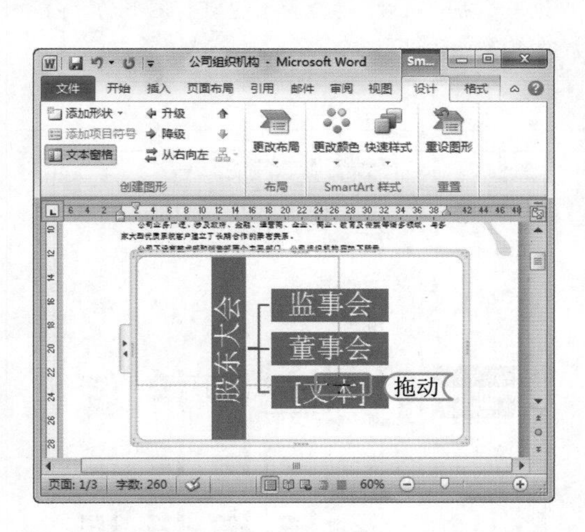

提个醒 选择 SmartArt 图形的某个形状后，再拖动它的控制点，可对单个形状进行缩放，此外，还可通过“格式”选项卡对单个形状的效果进行设置。

STEP 02： 添加与删除形状

1. 选择“董事会”形状，在【设计】/【创建图形】组单击“添加形状”按钮，在弹出的下拉列表中选择所需的位置，这里选择“在下方添加形状”选项。
2. 单击选择“董事会”形状下方的形状，按 Delete 键删除该形状。

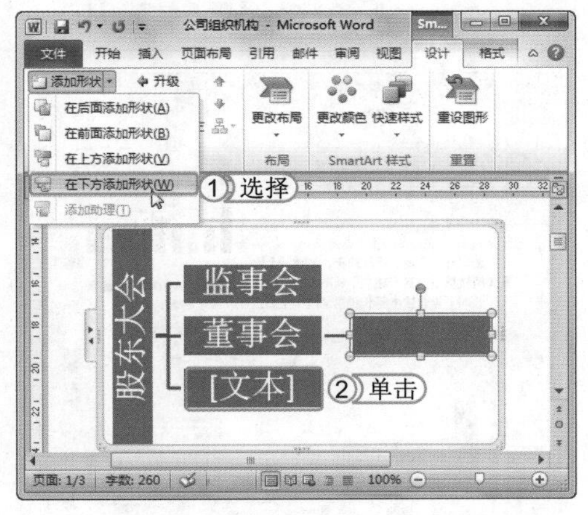

提个醒 用户也可在需添加形状的位置单击鼠标右键，在弹出的快捷菜单中选择“添加形状”命令，再在弹出的子菜单中选择所需的位置。

STEP 03： 完善结构图

用相同的方法添加形状并输入剩余的文本，效果如右图所示。

提个醒

完善图形的结构后，如对 SmartArt 图形样式不满意，可更改为其他样式。其方法是：选择 SmartArt 图形后，选择【设计】/【布局】组，在“更改布局”的快速样式列表框中选择所需的样式。

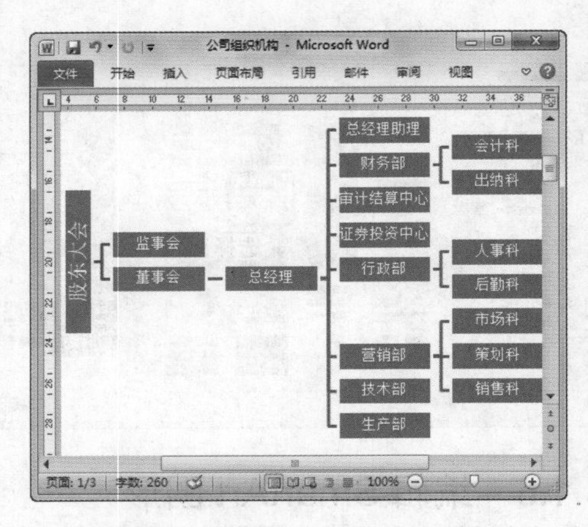

STEP 04： 设置图形样式

选择【设计】/【SmartArt 样式】组，单击“快速样式”按钮，在弹出的下拉列表中选择“白色轮廓”选项，返回文档中，查看应用样式后的 SmartArt 图形。

提个醒

插入图形后，选择【设计】/【创建图形】组，单击“从右向左”按钮可将图形的方向设置为从右向左。

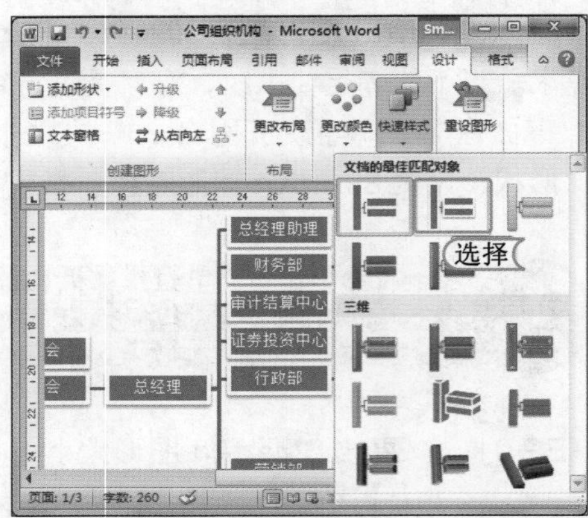

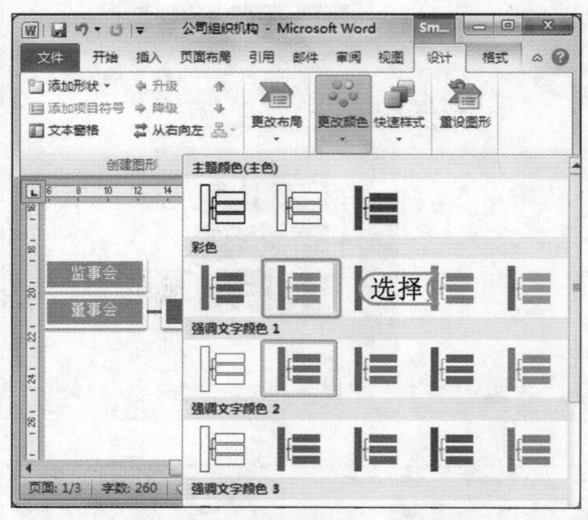

STEP 05： 更改图形颜色

选择 SmartArt 图形，选择【设计】/【SmartArt 样式】组，单击“更改颜色”按钮，在弹出的下拉列表中选择“彩色”/“彩色 - 强调文字颜色 2-3”选项，设置 SmartArt 图形的颜色。

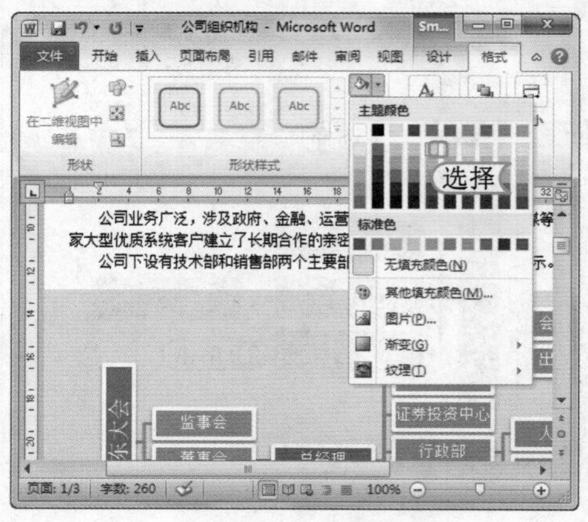

STEP 06： 更改背景色

选择 SmartArt 图形，选择【格式】/【形状样式】组，单击“形状填充”按钮右侧的下拉按钮，在弹出的下拉列表中选择“蓝色，强调文字颜色 1，淡色 80%”选项，设置 SmartArt 图形的背景色。

提个醒

在“格式”选项卡下，用户还可设置 SmartArt 图形的轮廓、效果、位置、排列和艺术字样式等。

STEP 07： 更改文本样式

选择 SmartArt 图形，单击图形左侧出现的 按钮，在出现的文本窗格中拖动鼠标选择所有文本，在【开始】/【字体】组设置文本的字体为“黑体”。

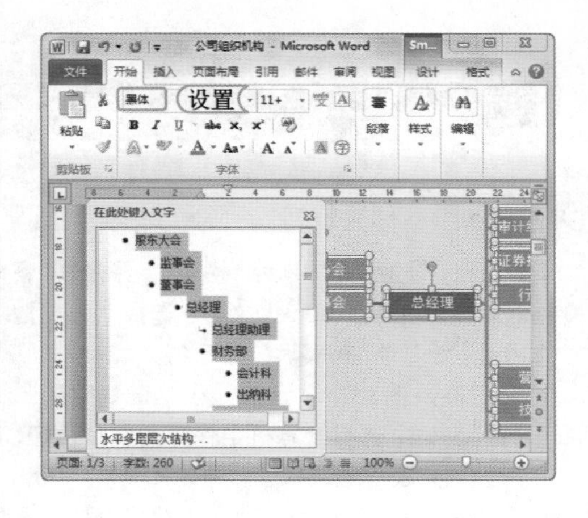

> **提个醒** 选择 SmartArt 图形，打开图形左侧的文本窗格，在其中不仅能输入文本，还可通过【设计】/【创建图形】组对文本的级别、位置进行设置。

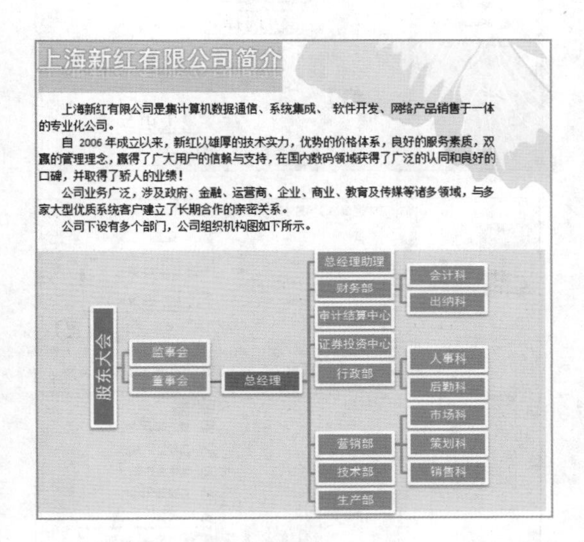

STEP 08： 查看效果

返回文档中，可查看设置后的 SmartArt 图形效果，如 SmartArt 图形的颜色、SmartArt 图形样式和 SmartArt 图形中文本的设置效果，然后将其保存，完成本例的操作。

> **提个醒** 在文档中对 SmartArt 图形应用了 SmartArt 图形样式及其他编辑操作后，若通过撤销操作恢复到插入时的状态非常麻烦，此时可选择【设计】/【重置】组，单击“重设图形”按钮，即可清除 SmartArt 图形已设置的样式。

上机 1 小时 制作“公司简介”文档

- 进一步掌握插入图片、美化图片的方法。
- 进一步练习绘制形状、设置形状和 SmartArt 图形的方法。

本例将通过插入图片和形状制作“豪格儿装饰公司简介.docx”文档，并对插入的图片和形状的大小、位置、排列方式和效果等进行设置，使文档更加美观，制作完成后的简历效果如右图所示。

光盘文件
素材 \ 第 3 章 \ 背景 .jpg、装修图片 \
效果 \ 第 3 章 \ 豪格儿装饰公司简介 .docx
实例演示 \ 第 3 章 \ 制作“公司简介”文档

STEP 01：插入背景

1. 新建文档，设置页面方向为“横向”，保存为“豪格儿装饰公司简介 .docx”文档，选择【插入】/【插图】组，单击“图片”按钮。
2. 打开“插入图片”对话框，在“查找范围”下拉列表框中选择计算机中保存的图片位置，在下方的列表框中选择“背景”图片。
3. 单击插入(S)按钮，即可返回文档编辑窗口查看插入的图片效果。

STEP 02：设置背景大小与排列方式

1. 选择插入的图片，选择【格式】/【大小】组，在“形状高度”和“形状宽度”数值框中分别输入“21 厘米”和“29 厘米”。
2. 选择插入的图片，选择【格式】/【排列】组，单击“自动换行”按钮，在弹出的下拉菜单中选择“衬于文字下方”选项，将其设置为背景，并移动图片使其覆盖整个页面。

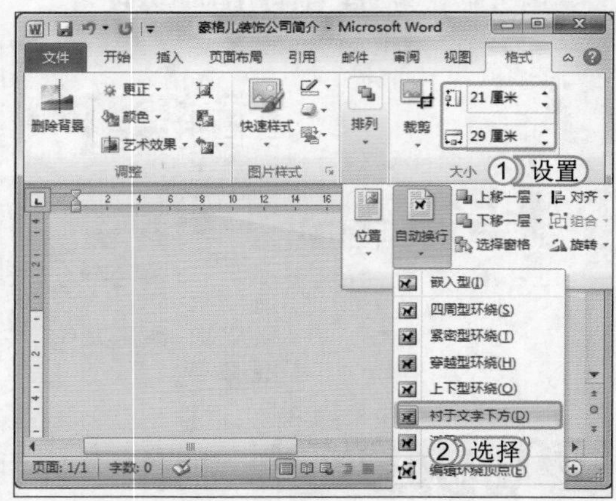

提个醒
用户也可选择需要设置的图片，单击鼠标右键，在弹出的快捷菜单中选择“自动换行”命令，在弹出的子菜单中选择合适的排列方式。

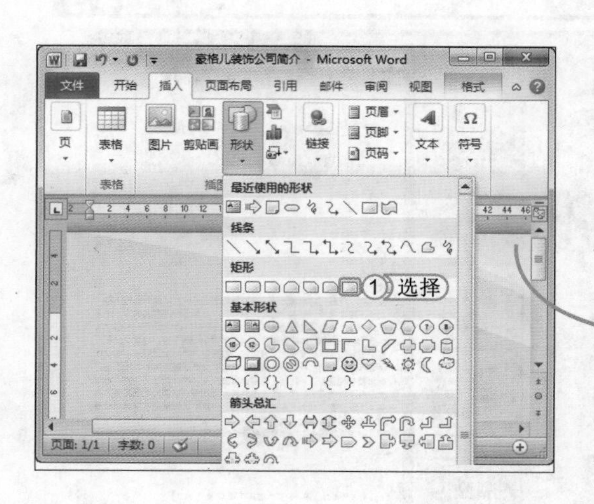

STEP 03：插入形状

1. 选择【插入】/【插图】组，单击“形状”按钮，在弹出的下拉列表中选择“单圆角矩形”选项。
2. 在文档左上角拖动鼠标绘制如下图所示大小的形状。在【格式】/【形状样式】组取消形状轮廓，并设置形状填充颜色为“红色，强调文字颜色 2”。

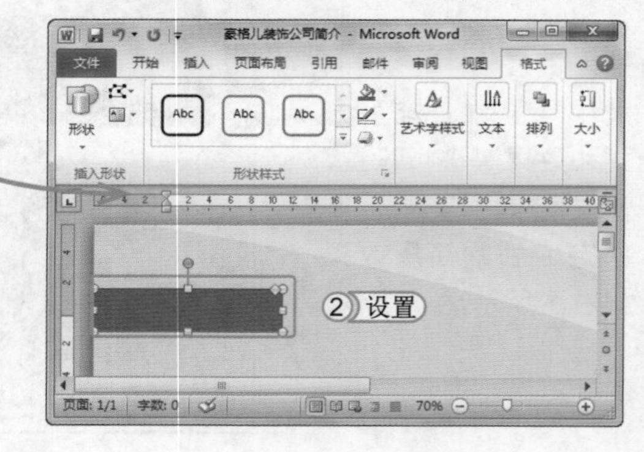

STEP 04：在形状中添加文本

1. 在绘制的形状上单击鼠标右键，在弹出的快捷菜单中选择“添加文字”命令。此时文本插入点定位到形状中，然后输入“豪格儿装饰公司”文本。
2. 拖动鼠标选择输入的文本，将文本格式设置为“方正准圆简体，小一”。
3. 为其应用“填充 - 蓝色，文本，内部阴影”的文本效果。

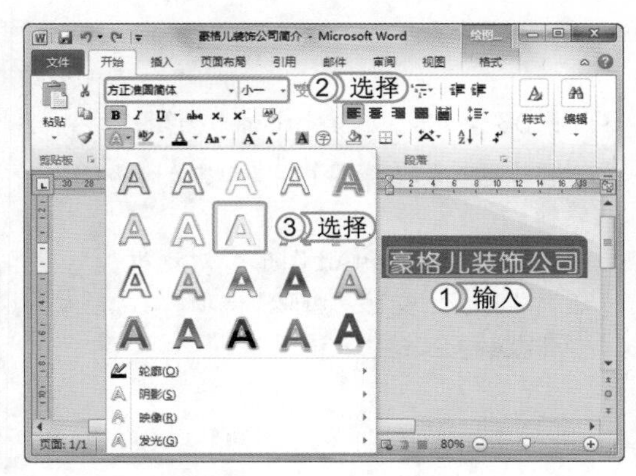

STEP 05：套用图片样式

用同样的方法插入“装修 1.jpg”图片，保持图片的选择状态，然后选择【格式】/【图片样式】组，在中间的列表框中单击“快速样式”列表框右侧的按钮，在弹出的下拉列表中选择“柔化边缘椭圆”选项。

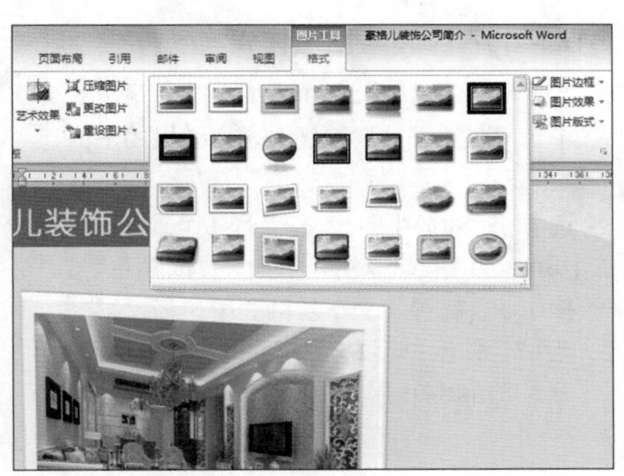

STEP 06：设置图片映像效果

保持图片的选择状态，然后选择【格式】/【图片样式】组，单击图片效果按钮，在弹出的下拉列表中选择“映像”/“紧密映像，4pt 偏移量”选项。

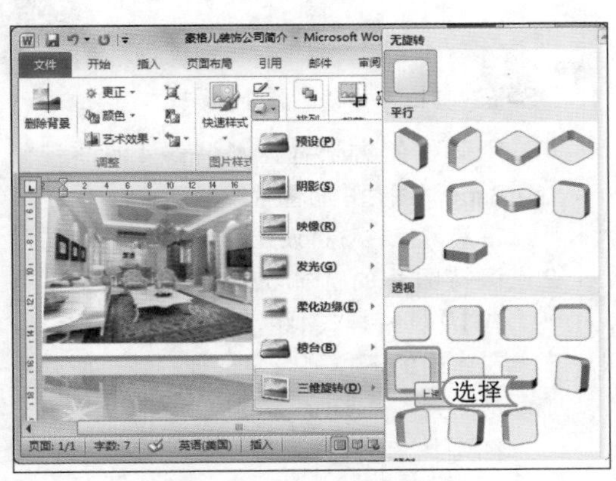

STEP 07：设置三维旋转效果

保持图片的选择状态，然后选择【格式】/【图片样式】组，单击图片效果按钮，在弹出的下拉列表中选择“三维旋转”/“上透视”选项。

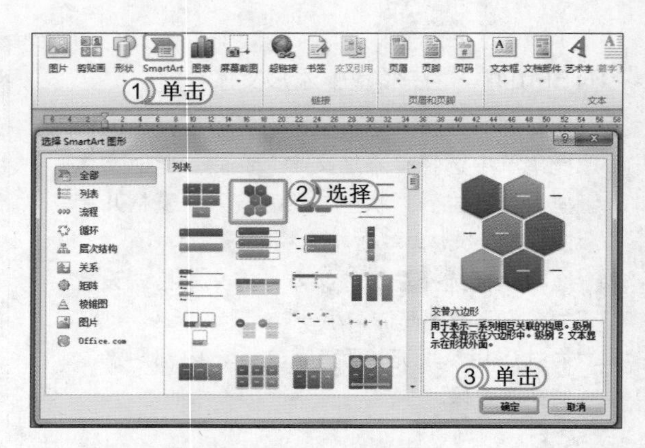

STEP 08：插入 SmartArt 图形

1. 选择【插入】/【插图】组，单击 SmartArt 按钮。
2. 打开“选择 SmartArt 图形”对话框，在其中选择“交替六边形”选项。
3. 单击 确定 按钮插入该图形。

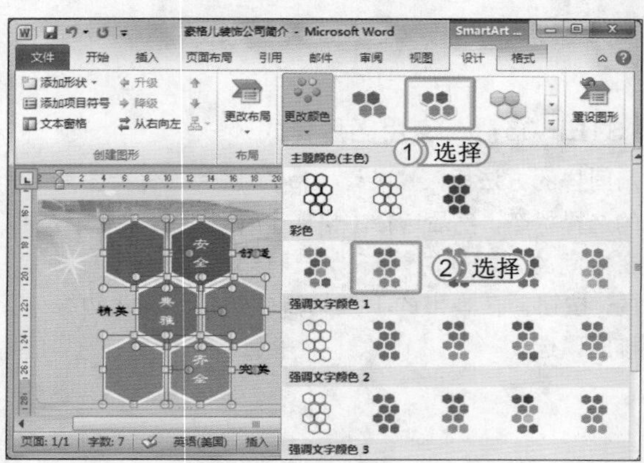

STEP 09：设置图形样式与颜色

1. 选择【设计】/【SmartArt 样式】组，单击“快速样式”按钮，在弹出的下拉列表中选择“白色轮廓”选项。
2. 选择 SmartArt 图形，选择【设计】/【SmartArt 样式】组，单击“更改颜色”按钮，在弹出的下拉列表中选择“彩色”/“彩色 - 强调文字颜色 2-3”选项，设置 SmartArt 图形的颜色。

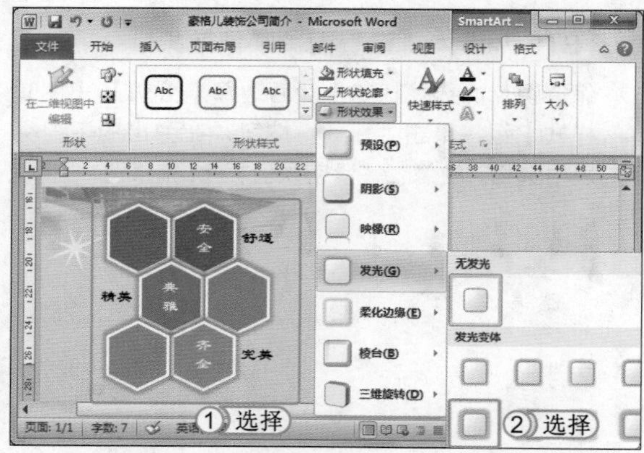

STEP 10：为图形设置发光效果

1. 按 Shift 键选择 SmartArt 图形中的形状。
2. 然后选择【格式】/【形状样式】组，单击 形状效果 按钮，在弹出的下拉列表中选择“发光”/“蓝色，8pt 发光，强调文字颜色 1”选项。继续单击 形状效果 按钮，在弹出的下拉列表中选择“三发光”/“其他亮色”选项，将发光颜色设置为“橄榄色，强调文字颜色 3，淡色 60%”。

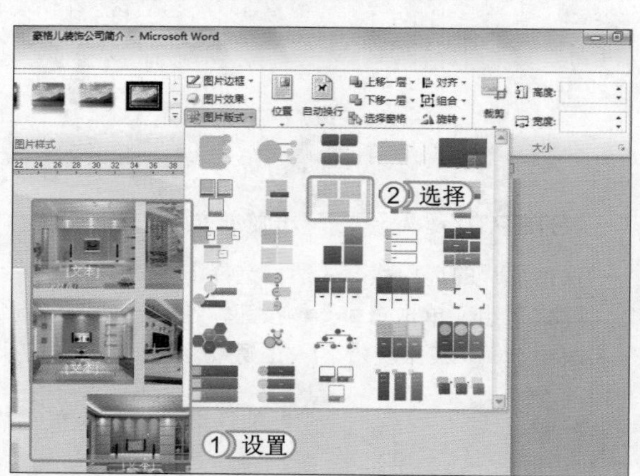

STEP 11：设置图片版式

1. 用同样的方法插入“装修 4.jpg~ 装修 8.jpg”图片，将图片缩放到一样的大小，将其“自动换行”设置为“浮于文字上方”。
2. 保持图片的选择状态，然后选择【格式】/【图片样式】组，单击 图片版式 按钮，在弹出的下拉列表中选择“蛇形图片半透明文本”选项。拖动应用的版式图形，将其中的图片排列为一列。

STEP 12：将图片裁剪为其他形状

选择插入的“装修 4.jpg~ 装修 8.jpg”图片，选择【格式】/【大小】组，单击“裁剪”按钮右侧的下拉按钮，在弹出的下拉列表中选择“裁剪为形状”/“对角圆角矩形”选项。

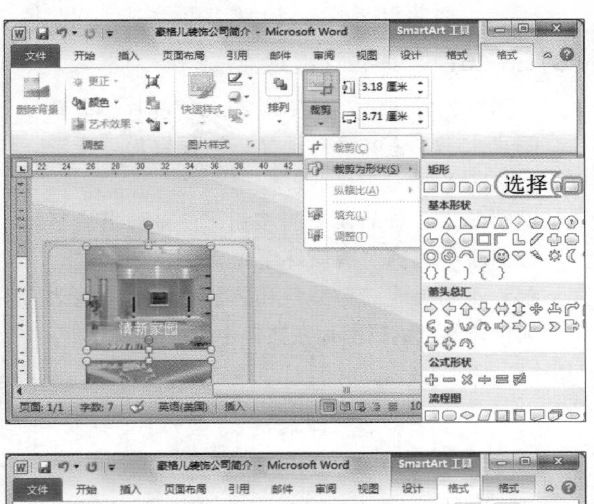

STEP 13：为图片设置阴影效果

保持图片的选择状态，然后选择【格式】/【图片样式】组，单击 形状效果 按钮，在弹出的下拉列表中选择“内部”/“内部左下角”选项。

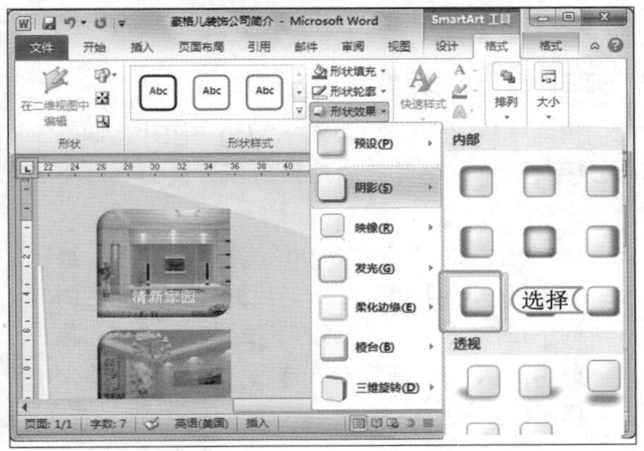

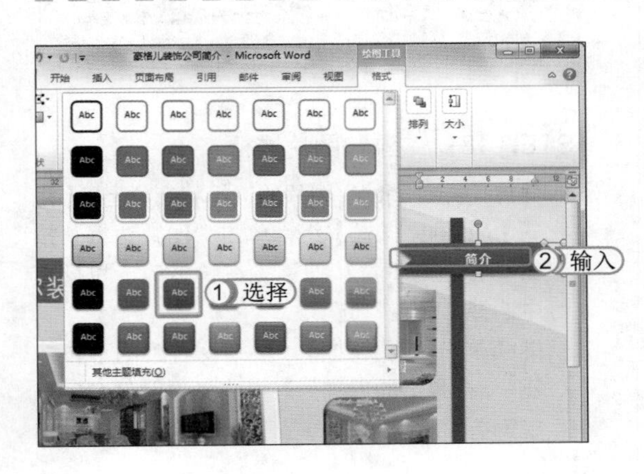

STEP 14：输入形状并输入文本

1. 在文档左上角拖动鼠标绘制如左图所示的大小的形状。在【格式】/【形状样式】组取消形状轮廓，并设置形状样式为“中等样式红色，强调文字效果 2”。
2. 在绘制的形状上单击鼠标右键，在弹出的快捷菜单中选择“添加文字”命令。此时文本插入点定位到形状中，然后输入“简介”文本，拖动鼠标选择输入的文本，将文本格式设置为“黑体，小四，加粗”。

STEP 15：输入文本

1. 将页面右侧的背景暂时拖动至左侧，在右侧空白处上方双击鼠标定位文本插入点，输入“豪格儿装饰公司简介.docx”文档中的文本。设置首字的字体格式为“方正细珊瑚简体，28”，颜色为“红色，强调文字颜色 2”，设置其他文本格式为“黑体，11”。
2. 拖动鼠标选择输入的文本，拖动标尺中左缩进和首行缩进滑块，将其拖动至刻度 40，还原背景图片位置。

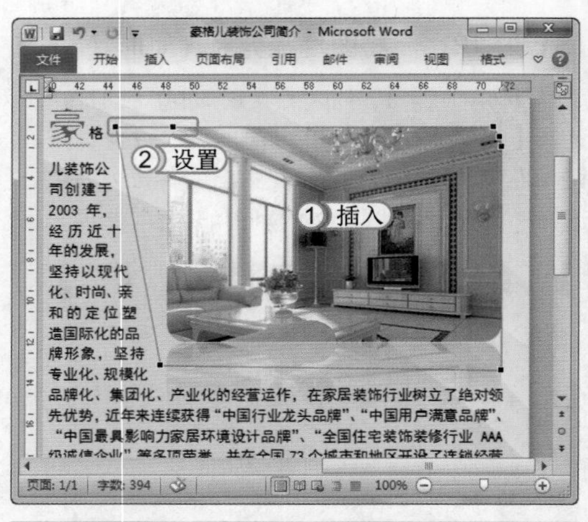

STEP 16: 编辑环绕顶点

1. 用同样的方法插入“装修 2.jpg”图片，调整图片大小，将其“自动换行”设置为“紧密文字环绕”。
2. 继续单击“自动换行”按钮，在弹出的下拉列表中选择“编辑环绕顶点”选项，这时图片四周出现红色线条和黑色控制点，拖动黑色控制点编辑图片在文档中所占的区域。

STEP 17: 裁剪图片为椭圆

1. 用同样的方法插入“装修 3.jpg”图片，调整图片大小，将其“自动换行”设置为“浮于文字上方”。
2. 选择插入的“装修 3.jpg”图片，选择【格式】/【大小】组，单击“裁剪”按钮右侧的下拉按钮，在弹出的下拉列表中选择“裁剪为形状”/“椭圆形”选项，将图片裁剪为椭圆形。

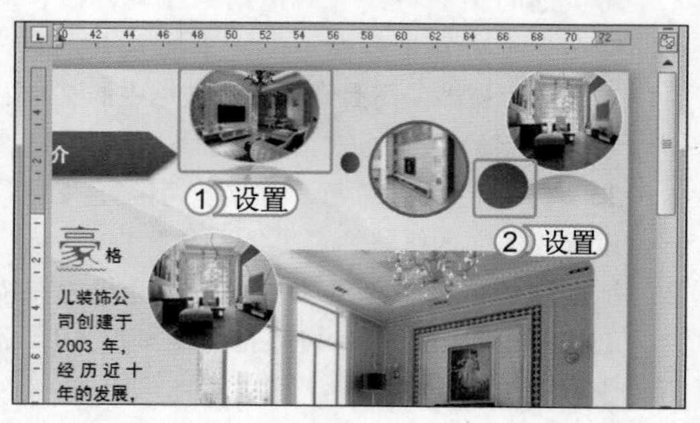

STEP 18: 添加图片边框

1. 保持“装修 3.jpg”图片的选择状态，选择【格式】/【图片样式】组，单击“图片边框”按钮右侧的下拉按钮，在弹出的下拉列表中选择“白色”选项。
2. 继续单击“图片边框”按钮右侧的下拉按钮，在弹出的下拉列表中选择“粗细”/“2.25 磅”选项。

STEP 19: 绘制并设置椭圆

1. 用同样的方法插入“装修 9.jpg”~“装修 11.jpg”图片，将其“自动换行”设置为“浮于文字上方”，调整图片的大小与位置，裁剪为椭圆形，并为其设置边框与映像效果。
2. 绘制椭圆形状，并渐变填充该椭圆，以装饰页面右上角。

STEP 20： 设置形状的透明度

1. 在文字区域绘制圆角矩形，将其“自动换行”设置为“衬于文字下方”。调整其位置，保持该形状的选择状态，选择【格式】/【形状样式】组，单击右下角的“扩展”按钮，打开“设置形状格式”对话框，在左侧选择“填充”选项。
2. 在右侧的“颜色”下拉列表框中选择“白色”选项。
3. 拖动“透明度”滑块至“73%”。
4. 单击 关闭 按钮。

STEP 21： 绘制文本框

1. 选择【插入】/【插图】组，单击“形状”按钮，在弹出的下拉列表中选择所需形状，这里在“基本形状”栏选择“横排文本框”选项。
2. 在公司简介下方拖动鼠标绘制需要大小的文本框，取消形状轮廓。
3. 在文本框中输入公司地址与网址相关的文本，拖动文本框四周的控制点调整大小，使文字呈两排显示。

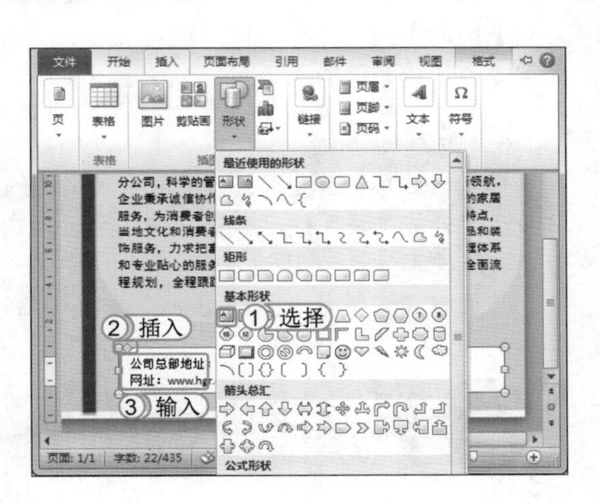

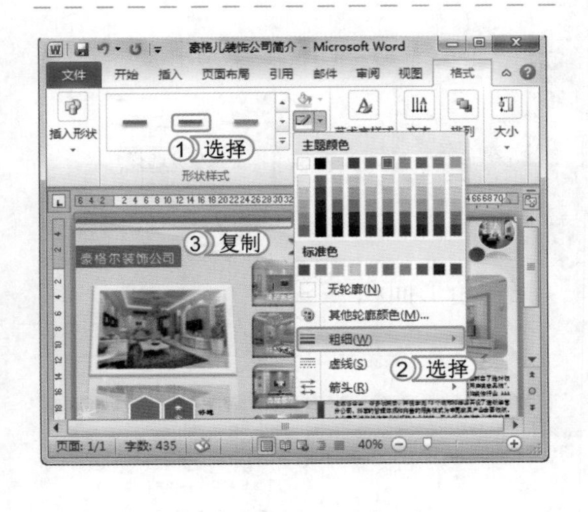

STEP 22： 绘制直线

1. 在页面顶端绘制直线，选择绘制的直线，选择【格式】/【形状样式】组，在中间的列表框中选择“粗线，强调文字颜色 2”选项。
2. 在【格式】/【形状样式】组单击“图片边框”按钮右侧的下拉按钮，在弹出的下拉列表中选择“粗细”/“6 磅”选项。
3. 按 Ctrl+C 组合键复制直线，按 Ctrl+V 组合键粘贴直线，将其移到页面底端，然后保存文档完成本例的操作。

3.2 应用其他对象

除了在文档中添加图形对象外，用户还可插入其他对象，如插入公式、文本框、艺术字和表格等对象。插入这些对象后，用户也可对其进行编辑，使其更加符合文档的需要。下面将对这些常用的对象分别进行介绍。

学习 1 小时

- 掌握插入和编辑公式的方法。
- 掌握插入和编辑文本框的方法。
- 掌握插入和编辑艺术字的方法。
- 掌握插入和编辑表格的方法。

3.2.1 插入和编辑公式

在制作一些数学课件等文档时，可能需要在文档中输入公式，而很多公式中使用了一些特定的数学符号，无法直接通过键盘输入，这时可利用 Word 的插入公式功能来解决该问题。下面将对公式的插入与编辑方法进行介绍。

1. 插入公式

Word 2010 中内置了许多公式的样式，如二次公式、二项式定理、勾股定理和圆的面积等，选择【插入】/【符号】组，单击“公式”按钮 π 右侧的下拉按钮 ▾，在弹出的下拉列表中选择需要的公式即可插入。

2. 编辑公式

插入公式后，若发现公式不能满足文档的需要，用户可对其进行编辑，选择插入的公式后，将激活“公式工具”的“设计”选项卡，用户可通过该选项卡对插入的公式进行编辑，如更改符号、结构等。

下面在“正三角形面积 .docx”文档中将错误的公式编辑正确。其具体操作如下：

素材 \ 第 3 章 \ 正三角形面积 .docx
效果 \ 第 3 章 \ 正三角形面积 .docx
实例演示 \ 第 3 章 \ 编辑公式

STEP 01：插入根式

1. 打开“正三角形面积 .docx”文档，拖动鼠标选择公式中的“3”。
2. 选择【设计】/【结构】组，单击“根式”按钮 $\sqrt[n]{x}$，在弹出的下拉列表中选择如右图所示的选项，即可自动将“3”转变成根号 3。

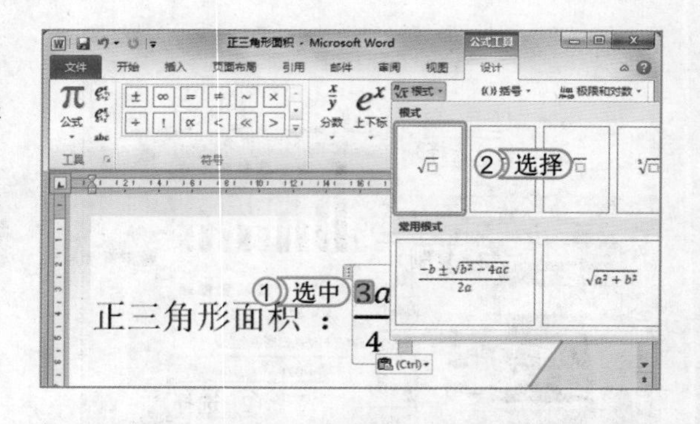

STEP 02：插入上标

拖动鼠标选择“a”，选择【设计】/【结构】组，单击“上下标”按钮 e^x，在弹出的下拉列表中选择“上标”选项，即可自动在“a”的右上角增加一个空格，单击空格，输入“2”即可将其设置为 a 的上标。完成公式的修改。

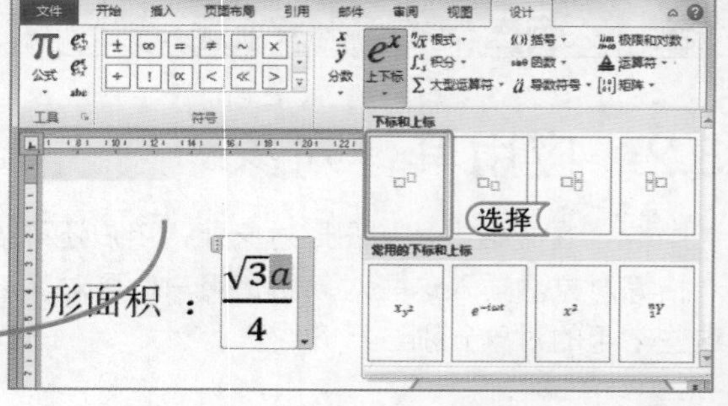

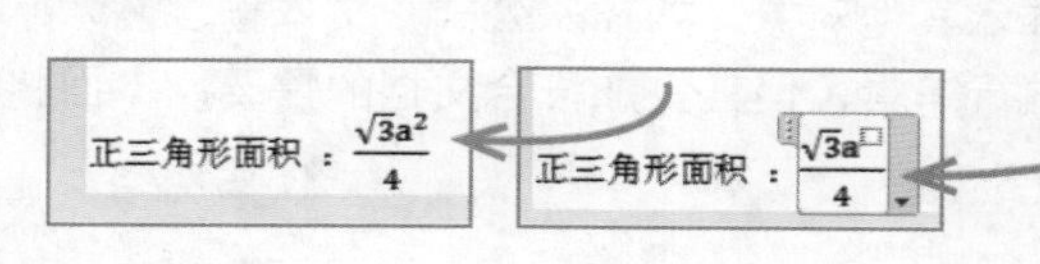

经验一箩筐——新建公式

软件自带的公式样式毕竟有限，当不能满足需要时，用户可新建公式，新建公式的方法与修改公式的方法相似，选择插入公式的位置，选择【插入】/【符号】组，单击“公式”按钮π，在弹出的下拉列表中选择“插入新公式”选项，即可在文本插入点位置插入公式的下拉列表框，将鼠标定位到其中，输入需要的公式即可。单击公式列表框右侧的下拉按钮，在弹出的下拉列表框中选择“另存为新公式”选项，可将其添加到公式列表框中，以便以后使用。

3.2.2 插入和编辑文本框

文本框是文字、图片等对象放置的重要场所，并且可以根据版式需要，整体调整文本框中对象的位置，因此常用于文档的排版。下面分别对文本框的插入与编辑方法进行介绍。

1. 插入文本框

由于文本框是形状中的一种，所以用户可以通过插入形状的方法进行插入，此外，Word 2010 中还预设了多种样式的文本框，用户可直接选择并插入，其方法是：选择【插入】/【文本】组，单击“文本框”按钮，在弹出的下拉列表中选择需要的文本框样式即可，这里选择“条纹型提要栏”选项，将在文档最右侧自动插入一个该样式的文本框，其中的默认文字呈选择状态，输入所需的文字内容即可。完成后单击文本框外的空白区域，即可退出文本框的编辑状态。

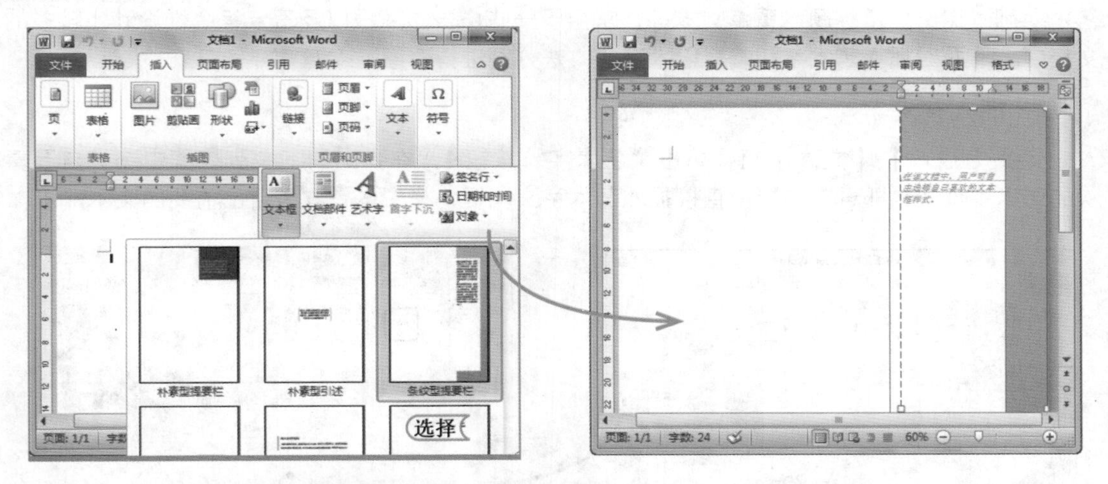

经验一箩筐——绘制文本框

选择【插入】/【文本】组，单击“文本框”按钮，在弹出的下拉列表中选择“绘制文本框”选项，拖动鼠标即可绘制横排文本框；若在弹出的下拉列表中选择“绘制竖排文本框”选项，拖动鼠标即可绘制竖排文本框。

2. 编辑文本框

插入文本框后，用户可使用与编辑形状一样的方法编辑文本框，使其更加符合文档的需要，此外，用户还可对文本框中文本的文字方向和对齐方式进行设置，使其更加美观，下面分别进行介绍。

文字方向·按钮：选择插入的文本框，单击该按钮，可在弹出的下拉列表中选择文本的方向。如下图所示为设置为垂直显示内容的效果。

对齐文本·按钮：选择插入的文本框，单击该按钮，可在弹出的下拉列表中选择文本在文本框中的对齐方式。如下图所示为设置为中部对齐的效果。

3.2.3 插入和编辑艺术字

艺术字具有独特的个性形状、颜色和三维效果，是丰富与美化文档的常用手段之一，使用艺术字可以突出显示标题、重点文本等，常用于一些广告、海报以及贺卡等个性设计比较多的文档中。下面对插入艺术字和编辑艺术字的方法分别进行介绍。

1. 插入艺术字

选择【插入】/【文本】组，单击“艺术字”按钮，在弹出的下拉列表框中选择自己喜欢的艺术字样式，即可在文档中直接插入艺术字文本框，将文本更改为自己需要的文本即可。

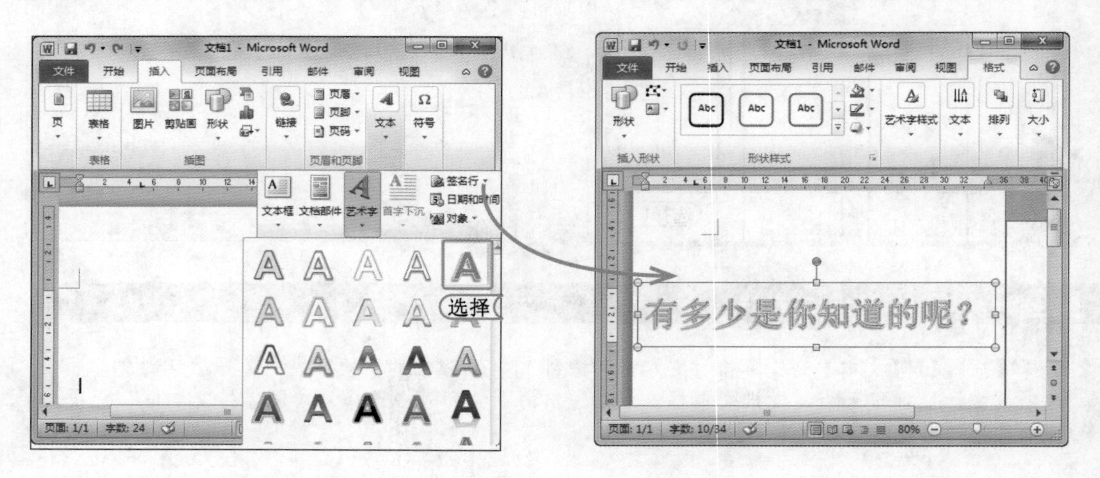

2. 编辑艺术字

插入艺术字后，选择艺术字文本框，将激活对应的“格式”选项卡，该选项卡的功能与编辑形状或文本框时的“格式”选项卡的功能相似，通过该选项卡可对艺术字效果和文本框效果进行更多编辑操作。编辑艺术字效果的方法与编辑形状样式的方法相似，如设置文本填充、文本轮廓、设置阴影、映像、发光、棱台和三维旋转等效果。不同的是，用户还可对艺术字设置转换效果，即是将文本的外形转换为弧形、圆形、V形和梯形等。其设置方法是：选择需要设置转换效果的艺术字文本框，选择【格式】/【艺术字样式】组，单击“文本效果”按钮，在弹出的下拉列表中选择“转换”选项，在弹出的子列表中选择需要转换的效果即可，如下图所示为设置“左近右远”的效果。

3.2.4 插入和编辑表格

在文档编辑过程中，除了使用图片、艺术字和形状等对象来丰富文档，还可适当地插入一些表格来增强文档的严谨度与说服力。插入表格后，为了满足数据输入的需要，还需要对表格进行一些编辑操作，下面分别介绍插入和编辑表格的方法。

1. 插入表格

在 Word 2010 中，提供了多种创建表格的方法。其中常用的方法有两种，分别是拖动鼠标创建表格和通过“插入表格”对话框创建表格，下面分别进行介绍。

- 拖动鼠标创建表格：将鼠标光标定位到需要创建表格的位置，选择【插入】/【表格】组，单击“表格”按钮，在弹出的下拉列表中拖动鼠标选择所需的行列数，快速在文档中插入相应行数和列数的表格，如下图所示为选择4行6列的效果。

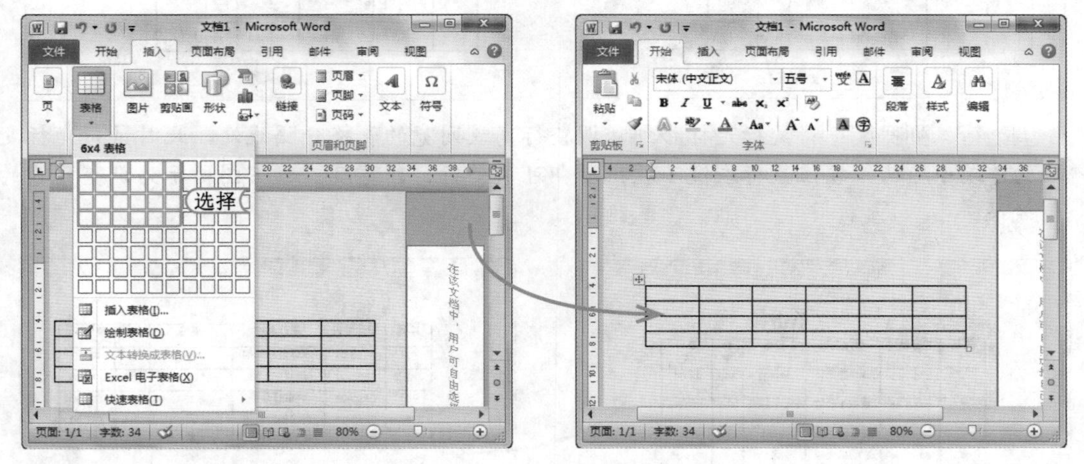

- 通过“插入表格”对话框创建表格：在【插入】/【表格】组中单击“表格”按钮，在弹出的下拉列表中选择“插入表格”选项，打开“插入表格”对话框，在“表格尺寸”栏

的“列数”和“行数”数值框中输入表格所需的列数和行数，这里均输入“6”，然后单击确定按钮，返回 Word 2010 操作界面，即可看见插入的表格。

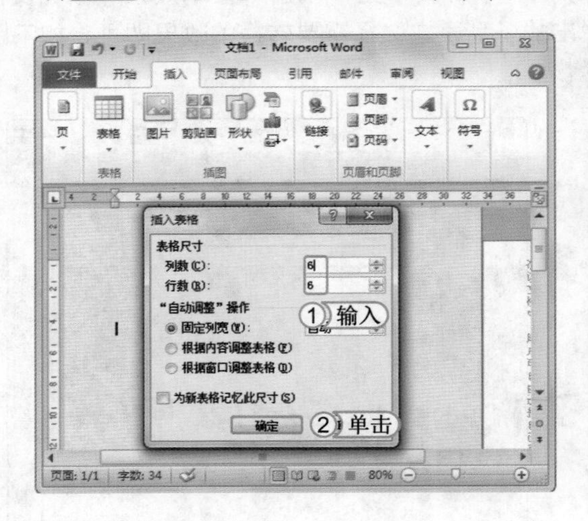

经验一箩筐——绘制表格

除了可以直接插入表格外，用户还可手动绘制表格。其方法是：单击“表格”按钮，在弹出的下拉列表中选择“绘制表格”选项，这时鼠标光标呈形状，按住鼠标左键拖动鼠标进行表格的绘制即可。若在单元格中对角拖动鼠标，还可绘制斜线。在绘制过程中，若发现多余的线条，还可选择【设计】/【绘图边框】组，单击“擦除”按钮，再在需要删除的线条上单击，即可擦除该线条。

2. 编辑表格

插入表格后，用户可在其中输入需要的数据与文本，并设置数据与文本的字体、字号和颜色等格式，其设置方法与设置普通文本无异。此外，为了满足数据的需要与增强表格的美观度，还需对单元格进行插入、合并和删除等操作，以及编辑表格的样式、数据的位置等。下面对常用的编辑方法分别进行介绍。

- 选择单元格：在 Word 中选择单元格的方法与选择文本的方法相似，都可通过单击或通过鼠标进行选择，此外，用户还可单击表格左上方的按钮选择整个表格，或将鼠标光标移至表格行的左侧或列的上方，当鼠标光标呈↓或形状时单击鼠标即可快速选择行或列。

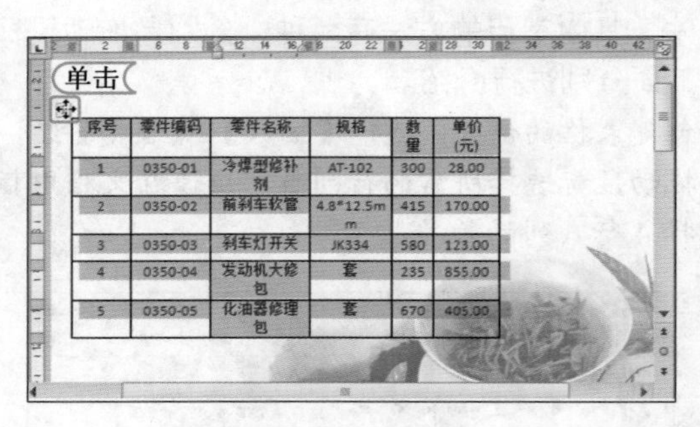

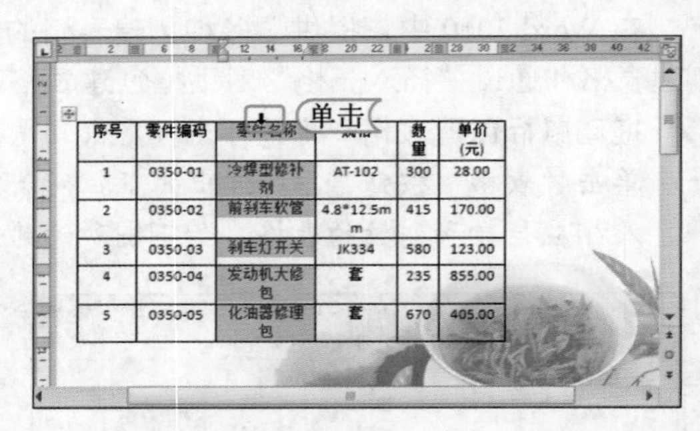

- 调整行、列宽度：将鼠标光标移到需调整行高或列宽的表格分隔线处，此时鼠标光标变为或形状，按住鼠标左键不放拖动即可调整行、列宽度。如下图所示为调整列宽的效果。

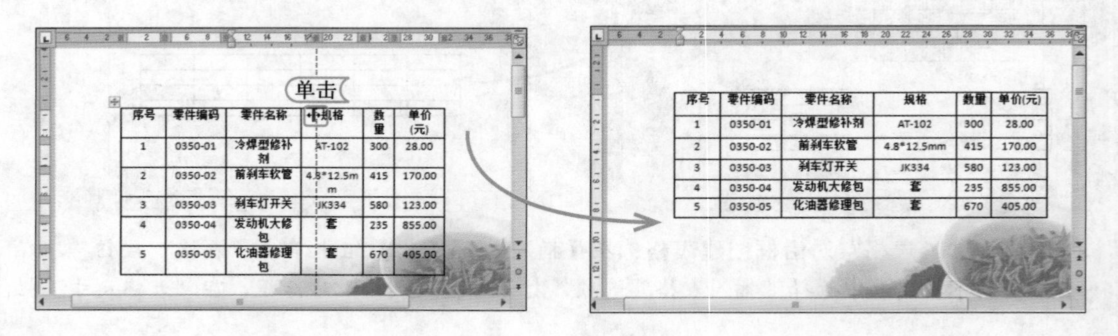

- 添加行或列：将文本插入点定位至需添加的行或列的单元格处，选择【布局】/【行和列】组，单击相应的插入按钮即可在当前位置的上方、下方插入一行或一列。如下图所示为在第 3 行单元格后插入一行的效果。

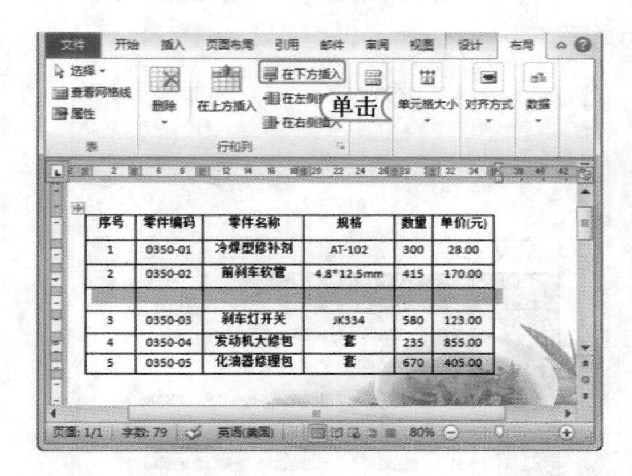

经验一箩筐——插入单元格

除了可以插入整行或整列外，用户还可插入单个或多个单元格。其方法是：在插入单元格位置拖动鼠标，选择需要插入的单元格相等数量的个数，在【布局】/【行和列】组单击右下角的“扩展”按钮，在打开的列表框中选择插入的位置后单击 确定 按钮即可插入。

- 删除单元格区域：将文本插入点定位至需删除的行或列的单元格处，选择【布局】/【行和列】组，单击“删除”按钮，在弹出的下拉列表中选择相应的删除选项即可删除当前所选单元格或单元格所在的一行或一列。

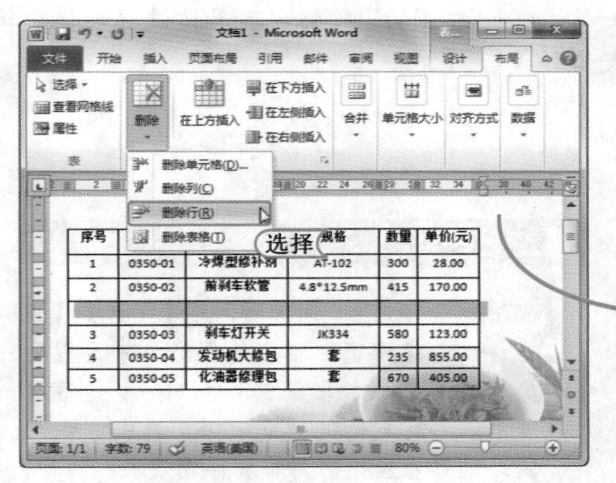

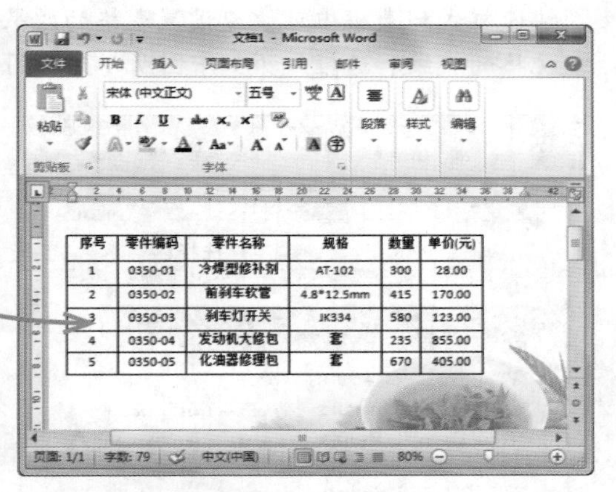

- 合并单元格：选择需合并的多个单元格，选择【布局】/【合并】组，单击“合并单元格”按钮，可将多个单元格合并为一个单元格。如下图所示为合并后的单元格效果，选择合并后的单元格，再次单击“合并单元格”按钮或“拆分单元格”按钮可恢复至开始样式。

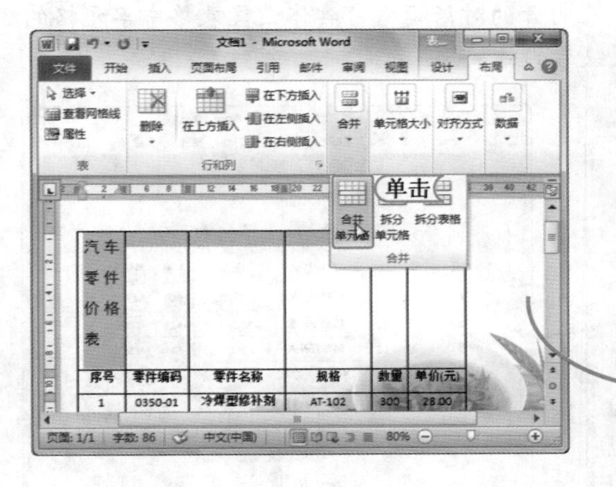

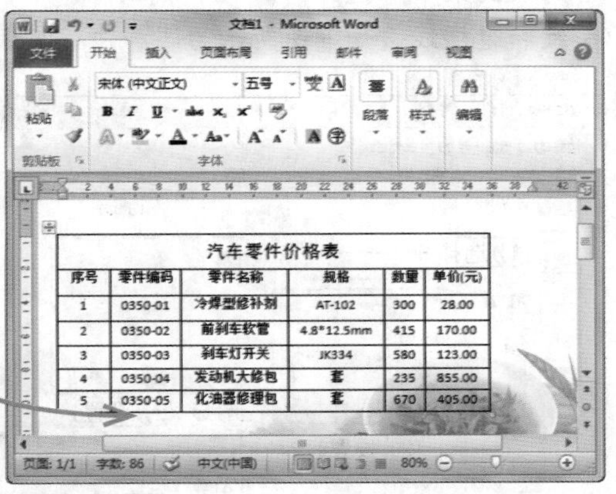

设置文本位置：选择单元格，在【开始】/【段落】组可设置一般的对齐方式。在行高值较大的表格中，往往还可设置靠上居中对齐、靠下居中对齐和水平居中对齐等对齐方式，这时，可在选择单元格后选择【布局】/【对齐方式】组，单击相应的按钮来设置对齐样式，如下图所示为水平居中对齐和靠下端对齐的效果。

应用表格样式：将文本插入点定位到任意单元格中，选择【设计】/【表格样式】组，在快速样式列表框中可快速设置表格的效果，单击该组右侧的 按钮，可具体设置表格中单元格的底纹和边框线。如下图所示为应用表格样式后的效果。

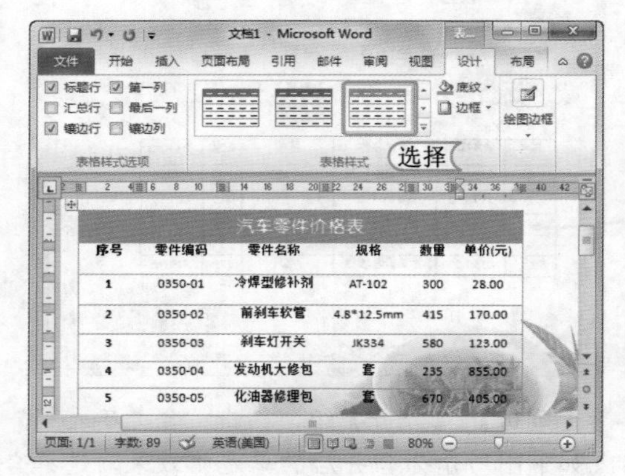

经验一箩筐——设置表格样式选项

应用表格样式后，用户还可在【设计】/【表格样式】组中选中相应的复选框来设置表格样式选项，如取消选中☐标题行复选框可取消表格标题行的样式效果，选中☑镶边列复选框可为表格的列添加样式效果。

添加边框与底纹：选择需要添加边框与底纹的单元格区域，在其上单击鼠标右键，在弹出的快捷菜单中选择“边框和底纹”命令，在打开的对话框中可具体设置表格中单元格的底纹和边框线。如下图所示为添加边框与底纹后的效果。

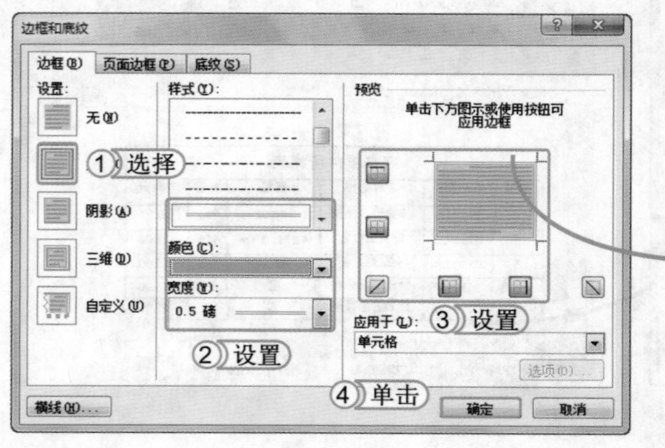

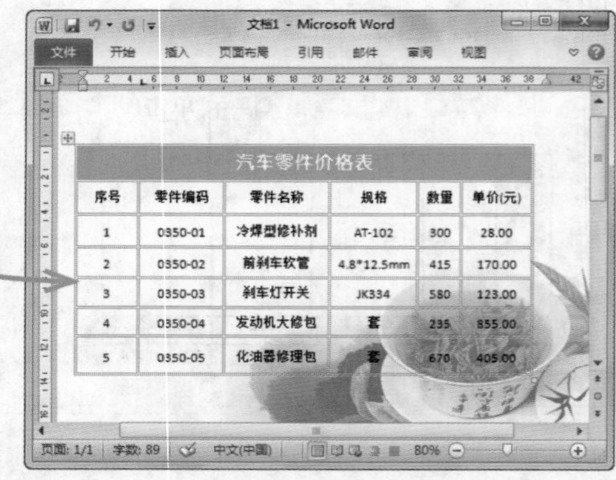

经验一箩筐——在 Word 中使用图表

Word 2010 中不仅提供了插入表格的功能，还提供了插入图表的功能，使用该功能可以轻松对文档中的某些数据进行直观地显示，更加有利于用户对数据进行分析。插入图表的方法是：选择【插入】/【插图】组，单击“图表”按钮，打开“插入图表”对话框，在左侧选择图表的类型，在右侧选择所需的图表，单击确定按钮，将在文档中插入图表，并同时打开“Microsoft Word 中的图表”Excel 窗口，在其中的单元格中输入数据时，图表会随着输入的数据发生变化，输入完成后，关闭该对话框即可。

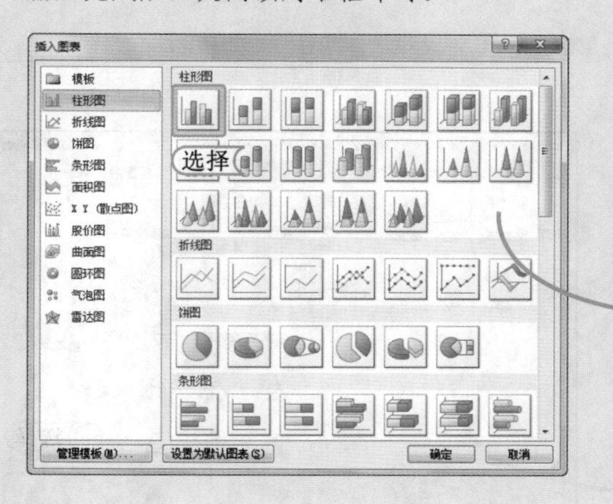

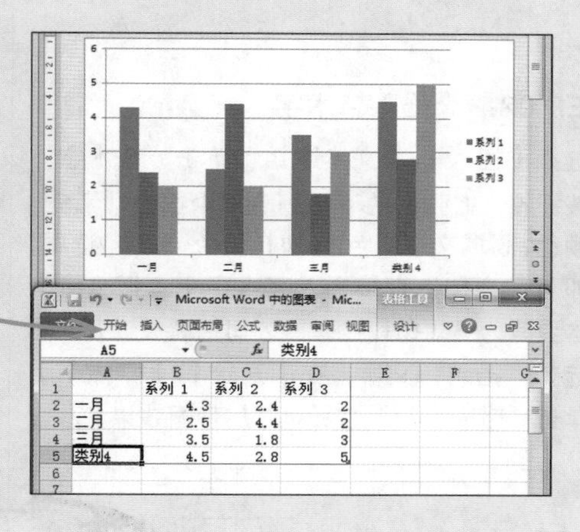

上机 1 小时 制作“公司招聘”文档

- 巩固使用与设置文本框的方法。
- 巩固使用与设置艺术字的方法。
- 练习插入表格、编辑与美化表格的方法。

光盘文件
素材 \ 第 3 章 \ 背景 1. jpg、背景 3. jpg
效果 \ 第 3 章 \ 公司招聘 . docx
实例演示 \ 第 3 章 \ 制作“公司招聘”文档

本例将制作“公司招聘 .docx”文档，并使用文本框、艺术字和表格来丰富与美化文档，美化后的效果如下图所示。

时间段	平面设计	网站设计	三维动画	影视广告	多媒体制作
2.1～3.1	20	15	20	8	10
8.1～9.1	15	8	23	14	8

STEP 01：插入背景

新建空白文档，设置页面方向为“横向”，将其保存为“公司招聘.docx”文档，插入“背景1.jpg”图片，设置图片衬于文字下方，调整其大小，使其覆盖整个页面。

STEP 02：插入艺术字

1. 选择【插入】/【文本】组，单击“艺术字”按钮，在弹出的下拉列表框中选择“填充 - 颜色，强调文字颜色1，塑料棱台，映像”选项，即可在文档中直接插入艺术字文本框，将文本更改为“飞扬科技有限公司招聘设计师”。
2. 选择“招聘”文本，在【开始】/【字体】组单击“带圈字符”按钮添加带圈效果。

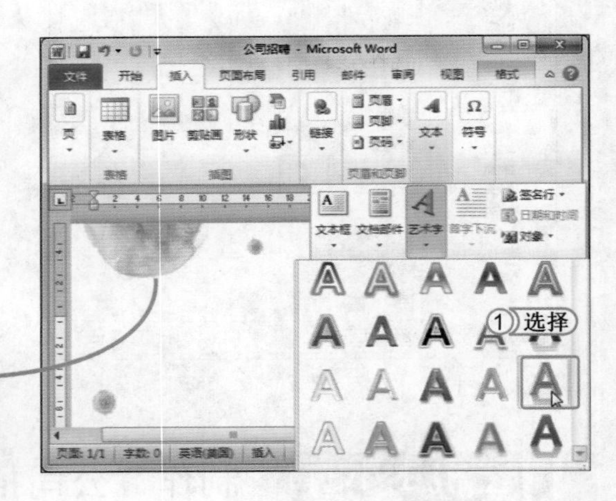

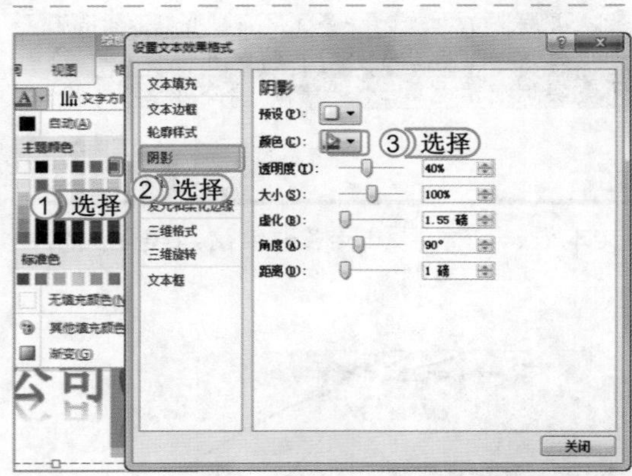

STEP 03：编辑艺术字阴影效果

1. 拖动鼠标选中“招聘”文本，在【格式】/【艺术字样式】组单击“文本填充”按钮，在弹出的下拉列表中选择“红色，强调文字颜色2”选项。
2. 在【格式】/【文本样式】组单击“扩展”按钮，打开“设置文本效果格式”对话框，在左侧选择“阴影”选项。
3. 在“颜色”下拉列表框中选择“红色，强调文字效果2，深色25%”选项。

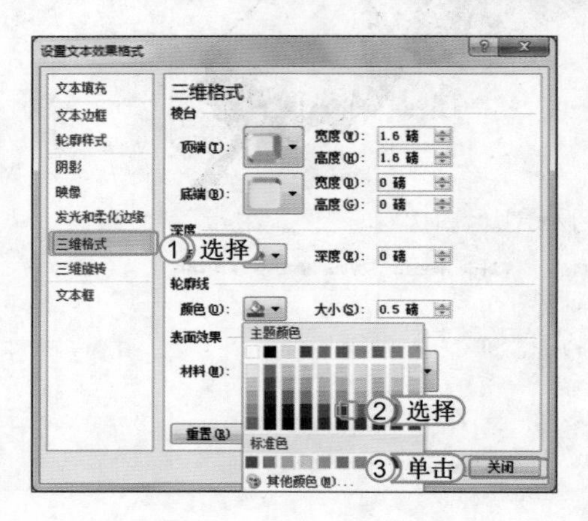

STEP 04：编辑艺术字的三维格式效果

1. 在“设置文本效果格式”对话框左侧选择“三维格式”选项。
2. 在“轮廓线”栏中的“颜色”下拉列表框中选择“红色，强调文字效果2，深色25%”选项。
3. 单击 关闭 按钮关闭该对话框。

STEP 05：设置文本转换效果

1. 拖动鼠标选择其余的艺术字文本，将其文本填充颜色更改为“深蓝，文字 2”。
2. 选择【格式】/【艺术字样式】组，单击“文本效果”按钮右侧的下拉按钮，在弹出的下拉列表中选择“转换”选项，在弹出的子列表中的“弯曲”栏中选择“左牛角形”选项。

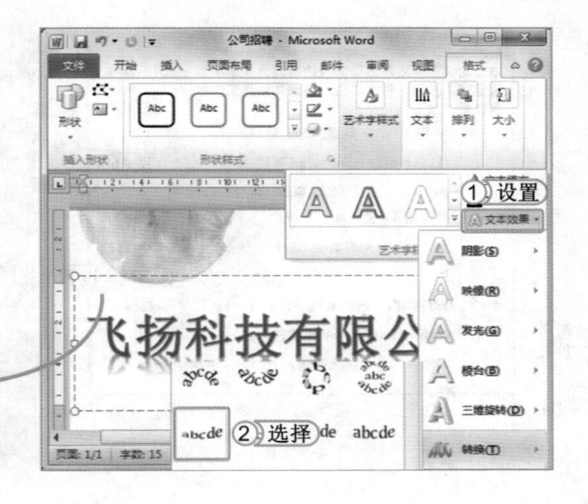

STEP 06：添加并设置形状效果

1. 在页面顶端绘制矩形形状，取消轮廓，打开“设置形状格式”对话框，在左侧选择“填充”选项，然后选中 渐变填充(G) 单选按钮。
2. 在“渐变光圈”栏分别将停止点滑块拖至如右图所示的位置，将第一个停止点的颜色设置为“白色，背景 1”；将二个停止点的颜色设置为“蓝色，强调文字颜色 2，淡色 85%”，将透明度设置为“32%”；将第三个停止点的颜色设置为“白色，背景 1”，将透明度设置为“100%”。
3. 将渐变类型设置为“线性”。
4. 将渐变角度设置为“30°”。

STEP 07：设置形状的柔化边缘效果

1. 在对话框左侧选择“发光和柔化边缘”选项，在“柔化”栏中将柔化值设置为“5 磅”。
2. 单击 关闭 按钮关闭对话框。

读书笔记

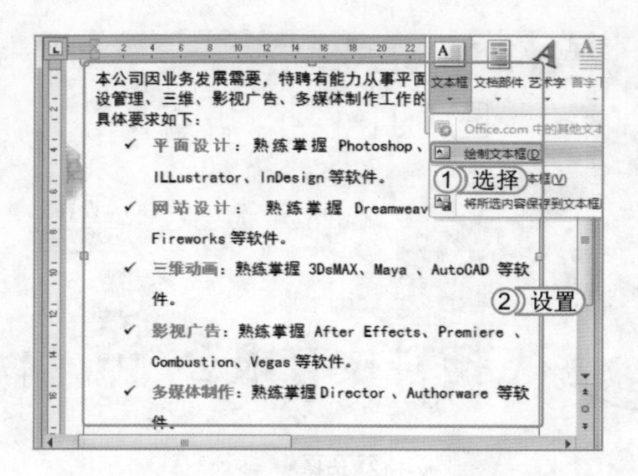

STEP 08: 绘制文本框

1. 关闭对话框返回编辑窗口，选择【插入】/【文本】组，单击“文本框”按钮，在弹出的下拉列表中选择“绘制文本框”选项，拖动鼠标绘制文本框。
2. 将鼠标光标插入到文本框中，输入招聘信息，将文本的字体格式设置为“黑体，小四”，为招聘职位段落添加“✓”项目符号，并将职位文本加粗，将文本颜色设置为“红色”。并根据文本拖动文本框四周的控制点调整文本框的大小。

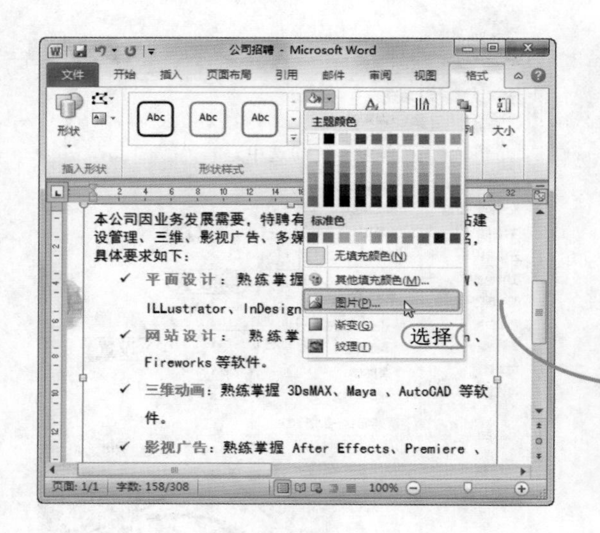

STEP 09: 使用图片填充文本框

选择文本框，取消文本框轮廓，在【格式】【形状样式】组单击“形状填充”按钮右侧的下拉按钮，在弹出的下拉列表中选择“图片”选项，在打开的对话框中选择“背景3.jpg”图片并插入。

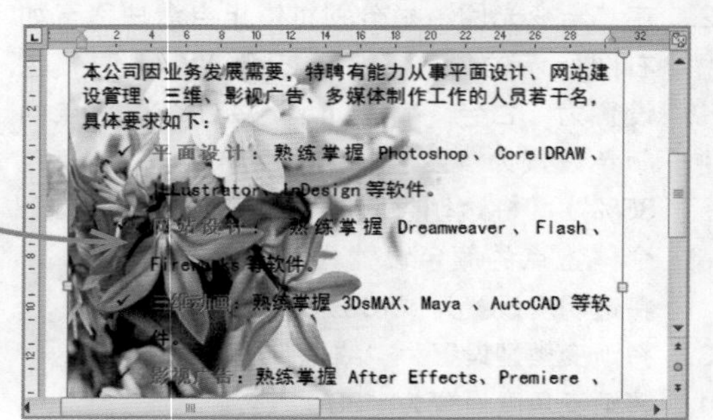

STEP 10: 设置填充图片的透明度

1. 选择文本框，打开“设置图片格式”对话框，在左侧选择“填充”选项。
2. 然后将透明度设置为“76%”，关闭对话框。

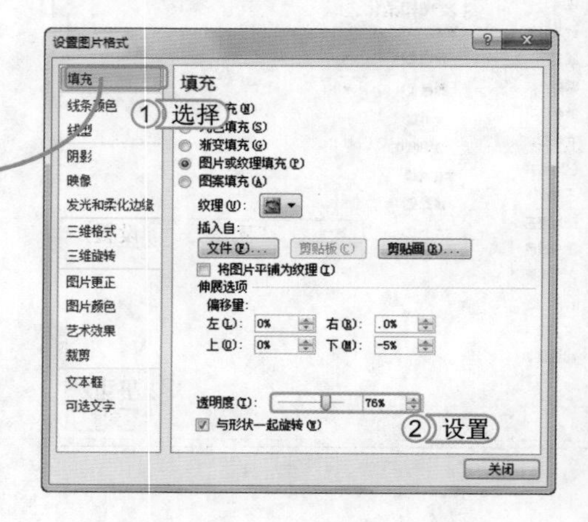

提个醒 在本例中，对图片设置透明度是为了突出文字的显示。

STEP 11：添加招聘职位的标题

在招聘职位信息上方绘制同侧圆角矩形形状，为其应用“细微效果 - 蓝色，强调文字颜色 1”的形状样式，并取消形状轮廓。

> **提个醒** 如果不对所选区域中的第一行内容或所选区域中包含的表格标题行进行排序，那么可在“排序”对话框中选中“数据包含标题”前的复选框。

STEP 12：设置形状中的文本格式

1. 调整形状的大小，在其上单击鼠标右键，在弹出的快捷菜单中选择“编辑文字”命令，将鼠标光标定位到该形状中，输入“招聘职位”文本，并在文本前面插入“⌦”符号。
2. 选择文本与符号，将其字体格式设置为“方正韵动中黑简体，小二”，将字体颜色设置为“红色”。

STEP 13：输入职位要求

在招聘职位下方绘制文本框，在【格式】/【形状样式】组取消文本框的填充与轮廓效果，输入职位的要求文本，将第一段文本的字体格式设置为“黑体，小四”，为要求的条款应用编号样式，并将字体格式设置为“黑体，11，倾斜”，将文本颜色设置为“蓝色，强调文字颜色 1”。根据文本调整文本框的大小。

STEP 14：插入表格

1. 在页面右侧绘制文本框，取消文本框的填充色与轮廓，将鼠标光标定位到文本框中，在【插入】/【表格】组中单击“表格”按钮▦。
2. 在弹出的下拉列表中选择“插入表格”选项，打开“插入表格”对话框，在“表格尺寸”栏的“列数”和“行数”数值框中分别输入“6”和“4”。
3. 单击 确定 按钮，返回 Word 2010 操作界面，即可看见插入的表格。

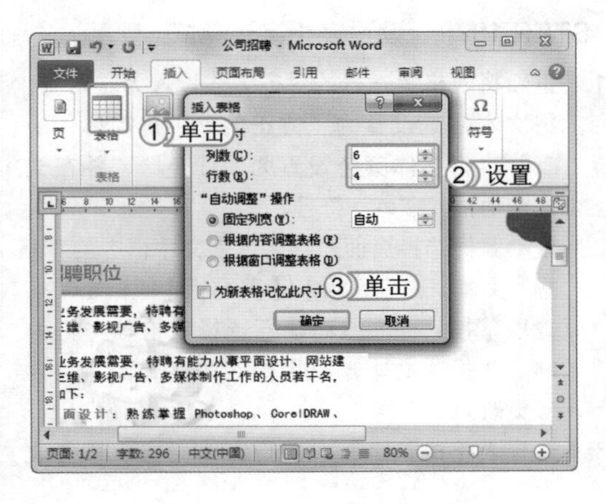

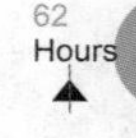

STEP 15：合并单元格

1. 在插入的单元格中输入如左图所示的文本与数据，将鼠标光标定位到单元格中，单击表格左上角的“全选”按钮⊞，将鼠标光标移至右下角，拖动鼠标调整大小。在⊞按钮上按住鼠标左键将表格移至页面右下方。
2. 拖动鼠标选择第一行单元格，选择【布局】/【合并】组，单击“合并单元格”按钮，将多个单元格合并为一个单元格。

STEP 16：设置单元格对齐方式

单击表格左上方的⊞按钮选择整个表格，选择【布局】/【对齐方式】组，单击“水平居中对齐”按钮。

提个醒 Word 2010 中提供了9种对齐方式，用户可以根据需要进行选择。

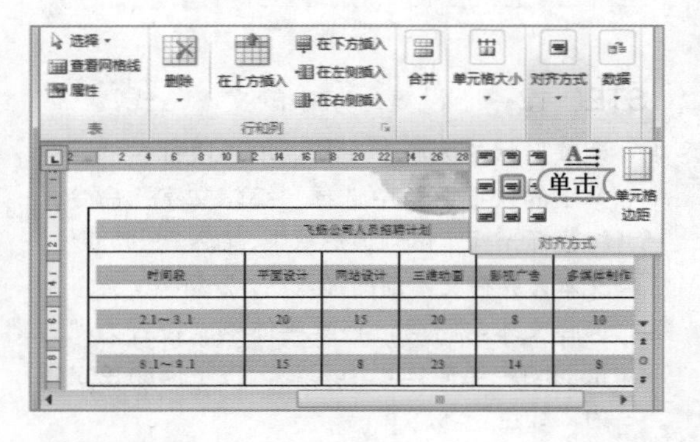

STEP 17：添加表格边框与底纹

1. 选择表格第一行，在【设计】/【表格样式】组中单击底纹按钮右侧的下拉按钮，在弹出的下拉列表中选择“茶色，背景 2，深色 10%”选项，用同样的方法将第 2 行单元格填充为“红色，强调文字颜色 2，淡色 80%”，将第一列的 3 至 5 个单元格填充为“橄榄色，强调文字颜色 3，淡色 80%”。
2. 单击表格左上方的⊞按钮选择整个表格，在【设计】/【表格样式】组单击边框按钮右侧的下拉按钮，在弹出的下拉列表中选择“无框线”选项取消表格的边框。

STEP 18：设置表格字体格式

1. 重新将表格第一行的对齐方式设置为左对齐，将文本格式设置为“方正韵动中黑简体，小二”，将字体颜色设置为“红色”，并在文本前面插入“⌧”符号。
2. 拖动鼠标选择页面顶端艺术字文本框中的“飞扬”文本，在【开始】/【剪贴板】组单击“格式刷”按钮，拖动鼠标选择表格第一行中的“飞扬”文本，应用相应的格式，并将字号更改为“一号”。
3. 选择表格的二、三、四行文本，将字号更改为“小四”。

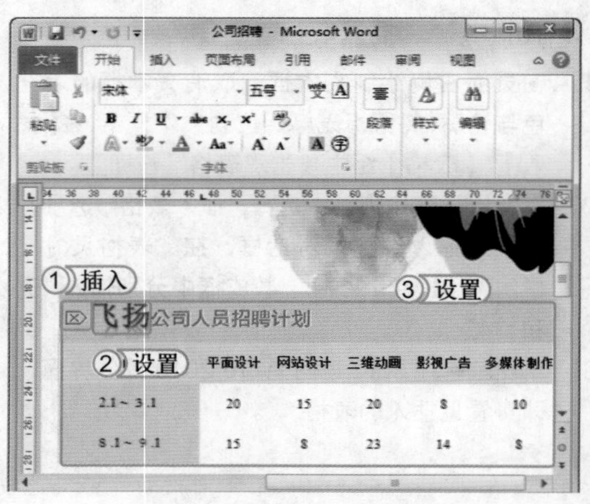

STEP 19： 编辑联系方式

选择“招聘职位”所在的形状，按 Ctrl+C 组合键进行复制，按 Ctrl+V 组合键进行粘贴，将其移动到表格的下方，修改文本为“联系方式”。

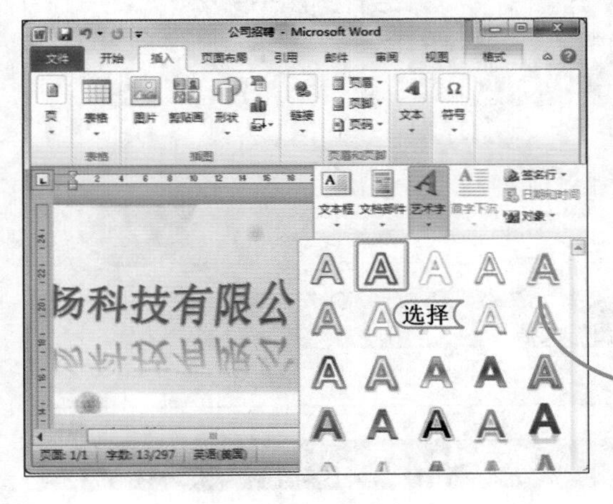

STEP 20： 插入艺术字

选择【插入】/【文本】组，单击“艺术字”按钮，在弹出的下拉列表中选择“填充 - 无，轮廓 - 强调文字颜色 2”选项，即可在文档中直接插入艺术字文本框，将文本更改为邮箱与 QQ 相关信息，将字体格式设置为“黑体，小二”。

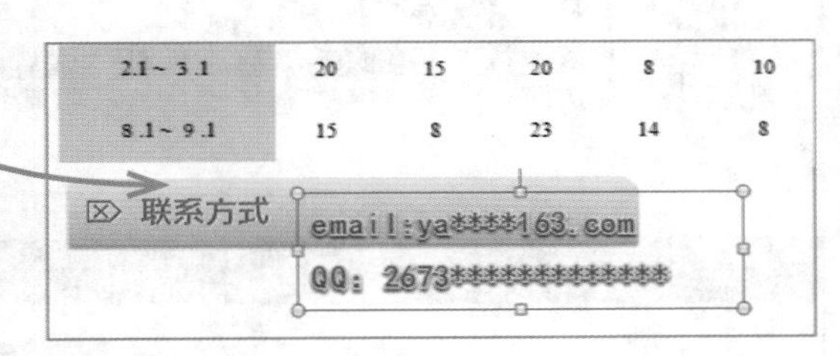

STEP 21： 设置文本框的透明度

1. 选择文本框，打开“设置图片格式”对话框，在左侧选择“填充”选项。
2. 然后将透明度设置为“76%”。
3. 单击 关闭 按钮关闭该对话框，返回文档界面即可查看效果。保存文档完成本例的制作。

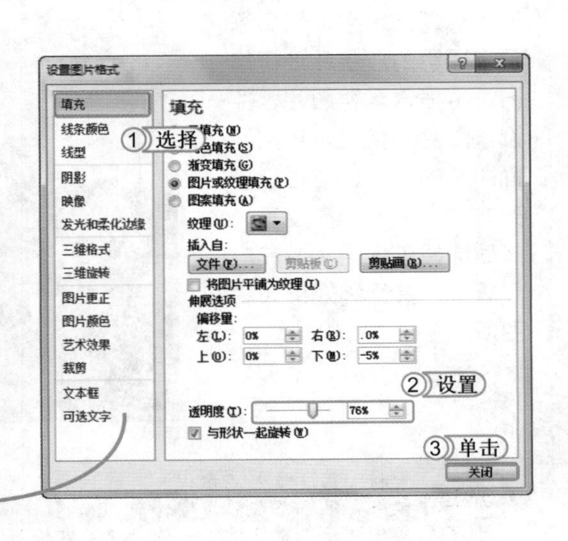

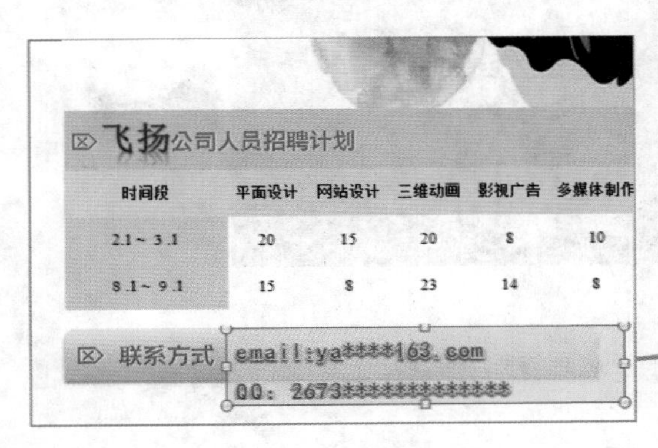

3.3 练习 1 小时

本章主要介绍了使用各种对象来丰富 Word 文档，包括使用图片、形状、SmartArt 图形、文本框、艺术字和表格等对象，若想在日常工作中更加熟练地使用它们，还需再进行巩固练习。下面以制作“员工入职流程图”和“旅游宣传册”为例，进一步巩固这些知识的使用方法。

1. 制作“员工入职流程图”文档

本例将制作“员工入职流程图.docx”文档，首先插入标题艺术字，然后为其添加半透明的形状并进行修饰，再插入 SmartArt 流程图形，输入员工入职流程文本，并插入图片与文本框，输入流程号，最后为其添加背景图片，使用渐变形状修饰图片，其最终效果如右图所示。

光盘文件

素材 \ 第 3 章 \ 背景 3.jpg
效果 \ 第 3 章 \ 员工入职流程图 .docx
实例演示 \ 第 3 章 \ 制作“员工入职流程图”文档

2. 制作“旅游宣传册”文档

本例将制作“旅游宣传册.docx”文档，首先插入标题艺术字，然后添加半透明的形状并进行修饰，再插入素材图片，并设置图片的格式，包括设置图片的大小、位置、排列方式、边框和亮度等，然后选择多张图片为其应用版式，其最终效果如右图所示。

光盘文件

素材 \ 第 3 章 \ 马尔代夫
效果 \ 第 3 章 \ 旅游宣传册 .docx
实例演示 \ 第 3 章 \ 制作“旅游宣传册”文档

办公

72 HOURS

第4章 Word文档的高级编辑及设置

学习3小时

在编辑一些办公文档，尤其是长文档后，用户可能会花大量的时间对文档进行查漏。但如果使用最传统的手工进行检查，会影响整个工作进度。其实，可以通过很多技巧对文档进行编辑、设置，以减轻后期编辑的困难。

- 长文档的编辑技巧
- 审阅文档
- Word文档编辑的其他功能及设置

上机4小时

4.1 长文档的编辑技巧

在 Word 中制作与浏览长文档时，为了操作的简便，很多时候可使用相关技巧来达到目的，如创建并应用样式、使用模板、使用大纲视图、创建目录、插入封面、使用超级链接和使用书签等。下面将分别对这些技巧进行介绍。

学习 1 小时

- 学习如何创建并应用样式。
- 掌握创建并应用模板的方法。
- 了解大纲视图的使用方法。
- 了解如何为文档创建目录。
- 掌握创建封面的方法。
- 了解使用超级链接的方法。
- 学习使用书签记录文本位置。

4.1.1 创建并应用样式

在制作长文档时，经常会遇到字体和段落格式大部分相同的情况，这时，为了能在编辑时快速完成文档的制作，可将其中相同的文档格式创建为样式，通过应用文档样式来快速制作文档。

1. 创建样式

在 Word 2010 中内置了多种样式集，各个样式集中又提供了多种样式，如标题 1、标题 2、正文和项目符号等样式。用户可直接选择文本后，在【开始】/【样式】组的列表框中进行选择应用。在制作一些风格独特的文档时，用户还可自定义文档样式，下面对自定义文档样式的方法进行介绍。其具体操作如下：

光盘文件
素材 \ 第 4 章 \ 员工手册 .docx
效果 \ 第 4 章 \ 员工手册 .docx
实例演示 \ 第 4 章 \ 创建样式

STEP 01： 定位文本插入点

打开"员工手册 .docx"文档，将鼠标光标定位到需创建样式的文本位置，选择【开始】/【样式】组，单击"扩展"按钮，打开"样式"任务窗格，单击"新建样式"按钮。

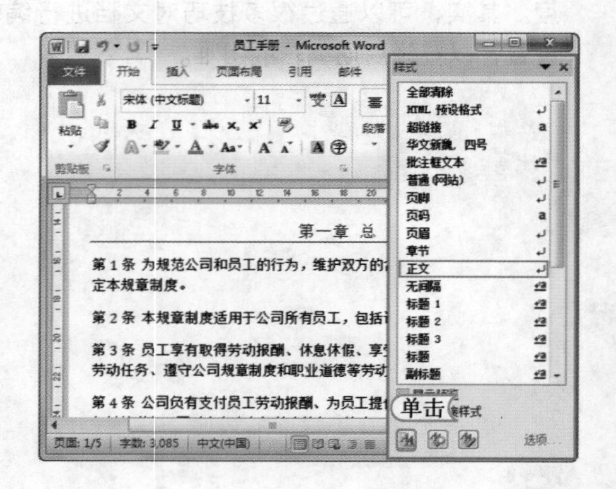

经验一箩筐——更改内置样式的格式

在【开始】/【样式】组中默认的样式不是固定不变的，用户可根据需要对字体集、样式的颜色、样式的字体等进行设置，其方法是：在【开始】/【样式】组单击"更改样式"按钮，在弹出的下拉列表框中选择相应的选项，并可将设置后的样式设为默认值。

STEP 02： 新建条款样式

1. 打开“根据格式设置创建新样式”对话框，在“名称”文本框中输入“条款”。
2. 在“格式”栏设置字体为“黑体”，字体颜色为“红色，强调文字颜色2，深色50%”。
3. 单击 格式(O) 按钮，在弹出的下拉列表中选择“快捷键”选项。

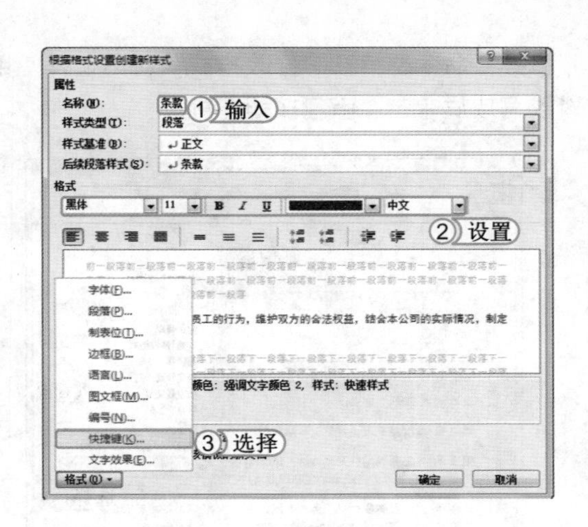

STEP 03： 自定义快捷键

1. 打开“自定义键盘”对话框，将鼠标光标定位到“请按新快捷键”文本框中，按Ctrl+W组合键输入快捷键。
2. 单击 指定(A) 按钮，将其指定为当前快捷键。
3. 单击 关闭 按钮关闭该对话框。

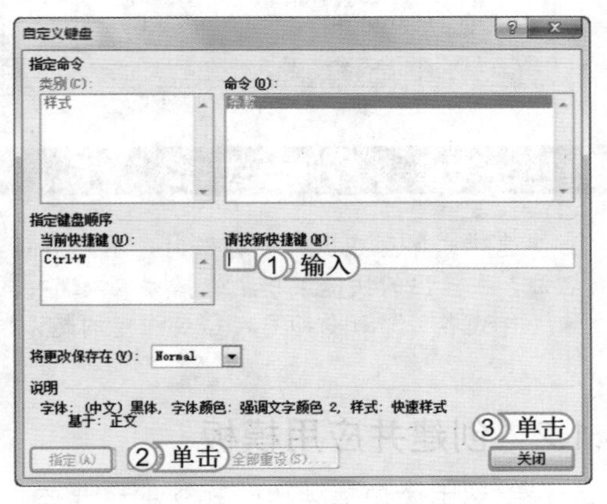

提个醒 在自定义快捷键时，用户应避免使用一些Windows常用快捷键和Office常用快捷键，以免造成不便。

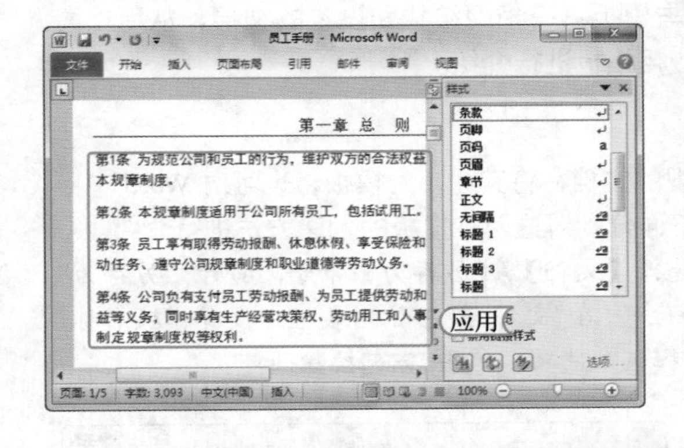

STEP 04： 应用创建的样式

返回“根据格式设置创建新样式”对话框，单击 确定 按钮即可返回文档，在“样式”任务窗格的列表框最上方即可查看到创建的样式，在需要应用该样式的段落中按Ctrl+W组合键即可应用创建的“条款”样式。

经验一箩筐——设置样式的其他格式

在创建样式时，用户不仅可以对文本格式和快捷键进行设置，还可在“根据格式设置创建新样式”对话框中单击 格式(O) 按钮，在弹出的下拉列表中选择字体、段落、项目符号等选项，在打开的对话框中进行更为详细的格式设置。

2. 修改样式

当应用创建的样式后，发现该样式不满意，还可对其进行修改。其方法是：在“样式”任务窗格的列表框中选择需要的修改样式，在其上单击鼠标右键，在弹出的快捷菜单中选择

"修改"命令，打开"修改样式"对话框，使用创建样式的方法修改字体格式、段落格式等，修改完成后单击[确定]按钮即可。

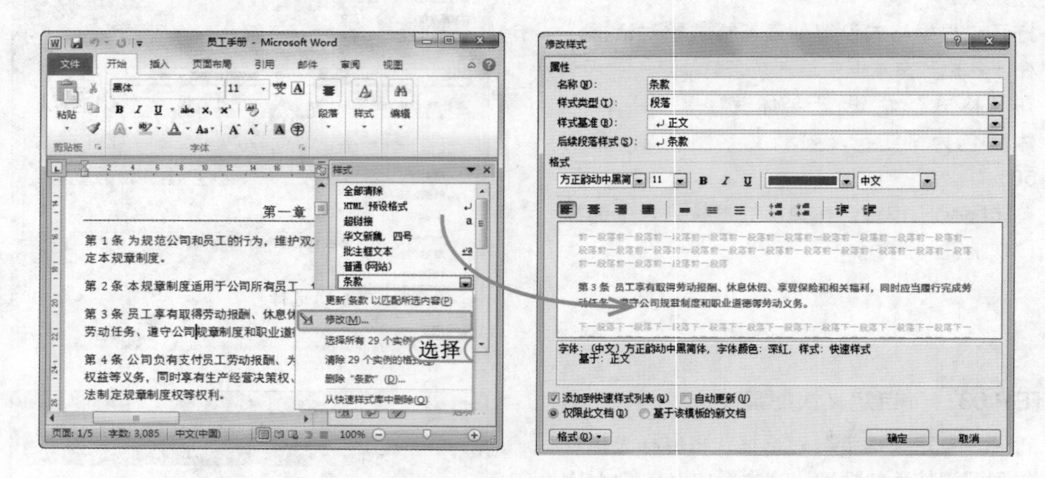

经验一箩筐——删除样式

当快速样式库存在多余的样式时，用户可将其删除，其方法是：在需要删除的样式上单击鼠标右键，在弹出的快捷菜单中选择"从快速样式库中删除"命令即可；若需要彻底删除，选择"删除（样式名）"命令即可，需要注意的是，该方法只能删除当前文档没有应用的样式。

4.1.2 创建并应用模板

在文档中应用特殊格式和文档样式后，若以后还需要制作同类型的文档，可将该文档保存为模板。保存为模板后，用户可快速地创建与模板具有相同结构和设置的文档，从而提高文档制作与编辑的效率。下面将分别对创建和应用模板进行介绍。

1. 创建模板

在制作文档时，用户可打开一些规范、美观的文档，将其另存为模板，也可对 Word 中自带的样本模板进行修改，并创建为新的模板，下面分别对这两种模板的创建方法进行介绍。

- 创建新模板：打开要保存为模板的文档，选择【文档】/【另存为】命令，打开"另存为"对话框，在中间的列表框中设置模板保存的位置，在"文件名"下拉列表框中设置模板名称，在"保存类型"下拉列表框中选择"Word 模板"选项，单击[保存(S)]按钮即可。

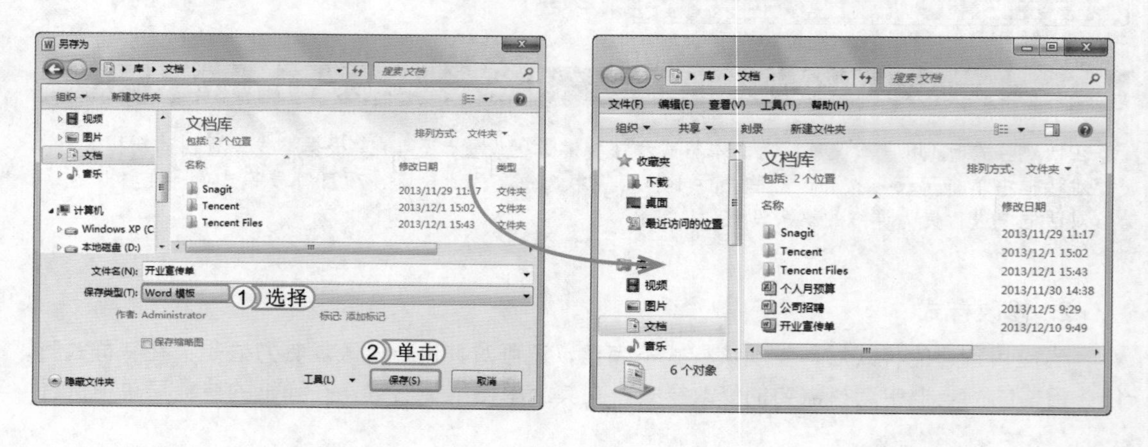

利用样本模板创建模板：选择【文件】/【新建】命令，在打开的页面中选择"样本模板"选项，选择需要创建的模板样式后，选中◎模板单选按钮，单击"新建"按钮，在其中对内容和格式进行修改，将其保存即可。

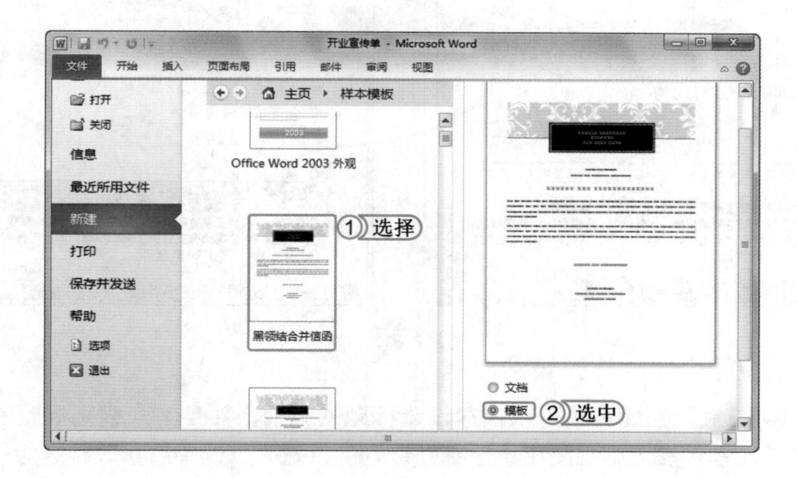

2. 应用创建的模板

创建模板后，如需制作相同类型的文档，则可直接调用模板创建文档，其方法为：选择【文件】/【新建】命令，在打开的页面中选择"我的模板"选项，打开"新建"对话框，在其中选择需要使用的模板，选中◎文档(D)单选按钮，最后单击确定按钮，如下图所示，或选中◎模板(T)单选按钮，根据需要对其中的格式进行修改，完成后将其保存即可。修改模板后，只会影响根据该模板创建的新文档，不会影响基于此模板的原有文档。

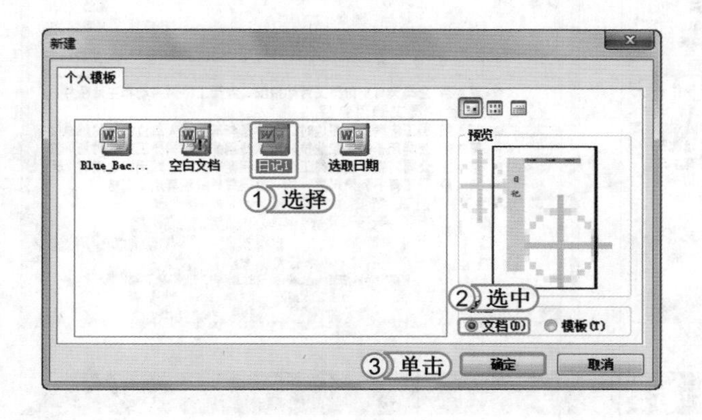

提个醒 需要注意的是，在"新建"对话框中只能看见保存在系统盘\Users\用户名\AppData\Roaming\Microsoft\Templates中的Word模板文件，因此，用户创建模板后，最好将其保存到该路径，才能在"新建"对话框中看见。用户也可直接打开模板，再另存为文档，以创建基于模板的文档。

4.1.3 使用大纲视图

用户除了使用模板和样式来帮助提高长文档的编辑速度外，还可利用大纲视图来组织文档结构。如直接在大纲视图中调整文本位置、设置标题的不同级别等，从而使文档的结构更加清晰，更便于浏览。

1. 在大纲视图中调整文本位置

使用大纲视图浏览文档时，可通过移动文本的位置，来调整输入文本顺序错误的情况，这样不仅能方便查看，还能合理安排文档结构。在大纲视图中调整文本位置的方法为：选择需调整位置的文本，选择【视图】/【文档视图】组，单击"大纲视图"按钮。选择【大纲】/【大纲工具】组，单击"上移"按钮或"下移"按钮，上下移动选择的文本。如下图所示为下移动文本的效果。

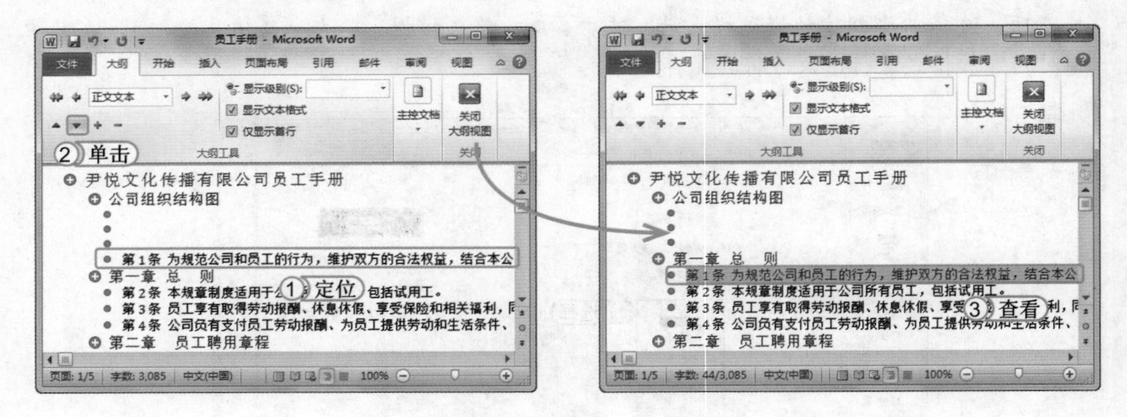

2. 在大纲视图中修改标题级别

使用大纲视图最大的优势是可以快速设置标题的级别，并且不同级别标题的缩进有所不同，以方便进行区别。在大纲视图中修改标题级别的方法为：选择要修改标题级别的文本，选择【视图】/【文档视图】组，单击"大纲视图"按钮，进入大纲视图，选择【大纲】/【大纲工具】组，在"大纲级别"下拉列表框中选择需要的级别选项即可，并且其子文档的标题级别自动改变。此外，用户还可单击"大纲级别"下拉列表框左右的"升级"按钮和"降级"按钮调整选择文本的级别。

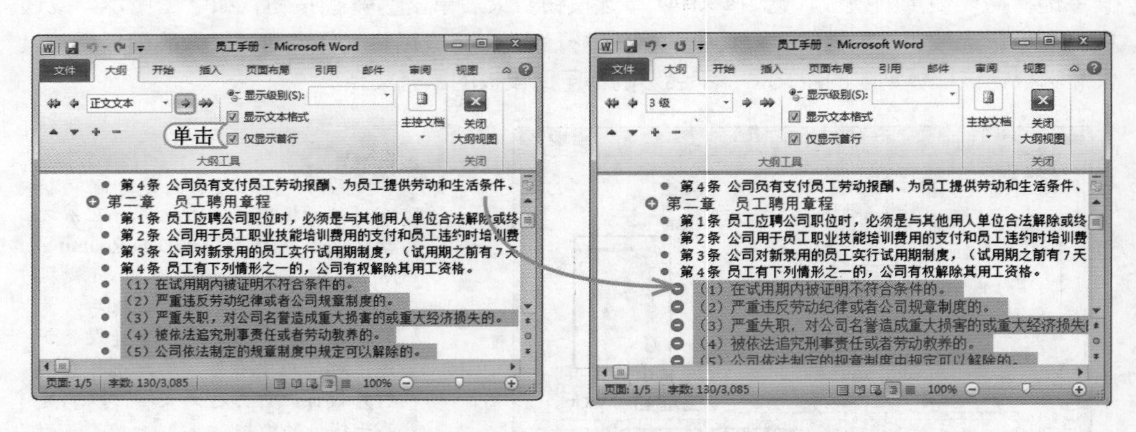

经验一箩筐——在大纲视图中展开与折叠子文档

若文档的标题级别太多，大纲视图可能会隐藏部分子文档，如要查看子文档，可选择【大纲】/【大纲工具】组，单击"展开"按钮或"折叠"按钮，将显示或隐藏子文档。

4.1.4 创建目录

目录是编辑长文档不可或缺的对象，是对文档主要内容的概括，通过目录可以对文档内容一目了然，并且可以快速切换到需要的内容页，常见于公司制度或培训文档中。设置目录前，需要保证文档设置了各级别的样式。满足该要求后，即可使用 Word 自带的创建目录功能快速创建目录，同时，若对目录不满意，用户还可根据需要对其进行修改。下面对创建与编辑目录的方法进行介绍。其具体操作如下：

光盘文件
素材 \ 第 4 章 \ 员工手册 .docx
效果 \ 第 4 章 \ 员工手册 1.docx
实例演示 \ 第 4 章 \ 创建目录

STEP 01：插入目录

打开“员工手册 .docx”文档，将鼠标光标定位到文档前，按 Ctrl+Enter 组合键在文档前新建空白页作为目录页。选择【引用】/【目录】组，单击“目录”按钮，在弹出的下拉列表中选择“插入目录”选项。

提个醒 若用户为文档应用标题 1、标题 2 等文档样式，可在弹出的下拉列表中选择自动目录样式，快速插入目录样式。

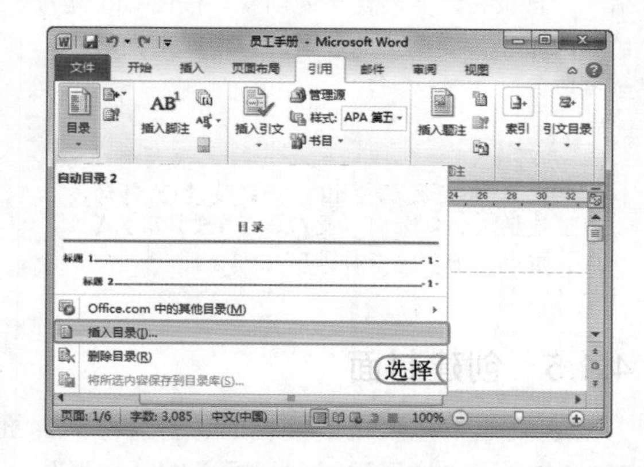

STEP 02：设置目录选项

1. 打开“目录”对话框，在“格式”栏中的“显示级别”数值框中输入“1”。
2. 单击 选项(O)... 按钮。
3. 打开“目录选项”对话框，在“目录级别”列表框中设置需要提取的样式，这里删除“标题 1”后的数值，在“标题 2”后的数值框中输入“1”。
4. 单击 确定 按钮。

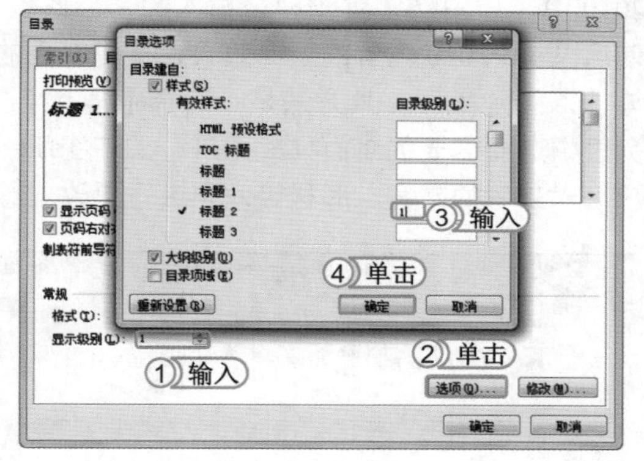

STEP 03：选择目录样式

1. 返回“目录”对话框，在“格式”下拉列表框中选择“优雅”选项。
2. 在“制表符前导符”下拉列表框中选择“-------”选项。
3. 单击 确定 按钮。

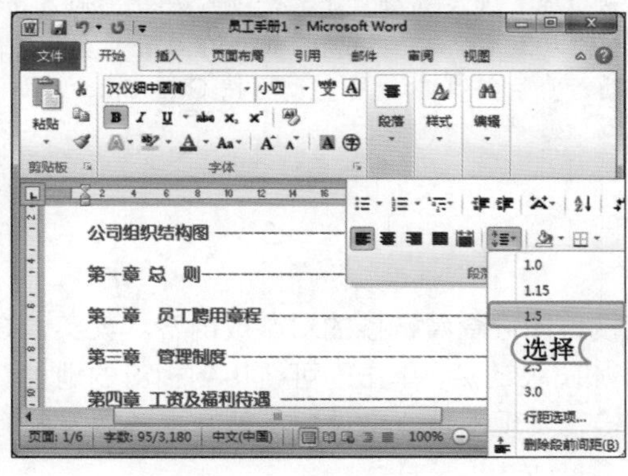

STEP 04：修改目录格式

拖动鼠标选择插入的目录，设置字体为“汉仪细中圆简”，字号为“小四”，颜色为“红色，强调文字颜色 2，深色 25%”，将行距设置为“1.5”。

提个醒 在“目录”对话框中选择插入的目录格式后，用户也可单击 修改(M)... 按钮，在打开的对话框中继续单击 修改(M)... 按钮，在打开的“目录样式”对话框中修改目录样式。

STEP 05: 查看效果

将鼠标光标定位到目录前，按 Enter 键换行，输入“目录”，完成目录的创建，按住 Ctrl 键的同时单击需要浏览的目录内容，即可立即转到浏览页。

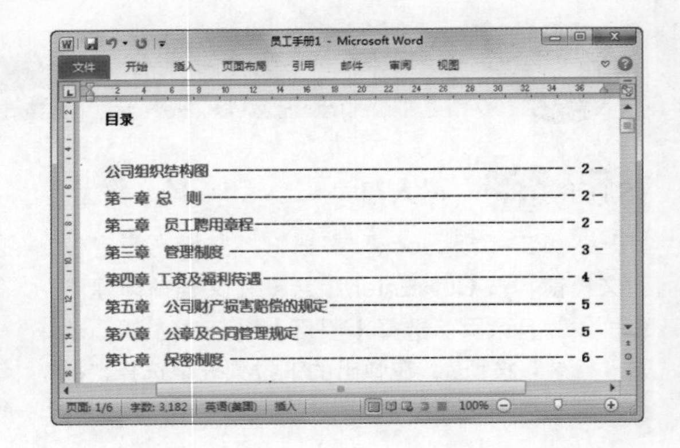

提个醒 如果文档中相应标题发生了变动，为了使插入的目录同步更改，可在【引用】/【目录】组中单击“更新目录”按钮。

4.1.5 创建封面

在制作一些正式的文档时，都会插入封面，以方便对打印后的文档进行管理。在 Word 2010 中，用户除了可以利用插入图片、形状、美术字和文本框等对象来制作封面，还可直接使用 Word 2010 内置的封面效果，提高文档的编辑速度。为文档应用封面效果的方法较简单，与插入图片类似。其方法是：选择【插入】/【页】组，单击“封面”按钮，在弹出的下拉列表中选择需要的封面样式即可，如下图所示为插入“瓷砖型”封面的效果。插入封面后，用户可对其中的文字、形状等效果进行更改。

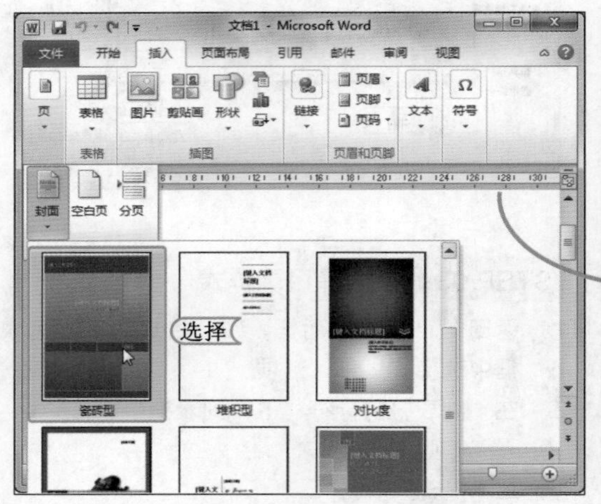

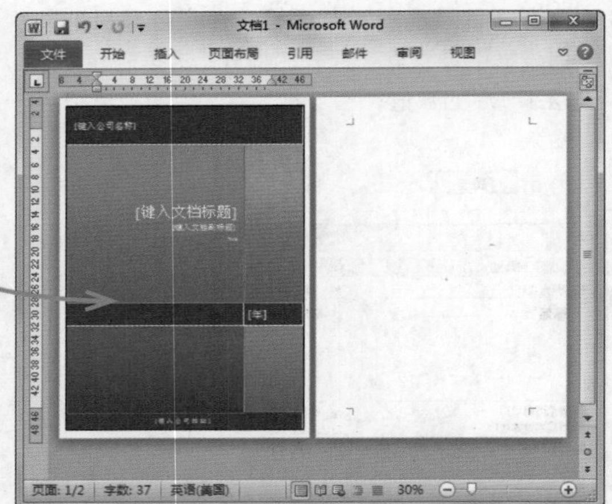

经验一箩筐——插入分页与空白页

在【插入】/【页】组除了可插入封面效果，还可单击“空白页”按钮、“分页”按钮插入空白页与分页。不同的是，插入空白页后，将在文本插入点后新建一篇空白页，在第三页显示插入点后的文本；而插入分页则在第二页显示文本插入点后的文本，用户也可按 Ctrl+Enter 组合键实现分页效果。

4.1.6 使用超级链接

超级链接是浏览网页常见的对象，单击超级链接，即可查看链接的对象或内容。其实，在 Word 文档中输入了某个网址或邮箱时，也会自动添加超级链接，单击即可链接到相应的地址。此外，用户还可以手动在文档中为对象添加超级链接，实现网页、文件、标题、书签以及邮箱的链接。在 Word 中插入超链接通常有 4 种情况，即链接到现有文件或网页、链接到本文档中的位置、链接到新建文档和链接到电子邮件地址。插入这 4 种链接的方法都相似。其方法为：在【插入】/【链接】组单击“链接”按钮，打开“插入超链接”对话框，设置“链接到”的位置和要显示的文字，再设置查找的范围与链接的文档，单击 确定 按钮返回文档即可看见要显示的文字颜色发生变化，单击可查看设置的文档。

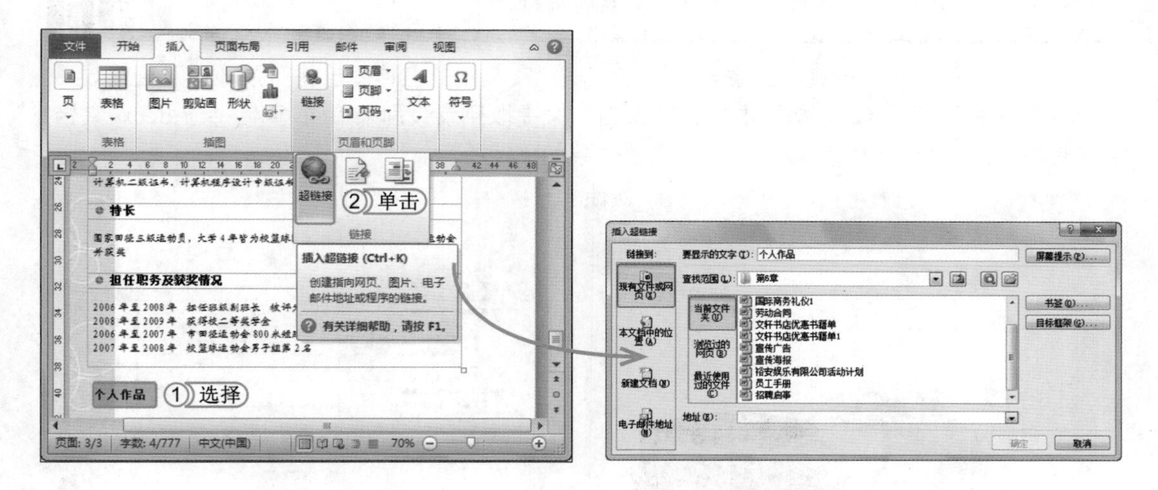

经验一箩筐——取消超级链接

若在编辑文档过程中已对内容进行了充分的说明，不再需要使用超级链接时，可以取消超级链接。其方法是：将鼠标光标定位到需要取消的超级链接上，单击鼠标右键，在弹出的快捷菜单中选择“取消超链接”命令取消链接。

4.1.7 使用书签

和日常生活中的书签作用一样，使用书签可以快速地在长文档中找到目标位置。书签能在 Word 文档中显示出来，但不会被打印出来。使用书签的方法很简单，只需将文本插入点定位到需添加书签的段落中，然后选择【插入】/【链接】组，单击“书签”按钮，打开“书签”对话框，在“书签名”文本框中输入书签名后单击 添加(A) 按钮即可。当需要查看该书签时，只需再次打开“书签”对话框，在其中选择需查看的书签名后单击 定位(G) 按钮即可。添加多条书签后，可单击 删除(D) 按钮将不用的书签删除。另外，在使用书签时，应注意书签名不能为数字。

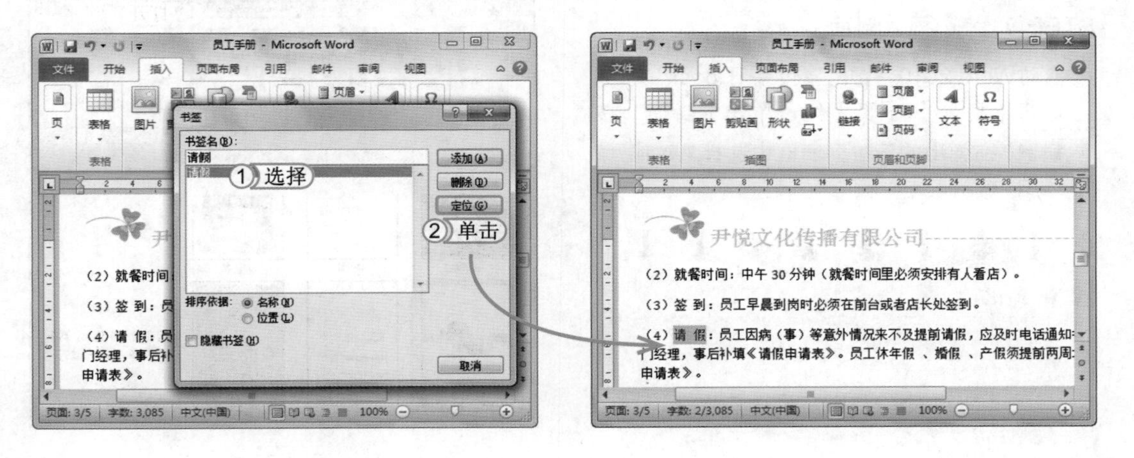

上机1小时 编辑“宣传手册”文档

- 进一步掌握插入并编辑封面的方法。
- 进一步了解新建并应用样式的方法。
- 练习自定义创建目录和制作模板的方法。

宣传手册是公司进行宣传的重要手段之一，规范、美观的宣传手册将有效地增强宣传效果。本例将通过插入封面、新建并应用文档样式、自定义提取目录级别来编辑“宣传手册.docx”文档，并将其保存为模板，制作完成后的部分文档效果如下图所示。

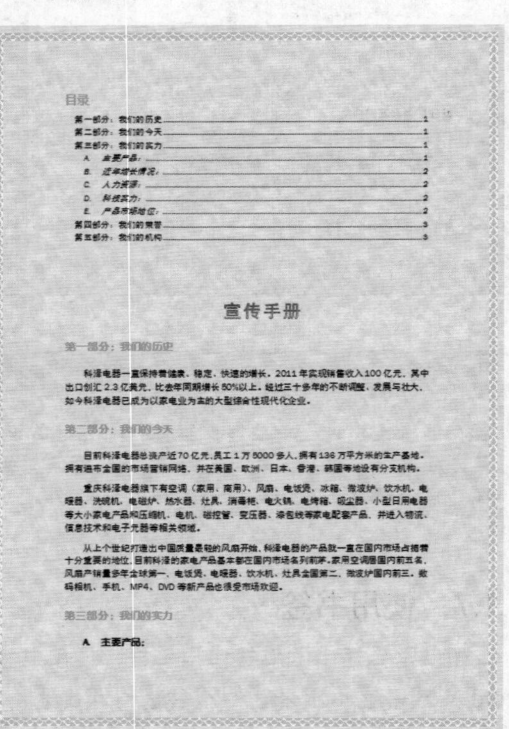

光盘文件
素材 \ 第 4 章 \ 宣传手册 .docx、电器 .jpg、花朵 .jpg
效果 \ 第 4 章 \ 宣传手册 .docx、宣传手册 .dotx
实例演示 \ 第 4 章 \ 编辑“宣传手册”文档

STEP 01：插入封面

1. 启动Word 2010，打开“宣传手册.docx”文档。
2. 选择【插入】/【页】组，单击“封面”按钮，在弹出的下拉列表框中选择“飞越型”选项。

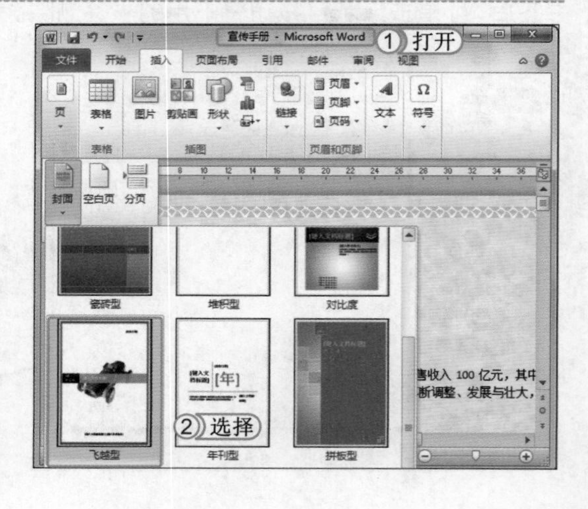

读书笔记

STEP 02：设置封面边框

1. 选择圆角矩形的方框，在【页面布局】/【页面背景】组单击 页面边框 按钮，打开“边框和底纹”对话框，选择“页面边框”选项卡，单击 选项(O)... 按钮。
2. 打开“边框和底纹选项”对话框，在“选项”栏中取消选中 总在前面显示(L) 复选框。
3. 单击 确定 按钮返回文档编辑窗口。

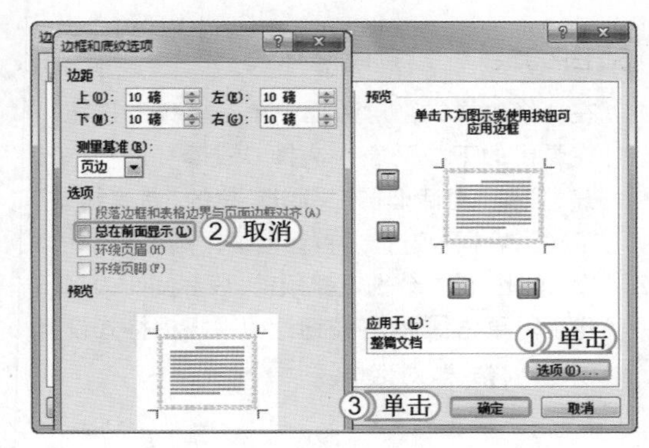

STEP 03：编辑封面

1. 删除封面默认的图片，插入“电器.jpg”、“花朵.jpg”图片，设置其叠放层次与大小，并将其置于灰色形状下方。
2. 在封面的文本框中输入“宣传手册”、公司名称以及时间等。
3. 将“宣传手册”字体格式设置为“汉仪细中圆简，小初，白色”，将公司名称的字体格式设置为“幼圆，20，白色”，将时间与作者等字体格式设置为“宋体，三号”。
4. 单击选择页面底端的紫色形状，将其填充色更改为“橄榄色，强调文字颜色3，淡色60%”。

STEP 04：新建正文样式

1. 选择【开始】/【样式】组，单击“扩展”按钮，打开“样式”任务窗格，选择“正文”样式。
2. 单击“新建样式”按钮。
3. 打开“根据格式设置创建新样式”对话框，在“名称”文本框中输入“手册正文”。

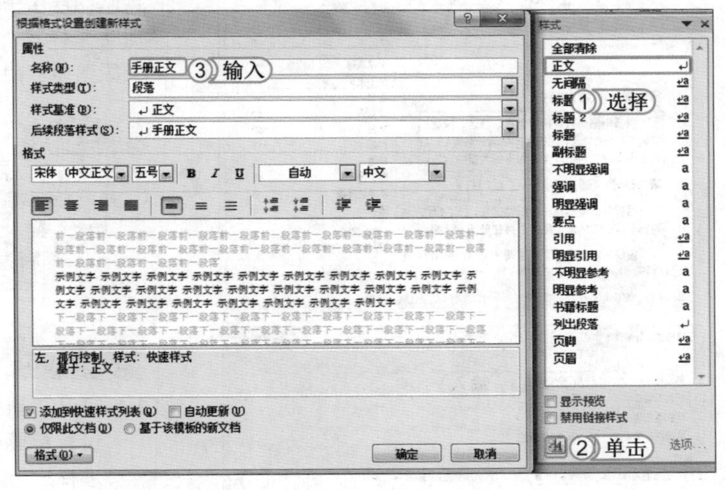

STEP 05：设置段落样式

1. 在“修改样式”对话框中单击格式(O)按钮，在弹出的下拉列表中选择“段落”选项，打开“段落”对话框，在“缩进”栏的“特殊格式”下拉列表框中选择“首行缩进”选项。
2. 在“间距”栏中分别设置段前、段后间距为“0.5行”。单击确定按钮返回“根据格式设置创建新样式”对话框。

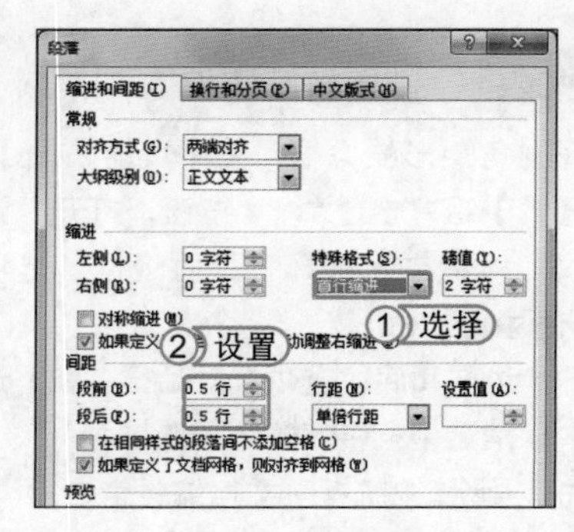

STEP 06：自定义快捷键

1. 单击格式(O)按钮，在弹出的下拉列表中选择“快捷键”选项。打开“自定义键盘”对话框，将鼠标光标定位到“请按新快捷键”文本框中，按Ctrl+O组合键输入快捷键。
2. 单击指定(A)按钮，将其指定为当前快捷键。
3. 单击关闭按钮关闭该对话框。

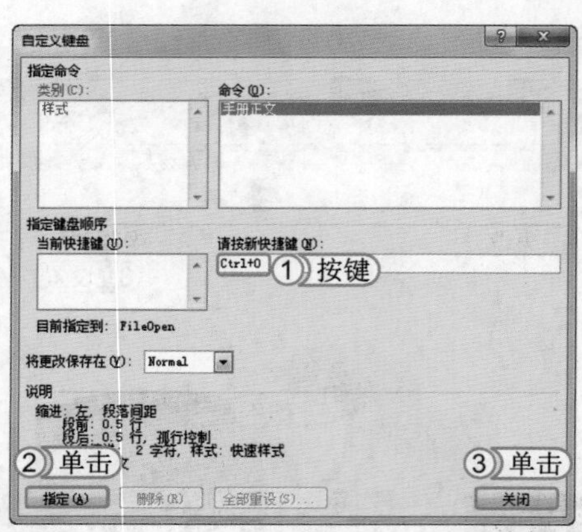

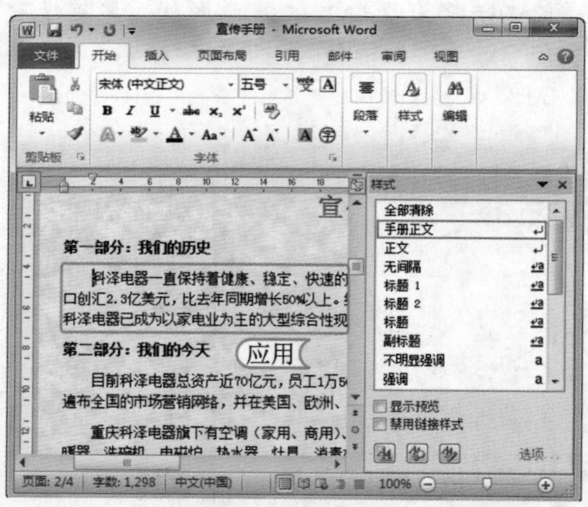

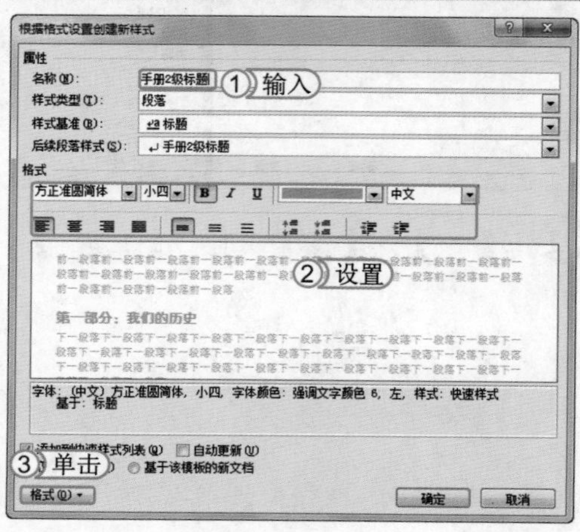

STEP 07：应用手册正文样式

单击确定按钮即可返回文档，在需要应用正文样式的段落中按Ctrl+O组合键即可应用新建的手册正文样式，这里在第一部分至第五部分下的正文段落中应用手册正文样式。

> **提个醒**
>
> 除了新建样式外，用户还可在“样式”列表框中单击选择“正文”样式，在其上单击鼠标右键，在弹出的快捷菜单中选择“修改”命令，将该样式修改为需要的样式。

STEP 08：新建手册标题2样式

1. 打开“根据格式设置创建新样式”对话框，设置标题名称为“手册2级标题”，设置基准样式为“标题”。
2. 在“格式”栏中设置字体格式为“方正准圆简体，小四，加粗”，设置字体颜色为“橙色，强调文字颜色6”，设置段落对齐方式为“左对齐”。
3. 单击格式(O)按钮，在弹出的下拉列表中选择“快捷键”选项，在打开的对话框中设置快捷键为“Ctrl+2”。

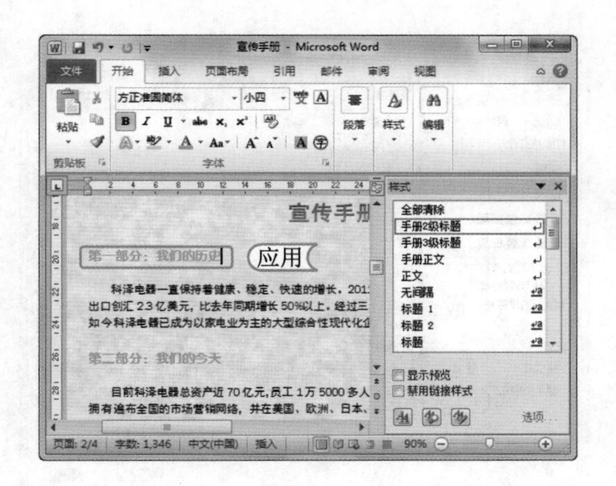

STEP 09：应用手册标题 2 样式

单击[确定]按钮即可返回文档，在需要应用手册2级标题样式的段落中按Ctrl+2组合键应用样式。这里在第一部分至第五部分下的段落中应用手册2级标题样式。

读书笔记

STEP 10：新建并应用标题 3 样式

1. 用同样的方法创建标题名称为“手册 3 级标题”，基准样式为“标题”，字体格式为“方正准圆简体，五号，加粗”，段落对齐方式为“左对齐”，快捷键为“Ctrl+3”的文档样式。
2. 在“手册 3 级标题”文档样式的对话框中单击[格式(O)]按钮，在弹出的下拉列表中选择“编号”选项，在打开的对话框中选择“A、B、C”选项。
3. 单击[确定]按钮返回文档，按 Ctrl+3 组合键为第三部分下的并列文本段落应用样式。

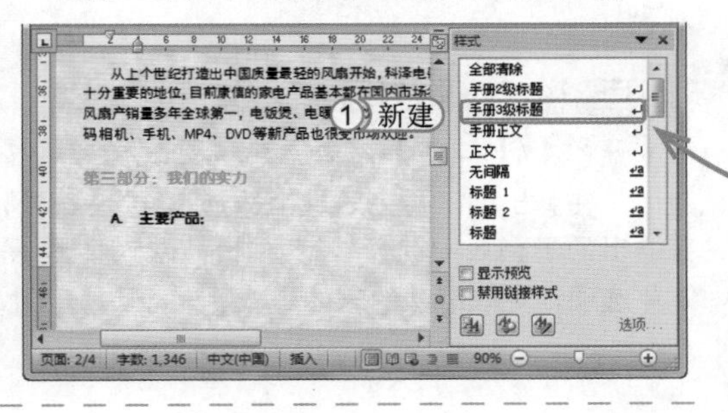

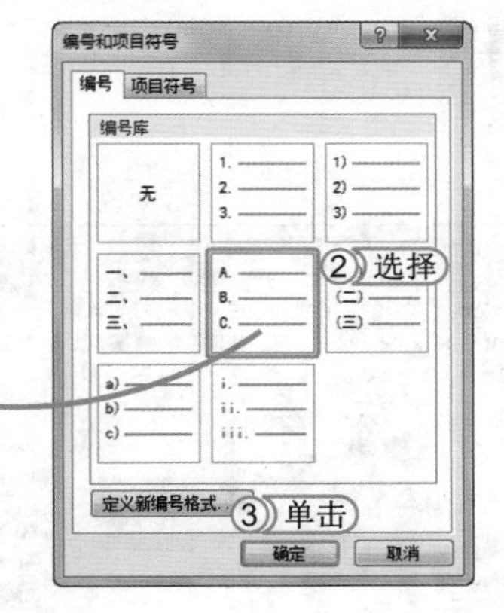

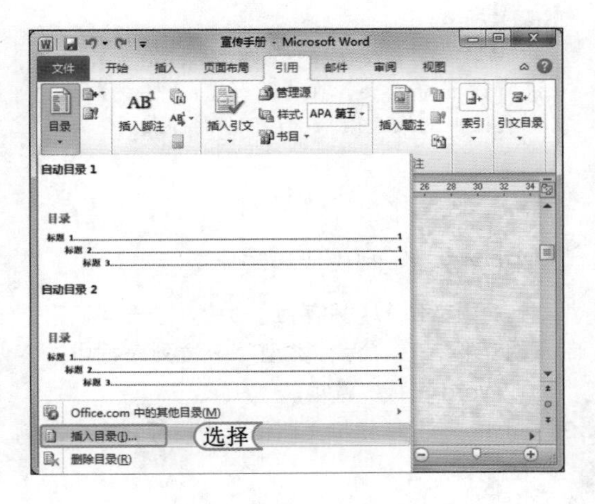

STEP 11：插入目录

将鼠标定位到文档前，选择【引用】/【目录】组，单击“目录”按钮，在弹出的下拉列表中选择“插入目录”选项。

提个醒 要保证提取目录的正确性，应首先保证文档中需要提取的目录都应用了相应的标题样式。一些文档中可能会有多级标题，默认只提取 3 级标题以上的内容，用户可在“目录”对话框中的“显示级别”数值框中进行设置。

STEP 12：设置目录选项

1. 打开“目录”对话框，在“常规”栏的“格式”下拉列表框中选择“正式”选项。
2. 单击[选项(O)...]按钮。
3. 打开“目录选项”对话框，在“目录级别”列表框中设置需要提取的样式与级别，这里删除“标题 1”和“标题 2”后的数值，在“手册 2 级标题”后的数值框中输入“2”，在“手册 3 级标题”后的数值框中输入“3”。
4. 单击[确定]按钮。

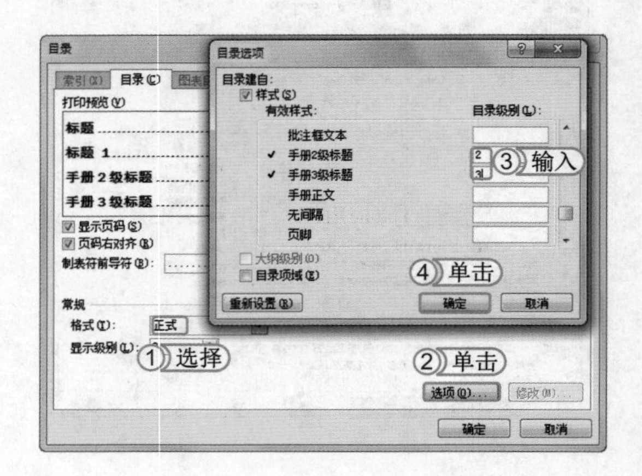

提个醒　用户不仅可以设置目录的格式，还可在“目录”对话框选中相应的复选框来设置相应的显示内容，如显示页码、页码右对齐和使用超级链接等。

STEP 13：查看目录效果

返回文档编辑界面，在目录前面输入并选择“目录”，按 Ctrl+2 组合键应用手册 2 级标题样式。效果如右图所示。

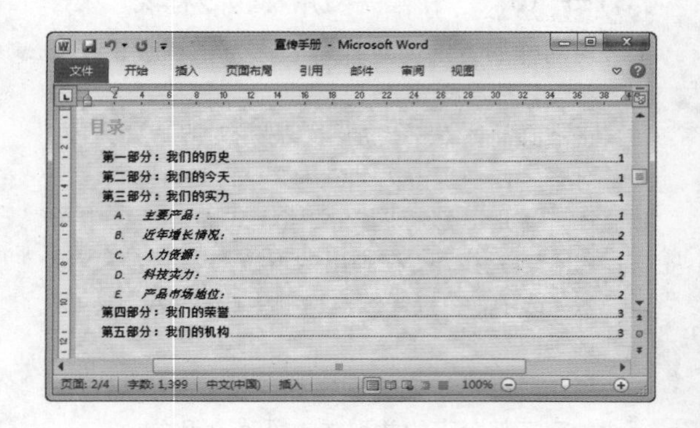

STEP 14：更改字体集

在【开始】/【样式】组中单击“更改样式”按钮，在弹出的下拉列表框中选择“字体”选项，在弹出的子列表中选择“暗香扑面 微软雅黑 黑体”选项，更改默认的宋体样式。

提个醒　系统默认的样式集为 Word 2010，若没有设置样式集，在【开始】/【样式】组的列表框中默认选择 Word 2010 的样式。

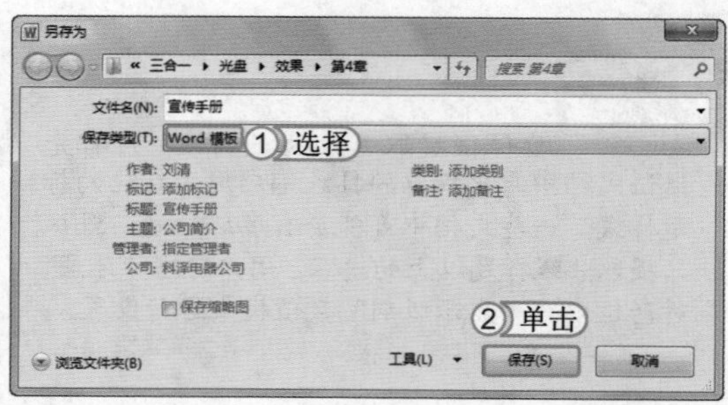

STEP 15：制作成模板

1. 选择【文件】/【另存为】命令，打开“另存为”对话框，在“保存类型”下拉列表框中选择“Word 模板”选项。
2. 单击[保存(S)]按钮将文档保存为模板，完成本例的制作。

4.2 审阅文档

在浏览制作好的文档时，用户还需要掌握审阅文档的一些技巧，以减少文档的错误率，并利于阅读。如设置和检查文档拼音、为文档部分内容进行翻译、添加批注等操作，下面将对这些常用的审阅方法进行介绍。

学习 1 小时

- 学习检查文档错误的方法。
- 了解翻译文档的方法。
- 掌握批注文档内容的方法。
- 了解统计文档字数的方法。
- 了解中文简繁转换的方法。
- 掌握修订文档内容的方法。

4.2.1 检查文档错误

在制作文档的过程中，经常会看见有些文本下方会显示不同颜色的波浪线，这就是 Word 2010 的拼写和语法检查功能，常用于标记文档中存在的错别字、错误的单词或者语法错误。用户可通过该功能在文档中快速查看这些带标记的错误，并进行修改。此外，用户还可将这些错误标记进行隐藏，下面分别进行介绍。

1. 拼音与语法检查

使用 Word 自带的查看拼音和语法错误功能就能自动查找文档中出现的拼写和语法错误，然后进行更改。下面在“管理办法 .docx”文档中查看并修改拼写和语法错误。其具体操作如下：

光盘文件
素材 \ 第 4 章 \ 管理办法 .docx
效果 \ 第 4 章 \ 管理办法 .docx
实例演示 \ 第 4 章 \ 拼音与语法检查

STEP 01：显示出错误的段落

1. 打开“管理办法 .docx”文档，选择【审阅】/【校对】组，单击“拼写和语法”按钮。
2. 打开“拼写和语法：中文（中国）”对话框，在“输入错误或特殊用法”列表框中显示出错误的段落，并将错误的文本以其他颜色显示出来。这里将“部整体”中的“整体”删除。
3. 单击 下一句(X) 按钮保存修改并查找下一处错误。

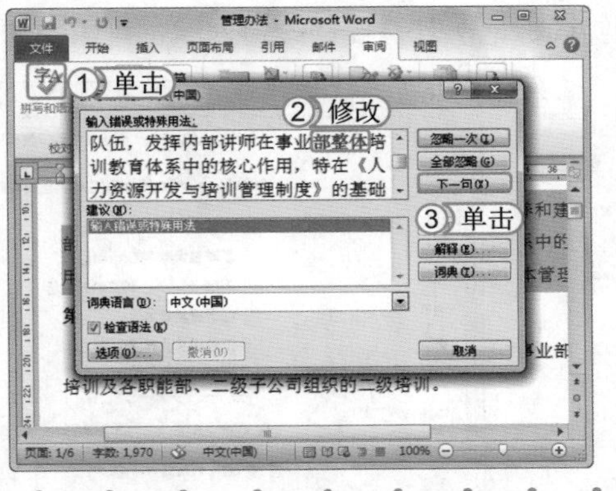

读书笔记

STEP 02: 修改错误文本

1. 查找到下一处错误的文本，将多余的“能力”文本删除。
2. 单击[下一句(X)]按钮保存修改并查找下一处错误。

> 提个醒
> 在进行语法检查时，单击[忽略一次(I)]按钮可以忽略一次检查出的错误，单击[全部忽略(G)]按钮可忽略文档中所有检查出的错误。

STEP 03: 完成拼写与语法检查

使用相同的方法查找文档中的其他错误，查找完成后，弹出提示对话框，在其中单击[确定]按钮即可完成拼音与语法检查。

> 提个醒
> 在进行语法检查时，更改错误后，单击[更改(C)]按钮也可自动跳转到文档下一处错误。但使用该方法只能检查到标记出来的错误。

2. 取消与显示错误标记

当因为语法习惯或描述方式等因素不需要进行修改时，为了文档的美观性，可将这些错误标记隐藏起来。其方法是：选择【文件】/【选项】命令，打开“Word 选项”对话框，在左侧选择“校对”选项，在“在 Word 中更正拼写和语法时”栏中取消选中相应的复选框即可隐藏错误标记。若需要修改错误时，可再次选中这些复选框，即可显示错误标记。

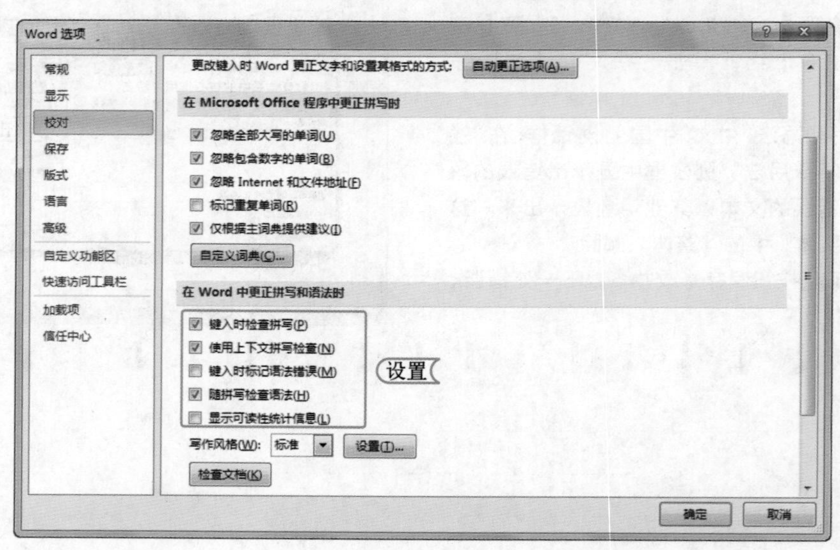

4.2.2 统计文档字数

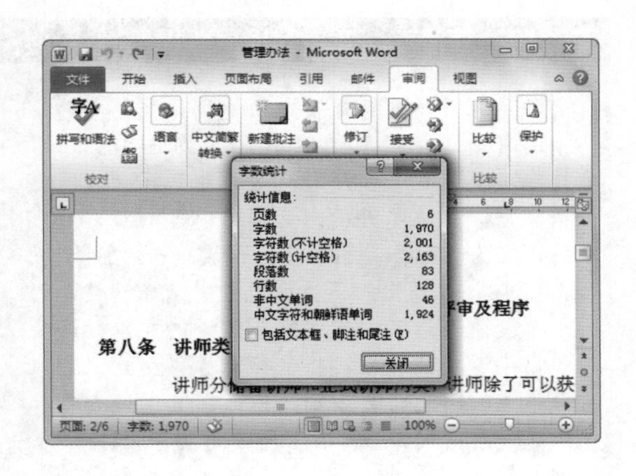

在制作某些文档时，对文档的字数有所限制，这时就需要对文档的字数进行统计，除了查看状态栏的字数统计信息外，用户还可通过 Word 自带的字数统计功能，快速统计出文档的字数、空格的字符数、段落数和行数等详细信息。其方法是：选择【审阅】/【校对】组，单击“字数统计”按钮，打开“字数统计”对话框，在其中即可查看文档字数信息。

4.2.3 翻译文档

由于地域与文化的差异，各地的语言也有所不同，在阅读未知语言的文档时，可将其翻译为熟悉的语言进行阅读。在 Word 2010 中，用户无需借助其他翻译软件，利用自带的翻译功能即可将文档转换为其他语言进行阅读。下面将以把文档转换为英语为例介绍翻译文档的方法。其具体操作如下：

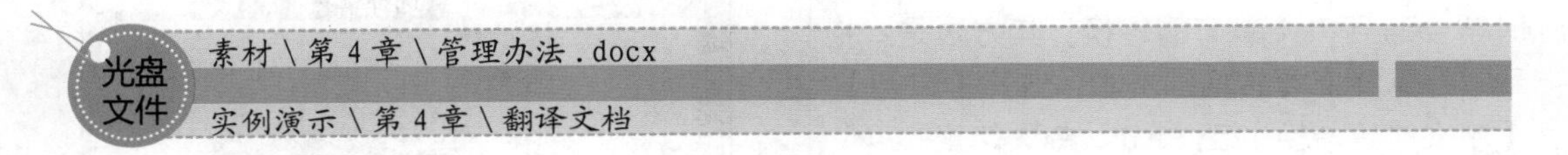

STEP 01： 选择翻译方式

1. 打开“管理办法.docx”文档，选择【审阅】/【语言】组，单击“翻译”按钮，在弹出的下拉列表中选择“翻译文档”选项。
2. 在打开的对话框中单击 发送(S) 按钮。

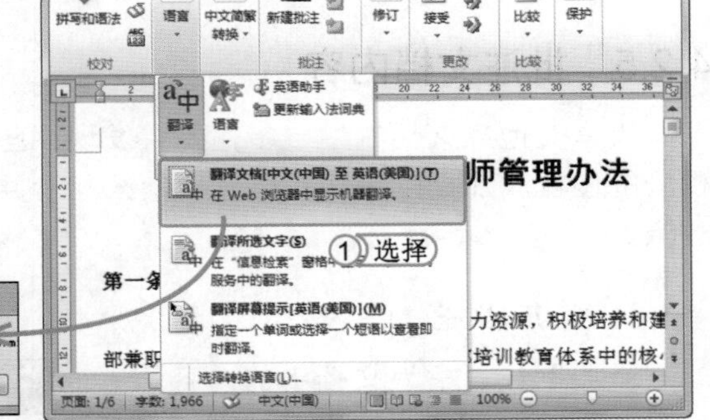

STEP 02： 设置翻译语言

打开“在线翻译”网页，在其后的下拉列表框中设置翻译语言为“英语”，单击按钮，稍等片刻将会将中文文档翻译为英文文档。

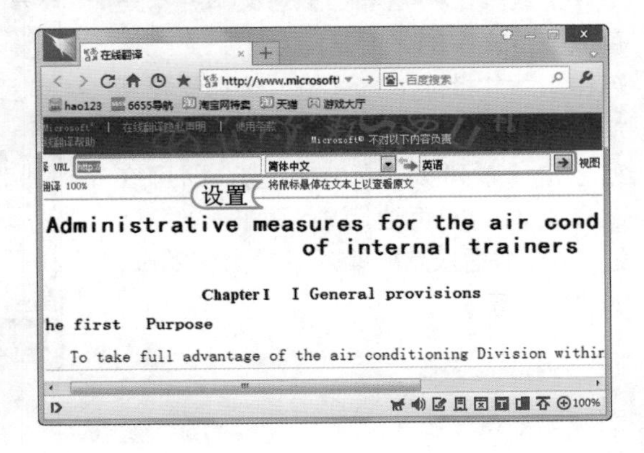

> **提个醒** 单击预览设置列表框后的视图按钮，可设置相关的视图方式，如设置源文本和翻译文本并排显示或上下排显示等。

经验一箩筐——开启翻译屏幕提示

翻译屏幕提示能够非常方便地翻译文档中选中的单词、语句。其使用方法是：单击“翻译”按钮，在弹出的下拉列表框中选择“转换语言”选项，在打开的对话框中设置“翻译为”的语言为“英语（美国）”，再次单击“翻译”按钮，在弹出的下拉列表框中选择“翻译屏幕提示”选项，选中需要翻译的文本，将弹出半透明翻译框，将鼠标光标移动到该翻译框上，将正常显示翻译框，在其中可查看所选文本的翻译，如右图所示为翻译“讲师”的结果。若需关闭翻译屏幕提示，可再次选择“翻译屏幕提示”选项。

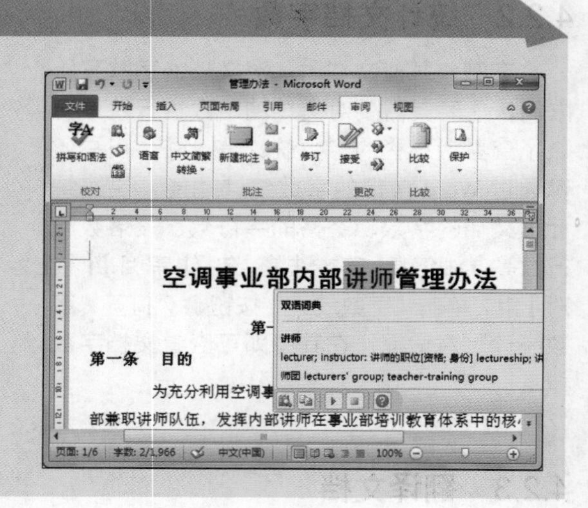

4.2.4 中文繁简转换

繁体字是传统汉字，虽然中国大陆地区流行使用简化字，但在港澳台地区仍以繁体字为官方文字。因此，在浏览一些文档时，时常会遇到中文繁简的转换。其方法是：拖动鼠标选择需要转换的文本，选择【审阅】/【中文简繁转换】组，单击“中文简繁转换”按钮，在弹出的下拉列表中选择繁转简或简转繁选项即可。

4.2.5 批注文档内容

当审阅他人文档的过程中，如果发现某些内容写的不到位或者写作方式不对，可以在相应的位置添加批注说明，以方便他人参考并进行修改，在查看批注并进行修改后可将其删除。

1. 添加批注

添加批注是指为文档中的内容添加评语或指出问题等。批注文本并不是存放在正文中的，而是独立于正文文本存在。添加批注的方法是：选择需要添加批注的文本后，在【审阅】/【批注】组单击“新建批注”按钮，即可在选择文本的右页边距外添加一个批注框，在文本插入点处输入批注内容即可，如右图所示。

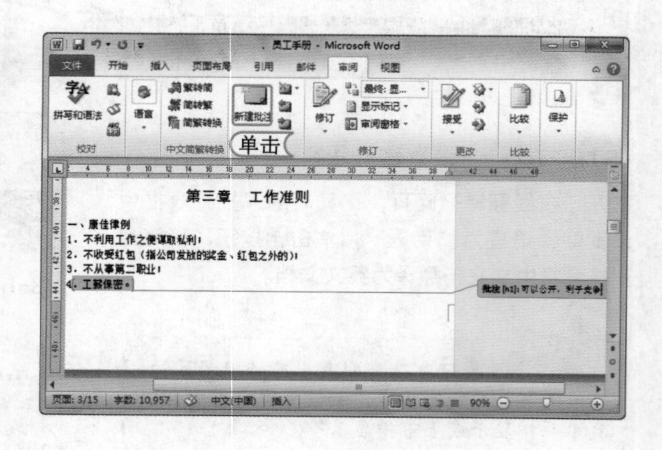

2. 浏览与编辑批注

添加批注的最终目的是为修改者提供参考，因此添加批注后，对批注进行浏览与编辑也是十分重要的，下面对编辑批注的常见操作分别进行介绍。

- 查看上一条或下一条批注：在查看批注过程中，选择【审阅】/【批注】组，单击按钮可查看上一条批注，单击按钮可查看下一条批注。
- 删除批注：若对添加的批注不满意或不需要批注，可将批注删除，其方法是：将鼠标光标定位到批注的文本中，批注框颜色变深，这时在【审阅】/【批注】组单击按钮可删除批注，单击按钮右侧的下拉按钮，在弹出的下拉列表中选择“删除所有批注”选项，可将文档中所有的批注删除。
- 隐藏与显示批注：添加批注后，用户可将批注隐藏起来，以保持文档的整洁、美观。原作者在修改文档时，可将批注再次显示出来，并依据批注进行文档的修改。隐藏批注的方法是：在【审阅】/【修订】组单击 显示标记 按钮，在弹出的下拉列表中取消“批注”选项前的勾标记即可。若需要显示隐藏的批注，选中“批注”前的勾标记即可。

4.2.6 修订文档内容

在审阅文档时，用户除了可在文档右侧添加批注外，还可通过修订文档，直接在原文中进行编辑，修订的内容将以不同颜色进行显示，以方便查看原文档和修改后文档的对比情况。下面将对修订相关的知识进行详细讲解。

1. 修订文档

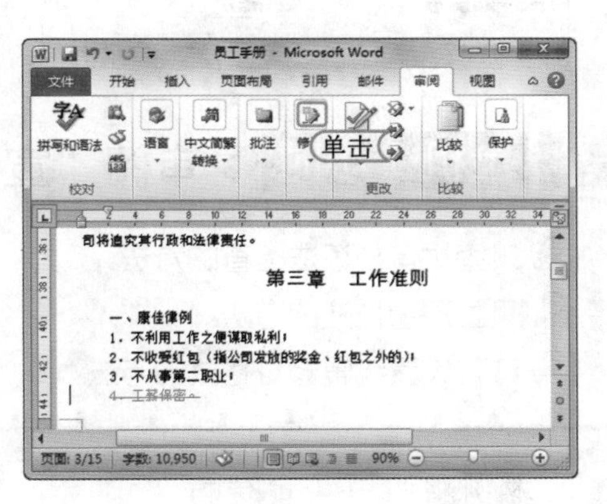

修订文档的方法很简单，只需在【审阅】/【修订】组单击“修订”按钮进入修订状态，即可开始修改文档。更改后，更改的文本将呈不同颜色和格式显示，如右图所示为删除“4. 工薪保密。”文本后，删除的文本变为了红色，且添加了删除线。修改完成后需要再次单击“修订”按钮退出修订状态。

2. 接受与拒绝修订

当完成文档修订后，可以选择修订的内容，根据审阅情况对文档重新进行编辑，如接受修改、拒绝修改等，在编辑之前，还需进行修订的选择操作。这些编辑主要在【审阅】/【更改】组中进行，下面分别进行介绍。

- “上一条”按钮：打开审阅后的文档，单击按钮定位到上一条添加批注或修订的文本内容处，并选择相应的文本。
- “下一条”按钮：单击按钮可定位到下一条添加批注或修订的文本内容处，并选择该文本。

- “接受”按钮：单击该按钮，将修订的内容正式修改到文本中。单击该按钮下方的按钮，在弹出的下拉列表中选择“接受对文档的所有修订”选项，可将所有修订的内容正式修改到文本中。
- “拒绝”按钮：该按钮的作用与“接受”按钮相反，单击该按钮，可取消修改修订的内容，保持原内容不变。

3. 设置修订内容格式

在修订文档时，删除、更改等操作时的标记格式并不是一成不变的，用户可以根据喜好对标记的颜色、线型等格式进行设置。其方法是：选择【审阅】/【修订】组，单击“修订”按钮下的下拉按钮，在弹出的下拉列表中选择“修订选项”选项，即可打开“修订选项”对话框，在其中可设置修订内容的颜色、线型等，如下图所示为将插入内容的颜色设置为蓝色，将删除内容设置为绿色的效果。

上机 1 小时 ▶ 审阅“宣传方案”文档

- 巩固拼音与语法检查的方法。
- 巩固添加批注的方法。
- 练习设置编辑修订格式的方法。

光盘文件
素材\第 4 章\宣传方案.docx
效果\第 4 章\宣传方案.docx
实例演示\第 4 章\审阅“宣传方案”文档

本例将打开“宣传方案.docx”文档，使用拼音与语法检查修改文档中的拼音与语法错误。修改完成后，为文档中不清楚的地方添加批注。最后使用修订文档的方法继续修改文档，修改完成后，为批注与修订的内容设置格式，效果如右图所示。最后隐藏修订内容，完成文档的审阅。

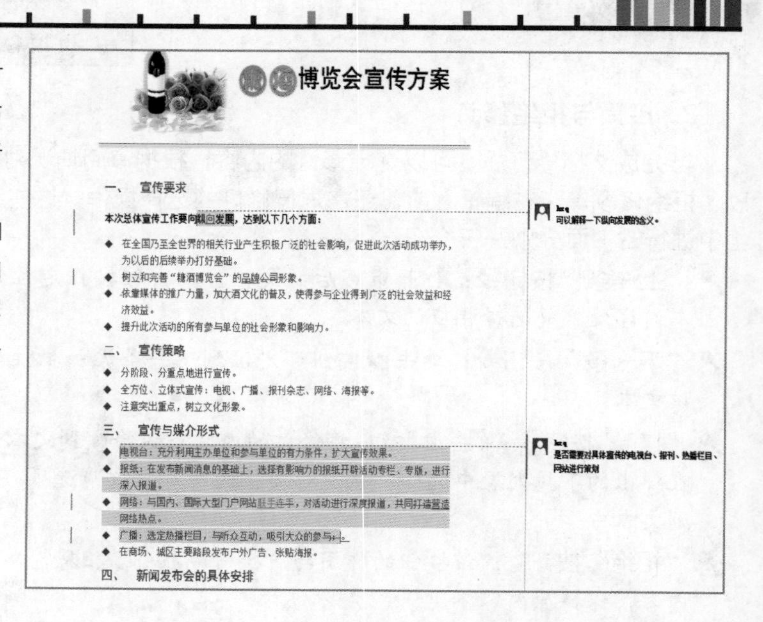

STEP 01：显示输入错误

1. 打开“宣传方案.docx”文档，选择【审阅】/【校对】组，单击“拼写和语法”按钮。
2. 打开“拼写和语法：中文（中国）”对话框，在“输入错误或特殊用法”列表框中显示出错误的段落，并将错误的文本以其他颜色显示出来。这里将“输立和”更改为“树立和”。
3. 单击 下一句(X) 按钮保存修改并查找下一处错误。

STEP 02：修改重复错误

1. 查找到下一处错误的文本，如将多余的“手”文本删除。
2. 单击 下一句(X) 按钮保存修改并查找下一处错误。

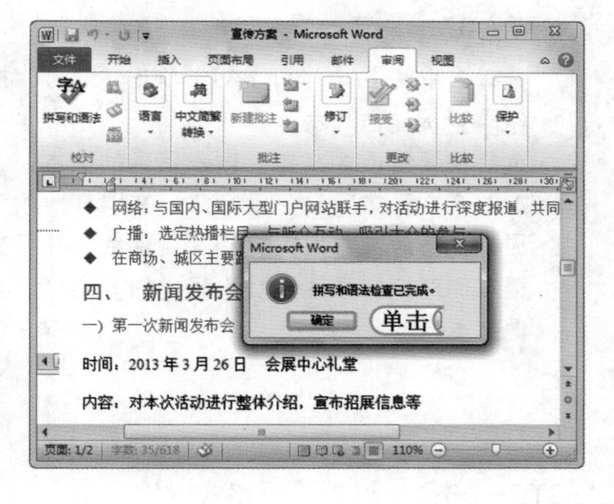

STEP 03：完成拼写和语法检查

使用相同方法查找文档中的其他错误，查找完成后，弹出提示对话框，在其中单击 确定 按钮即可完成拼音和语法检查。

STEP 04：添加批注

选择要添加批注的文本，这里选择“纵向发展”文本，选择【审阅】/【批注】组，单击“新建批注”按钮。在文档右侧出现的文本框中输入批注的信息。

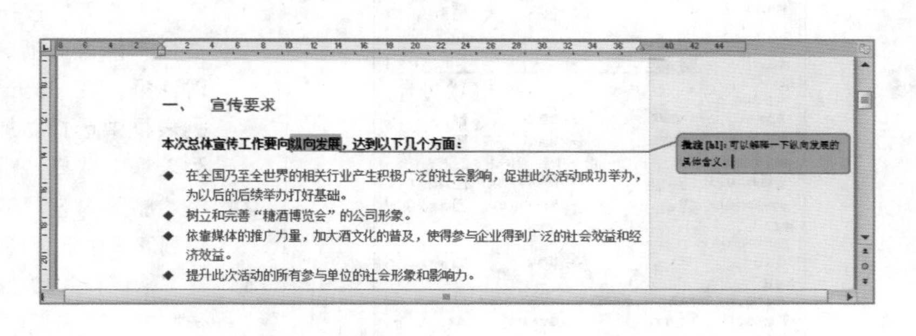

STEP 05：添加其他批注

使用相同方法，依次在文档的相应位置添加批注。

> **提个醒**
> 添加批注后，用户可对批注框中的文本设置文本格式，其方法与设置文档正文文本格式相同。

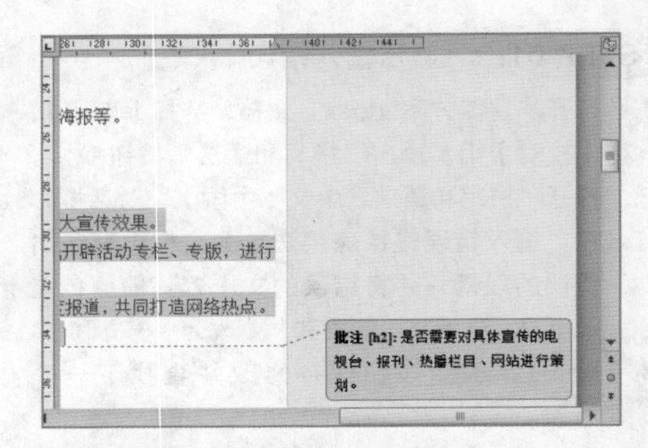

STEP 06：查看批注

选择【审阅】/【批注】组，单击“下一条批注”按钮，定位到文档的第一项批注中，批注颜色加深，用户可再次对其中的内容进行编辑，继续单击该按钮可逐条查看其他批注。

> **提个醒**
> 定位到相应的批注后，若不需要该条批注，可单击“删除批注”按钮删除该条批注。

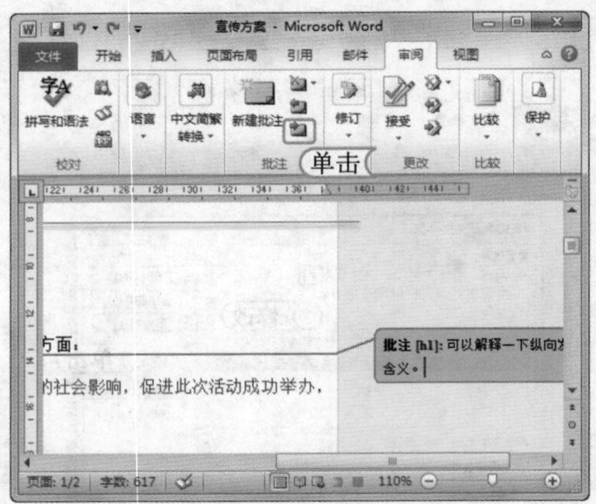

STEP 07：修改文本

1. 选择【审阅】/【修订】组，单击“修订”按钮进入修订状态。
2. 选择需要修改的文本，输入正确的文本，添加的文本下方将显示下划线，并以其他颜色显示，在源文本上方将添加删除线，并且文档左侧对应一条竖线。用同样的方法修订其他文本。

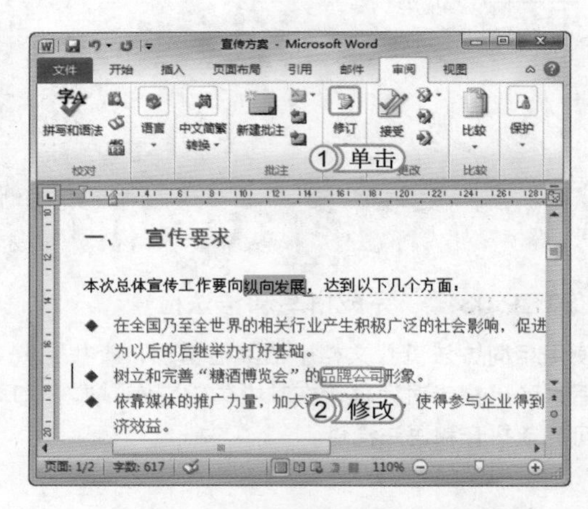

STEP 08：设置修订格式

1. 选择【审阅】/【修订】组单击“修订”按钮下的下拉按钮，在弹出的下拉列表中选择“修订选项”选项，打开“修订选项”对话框，在“标记”栏的“插入内容”下拉列表框中选择“加粗”选项，在其后的下拉列表框中选择“粉红”选项。
2. 在“删除内容”下拉列表框后的“颜色”下拉列表框中选择“绿色”选项。
3. 在“修订行”和“批注”下拉列表框后的“颜色”下拉列表框中选择“蓝色”选项。

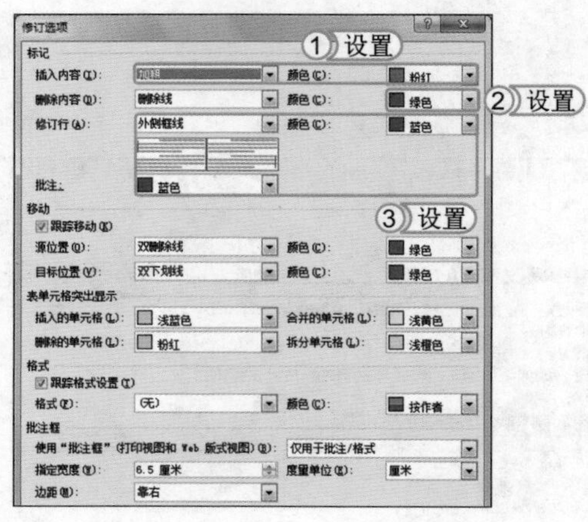

STEP 09： 隐藏批注与修订

修改完成后再次单击“修订”按钮退出修订状态。在【审阅】/【修订】组单击显示标记按钮，在弹出的下拉列表中取消“批注”和“插入和删除”选项前的勾标记隐藏添加的批注，完成本例的制作。当要查看修订内容时，可再次选择这两个选项将其显示出来。

4.3 Word 文档编辑的其他功能及设置

要想快速高效地编辑不同类型的 Word 文档，除了需要掌握前面所讲的基本的、常用的一些技巧与功能外，用户还需要不断学习 Word 的一些特殊功能，如制作信封、使用邮件合并功能和设置文档显示效果等，下面将对这些常用的功能进行介绍。

学习 1 小时

- 学习制作信封的方法。
- 了解并使用邮件合并功能。
- 掌握设置 Word 文档显示效果的方法。
- 掌握设置 Word 文档的保存和打印效果的方法。

4.3.1 制作信封

在常规情况下，制作信封，需要对其页面大小、字体格式等进行设置，操作相对比较繁琐，其实，在 Word 2010 中提供了信封制作的功能，用户可以通过信封设置向导快速制作出不同规格与风格的信封。下面以制作中文信封为例介绍其制作方法，其具体操作如下：

光盘文件 效果\第 4 章\信封
实例演示\第 4 章\制作信封

STEP 01： 选择信封样式

1. 选择【邮件】/【创建】组，单击“中文信封”按钮，打开“信封制作向导”对话框，单击下一步(N)>按钮。打开“选择信封样式”对话框，在“信封样式”下拉列表框中选择“国内信封 -ZL”选项。
2. 单击下一步(N)>按钮。

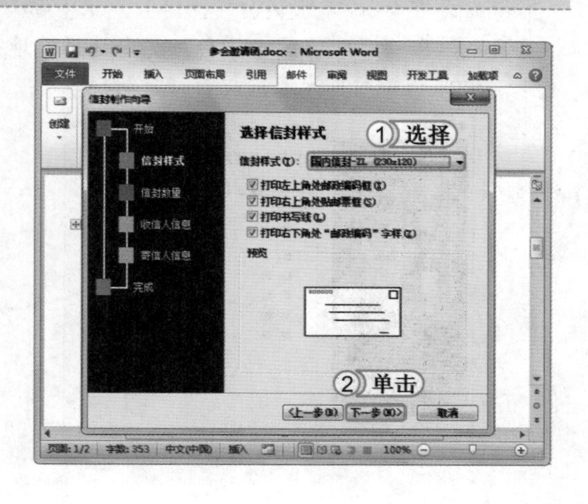

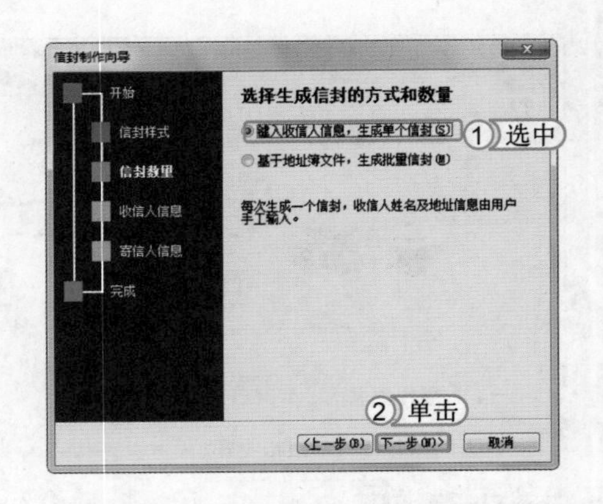

STEP 02： 选择生成信封的方式和数量

1. 打开“选择生成信封的方式和数量”对话框，选中 键入收信人信息，生成单个信封(S) 单选按钮，即自行键入收寄人信息。
2. 单击 下一步(N)> 按钮。

> **提个醒** 如果选中 基于地址簿文件，生成批量信封(M) 单选按钮，用户可在打开的对话框中选择地址簿创建批量信封。

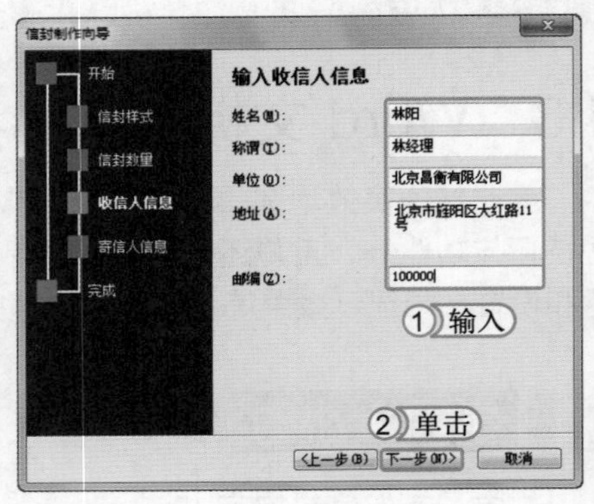

STEP 03： 设置收信人与寄信人信息

1. 打开“输入收信人信息”对话框，输入信息，直接单击 下一步(N)> 按钮。打开“输入寄信人信息”对话框，输入寄信人的姓名、单位、地址和邮编等。
2. 单击 下一步(N)> 按钮。

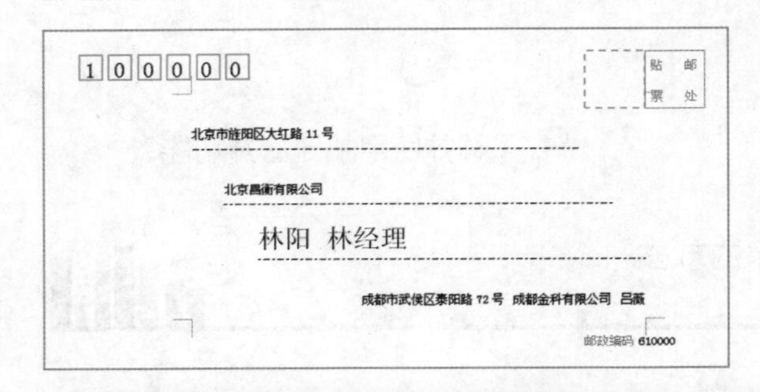

STEP 04： 查看信封效果

打开“完成”对话框，单击 完成(F) 按钮退出信封制作向导，完成信封的制作，将其保存为“信封.docx”。

经验一箩筐——批量制作信封

若用户需要批量制作信封，也可利用制作信封功能来完成，不过，在这之前，用户需要先创建联系人的工作簿或使用分隔符分割的文本文件。再打开创建信封向导的“选择生成信封的方式和数量”对话框，选中 基于地址簿文件，生成批量信封(M) 单选按钮，单击 下一步(N)> 按钮，打开“从文件中获取并匹配收信人信息”对话框，单击 选择地址簿(Z) 按钮，在打开的对话框中选择创建的地址簿文件（在选择地址簿时，默认是打开文本文件，若所选择的地址簿为 Excel 文件，则需要在“文件类型”下拉列表框中选择“Excel”选项），单击 打开(O) 按钮返回“从文件中获取并匹配收信人信息”对话框，在“匹配收信人信息”栏中选择地址簿中与之对应的信息选项，依次单击 下一步(N)> 按钮和 完成(F) 按钮即可完成信封的批量制作。

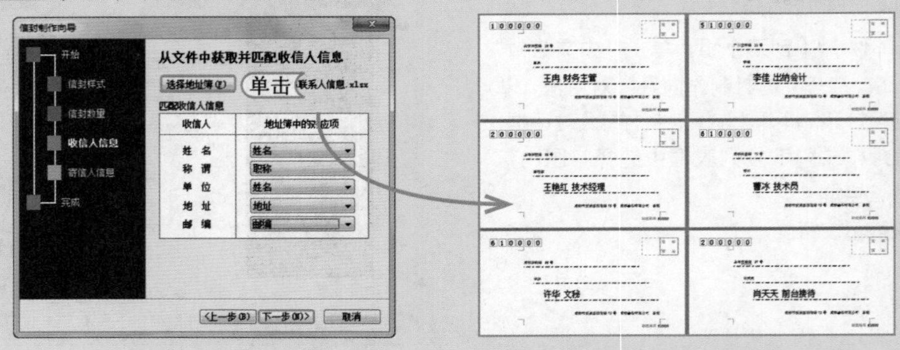

4.3.2 使用邮件合并功能

在制作一些特殊的文档，如邮件、邀请函、奖状和信封等，需要大批量进行制作，而其主要内容和格式基本都是相同的，只是具体数据有变化而已。这时，用户可以灵活运用 Word 的邮件合并功能，不仅操作简单，而且还可以设置各种格式，以满足不同客户不同的需求。使用邮件合并功能主要通过如下图所示的“邮件”选项卡进行。

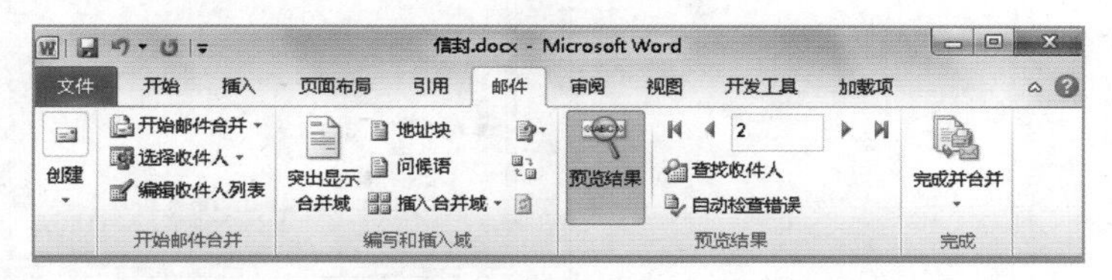

下面对“邮件”选项卡中各功能面板中的按钮的含义与作用进行介绍。

- 开始合并邮件：在其中单击开始邮件合并按钮，在弹出的下拉列表中可选择开始合并邮件的类别。单击选择收件人按钮可在弹出的下拉列表中选择新建列表或使用现有列表。单击编辑收件人列表按钮可在打开的对话框中对当前的收件人列表进行更改。
- 编写与插入域：开始合并邮件后，可在其中单击地址块和问候语按钮，然后在打开的对话框中设置插入的地址和问候语，若单击插入合并域按钮可在打开的对话框中选择插入的域。单击按钮可为插入的域添加灰色底纹，以突出显示域。
- 预览结果：通过该面板可以预览插入合并域结果。单击按钮可预览结果，在其后的文本框中可设置记录的位置。单击查找收件人按钮，可在打开的对话框中设置查找的条目。
- 完成并合并：单击“完成并合并”按钮，在弹出的下拉列表中选择相应的文档，可将当前合并域保存为单个文档、合并到打印机或合并到电子邮件。

下面利用 Word 2010 中提供的邮件合并功能为制作的贺卡加上不同的分发客户，以提高工作效率。其具体操作如下：

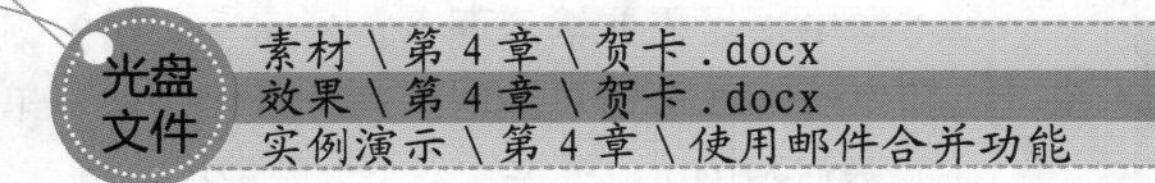
光盘文件
素材\第4章\贺卡.docx
效果\第4章\贺卡.docx
实例演示\第4章\使用邮件合并功能

STEP 01：使用邮件合并向导

1. 打开“贺卡.docx”文档，选择【邮件】/【开始邮件合并】组，在“开始邮件合并”组中单击开始邮件合并按钮，在弹出的下拉列表中选择“邮件合并分步向导”选项。
2. 在打开的“邮件合并”任务窗格中的“选择文档类型”栏中选中电子邮件单选按钮。
3. 单击“下一步”超级链接。

105
72 Hours
62 Hours
52 Hours
42 Hours
32 Hours
22 Hours
12 Hours

STEP 02： 选择邮件合并的文档

1. 打开“选择开始文档”任务窗格，选中 使用当前文档 单选按钮。
2. 单击“下一步：选取收件人”超级链接。

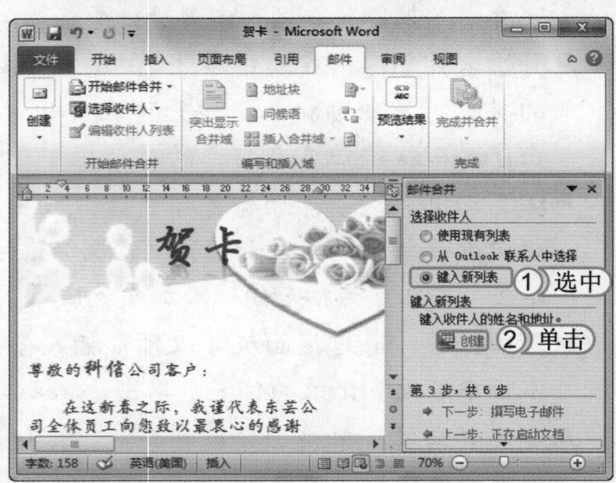

STEP 03： 选择收件人

1. 打开“选择收件人”任务窗格，选中 键入新列表 单选按钮。
2. 单击“创建”超级链接。

提个醒

选择【邮件】/【开始邮件合并】组，单击 选择收件人 按钮，在弹出的下拉列表中选择“键入新列表”选项，也可打开“新建地址列表”对话框。

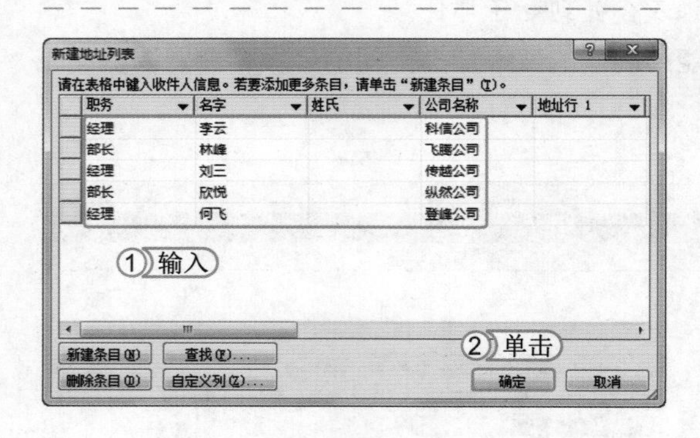

STEP 04： 新建地址列表

1. 打开“新建地址列表”对话框，在对应的文本框中根据需要输入职务、名字、公司名称和电子邮件等信息。创建完一条信息后，单击 新建条目(N) 按钮，继续输入下一条地址信息。
2. 单击 确定 按钮。

提个醒

当新建了多余的条目，可单击 删除条目(D) 按钮进行删除。用户也可单击 自定义列(Z)... 按钮，在打开的对话框中根据需要添加、删除或重命名列字段。

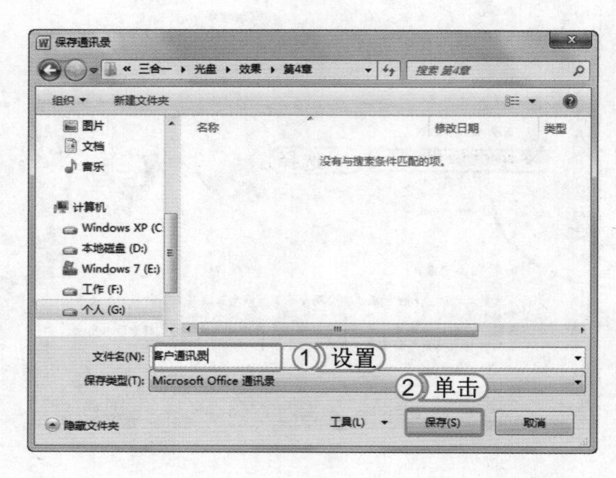

STEP 05： 保存通讯录

1. 打开“保存通讯录”对话框，设置联系人信息的保存位置和名称。
2. 单击 保存(S) 按钮保存创建的数据源。

STEP 06：邮件合并收件人

1. 打开“邮件合并收件人”对话框，其中显示了数据源中的信息，选择需要使用的收件人。
2. 单击 确定 按钮。

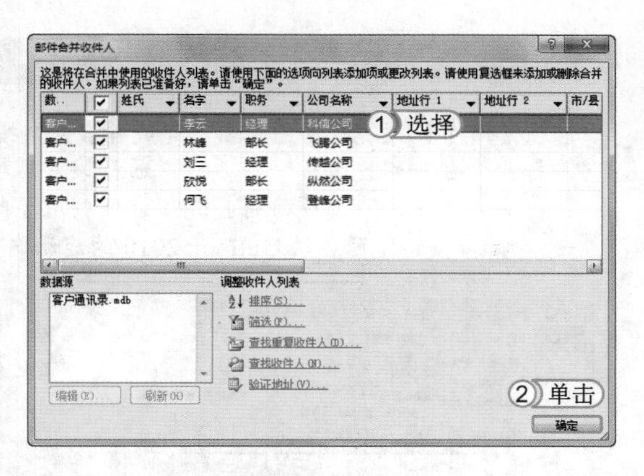

提个醒 在输入字段信息时，若字段过长，将在对话框中显示不完整，这时，可拖动下面的滚动条查看未显示部分，并输入相应的信息即可。

STEP 07：打开“插入合并域”对话框

返回“邮件合并”任务窗格，其中显示了当前使用的地址信息，单击“下一步：撰写信函”超级链接。然后将鼠标光标定位到文档最前面的空格处，单击任务窗格的“其他项目”超级链接。

STEP 08：插入合并域

1. 在打开的“插入合并域”对话框的“插入”栏中选中 数据库域(D) 单选按钮。
2. 在“域”列表框中选择“公司名称”选项。
3. 单击 插入(I) 按钮，关闭对话框。

提个醒 用同样的方法，用户还可在文档中插入“域”列表框中的其他域。同时，在【邮件】/【编写和插入域】组中单击 插入合并域 按钮，也可打开“插入合并域”对话框。

STEP 09：预览信函

1. 确认信函的内容后，单击任务窗格中的“下一步：预览信函”超级链接。此时将显示合并后的第一收件人的文档效果。单击任务窗格中的按钮 « 和 » 按钮，可在每一个收件人的信函中进行切换浏览。
2. 在完成预览后，在任务窗格中单击“下一步：完成合并”超级链接，完成整个邮件的合并操作。

经验一箩筐——合并到打印机或电子邮件

若在【邮件】/【完成】组单击“完成并合并”按钮，在弹出的下拉列表中选择“打印”选项，将打开“合并到打印机”对话框，通过该对话框可同时打印多份不同公司名称的信函；若选择“发送电子邮件”选项，将打开“合并到电子邮件”对话框，设置邮件选项与发送记录后，单击 确定 按钮即可启动 Outlook 2010 的启动向导，用户可根据向导设置并发送邮件。

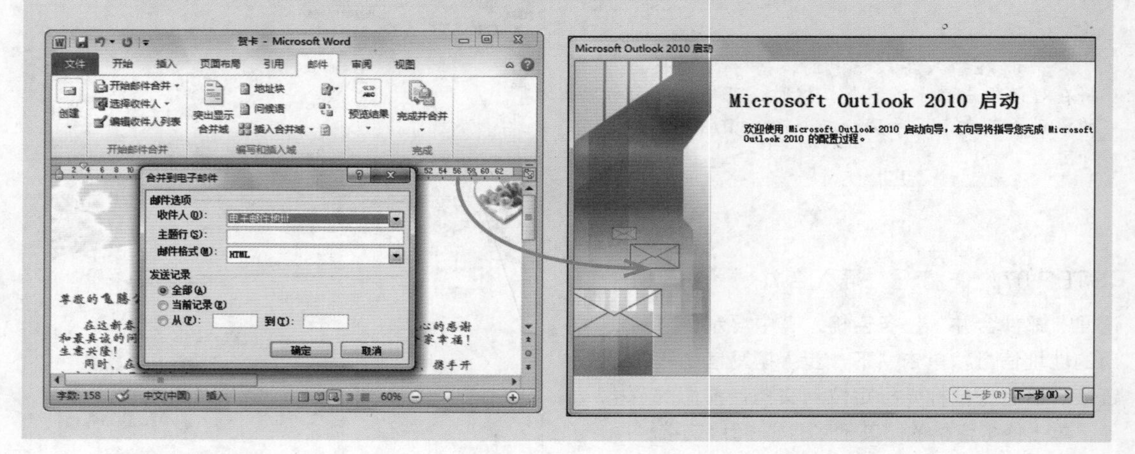

4.3.3 设置 Word 文档的显示效果

为了使 Word 制作文档更加方便和美观，用户还可对 Word 文档的显示效果进行设置，下面将对常用的显示效果进行设置。

1. 隐藏或显示格式标记

在编辑一些长文档时，涉及了较多的格式设置，为了更清楚地了解文档的结构，用户可将格式标记显示出来。其设置方法是：选择【文件】/【选项】命令，打开“Word 选项”对话框，选择“显示”选项卡，在“始终在屏幕上显示这些格式标记”栏中选中需要显示格式标记的复选框，然后单击 确定 按钮即可。若取消选中格式标记前的复选框，可隐藏相应的格式标记。

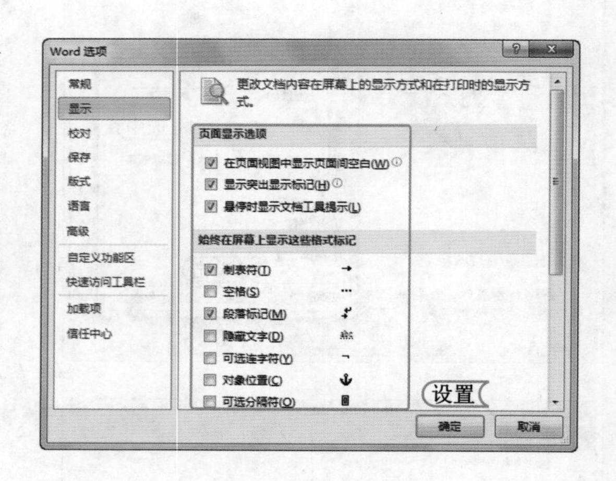

2. 隐藏或显示辅助信息

在编辑一些样式丰富的长文档时，用户除了可显示格式标记，还可将 Word 中一些帮助排版与编辑的辅助信息显示出来，包括显示图片框、显示书签、显示自动换行、显示文本动画和显示裁剪标记等文档内容，还可设置最近使用文档的个数、度量单位、在任务栏显示所有窗口、在屏幕提示中显示快捷键和显示水平与垂直滚动条等文档编辑的辅助信息。

其设置方法是：选择【文件】/【选项】命令，打开“Word 选项”对话框，选择“高级”选项卡，在“显示文档内容”栏和“显示”栏中选中需要显示的辅助信息前的复选框，然后单击【确定】按钮即可。若取消选中辅助信息前的复选框，可隐藏相应的辅助信息。如下图所示为将“最近使用的文档”的个数设置为“10”的效果。

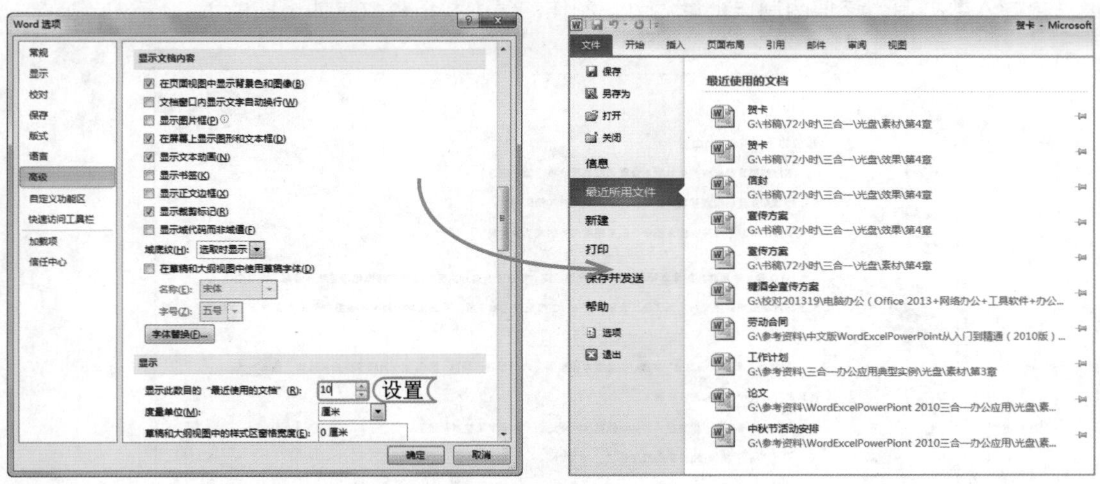

4.3.4 设置 Word 文档的保存与打印效果

“Word 选项”对话框中设置的内容较为丰富，除了设置上面讲解的文档显示效果外，用户还可在“保存”选项卡和“高级”选项卡的“保存”栏和“打印”栏对 Word 文档的保存与打印等效果进行设置，包括设置文档默认的保存格式、自动保存时间、自动恢复文件的位置以及后台打印等打印的相关选项，设置完成后单击【确定】按钮即可应用设置。

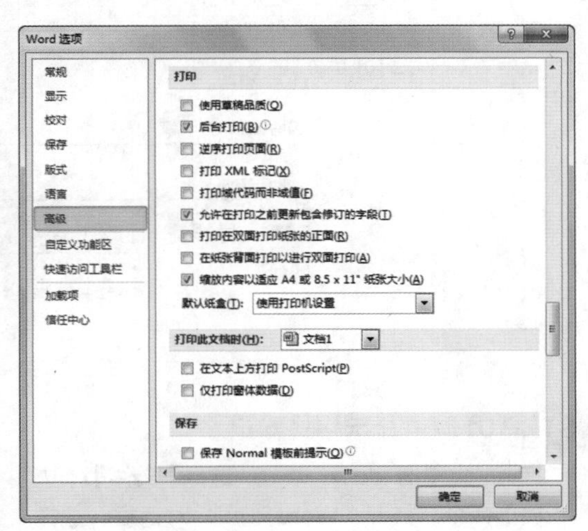

上机 1 小时 制作“邀请函”文档

- 巩固设置文档显示效果的方法。
- 巩固设置文档自动保存的方法。
- 巩固使用邮件合并的方法。

光盘文件

素材\第 4 章\邀请函.docx、联系人信息.xlsx
效果\第 4 章\邀请函.docx、邀请函信封.docx
实例演示\第 4 章\制作“邀请函”文档

本例将打开“邀请函 .docx”文档，首先显示文档的格式标记，并设置文档的自动保存间隔时间为“5”分钟，然后使用邮件合并功能，导入已有的数据源为信函添加不同客户的姓名。最后再导入数据源为该信函制作批量信封，制作的信函和信封效果如下图所示。

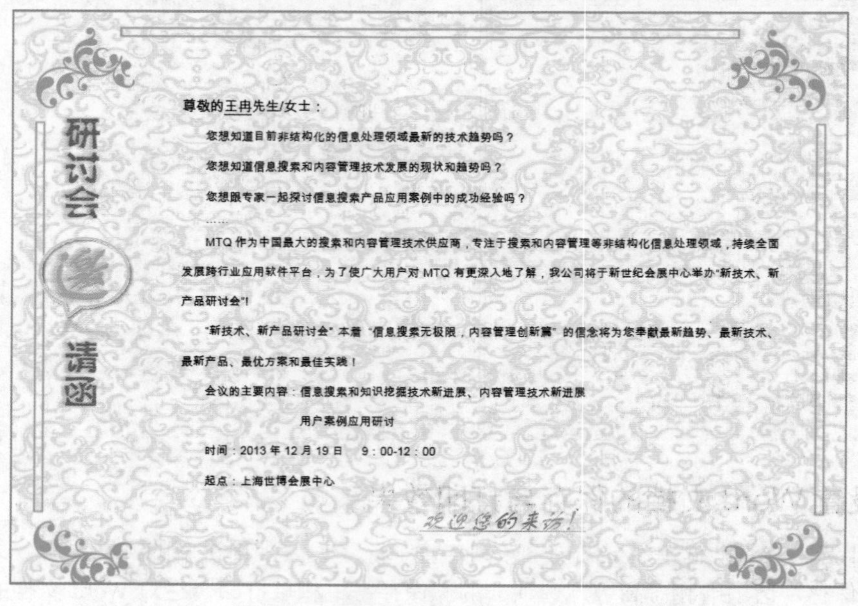

研讨会 邀 请函

尊敬的王冉先生/女士：

您想知道目前非结构化的信息处理领域最新的技术趋势吗？

您想知道信息搜索和内容管理技术发展的现状和趋势吗？

您想跟专家一起探讨信息搜索产品应用案例中的成功经验吗？

……

MTQ 作为中国最大的搜索和内容管理技术供应商，专注于搜索和内容管理等非结构化信息处理领域，持续全面发展跨行业应用软件平台，为了使广大用户对 MTQ 有更深入地了解，我公司将于新世纪会展中心举办“新技术、新产品研讨会”！

“新技术、新产品研讨会”本着“信息搜索无极限，内容管理创新篇”的信念将为您奉献最新趋势、最新技术、最新产品、最优方案和最佳实践！

会议的主要内容：信息搜索和知识挖掘技术新进展、内容管理技术新进展

用户案例应用研讨

时间：2013 年 12 月 19 日　9：00-12：00

地点：上海世博会展中心

欢迎您的来访！

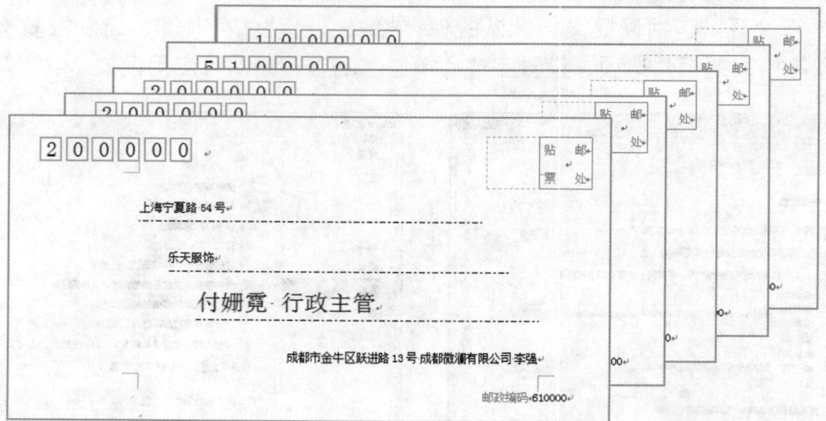

STEP 01： 显示格式标记

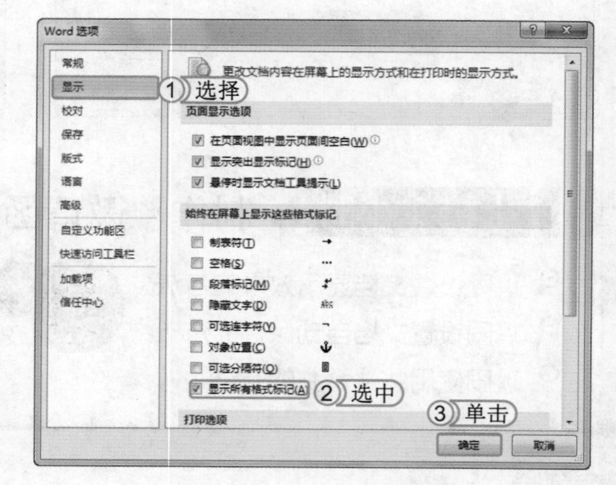

1. 打开“邀请函 .docx”文档，选择【文件】/【选项】命令，打开“Word 选项”对话框，选择“显示”选项卡。
2. 在“始终在屏幕上显示这些格式标记”栏中选中需要显示格式标记的复选框，这里选中 ☑ 显示所有格式标记(A) 复选框。
3. 单击 确定 按钮即可。

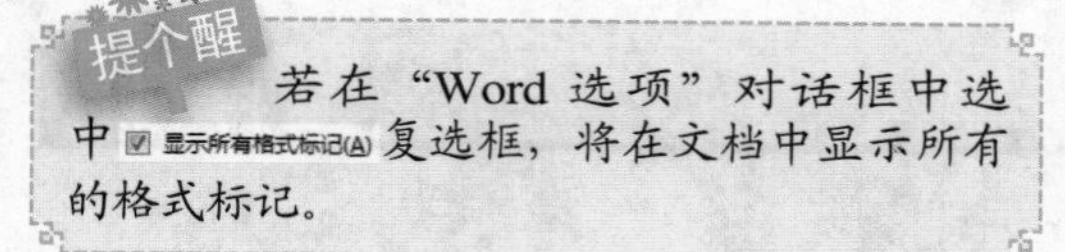

提个醒　若在“Word 选项”对话框中选中 ☑ 显示所有格式标记(A) 复选框，将在文档中显示所有的格式标记。

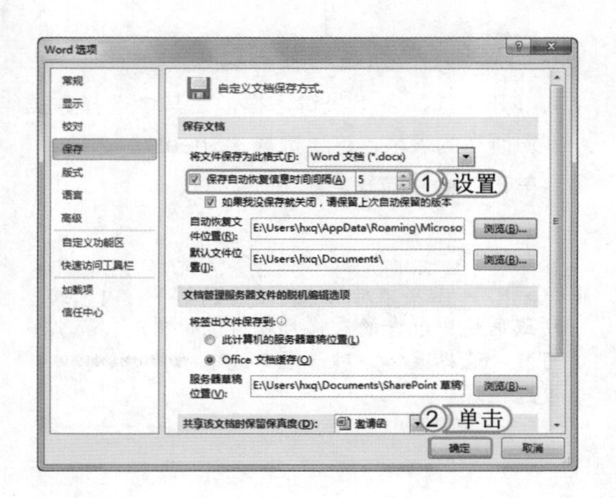

STEP 02：设置自动保存

1. 选择"保存"选项卡，在"保存文档"栏中选中 ☑ 保存自动恢复信息时间间隔(A) 复选框，在其后的数值框中输入"5"，将保存自动恢复时间间隔设置为 5 分钟。
2. 单击 确定 按钮即可。

STEP 03：设置邮件类型

选择【邮件】/【开始邮件合并】组，在"开始邮件合并"组中单击 开始邮件合并 按钮，在弹出的下拉列表中选择"信函"选项。

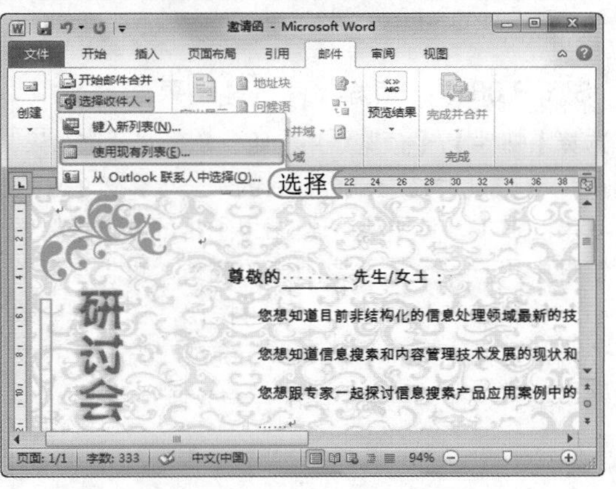

STEP 04：选择邮件合并的文档

单击 选择收件人 按钮，在弹出的下拉列表中选择"使用现有列表"选项。

STEP 05：选择收件人

1. 打开"选取数据源"对话框，选择数据源文件所在的位置后，选择需要的数据源，这里选择"联系人信息.xlsx"工作簿。
2. 单击 打开(O) 按钮。

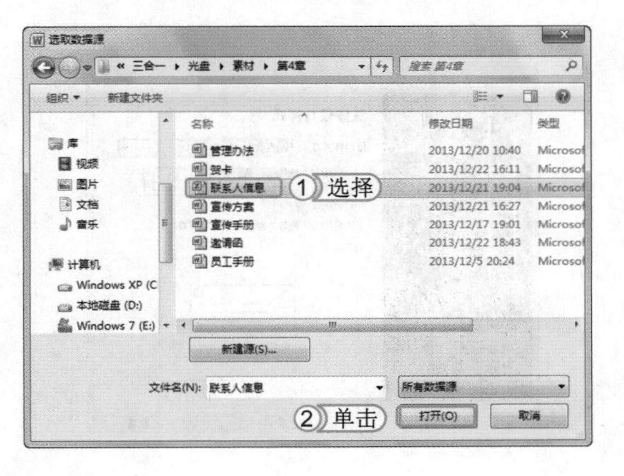

STEP 06：新建地址列表

1. 打开“选择表格”对话框，在其中选择数据源所在的表格，这里选择“Sheet1”选项。
2. 单击 确定 按钮。

> 提个醒
> 如果不对所选区域中的第一行内容或所选区域中包含的表格标题行进行排序，那么可在“选择表格”对话框中选中 ☑数据首行包含列标题(R) 复选框。

STEP 07：插入姓名域

将文本插入点定位到“尊敬的：”文本后，单击“编写和插入域”组中的 插入合并域 按钮右侧的下拉按钮，在弹出的下拉列表中选择“姓名”选项，即可将姓名域插入到文档中。

> 提个醒
> 域实际上是一组能够嵌入 Word 文档的指令。插入在文档中的域能够完成很多烦琐的工作，为用户编辑文档提供了极大的便利。

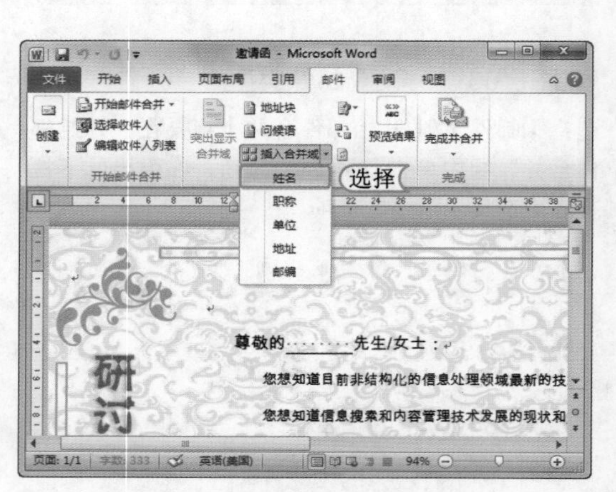

STEP 08：预览邮件合并结果

选择【邮件】/【预览结果】组，单击“预览结果”按钮，此时将显示合并后的第一收件人的文档效果。在【邮件】/【预览结果】组的“记录”数值框中用户可设置需要浏览的信函，也可直接单击数值框左右的◀、◀◀、▶和▶▶按钮，在每一个收件人的信函中进行切换浏览。完成预览后，在文档中单击鼠标，完成整个邮件合并操作。

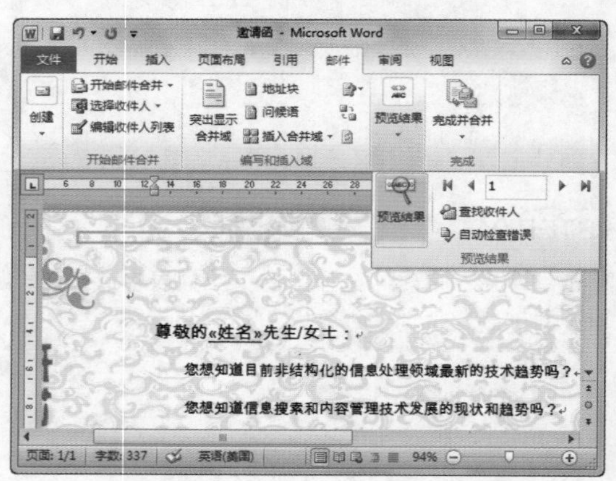

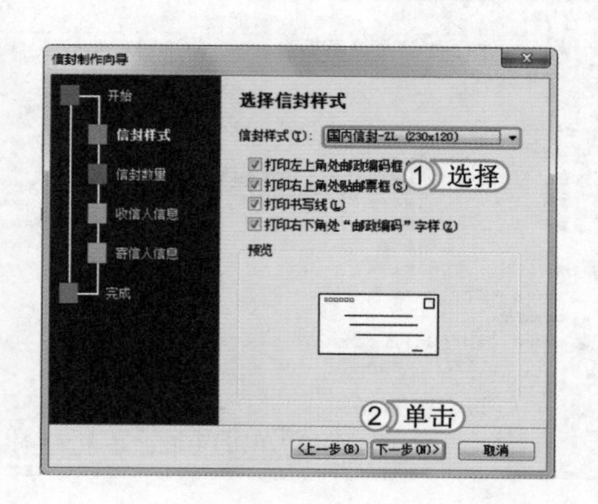

STEP 09：选择信封样式

1. 选择【邮件】/【创建】组，单击“中文信封”按钮，打开“信封制作向导”对话框，单击 下一步(N)> 按钮。打开“选择信封样式”对话框，在“信封样式”下拉列表框中选择“国内信封 -ZL”选项。
2. 单击 下一步(N)> 按钮。

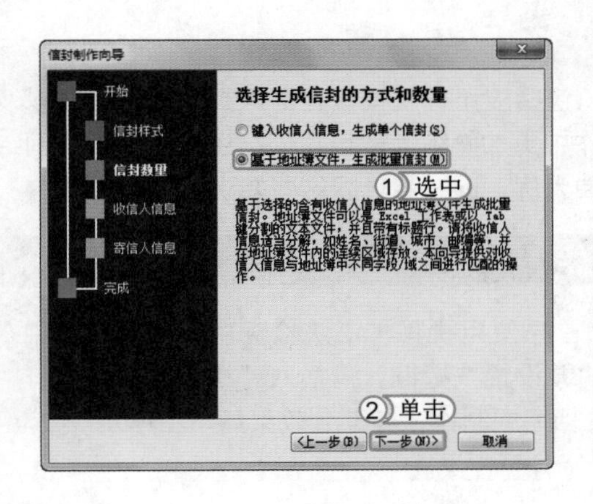

STEP 10：选择生成信封的方式和数量

1. 打开“选择生成信封的方式和数量”对话框，选中 基于地址簿文件，生成批量信封(M) 单选按钮。
2. 单击下一步(N)>按钮。

提个醒 其实，用户也可先制作单个信封，然后再通过选择收件人、插入合并域来制作批量信封，其制作方法与前面信函的制作方法相似。

STEP 11：选择数据源

1. 打开“从文件中获取并匹配收信人信息”对话框，单击选择地址簿(E)按钮，打开“打开”对话框，在“文件名”文本框后的下拉列表框中选择文件的类型，这里选择“Excel”选项。
2. 设置路径后，选择创建的地址簿文件，这里选择“联系人信息.xlsx”工作簿。
3. 单击打开(O)按钮返回“从文件中获取并匹配收信人信息”对话框。

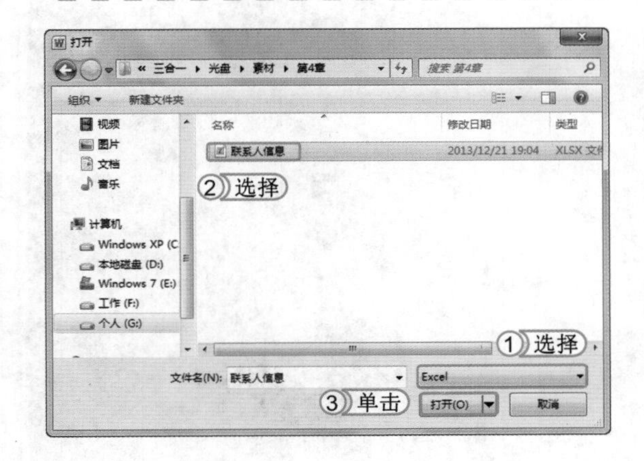

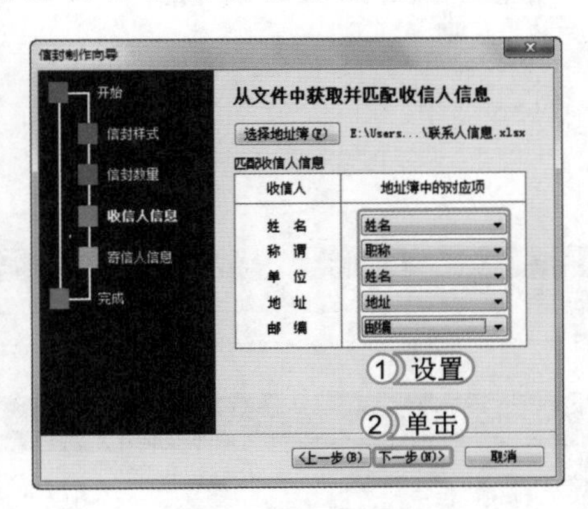

STEP 12：匹配收件人信息

1. 在“匹配收信人信息”栏中选择地址簿中与之对应的信息选项。
2. 单击下一步(N)>按钮。

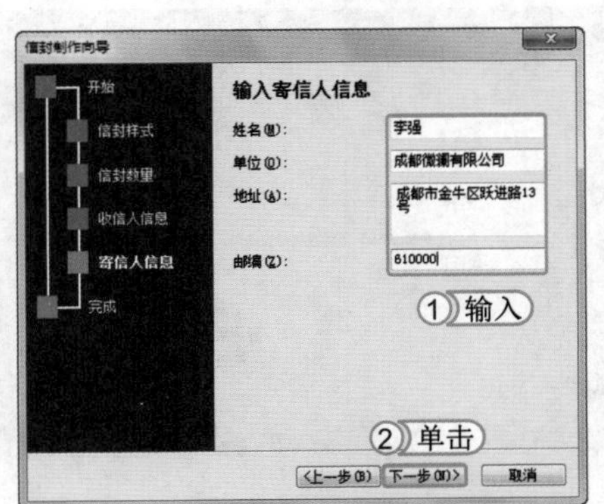

STEP 13：输入寄信人信息

1. 打开“输入寄信人信息”对话框，输入寄信人的姓名、单位、地址和邮编。
2. 依次单击下一步(N)>按钮和完成(F)按钮即可完成信封的批量制作。

4.4 练习 1 小时

本章主要介绍了 Word 文档的高级编辑技巧，包括应用样式模板、插入封面与目录，以及审阅文档、使用邮件合并等知识，若想在日常工作中更加熟练地使用它们，还需再进行巩固练习。下面以制作“市场调查报告”和“证书”文档为例，进一步巩固这些知识的使用方法。

1. 编辑“市场调查报告”文档

本例将制作“市场调查报告.docx”文档，首先使用拼写与语法检查功能更改文档中的错误，再分别为文档各级别内容创建文档样式并设置快捷键，再插入“拼板型”封面样式制作封面，最后隐藏文档中的格式标记美化文档完成制作，其部分效果如下图所示。

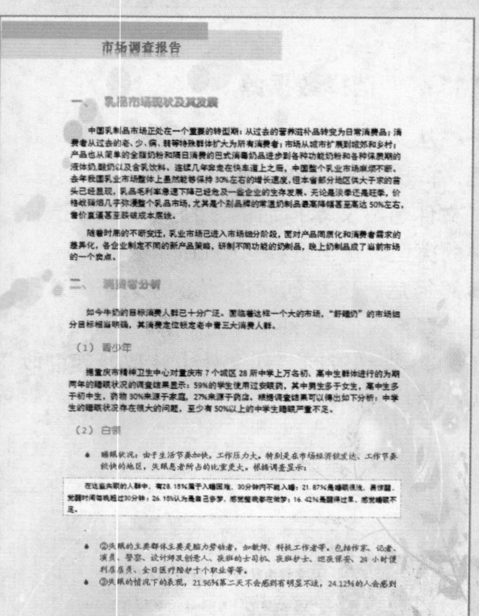

市场调查报告

一、 乳品市场现状及其发展

中国乳制品市场正处在一个重要的转型期：从过去的营养滋补品转变为日常消费品；消费者从过去的老、少、病、弱等特殊群体扩大为所有消费者；市场从城市扩展到城郊和乡村；产品也从简单的全脂奶粉和隔日消费的巴式消毒奶品进步到各种功能奶粉和各种保质期的液体奶、酸奶以及含乳饮料。连续几年奔走在快车道上之后，中国整个乳业市场麻烦不断。去年我国乳业市场整体上虽然能够保持 30%左右的增长速度，但本省部分地区供大于求的苗头已经显现，乳品毛利率急速下降已经危及一些企业的生存发展。无论是淡季还是旺季，价格战硝烟几乎弥漫整个乳品市场，尤其是个别品牌的常温奶制品最高降幅甚至高达 50%左右，售价直逼甚至跌破成本底线。

随着时局的不断变迁，乳业市场已进入市场细分阶段，面对产品同质化和消费者需求的差异化，各企业制定不同的新产品策略，研制不同功能的奶制品，晚上奶制品成了当前市场的一个卖点。

二、 消费者分析

如今牛奶的目标消费人群已十分广泛。面临着这样一个大的市场，“舒睡奶”的市场细分目标相当明确，其消费定位锁定老中青三大消费人群。

（1） 青少年

据重庆市精神卫生中心对重庆市 7 个城区 28 所中学上万名初、高中生群体进行的为期两年的睡眠状况的调查结果显示：59%的学生使用过安眠药，其中男生多于女生，高中生多于初中生，药物 30%来源于家庭，27%来源于药店。根据调查结果可以得出如下分析：中学生的睡眠状况存在很大的问题，至少有 50%以上的中学生睡眠严重不足。

（2） 白领

- 睡眠状况：由于生活节奏加快，工作压力大。特别是在市场经济较发达、工作节奏较快的地区，失眠患者所占的比重更大。根据调查显示：

在这些失眠的人群中，有28.15%属于入睡困难，30分钟内不能入睡；21.87%是睡眠很浅，易惊醒，觉醒时间每晚超过30分钟；26.15%认为是自己多梦，感觉整晚都在做梦；16.42%是醒得过早，感觉睡眠不足。

- ②失眠的主要群体主要是脑力劳动者，如教师、科技工作者等。包括作家、记者、演员、警察、设计师及创意人、夜班的士司机、夜班护士、巡夜保安、24 小时便利店店员、全日医疗陪护十个职业等等。
- ③失眠的情况下的表现，21.96%第二天不会感到有明显不适，24.12%的人会感到

光盘文件

素材＼第 4 章＼市场调查报告.docx
效果＼第 4 章＼市场调查报告.docx
实例演示＼第 4 章＼编辑“市场调查报告”文档

2. 制作“证书”文档

本例将打开“证书.docx”文档，使用邮件合并功能创建联系人列表，再插入合并域以添加不同的获证者姓名，制作的证书效果如右图所示。

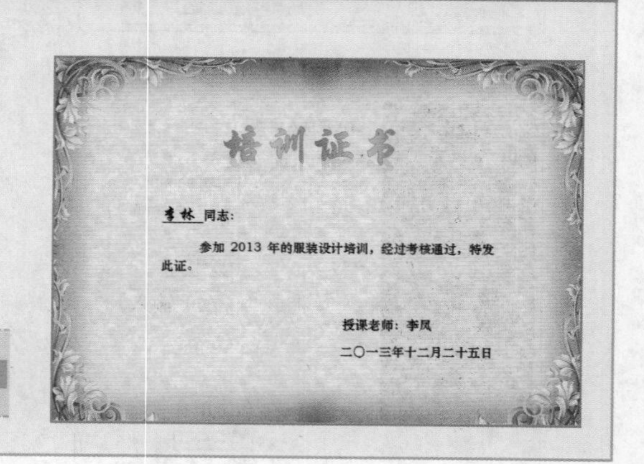

培训证书

李林 同志：

参加 2013 年的服装设计培训，经过考核通过，特发此证。

授课老师：李凤

二〇一三年十二月二十五日

光盘文件

素材＼第 4 章＼证书.docx
效果＼第 4 章＼证书.docx
实例演示＼第 4 章＼制作“证书”文档

第5章 Excel表格的基本操作

学习3小时

在制作与金额相关的报表、数据表等相关表格时，用户经常会使用到Excel。使用Excel能制作出结构清晰的表格，它是很多财务人员或其他涉及数据管理的办公人员经常接触的软件。在学习使用Excel前首先需要了解一些和Excel表格相关的基础操作。

- Excel操作入门
- Excel数据输入与编辑
- 美化表格

5.1 Excel 操作入门

相比 Word 中的表格，Excel 表格对数据的管理与处理具有更强大的功能，不过在使用 Excel 处理数据前，认识 Excel 2010 的组成元素——工作簿、工作表和单元格，以及一些 Excel 工作簿的基本操作是十分必要的。

学习 1 小时

- 认识工作簿、工作表和单元格以及三者之间的关系。
- 掌握操作工作表与单元格的一些基本方法。

5.1.1 认识工作簿、工作表和单元格

在 Excel 2010 中包括工作簿、工作表和单元格 3 个元素。这 3 个元素并不是独立存在的，而是相互关联的，三者的关系如右图所示。下面分别介绍工作簿、工作表和单元格的含义。

- 工作簿：主要用来存储并处理输入数据的文件，可以包含多张工作表。在工作簿中默认只有 3 张工作表，用户可根据实际需要添加和删除工作表。需要注意的是，工作簿中最少得有 1 张工作表。
- 工作表：由多个单元格组成，是构成工作簿的主要元素。
- 单元格：单元格就是一个行号和一个列标对应在一起的小方格，是组成 Excel 表格的基本单位，也是存储数据的最小单元。用户输入的所有内容都将存储和显示在单元格内，所有单元格组合在一起就构成了一个工作表。每个单元格都有唯一的地址，它们由列标和行号组成，如 D4 表示第 D 列的第 4 个单元格。

5.1.2 操作工作表

为了使工作簿中的工作表能够更加适合数据的需要，通常需要对工作表进行管理与编辑，管理工作表的操作包括选择工作表、重命名工作表、插入和删除工作表、复制与移动工作表、隐藏与显示工作表以及保护工作表等，下面分别进行介绍。

1. 选择工作表

在对工作表进行操作前，首先需选择工作表，选择工作表主要包括选择单个工作表、选择相邻工作表、选择不相邻工作表和选择工作簿中全部工作表几种方式，下面将分别进行介绍。

- 选择单个工作表：将鼠标光标移动到工作表标签上，单击鼠标即可选择该张工作表，并且被选择的工作表呈白底黑字显示，工作表编辑区中会显示当前工作表中的内容。
- 选择相邻工作表：单击第一张工作表的标签，按住 Shift 键单击要选择的最后一张工作表标签可选择这两张工作表和之间相邻的工作表。
- 选择不相邻工作表：单击第一张工作表，按住 Ctrl 键单击不相邻的工作表标签可选择不

相邻的工作表。

- 选择工作簿中全部工作表：在任意工作表标签上单击鼠标右键，在弹出的快捷菜单中选择“选定全部工作表”命令，可选择工作簿中全部工作表。

经验一箩筐——切换工作表

用户除了可通过单击选择单张工作表进行工作表的切换外，还可以通过键盘来切换工作表，如按Ctrl+PageUp组合键，切换到前一张工作表，按Ctrl+PageDown组合键可切换到下一张工作表。

2. 重命名工作表

在制作Excel文档时，如果工作簿中存在多张工作表，这时可对每个工作表进行重命名，以便直观地表达工作表中的数据内容，也为了区别于其他工作表。重命名工作表的方法为：在需重命名的工作表标签上双击鼠标，使其呈编辑状态显示，在工作表标签中输入新名称后，按Enter键即可完成重命名操作。

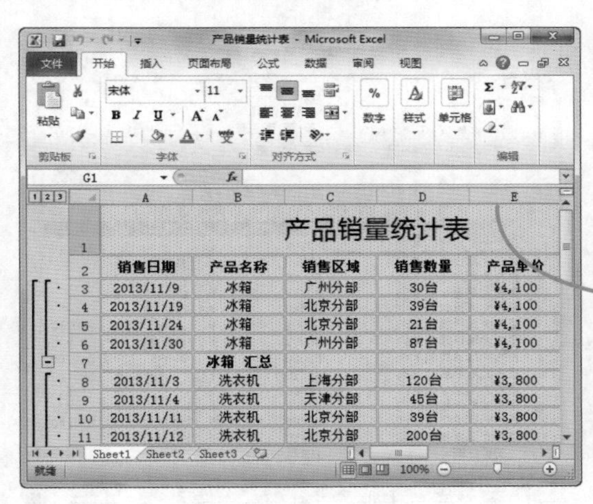

经验一箩筐——设置工作表标签颜色

除了为工作表重命名以区别工作表外，还可将工作表标签设置为不同的颜色。用户只需通过不同的颜色就可判断工作表的内容。其方法是：在需要设置颜色的工作表标签上单击鼠标右键，在弹出的快捷菜单中选择“工作表标签颜色”命令，在弹出的子菜单中选择需要的颜色即可。

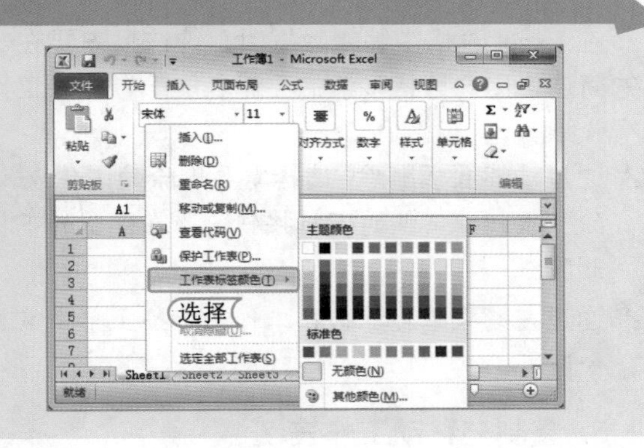

3. 插入工作表

工作簿中默认仅有3张工作表，若需要编辑的数据量过大，可根据需要插入新的工作表。在Excel 2010中，用户不仅可以插入空白工作表，而且可以插入编辑好的有数据的电子方案工作表，其插入方法有所不同，下面分别进行介绍。

（1）插入空白工作表

在工作簿中插入空白工作表的方法有很多，下面介绍两种常用的方法。

- 通过“插入”按钮插入：选择【开始】/【单元格】组，单击“插入”按钮下侧的下拉按钮，在弹出的下拉列表中选择“插入工作表”选项，即可在当前工作表前插入一张空白的工作表。
- 通过工作表标签栏插入：单击工作表标签栏右侧的“插入工作表”按钮，也可插入空白工作表，该工作表的名称为当前已有工作表的顺序后延，位置也按顺序排列。

（2）应用电子表格方案

Excel 2010 中可通过内置的电子表格方案插入包含表格样式、表头以及表格数据等内容的工作表。其方法是：启动 Excel 2010，在工作表标签上单击鼠标右键，在弹出的快捷菜单中选择“插入”命令，打开“插入”对话框，在打开的对话框中选择“电子表格方案”选项卡，在下方的列表框中选择相应的选项，单击 确定 按钮即可插入。如下图所示为插入“销售报表”电子表格的效果。

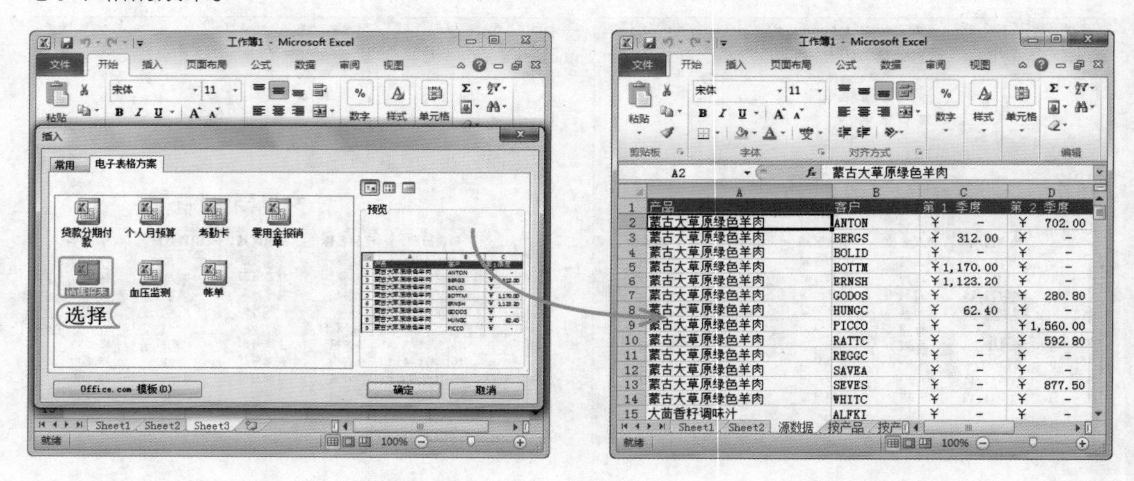

4. 删除工作表

在 Excel 表格中编辑数据时，往往只需要在一张或两张工作表中输入数据，为了保持工作簿的简洁，用户可将多余的工作表删除，删除工作表的方法很简单，下面对最常用的两种方法进行介绍。

- 通过功能面板删除：选择需要删除的工作表，再选择【开始】/【单元格】组，在其中单击“删除”按钮下侧的下拉按钮，在弹出的下拉列表中选择“删除工作表”选项，即可将其删除。
- 通过右键菜单删除：在工作表标签上单击鼠标右键，在弹出的快捷菜单中选择“删除”命令即可。

5. 复制与移动工作表

完成数据的编辑后，若工作表的位置不对，可通过移动工作表对其进行调整，以保证工作表的连贯性。若需要创建与已有工作表相同结构的工作表时，可通过复制工作表快速进行创建。在 Excel 2010 中，移动和复制工作表通常可以分为两种情况，在同一工作簿中移动或复制工作表，以及在不同工作簿中移动或复制工作表，下面分别进行介绍。

（1）在同一个工作簿中移动或复制工作表

在同一个工作簿中，使用鼠标进行拖动是移动或复制工作表最方便快捷的方式，其方法为：将鼠标光标移至需要移动的工作表标签上，按住鼠标左键不放，拖动鼠标，此时鼠标光标变成形状，直到目标位置释放鼠标即可完成工作表的移动。若在拖动鼠标的过程中按住 Ctrl 键可复制工作表。

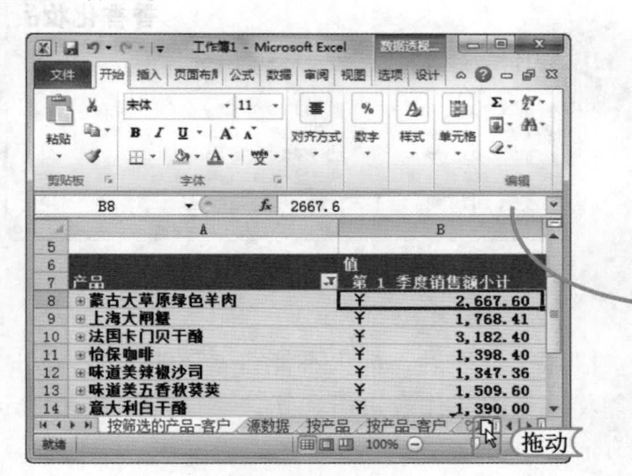

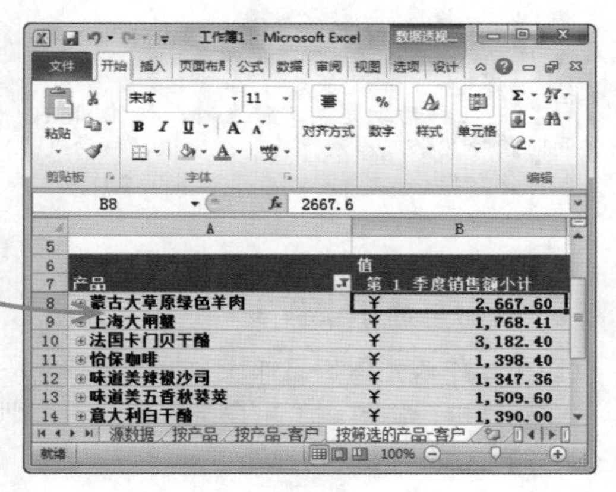

（2）在不同工作簿中移动或复制工作表

如果用户需要将其他工作簿中的工作表移动或复制到需要的工作簿中，就需在“复制或移动工作表”对话框中进行操作。下面将利用“复制或移动工作表”对话框，将“员工销售业绩统计表 .xlsx”工作簿中的工作表复制到“员工考核 .xlsx”工作簿中。其具体操作如下：

素材 \ 第 5 章 \ 员工考核 . xlsx、员工销售业绩统计表 . xlsx
效果 \ 第 5 章 \ 员工考核 . xlsx
实例演示 \ 第 5 章 \ 在不同工作簿中移动或复制工作表

STEP 01： 选择“移动或复制”命令

打开“员工考核 .xlsx”和“员工销售统计表 .xlsx”工作簿，在“员工销售业绩统计表 .xlsx”工作簿的“销售业绩统计表”工作表标签上单击鼠标右键，在弹出的快捷菜单中选择“移动或复制”命令。

STEP 02： 选择源工作表

1. 打开“移动或复制工作表”对话框，在“将选定工作表移至工作簿”栏的下拉列表框中选择目标工作簿，这里选择“员工考核 .xlsx”工作簿。
2. 在“下列选定工作表之前”列表框中选择工作簿中的工作表，这里选择“年度考核表”选项。
3. 选中 建立副本 复选框，保留源表格。
4. 单击 确定 按钮完成工作表的复制。

STEP 03： 查看效果

进入到“员工考核.xlsx”工作簿中，即可发现被移动后的工作表。

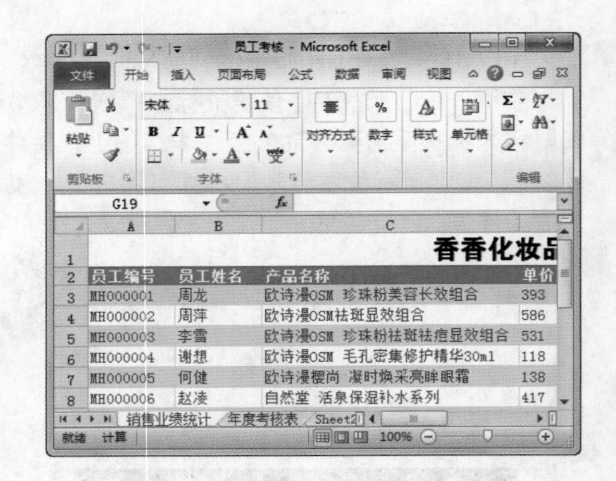

> **提个醒** 在移动或复制工作表时，按住 Shift 键同时选择几张工作表标签，然后执行移动或复制操作，可以一次性移动或复制多张工作表。

6. 隐藏与显示工作表

隐藏工作表是保护工作表数据的重要手段。隐藏工作表后，他人不能查看该工作表，同时也不能对其进行修改。若用户自己要查看，则需将隐藏的工作表进行显示，下面对隐藏和显示工作表的方法分别进行介绍。

- 隐藏工作表：在要隐藏的工作表标签上单击鼠标右键，在弹出的快捷菜单中选择“隐藏”命令，即可将该工作表隐藏。

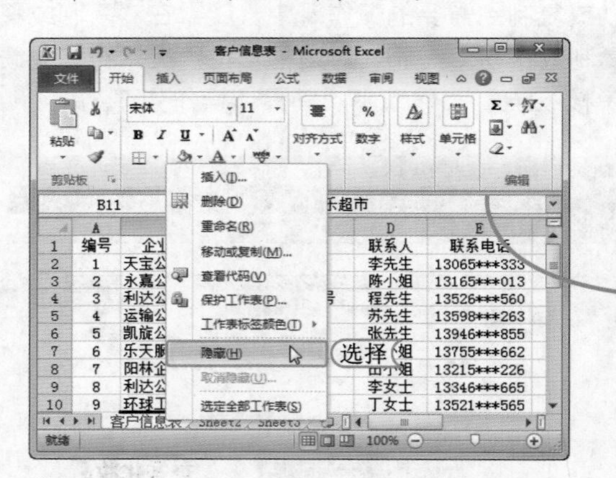

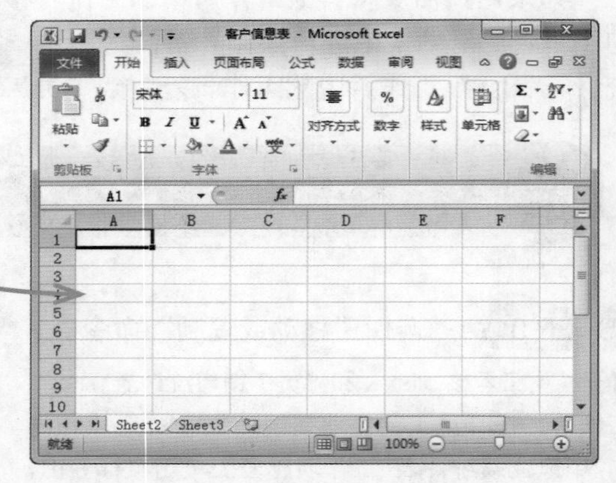

- 显示工作表：隐藏工作表后，在工作簿的任意工作表标签上单击鼠标右键，在弹出的快捷菜单中选择“取消隐藏”命令，打开“取消隐藏”对话框，在“取消隐藏工作表”列表框中选择要取消隐藏的工作表选项，单击 确定 按钮，即可重新显示隐藏的工作表。

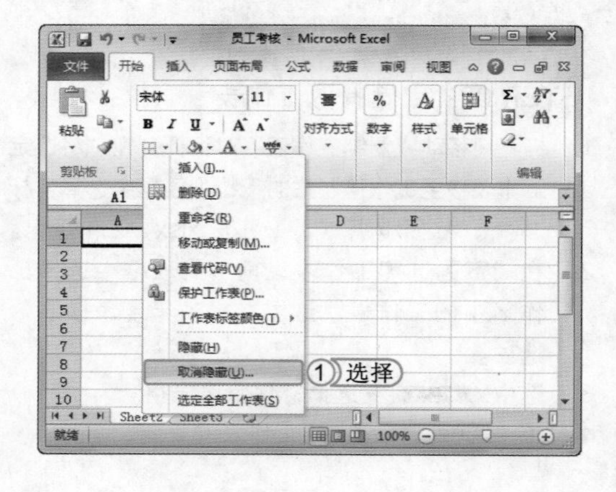

7. 加密工作表

在工作簿中除了通过隐藏工作表来保护数据外，还可对重要的工作表进行加密操作，以限制他人编辑和更改工作表。下面加密“客户资料统计表.xlsx”工作簿中的工作表，以保护工作表中的数据，避免重要数据丢失。其具体操作如下：

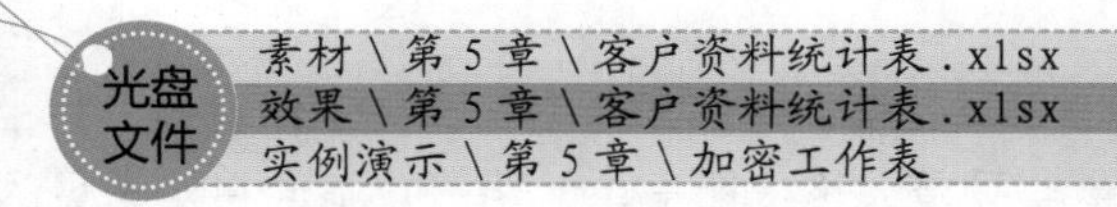

素材\第5章\客户资料统计表.xlsx
效果\第5章\客户资料统计表.xlsx
实例演示\第5章\加密工作表

STEP 01： 选择保护命令

打开“客户资料统计表.xlsx”工作簿，在“Sheet1”工作表标签上单击鼠标右键，在弹出的快捷菜单中选择“保护工作表”命令。

提个醒

选择【开始】/【单元格】组，单击“格式”按钮，或选择【审阅】/【更改】组，单击保护工作表按钮，在弹出的下拉列表中选择“保护工作表”选项，也可打开“保护工作表”对话框。

STEP 02： 设置保护密码

1. 打开“保护工作表”对话框，在其中的文本框中输入要设置的密码，这里输入“123321”。
2. 保持“允许此工作表的所有用户进行”列表框中的设置不变。单击确定按钮。

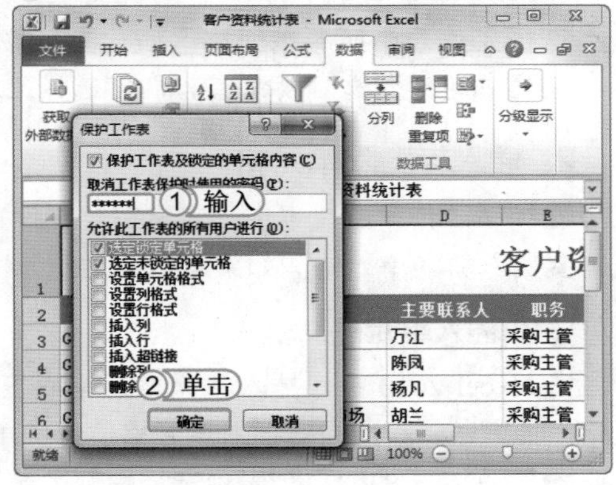

STEP 03： 打开警告提示对话框

打开“确认密码”对话框，在其中再次输入密码后单击确定按钮即可。设置完成后，若在该工作表中进行编辑操作，将打开警告提示对话框。

经验一箩筐——取消工作表保护

如用户要对保护后的工作表进行编辑，就需撤消工作表的保护。撤消工作表保护的方法与保护工作表的方法相似，选择设置了保护的工作表，单击鼠标右键，在弹出的快捷菜单中选择“撤消工作表保护”命令，在打开的“撤消工作表保护”对话框的“密码”文本框中输入正确的密码，单击确定按钮即可。

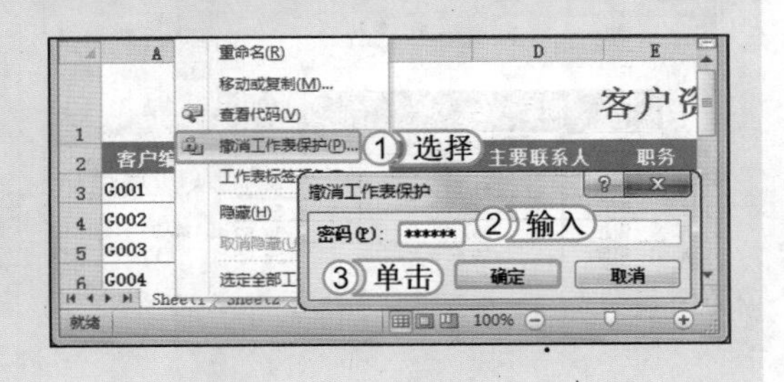

5.1.3 操作单元格

在工作表中输入与编辑数据是靠单元格来完成的，因此，就会经常涉及一些单元格的基本操作，如单元格的选择、插入、删除、合并、拆分以及设置行高、列宽等，以满足数据输入与编辑的需要。下面进行详细介绍。

1. 选择单元格

在单元格中输入或编辑数据前，都需要先选择单元格，选择单元格和选择工作表的方法相似，包括选择一个单元格、多个单元格、整行/整列单元格或所有单元格等，下面将对常见的选择方式进行介绍。

- 选择单个单元格：直接在需要选择的单元格上单击鼠标即可。
- 选择连续的单元格区域：先选择一个单元格，再按住鼠标左键不放，直接拖动鼠标即可选择连续的单元格区域；也可先选择一个单元格，按住 Shift 键的同时，用鼠标单击另一单元格，则这两单元格之间的矩形区域即被选择。
- 选择不连续的单元格或单元格区域：按住 Ctrl 键的同时，单击需要选择的单元格则可选择不连续的单元格；按住 Ctrl 键的同时，按住鼠标左键不放，拖动鼠标，选择相应的单元格区域即可选择不连续的单元格区域。
- 选择行或列的单元格区域：选择行或列单元格，只需将鼠标移到相应的行号或列标上，当鼠标光标变成➡或⬇形状时，单击鼠标即可选择相应的行或列的单元格区域；选择连续或不连续的行或列单元格区域，只需在选择行或列的单元格的同时，按住 Shift 或 Ctrl 键即可。
- 选择工作表中所有单元格区域：直接按 Ctrl+A 组合键或单击工作表左上角行号与列标交叉处中的“全选”按钮，即可选择此工作表中所有单元格。

2. 插入与删除单元格

在编辑工作簿的过程中，常常需要在设置好的表格中添加数据，以完善表格。这时，可根据需要插入新的单元格。如果有多余的单元格，可将其删除，以保证表格的美观、简洁。

（1）插入单元格

在 Excel 2010 中，插入单元格通常有三种形式，如插入单个单元格、插入一行或一列单元格。其方法是：选择需插入单元格位置的单元格，选择【开始】/【单元格】组，单击“插入”按钮，在弹出的下拉列表中选择需要的选项即可插入相应的行或列，若选择“插入单元格”选项，将打开“插入”对话框，在其中选中需要的单选按钮，单击 确定 按钮将在对应位置插入相应的单元格。

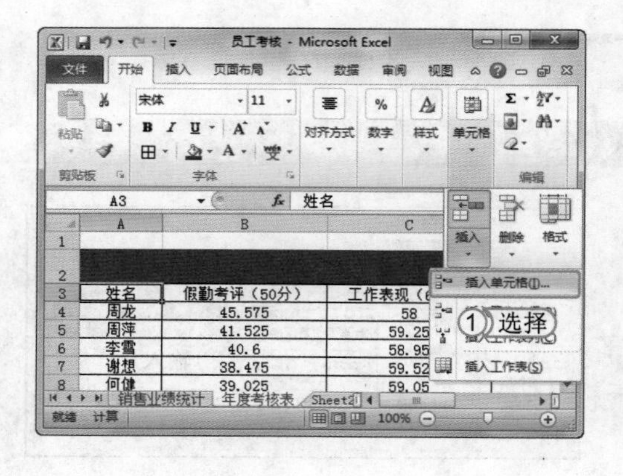

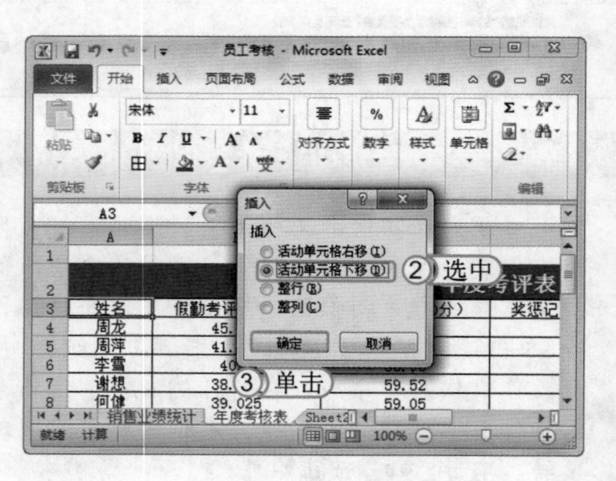

问题小贴士

问：在插入单元格时，选择单元格与插入单元格有什么关系吗？

答：选择单元格不仅决定着插入单元格所在的位置，还能对插入单元格的数量进行控制，即选择单元格越多，插入的单元格越多（除了插入整行和整列）。

（2）删除单元格

当表格中有多余的数据或无用的单元格，可将这些单元格删除。删除单元格的操作通常用于删除一行或一列单元格。删除单元格的方法是：首先选择工作簿中需删除的单元格，然后再选择【开始】/【单元格】组，单击“删除”按钮，或单击鼠标右键，在弹出的快捷菜单中选择“删除”命令，打开“删除”对话框，在其中设置删除方式，然后单击确定按钮即可。

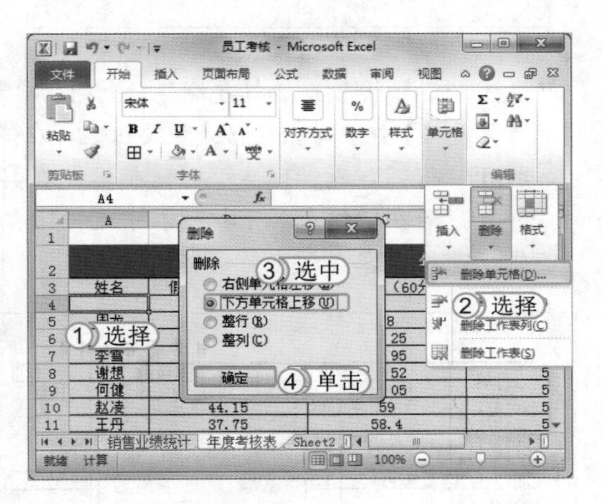

3. 合并与拆分单元格

在编辑表格时，可以将多个单元格合并为一个单元格，以满足大量数据的显示或单元格特殊格式设置的要求。当不需要合并时，也可通过取消合并将单元格拆分。选择需要合并的多个单元格后，选择【开始】/【对齐方式】组，单击“合并后居中”按钮，即可将选择的多个单元格合并为一个单元格，再次单击该按钮可取消合并操作即拆分单元格。

经验一箩筐——更多合并选项的含义

若单击“合并后居中”按钮右侧的下拉按钮，在弹出的下拉列表中各选项含义介绍如下。

- “合并后居中”选项：合并选择的单元格，且居中显示单元格内容。
- “跨越合并”选项：可将选择的多个单元格按每行进行合并，不对行列进行合并。
- “合并单元格”选项：合并选择的单元格，但不居中显示内容。
- “取消合并单元格”选项：合并后的单元格将重新拆分。

4. 设置行高和列宽

在输入表格数据的过程中，当表格数据量超出单元格长度或字号过大时，往往会造成内容显示不完整。这时，需要用户根据需要对表格的行高和列宽进行调整，调整表格行高和列宽的方法相似，常见有以下两种方式。

- **拖动鼠标调整：**将鼠标光标移动到要调整的行号（列标）间的分隔线上，当鼠标光标变成 ✛（✛）形状时，按住鼠标不放进行拖动，至适合位置处释放鼠标即可调整行高（或列宽）。双击行号（列标）间的分隔线可快速根据单元格内容调整合适的行高和列宽。

- **通过对话框调整：**选择要调整行或列的单元格区域所在行或列中的任意单元格，在【开始】/【单元格】组中单击“格式”按钮，在弹出的下拉列表中选择“行高”或“列宽”选项，打开“行高”或“列宽”对话框后，在其中的文本框中输入具体的数值，单击 确定 按钮即可。若在“格式”下拉列表中选择“自动调整行高”或“自动调整列宽”选项，系统会根据表格内容自动进行调整。

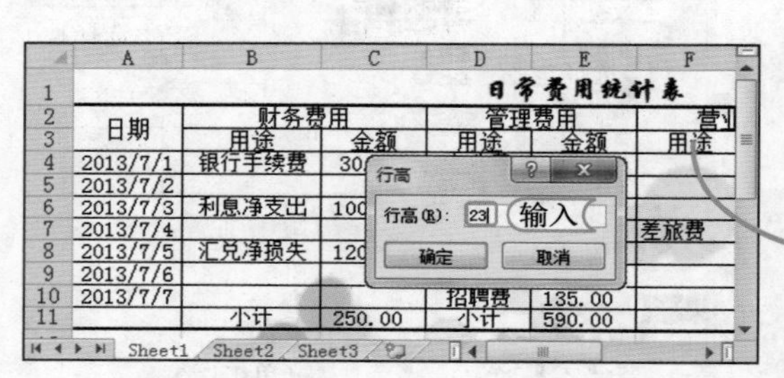

经验一箩筐——设置自动换行

在 Word 中，当输入内容满一行时会自动换行输入，其实在 Excel 中，用户在表格中输入内容过多时，也可设置自动换行，即不改变列宽在下一行显示多余的内容。其方法是：选择需要设置自动换行的单元格区域，在【开始】/【对齐方式】组单击“自动换行”按钮即可，再次单击该按钮可取消自动换行效果。

上机 1 小时 ▶ 制作“日常费用统计表”工作簿

- 进一步认识工作簿、工作表和单元格以及三者之间的关系。
- 巩固操作工作表的一些基本方法。
- 巩固操作单元格的一些基本方法。

下面将通过制作“日常费用统计表.xlsx”工作簿，来练习 Excel 的一些入门操作，包括与 Word 的共性操作，工作表的操作以及单元格的操作知识。制作完成后，效果如下图所示。

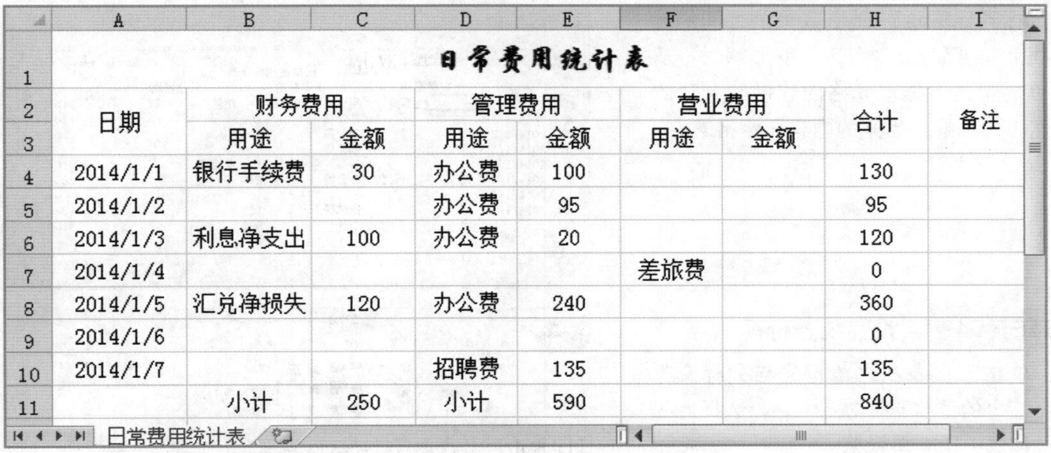

日常费用统计表								
日期	财务费用		管理费用		营业费用		合计	备注
	用途	金额	用途	金额	用途	金额		
2014/1/1	银行手续费	30	办公费	100			130	
2014/1/2			办公费	95			95	
2014/1/3	利息净支出	100	办公费	20			120	
2014/1/4					差旅费		0	
2014/1/5	汇兑净损失	120	办公费	240			360	
2014/1/6							0	
2014/1/7			招聘费	135			135	
	小计	250	小计	590			840	

日常费用统计表

光盘文件

效果\第5章\日常费用统计表.xlsx

实例演示\第5章\制作“日常费用统计表”工作簿

STEP 01：新建工作簿并输入数据

启动 Excel 2010，自动新建名为“工作簿 1”的工作簿，依次选择需要输入数据的单元格，分别输入如右图所示的数据。

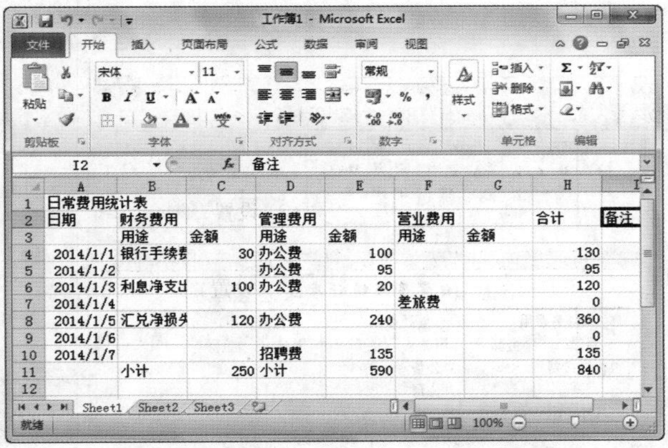

提个醒

在单元格中输入的文本宽度超过单元格本身，并且其右侧的单元格中又包含数据时，则只能显示本单元格中列宽范围以内的内容，其余部分将隐藏不显示，但内容仍然存在。

STEP 02：合并单元格

选择 A1:I1 单元格区域，选择【开始】/【对齐方式】组，单击“合并后居中”按钮。使用相同的方法将 A2:A3、B2:C2、D2:E2、F2:G2、H2:H3 和 I2:I3 单元格区域进行合并居中。

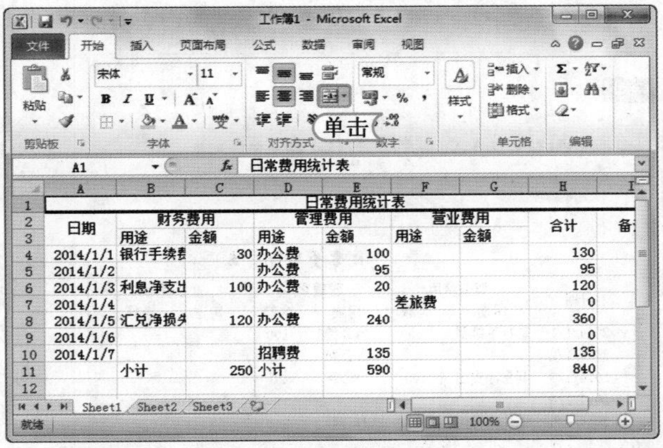

单击

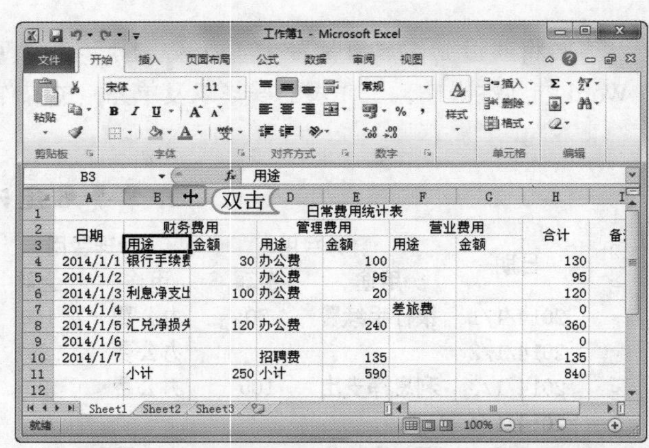

STEP 03：设置合适的列宽

将鼠标光标移动到B与C列列标间的分隔线上，当鼠标光标变成 ✛ 形状时，双击鼠标快速根据单元格内容调整合适的列宽，将未显示出来的内容显示出来。

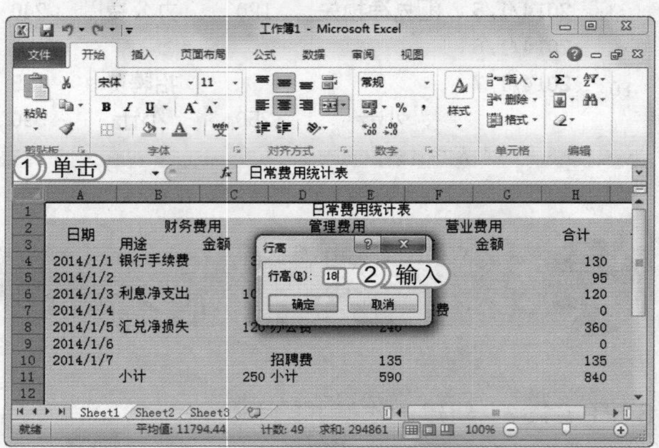

STEP 04：设置统一行高

1. 单击工作表左上角行号与列标交叉处中的“全选”按钮，选择此工作表中所有单元格。
2. 在【开始】/【单元格】组中单击“格式”按钮，在弹出的下拉列表中选择“行高”选项，打开“行高”对话框后，在其中的文本框中输入“18”。单击 确定 按钮。

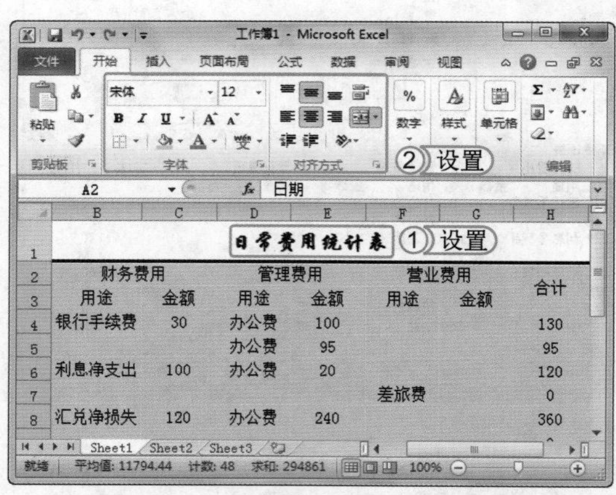

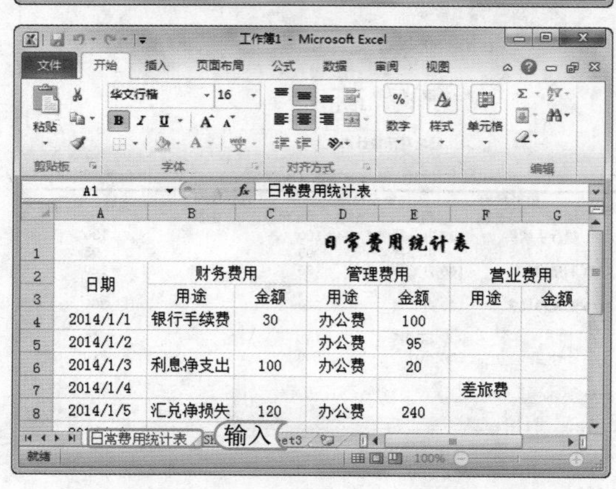

STEP 05：调整单元格字体和对齐方式

1. 选择标题单元格，设置标题单元格字体格式为“华文行楷、16、加粗”。
2. 设置A2:I11单元格区域的字体格式为“宋体 12”，设置对齐方式为“居中、垂直居中”。

提个醒

在Excel 2010中，为了制作出美观的表格，用户可以更改工作表中单元格或单元格区域中的字体、字号、颜色以及对齐方式等。同Word中的设置一样，文本的字体、字号、颜色以及倾斜、加粗、下划线等可通过【开始】/【字体】组进行设置；而对齐方式及缩进可在【开始】/【对齐方式】组中进行设置。设置的方法同Word中基本相同。

STEP 06：重命名工作表

在工作表标签“Sheet1”上双击鼠标，当工作表标签呈黑底白字的可编辑状态时，输入“日常费用统计表”为其重命名。

STEP 07: 删除工作表

在工作表标签“Sheet2”上单击鼠标右键，在弹出的快捷菜单中选择“删除”命令删除该工作表。用同样的方法将“Sheet3”工作表删除。

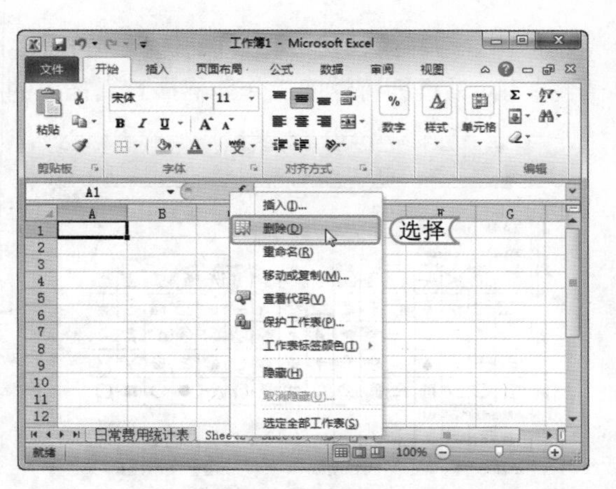

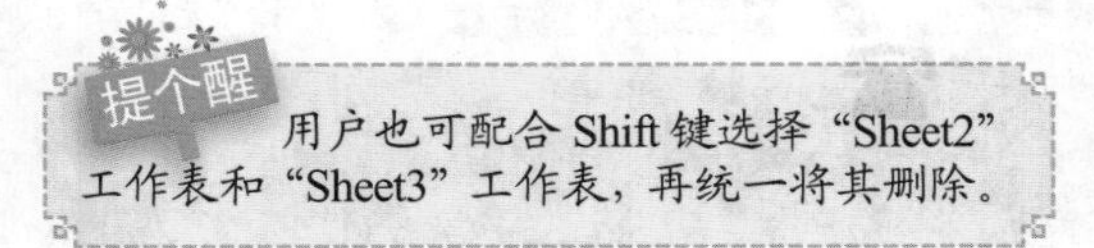

提个醒 用户也可配合 Shift 键选择“Sheet2”工作表和“Sheet3”工作表，再统一将其删除。

STEP 08: 保存工作簿

选择【文件】/【保存】命令，打开“另存为”对话框，在其中设置保存位置和保存名称后，单击 保存(S) 按钮保存制作的工作簿。

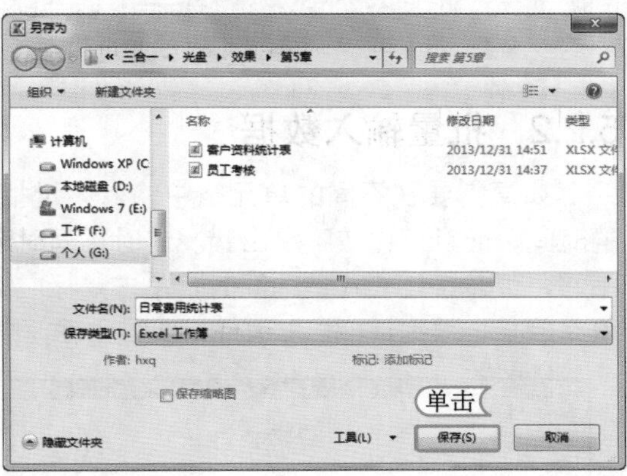

提个醒 由于 Excel 2010 和 Word 2010 同属于 Office 系列的重要组件，受 Office 组件的共性影响，工作簿的操作方法与 Word 文档的操作方法基本相同。

5.2 Excel 数据输入与编辑

掌握 Excel 的一些基本操作后，用户可在单元格中输入需要的数据制作工作簿，这些内容可以是英文字母、汉字、数字、符号和日期时间等，数据输入完成后为了方便编辑，应该对 Excel 数据进行编辑操作，下面分别对数据的输入和编辑方法进行介绍。

学习 1 小时

- 掌握输入普通数据和符号的方法。
- 学习批量输入数据的技巧。
- 掌握快速填充有规律数据的方法。
- 掌握特殊数据的输入技巧。
- 学习修改数据、复制与移动数据的方法。
- 掌握查找和替换数据的方法。
- 学习设置数据显示效果的方法。

5.2.1 输入普通数据和符号

在 Excel 中输入普通数据和符号的方法与在 Word 文档中输入表格数据的方法相似，用户只需单击选择需要输入数据的单元格，切换到合适的输入法后直接输入数据即可。当输入的数据过长时，可选择在编辑框中进行输入。若想在下行单元格中输入数据只需按 Enter 键。当需要输入非键盘中的符号时，用户可选择单元格后，再选择【插入】/【符号】组，单击“符号”

按钮Ω。打开“符号”对话框，选择“符号”选项卡，选择需要的符号后，单击 插入(I) 按钮，再关闭对话框即可返回工作簿界面查看插入的符号。

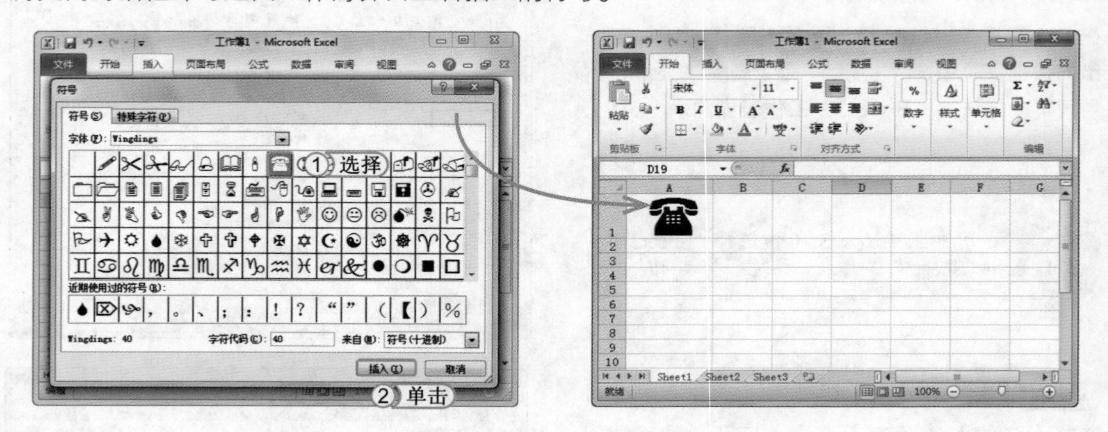

5.2.2 批量输入数据

如果需要在不同的单元格中输入大量相同的数据，若逐个对单元格进行输入会花费很长的时间，而且还比较容易出错。这时可同时选择需要填充数据的多个单元格。若某些单元格不相邻，可在按住 Ctrl 键的同时，单击鼠标左键，逐个选择，其次在最后选择的单元格中输入要填充的某个数据，按住 Ctrl+Enter 组合键，则选择的所有单元格将同时填入该数据。

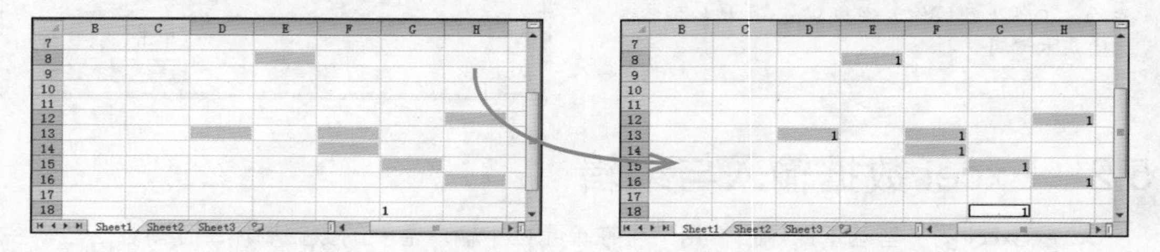

5.2.3 快速填充有规律的数据

当用户需要在连续的单元格中输入一些相同或有规律的数据时，可以使用快速填充数据功能来大大提高工作效率。

1. 自动填充数据

自动填充数据主要是通过拖动鼠标来实现，其方法是：先在某单元格中输入数据，如在 C3 单元格中输入“上海”，如下图所示。选择 C3 单元格，将鼠标光标移至单元格的右下角，当鼠标光标变为+形状时，按住鼠标左键向下拖动到 C12 单元格后释放鼠标，可看到在“代理”列中填充了相同的数据。

	B	C	D	E	F
2	产 地	代理	单价（元）	数量（件）	总计
3	北 京	上海	¥180	120	¥21,600
4	北 京		¥210	190	¥39,900
5	北 京		410	160	¥65,600
6	上 海		¥200	300	¥6,000
7	上 海		¥430	150	¥64,500
8	上 海		¥380	200	¥7,600
9	北 京		¥180	120	¥21,600
10	北 京		¥210	190	¥39,900
11	北 京		¥410	160	¥65,600
12	上 海	浙江	¥200	300	¥6,000

拖动

	B	C	D	E	F
2	产 地	代理	单价（元）	数量（件）	总计
3	北 京	上海	¥180	120	¥21,600
4	北 京	上海	¥210	190	¥39,900
5	北 京	上海	¥410	160	¥65,600
6	上 海	上海	¥200	300	¥6,000
7	上 海	上海	¥430	150	¥64,500
8	上 海	上海	¥380	200	¥7,600
9	北 京	上海	¥180	120	¥21,600
10	北 京	上海	¥210	190	¥39,900
11	北 京	上海	¥410	160	¥65,600
12	上 海	上海	¥200	300	¥6,000

需要注意的是，输入数据的类型不同，可能填充的方式也不同，如在A3输入编号类数据“MY2014001”，填充后将呈现递增的样式，如右图所示。

	A	B	C	D	E
2	货物名称	产 地	代理	单价（元）	数量（件）
3	MY2014001	北 京	上海	¥180	120
4	MY2014002	北 京	宁波	¥210	190
5	MY2014003	北 京	上海	¥410	160
6	MY2014004	上 海	上海	¥200	300
7	MY2014005	上 海	福建	¥430	150
8	MY2014006	上 海	广安	¥380	200
9	MY2014007	北 京	上海	¥180	120
10	MY2014008	北 京	云南	¥210	190
11	MY2014009	北 京	上海	¥410	160
12	MY2014010	上 海	浙江	¥200	300

提个醒 在填充数据的过程中，用户不仅可以填充列，还可填充行。此外，还可自定义填充的方向和位置。

2. 更改自动填充类型

若默认的填充方式不符合用户的需要，用户可更改默认的填充方式，其方法是：在填充数据后，将在右下角出现按钮，单击该按钮，在弹出的下拉列表中选择需要的填充方式即可。需要注意的是：根据单元格的内容不同，单击按钮后，在弹出的下拉列表中的填充选项也有所不同。常见的有复制单元格、填充序列、仅填充格式和不带格式等填充方式，下面分别介绍其特点。

- 复制单元格：将复制前一单元格中的格式，包括字体格式、底纹与边框和数据显示属性等。
- 填充序列：该选项多用于填充编号，选择该选项后，数据编号将以递增的方式进行填充。
- 仅填充格式：当设置好单个单元格的格式后，用户也可使用填充的方法将该格式填充到连续的其他单元格中。
- 不带格式填充：对表格套用样式后，若直接填充可能会破坏设置好的单元格格式，如边框与底纹等，这时，用户可选择该选项只对数值进行填充。

经验一箩筐——巧妙进行等差序列填充

使用填充序列的方式只能默认填充等差为1的数据，若要填充等差为2、3、4等数据，用户可输入数据后，继续在下一单元格中输入下一个数据，然后同时选择这两个单元格，再将鼠标光标移动到第二个单元格右下角，拖动鼠标进行填充即可。第一个与第二个单元格的数据的差值决定了序列填充的等差值。如下图所示为填充等差为3的数据。

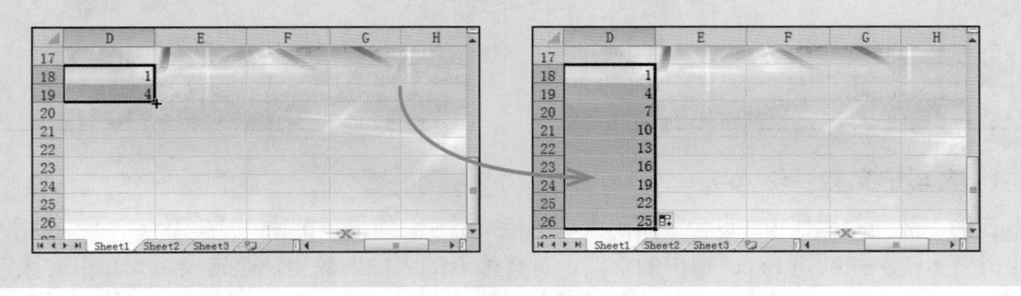

5.2.4 输入特殊数据

在使用Excel输入数据的过程中，可能会需要输入一些特殊数据，如分数、负数、以0开头的序号、身份证号和大写中文数字等，若直接输入数据，其会自动转换为其他的数据，所以在输入这些特殊数据时，就需要掌握一些输入技巧，下面将对常见的特殊数据的输入方法进行介绍。

1. 输入分数

当表格中的数据涉及一些比例关系时，往往需要输入分数，如果直接输入分数的格式，如“1/5”，Excel会自动将其转换为日期。因此，需要在输入的真分数（分子小于分母）前加上一个“0”和一个空格。例如，要使电脑最终显示分数“1/5”，则需在单元格中输入“0 1/5”，再按Enter键即可；如果想得到的是带分数（分子大于分母），则只需在数字与分数之间插入一个空格即可。

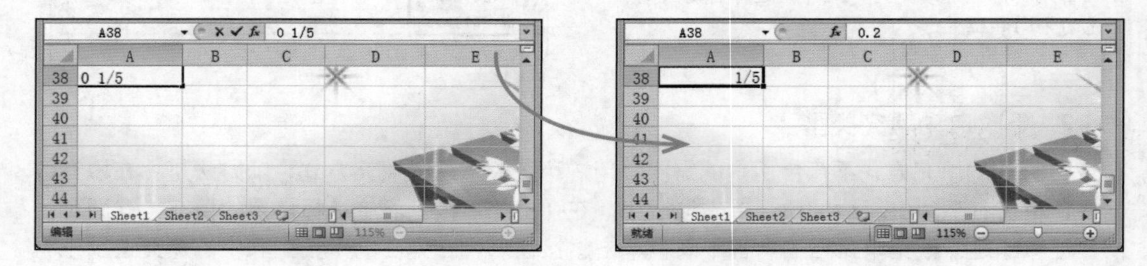

2. 输入负数

在使用Excel制作统计类表格时，常常会用负数代表扣除的分数或金额，除了直接输入负号和数字外，也可以使用括号来完成。例如要得到“-20”，可以在单元格中输入“（20）”，按Enter键即可。

3. 输入文本类型的数字

运用Excel进行表格处理时，常会遇到诸如序号、身份证号码、电话号码等文本类型的数字输入问题。如果在单元格中直接输入这些数字，Excel会自动将其转换为数值型数据。如在单元格中输入序号“0001”， Excel会自动转换为“1”。所以，在输入文本类型的数字时，要在输入的数字前面加上英文格式的单引号。如要最终显示为“0001”，可在单元格中输入序号“'0001”即可。

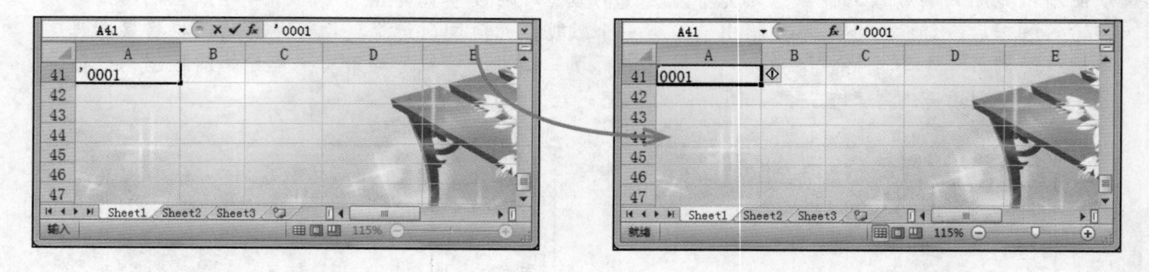

4. 大写中文数字输入法

在输入数据的过程中，也会常用到大写的中文数字。如果直接输入这些数字，不仅效率低，而且也易出错。如利用Excel提供的功能，可将输入的阿拉伯数字快速转换为大写中文数字。其方法为：首先在单元格中输入相应的阿拉伯数字，如“1234”，然后在该单元格上单击鼠标右键，从弹出的快捷菜单中选择“设置单元格格式”命令，打开“设置单元格格式”对话框，选择“数字”选项卡，再在“分类”列表框中选择“特殊”选项，在“类型”列表框中选择“中文大写数字”选项，最后单击 确定 按钮，即可将输入的阿拉伯数字“1234”转换成大写中文数字“壹仟贰佰叁拾肆”了。

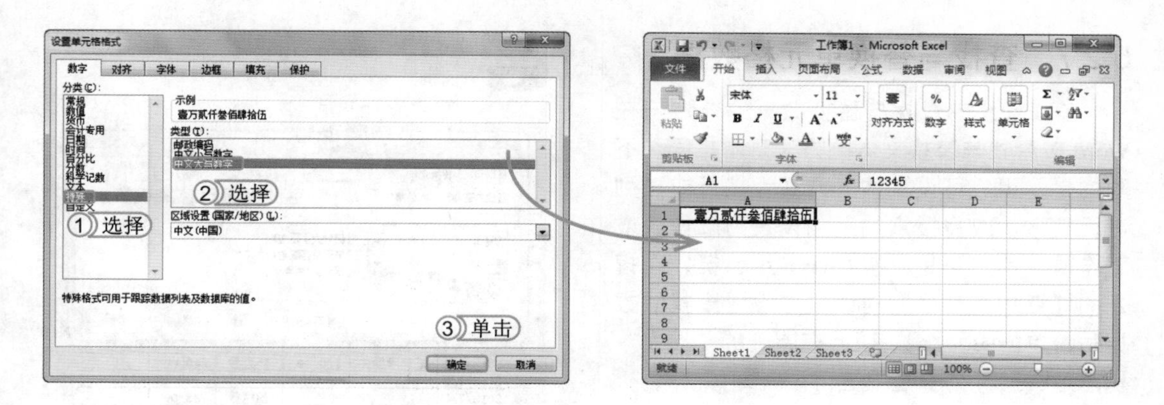

5.2.5 修改数据

输入数据后，若发现一些数据不准确，就需要对其进行修改。在Excel 2010中修改数据主要包括在单元格中进行修改和在编辑栏中进行修改，在单元格中修改又包括修改整个单元格数据和修改部分单元格数据，下面将对其分别进行介绍。

- 在单元格中修改：单击需修改数据的单元格，直接输入要修改的数据可更改整个单元格中的数据；双击单元格，然后将鼠标光标插入到单元格中要修改的数据前，按Insert键，然后输入要修改的数据。
- 在编辑栏中修改：单击需修改数据的单元格，在编辑栏中输入正确的数据即可进行修改。

5.2.6 复制与移动单元格数据

复制与移动单元格数据是编辑数据常用的操作，用户只需对相应的单元格进行操作，即可对其数据进行复制和移动，下面将分别对复制和移动单元格进行介绍。

- 复制数据：在需要复制数据的单元格上单击鼠标右键，在弹出的快捷菜单中选择“复制”命令，再在需要应用数据的单元格上单击鼠标右键，在弹出的快捷菜单中选择“粘贴”命令。
- 移动数据：在需移动数据的单元格上单击鼠标右键，在弹出的快捷菜单中选择“剪切”命令，然后在需移动到的单元格上单击鼠标右键，在弹出的快捷菜单中选择“粘贴”命令，即可查看到原单元格的数据已消失。

经验一箩筐——设置无格式粘贴

直接对单元格进行复制或移动操作，将连同单元格的边框、字体等格式一起复制，若只需要复制单元格中的数值，可在编辑窗口进行数据的复制，然后在粘贴时选择“值”粘贴选项。

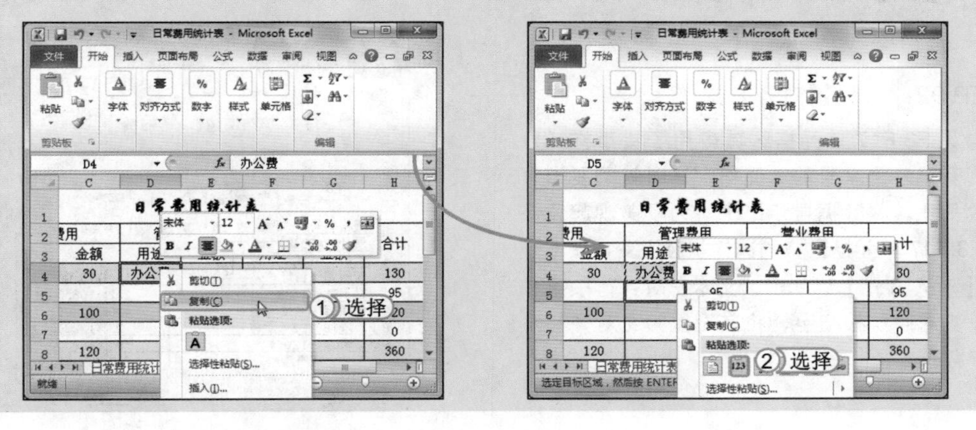

5.2.7　查找与替换单元格数据

在 Excel 中查找与替换数据的方法与在 Word 中查找与替换文本的方法基本相同。不同的是，用户可设置搜索方式为按行或按列进行搜索，或将搜索的范围设置为工作表或工作簿。其方法是：按 Ctrl+F 组合键，在打开的“查找和替换”对话框中设置查找的数据后，单击 选项(T) >> 按钮，在展开的“搜索”和“范围”等列表框中进行设置即可。

5.2.8　设置数据类型

与设置字体的外观不同，设置 Excel 数据的显示效果不仅是对数据美观度进行设置，且其还直接影响了数据的准确性和查看的方便度。为表格中的数据设置合适的数据显示格式，体现了表格的专业性。在 Excel 中，用户可根据需要将数字设置为各种不同类型的显示效果，如货币型、小数型、日期和时间型等显示效果。

下面在“销售记录表 .xlsx”工作簿中的工作表中设置数字的格式，以介绍设置数据显示效果的方法。其具体操作如下：

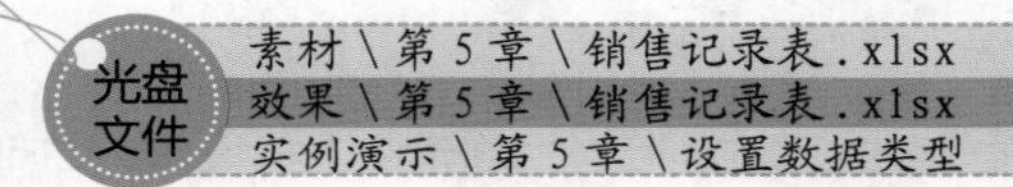

STEP 01: 设置货币显示效果

打开“销售记录表 .xlsx”工作簿，选择 F3:F17 单元格区域，选择【开始】/【数字】组，在“数字格式”下拉列表框中选择“货币”选项。

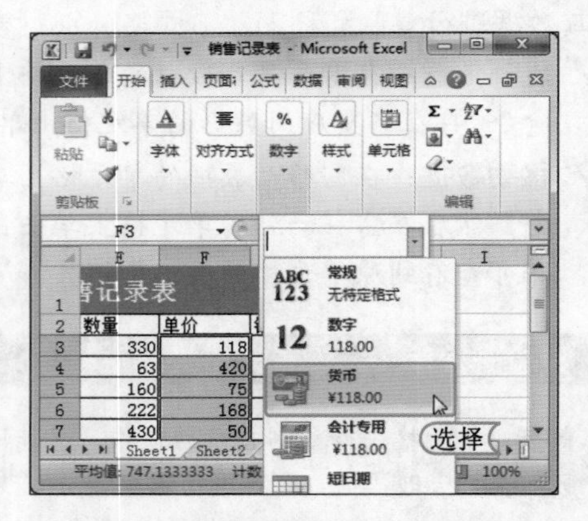

> **提个醒**
> 对于一些常用的数据类型，用户都可通过“数字格式”下拉列表框进行设置。若要设置更为复杂的数据类型，用户可在【开始】/【数字】组单击右下角的按钮，在打开的“设置单元格格式”对话框中进行设置。

STEP 02: 设置对齐方式

即可看见 F3:F17 单元格区域应用了货币样式，若发现有显示为 # 号的单元格，这时就需要增大该列的列宽，将数据显示出来。为了美观起见，保持 F3:F17 单元格区域的选择状态不变，在【开始】/【对齐方式】组单击“文本左对齐”按钮和“垂直居中”按钮，将其设置为左对齐和垂直居中对齐。

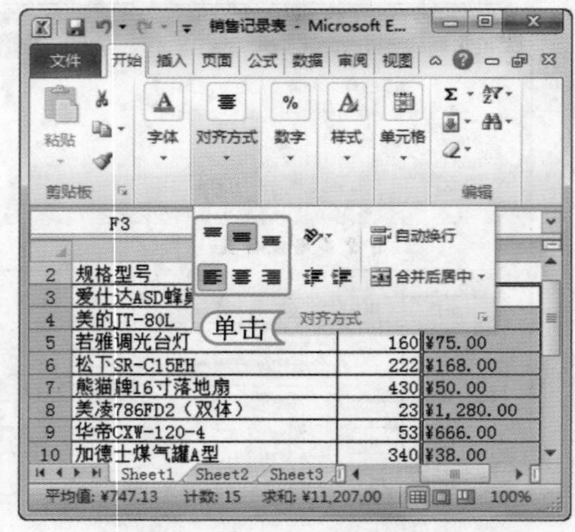

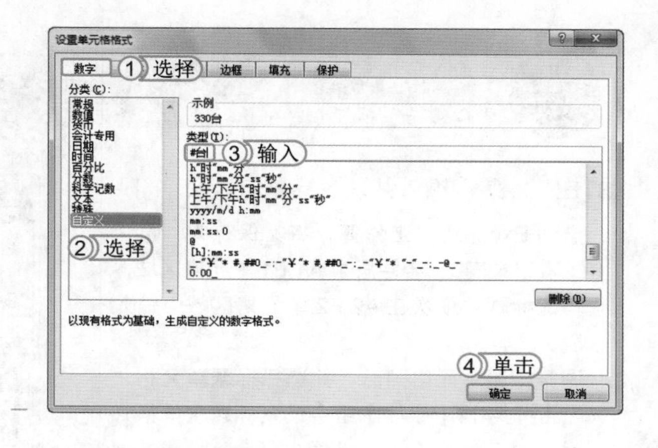

STEP 03： 自定义单元格显示

1. 选择E3:E17单元格区域，选择【开始】/【数字】组，单击右下角的按钮打开"设置单元格格式"对话框，选择"数字"选项卡。
2. 在"分类"列表框中选择"自定义"选项。
3. 在"类型"文本框中输入"#台"。
4. 单击确定按钮。

	C	D	E	F
1	万众电器各分店2013年销售记录表			
2	产品名称	规格型号	数量	单价
3	炒锅	爱仕达ASD蜂巢不粘炒锅A8536	330台	¥118.00
4	微波炉	美的JT-80L	63台	¥420.00
5	台灯	若雅调光台灯	160台	¥75.00
6	电饭锅	松下SR-C15EH	222台	¥168.00
7	风扇	熊猫牌16寸落地扇	430台	¥50.00
8	电冰箱	美凌786FD2（双体）	23台	¥1,280.00
9	抽油烟机	华帝CXW-120-4	53台	¥666.00
10	煤气罐	加德士煤气罐A型	340台	¥38.00
11	电视机	康佳T2573S	10台	¥1,350.00
12	空调机	格力KF-26GW/K（2638）B	17台	¥2,300.00
13	电热水器	阿里斯顿TURBO GB40（30升）	32台	¥580.00
14	电冰箱	华凌BCD-175HC	24台	¥2,888.00
15	洗衣机	金羚 XQB50-418G	36台	¥466.00
16	台式燃气灶	华帝旋之火96XB	29台	¥720.00
17	电热水壶	天际 ZDH-110A	58台	¥88.00

STEP 04： 查看添加单位后的效果

返回编辑界面即可看见E3:E17单元格区域的数据后添加了单位"台"字。

> **提个醒** 在编辑工作表时，用户不仅可以设置数据的类型、对齐方式，还可为数据设置不同的字体格式，使数据的显示更加美观，其设置方法与在Word中一样。

上机1小时 制作"员工工资记录表"工作簿

- 进一步熟悉在单元格中输入数据的方法。
- 进一步熟悉快速填充数据的方法。
- 进一步熟悉设置数据显示效果的方法。

本例将新建"员工工资记录表.xlsx"工作簿，在其中运用批量输入数据、快速填充数据等方法快速输入数据，并设置数据的显示效果，完成后的效果如右图所示。

	B	C	D	E	F
1	1月份员工工资记录表				
2	姓名	性别	年龄	所属部门	工资额
3	李梅	女	23	销售部	¥2,840.00
4	陈霞	女	20	销售部	¥2,679.70
5	程亮	男	26	销售部	¥2,845.30
6	刘辉	男	24	销售部	¥2,715.00
7	周波	男	21	销售部	¥2,620.00
8	苏健	男	20	销售部	¥2,525.00
9	苏康	男	26	销售部	¥3,010.00
10	王红	女	23	销售部	¥2,843.00
11	张三	男	28	销售部	¥2,911.00
12	李小	女	26	销售部	¥2,650.00
13	汤宏	男	29	销售部	¥2,764.30
14	田歌	男	24	销售部	¥2,727.00
15	李乐	女	26	销售部	¥2,820.10
16	丁丁	男	23	销售部	¥2,920.00
17	郑艳	女	22	销售部	¥2,785.00
18	许丽	女	25	销售部	¥2,687.80
19	崔霞	女	26	销售部	¥2,773.30
20	白亮	男	24	销售部	¥3,364.60

光盘文件

效果\第5章\员工工资记录表.xlsx

实例演示\第5章\制作“员工工资记录表”工作簿

STEP 01: 输入并设置标题与表头

1. 启动 Excel 新建工作簿，将其保存为“员工工资记录表”。合并居中 A1:F1 单元格区域，输入标题并依次在 A2:F2 单元格区域中输入表头内容。
2. 调整标题单元格列宽，并选择标题单元格，在【开始】/【字体】组中设置标题字体格式为“方正大黑简体，16 号，红色 - 强调文字颜色 1”。选择 A2:F2 单元格区域，设置表头的字体格式为“黑体，11，居中对齐”。

STEP 02: 输入以 0 开头的数据

选择 A3 单元格，在编辑栏中输入英文状态下的“'”，再输入“01”，按 Ctrl 键输入“01”。

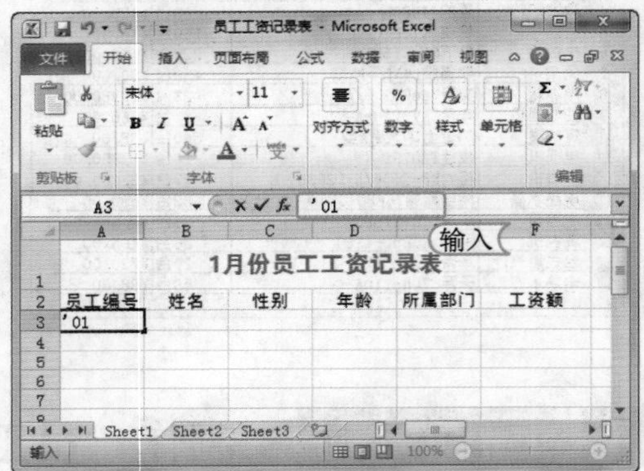

> **提个醒** 在填充编号时，为了保持数据的长度一致，可在编号前加“0”，使表格更加整齐、美观。

STEP 03: 快速填充员工编号

选择 A3 单元格，将鼠标光标移至单元格的右下角，当鼠标光标变为✚形状时，按住鼠标左键向下拖动到 A20 单元格后释放鼠标，可看到在“员工编号”列中填充了递增的编号。

STEP 04: 批量输入相同数据

输入姓名并将输入的文本设置为居中对齐，在按住 Ctrl 键的同时，逐个单击需要在“性别”列中输入“女”的单元格，在最后选择的单元格中输入“女”字，按 Ctrl+Enter 组合键，则选择的所有单元格同时填入“女”。用同样的方法批量输入“男”。

STEP 05： 输入年龄和所属部门

在“年龄”列中输入年龄，在“所属部门”列中使用快速填充的方法快速输入“销售部”，设置数据的对齐方式为“居中对齐”。

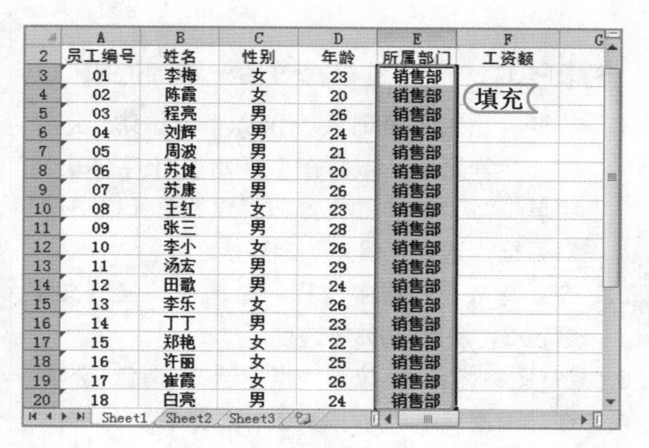

	A	B	C	D	E	F
2	员工编号	姓名	性别	年龄	所属部门	工资额
3	01	李梅	女	23	销售部	
4	02	陈霞	女	20	销售部	
5	03	程亮	男	26	销售部	
6	04	刘辉	男	24	销售部	
7	05	周波	男	21	销售部	
8	06	苏健	男	20	销售部	
9	07	苏康	男	26	销售部	
10	08	王红	女	23	销售部	
11	09	张三	男	28	销售部	
12	10	李小	女	26	销售部	
13	11	汤宏	男	29	销售部	
14	12	田歌	男	24	销售部	
15	13	李乐	女	26	销售部	
16	14	丁丁	男	23	销售部	
17	15	郑艳	女	22	销售部	
18	16	许丽	女	25	销售部	
19	17	崔霞	女	26	销售部	
20	18	白亮	男	24	销售部	

STEP 06： 设置数据显示效果

在 F3:F20 单元格区域中输入工资金额。选择 F3:F20 单元格区域，选择【开始】/【数字】组，在“数字格式”下拉列表框中选择“货币”选项。设置数据的对齐方式为“居中对齐”，完成本例的制作。

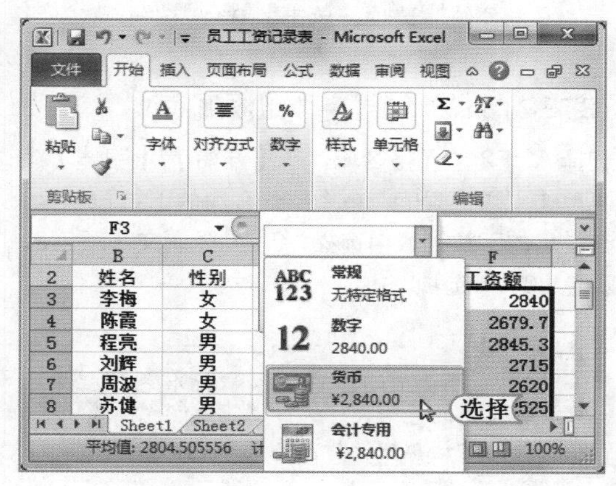

5.3 美化表格

单纯设置表格的字体格式、对齐方式和显示效果虽然可以让表格更加整齐，但远远不能达到美化表格的目的。这时，就需要通过添加边框与底纹、套用表格与单元格样式或设置工作表背景等方法让表格脱颖而出。

学习 1 小时

- 学习添加表格边框和底纹的方法。
- 了解套用单元格样式的方法。
- 学习用表格样式快速美化表格。
- 了解美化工作表背景的方法。
- 学会使用艺术字作为表格标题。
- 掌握在表格中插入图片的方法。

5.3.1 添加边框和底纹

在 Excel 表格中虽然显示了单元格边框，但它并不能被打印出来。如果要将单元格和数据一起打印出来，可为单元格设置边框样式，同时，设置合适的单元格边框和底纹效果，可使制作出的表格更加美观。下面在“员工工资记录表.xlsx”工作簿中为单元格设置边框和底纹，以介绍添加边框和底纹的方法。其具体操作如下：

光盘文件

素材\第 5 章\员工工资记录表.xlsx
效果\第 5 章\员工工资记录表 1.xlsx
实例演示\第 5 章\添加边框和底纹

STEP 01：通过格式对话框添加底纹

1. 打开“员工工资记录表.xlsx”工作簿，选择A1:F1单元格区域，在【开始】/【字体】组中单击“扩展”按钮，打开“设置单元格格式”对话框，选择“填充”选项卡。
2. 在“背景色”栏中选择“橄榄色，强调文字颜色3，淡色30%”选项。
3. 在“图案颜色”下拉列表框中选择“白色”选项。
4. 在“图案样式”下拉列表框中选择“细 对角线 剖面线”选项，单击确定按钮。

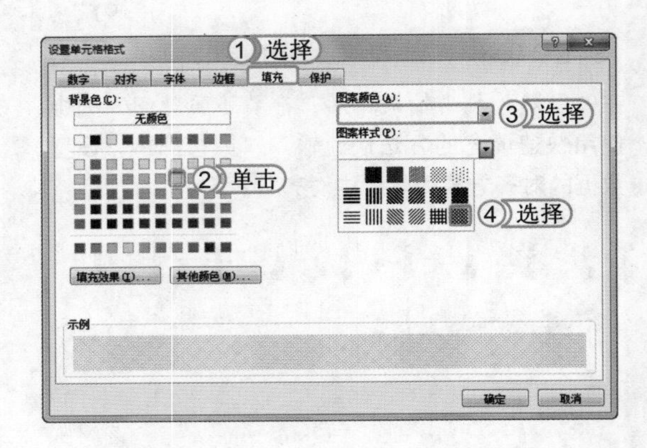

STEP 02：通过字体组添加底纹

选择A2:F2单元格区域，在【开始】/【字体】组中单击“填充颜色”按钮右侧的下拉按钮，在弹出的下拉列表中选择“红色，强调文字颜色2，淡色80%”选项。

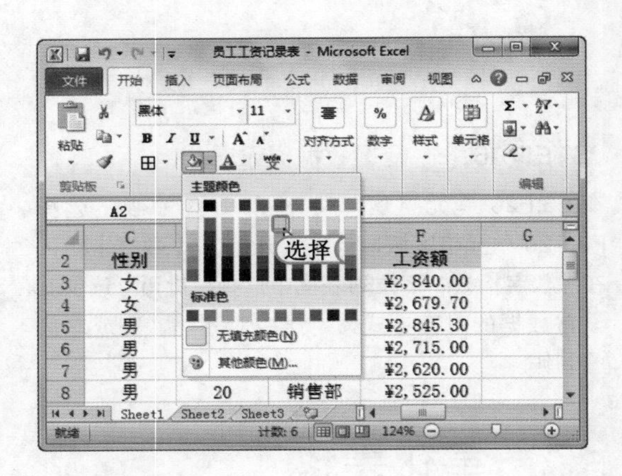

提个醒　若“主题颜色”和“标准色”栏中都没有想要的色彩，可选择“其他颜色”选项，在打开的对话框中选择更多的颜色。

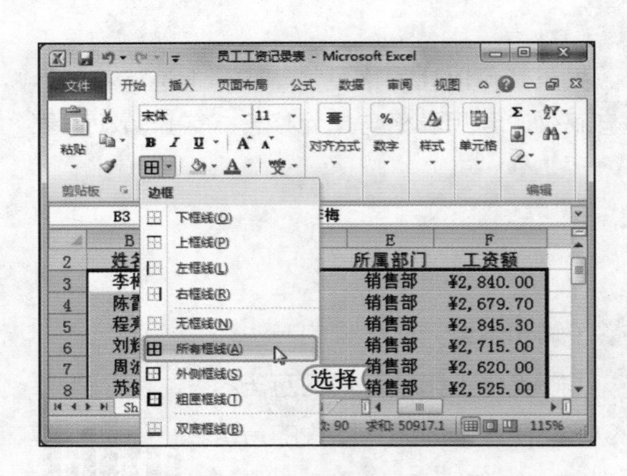

STEP 03：通过字体组添加边框

选择A3:F20单元格区域，在【开始】/【字体】组中单击“下框线”按钮右侧的下拉按钮，在弹出的下拉列表中选择“所有框线”选项，可添加该区域的所有框线，并显示出来。

提个醒　通过边框按钮设置边框后，边框按钮将跟着发生变化，单击即可添加最近设置的边框效果。

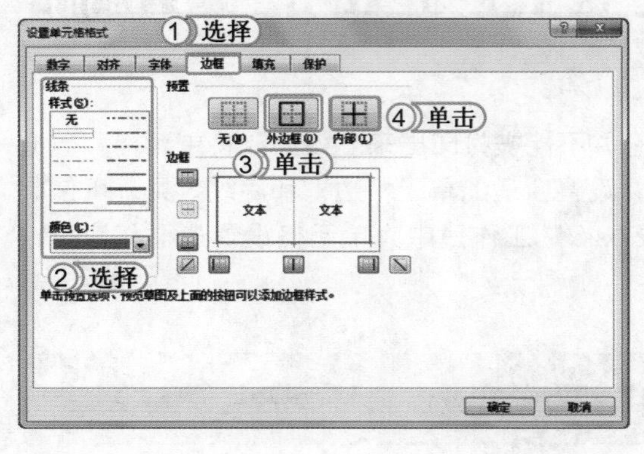

STEP 04：通过格式对话框添加边框

1. 选择A2:F2单元格区域，打开“设置单元格格式”对话框，选择“边框”选项卡。
2. 在“颜色”下拉列表框中选择“红色，强调文字颜色2，淡色80%”选项，在“样式”列表框中选择“——”线条样式。
3. 在“预置”栏中单击“外边框”按钮。
4. 在“样式”列表框中选择“——”线条样式，在“预置”栏中单击“内部”按钮。添加内部边框，单击确定按钮。

STEP 05： 查看边框与底纹效果

返回工作表中，可以看到为各个单元格设置边框和底纹后的效果。

1月份员工工资记录表					
员工编号	姓名	性别	年龄	所属部门	工资额
01	李梅	女	23	销售部	¥2,840.00
02	陈霞	女	20	销售部	¥2,679.70
03	程亮	男	26	销售部	¥2,845.30
04	刘辉	男	24	销售部	¥2,715.00
05	周波	男	21	销售部	¥2,620.00
06	苏健	男	20	销售部	¥2,525.00
07	苏康	男	26	销售部	¥3,010.00
08	王红	女	23	销售部	¥2,843.00
09	张三	男	28	销售部	¥2,911.00
10	李小	女	26	销售部	¥2,650.00
11	汤宏	男	29	销售部	¥2,764.30
12	田歌	男	24	销售部	¥2,727.00
13	李乐	女	26	销售部	¥2,820.10
14	丁丁	男	23	销售部	¥2,920.00
15	郑艳	女	22	销售部	¥2,785.00
16	许丽	女	25	销售部	¥2,687.80
17	崔霞	女	26	销售部	¥2,773.30
18	白亮	男	24	销售部	¥3,364.60

提个醒

若需要取消添加的边框或底纹效果，可选择单元格区域后，在【开始】/【字体】组单击田·或🖌·按钮右侧的下拉按钮，在弹出的下拉列表中选择“无框线条”选项或“无填充颜色”选项即可。

5.3.2 套用单元格样式

为了使每一个单元格具有各自的特点，Excel 2010 提供了多种单元格样式，用户可以使用它们给单元格统一设置填充色、边框色及字体格式等。其方法是：选择需要套用单元格样式的单元格，在【开始】/【样式】组单击 单元格样式· 按钮，在弹出的下拉列表中选择需要的样式即可，如下图所示为选择“标题”栏的“标题 1”样式的效果。

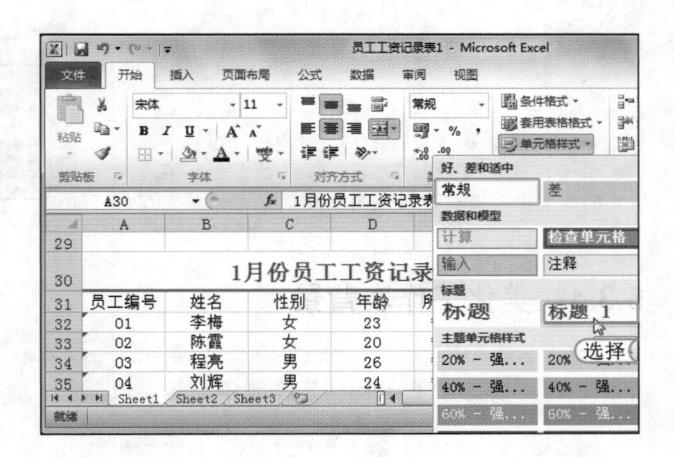

5.3.3 套用表格样式

单纯设置每个单元格的格式并不能高效地美化工作表，而表格样式对标题、表头和正文等都进行了设置，用户只需套用表格格式，即可使平淡无奇的表格快速美化。

下面在“服装进货单.xlsx”工作簿中为单元格套用表格样式。其具体操作如下：

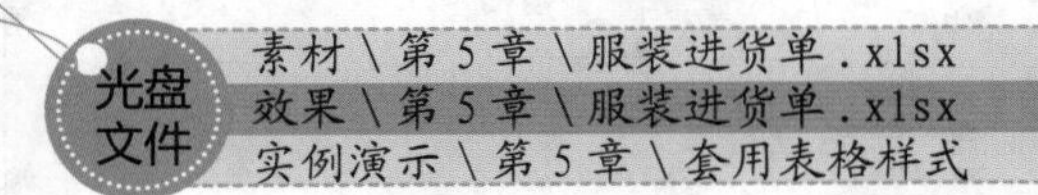

STEP 01： 选择表样式

1. 打开“服装进货单.xlsx”工作簿，选择A3:G11单元格区域。
2. 选择【开始】/【样式】组，单击 套用表格格式· 按钮，在弹出的下拉列表中选择“表样式中等深浅9”选项。

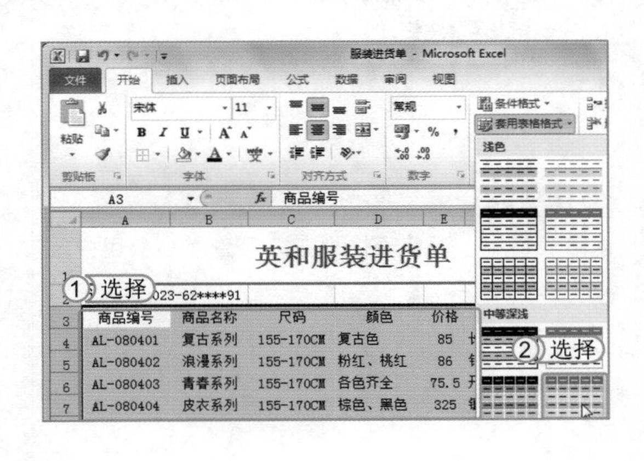

STEP 02：设置应用区域

打开“套用表格式”对话框，在其中选中“表包含标题”复选框，然后单击“确定”按钮即可应用表样式。

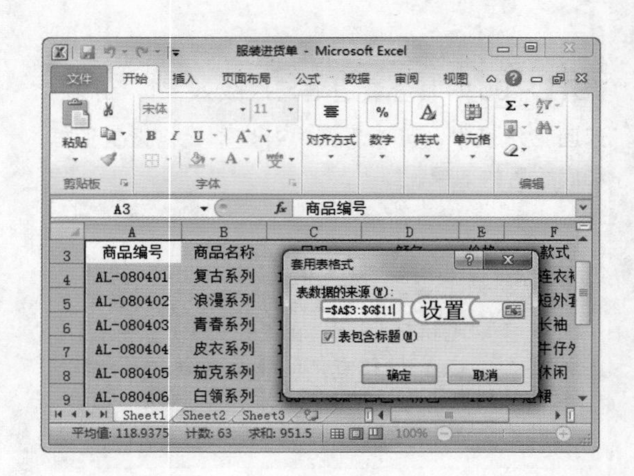

提个醒 选择【开始】/【样式】组，单击“套用表格格式”按钮，在弹出的下拉列表中选择“新建表样式”选项，还可在打开的对话框中创建新的表样式。

STEP 03：查看应用效果

返回表格中，调整表格列宽即可查看到应用样式后的效果。

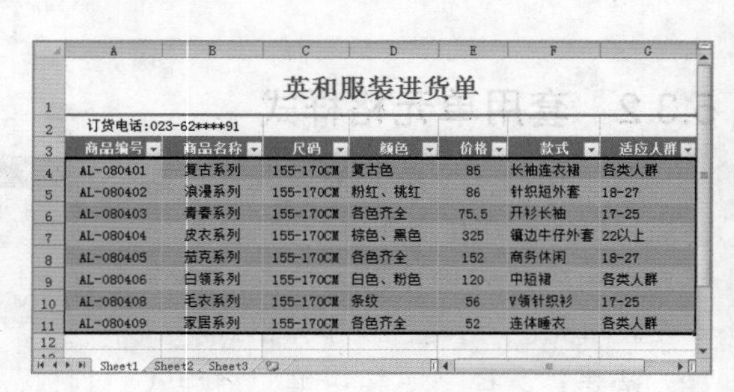

提个醒 为表格应用样式后，将激活“设计”选项卡，选择【设计】/【表格样式】组，在其列表框中可重新设置表格的样式。

5.3.4 美化工作表背景

在 Excel 2010 中，用户还可以将优美的图片设置为工作表背景，以增强电子表格的美观性。下面在“服装进货单 .xlsx”工作簿中为工作表插入一张背景图片。其具体操作如下：

STEP 01：选择背景图片

1. 打开“服装进货单 .xlsx”工作簿，选择【页面布局】/【页面设置】组，单击“背景”按钮。打开“工作表背景”对话框，在地址栏中选择保存图片的文件夹，在中间的列表框中选择“背景 .jpg”选项。
2. 单击“插入”按钮。

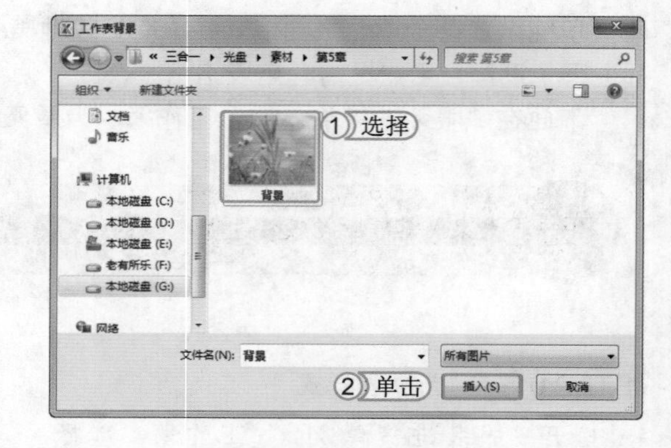

STEP 02：查看应用效果

返回表格中，调整表格列宽即可查看到应用样式后的效果。

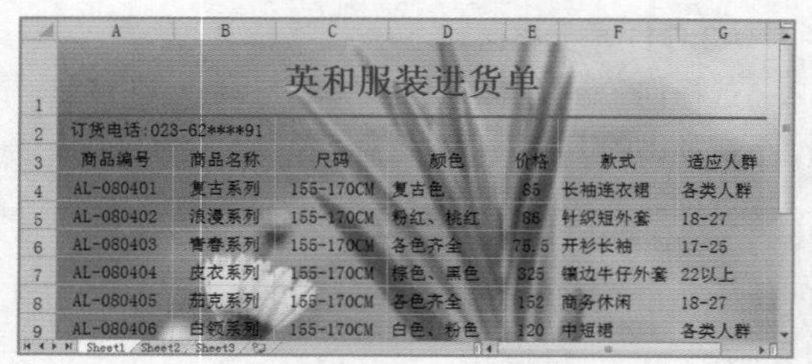

5.3.5 使用艺术字标题

在 Excel 中同样提供了艺术字功能，用户可使用艺术字突出显示 Excel 表格的标题。其方法是：选择【插入】/【文本】组，单击“艺术字”按钮，在弹出的下拉列表中选择需要的艺术字样式，将在表格中插入艺术字文本框，在其中输入表格的标题文本即可。

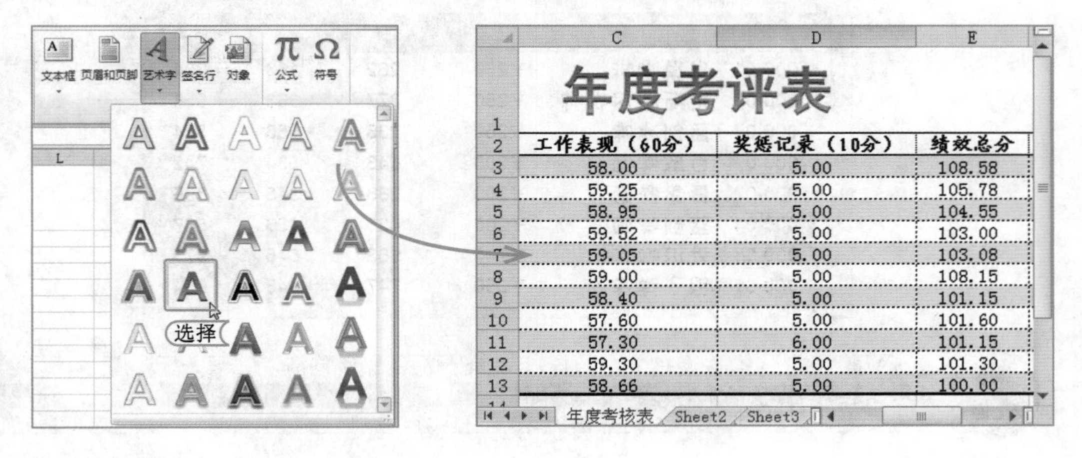

5.3.6 插入图片效果

在制作一些特殊的表格时，如制作产品进货表，可以适量插入一些产品图片，使表格更加形象。在 Excel 中插入图片和在 Word 中插入图片的方法一样，选择【插入】/【插图】组，单击“图片”按钮即可在打开的对话框中选择需要插入的图片。

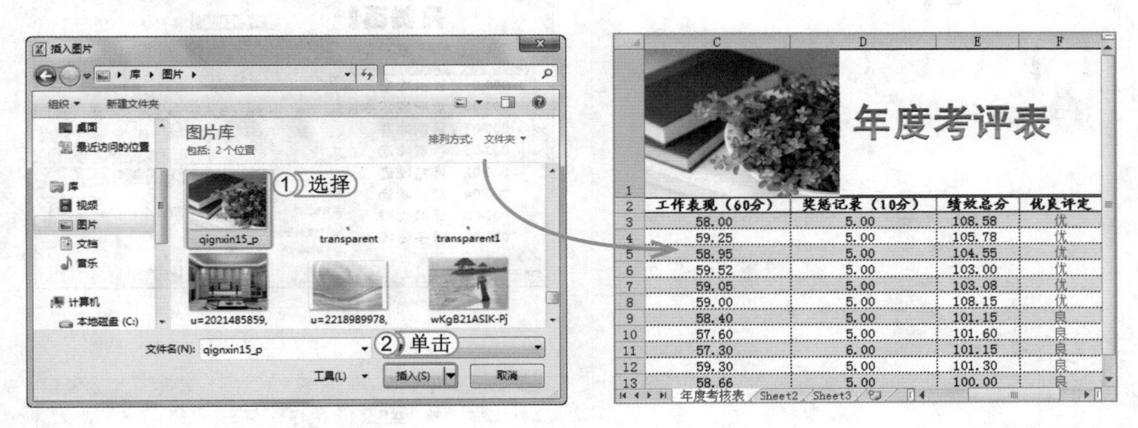

上机 1 小时 ▶ 美化“食品采购记录表”工作簿

- 进一步熟悉为单元格添加底纹与边框的方法。
- 进一步熟悉使用单元格样式和表格样式快速美化表格的方法。
- 巩固使用工作表背景、插入艺术字和图片等对象来美化表格的方法。

本例将打开“食品采购记录表 .xlsx”工作簿，为工作簿设置单元格样式、边框与底纹，并插入艺术字和图片，以便制作出更好的效果，美化后的效果如下图所示。

丹美百货1月食品采购表

商品代码	商品名称	单价	上月库存	进货数量	出货数量
000-01	雀巢咖啡	￥250	262	163	254
000-03	麦斯威尔咖啡	￥250	377	363	558
000-07	蓝剑冰啤	￥250	235	456	324
000-05	百威啤酒	￥200	843	534	742
000-02	青岛啤酒	￥200	266	345	395
000-04	蓝剑啤酒	￥200	423	456	567
000-08	香浓咖啡	￥200	953	645	973
000-06	银子弹啤酒	￥250	747	645	954

光盘文件

素材\第5章\食品采购记录表.xlsx、花纹.jpg、百货.jpg
效果\第5章\食品采购记录表.xlsx
实例演示\第5章\美化"食品采购记录表"工作簿

STEP 01： 应用单元格样式

打开"食品采购记录表.xlsx"工作簿，选择A2:F2表头区域，在【开始】/【样式】组单击 单元格样式 按钮，在弹出的下拉列表中选择"主题单元格样式"栏中的"强调文字颜色4"选项。

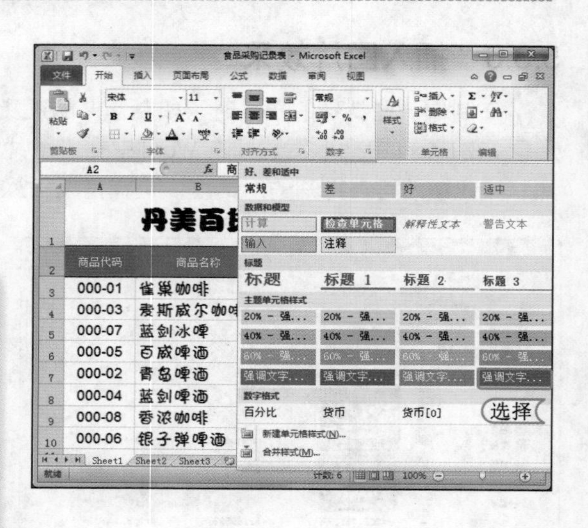

读书笔记

STEP 02： 设置边框

1. 选择A2:F10单元格区域，打开"设置单元格格式"对话框，选择"边框"选项卡。
2. 在"颜色"下拉列表框中选择"白色"选项，在"样式"列表框中保持默认的细线。
3. 在"预置"栏中单击"外边框"按钮和"内部"按钮，为其添加白色的外边框与内边框。
4. 单击 确定 按钮。

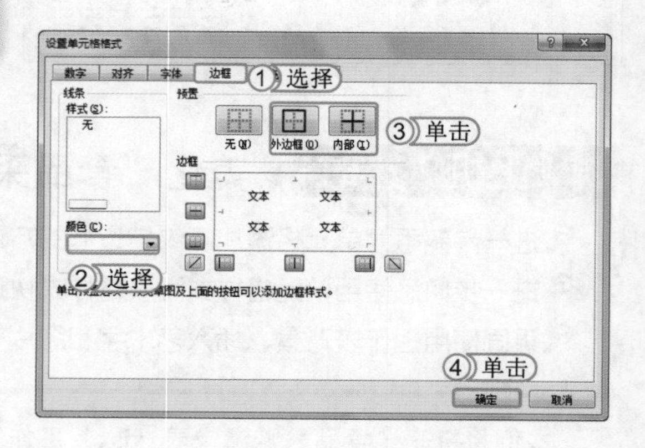

STEP 03： 填充单元格底纹

分别选择 A3:A10 单元格区域的单元格，在【开始】/【字体】组中单击“填充颜色”按钮右侧的下拉按钮，在弹出的下拉列表中选择不同的填充颜色选项。

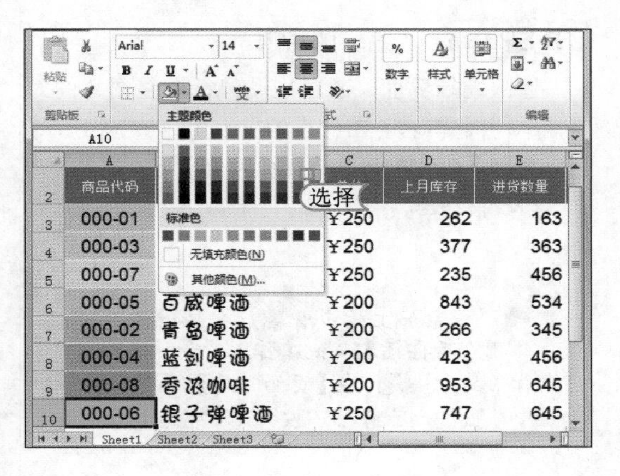

STEP 04： 插入艺术字

1. 选择【插入】/【文本】组，单击“艺术字”按钮。
2. 在弹出的下拉列表中选择“填充 - 橄榄色，强调文字颜色 3，文本 - 轮廓 2”艺术字样式，在表格中插入艺术字文本框。

STEP 05： 编辑艺术字

选择插入的艺术字文本框，将鼠标光标定位到其中，输入表格标题“丹美百货 1 月食品采购表”，拖动鼠标选择输入的文本，在【开始】/【字体】组设置文本的字体、字号和颜色。

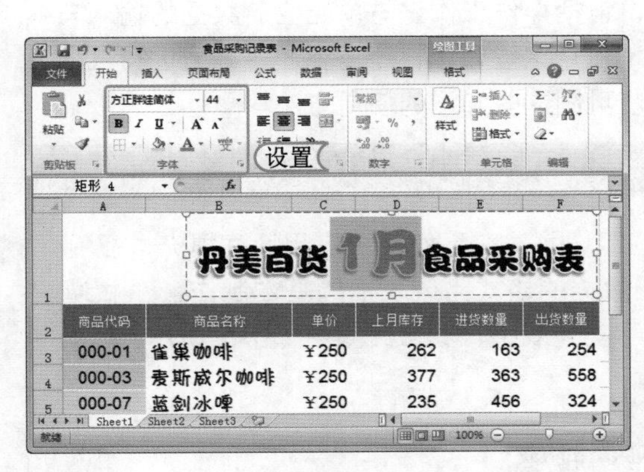

提个醒 在 Excel 2010 中插入与编辑图片、形状、文本框和艺术字等对象的方法与在 Word 2010 中都是相似的。

STEP 06： 选择插入的图片

1. 选择【插入】/【插图】组，单击“图片”按钮。打开“插入图片”对话框，在地址栏中选择保存图片的文件夹，在中间的列表框中选择“百货 .jpg”选项。
2. 单击插入(S)按钮。

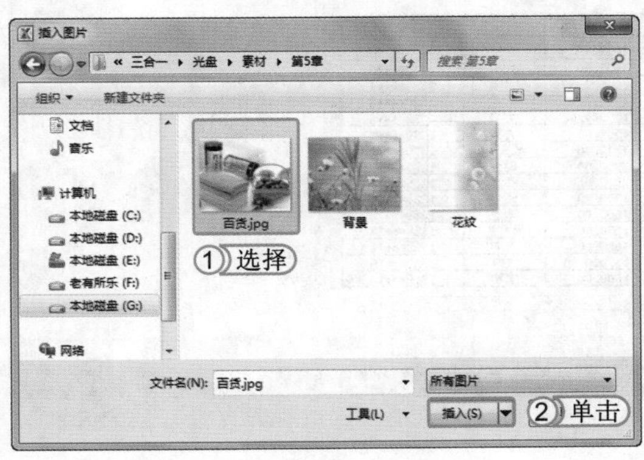

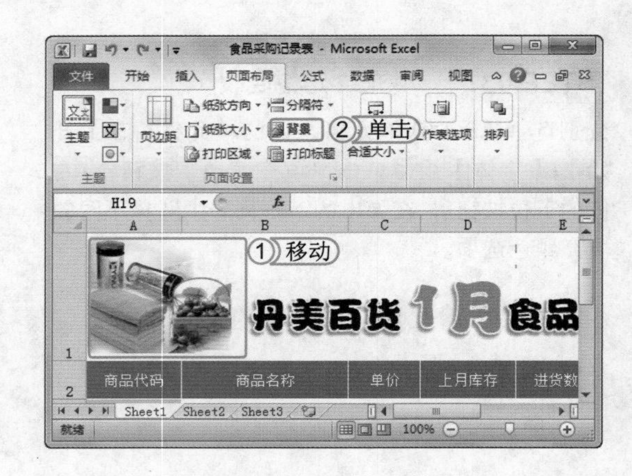

STEP 07： 编辑图片

1. 返回编辑界面，通过拖动鼠标调整图片的大小，并将其移至工作表的左上角，如右图所示。
2. 选择【页面布局】/【页面设置】组，单击"背景"按钮。

> **提个醒** 添加工作表背景后若不满意，可以将其删除后再插入其他工作表背景。删除工作表背景的方法是：在【页面布局】/【页面设置】组中单击"删除背景"按钮即可。

STEP 08： 选择插入的工作表背景图片

1. 打开"工作表背景"对话框，在地址栏中选择保存图片的文件夹，在中间的列表框中选择"花纹"选项。
2. 单击插入(S)按钮，返回编辑界面即可查看效果，完成本例的制作。

5.4 练习 1 小时

本章主要介绍了 Excel 的一些基础操作知识，包括操作工作表与单元格、数据的输入与编辑和表格的一些基本美化方法。要想在日后熟练地应用这些知识，还需要通过练习进行巩固。下面以制作"人事部信息表"工作簿为例，进一步巩固这些知识的使用方法。

制作"人事部信息表"工作簿

本例将新建名为"人事部信息表.xlsx"的工作簿，在工作簿中应用快速填充、复制等方法输入数据，并调整单元格的大小、设置数据的格式完成表格的基本制作，然后通过套用表格样式、设置单元格底纹和插入艺术字美化表格，其最终效果如下图所示。

鑫源公司人事部信息表

编号	姓名	性别	职务	基本工资	津贴	学历	联系电话
XY2014-207	将风	女	人事部	¥2,000.00	¥650.00	14	1339****2
XY2014-208	韩笑	女	人事部	¥2,000.00	¥605.00	大学	1349****3
XY2014-209	谢语宇	女	人事部	¥3,500.00	¥1,000.00	大学	1339****4
XY2014-210	郭英	男	人事部	¥2,000.00	¥700.00	大学	1329****5
XY2014-211	艾张婷	女	人事部	¥5,000.00	¥2,000.00	大学	1399****6
XY2014-212	白丽	男	人事部	¥2,000.00	¥550.00	大学	1339****7
XY2014-213	陈娟	女	人事部	¥2,000.00	¥550.00	研究生	1379****8
XY2014-214	杨丽	男	人事部	¥3,500.00	¥950.00	硕士	1389****9
XY2014-215	邓华	女	人事部	¥10,000.00	¥5,000.00	硕士	1369***10
XY2014-216	陈玲玉	男	人事部	¥3,500.00	¥900.00	硕士	1339***11
XY2014-217	刘　倩	女	人事部	¥2,000.00	¥600.00	硕士	1359***12
XY2014-218	陈际鑫	男	人事部	¥2,000.00	¥570.00	研究生	1339***13
XY2014-219	蔡晓莉	女	人事部	¥2,000.00	¥655.00	大学	1339***14
XY2014-220	李若倩	男	人事部	¥8,000.00	¥3,000.00	大学	1339***15
XY2014-221	韦　妮	女	人事部	¥2,000.00	¥600.00	大学	1319***16

部门信息表　职务列表　Sheet3

光盘文件

效果\第 5 章\人事部信息表.xlsx

实例演示\第 5 章\制作"人事部信息表"工作簿

第6章 计算与管理 Excel 数据

学习 3 小时

使用 Excel 制作电子表格并计算数据时，如果一个一个的计算数据并将其填入到对应的单元格中，很容易出错。其实，这时候可以通过 Excel 中自带的函数对输入的数据进行计算。

- 计算数据
- Excel 常见函数使用
- Excel 表格数据管理

上机 4 小时

6.1 计算数据

在制作 Excel 表格时，经常会涉及到数据计算的操作，这时，通过公式和函数可快速地完成数据的计算。本节将介绍使用公式和函数计算数据的方法，并介绍公式的编辑、单元格的引用与命名的方法，来提升用户计算数据的效率。

学习 1 小时

- 掌握使用公式和函数计算数据的方法。
- 掌握复制、显示与删除公式的方法。
- 掌握单元格的引用与定义单元格名称的方法。

6.1.1 使用公式计算数据

与数学计算中的公式作用类似，Excel 中的公式主要用于一些简单的数据计算。不过，在应用公式前，需要了解公式的特定结构。与数学计算不同，在 Excel 中使用公式需要先输入等号“=”，然后输入公式的表达式，如输入“=A3+B3”，表示计算 A3 单元格与 B3 单元格的数据之和。下面在“采购记录表.xlsx”工作簿中利用公式计算各种商品的本月库存量，其具体操作如下：

光盘文件
素材 \ 第 6 章 \ 采购记录表 .xlsx
效果 \ 第 6 章 \ 采购记录表 .xlsx
实例演示 \ 第 6 章 \ 使用公式计算数据

STEP 01：输入公式

打开“采购记录表.xlsx”工作簿，选择 G3 单元格，在编辑栏中输入公式“=D3+E3-F3”，这时可看见 Excel 将自动为参与计算的三个单元格标记不同的颜色。

提个醒

在输入公式时，当需要输入多个单元格时，可以通过选择单元格来代替直接输入，如先选择 D3 单元格，再输入“+”，最后再选择 E3 单元格，可输入表达式“D3+E3”。

G3 =D3+E3-F3

商品名称	单价	上月库存	进货数量	出货数量	本月库存
雀巢咖啡	¥250	262	163	254	171
麦斯威尔咖啡	¥250	377	363	558	182
蓝剑冰啤	¥250	235	456	324	367
百威啤酒	¥200	843	534	742	635
青岛啤酒	¥200	266	345	395	216
蓝剑啤酒	¥200	423	456	567	312
香浓咖啡	¥200	953	645	973	625
银子弹啤酒	¥250	747	645	954	438

拖动

STEP 02：查看计算结果

按 Enter 键计算出雀巢咖啡本月的库存量，然后将鼠标光标移动到该单元格的右下角，当其变为 + 形状时，按住鼠标左键向下拖动，即可计算其他商品本月的库存量。

提个醒

在 Excel 中输入公式后，如发现公式出现错误，这时需对公式进行修改，修改公式可在编辑栏中或在单元格中进行，需要注意的是修改公式后，还需要按 Enter 键再次进行计算。

6.1.2 插入函数计算数据

函数是在需要计算时可直接调用的表达式，其一般结构为：函数名(参数1, 参数2,…)。其中每个函数都有唯一的函数名，代表数据的计算方式，如求和函数SUM、平均值函数AVERAGE等。而函数的参数可以是数字、文本、表达式、引用、数组或其他的函数。

用户可通过使用函数来简化数据计算的操作，如计算A1:A7单元格区域的数据和时，使用正常的表达式为“A1+A2+A3+A4+A5+A6+A7”，若使用函数，仅输入“SUM(A1:A7)”即可。其中，输入函数计算数据的方法有多种，如通过“自动求和”按钮 Σ 进行输入以及通过“函数库”输入等，下面将分别进行介绍。

1. 使用自动求和函数

自动求和函数主要是对一些连续的行或列的单元格数据快速进行求和、平均值、计数、最大值或最小值等计算。其使用方法很简单，选择需要计算的连续的单元格区域，单击“自动求和”按钮 Σ 即可快速实现计算。下面将在“员工年度销售额统计表.xlsx”工作簿中使用“自动求和”按钮 Σ 计算员工每季度平均销售额。其具体操作如下：

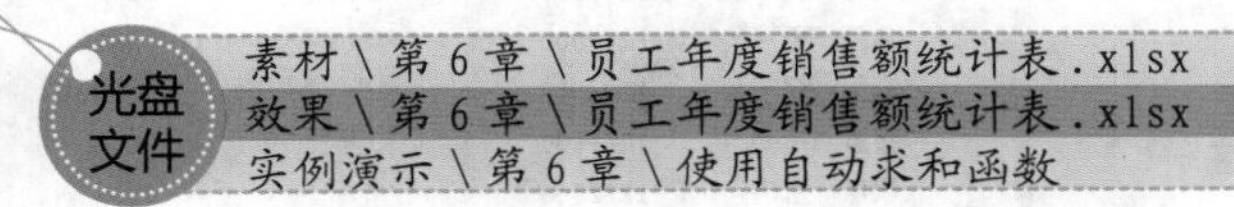

STEP 01：选择自动求和函数

1. 打开“员工年度销售额统计表.xlsx”工作簿，选择要计算第一季度平均销售额的C3:C13单元格区域。
2. 选择【开始】/【编辑】组，单击“自动求和”按钮 Σ 右侧的下拉按钮，在弹出的下拉列表中选择“平均值”选项。

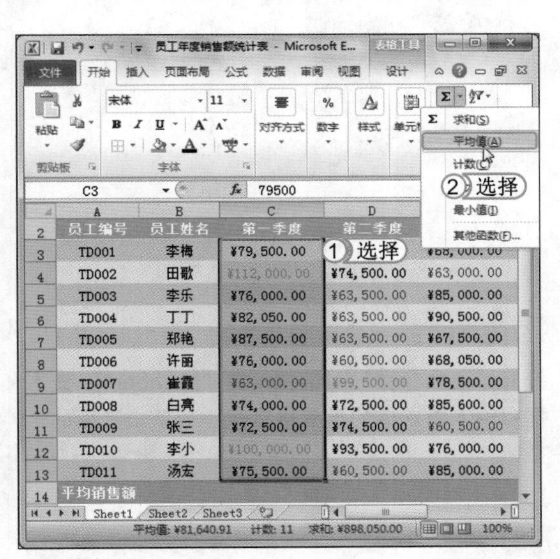

> **提个醒** 细心的用户可发现，选择数据单元格区域时，会自动在状态栏显示选择单元格区域的数据的平均值、计数(选择的单元格个数)、数据的求和值等信息。

STEP 02：查看计算结果

在C14单元格中可看见计算的结果，选择该单元格，可在编辑栏看见该函数的公式，然后将鼠标光标移动到该单元格的右下角，当其变为+形状时，按住鼠标左键向右拖动，计算其他季度的平均销售额。

> **提个醒** 如能熟记函数名，可在编辑栏中输入“=”号，然后直接输入函数名和参数，按Enter键计算出结果。

2. 通过“函数库”插入函数

Excel 提供的函数类型很多，用户很难记住所有的函数名和参数，如何找到并使用需要的函数呢？其实，Excel 2010 为用户提供了“函数库”，在该库中列出了可选择的所有函数类别，以方便用户更好地计算数据和选择函数。下面在“地区销售额对比 .xlsx”工作簿应用“函数库”中的 SUM 函数分别计算直营与代理的销售额总和。其具体操作如下：

光盘文件

素材 \ 第 6 章 \ 地区销售额对比 .xlsx
效果 \ 第 6 章 \ 地区销售额对比 .xlsx
实例演示 \ 第 6 章 \ 通过“函数库”插入函数

STEP 01： 选择函数

打开“地区销售额对比 .xlsx”工作簿，选择 E3 单元格，选择【公式】/【函数库】组，单击“数学和三角函数”按钮，在弹出的下拉列表中选择“SUM”选项。

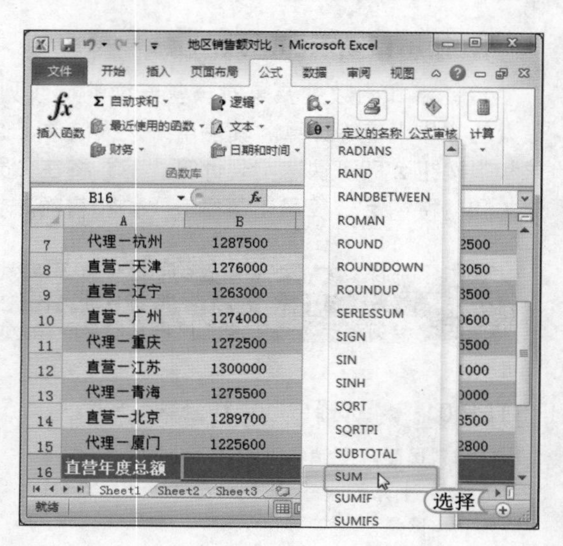

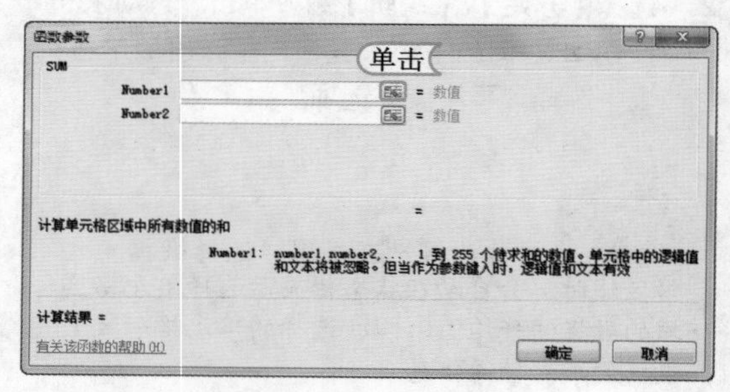

STEP 02： 设置函数参数

打开“函数参数”对话框，在“Number1”文本框中输入需求值的单元格区域，或单击其后的按钮。

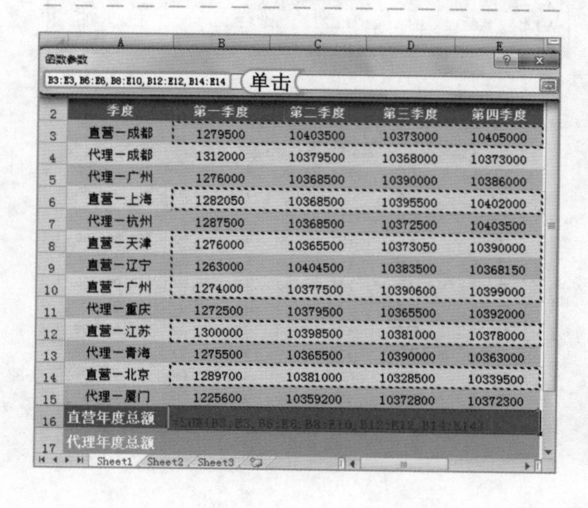

	A	B	C	D	E
2	季度	第一季度	第二季度	第三季度	第四季度
3	直营—成都	1279500	10403500	10373000	10405000
4	代理—成都	1312000	10379500	10368000	10373000
5	代理—广州	1276000	10368500	10390000	10386000
6	直营—上海	1282050	10368500	10395500	10402000
7	代理—杭州	1287500	10368500	10372500	10403500
8	直营—天津	1276000	10365500	10373050	10390000
9	直营—辽宁	1263000	10404500	10383500	10368150
10	直营—广州	1274000	10377500	10390600	10399000
11	代理—重庆	1272500	10379500	10365500	10392000
12	直营—江苏	1300000	10398500	10381000	10378000
13	代理—青海	1275500	10365500	10390000	10363000
14	直营—北京	1289700	10381000	10328500	10339500
15	代理—厦门	1225600	10359200	10372800	10372300
16	直营年度总额	=SUM(B3:E3,B6:E6,B8:E10,B12:E12,B14:E14)			
17	代理年度总额				

STEP 03： 选择函数的参数

返回工作表编辑区，按住 Shift 键拖动鼠标选择直营店的相关单元格区域。选择的区域将出现在“函数参数”对话框中。单击“函数参数”对话框右侧的按钮，在展开的对话框中单击 确定 按钮。

提个醒

若选择错误，可在“函数参数”对话框中删除错误的区域，再次进行选择。

	A	B	C	D	E
7	代理—杭州	1287500	10368500	10372500	10403500
8	直营—天津	1276000	10365500	10373050	10390000
9	直营—辽宁	1263000	10404500	10383500	10368150
10	直营—广州	1274000	10377500	10390600	10399000
11	代理—重庆	1272500	10379500	10365500	10392000
12	直营—江苏	1300000	10398500	10381000	10378000
13	代理—青海	1275500	10365500	10390000	10363000
14	直营—北京	1289700	10381000	10328500	10339500
15	代理—厦门	1225600	10359200	10372800	10372300
16	直营年度总额		¥226,970,050.00		
17	代理年度总额		¥194,418,400.00		

STEP 04： 查看计算结果

返回工作簿界面，即可查看直营年度总额，使用相同的方法计算代理年度总额，完成本例的操作。

3. 通过“插入函数”对话框插入函数

除了通过“函数库”插入函数外，用户还可通过“插入函数”对话框插入函数，使用该方法的优势是，在“插入函数”对话框中可以搜索并查看需要函数的含义。通过“插入函数”对话框输入函数的方法为：选择【公式】/【函数库】组，单击“插入函数”按钮 *fx*，打开“插入函数”对话框，在“或选择类别”下拉列表框中可选择函数的类别，在下方的“选择函数”列表框中选择具体的函数，单击 确定 按钮，打开“函数参数”对话框，设置参数后完成数据的计算。若在“搜索函数”文本框中输入需达到的目的，可搜索出相关的函数。

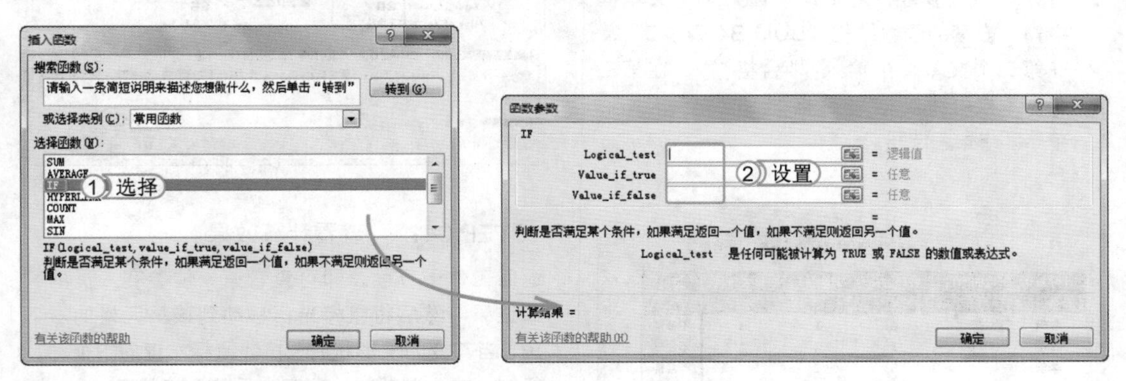

6.1.3 使用嵌套函数计算数据

在进行一些复杂的运算时，若需要应用到多个函数和公式，此时可使用嵌套函数来解决，即将多个函数或公式作为另一函数的参数使用，如“=IF(SUM(B4:E4)>5,"合格","不合格")”，表示先使用 SUM 函数为 B4:E4 单元格区域求和，若求和结果大于 5，IF 函数将其判断为合格；若小于或等于 5 将判断为不合格。下面将在“比赛评分表 .xlsx”工作簿中使用该嵌套函数判断选手是否合格。其具体操作如下：

	A	B	C	D	E	F
1	比赛评分					
2	评分规则	歌曲内容	音色音质	演唱技巧	仪表台风	总分
3	参赛人员	1	4	3	2	10
4	李梅	1	2	1	1	
5	田歌	0	1	2	1	
6	李乐	0	3	2	0	
7	丁丁	0	4	1	0	
8	郑艳	1	1	0	2	

选择

STEP 01： 打开“插入函数”对话框

打开“比赛评分表 .xlsx”工作簿，选择 F4 单元格。单击编辑栏中的“插入函数”按钮 *fx*，打开“插入函数”对话框。

STEP 02：　选择 IF 函数

1. 在打开对话框的“或选择类别”下拉列表框中选择“逻辑”选项。
2. 在下方的“选择函数”列表框中选择“IF”函数。
3. 单击 确定 按钮。

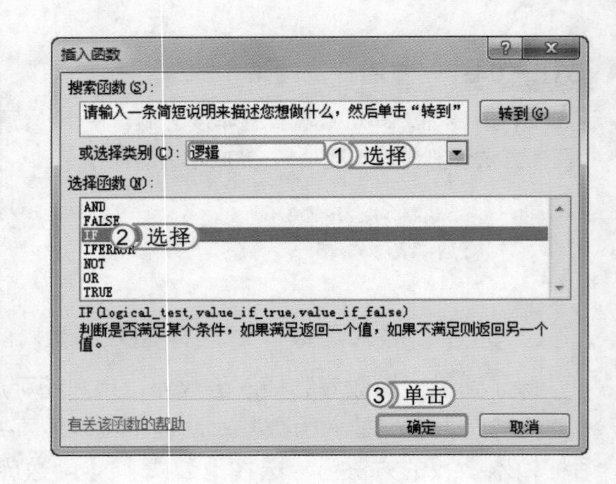

提个醒　在选择函数时，若不了解该函数，还可单击对话框左下角的“有关该函数的帮助”超级链接，在打开的页面中查看该函数的帮助信息。

STEP 03：　选择函数的参数

1. 打开“函数参数”对话框，在第一个文本框中输入嵌套的函数结构“SUM(B4:E4)>5”，在第二个文本框中输入“"合格"”，在第三个文本框中输入“"不合格"”。
2. 单击 确定 按钮。

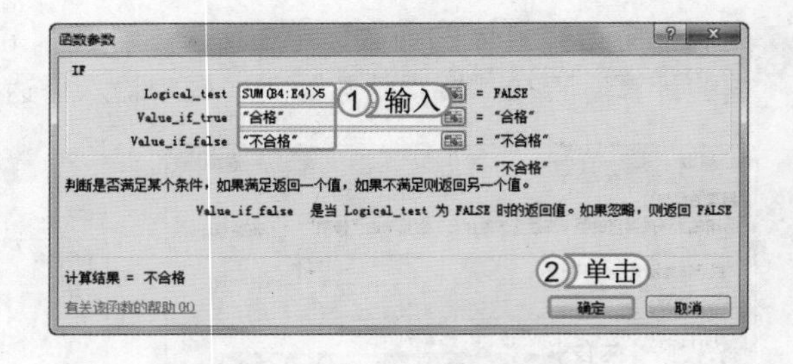

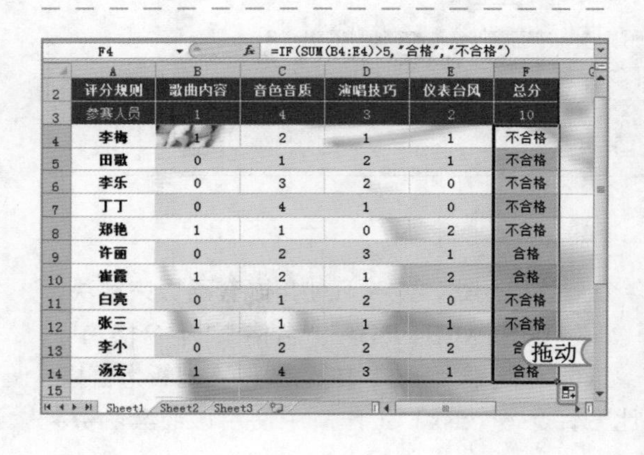

评分规则	歌曲内容	音色音质	演唱技巧	仪表台风	总分
参赛人员	1	4	3	2	10
李梅	1	2	1	1	不合格
田歌	0	1	2	1	不合格
李乐	0	3	2	0	不合格
丁丁	0	4	1	0	不合格
郑艳	1	1	0	2	不合格
许丽	0	2	3	1	合格
崔霞	1	2	1	2	合格
白亮	0	1	2	0	不合格
张三	1	1	1	1	不合格
李小	0	2	2	2	合格
汤宏	1	4	3	1	合格

STEP 04：　查看计算效果

返回工作簿界面，即可查看第一位参赛人员的判断结果，然后将鼠标光标移动到该单元格的右下角，当其变为 + 形状时，按住鼠标左键向下拖动，复制公式，判断其他参赛人员的合格状况。

提个醒　当用户熟悉该函数后，可直接在编辑栏中输入该函数的表达式，需要注意的是，输入一些符号，如括号、引号或逗号时，需要在英文状态下输入，否则不能进行正确运算。

6.1.4　编辑公式

在使用公式计算表格中数据的过程中，除了通过单元格或编辑栏修改公式外，还可使用一些编辑公式的技巧来加快运算速度、更改公式的显示方式。下面将对常用的编辑方式进行介绍。

1. 复制公式

如工作表中需要使用类似的计算公式，可以使用复制公式的方法来计算出其他单元格中的结果，从而减少工作量和出错率。在 Excel 2010 中，复制公式的方法有两种，即通过剪贴板复制和通过快速填充的方式复制。其方法与数据的复制方法一样，这里不再赘述。

2. 显示公式

在输入公式计算数据后，单元格中将只显示计算的结果，若需要查看公式，需要在选择单元格后，在编辑栏中进行查看，若同一个表格中应用了多个公式，使用该方法来查看公式将显得比较繁琐。这时，用户可通过设置将公式直接显示在单元格中，其方法是：选择【公式】/【公式审核】组，单击显示公式按钮，此时包含公式的单元格中将显示公式，而不显示公式的计算结果。

3. 将公式转换为数值

在 Excel 表格中编辑数据时，当需要复制计算的数据结果时，将默认复制单元格中的公式，且得到不一样的结果。这时，用户可先选择需要复制的单元格区域，按 Ctrl+C 组合键进行复制，再选择目标位置，在【开始】/【剪贴板】组中使用选择性粘贴中的“值”选项将其粘贴为数值。

提个醒　用户还可按Ctrl+Alt+V组合键打开“选择性粘贴”对话框，在其中选中数值(V)单选按钮，单击确定按钮将复制的公式转换为数值。

经验一箩筐——认识公式的常见错误值

在输入公式时若输入不正确，将会得到一些错误的值，用户可通过了解这些错误值的含义来了解出错的原因，并及时作出修改。在 Excel 中，常见的错误值有以下几种：#### 错误、#VALUE! 错误、#DIV/0! 错误、#REF! 错误以及 #NAME? 错误等。下面分别介绍在什么情况下提示这些错误信息。

- #### 错误：当单元格中所含数据宽度超过单元格本身列宽，或者单元格的日期时间公式产生负值时，就会出现 #### 错误。
- #VALUE! 错误：当使用的参数或操作数据类型错误时，或者公式自动更正功能不能更正公式时，将产生错误值 #VALUE!。
- #DIV/0! 错误：当公式被 0 除时，会产生错误值 #DIV/0!。
- #REF! 错误：当单元格引用无效时，就会出现 #REF! 错误值。
- #NAME? 错误：在公式中使用 Excel 不能识别的文本时，将产生错误值 #NAME?。

6.1.5 单元格引用

在使用公式或函数计算数据时，常常会输入单元格的地址，这些单元格地址就表示公式引用的单元格。在 Excel 2010 中，用户不仅可以引用同一工作表中的单元格，还可以引用其他工作表中的单元格，下面分别进行介绍。

1. 相对、绝对与混合引用

在 Excel 2010 中，引用单元格通常包括相对引用、绝对引用和混合引用三种方式，不同的引用方式在复制或移动公式时将得到不同的计算结果，下面分别进行介绍。

（1）相对引用

在公式或函数中直接输入单元格地址的形式就是相对引用的单元格，当复制与填充单元格时，公式中的单元格地址会随着存放计算结果的单元格位置的不同而不同。如在 C4 单元格中输入“=A4+B4”，将公式复制到 C5 单元格时，将变为“=A5+B5”。

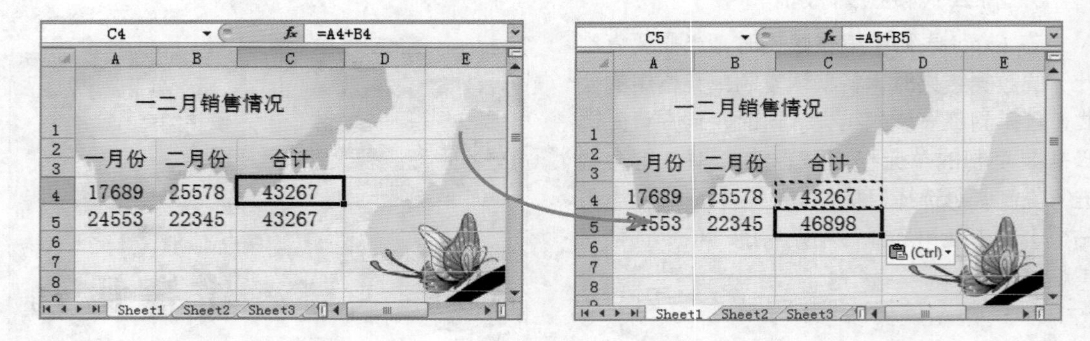

（2）绝对引用

绝对引用是指当移动或复制单元格时，保持引用的单元格地址不变。不同的是，需要在复制的单元格公式的每个行号和列标前分别添加“$”符号，如在C4单元格中输入“= $A$4+B4”，将公式复制到 C5 单元格时，公式为“= $A$4+B5”。其中，添加了“$”符号的单元格地址未发生变化，使用了绝对引用。而未添加“$”符号的单元格地址使用了相对引用。

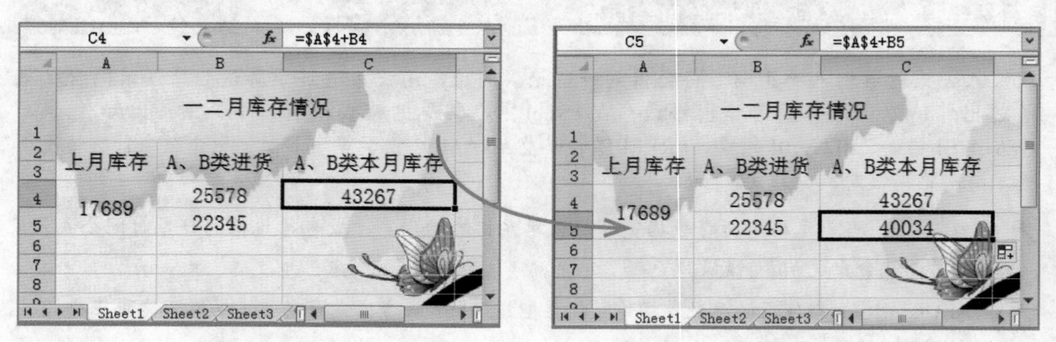

（3）混合引用

混合引用是相对引用与绝对引用的混合，通常表现为绝对列和相对行或绝对行和相对列的引用形式，如 $A1 或 A$1 形式。当公式所在单元格的位置发生改变时，相对引用的部分将改变，而绝对引用的部分则保持不变。如在 C1 单元格输入公式“=$A1+B$1”，当将公式复制到 C2 单元格时公式变为“=$A2+B$1”；当将公式复制到 D1 单元格时公式变为“=$A1+C$1”。

经验一箩筐——使用 F4 键快速切换相对引用与绝对引用

在 Excel 中输入公式时，只要正确使用 F4 键，就能简单快速地对单元格的相对引用和绝对引用进行切换。若单元格中输入的公式为“=SUM(B1:B2)”。在编辑栏中拖动鼠标选择整个公式，按 F4 键，该公式内容变为“=SUM($B$1:$B$2)”，表示对横、纵单元格均进行绝对引用。第二次按 F4 键，公式内容又变为“=SUM(B$2:B$2)”，表示对横行进行绝对引用，纵列相对引用。第三次按 F4 键，公式则变为“=SUM($B1:$B2)”，表示对横行进行相对引用，对纵列进行绝对引用。第四次按 F4 键时，公式变回到初始状态“=SUM(B1:B2)”，即对横行纵列的单元格均进行相对引用。需要注意的是，F4 键的切换功能只对所选择的公式有用。

2. 引用其他工作表中的单元格

计算表格数据时，有时需要在一张表格中引用同一工作簿中其他工作表的单元格或其他工作簿中的单元格，用户除了可在公式编辑状态下，打开需引用的工作簿，单击选择对应的单元格进行引用外，还可输入公式引用其他工作表和工作簿的单元格，下面分别对其进行介绍。

- 引用同一工作簿中其他工作表中的单元格：引用其他工作表中的单元格的一般格式为“=SUM(工作表名称 ! 单元格地址)”，如在 Sheet1 工作表中选择所需输入公式的单元格，然后在编辑栏中输入“Sheet2!A1”，表示在该单元格中引用 Sheet2 工作表中的 A1 单元格。
- 引用其他工作簿中工作表的单元格：引用其他工作簿中的单元格，一般格式为“=SUM ('工作簿存储地址\[工作簿名称] 工作表名称 '! 单元格地址)”。如“=SUM('C/My Documents\[销售表 .xlsx]Sheet1:Sheet3'!F3)”，表示将计算 C 盘“My Documents”文件夹中的工作簿“销售表 .xlsx”中工作表 1 到工作表 3 中所有 F3 单元格中值的总和。

6.1.6 定义单元格名称

在使用公式或函数计算数据时，为了方便快速地引用大量单元格，用户可以为单元格或单元格区域定义新的名称。下面将对定义、引用单元格名称，以及管理定义名称的方法进行介绍。

1. 引用定义名称的单元格

根据数据的分布情况，为单元格或单元格区域命名后，可通过定义的名称来操作相应的单元格。下面在“2014 年上半年销售情况 .xlsx”工作簿中将一、二、三月份列单元格区域名称定义为“第一季度”；将四、五、六月份列单元格区域名称定义为“第二季度”，并使用定义的单元格名称分别计算一二季度的总额，其具体操作如下：

光盘文件
素材 \ 第 6 章 \2014 年上半年销售情况 .xlsx
效果 \ 第 6 章 \2014 年上半年销售情况 .xlsx
实例演示 \ 第 6 章 \ 引用定义名称的单元格

STEP 01： 命名第一季度单元格区域

打开“2014 年上半年销售情况 .xlsx”工作簿，选择 B3:D15 单元格区域，在编辑栏的“名称”框中输入“第一季度”，按 Enter 键完成命名。

第一季度 | 1312000

输入

2014年上半年销售情况

月份 地区	一月份	二月份	三月份	四月份	五月份
成都	1312000	10379500	10368000	10373000	34234000
广州	1276000	10368500	10390000	10386000	22135000
杭州	1287500	10368500	10372500	10403500	31256000
青海	1275500	10365500	10390000	10363000	44575000
厦门	1225600	10359200	10372800	10372300	25345000
重庆	1272500	10379500	10365500	10392000	25643000
北京	1289700	10381000	10328500	10339500	23567000

STEP 02: 命名第二季度单元格区域

1. 选择 E3:G15 单元格区域。
2. 在编辑栏的“名称”框中输入“第二季度”，按 Enter 键完成命名。

第二季度 ②输入 fx 10373000

	C	D	E	F	G	H
2	二月份	三月份	四月份	五月份	六月份	地区总额
3	10379500	10368000	10373000	34234000	34353000	①选择
4	10368500	10390000	10386000	22135000	23244000	
5	10368500	10372500	10403500	31256000	63332000	
6	10365500	10390000	10363000	44575000	24242000	
7	10359200	10372800	10372300	25345000	45224000	
8	10379500	10365500	10392000	25643000	11232000	
9	10381000	10328500	10339500	23567000	43234000	
10	10403500	10373000	10405000	31671000	12244000	
11	10377500	10390600	10399000	21775000	45222000	
12	10398500	10381000	10378000	41767000	23232000	
13	10404500	10383500	10368150	33524000	53442000	

Sheet1 Sheet2 Sheet3

提个醒 用户也可在选择需命名的单元格区域后，单击鼠标右键，在弹出的快捷菜单中选择“定义名称”命令，在打开的“新建名称”对话框中进行命名。

STEP 03: 使用单元格名称进行计算

选择 B16 单元格，在编辑栏中输入“=SUM(第一季度)”，按 Enter 键完成第一季度总额的计算。

IF fx =SUM(第一季度) 输入

	A	B	C	D	E	F
2	月份 地区	一月份	二月份	三月份	四月份	五月份
3	成都	1312000	10379500	10368000	10373000	34234000
4	广州	1276000	10368500	10390000	10386000	22135000
5	杭州	1287500	10368500	10372500	10403500	31256000
6	青海	1275500	10365500	10390000	10363000	44575000
7	厦门	1225600	10359200	10372800	10372300	25345000
8	重庆	1272500	10379500	10365500	10392000	25643000
9	北京	1289700	10381000	10328500	10339500	23567000
10	宁夏	1279500	10403500	10373000	10405000	31671000
11	浙江	1274000	10377500	10390600	10399000	21775000
12	江苏	1300000	10398500	10381000	10378000	41767000
13	辽宁	1263000	10404500	10383500	10368150	33524000
14	上海	1282050	10368500	10395500	10402000	24243000
15	天津	1276000	10365500	10373050	10390000	42244000
16	一季度总额	=SUM(第一季度)				

Sheet1 Sheet2 Sheet3

提个醒 命名的单元格不仅可用于函数，还可用于公式，同时可以降低错误引用单元格的几率。

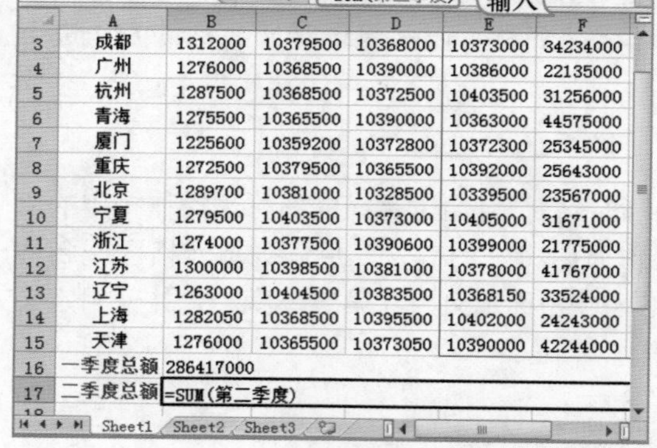

IF fx =SUM(第二季度) 输入

	A	B	C	D	E	F
3	成都	1312000	10379500	10368000	10373000	34234000
4	广州	1276000	10368500	10390000	10386000	22135000
5	杭州	1287500	10368500	10372500	10403500	31256000
6	青海	1275500	10365500	10390000	10363000	44575000
7	厦门	1225600	10359200	10372800	10372300	25345000
8	重庆	1272500	10379500	10365500	10392000	25643000
9	北京	1289700	10381000	10328500	10339500	23567000
10	宁夏	1279500	10403500	10373000	10405000	31671000
11	浙江	1274000	10377500	10390600	10399000	21775000
12	江苏	1300000	10398500	10381000	10378000	41767000
13	辽宁	1263000	10404500	10383500	10368150	33524000
14	上海	1282050	10368500	10395500	10402000	24243000
15	天津	1276000	10365500	10373050	10390000	42244000
16	一季度总额	286417000				
17	二季度总额	=SUM(第二季度)				

Sheet1 Sheet2 Sheet3

STEP 04: 查看计算结果

选择 B17 单元格，在编辑栏中输入“=SUM(第二季度)”，按 Enter 键完成第二季度总额的计算。

提个醒 若要计算第一季度和第二季度的销售总额，用户可直接在编辑栏中输入“=SUM(第一季度:第二季度)”，或输入“=第一季度+第二季度”。

2. 管理定义名称

为单元格命名后，如果要删除定义的单元格名称或对定义的名称进行修改，以及更改引用区域，可在“名称管理器”对话框中进行。选择【公式】/【定义的名称】组，单击“名称管理器”按钮，打开“名称管理器”对话框，其中显示了已定义好的单元格名称，选择相应的选项，单击 删除(D) 按钮可删除该项定义名称，单击 编辑(E)... 按钮，可打开“编辑名称”对话框，在“名称”文本框中可修改定义名称，在“引用位置”文本框中可修改引用的单元格范围，在“备注”文本框中还可对定义的名称单元格区域进行说明。

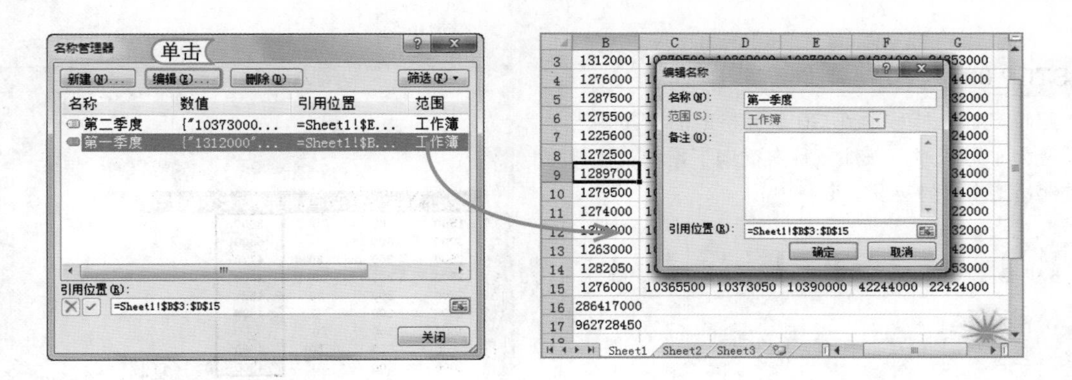

上机1小时 计算“员工工资表”工作簿中的数据

- 巩固使用公式计算数据的方法。
- 巩固使用函数计算数据的方法。
- 巩固定义单元格名称与引用单元格的方法。

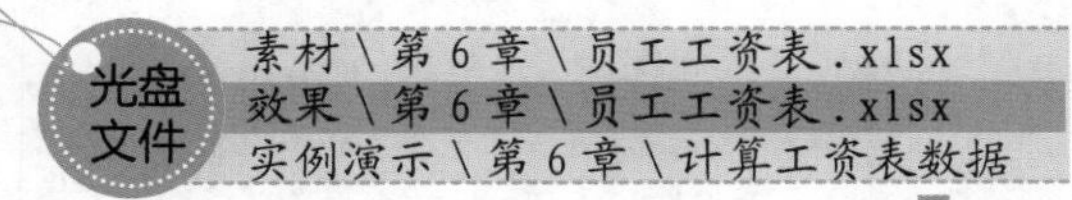

下面将通过计算“员工工资表.xlsx”工作簿，来练习 Excel 数据的计算操作，包括公式与函数的使用，单元格的引用等操作知识。制作完成后，效果如下图所示。

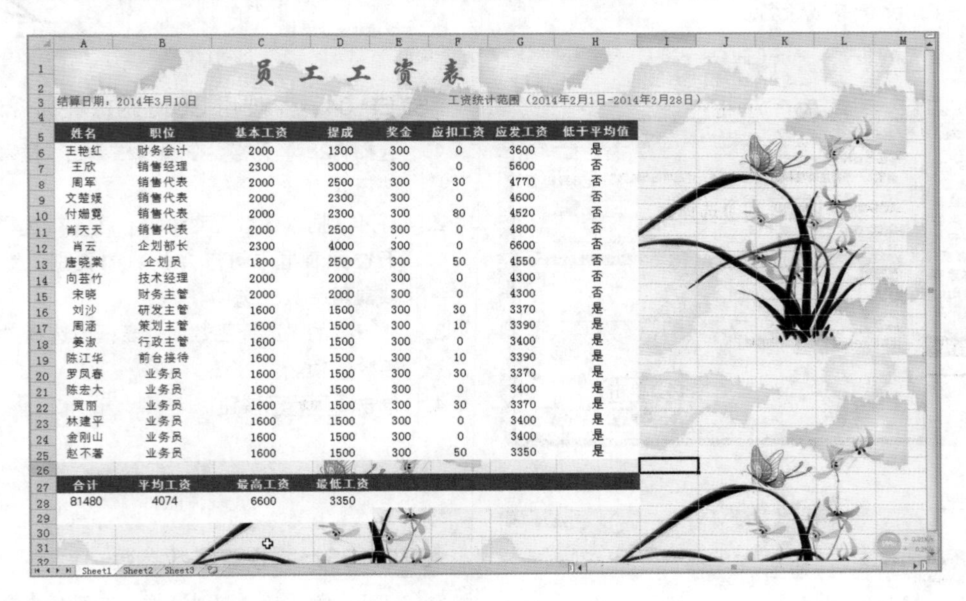

员工工资表

结算日期：2014年3月10日　　工资统计范围（2014年2月1日-2014年2月28日）

姓名	职位	基本工资	提成	奖金	应扣工资	应发工资	低于平均值
王艳红	财务会计	2000	1300	300	0	3600	是
王欣	销售经理	2300	3000	300	0	5600	否
周军	销售代表	2000	2500	300	30	4770	否
文楚媛	销售代表	2000	2300	300	0	4600	否
付姗霓	销售代表	2000	2300	300	80	4520	否
肖天天	销售代表	2000	2500	300	0	4800	否
肖云	企划部长	2300	4000	300	0	6600	否
唐晓棠	企划员	1800	2500	300	50	4550	否
向芸竹	技术经理	2000	2000	300	0	4300	否
宋晓	财务主管	2000	2000	300	0	4300	否
刘沙	研发主管	1600	1500	300	30	3370	是
周涵	策划主管	1600	1500	300	10	3390	是
姜淑	行政主管	1600	1500	300	0	3400	是
陈江华	前台接待	1600	1500	300	10	3390	是
罗凤春	业务员	1600	1500	300	30	3370	是
陈宏大	业务员	1600	1500	300	0	3400	是
贾丽	业务员	1600	1500	300	30	3370	是
林建平	业务员	1600	1500	300	0	3400	是
金刚山	业务员	1600	1500	300	0	3400	是
赵不蓍	业务员	1600	1500	300	50	3350	是

合计	平均工资	最高工资	最低工资
81480	4074	6600	3350

STEP 01： 输入公式计算应发工资

打开“员工工资表.xlsx”工作簿，选择 G6 单元格，在编辑栏中输入公式“=C6+D6+E6-F6”，按 Enter 键计算出第一位员工该月的应发工资。

STEP 02: 复制公式

然后将鼠标光标移动到 G6 单元格的右下角，当其变为 + 形状时，按住鼠标左键向下拖动，计算其他员工本月的应发工资。

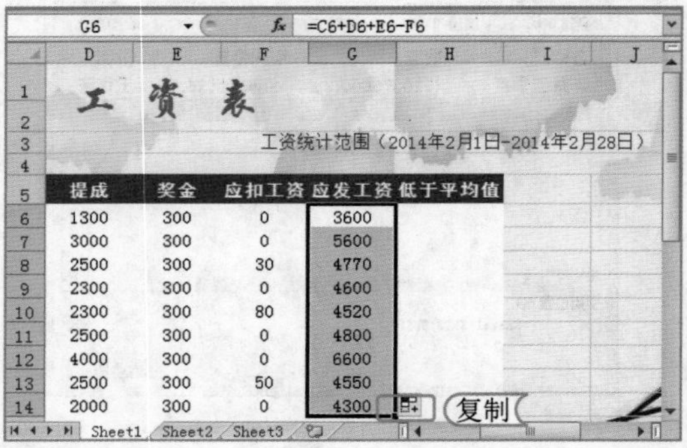

STEP 03: 命名单元格区域

1. 选择 G6:G25 单元格区域。
2. 在编辑栏的“名称”框中输入“应发工资”，按 Enter 键完成命名。

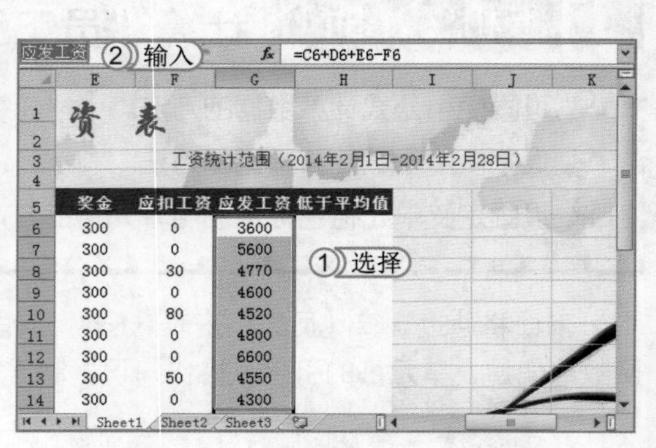

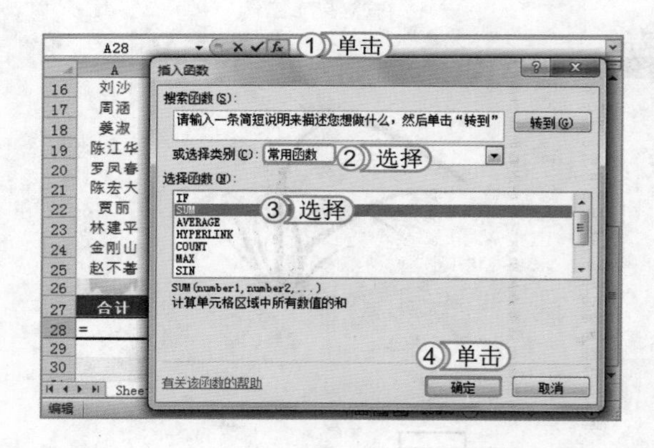

STEP 04: 使用 SUM 函数计算合计

1. 选择 A28 单元格，在编辑栏单击“插入函数”按钮 *fx*。
2. 打开“插入函数”对话框，在“或选择类别”下拉列表框中可选择函数的类别，默认选择“常用函数”选项。
3. 在下方的“选择函数”列表框中选择“SUM”函数选项。
4. 单击 确定 按钮。

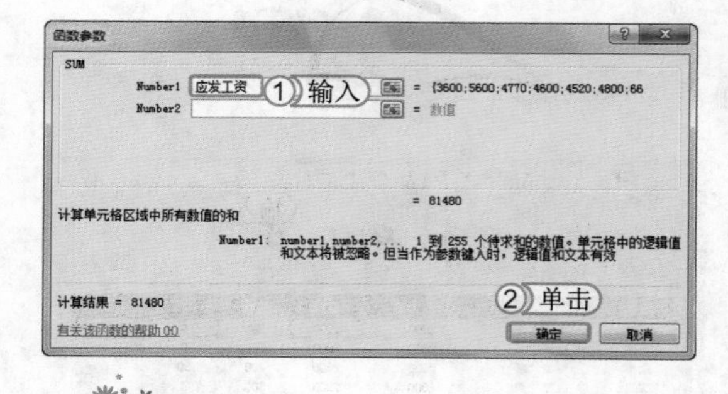

STEP 05: 设置函数参数

1. 打开“函数参数”对话框，在第一个文本框中输入 G6:G25 单元格区域的名称“应发工资”。
2. 单击 确定 按钮。

提个醒

Excel 中自带了许多不同类型的函数，并且每个函数的参数都是不同的，在使用函数计算单元格中的数据时，若想快速查阅该函数的参数功能，可先在编辑栏中输入需插入的函数，然后按 Ctrl+A 组合键，此时系统会自动打开该函数的“函数参数”对话框，在该对话框中详细介绍了各参数的功能。

STEP 06： 查看计算结果

返回工作簿界面，在 A28 单元格中即可查看计算的工资总额。

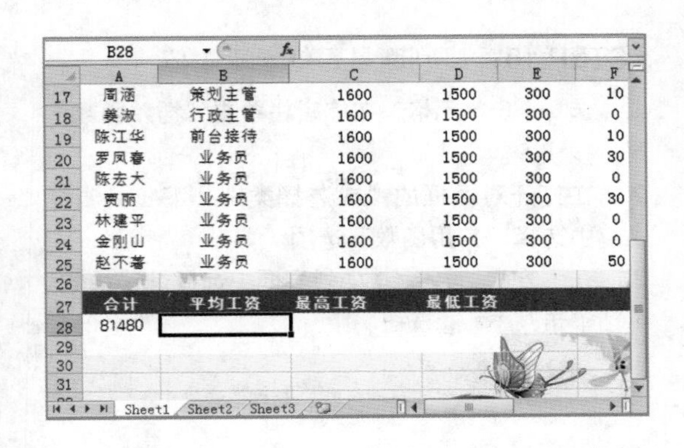

STEP 07： 计算平均工资

1. 选择 B28 单元格，在编辑栏单击“插入函数”按钮 *fx*。
2. 打开“插入函数”对话框，选择函数的类别后，在下方的“选择函数”列表框中选择“AVERAGE”函数选项。
3. 单击 确定 按钮。打开“函数参数”对话框，在第一个文本框中输入“应发工资”文本。单击 确定 按钮完成平均工资的计算。

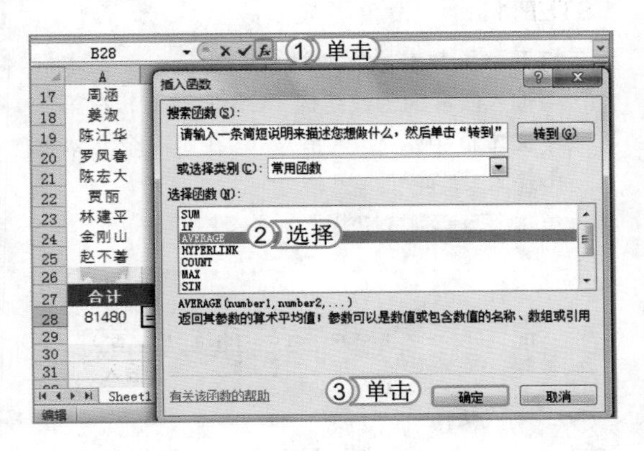

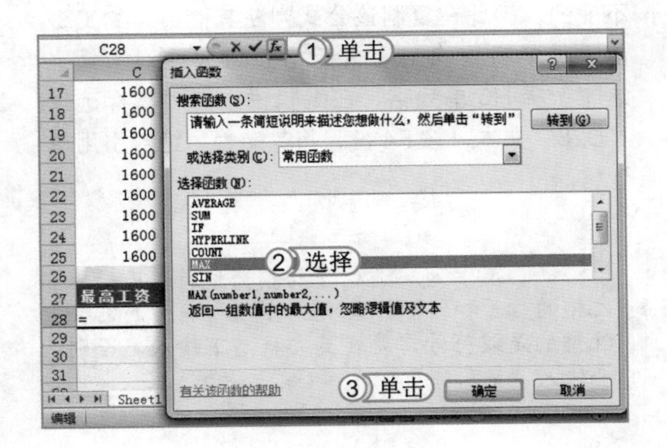

STEP 08： 使用 MAX 函数计算最高工资

1. 选择 C28 单元格，在编辑栏单击“插入函数”按钮 *fx*。
2. 打开“插入函数”对话框，选择函数的类别后，在下方的“选择函数”列表框中选择“MAX”函数选项。
3. 单击 确定 按钮。打开“函数参数”对话框，在第一个文本框中输入“应发工资”文本。单击 确定 按钮完成最高工资的计算。

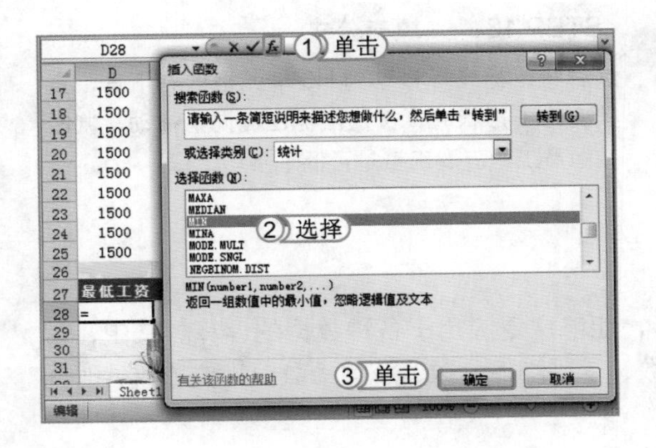

STEP 09： 使用 MIN 函数求最低工资

1. 选择 D28 单元格，在编辑栏单击“插入函数”按钮 *fx*。
2. 打开“插入函数”对话框，在打开对话框的“或选择类别”下拉列表框中选择“统计”选项，在下方的“选择函数”列表框中选择“MIN”函数选项。
3. 单击 确定 按钮，打开“函数参数”对话框，在第一个文本框中输入“应发工资”文本。单击 确定 按钮完成最低工资的计算。

STEP 10: 判断是否低于平均值

1. 选择 H6 单元格，在编辑栏单击“插入函数”按钮 *fx*。
2. 在打开对话框的“或选择类别”下拉列表框中选择“常用函数”选项。
3. 在下方的“选择函数”列表框中选择“IF”函数。
4. 单击 确定 按钮。

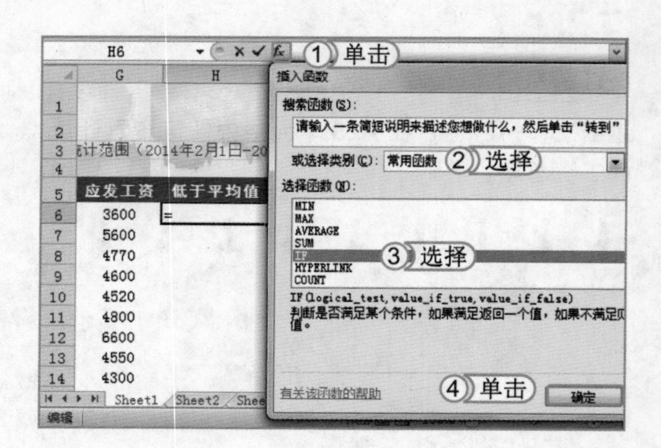

STEP 11: 设置函数参数

1. 打开“函数参数”对话框，在第一个文本框中输入嵌套的函数结构“G6<B28”，在第二个文本框中输入“"是"”，在第三个文本框中输入“"否"”。
2. 单击 确定 按钮。

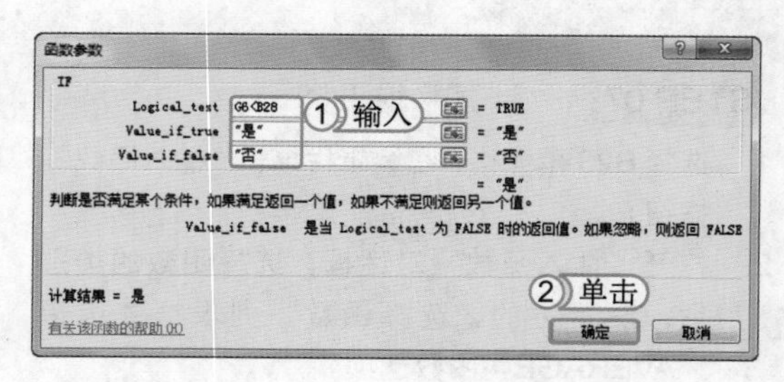

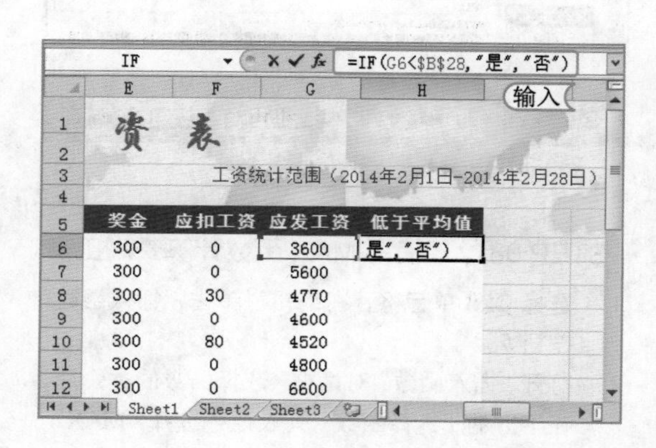

	E	F	G	H
5	奖金	应扣工资	应发工资	低于平均值
6	300	0	3600	是
7	300	0	5600	否
8	300	30	4770	否
9	300	0	4600	否
10	300	80	4520	否
11	300	0	4800	否
12	300	0	6600	否
13	300	50	4550	否
14	300	0	4300	否
15	300	0	4300	否
16	300	30	3370	是

STEP 12: 转化为绝对引用单元格

返回工作簿界面，在 H6 单元格中即可查看第一位员工的判断结果。在该列中，员工平均工资是不变的，因此在复制该公式判断其他员工的工资前，需要将平均工资单元格设置为绝对引用。这里选择 H6 单元格，在编辑栏中拖动鼠标选择“B28”文本，按 F4 键，将其转换为绝对引用单元格。

> **提个醒** 用户也可在需要转换为绝对引用的单元格的行号和列标前直接输入“$”符号。需要注意的是该符号需要在英文状态下输入，否则会输入“¥”符号。

STEP 13: 填充公式

然后将鼠标光标移动到 H6 单元格的右下角，当其变为 + 形状时，按住鼠标左键向下拖动，判断其他员工的应发工资是否低于平均工资。

6.2 Excel 常见函数使用

在 Excel 2010 中，可使用的函数种类很多，能够广泛应用于各种数据的计算。其中，常用函数主要包括求和函数、最大值和最小值函数、求平均值函数、统计函数、排位函数、时间函数和查找函数等，下面将分别介绍。

学习 1 小时

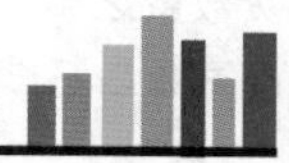

- 掌握常用函数 SUM、MAX、MIN、AVERAGE、SUMIF 的使用方法。
- 学习 ROUND、NOW、TODAY 和 FIND 函数的使用方法。
- 学习 IF 逻辑函数、LEN 和 LENB 函数的使用方法。

6.2.1 使用 SUM 函数

SUM 函数用于计算单元格区域中所有数值的和，其函数的格式为：SUM(number1, number2)，其中，参数可以是数值，如 SUM(1,5) 表示计算“1+5”，也可以是一个单元格或单元格区域的引用，如 SUM(A1,B6) 表示计算“A1+B6”，而 SUM(C2:D12) 表示求 C2:D12 区域内各单元格中数值的和。

6.2.2 使用 MAX/MIN 函数

MAX/MIN 函数可用来求一组数据中的最大值或最小值，如计算最高工资和最低工资、最高和最低分数、最多和最少销售量等。MAX/MIN 函数的格式为：MAX(number1,number2...) 和 MIN(number1,number2...)。其中，参数“number1,number2...”表示比较的范围，如 MAX(B1,B2,B3) 表示求 B1、B2 和 B3 单元格中数值的最大值，而 MIN(C2:D12) 表示求 C2:D12 区域内各单元格中数值的最小值。

6.2.3 使用 AVERAGE 函数求平均值

AVERAGE 函数用于求参数中所有数值的平均值，其函数的格式为：AVERAGE (number1,number2)，其参数的使用方法和 SUM 函数相似，如 AVERAGE(C2:D12) 表示求 C2:D12 区域中所有数值的平均值。

G5 =AVERAGE(A5:F5)

	A	B	C	D	E	F	G
4	语文	数学	英文	政治	历史	地理	平均成绩
5	92	112	89	76	98	56	87.166667

6.2.4 使用 SUMIF 函数按条件求和

SUMIF 函数用于根据指定条件对若干单元格求和。其函数格式为：SUMIF(range,criteria, sum_range)，各参数的含义介绍如下。

- range：表示用于条件判断的单元格区域。
- criteria：表示指定对哪些单元格进行相加的条件，其形式可以为数字、表达式、文本、通配符（问号（?）匹配任意单个字符，星号（*）匹配任意一串字符）。如果要查找实际的问号或星号，需在该字符前键入波形符（~）。
- sum_range：表示求和的实际单元格区域（如果区域内的相关单元格符合条件）。

如要对一张送货记录表进行统计，统计各公司的送货数量与金额，就可使用 SUMIF 函数，其具体操作如下：

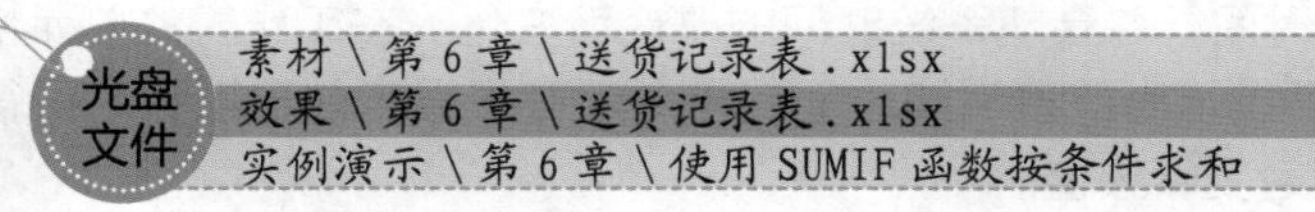

素材 \ 第 6 章 \ 送货记录表 .xlsx
效果 \ 第 6 章 \ 送货记录表 .xlsx
实例演示 \ 第 6 章 \ 使用 SUMIF 函数按条件求和

STEP 01：汇总数量

打开"送货记录表.xlsx"工作簿，选择G3单元格，在编辑栏中输入公式"=SUMIF($A$3:$A$15,$F3,$C$3:$C$15)"，按Enter键计算出达丰的送货数量之和。然后使用填充公式的方法计算其他商家数量汇总。

提个醒

A3:A15单元格区域是判断区域，F3单元格为判断的条件。若A3:A15单元格区域的某些单元格与F3相同，将会对对应的C3:C15单元格区域的数量进行求和。

G3 =SUMIF($A$3:$A$15,$F3,$C$3:$C$15) 输入

送货记录表

商家	送货时间	数量	金额
达丰	2014/1/17	1	200
运程	2014/1/19	2	455
腾跃	2014/2/4	4	345
达丰	2014/2/10	4	860
运程	2014/2/16	2	245
腾跃	2014/2/23	1	100
运程	2014/2/23	2	385
达丰	2014/3/4	2	250
腾跃	2014/3/11	3	300
腾跃	2014/3/16	1	200
达丰	2014/3/21	3	530
达丰	2014/3/22	1	450
运程	2014/3/26	1	100

汇总表

商家	数量
达丰	11
运程	7
腾跃	9

STEP 02：汇总金额

选择H3单元格，在编辑栏中输入公式"=SUMIF($A$3:$A$15,$F3,$D$3:$D$15)"，按Enter键计算出达丰的送货金额之和。然后使用填充公式的方法计算其他商家金额汇总。

提个醒

在本例中，判断的区域和计算的区域是固定不变的，因此需要使用到绝对引用单元格。

H3 =SUMIF($A$3:$A$15,$F3,$D$3:$D$15) 输入

送货记录表

送货时间	数量	金额
2014/1/17	1	200
2014/1/19	2	455
2014/2/4	4	345
2014/2/10	4	860
2014/2/16	2	245
2014/2/23	1	100
2014/2/23	2	385
2014/3/4	2	250
2014/3/11	3	300
2014/3/16	1	200
2014/3/21	3	530
2014/3/22	1	450
2014/3/26	1	100

汇总表

商家	数量	金额
达丰	11	2290
运程	7	1185
腾跃	9	945

6.2.5 使用ROUND函数四舍五入

ROUND函数用于按指定位数进行四舍五入后得到返回值，其函数格式为：ROUND(number,num_digits)，各参数的含义介绍如下。

- number：表示需要舍入的任意实数。
- num_digits：表示保留的小数位数。如右图所示为分别保留一位小数和两位小数的四舍五入的效果。若输入"0"，将得到取整效果。

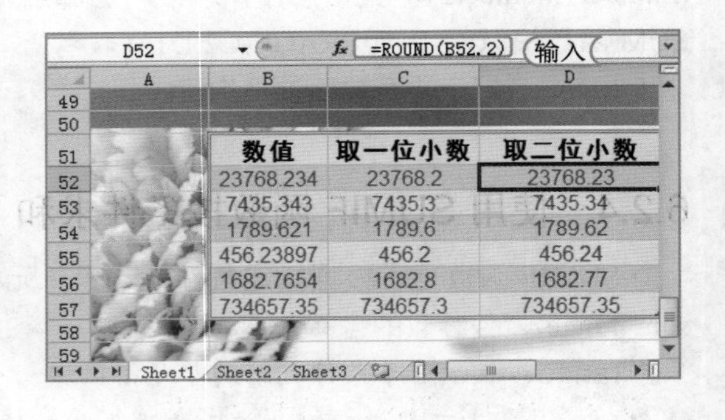

D52 =ROUND(B52,2) 输入

数值	取一位小数	取二位小数
23768.234	23768.2	23768.23
7435.343	7435.3	7435.34
1789.621	1789.6	1789.62
456.23897	456.2	456.24
1682.7654	1682.8	1682.77
734657.35	734657.3	734657.35

6.2.6 使用NOW和TODAY函数

在制作工作表时，经常会涉及使用当前日期和时间进行计算。NOW和TODAY函数是最基础的时间与日期函数，下面分别进行介绍。

1. 使用NOW函数

NOW函数用于返回当前的系统时间，并会随系统时间的改变而变化。在工作表的单元格中输入"=NOW()"，按Enter键即可显示当前日期和时间。用户还可根据当前日期和时间得到一个时间值，并在每次打开工作表时更新该值。

2. 使用 TODAY 函数

TODAY 函数用于返回日期格式的当前日期。TODAY 函数也没有参数，其结构为：=TODAY()。如果包含公式的单元格格式设置不同，则返回的日期格式也不同。

下面在“员工信息表.xlsx”工作簿中使用 TODAY 函数和 ROUND 函数计算员工的工龄，其具体操作如下：

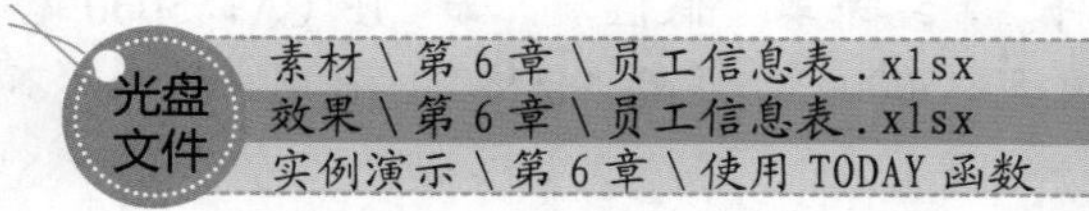

STEP 01：计算第一位员工的工龄

打开“员工信息表.xlsx”工作簿，选择 F3 单元格，在编辑栏中输入公式“=ROUND((TODAY()-[@入职时间])/360,0)”，按 Enter 键计算出第一位员工的工龄。

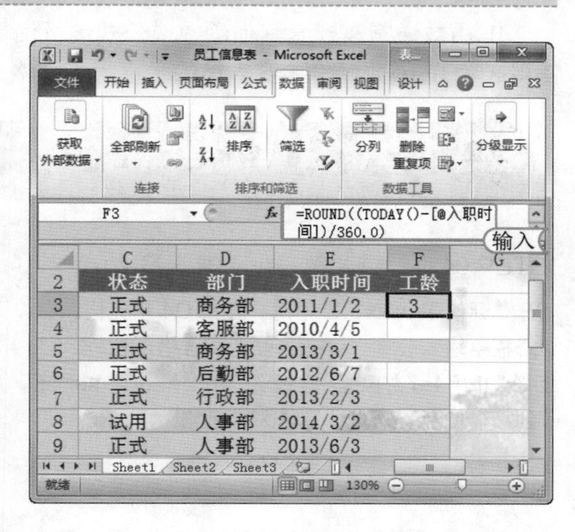

提个醒　公式“=ROUND((TODAY()-[@入职时间])/360,0)”的含义是：使用 TODAY 函数计算当前的日期，再使用当前日期减去入职的时间，得到入职的天数，再使用该数值除去 360（一年约有 360 天）得到年份值，最后使用 ROUND 函数对得到的年份值进行取整。

STEP 02：计算其他员工的工龄

然后将鼠标光标移动到 F3 单元格的右下角，当其变为 + 形状时，按住鼠标左键向下拖动，计算其他员工的工龄。

员工信息表

姓名	状态	部门	入职时间	工龄
郑欣玲	正式	商务部	2011/1/2	3
王紫思	正式	客服部	2010/4/5	4
夏思雨	正式	商务部	2013/3/1	1
包慢旭	正式	后勤部	2012/6/7	2
谢李	正式	行政部	2013/2/3	1
谭解	试用	人事部	2014/3/2	0
黄一一	正式	人事部	2013/6/3	1
刘世空	试用	后勤部	2014/2/15	0
关东	正式	客服部	2011/6/5	3
马琳	正式	行政部	2010/2/6	4

填充

6.2.7 使用 FIND 查找函数

FIND 函数用来对原始数据中某个字符串进行定位，以确定其位置。其语法结构为：FIND(find_text,within_text,start_num)，各参数的含义介绍如下。

- find_text：表示要查找的字符串，该参数中不能包含通配符。
- within_text：包含要查找关键字的单元格。
- start_num：指定开始进行查找的字符数。如若 start_num 为 1，则从单元格内第一个字符开始查找关键字。如若 start_num 为 2，则从单元格内第二个字符开始查找关键字。如果忽略 start_num，则假设其为 1。如输入“=FIND("M",A2)”，表示在 A2 单元格的字符串中查找“M”字符的位置，省略起始搜索位置，表示从第 1 个字符开始查找。

6.2.8 使用 IF 逻辑函数

IF 函数用于执行真假值判断，根据逻辑计算的真假值，返回不同结果。其语法结构为：IF(logical_test,value_if_true,value_if_false)，各参数含义介绍如下。

- logical_test：表示判断的条件。
- value_if_true：表示真值，若符合“条件”，结果取“真值”。
- value_if_false：表示假值。若不符合“条件”，结果取“假值”。如“IF（A1>5000,合格,不合格）”，表示若A1单元格中的值大于“5000”，返回“合格”，否则，返回“不合格”。

IF 函数通常需嵌套其他函数或公式进行使用，下面在“评价表.xlsx”工作簿中根据分数，使用嵌套 IF 函数评价参赛人员的水平为不合格、合格、良好或优秀，其具体操作如下：

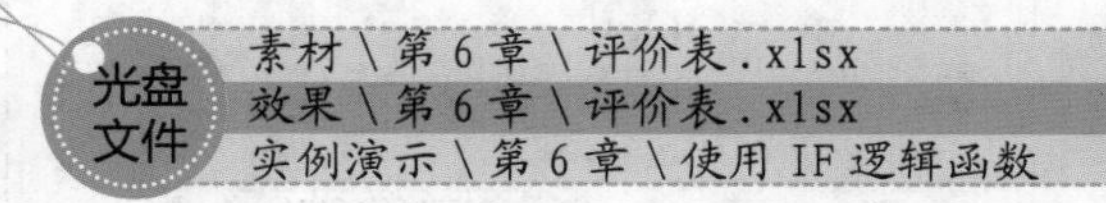

STEP 01：评价第一位参赛人员

打开“评价表.xlsx”工作簿，选择 G4 单元格，在编辑栏中输入公式“=IF(F4<5,"不合格",IF(F4<6,"合格",IF(F4<7,"良好","优秀")))”，按 Enter 键得到第一位参赛人员的评价为“合格”。

G4 =IF(F4<5,"不合格",IF(F4<6,"合格",IF(F4<7,"良好","优秀")))

输入

比赛评分

	B	C	D	E	F	G
2	歌曲内容	音色音质	演唱技巧	仪表台风	总分	综合评价
3	1	4	3	2	10	
4	1	2	1	1	5	合格
5	0	1	2	1	4	
6	0	3	2	0	5	
7	0	4	1	0	5	
8	1	1	0	2	4	

提个醒

本例的公式使用了 3 个 IF 函数，第一个IF函数表示如果F4数据小于5则显示不合格，否则使用第二个 IF 函数判断，如果大于等于 5 而小于 6 则显示合格，否则使用第三个 IF 函数进行判断，如果大于等于 6 而小于 7 显示良好，如果大于等于 7 则显示优秀。

STEP 02：评价其他参赛人员

然后将鼠标光标移动到 G4 单元格的右下角，当其变为 + 形状时，按住鼠标左键向下拖动，评价其他参赛人员。

	B	C	D	E	F	G
2	歌曲内容	音色音质	演唱技巧	仪表台风	总分	综合评价
3	1	4	3	2	10	优秀
4	1	2	1	1	5	合格
5	0	1	2	1	4	不合格
6	0	3	2	0	5	合格
7	0	4	1	0	5	合格
8	1	1	0	2	4	不合格
9	0	2	3	1	6	良好
10	1	2	1	2	6	良好
11	0	1	2	0	3	不合格
12	1	1	1	1	4	不合格
13	0	2	2	2	6	良好
14	1	4	3	1		优秀

填充

6.2.9 使用 LEN 和 LENB 函数

LEN 函数用于返回文本字符串中的字符数，LENB 函数用于返回文本字符串中代表字节的字符数。其语法结构为：LEN(text) 或 LENB(text)，其中参数 text 表示要查找其长度的文本，空格将作为字符进行计数。

LEN 和 LENB 函数常与 IF 函数嵌套使用。下面在“客户资料统计表.xlsx”工作簿中使用 LEN 函数判断身份证号的长度，如果客户证件的字符长度不为 18 位数，则判断客户的证件无效，其具体操作如下：

光盘文件
素材\第 6 章\客户资料统计表.xlsx
效果\第 6 章\客户资料统计表.xlsx
实例演示\第 6 章\使用 LEN 和 LENB 函数

STEP 01：输入公式

打开“客户资料统计表.xlsx”工作簿，选择 F3 单元格，在编辑栏中输入公式“=IF(LEN(E3)=18,"有效","无效")”，按 Enter 键得到第一位客户的证件无效。

IF　=IF(LEN(E3)=18,"有效","无效")

	E	F
2	证件号码	有效证件
3	52121342424244345	=IF(LEN(E3)=18,"有效","无效")
4	52742742746887412	
5	354622627427424	
6	56437865346274274	
7	546287426226834636	
8	542745275224634645	
9	146274624674242384	
10	27462746242352724	
11	27427427276478624	

输入

读书笔记

STEP 02：查看计算结果

然后将鼠标光标移动到 F3 单元格的右下角，当其变为 + 形状时，按住鼠标左键向下拖动，判断其他证件的有效性。

	E	F
2	证件号码	有效证件
3	52121342424244345	无效
4	52742742746887412	无效
5	354622627427424	无效
6	56437865346274274	无效
7	546287426226834636	有效
8	542745275224634645	有效
9	146274624674242384	有效
10	27462746242352724	无效
11	27427427276478624	无效
12	54627845274527427	无效
13	246384638638385	无效
14	462384368546353853	有效

复制

6.2.10 使用 RANK 排位函数

在统计与分析表格的数据时，经常会遇到各种排序与排位问题，使用 RANK 排位函数可以快速解决排位问题，其语法结构为：RANK(number, ref,order)，各参数含义介绍如下。

- number：表示排位的单元格。
- ref：表示参与排位的范围。
- order：指明排位的方式，如果为 0 或省略，表示降序，如果不为 0 表示升序。

例如，在 F3:F15 单元格区域中计算出每位员工的销售总额，在 G3:G15 单元格区域中计算每个员工的销售名次，可以在 G3 中输入“=RANK(F3,$F$3:$F$15)”，然后复制到 G4:G15 单元格区域。

G3　=RANK(F3,$F$3:$F$15)

工销售额排名

	D	E	F	G
2	第三季度	第四季度	总额	排名
3	10373000	10405000	32461000	1
4	10368000	10373000	32432500	5
5	10390000	10386000	32420500	7
6	10395500	10402000	32448050	3
7	10372500	10403500	32432000	6
8	10373050	10390000	32404550	10
9	10383500	10368150	32419150	8
10	10390600	10399000	32441100	4
11	10365500	10392000	32409500	9
12	10381000	10378000	32457500	2

输入

经验一箩筐——使用其他排位函数

除了使用 RANK 排位函数进行排位外，用户还可使用 RANK.EQ 和 RANK.AVG 函数进行排位。当多个值具有相同的排位时，使用 RANK.EQ 函数将返回该组数值中的最高排位，而使用 RANK.AVG 函数将返回平均排位。

6.2.11 使用 COUNTIF 按条件统计函数

COUNTIF 函数用于统计单元格区域中满足给定条件的单元格个数，该函数的语法结构为 COUNTIF(range,criteria)，其参数 range 表示需要统计其中满足条件的单元格数目的单元格区域；criteria 表示指定的统计条件，其形式可以为数字、表达式、单元格引用或文本。在运用 COUNTIF 函数时要注意，当参数 criteria 为表达式或文本时，必须用引号引起来，否则将提示出错。如右图所示为统计不合格的人数。

I4 =COUNTIF($G$4:$G$11,"不合格")

输入

	F	G	H	I	
2	总分	综合评价			
3	10			不合格人数	合格人数
4	5	合格		3	
5	4	不合格			
6	5	合格			
7	5	合格			
8	4	不合格			
9	6	良好			
10	6	良好			
11	3	不合格			

Sheet1 Sheet2 Sheet3

上机 1 小时 计算“员工考勤表”中的数据

- 进一步掌握统计函数 COUNTIF 的使用方法。
- 进一步掌握使用 SUM 函数与 IF 函数的方法。
- 掌握统计考勤情况、核算考勤金额的方法。

本例将打开“员工考勤表.xlsx”工作簿，在“考勤统计”表中使用 COUNTIF 函数统计迟到、事假、旷工等次数，再使用 IF 函数来判断员工是否全勤，最后在“考勤扣款与奖金”工作表中根据考勤统计情况计算扣款与奖金，完成后的效果如下图所示。

2月考勤表

	21	22	23	24	25	26	27	28	29	30	迟到次数	事假天数	旷工	病假天数	全勤
3											1	0	0	1	否
4											0	2	0	3	否
5							☆				0	0	1	0	否
6											1	0	0	0	否
7				△							1	0	0	0	否
8									□	□	1	2	0	0	否
9											0	0	0	0	是
10						△					1	1	0	1	否
11											0	0	0	0	是
12								○			1	0	1	1	否
13											0	0	0	2	否
14				△							2	0	0	0	否
15						○					0	0	0	1	否
16											1	0	0	0	否

注：迟到 △ 事假 □ 旷工 ☆ 病假 ○

考勤统计 考勤扣款与奖金 Sheet3

考勤金额计算

姓名	全勤奖	考勤扣款				合计
		迟到	事假	旷工	病假	
万国定	0	-20	0	0	-20	-40
蔡媛媛	0	0	-160	0	-60	-220
陈滋滋	0	0	0	-200	0	-200
周家渝	0	-20	0	0	0	-20
徐峰	0	-20	0	0	0	-20
蒋江	0	-20	-160	0	0	-180
陈欢	100	0	0	0	0	100
张展	0	-20	-80	0	-20	-120
蔡颜育	100	0	0	0	0	100
蒋程	0	-20	0	-200	-20	-240
陈幻	0	0	0	0	-40	-40
周雅	0	-40	0	0	0	-40
刘影	0	0	0	0	-20	-20
蒋文佳	0	-20	0	0	0	-20

注：全勤奖100元 迟到每次扣20元 事假每次扣80元
旷工每次扣200元 病假每次扣20元

考勤统计 考勤扣款与奖金 Sheet3

光盘文件

素材 \ 第 6 章 \ 员工考勤表.xlsx
效果 \ 第 6 章 \ 员工考勤表.xlsx
实例演示 \ 第 6 章 \ 计算“员工考勤表”中的数据

STEP 01： 统计迟到次数

打开“员工考勤表.xlsx”工作簿，在“考勤统计”表中选择AF3单元格，在编辑栏中输入公式“=COUNTIF(B3:AE3,"△")”，按Enter键得到第一位员工的迟到次数。

提个醒 △表示迟到，在本例中，公式“=COUNTIF(B3:AE3,"△")”表示，统计B3:AE3单元格区域中数据为“△（迟到）”的单元格数量。

STEP 02： 查看计算结果

将鼠标光标移动到AF3单元格的右下角，当其变为+形状时，按住鼠标左键向下拖动，计算其他员工的迟到次数。

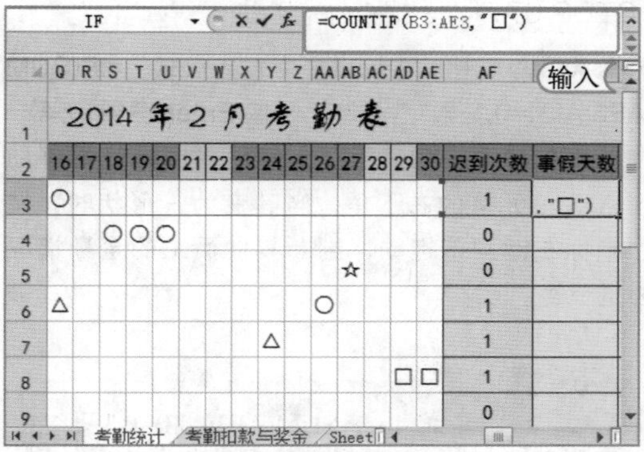

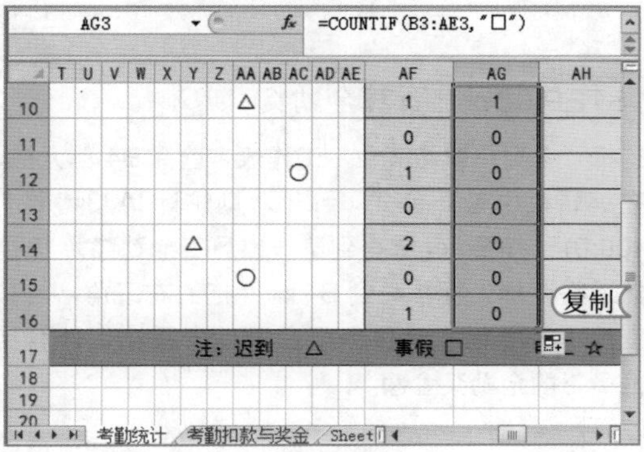

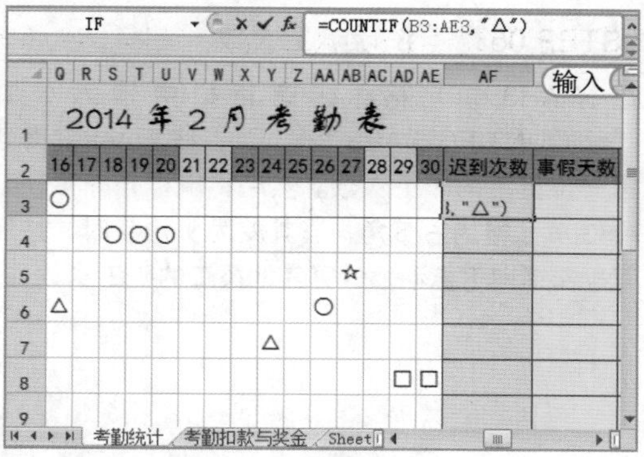

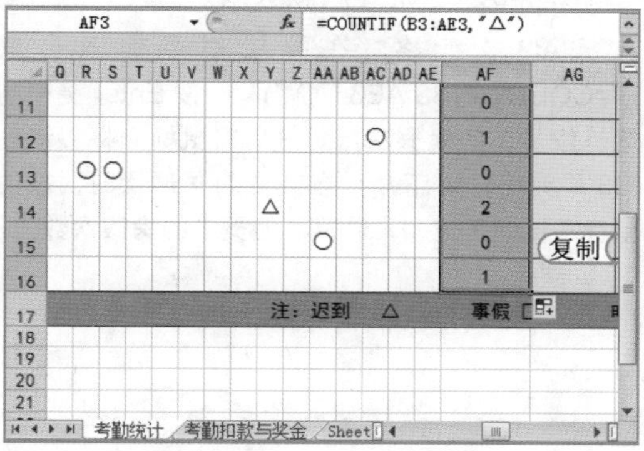

STEP 03： 统计事假次数

选择AG3单元格，在编辑栏中输入公式“=COUNTIF(B3:AE3,"□")”，按Enter键得到第一位员工的事假次数。

读书笔记

STEP 04： 查看计算结果

然后将鼠标光标移动到AG3单元格的右下角，当其变为+形状时，按住鼠标左键向下拖动，计算其他员工的事假次数。

STEP 05：统计旷工次数

选择 AH3 单元格，在编辑栏中输入公式“=COUNTIF(B3:AE3,"☆")”，按 Enter 键得到第一位员工的旷工次数。然后将鼠标光标移动到 AH3 单元格的右下角，当其变为 + 形状时，按住鼠标左键向下拖动，计算其他员工的旷工次数。

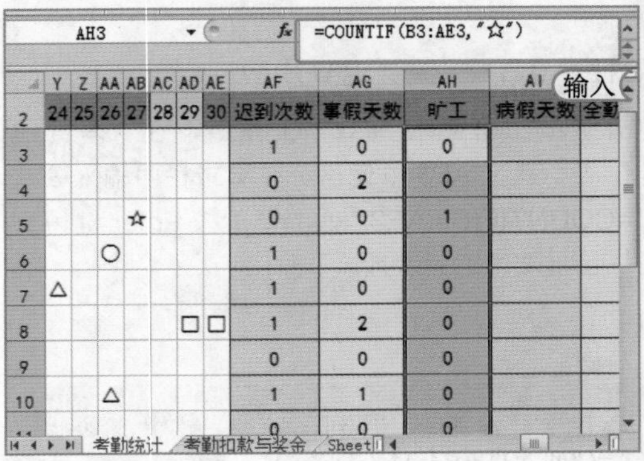

STEP 06：统计病假次数

选择 AI3 单元格，在编辑栏中输入公式“=COUNTIF(B3:AE3,"○")”，按 Enter 键得到第一位员工的病假次数。然后将鼠标光标移动到 AI3 单元格的右下角，当其变为 + 形状时，按住鼠标左键向下拖动，计算其他员工的病假次数。

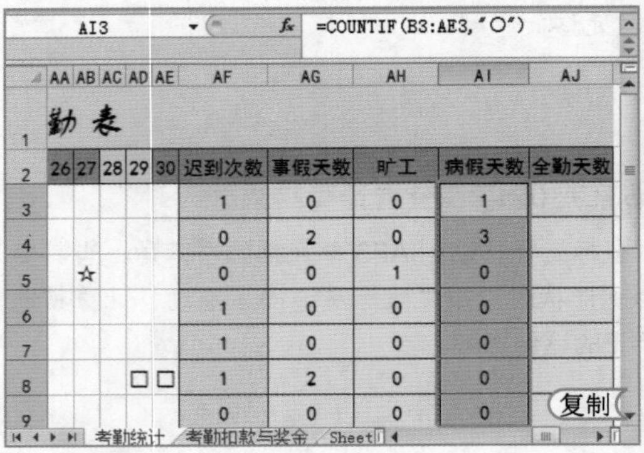

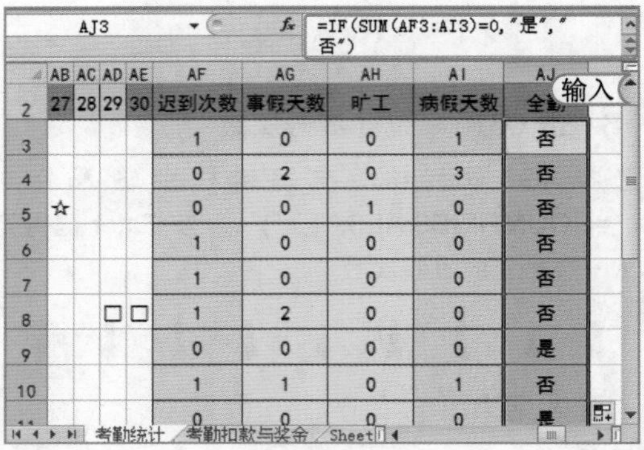

STEP 07：判断是否全勤

选择 AJ3 单元格，在编辑栏中输入公式“=IF(SUM(AF3:AI3)=0,"是","否")”，按 Enter 键得到第一位员工全勤情况为“否”。然后将鼠标光标移动到 AJ3 单元格的右下角，当其变为 + 形状时，按住鼠标左键向下拖动，判断其他员工的全勤情况为是或否。

提个醒

公式“=IF(SUM(AF3:AI3)=0,"是","否")”表示迟到、病假等次数之和若为零，则为全勤。

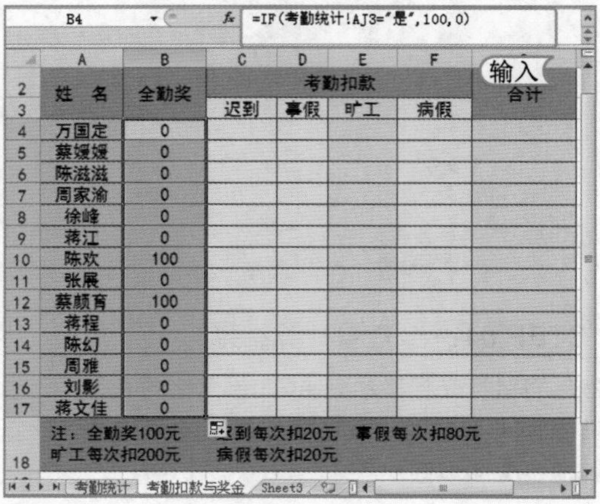

STEP 08：计算全勤奖

选择“考勤扣款与奖金”工作表，选择 B4 单元格，在编辑栏中输入公式“=IF(考勤统计!AJ3="是",100,0)”，按 Enter 键得到第一位员工全勤奖为“0”。然后将鼠标光标移动到 B4 单元格的右下角，当其变为 + 形状时，按住鼠标左键向下拖动，计算其他员工的全勤奖金额。

STEP 09：计算迟到扣款

在“考勤扣款与奖金”工作表中选择 C4 单元格，在编辑栏中输入公式“= - 考勤统计 !AF3*20”，按 Enter 键得到第一位员工迟到扣款。然后将鼠标光标移动到 C4 单元格的右下角，当其变为 + 形状时，按住鼠标左键向下拖动，计算其他员工的迟到扣款。

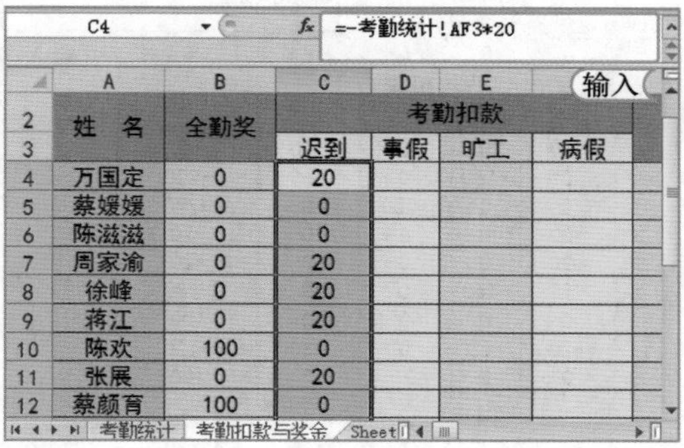

C4　=-考勤统计!AF3*20

	A	B	C	D	E	
2	姓 名	全勤奖	考勤扣款			
3			迟到	事假	旷工	病假
4	万国定	0	20			
5	蔡媛媛	0	0			
6	陈滋滋	0	0			
7	周家渝	0	20			
8	徐峰	0	20			
9	蒋江	0	20			
10	陈欢	100	0			
11	张展	0	20			
12	蔡颜育	100	0			

考勤统计　考勤扣款与奖金　Sheet

STEP 10：计算事假扣款

在“考勤扣款与奖金”工作表中选择 D4 单元格，在编辑栏中输入公式“=- 考勤统计 !AG3*80”，按 Enter 键得到第一位员工事假扣款。然后将鼠标光标移动到 D4 单元格的右下角，当其变为 + 形状时，按住鼠标左键向下拖动，计算其他员工的事假扣款。

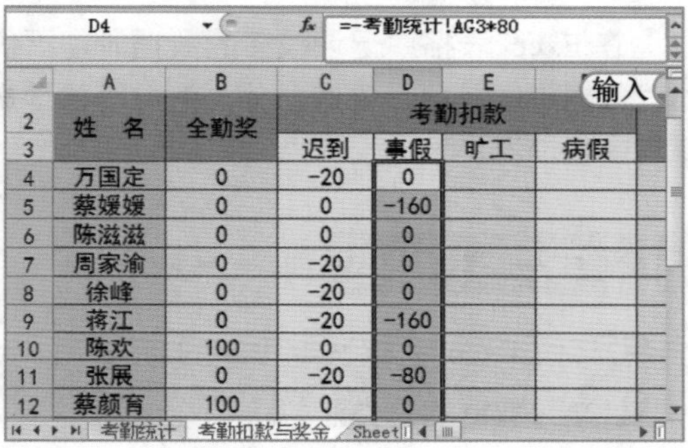

D4　=-考勤统计!AG3*80

	A	B	C	D	E	
2	姓 名	全勤奖	考勤扣款			
3			迟到	事假	旷工	病假
4	万国定	0	-20	0		
5	蔡媛媛	0	0	-160		
6	陈滋滋	0	0	0		
7	周家渝	0	-20	0		
8	徐峰	0	-20	0		
9	蒋江	0	-20	-160		
10	陈欢	100	0	0		
11	张展	0	-20	-80		
12	蔡颜育	100	0	0		

考勤统计　考勤扣款与奖金　Sheet

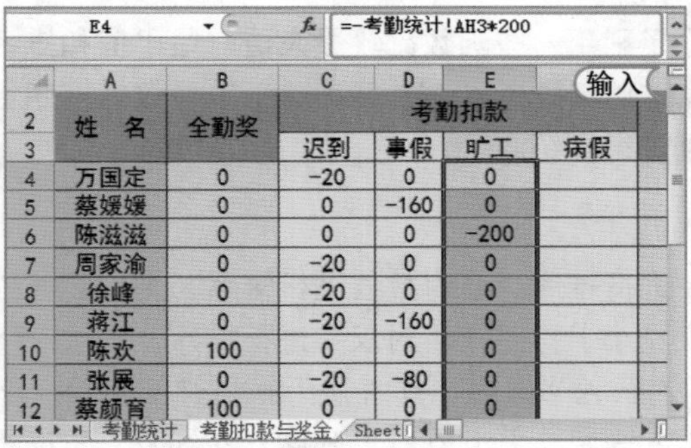

E4　=-考勤统计!AH3*200

	A	B	C	D	E	
2	姓 名	全勤奖	考勤扣款			
3			迟到	事假	旷工	病假
4	万国定	0	-20	0	0	
5	蔡媛媛	0	0	-160	0	
6	陈滋滋	0	0	0	-200	
7	周家渝	0	-20	0	0	
8	徐峰	0	-20	0	0	
9	蒋江	0	-20	-160	0	
10	陈欢	100	0	0	0	
11	张展	0	-20	-80	0	
12	蔡颜育	100	0	0	0	

考勤统计　考勤扣款与奖金　Sheet

STEP 11：计算旷工扣款

在“考勤扣款与奖金”工作表中选择 E4 单元格，在编辑栏中输入公式“=- 考勤统计 !AH3*200”，按 Enter 键得到第一位员工旷工扣款。然后将鼠标光标移动到 E4 单元格的右下角，当其变为 + 形状时，按住鼠标左键向下拖动，计算其他员工的旷工扣款。

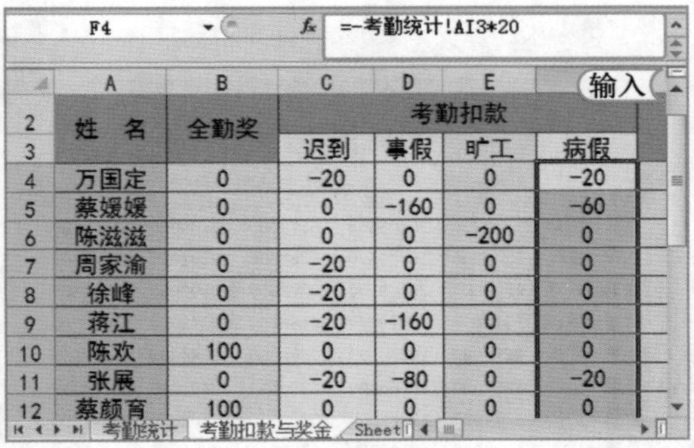

F4　=-考勤统计!AI3*20

	A	B	C	D	E	
2	姓 名	全勤奖	考勤扣款			
3			迟到	事假	旷工	病假
4	万国定	0	-20	0	0	-20
5	蔡媛媛	0	0	-160	0	-60
6	陈滋滋	0	0	0	-200	0
7	周家渝	0	-20	0	0	0
8	徐峰	0	-20	0	0	0
9	蒋江	0	-20	-160	0	0
10	陈欢	100	0	0	0	0
11	张展	0	-20	-80	0	-20
12	蔡颜育	100	0	0	0	0

考勤统计　考勤扣款与奖金　Sheet

STEP 12：计算病假扣款

在“考勤扣款与奖金”工作表中选择 F4 单元格，在编辑栏中输入公式“=- 考勤统计 !AI3*20”，按 Enter 键得到第一位员工病假扣款。然后将鼠标光标移动到 F4 单元格的右下角，当其变为 + 形状时，按住鼠标左键向下拖动，计算其他员工的病假扣款。

G4 =SUM(B4:F4)

	C	D	E	F	G
2	考勤扣款				合计
3	迟到	事假	旷工	病假	
4	-20	0	0	-20	-40
5	0	-160	0	-60	-220
6	0	0	-200	0	-200
7	-20	0	0	0	-20
8	-20	0	0	0	-20
9	-20	-160	0	0	-180
10	0	0	0	0	100
11	-20	-80	0	-20	-120
12	0	0	0	0	100

输入

考勤统计 考勤扣款与奖金 Sheet

STEP 13： 计算考勤合计金额

在“考勤扣款与奖金”工作表中选择 G4 单元格，在编辑栏中输入公式“=SUM(B4:F4)”，按 Enter 键得到第一位员工考勤合计金额。然后将鼠标光标移动到 G4 单元格的右下角，当其变为 + 形状时，按住鼠标左键向下拖动，计算其他员工的考勤合计金额。

6.3 Excel 表格数据管理

在 Excel 表格中记录较多的数据时，不仅需要计算数据，还需要对数据进行必要的管理，如对数据进行排序、筛选、分类汇总等管理操作，让管理人员很容易地看出表格数据的分布规律与变化情况。

学习 1 小时

- 了解 Excel 表格数据排序的方法。
- 掌握表格数据筛选的方法。
- 学习数据的分类汇总。

6.3.1 Excel 表格数据排序

当在 Excel 中查看销售量、成绩等数据时，除了利用一些函数比较最大值、最小值和排名情况外，还可使用 Excel 中自带的排序功能来查看这些特殊的数据。在 Excel 中为数据排序包括自动排序、设置多个条件排序等方式，下面分别进行介绍。

1. 自动排序

自动排序是指将 Excel 表格数据按某一个条件进行排序。若对数值进行排序，则按数值的大小进行升序（数值由小到大）或降序（数值由大到小）排序；若对汉字进行排序，则按汉字首字母的顺序进行升序（由 A 到 Z）或降序（由 Z 到 A）排序。其方法为：打开工作簿，选择要进行排序的列单元格区域，在【数据】/【排序与筛选】组单击“升序”按钮，即可将数据由小到大进行排列，单击“降序”按钮，即可将数据由大到小进行排列，如下图所示分别为将总额列以升序和降序排序。

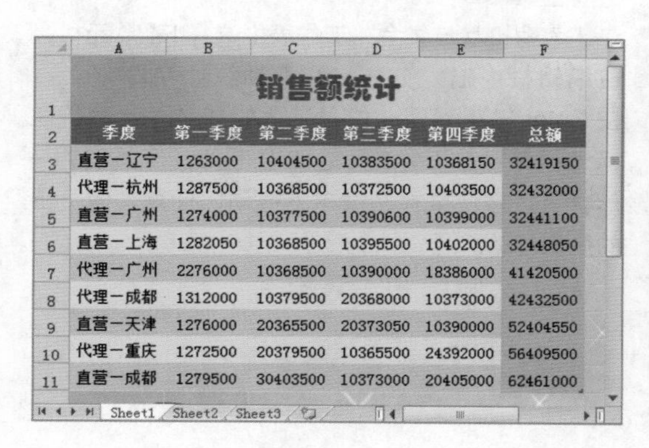

销售额统计

季度	第一季度	第二季度	第三季度	第四季度	总额
直营－辽宁	1263000	10404500	10383500	10368150	32419150
代理－杭州	1287500	10368500	10372500	10403500	32432000
直营－广州	1274000	10377500	10390600	10399000	32441100
直营－上海	1282050	10368500	10395500	10402000	32448050
代理－广州	2276000	10368500	10390000	18386000	41420500
代理－成都	1312000	10379500	20368000	10373000	42432500
直营－天津	1276000	20365500	20373050	10390000	52404550
代理－重庆	1272500	20379500	10365500	24392000	56409500
直营－成都	1279500	30403500	10373000	20405000	62461000

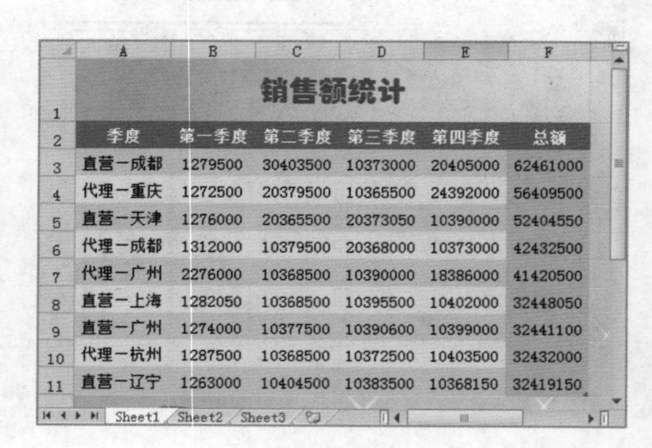

销售额统计

季度	第一季度	第二季度	第三季度	第四季度	总额
直营－成都	1279500	30403500	10373000	20405000	62461000
代理－重庆	1272500	20379500	10365500	24392000	56409500
直营－天津	1276000	20365500	20373050	10390000	52404550
代理－成都	1312000	10379500	20368000	10373000	42432500
代理－广州	2276000	10368500	10390000	18386000	41420500
直营－上海	1282050	10368500	10395500	10402000	32448050
直营－广州	1274000	10377500	10390600	10399000	32441100
代理－杭州	1287500	10368500	10372500	10403500	32432000
直营－辽宁	1263000	10404500	10383500	10368150	32419150

2. 设置多条件排序

若简单排序不能满足用户的需求，可以通过“排序”对话框来设置排序的多个条件，为其进行更精确地排序。下面在“产品销售记录表.xlsx”工作簿中对“销售额”按升序排序，在“销售额”相同时，按“销售数量”进行升序排序，其具体操作如下：

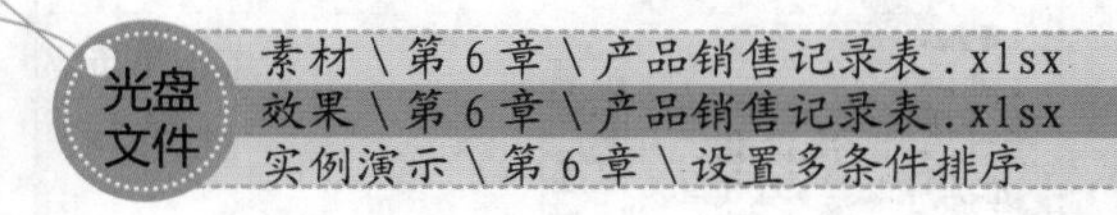

STEP 01：打开“排序”对话框

1. 打开“产品销售记录表.xlsx”工作簿，选择A2:F20单元格区域，选择【数据】/【排序和筛选】组，单击“排序”按钮。
2. 打开“排序提醒”对话框，选中“扩展选定区域”单选按钮为排序依据。
3. 单击“排序”按钮，打开“排序”对话框。

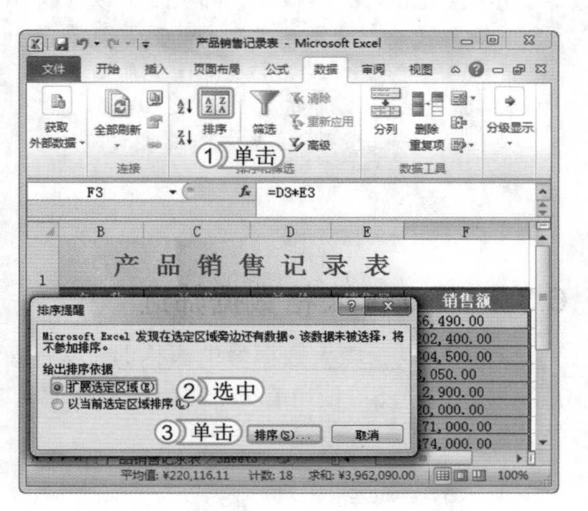

提个醒 若在“排序提醒”对话框中选中“以当前选定区域排序”单选按钮，将只对选择的区域进行排序，这时，可能出现行的数据不对应的情况。

STEP 02：设置排序条件

1. 在“列”栏中的“主要关键字”下拉列表框中选择“销售额”选项，在“次序”下拉列表框中选择“升序”选项。
2. 单击“添加条件”按钮。
3. 在“次要关键字”下拉列表框中选择“销售量”选项，在“次序”下拉列表框中选择“升序”选项。
4. 单击“确定”按钮。

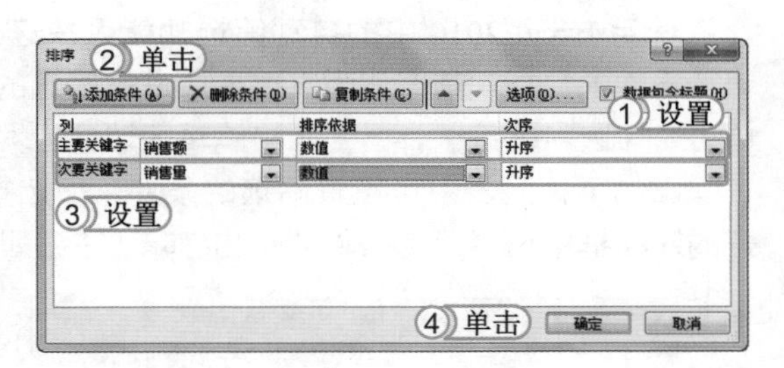

提个醒 在Excel中默认的排序方式是按列或按字母进行排列，而某些场合需要对数据按行或按笔画排序，此时在“排序”对话框中单击“选项”按钮，在打开的对话框中选中“按行排序”单选按钮或“笔划排序”单选按钮即可。

产品销售记录表

名称	单位	单价	销售量	销售额
保鲜膜	盒	¥15.00	400	¥6,000.00
香皂	块	¥3.50	2300	¥8,050.00
肥皂	块	¥1.50	8600	¥12,900.00
牙膏	盒	¥4.00	5000	¥20,000.00
化妆棉	袋	¥5.50	7900	¥43,450.00
手霜	瓶	¥8.50	6500	¥55,250.00
洗发液	瓶	¥21.00	2690	¥56,490.00
镜子	台	¥17.50	3800	¥66,500.00
眉笔	只	¥17.50	4600	¥80,500.00
香水	瓶	¥35.50	2900	¥102,950.00
唇膏	只	¥32.00	4100	¥131,200.00
洗面奶	瓶	¥38.00	4500	¥171,000.00
沐浴露	瓶	¥23.00	8800	¥202,400.00
染发剂	瓶	¥35.00	8700	¥304,500.00
防晒霜	瓶	¥79.00	6000	¥474,000.00
爽肤水	瓶	¥60.00	7900	¥474,000.00
保湿霜	瓶	¥88.00	6500	¥572,000.00
保湿乳	瓶	¥120.50	9800	¥1,180,900.00

STEP 03：查看排序结果

返回工作表，可看出商品先按照“销售额”进行升序排列，当“销售额”相等时，再按照“销售量”进行升序排列。

提个醒 在“排序”对话框中添加了多个排序条件。如要将某个条件删除，首先应选择要删除的排序条件，再单击“删除条件”按钮即可。

问题小贴士

问：如果表格中的数据没有任何规律，无法设置其排序条件，这时应该怎么办呢？

答：在“排序”对话框的“次序”下拉列表框中还提供了自定义序列选项，用户可通过该选项自定义设置排序的条件。其方法是：选择排序的单元格区域后，在“排序”对话框的“次序”下拉列表框中选择“自定义序列”选项，打开“自定义序列”对话框，在“输入序列”文本框中输入排序的方式。输入完成后依次单击添加(A)按钮和确定按钮即可。

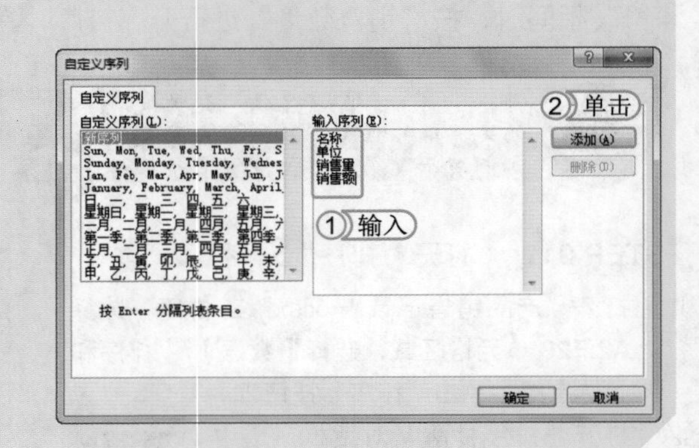

6.3.2 Excel 表格数据筛选

在浏览具有庞大数据量的表格时，为了能轻松地查看需要的单元格区域数据，除了进行排序外，用户还可使用 Excel 2010 的数据筛选功能来达到效果，下面将对表格中数据的筛选进行介绍。

1. 自动筛选

使用 Excel 2010 中的自动筛选功能可快速查找表格中的最大值、大于平均值和小于平均值等条件的数据。其方法为：选择要进行筛选的表格数据，选择【数据】/【排序和筛选】组，单击“筛选”按钮，返回表格编辑区域，可发现在表头的右侧出现下拉按钮，单击该按钮，在弹出的下拉列表中可设置筛选的条件，如选择“数字筛选”/“10 个最大的值”选项，在打开的对话框中设置筛选条件并单击确定按钮即可筛选出 10 个最大的值，如下图所示。

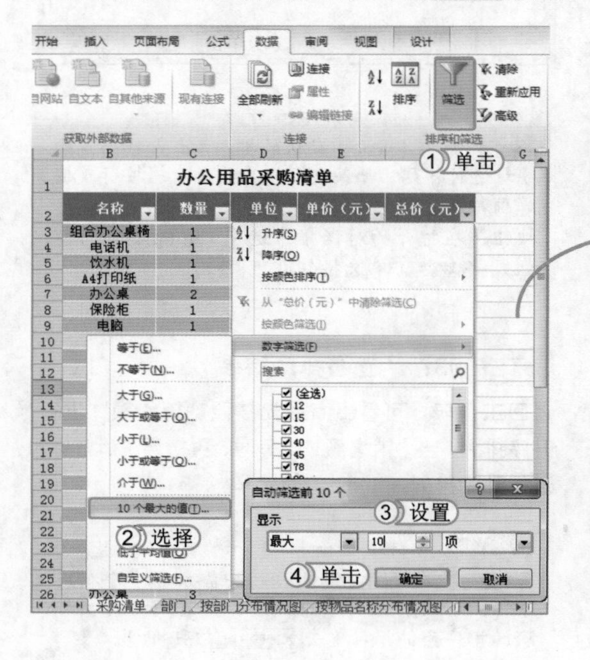

	名称	数量	单位	单价（元）	总价（元）
3	组合办公桌椅	1	套	1780	1780
8	保险柜	1	台	1600	1600
9	电脑	1	台	2700	2700
15	单人床	1	床	2350	2350
17	电...	1	台	2700	2700
26	办公桌	3	个	450	1350
28	冰箱	1	台	2600	2600
37	电脑	1	台	2700	2700
38	沙发	3	个	2017	6051
49	笔记本	10	本	3700	37000

提个醒

如果筛选文本型数据字段，单击按钮后，在弹出的下拉列表中的“数据筛选”将显示为“文本筛选”，然后再在其子列表中设置便可。文本型数据的筛选方法与数值型数据的筛选完全相同。

2. 自定义筛选

在使用表格数据的筛选功能时，若其中的自动筛选功能无法满足条件，则可以通过设置自定义筛选功能来筛选工作簿中需要的数据。下面在“产品销售记录表 1.xlsx”工作簿中筛选出销售金额大于 100000 小于 500000 的销售额的商品，其具体操作如下：

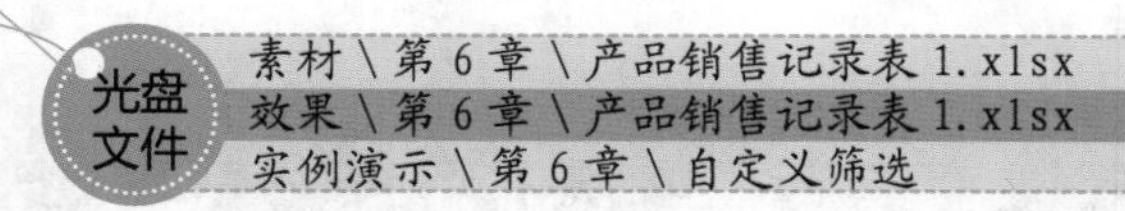

STEP 01：选择自定义筛选

1. 打开“产品销售记录表 1.xlsx”工作簿，选择 A2:F20 单元格区域，在【数据】/【排序和筛选】组中单击“筛选”按钮。
2. 单击“销售额”单元格旁边的按钮，在弹出的下拉列表中选择【数字筛选】/【自定义筛选】命令。

STEP 02：设置筛选条件

1. 打开“自定义自动筛选方式”对话框，在“销售额”栏中的第 1 个下拉列表框中选择“大于”选项，在后面的数值框中输入“100000”，在第 2 个下拉列表框中选择“小于”选项，在后面的数值框中选择“500000”，再选中 ◉与(A) 单选按钮。
2. 设置完成后单击 确定 按钮。

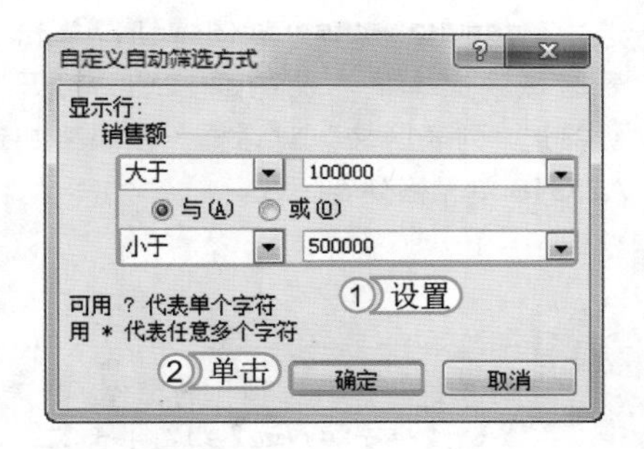

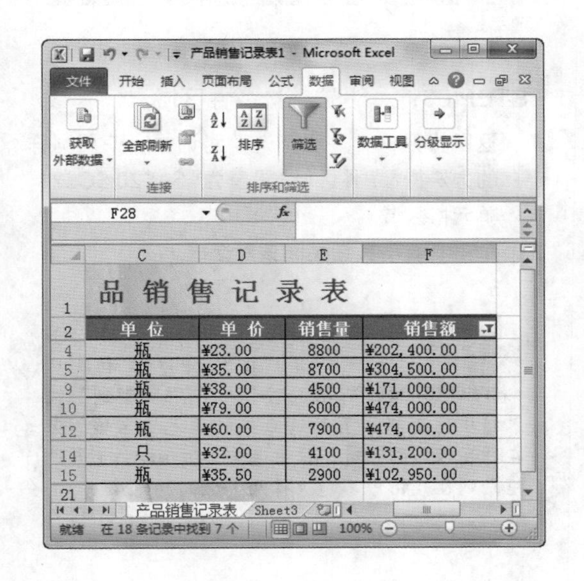

STEP 03：查看筛选结果

返回工作表，可看到符合筛选条件的销售额商品，且筛选的单元格旁边的按钮变为按钮。

> **提个醒**
> 在“自定义自动筛选方式”对话框中设置筛选条件时，可使用通配符代替字符或字符串，如“？”代表任意单个字符，“*”代表任意多个字符。若要清除筛选条件，可选择筛选的单元格，在【数据】/【排序和筛选】组中单击 清除 按钮。

3. 高级筛选

如通过自动筛选和自定义筛选仍然不能得到用户需要的数据，可使用高级筛选功能，该功能可以轻松筛选出同时满足两个或两个以上约束条件的数据，还可以在新的指定区域进行显示。下面在“收货记录表 .xlsx”工作簿中将 2014/1/5 到 2014/1/10 号接收物品的记录筛选出来，其具体操作如下：

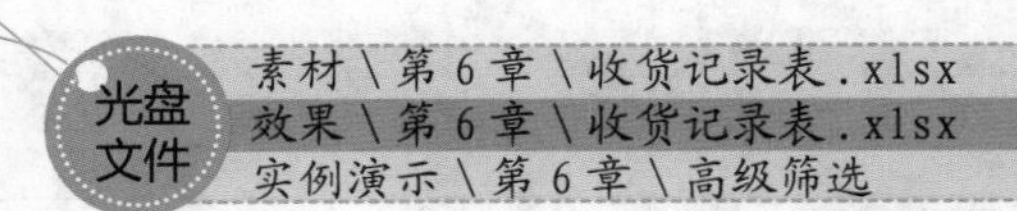

STEP 01：输入判断条件

打开“收货记录表 .xlsx”工作簿，在 A20:C21 单元格区域中分别输入筛选的条件，这里输入筛选的“日期”时间段和“是否接收”。

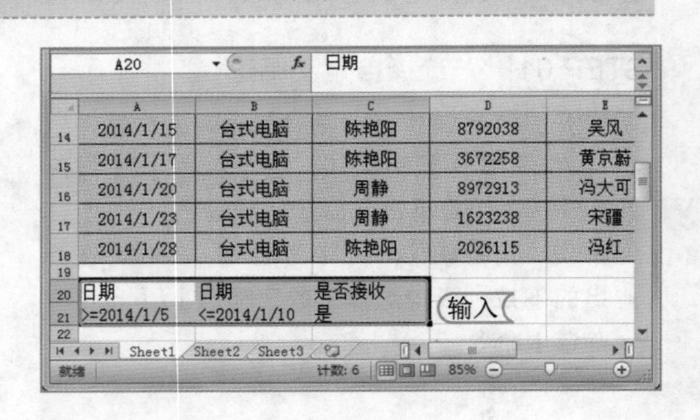

STEP 02：设置筛选区域

1. 选择数据列表中的任意单元格，再选择【数据】/【排序和筛选】组，单击“高级”按钮，打开“高级筛选”对话框。
2. 选中 在原有区域显示筛选结果(F) 单选按钮，单击“列表区域”文本框右侧的按钮。打开“高级筛选 - 列表区域”对话框，在表格中选择 A2:G18 单元格列表区域。
3. 单击按钮。

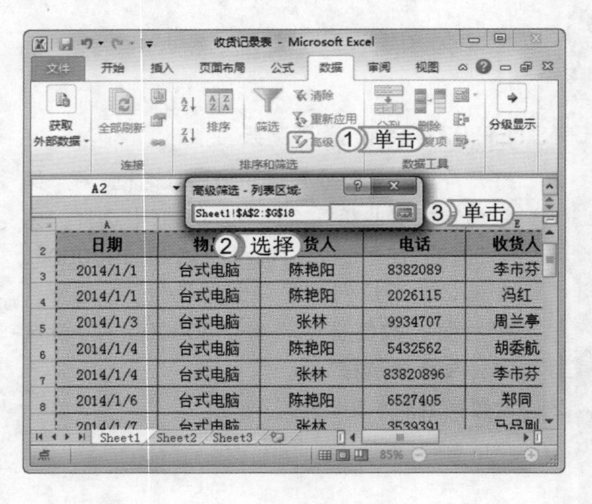

> **提个醒**
> 对于进行过筛选操作的工作簿，再次选择【数据】/【排序和筛选】组，单击“筛选”按钮可退出筛选状态。

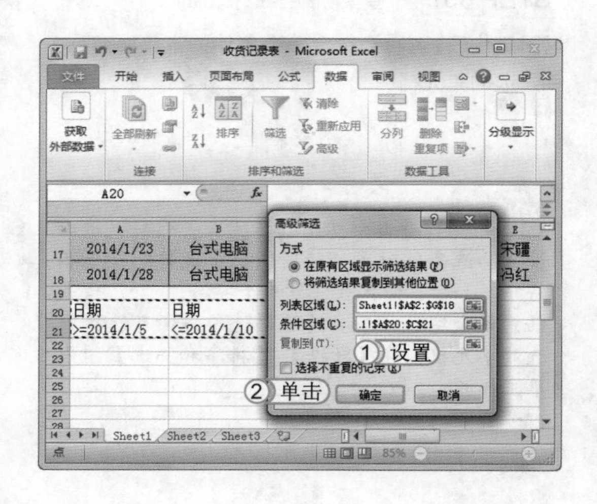

STEP 03：设置筛选条件区域

1. 返回打开的“高级筛选”对话框，使用同样的方法将“条件区域”设置为“$A$20:$C$21”单元格区域。
2. 单击 确定 按钮关闭该对话框。

> **提个醒**
> 若在“高级筛选”对话框中选中 将筛选结果复制到其他位置(O) 单选按钮，在“复制到”文本框中可选择放置筛选结果的单元格区域。若在“高级筛选”对话框中选中 选择不重复的记录(R) 复选框，则在表格中不能选择两个相同的记录。

STEP 04： 查看筛选结果

返回工作表，便可查看到符合筛选条件的收货记录。

收货记录表

日期	物品	发货人	电话	收货人	电话	是否接收
2014/1/7	台式电脑	张林	3539391	马品刚	3438563	是
2014/1/8	台式电脑	周静	9203464	张思意	3856463	是
2014/1/9	台式电脑	张林	3539391	马品刚	7886243	是

日期	日期	是否接收
>=2014/1/5	<=2014/1/10	是

6.3.3 数据的分类汇总

数据的分类汇总功能可以将表格的内容按性质进行分类，再把性质相同的数据通过求和、求平均值、求最大值以及最小值等方式汇总到一起，以使表格的结构更加清晰，有时也可将分类汇总后的某些字段进行隐藏和显示，方便数据的查找和使用。

1. 创建数据的分类汇总

在 Excel 中如要对数据进行分类汇总，首先应对数据需分类的关键字进行排序，然后通过创建分类汇总对数据进行整合。下面在“超市销售记录表.xlsx”中按商品名称对每月的销量进行分类，并将各商品的销量之和进行统计，其具体操作如下：

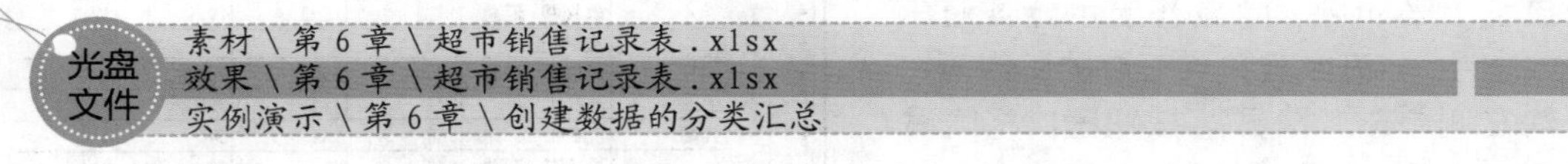

STEP 01： 排序汇总字段

打开“超市销售记录表.xlsx”工作簿，选择B列中的任一单元格，在【数据】/【排序和筛选】组单击“升序”按钮，在打开的对话框中单击 排序(S) 按钮。

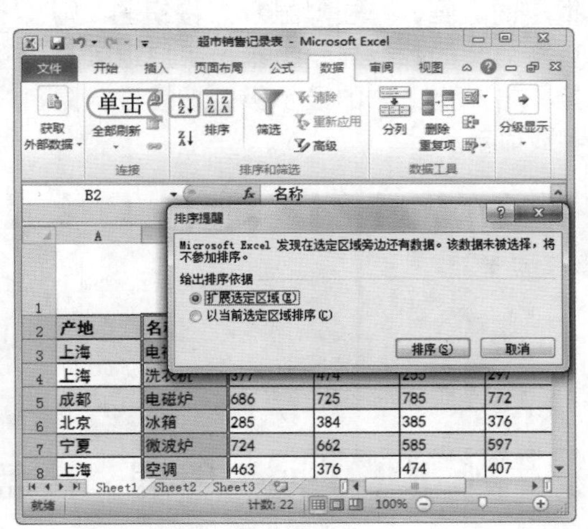

提个醒 需要注意的是，若为表格套用了表格样式，需要先将表格转换为普通区域才能进行分类汇总，其方法是：选择套用表格样式的区域，选择【设计】/【工具】组，单击 转换为区域 按钮，在打开的对话框中单击 确定 按钮即可。

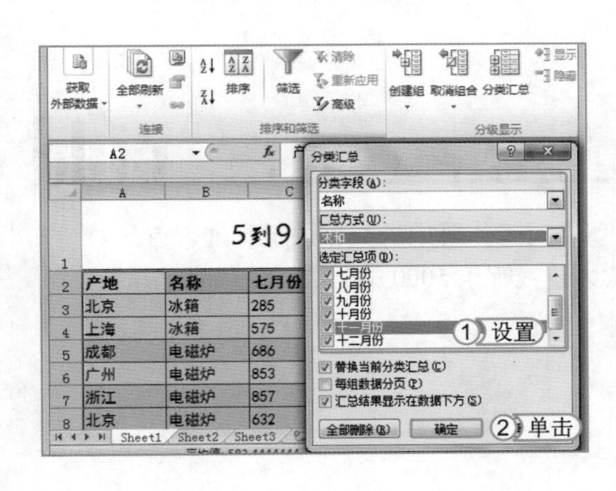

STEP 02： 设置分类汇总字段

1. 选择【数据】/【分级显示】组，单击“分类汇总”按钮。打开“分类汇总”对话框，在“分类字段”下拉列表框中选择“名称”选项。在“汇总方式”下拉列表框中选择“求和”选项，在“选定汇总项”列表中选中七月份到十二月份的复选框。
2. 单击 确定 按钮。

STEP 03： 查看汇总结果

返回工作簿，即可查看按商品名称进行分类汇总的效果。

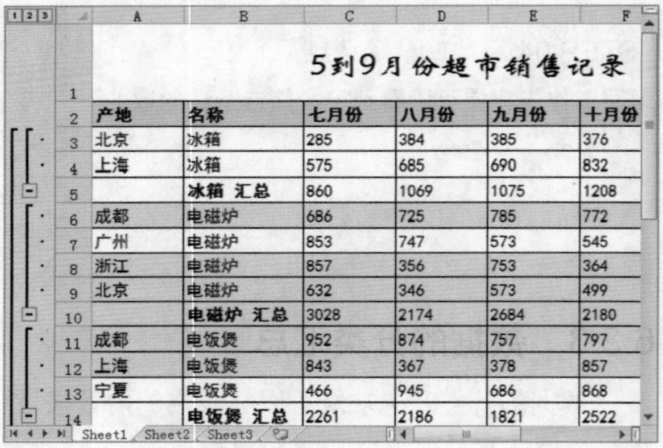

5到9月份超市销售记录

产地	名称	七月份	八月份	九月份	十月份
北京	冰箱	285	384	385	376
上海	冰箱	575	685	690	832
	冰箱 汇总	860	1069	1075	1208
成都	电磁炉	686	725	785	772
广州	电磁炉	853	747	573	545
浙江	电磁炉	857	356	753	364
北京	电磁炉	632	346	573	499
	电磁炉 汇总	3028	2174	2684	2180
成都	电饭煲	952	874	757	797
上海	电饭煲	843	367	378	857
宁夏	电饭煲	466	945	686	868
	电饭煲 汇总	2261	2186	1821	2522

提个醒 添加分类汇总后，若要删除分类汇总，可先打开进行了分类汇总的表格，选择【数据】/【分级显示】组，单击“分类汇总”按钮，再在打开的“分类汇总”对话框中单击 全部删除(R) 按钮，然后单击 确定 按钮即可取消创建的分类汇总。

2. 隐藏和显示分类汇总

如表格中的数据过多，创建分类汇总后，用户会发现表格很长，不利于查看，这时，可将不需要的数据进行隐藏。当需要查看所有数据时，再将隐藏的数据显示出来即可。隐藏和显示分类汇总的方法为：打开创建分类汇总的工作簿，在其左侧单击“隐藏”按钮，将隐藏相应的数据，单击“显示”按钮，则可将隐藏的数据显示出来。用户也可直接单击左侧上方的显示级别按钮进行隐藏或显示。

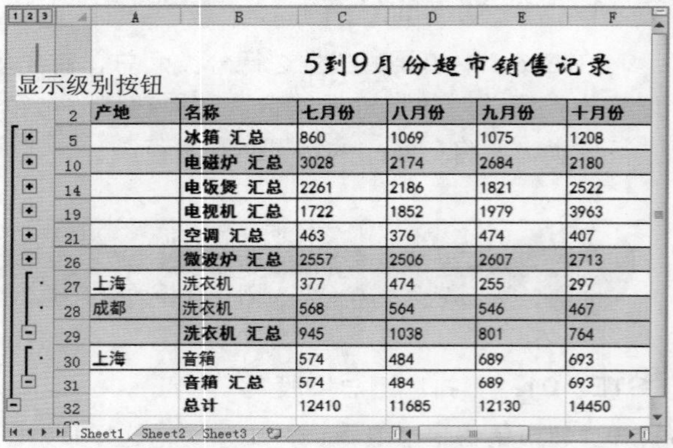

显示级别按钮

5到9月份超市销售记录

产地	名称	七月份	八月份	九月份	十月份
	冰箱 汇总	860	1069	1075	1208
	电磁炉 汇总	3028	2174	2684	2180
	电饭煲 汇总	2261	2186	1821	2522
	电视机 汇总	1722	1852	1979	3963
	空调 汇总	463	376	474	407
	微波炉 汇总	2557	2506	2607	2713
上海	洗衣机	377	474	255	297
成都	洗衣机	568	564	546	467
	洗衣机 汇总	945	1038	801	764
上海	音箱	574	484	689	693
	音箱 汇总	574	484	689	693
	总计	12410	11685	12130	14450

读书笔记

上机1小时 管理“楼盘销售信息表”工作簿中的数据

- 进一步熟悉自定义排序的方法。
- 进一步掌握使用高级筛选的方法。
- 进一步巩固分类汇总的操作方法。

本例将打开“楼盘销售信息表.xlsx”工作簿，对工作簿中的数据进行管理，首先对“开盘均价”进行从低到高排序，然后筛选出开盘价大于或等于5000的记录，最后对“开发公司”进行汇总，管理后的效果如下图所示。

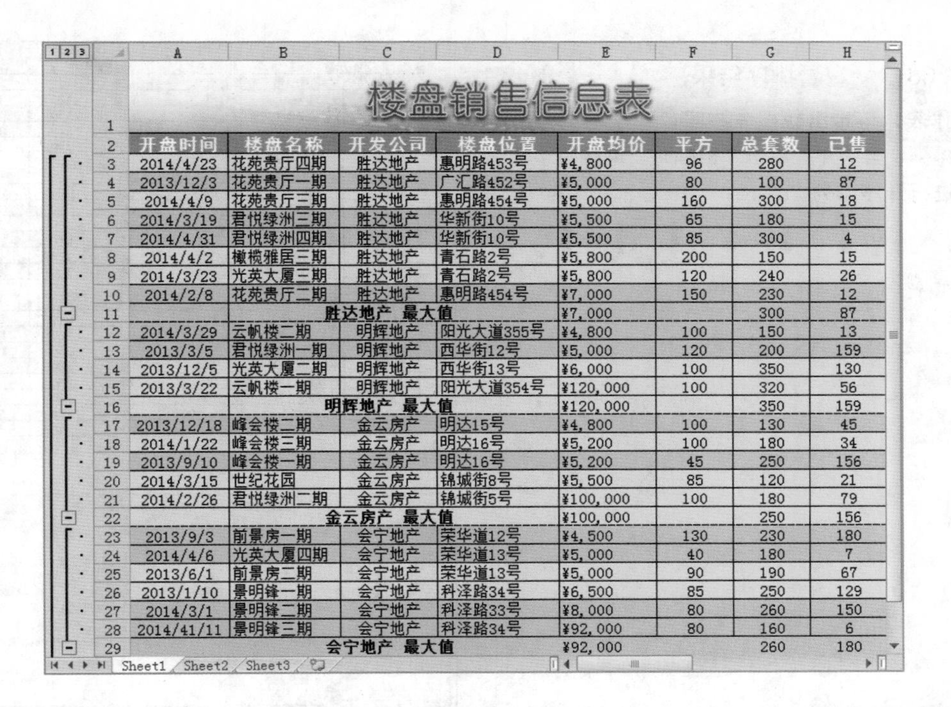

	A	B	C	D	E	F	G	H
1	楼盘销售信息表							
2	开盘时间	楼盘名称	开发公司	楼盘位置	开盘均价	平方	总套数	已售
3	2014/4/23	花苑贵厅四期	胜达地产	惠明路453号	¥4,800	96	280	12
4	2013/12/3	花苑贵厅一期	胜达地产	广汇路452号	¥5,000	80	100	87
5	2014/4/9	花苑贵厅三期	胜达地产	惠明路454号	¥5,000	160	300	18
6	2014/3/19	君悦绿洲三期	胜达地产	华新街10号	¥5,500	65	180	15
7	2014/4/31	君悦绿洲四期	胜达地产	华新街10号	¥5,500	85	300	4
8	2014/4/2	橄榄雅居三期	胜达地产	青石路2号	¥5,800	200	150	15
9	2014/3/23	光英大厦三期	胜达地产	青石路2号	¥5,800	120	240	26
10	2014/2/8	花苑贵厅二期	胜达地产	惠明路454号	¥7,000	150	230	12
11			胜达地产 最大值		¥7,000		300	87
12	2014/3/29	云帆楼二期	明辉地产	阳光大道355号	¥4,800	100	150	13
13	2013/3/5	君悦绿洲一期	明辉地产	西华街12号	¥5,000	120	200	159
14	2013/12/5	光英大厦二期	明辉地产	西华街13号	¥6,000	100	350	130
15	2013/3/22	云帆楼一期	明辉地产	阳光大道354号	¥120,000	100	320	56
16			明辉地产 最大值		¥120,000		350	159
17	2013/12/18	峰会楼二期	金云房产	明达15号	¥4,800	100	130	45
18	2014/1/22	峰会楼三期	金云房产	明达16号	¥5,200	100	180	34
19	2013/9/10	峰会楼一期	金云房产	明达16号	¥5,200	45	250	156
20	2014/3/15	世纪花园	金云房产	锦城街8号	¥5,500	85	120	21
21	2014/2/26	君悦绿洲二期	金云房产	锦城街5号	¥100,000	100	180	79
22			金云房产 最大值		¥100,000		250	156
23	2013/9/3	前景房一期	会宁地产	荣华道12号	¥4,500	130	230	180
24	2014/4/6	光英大厦四期	会宁地产	荣华道13号	¥5,000	40	180	7
25	2013/6/1	前景房二期	会宁地产	荣华道13号	¥5,000	90	190	67
26	2013/1/10	景明锋一期	会宁地产	科泽路34号	¥6,500	85	250	129
27	2014/3/1	景明锋二期	会宁地产	科泽路33号	¥8,000	80	260	150
28	2014/41/11	景明锋三期	会宁地产	科泽路34号	¥92,000	80	160	6
29			会宁地产 最大值		¥92,000		260	180

光盘文件
素材 \ 第 6 章 \ 楼盘销售信息表 .xlsx
效果 \ 第 6 章 \ 楼盘销售信息表 .xlsx
实例演示 \ 第 6 章 \ 管理"楼盘销售信息表"工作簿中的数据

STEP 01：选择排序范围

打开"楼盘销售信息表 .xlsx"工作簿，选择 E2 单元格，选择【数据】/【排序和筛选】组，单击"排序"按钮。

读书笔记

STEP 02：设置排序条件

1. 打开"排序"对话框，在"列"栏中的"主要关键字"下拉列表框中选择"开盘均价"选项，在"次序"下拉列表框中选择"升序"选项。
2. 单击 添加条件(A) 按钮。
3. 在"次要关键字"下拉列表框中选择"总套数"选项，在"次序"下拉列表框中选择"升序"选项。
4. 单击 确定 按钮。

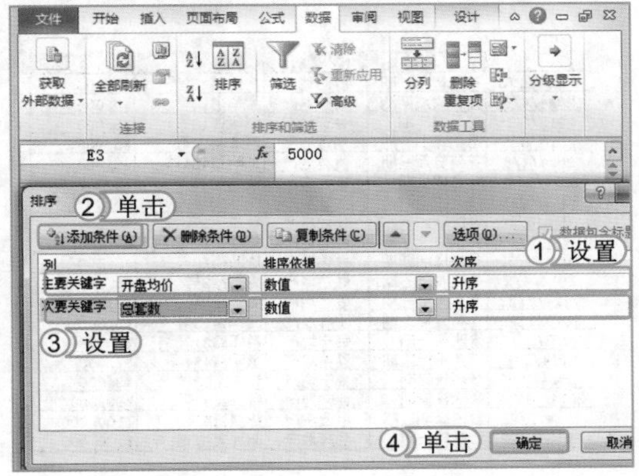

STEP 03： 查看排序结果

返回工作表，可看出数据先按照“开盘均价”进行升序排列，当“开盘均价”相等时，再按照“总套数”进行升序排列。

	C	D	E	F	G	H
2	开发公司	楼盘位置	开盘均价	平方	总套数	已售
3	会宁地产	荣华道12号	¥4,500	130	230	180
4	金云房产	明达15号	¥4,800	100	130	45
5	明辉地产	阳光大道355号	¥4,800	100	150	13
6	胜达地产	惠明路453号	¥4,800	96	280	12
7	胜达地产	广汇路452号	¥5,000	80	100	87
8	会宁地产	荣华道13号	¥5,000	40	180	7
9	会宁地产	荣华道13号	¥5,000	90	190	67
10	明辉地产	西华街12号	¥5,000	120	200	159
11	胜达地产	惠明路454号	¥5,000	160	300	18
12	金云房产	明达16号	¥5,200	100	180	34
13	金云房产	明达16号	¥5,200	45	250	156
14	金云房产	锦城街8号	¥5,500	85	120	21
15	胜达地产	华新街10号	¥5,500	65	180	15
16	胜达地产	华新街10号	¥5,500	85	300	4
17	胜达地产	青石路2号	¥5,800	200	150	15
18	胜达地产	青石路2号	¥5,800	120	240	26
19	明辉地产	西华街13号	¥6,000	100	350	130
20	会宁地产	科泽路34号	¥6,500	85	250	129
21	胜达地产	惠明路454号	¥7,000	150	230	12
22	会宁地产	科泽路33号	¥8,000	80	260	150
23	会宁地产	科泽路34号	¥92,000	80	160	6
24	金云房产	锦城街5号	¥100,000	100	180	79
25	明辉地产	阳光大道354号	¥120,000	100	320	56

STEP 04： 输入判断条件

返回“楼盘销售信息表.xlsx”工作簿，在A27:A28单元格区域中分别输入筛选的条件，这里输入“开盘均价”和“>=5000”。

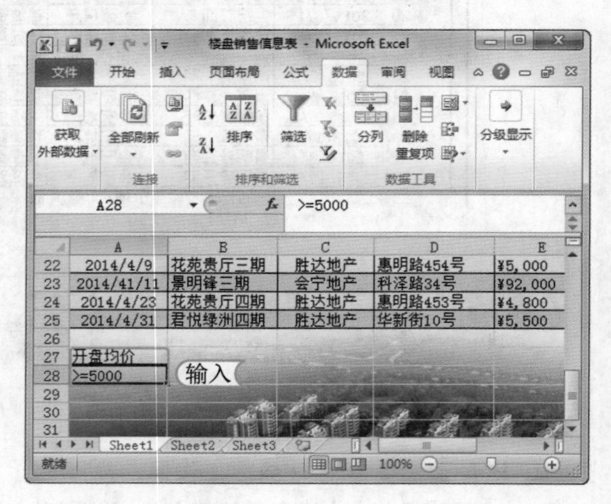

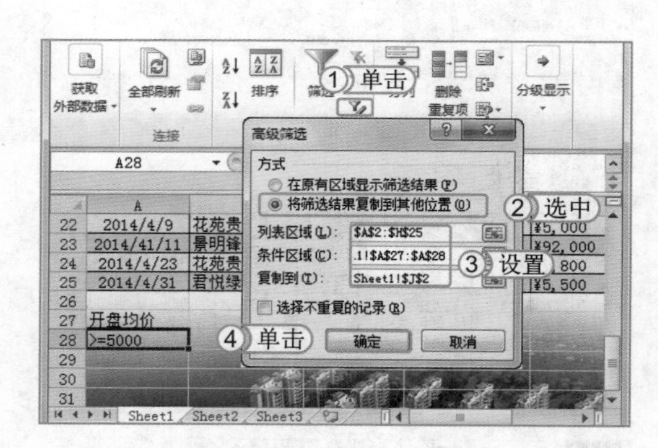

STEP 05： 设置筛选区域

1. 选择数据列表中的任意单元格，再选择【数据】/【排序和筛选】组，单击“高级”按钮，打开“高级筛选”对话框。
2. 在对话框中选中 将筛选结果复制到其他位置(O) 单选按钮。
3. 设置“列表区域”为A2:H25单元格列表区域。设置“条件区域”为A27:A28单元格区域，设置“复制到”区域为J2单元格。
4. 单击 确定 按钮关闭该对话框。

	J	K	L	M	N
2	开盘时间	楼盘名称	开发公司	楼盘位置	开盘均价
3	2013/12/3	花苑贵厅一期	胜达地产	广汇路452号	¥5,000
4	2014/4/6	光英大厦四期	会宁地产	荣华道13号	¥5,000
5	2013/6/1	前景房二期	会宁地产	荣华道13号	¥5,000
6	2013/3/5	君悦绿洲一期	明辉地产	西华街12号	¥5,000
7	2014/4/9	花苑贵厅三期	胜达地产	惠明路454号	¥5,000
8	2014/1/22	峰会楼三期	金云房产	明达16号	¥5,200
9	2013/9/10	峰会楼一期	金云房产	明达16号	¥5,200
10	2014/3/15	世纪花园	金云房产	锦城街8号	¥5,500
11	2014/3/19	君悦绿洲三期	胜达地产	华新街10号	¥5,500
12	2014/4/31	君悦绿洲四期	胜达地产	华新街10号	¥5,500
13	2014/4/2	橄榄雅居二期	胜达地产	青石路2号	¥5,800
14	2014/3/23	光英大厦三期	胜达地产	青石路2号	¥5,800
15	2013/12/5	光英大厦二期	明辉地产	西华街13号	¥6,000
16	2013/1/10	景明锋一期	会宁地产	科泽路34号	¥6,500
17	2014/2/8	花苑贵厅二期	胜达地产	惠明路454号	¥7,000
18	2014/3/1	景明锋二期	会宁地产	科泽路33号	¥8,000
19	2014/41/11	景明锋三期	会宁地产	科泽路34号	¥92,000
20	2014/2/26	君悦绿洲二期	金云房产	锦城街5号	¥100,000
21	2013/3/22	云帆楼一期	明辉地产	阳光大道354号	¥120,000

STEP 06： 查看筛选效果

返回工作表，可看出数据按照筛选的条件在筛选出开盘均价大于或等于5000的相关数据。

STEP 07：排序汇总字段

1. 选择 C2 单元格，在【数据】/【排序和筛选】组单击“降序”按钮进行排序。
2. 选择【数据】/【分级显示】组，单击“分类汇总”按钮。

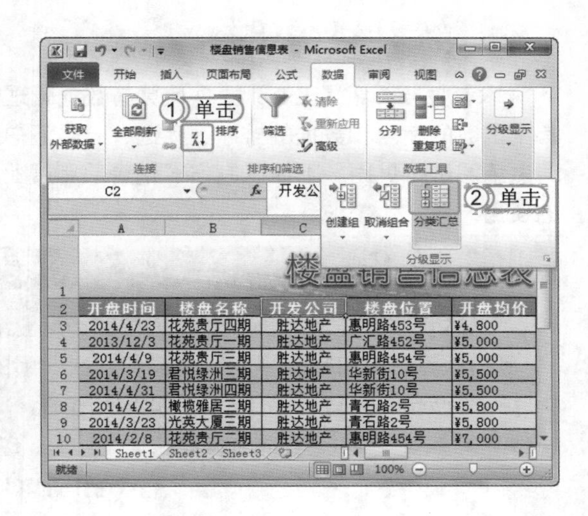

提个醒

为分类字段排序的目的是将同一类别数据放置在一起，若不将分类汇总的字段进行排序，则同一类别的汇总结果将会分散显示，不利于用户查看数据。

STEP 08：设置分类汇总字段

1. 打开“分类汇总”对话框，在“分类字段”下拉列表框中选择“开发公司”选项。在“汇总方式”下拉列表框中选择“最大值”选项，在“选定汇总项”中选中“开盘均价、总套数、已售”复选框。
2. 单击 确定 按钮。

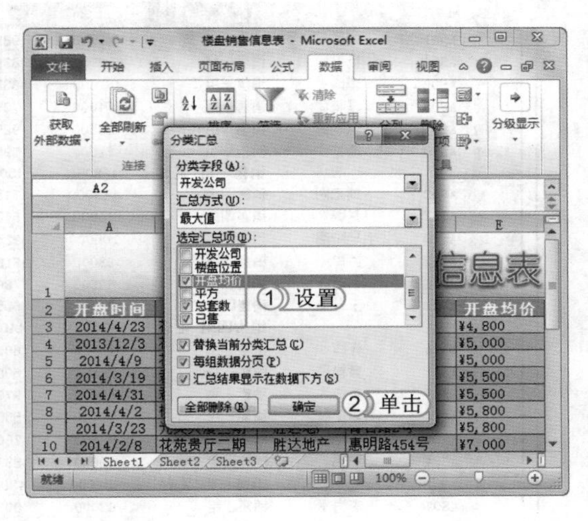

提个醒

分类汇总的结果默认显示在数据下方，若要将其显示在数据上方，可在“分类汇总”对话框中取消选中 汇总结果显示在数据下方(S) 复选框。

楼盘销售信息表

	楼盘名称	开发公司	楼盘位置	开盘均价	平方	总套数
3	花苑贵厅四期	胜达地产	惠明路453号	¥4,800	96	280
4	花苑贵厅一期	胜达地产	广汇路452号	¥5,000	80	100
5	花苑贵厅三期	胜达地产	惠明路454号	¥5,000	160	300
6	君悦绿洲三期	胜达地产	华新街10号	¥5,500	65	180
7	君悦绿洲四期	胜达地产	华新街10号	¥5,500	85	300
8	橄榄雅居三期	胜达地产	青石路2号	¥5,800	200	150
9	光英大厦三期	胜达地产	青石路2号	¥5,800	120	240
10	花苑贵厅二期	胜达地产	惠明路454号	¥7,000	150	230
11	胜达地产 最大值			¥7,000		300
12	云帆楼二期	明辉地产	阳光大道355号	¥4,800	100	150
13	君悦绿洲一期	明辉地产	西华街12号	¥5,000	120	200
14	光英大厦二期	明辉地产	西华街13号	¥6,000	100	350
15	云帆楼一期	明辉地产	阳光大道354号	¥120,000	100	320
16	明辉地产 最大值			¥120,000		350
17	峰会楼二期	金云房产	明达15号	¥4,800	100	130
18	峰会楼三期	金云房产	明达16号	¥5,200	100	180
19	峰会楼一期	金云房产	明达16号	¥5,200	45	250
20	世纪花园	金云房产	锦城街8号	¥5,500	85	120
21	君悦绿洲二期	金云房产	锦城街5号	¥100,000	100	180
22	金云房产 最大值			¥100,000		250
29	会宁地产 最大值			¥92,000		260
30	总计最大值			¥120,000		350

STEP 09：隐藏与显示数据

返回工作表可看到按开发公司进行分类汇总的结果，在其左侧单击“隐藏”按钮，将隐藏相应的数据；单击“显示”按钮，则可将隐藏的数据显示出来。查看完成后保存工作簿完成本例的操作。

读书笔记

6.4 练习 1 小时

本章主要介绍了 Excel 数据计算与数据管理的相关知识，包括使用公式和函数计算数据、常用函数的使用和数据的排序、筛选、分类汇总。要想在工作中熟练地应用这些知识，还需要通过练习进行巩固。下面以制作“销售部年度业绩统计表”工作簿为例，进一步巩固这些知识的使用方法。

计算与管理“销售部年度业绩统计表”工作簿

本例将首先应用函数对“销售部年度业绩统计表.xlsx”工作簿中的数据进行计算，包括计算总销售额、平均销售额和判断业绩的情况，然后筛选出优秀的小组，最后按小组进行分类汇总，其最终效果如下图所示。

	A	B	C	D	E	F	G	H	I	J
1	销售部年度业绩统计表									
2	员工编号	员工姓名	员工分组	第一季度	第二季度	第三季度	第四季度	总销售额	平均销售额	业绩评价
3	AS01	刘丽	销售一组	79500	98500	68000	100000	346000	138400	良好
4	AS04	杨丹	销售一组	82050	63500	90500	97000	333050	133220	良好
5	AS05	李成	销售一组	87500	63500	67500	98500	317000	126800	良好
6	AS08	程晓丽	销售一组	74000	72500	85600	94000	326100	130440	良好
7	AS13	李晓丽	销售一组	68500	92500	95500	98000	354500	141800	优秀
8	AS20	潘艺	销售一组	71500	59500	88000	63000	282000	112800	合格
9			销售一组 汇总	463050	450000	495100	550500	1958650	783460	
10	AS02	刘志刚	销售四组	112000	74500	63000	68000	317500	127000	良好
11	AS03	赵鹏	销售四组	76000	63500	85000	81000	305500	122200	良好
12	AS10	马晓燕	销售四组	100000	93500	76000	73000	342500	137000	良好
13	AS12	卢肖	销售四组	93000	71500	92000	96500	353000	141200	优秀
14	AS16	李诗诗	销售四组	82500	78000	81000	96500	338000	135200	良好
15	AS22	王守信	销售四组	86500	65500	67500	70500	290000	116000	合格
16			销售四组 汇总	550000	446500	464500	485500	1946500	778600	
17	AS06	许辉	销售三组	76000	60500	68050	85000	289550	115820	合格
18	AS11	黄艳霞	销售三组	75500	60500	85000	58000	279000	111600	不合格
19	AS17	黄海生	销售三组	68000	97500	61000	58000	284500	113800	合格
20	AS18	李丽霞	销售三组	81000	55500	61000	100500	298000	119200	合格
21	AS21	任建胜	销售三组	97500	76000	72000	92500	338000	135200	良好
22	AS24	王鹤	销售三组	69000	89500	92500	73000	324000	129600	良好
23			销售三组 汇总	467000	439500	439550	467000	1813050	725220	
24	AS07	李肖军	销售二组	63000	99500	78500	63150	304150	121660	良好
25	AS09	卢肖燕	销售二组	72500	74500	60500	87000	294500	117800	合格
26	AS14	刘大为	销售二组	85500	71000	99500	89500	345500	138200	良好
27	AS15	范俊逸	销售二组	97000	75500	73000	81000	326500	130600	良好
28	AS19	李国明	销售二组	75000	71000	86000	60500	292500	117000	合格
29	AS23	顾佳	销售二组	75500	62500	87000	94500	319500	127800	良好
30			销售二组 汇总	468500	454000	484500	475650	1882650	753060	

Sheet1 Sheet2 Sheet3

光盘文件

素材\第 6 章\销售部年度业绩统计表.xlsx

效果\第 6 章\销售部年度业绩统计表.xlsx

实例演示\第 6 章\计算与管理“销售部年度业绩统计表”工作簿

读书笔记

第7章 分析 Excel 表格数据

学习 2 小时

Excel 除计算数据外，还可对输入的数据进行分析。通过 Excel 的分析功能，可以使用户对输入的数据更好地进行统计查看。对 Excel 表格中的数据进行分析，一般都是通过图表、数据透视表和数据透视图进行的。

- 使用图表分析数据
- 使用数据透视表和数据透视图

上机 3 小时

7.1 使用图表分析数据

在进行大量数据计算和统计的工作表中，可以使用图表将表格中的数据最直观地表现出来，如公司产品的销售情况，天气变化情况等，在 Excel 中创建和编辑图表是用户必须掌握的技能，下面将分别对创建和编辑图表的相关知识进行介绍。

学习 1 小时

- 认识并掌握创建图表的方法。
- 掌握添加并设置趋势线的方法。
- 学习如何更改图表布局。
- 学习设置各部分的格式来美化图表的方法。
- 掌握隐藏或显示图表各元素的方法。
- 掌握添加并编辑误差线的方法。
- 掌握调整图表位置和大小的方法。

7.1.1 认识并创建图表

图表是分析数据的得力助手，但在使用图表之前，首先需了解这些图表元素的含义，以便数据的查看与分析。此外，还需要了解图表的类型，以知道什么样式的图表适合分析什么类型的数据，最后再创建需要的图表。

1. 认识图表元素

图表是一种包含了很多元素的图形，这些元素都是根据表格中的数据得来的，如数据系列、坐标轴（分类轴和数值轴）、图表区、网格线和图例等内容，如下图所示。

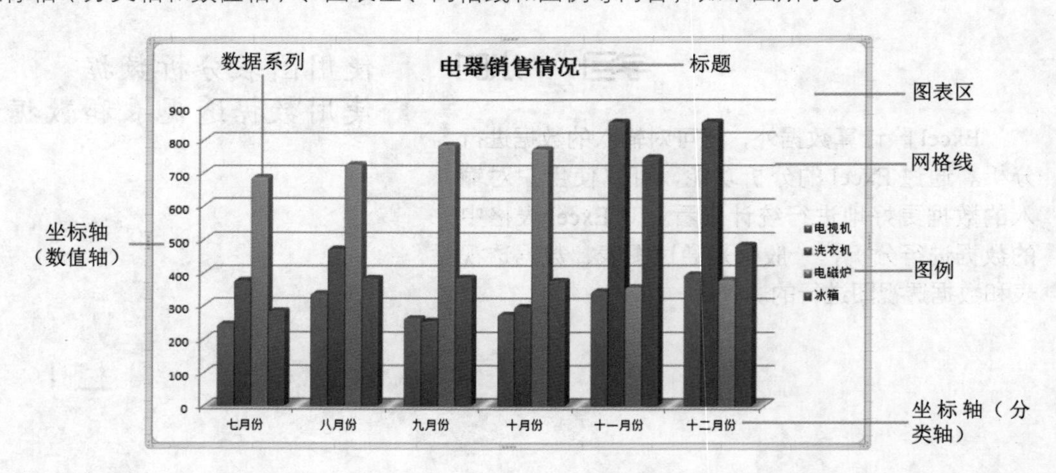

这些内容可能会根据不同的图表样式，而呈现不同的样式或放置在不同的位置，但其中的作用和功能基本都相同，下面分别进行介绍。

- 标题：图表标题可对图表起到总结和提纲挈领的作用，是图表的中心思想。
- 数据系列：是对表格中数据的一种直观表达，会随着表格中数据的变化而变化，同时也是图表内容的主体。
- 坐标轴：它分为横坐标轴和纵坐标轴。一般来说横坐标轴（X 轴）是分类轴，主要用于对项目进行分类；纵坐标轴（Y 轴）为数值轴，主要用于显示数据大小。

- 图表区：包括数据系列、坐标轴和网格线。也就是描绘图形的区域，其形状会随着图表样式和表格数据的变化而变化。
- 网格线：它是将数据系列以数值轴为准线进行相应的度量的线条。网格线之间的间距默认是等距离，但也可根据实际需要进行相应的调整。
- 图例：用不同色块对应图表中相应颜色的数据系列所代表的含义。

2. 认识常用图表

Excel 2010 自带有丰富的图表样式，各种图表各有特点，适用于不同的场合。为了更好地分析数据，用户需要对常见的图表类型进行掌握，包括柱形图、折线图、饼图和条形图等，下面分别进行介绍。

- 柱形图：柱形图是显示某段时间内数据的变化或进行数据之间比较的图表。柱形图包含二维柱形图、三维柱形图、圆柱图、圆锥图和棱锥图 5 种类型。每个类型下面又包含有多种图表。如下图所示为根据表格创建的柱形图，通过该柱形图可对每位员工的销售额进行对比，并快速看到最高销售额和最低销售额。

销售部年度业绩统计表

员工姓名	第一季度	第二季度	第三季度	第四季度
刘丽	79500	98500	68000	100000
杨丹	82050	63500	90500	97000
李成	87500	63500	67500	98500
程晓丽	74000	72500	85600	94000
李晓丽	68500	92500	95500	98000
潘艺	71500	59500	88000	63000
刘志刚	112000	74500	63000	68000
赵鹏	76000	63500	85000	81000

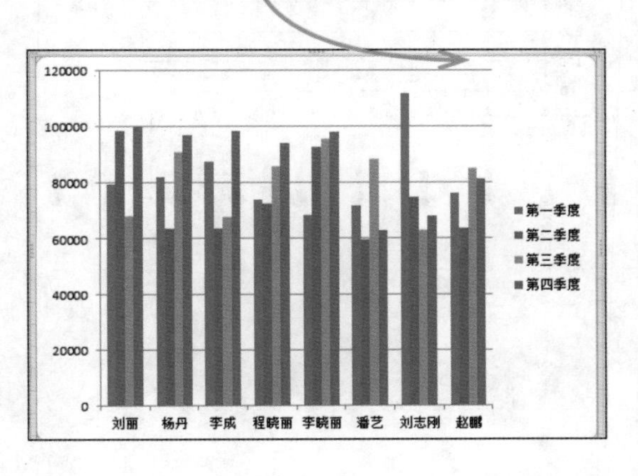

- 折线图：折线图通常用于显示随时间而变化的连续数据，尤其适用于显示在相等时间间隔下数据的趋势，可直观地显示数据的走势情况，清晰地反映出数据是递增还是递减，以及递增或递减的规律、周期性和峰值等情况。同样也可用来分析多组数据随时间变化的相互作用和相互影响。折线图包含二维折线图和三维折线图两种类型，每个类型下面又包含有多种图表。如下图所示的折线图，可以看出一个地区在一年中的销售额变化。

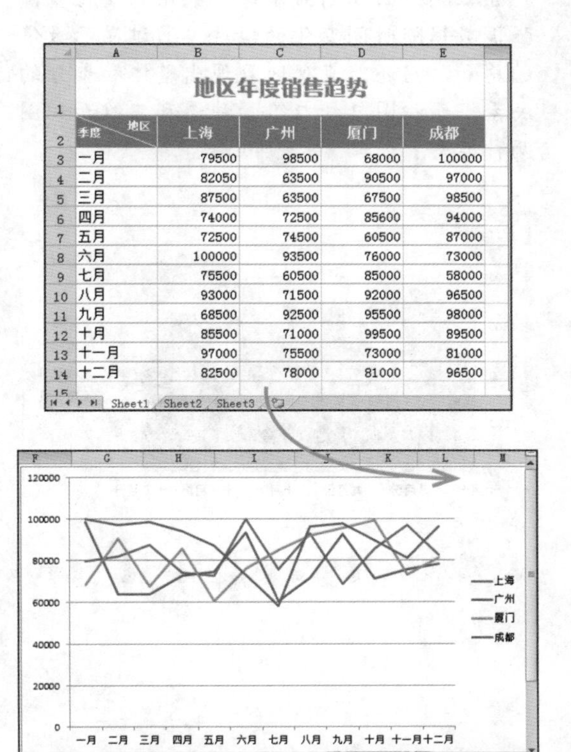

地区年度销售趋势

季度 \ 地区	上海	广州	厦门	成都
一月	79500	98500	68000	100000
二月	82050	63500	90500	97000
三月	87500	63500	67500	98500
四月	74000	72500	85600	94000
五月	72500	74500	60500	87000
六月	100000	93500	76000	73000
七月	75500	60500	85000	58000
八月	93000	71500	92000	96500
九月	68500	92500	95500	98000
十月	85500	71000	99500	89500
十一月	97000	75500	73000	81000
十二月	82500	78000	81000	96500

饼图：饼图就是将一个圆饼划分为若干个扇形，每个扇形代表数据系列中的一项数据值，通常用于显示数据系列中的项目和该项目数值总和的比例关系。它包括二维饼图和三维饼图两种形式，其中的数据点显示为整个饼图的百分比，如下图所示。使用饼图时，需要注意的是饼图通常只用一组数据系列作为源数据，而且要避免有负值、零值等情况。

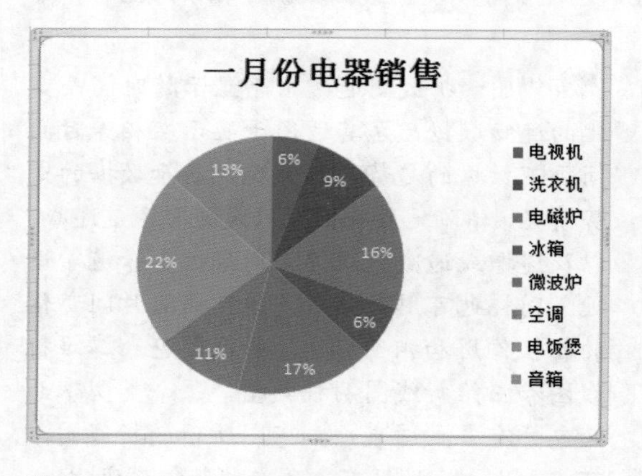

条形图：条形图类似于柱形图旋转90°后的效果，与柱形图作用相似，它使用水平的横条来表示数据值的大小，突出各项目之间数据的差异，强调在特定时间点上的分类轴和数值的比较，用来描绘各项目之间数据差别情况的图表。条形图包括二维条形图、三维条形图、圆柱图、圆锥图和棱锥图5种子类型。

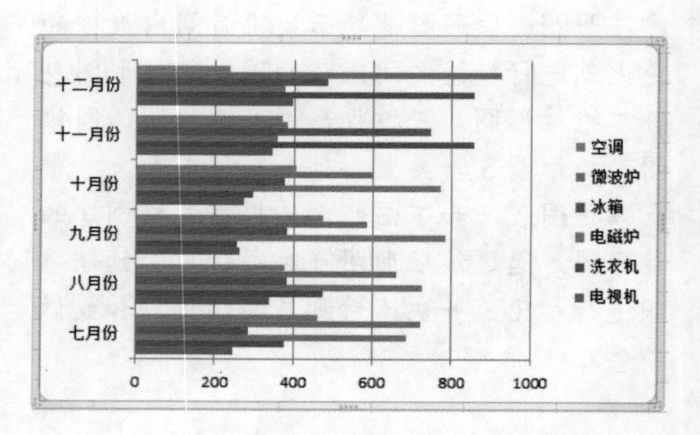

面积图：面积图显示每个数值的变化量，强调数据随时间变化的幅度。通过显示数值的总和，它还能直观地表现出整体和部分的关系。面积图包括二维面积图和三维面积图两种类型。

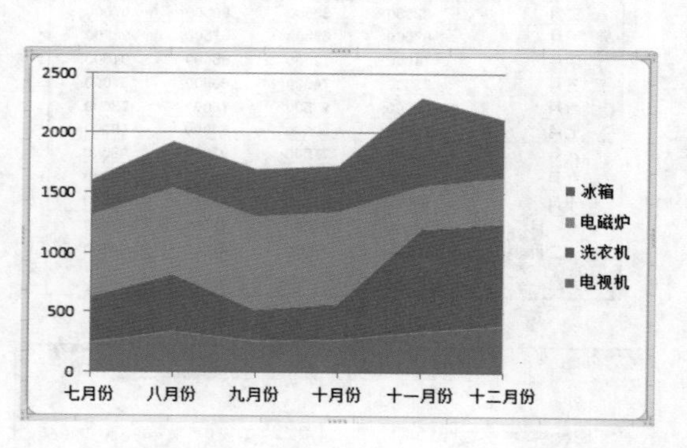

散点图：散点图与折线图类似，它用于显示一个或多个数据系列在某种条件下的变化趋势。散点图中包括散点图、平滑线散点图、无数据点平滑线散点图、折线散点图和无数据点折线散点图5种类型。

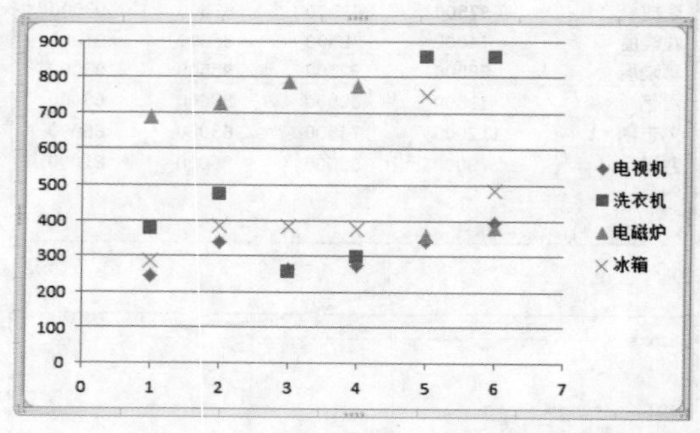

经验一箩筐——认识其他图表

除了上面介绍的图表外，用户还可对其他图表类型进行认识。这些图表虽然使用频率稍微低一些，但也是相当重要的，不能忽视。如股价图、曲面图、圆环图、气泡图和雷达图等，其中，股价图是主要表现股票走势的图形；曲面图是主要以平面显示数据的变化趋势，用不同的颜色和图案表示在同一数据范围内的区域；圆环图是用来表示数据间的比例关系，可以包括多个数据系列；气泡图实际上是在散点图的基础上添加了数据系列，气泡图中的两个轴都是数值轴，没有分类轴；雷达图是用于显示数据中心点和数据类别间的变化趋势，各个分类都拥有属于自己由中点向外辐射的，并由折线将同一系列中的数据值连接起来的坐标轴。

3. 创建图表

认识图表的组成元素和常用类型后，用户即可选择表格中的数据创建合适的图表。下面在“一季度各地区销售情况.xlsx”工作簿中创建一个二维簇状柱形图，其具体操作如下：

光盘文件

素材\第7章\一季度各地区销售情况.xlsx
效果\第7章\一季度各地区销售情况.xlsx
实例演示\第7章\创建图表

STEP 01：选择插入的图表

打开“一季度各地区销售情况.xlsx”工作簿，选择A2:D15单元格区域，选择【插入】/【图表】组，单击“柱形图”按钮，在弹出的下拉列表中选择“三维簇状柱形图”选项。

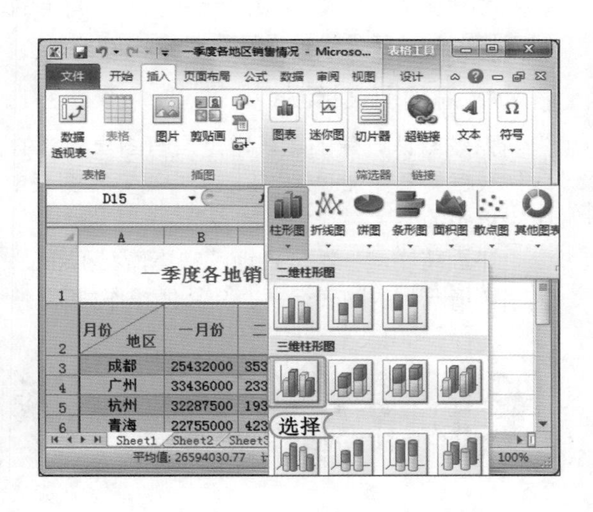

提个醒

在Excel 2010中，除了可通过【插入】/【图表】组创建图表，还可通过“插入图表”对话框来创建图表。其方法是：单击【插入】/【图表】组右下角的“其他图表”按钮，在弹出的下拉列表中选择“所有图表类型”选项，即可打开“插入图表”对话框，在其中选择需要的图表类型后，单击 确定 按钮即可插入。

STEP 02：查看插入的图表

返回工作表即可看见创建的三维簇状柱形图，创建的图表包括图表区、图例、数据系列以及坐标轴等元素。

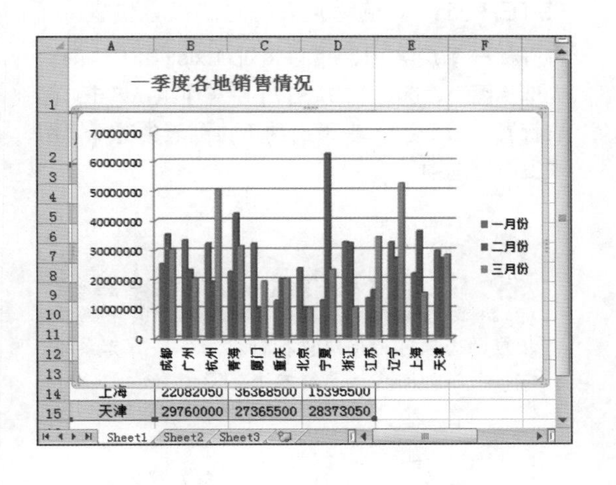

提个醒

插入图表后，图表中的数据与表格中的数据存在动态联系的关系，当一方的数据发生变化后，另一方也会随着变化。若选择图表，在源数据区域将会把图表涉及的单元格框选起来，使用鼠标拖动该框线，可更改图表的数据显示范围。

问题小贴士

问：如果对创建的图表类型不满意或是创建的图表类型不能很好地将抽象的数据直观化，该怎么办呢？

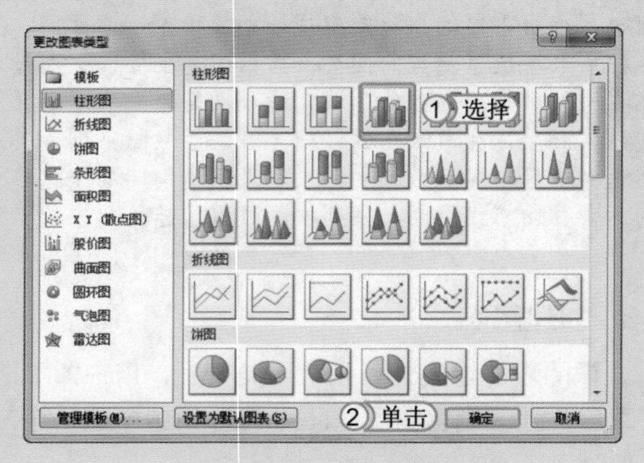

答：可以通过“更改图表类型”按钮直接更改图表，其方法是：单击选择图表，选择【设计】/【类型】组，单击“更改图表类型”按钮，打开“更改图表类型”对话框，在其中选择合适的图表，单击确定按钮即可。

7.1.2 隐藏或显示图表各元素

创建图表后，图表中的元素并不是固定的，用户可根据需要将其显示或隐藏起来，下面对表格中常见元素进行显示或隐藏。

1. 添加图表标题

系统默认创建的图表中是没有图表标题的，在使用图表分析数据时，带有标题的图表可以使数据关系更加明确。所以用户需要在图表中手动添加图表标题，为了让图表整体更加美观，可对标题的格式进行相应的设置。

下面将在“一季度各地区销售情况 1.xlsx”工作簿中为创建的图表添加名为“一季度各地区销售情况”的图表标题，其具体操作如下：

光盘文件
素材 \ 第 7 章 \ 一季度各地区销售情况 1. xlsx
效果 \ 第 7 章 \ 一季度各地区销售情况 1. xlsx
实例演示 \ 第 7 章 \ 添加图表标题

STEP 01： 选择图表标题的放置位置

打开“一季度各地区销售情况 1.xlsx”工作簿，先选择图表，选择【布局】/【标签】组，单击“图表标题”按钮，在弹出的下拉列表中选择“图表上方”选项。

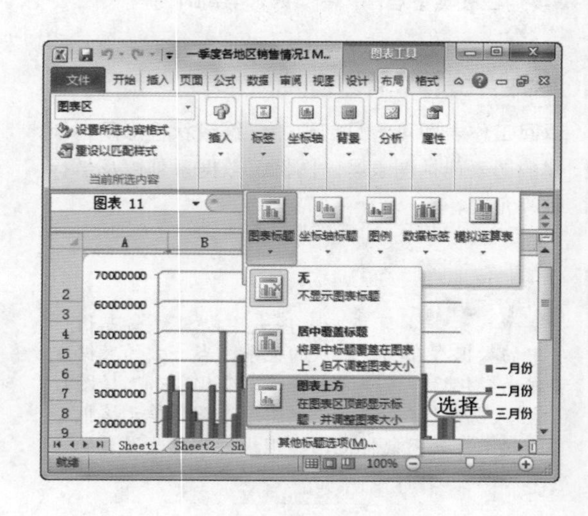

提个醒

若在【布局】/【标签】组中单击“坐标轴标题”按钮，在弹出的下拉列表中选择相应的选项可为横纵坐标轴添加标题，其添加方法与添加图表标题的方法类似。

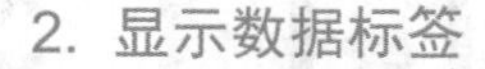

STEP 02： 设置添加的标题

在编辑栏中输入图表标题，这里输入“一季度各地区销售情况”文本，将鼠标光标定位到图表标题文本框中，拖动鼠标选择标题文本，在【开始】/【字体】组将文本的字号设置为“20”、字体设置为“微软雅黑”、文本颜色设置为“深红”，效果如右图所示。

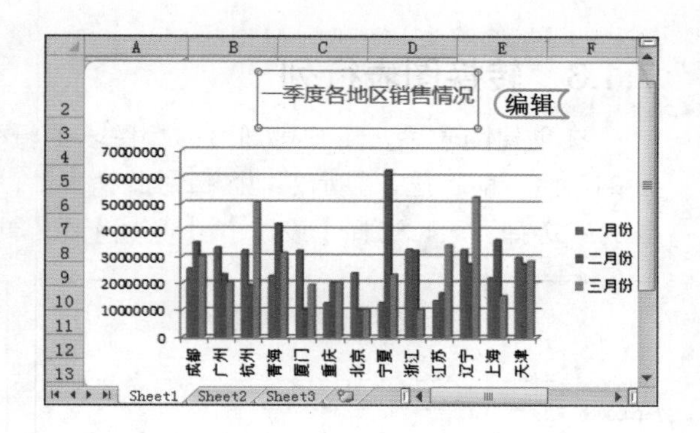

2. 显示数据标签

插入图表后，有些数据标签是不会显示的，这就需要我们手动来进行设置。显示数据标签的目的是为了让读者更加清晰地了解图表所表达的数据，不必花费精力来查看具体的数据。显示数据标签的方法是：先选择图表，选择【布局】/【标签】组，单击“数据标签”按钮，在弹出的下拉列表中选择“显示”选项。若要隐藏数据标签，选择“无”选项即可。

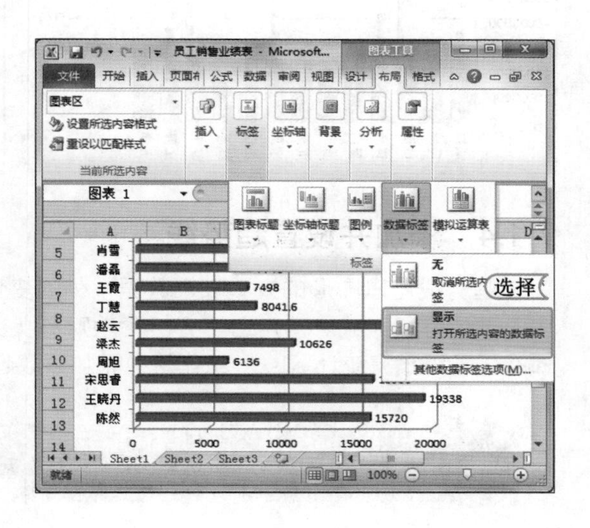

3. 隐藏网格线

创建的图表默认都存在网格线，如果用户不需要这些网格线，可将其隐藏起来以满足实际需要。其方法为：先选择图表，再选择【布局】/【坐标轴】组，单击“网格线”按钮，在弹出的下拉列表中选择【主要横网格线】/【无】命令或选择【主要纵网格线】/【无】命令，即可将图表中所有的网格线隐藏起来，效果如下图所示。

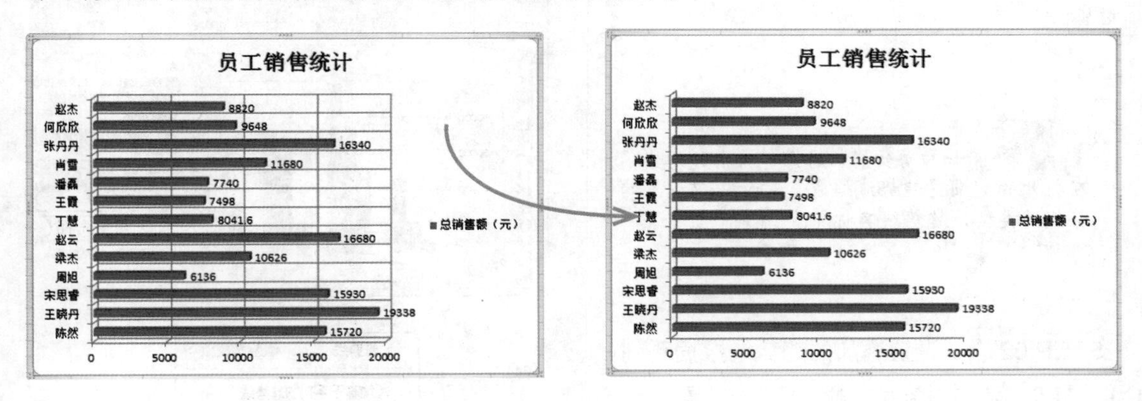

4. 隐藏或显示图表

图表中的元素可根据实际需要对其进行显示或隐藏，实际上图表也可进行显示或隐藏。选择图表后按 Ctrl+6 组合键可将其隐藏，再次按 Ctrl+6 组合键可将其显示出来。

7.1.3 转换图表行列

在创建图表后，用户可通过转换图表的行列，以从不同角度显示数据。如下图为转换前后的对比，前者重在显示各地区每月的销售量，后者重在显示每月各地区的销售量。其转换方法为：选择图表，选择【设计】/【数据】组，单击“切换行/列”按钮即可。

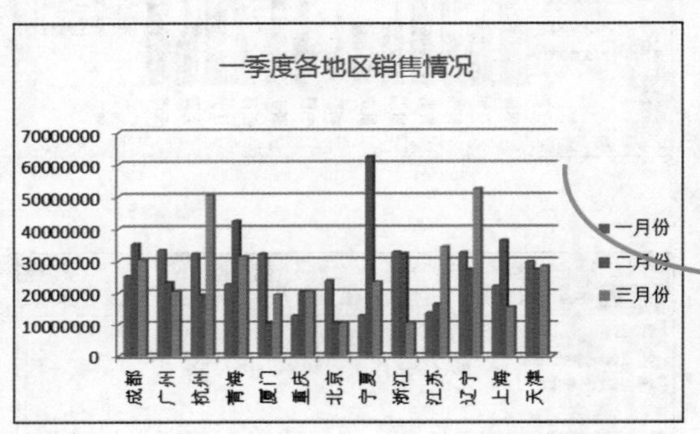

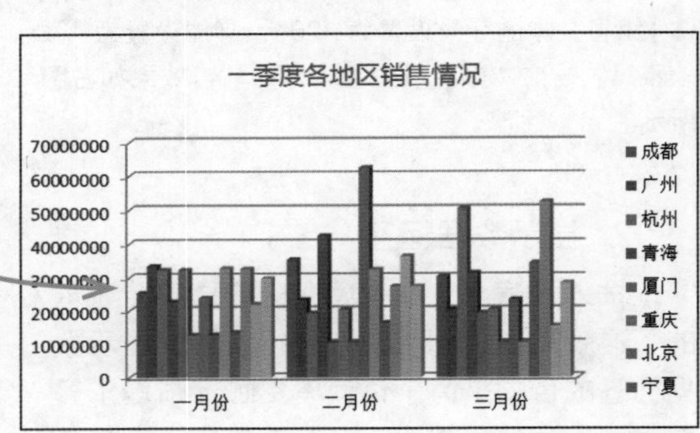

7.1.4 添加并设置趋势线

趋势线是以图形的方式表示数据系列的变化趋势，并对以后的数据进行预测，是工作表中重要的分析方式。使用它可分析各期财务状况和营业情况增减变化的性质与趋势方向。下面在“各组销售统计.xlsx”工作簿中添加指数趋势线，其具体操作如下：

光盘文件
素材\第7章\各组销售统计.xlsx
效果\第7章\各组销售统计.xlsx
实例演示\第7章\添加并设置趋势线

STEP 01： 选择趋势线类型

打开“各组销售统计.xlsx”工作簿，选择图表，再选择【布局】/【分析】组，单击“趋势线”按钮，在弹出的下拉列表中选择“指数趋势线”选项。

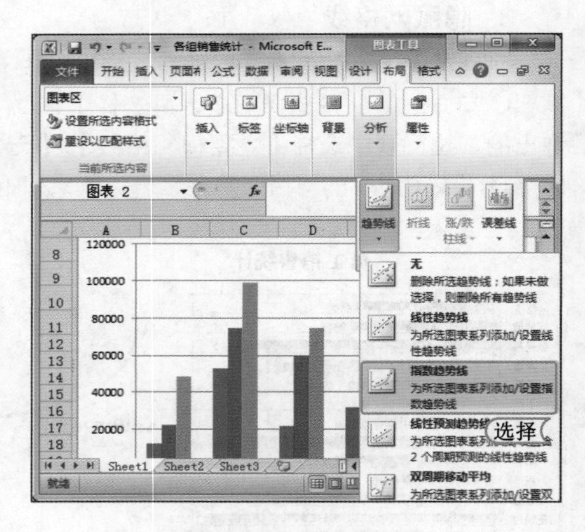

提个醒
添加趋势线后，用户可双击趋势线，在打开的“设置趋势线格式”对话框中设置趋势线的类型、趋势线名称等。

STEP 02： 设置添加的趋势线数据系列

1. 打开“添加趋势线”对话框，在“添加基于系列的趋势线”列表框中选择“三组”选项。
2. 单击 确定 按钮为所选的“三组”数据系列添加指数趋势线。

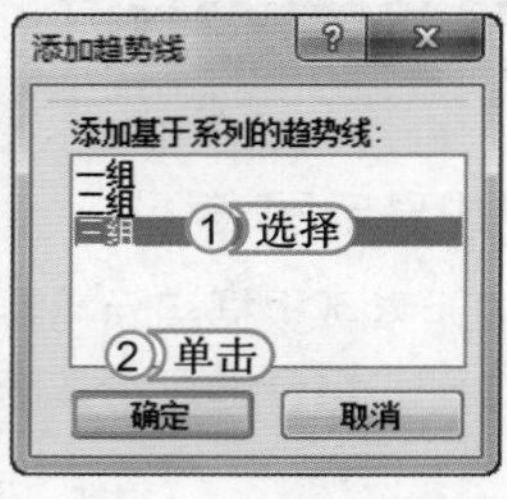

STEP 03： 查看添加的趋势线

返回工作簿，即可看到为“三组”的销售额数据添加的趋势线效果。

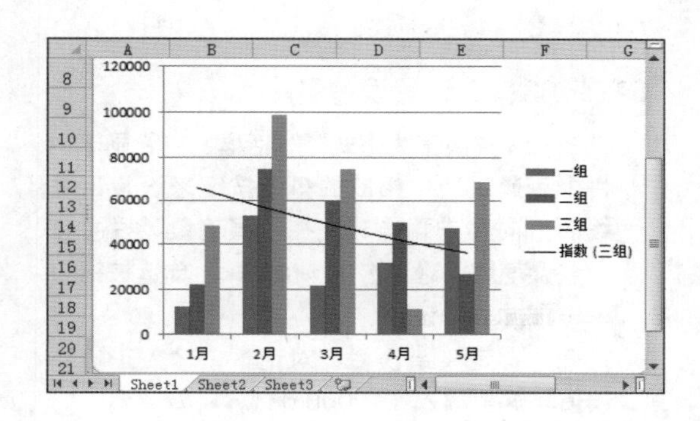

提个醒 当不需要趋势线时，可以将其从图表中删除，具体方法是：在图表中的趋势线上单击鼠标右键，在弹出的快捷菜单中选择“删除”命令。

7.1.5 添加并设置误差线

误差线用于显示相对序列中的每个数据标记的潜在误差或不确定度，通常运用在统计或科学记数法数据中。误差线分为标准误差误差线、百分比误差线、标准偏差误差线 3 种类型，用户可以根据需求对其进行选择，它们的区别如下。

- 标准误差误差线：显示使用标准误差的所选图表系列的误差线。
- 百分比误差线：显示包含 5 % 值的所选图表系列的误差线。
- 标准偏差误差线：显示包含 1 个标准偏差的所选图表系列的误差线。

下面将在“各组销售统计 1.xlsx”工作簿的图表中添加正负偏差为“10000”的误差线，其具体操作如下：

光盘文件
素材 \ 第 7 章 \ 各组销售统计 1.xlsx
效果 \ 第 7 章 \ 各组销售统计 1.xlsx
实例演示 \ 第 7 章 \ 添加并设置误差线

STEP 01： 选择趋势线类型

打开“各组销售统计 1.xlsx”工作簿，选择图表，再选择【布局】/【分析】组，单击“误差线”按钮，在弹出的下拉列表中选择“其他误差线选项”选项。

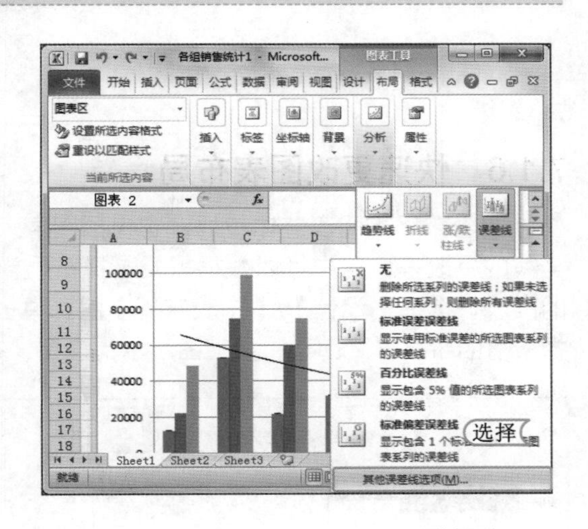

提个醒 在弹出的下拉列表中选择“标准误差误差线”选项，将快速为图表中各数据系列添加垂直轴的等差值误差线，在本例中为“20000”。

STEP 02： 设置添加误差线的数据系列

1. 打开“添加误差线”对话框，在“添加基于系列的误差线”列表框中选择“一组”选项。
2. 单击 确定 按钮为所选的“一组”数据系列添加误差线。

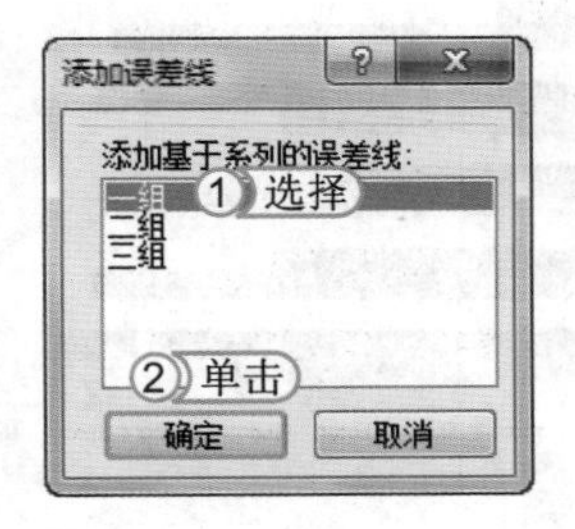

STEP 03：设置误差量

1. 打开"设置误差线格式"对话框，在"显示"栏中可通过选中相应的单选按钮来设置误差线的方向和末端样式。在"误差量"栏中可设置误差量，这里选中 ◉ 自定义(C): 单选按钮。
2. 单击 指定值(V) 按钮。
3. 打开"自定义错误栏"对话框，输入正负错误值，这里输入"10000.0"。
4. 单击 确定 按钮。

> 提个醒　添加误差线后，双击误差线，也可打开"设置误差线格式"对话框，再在其中对误差线的方向、末端样式和误差量进行更改即可。

STEP 04：查看添加的趋势线

返回工作簿，即可看到为"一组"数据系列添加的误差线效果。用同样的方法为其他两组数据添加误差量为"10000"的误差线，完成本例的制作。

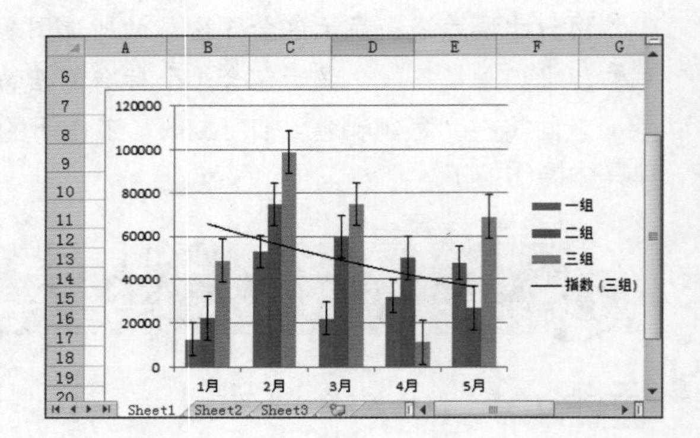

7.1.6 快速更改图表布局

图表布局指图表整体布局，它包括图表大小的调整、网格线的更改、坐标轴的更改、趋势线的更改等，用户可以根据需要选择布局样式来快速进行布局。其方法是：选择需要布局的图表，选择【设计】/【图表布局】组，单击"快速布局"按钮，在弹出的下拉列表中选择所需的布局样式即可，如下图所示为应用"布局2"样式后的效果。

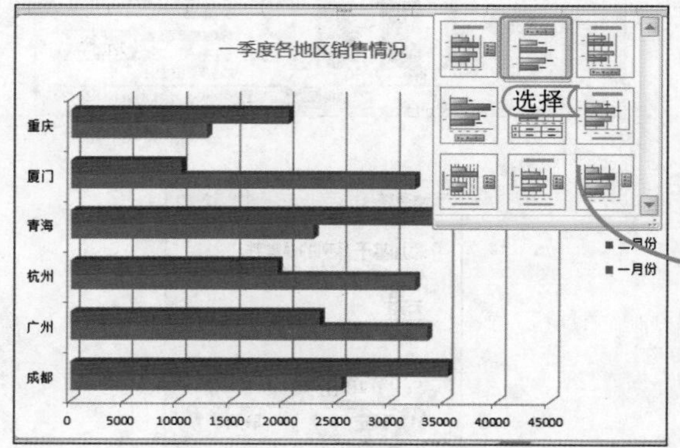

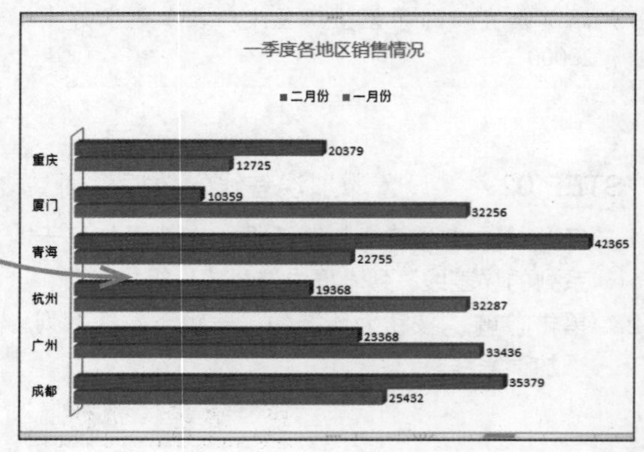

7.1.7 调整图表位置和大小

当将图表插入工作表时，图表是浮于工作表上方的，可能会挡住工作簿中的数据，使得其中的内容不能完全显示，这样既不利于查看，也影响表格的美观性，因此创建后需要对图表的位置进行调整。而当图表中需要展现的数据过多时，可放大图表进行查看。其调整方法与调整 Word 中的图片方法相似，将鼠标光标移动到图表区中，当鼠标光标变为形状时，按住鼠标左键不放，拖动鼠标移动图表到目标位置即可。若将鼠标光标移至图表四角上，当鼠标光标变为形状时，按住鼠标左键不放，拖动鼠标即可调整图表的大小。如下图所示为调整大小和位置的前后对比效果。

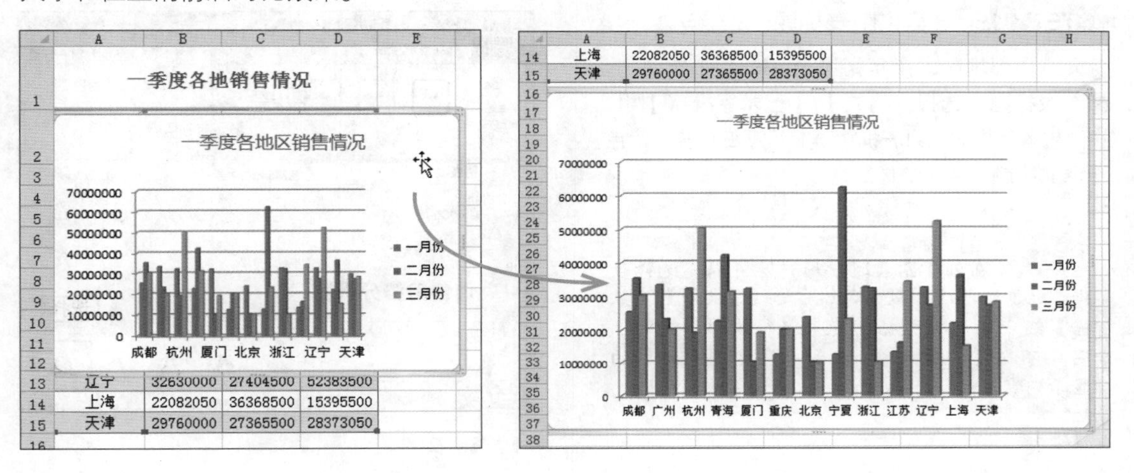

7.1.8 设置图表格式

创建图表后，用户可通过设置图表各部分格式来修饰图表，使其看起来更加美观，同时利于理解。

1. 套用图表样式

图表样式是指图表中图形的外观，不同的图形外观适用于不同的表格风格。不同外观具备不同的视觉效果，例如颜色、发光、阴影、渐变等。为图表套用图表样式的方法是：选择图表，选择【设计】/【图表样式】组，单击“快速样式”按钮，在弹出的下拉列表中选择需要的样式即可，如下图所示为应用“样式 11”的效果。

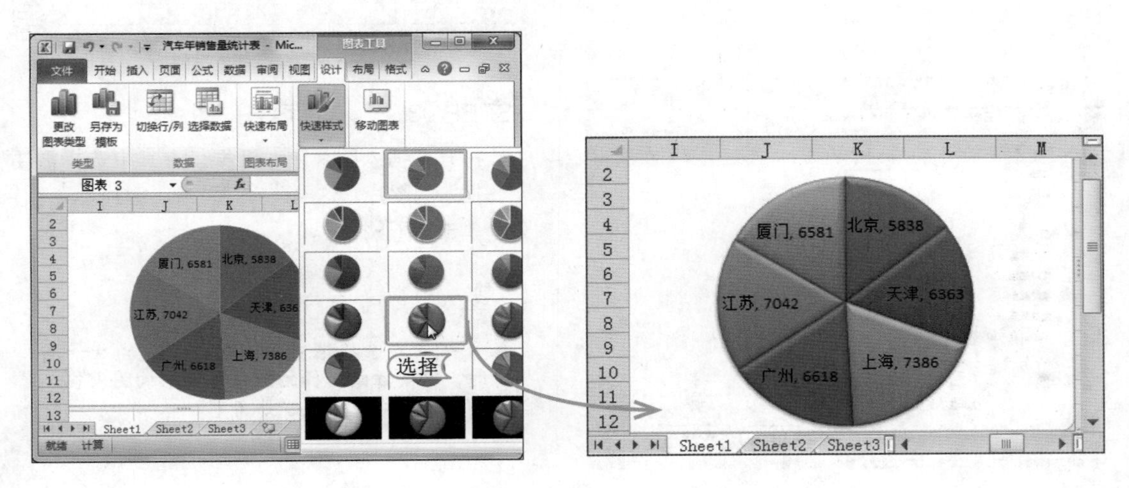

2. 设置形状与文本格式

除了套用图表样式来美化图表外，用户还可对图表各元素的文本与形状效果进行设置，以达到更佳的视觉效果。下面在“西部地区上半年销售表.xlsx”工作簿中通过对图表各元素的格式进行设置，来美化图表，其具体操作如下：

光盘文件
素材\第7章\西部地区上半年销售表.xlsx、背景.jpg
效果\第7章\西部地区上半年销售表.xlsx
实例演示\第7章\设置形状与文本格式

STEP 01：美化图表标题

打开“西部地区上半年销售表.xlsx”工作簿，选择图表标题，选择【格式】/【艺术字样式】组，在“艺术字样式”列表框中选择“渐变填充 - 紫色，强调文字颜色4，映像”选项。

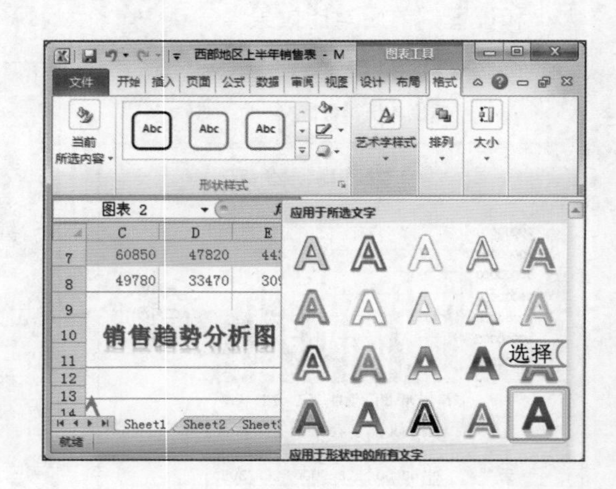

提个醒
在创建图表时，用户既可以先选择数据，也可以不选择数据，然后通过【设计】/【数据】组中的选择数据功能来进行编辑，此时，用户可以通过编辑系列名称来固定图表标题的显示内容。

STEP 02：填充绘图区

选择图表的绘图区，选择【格式】/【形状样式】组，单击“形状填充”按钮，在弹出的下拉列表中选择“图片”选项。

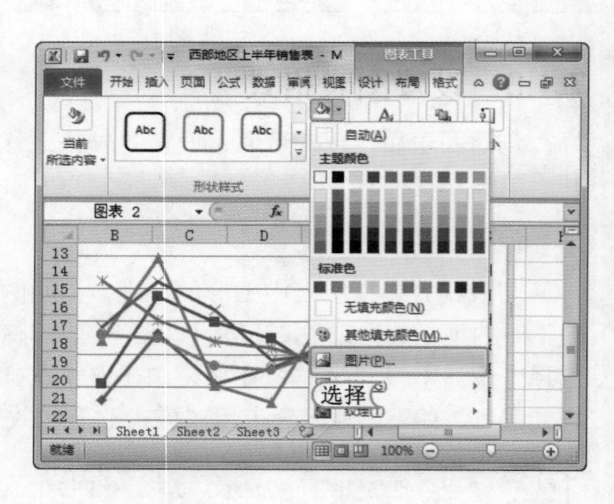

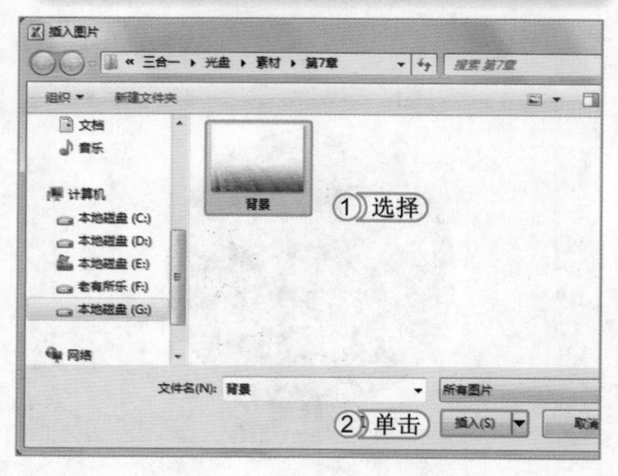

STEP 03：选择填充的图片

1. 打开“插入图片”对话框，在其中选择需要插入的图片，这里选择“背景”图片。
2. 单击 插入(S) 按钮。

提个醒
在选择填充绘图区或图表的背景图片时，需要注意选择的图片不能影响图表各元素的查看，应以浅色背景为主。

STEP 04： 取消绘图区的填充

选择图表的绘图区，选择【格式】/【形状样式】组，单击“形状填充”按钮，在弹出的下拉列表中选择“无填充颜色”选项。

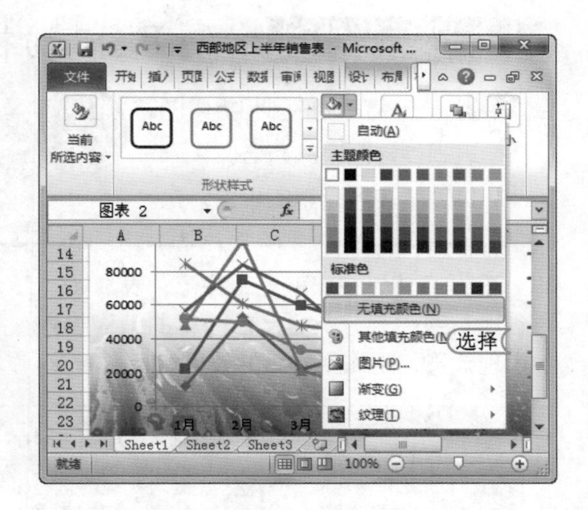

提个醒 在Excel中若创建的是三维图表，则在图表中将会增加两个元素，即图表背景墙和图表基底，对这两个元素的格式进行设置的方法与设置二维图表中的图表区格式是相同的。

STEP 05： 设置网格线线条颜色

1. 双击图表的网格线，打开“设置主要网格线格式”对话框，在左侧选择“线条颜色”选项。
2. 在右侧选中 ◉ 实线(S) 单选按钮。
3. 在“颜色”下拉列表框中选择“紫色 - 强调文字颜色4，深色25%”选项。
4. 在“透明度”数值框中输入“52%”。

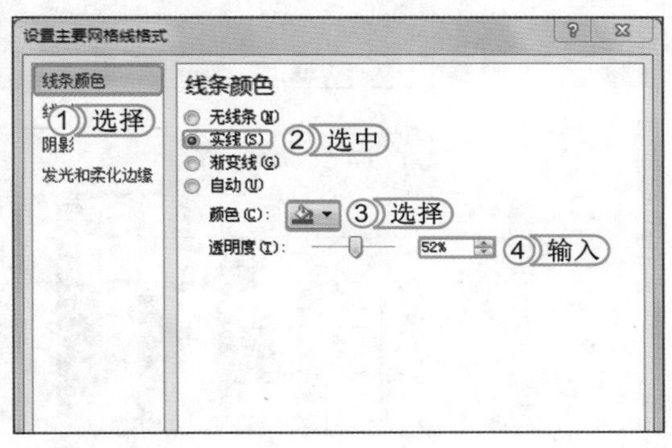

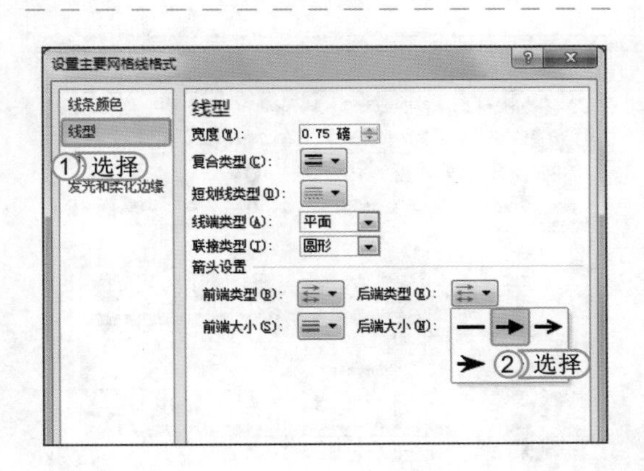

STEP 06： 设置网格线线型

1. 在左侧选择“线型”选项。
2. 在右侧可设置线型的宽度、复合类型、线端类型、线端箭头等，这里在“箭头设置”栏中的“后端类型”下拉列表框中选择“箭头”选项，在“后端大小”下拉列表框中选择第2个选项。

提个醒 在格式对话框中进行设置时，会在工作界面显示设置的效果，若在工作簿界面单击图表的其他元素，将自动跳转到对应的格式设置对话框中。

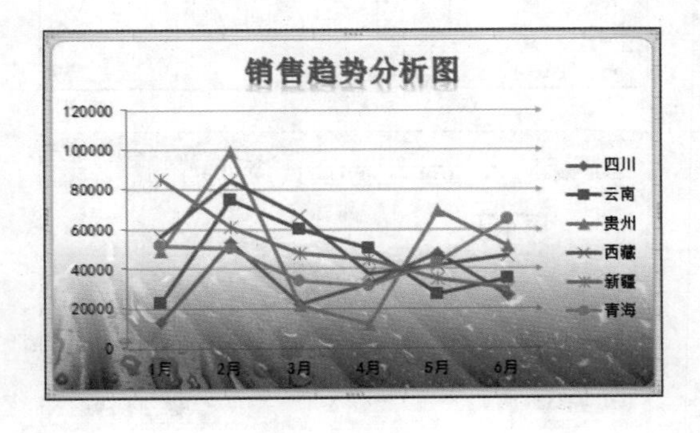

STEP 07： 查看美化效果

关闭对话框，返回工作簿界面，即可查看图表的美化效果。

上机 1 小时 ▶ 使用图表分析“家电销售记录表”

- 进一步认识柱形图和折线图。
- 巩固创建图表的方法。
- 巩固图表各元素的设置方法。

光盘文件
素材 \ 第 7 章 \ 家电销售记录表 .xlsx
效果 \ 第 7 章 \ 家电销售记录表 .xlsx
实例演示 \ 第 7 章 \ 使用图表分析“家电销售记录表”

下面将首先在“家电销售记录表 .xlsx”工作簿中创建柱形图来分析各产品的销量，然后再创建折线图来分析各产品一年的销售趋势。并对创建的图表各元素进行设置，已达到更佳的表现效果，制作完成后的效果如下图所示。

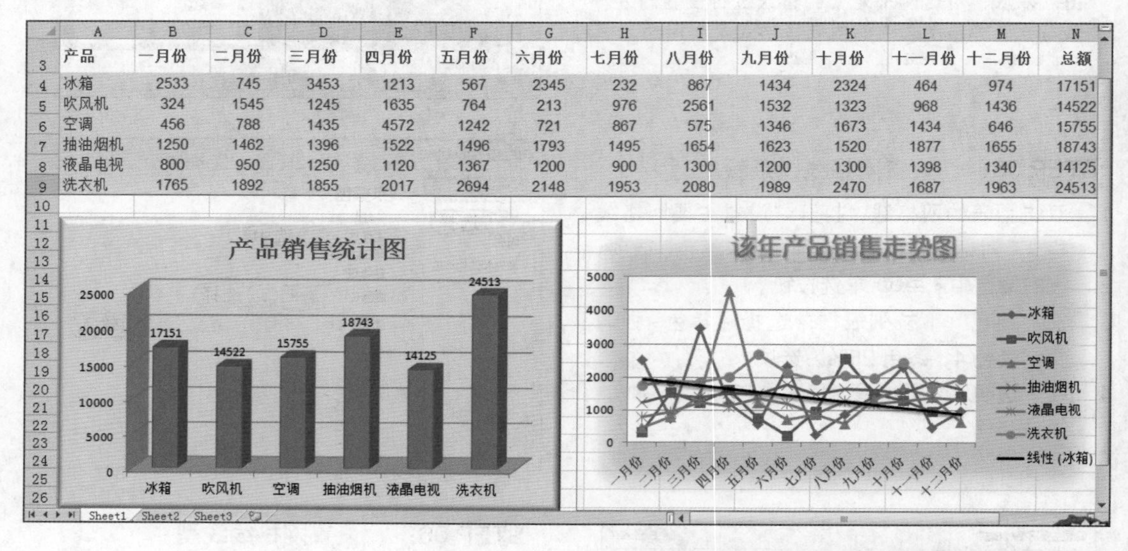

产品	一月份	二月份	三月份	四月份	五月份	六月份	七月份	八月份	九月份	十月份	十一月份	十二月份	总额
冰箱	2533	745	3453	1213	567	2345	232	867	1434	2324	464	974	17151
吹风机	324	1545	1245	1635	764	213	976	2561	1532	1323	968	1436	14522
空调	456	788	1435	4572	1242	721	867	575	1346	1673	1434	646	15755
抽油烟机	1250	1462	1396	1522	1496	1793	1495	1654	1623	1520	1877	1655	18743
液晶电视	800	950	1250	1120	1367	1200	900	1300	1200	1300	1398	1340	14125
洗衣机	1765	1892	1855	2017	2694	2148	1953	2080	1989	2470	1687	1963	24513

STEP 01: 创建三维柱形图

打开“家电销售记录表 .xlsx”工作簿，选择【插入】/【图表】组，单击“柱形图”按钮，在弹出的下拉列表中选择“三维柱形图”选项。

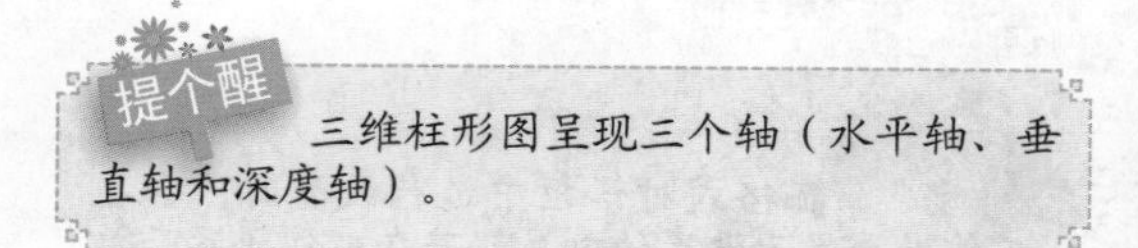

提个醒

三维柱形图呈现三个轴（水平轴、垂直轴和深度轴）。

STEP 02: 选择数据源

1. 在工作簿中创建一张空白的图表，选择该图表，在【设计】/【数据】组中单击“选择数据”按钮，打开“选择数据源”对话框，将“图表数据区域”设置为“=Sheet1!$A$4:$A$9, Sheet1!$N$4:$N$9”。
2. 选择“图例项”列表框中的“总额”选项。
3. 单击 编辑 按钮。

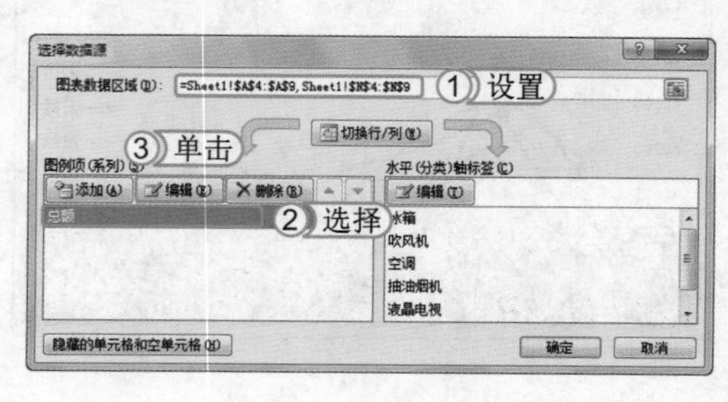

STEP 03：编辑数据系列

1. 打开“编辑数据系列”对话框，在“系列名称”文本框中输入“产品销售统计图”文本。
2. 单击 确定 按钮。

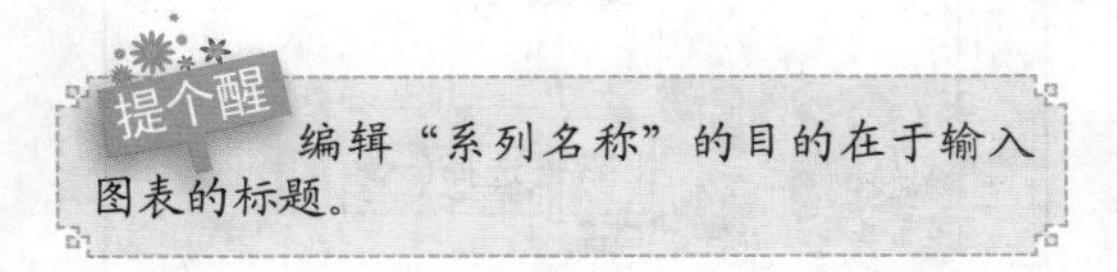

提个醒 编辑“系列名称”的目的在于输入图表的标题。

STEP 04：应用快速样式

选择图例，按Delete键删除图例，选择创建的图表，选择【设计】/【图表样式】组，单击“快速样式”按钮，在弹出的下拉列表中选择“样式34”选项。

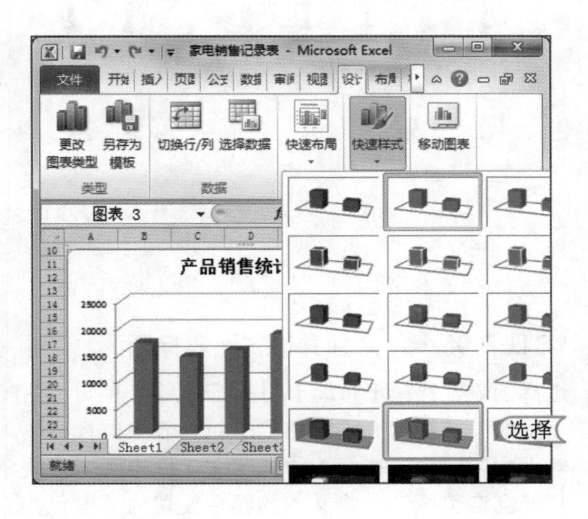

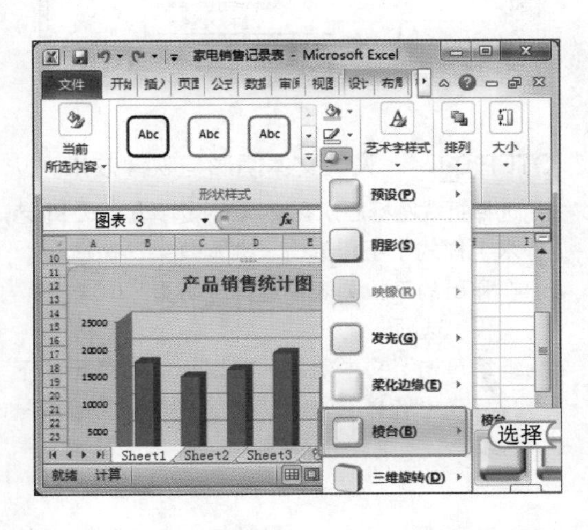

STEP 05：添加棱台效果

将标题文本颜色设置为“深蓝，文字2”，单击图表边框选择图表，选择【格式】/【形状样式】组，单击“形状效果”按钮，在弹出的下拉列表中选择“棱台”/“圆”选项。

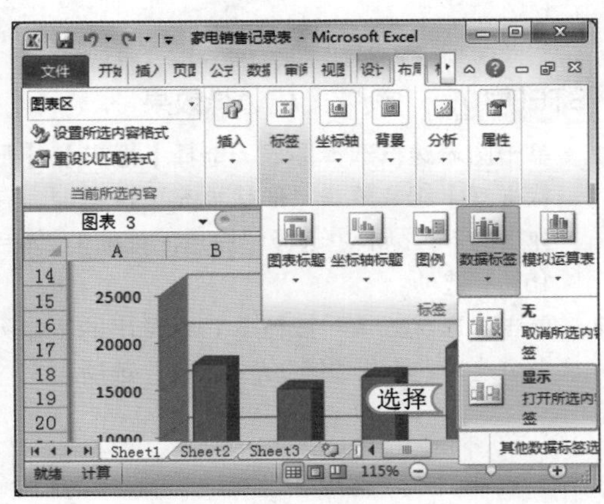

STEP 06：显示数据标签

选择图表，选择【布局】/【标签】组，单击“数据标签”按钮，在弹出的下拉列表中选择“显示”选项。

STEP 07：创建折线图表

选择 A3:M9 单元格区域，选择【插入】/【图表】组，单击“折线图”按钮，在弹出的下拉列表中选择“带数据标记的折线图”选项。

STEP 08：添加并设置图表标题

选择图表，选择【布局】/【标签】组，单击“图表标题”按钮，在弹出的下拉列表中选择“图表上方”选项。在插入的标题文本框中输入“该年产品走势图”，将文本的颜色设置为“橙色，强调文字颜色 6，深色 25%”。

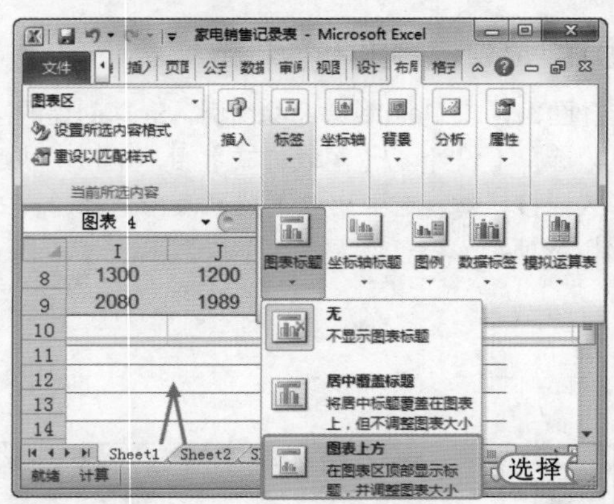

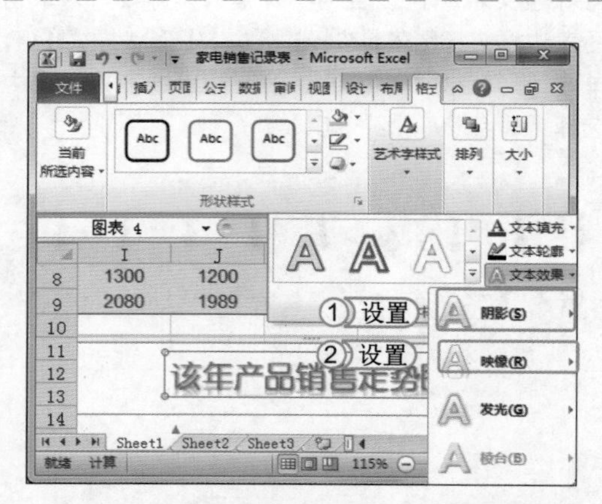

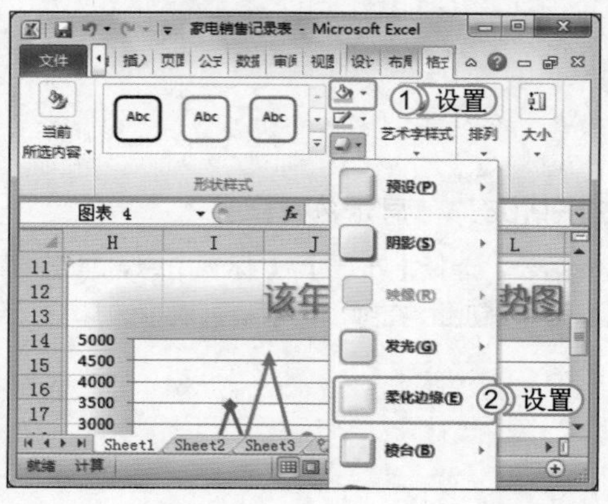

STEP 09：设置文本阴影与映像效果

1. 选择折线图标题所在文本框，选择【格式】/【艺术字样式】组，单击“文本效果”按钮，在弹出的下拉列表中选择“阴影”/“右下斜偏移”选项。
2. 继续单击“文本效果”按钮，在弹出的下拉列表中选择“映像”/“紧密映像，接触”选项。

STEP 10：设置柔化边缘效果

1. 单击图表边框选择图表，选择【格式】/【形状样式】组，单击“形状填充”按钮，在弹出的下拉列表中选择“白色，背景 1，深色 15%”选项。
2. 单击“形状效果”按钮，在弹出的下拉列表中选择“柔化边缘”/“25 磅”选项。

STEP 11： 添加趋势线

1. 选择折线图图表，再选择【布局】/【分析】组，单击“趋势线”按钮，在弹出的下拉列表中选择“线性趋势线”选项。
2. 打开“添加趋势线”对话框，在其中选择“冰箱”选项。
3. 单击 确定 按钮。

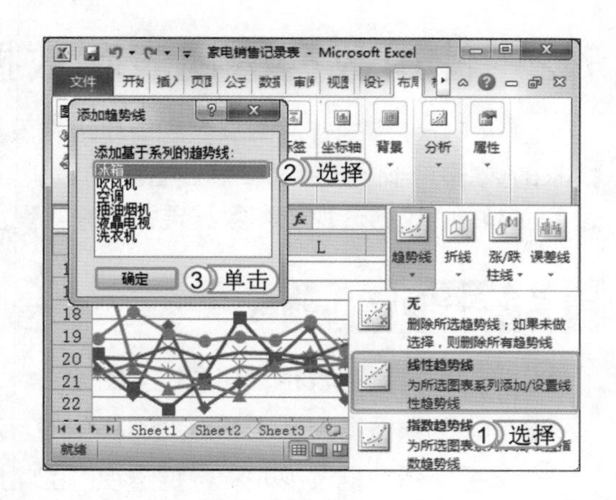

提个醒

添加趋势线适用于在分类项目较少的图表中使用，否则会显得图表凌乱。

STEP 12： 更改图表数据源

返回工作簿界面，可看见添加的趋势线效果。为了更加明显地查看趋势线效果，单击选择图表，在源数据区域会将图表涉及的单元格框选起来，使用鼠标拖动该框线，将图表的数据显示范围设置为B3:M4单元格区域。

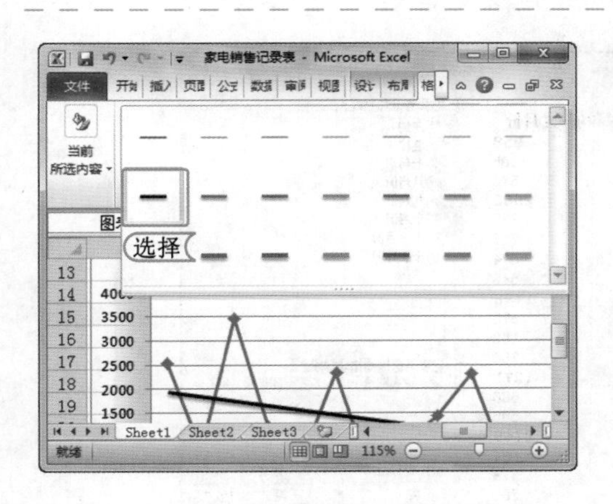

STEP 13： 美化趋势线

单击选择添加的趋势线，选择【格式】/【形状样式】组，单击快速样式列表框右侧的按钮，在弹出的下拉列表中选择“中等线 - 深色 1”选项。

提个醒

只能在二维图形中添加趋势线和误差线，在三维图表中不能进行添加，且“趋势线”和“误差线”按钮都呈不可使用状态。

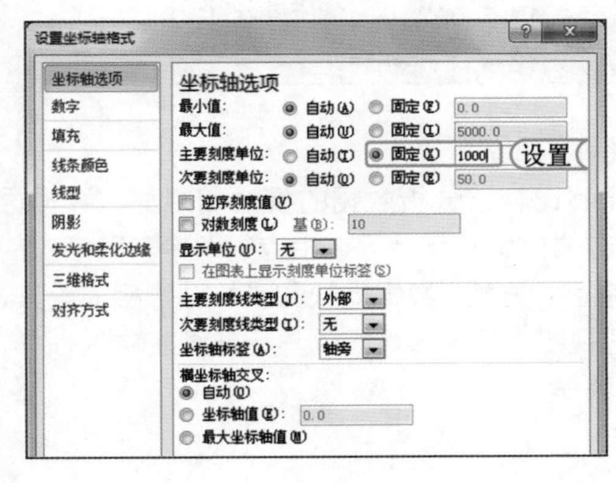

STEP 14： 设置刻度单位

使用步骤12的方法将数据显示区域还原为B3:M4单元格区域，双击折线图坐标轴区域，打开“设置坐标轴格式”对话框，在主要刻度单位后选中 固定(X) 单选按钮，在其后的数值框中输入“1000”。关闭该对话框，返回工作簿区域即可查看设置的效果，完成本例的操作。

7.2 使用数据透视表和数据透视图

使用 Excel 中的普通图表只能简单地将表格数据直观化，若用户需要更为准确地从复杂、抽象的数据中分析出更加准确、直观的含义，仅仅依靠普通图表是远远不够的，这时，可通过 Excel 中的数据透视表和数据透视图来实现。

学习 1 小时

- 认识数据透视表和数据透视图的含义。
- 学习创建数据透视表和数据透视图的方法。
- 掌握编辑数据透视表和数据透视图的常用方法。

7.2.1 认识数据透视表和数据透视图

数据透视表和数据透视图是分析数据的得力工具，但在使用之前，需要先对数据透视表和数据透视图的概念进行了解，以便能将其运用得更加得心应手。

1. 认识数据透视表

数据透视表其实就是一种数据交互式报表，是 Excel 提供的便捷的数据分析工具，它能水平或者垂直显示字段值，然后对每一行或列进行求和、求最大值或平均值等汇总；也可以将字段值作为行号或列标，在每个行列交汇处进行汇总，使用户能快速浏览、分析和合并数据等。如下图所示为使用数据透视表对七、八、九月份各产品的销售进行求和汇总的效果。

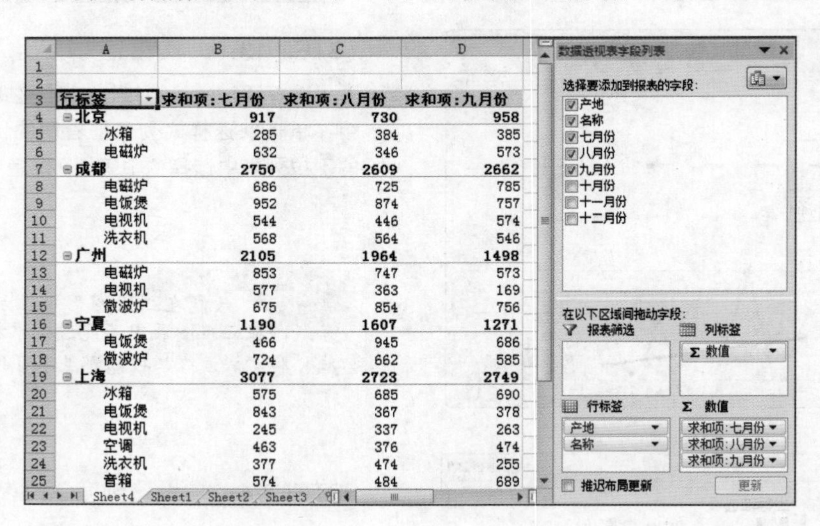

行标签	求和项:七月份	求和项:八月份	求和项:九月份
北京	917	730	958
冰箱	285	384	385
电磁炉	632	346	573
成都	2750	2609	2662
电磁炉	686	725	785
电饭煲	952	874	757
电视机	544	446	574
洗衣机	568	564	546
广州	2105	1964	1498
电磁炉	853	747	573
电视机	577	363	169
微波炉	675	854	756
宁夏	1190	1607	1271
电饭煲	466	945	686
微波炉	724	662	585
上海	3077	2723	2749
冰箱	575	685	690
电饭煲	843	367	378
电视机	245	337	263
空调	463	376	474
洗衣机	377	474	255
音箱	574	484	689

2. 认识数据透视图

数据透视图是将数据透视表图形化，以方便查看比较、分析数据的模式和趋势。数据透视图是图表并存，用户不仅可以从透视表中得到相应的信息，而且可在相应的图中获取相应的信息。数据透视图在外观上与图表相似，具有数据系列、分类、数据标记和坐标轴等相同元素，另外还包含了与数据透视表对应的特殊元素，数据透视图中的大多数操作与标准图表中的一样，不同的是，在数据透视图中可查看不同级别的明细数据。

7.2.2 创建数据透视表和数据透视图

认识数据透视表和数据透视图强大的作用后，就可创建数据透视表和数据透视图来帮助管理与分析数据，下面分别对创建的方法进行介绍。

1. 创建数据透视表

创建数据透视表与创建图表的方法基本类似，可先在表格中选择相应的数据区域，再单击创建透视表的按钮。下面在“品牌服装销售统计表.xlsx”工作簿中创建数据透视表，其具体操作如下：

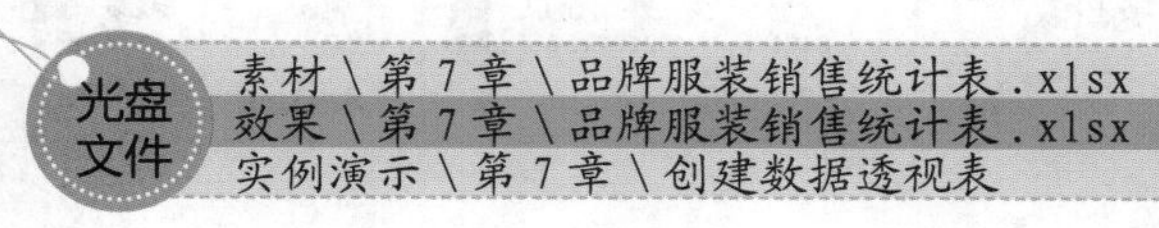

STEP 01：打开对话框

1. 打开“品牌服装销售统计表.xlsx”工作簿，选择需要插入数据透视表的单元格，选择【插入】/【表格】组，单击“数据透视表”按钮。
2. 打开“创建数据透视表”对话框，在该对话框中选中“请选择要分析的数据”栏中的“选择一个表或区域(S)”单选按钮。
3. 单击“表/区域”文本框后的按钮。

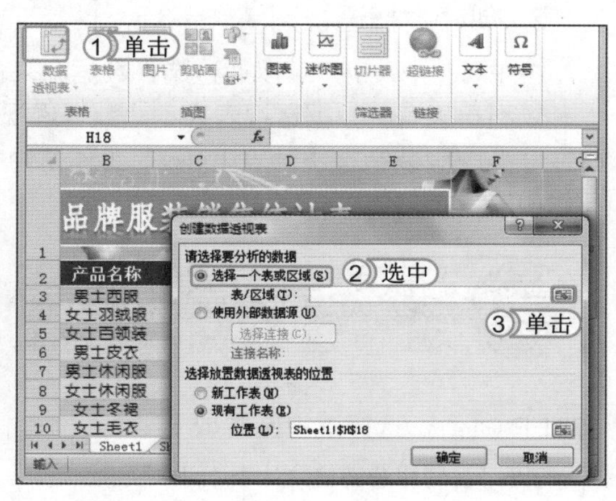

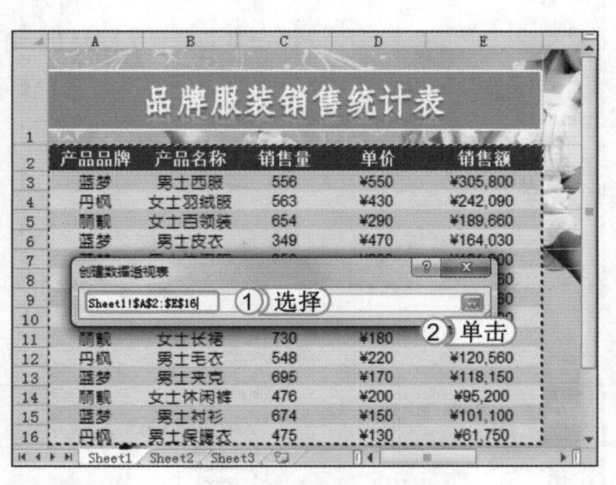

STEP 02：选择数据区域

1. 此时，“创建数据透视表”对话框呈缩小状态，在表格中选择A2:E16单元格区域。
2. 单击对话框中的按钮。

> **提个醒**
> 用户也可先选择创建数据透视表的区域，再在【插入】/【表格】组中单击“数据透视表”按钮，打开“创建数据透视表”对话框。

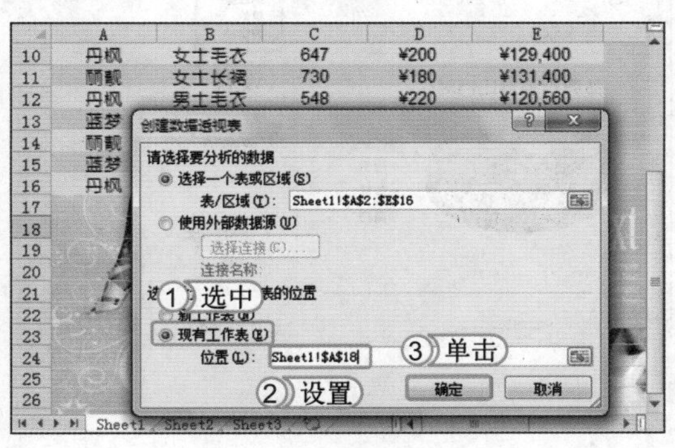

STEP 03：设置数据透视表的放置位置

1. 返回“创建数据透视表”对话框，选中“选择放置数据透视表的位置”栏中的“现有工作表(E)”单选按钮。
2. 单击“位置”文本框后的按钮，在表格中选择A18单元格，再次单击按钮。
3. 返回到“创建数据透视表”对话框中，然后单击“确定”按钮。

STEP 04: 查看透视表效果

默认创建的数据透视表是空白的，在打开“数据透视表字段列表”任务窗格的“选择要添加到报表的字段”栏中选中需要的复选框，这里分别选中☑产品品牌、☑产品名称、☑销售量和☑销售额复选框作为数据透视表的字段，完成数据透视表的创建。

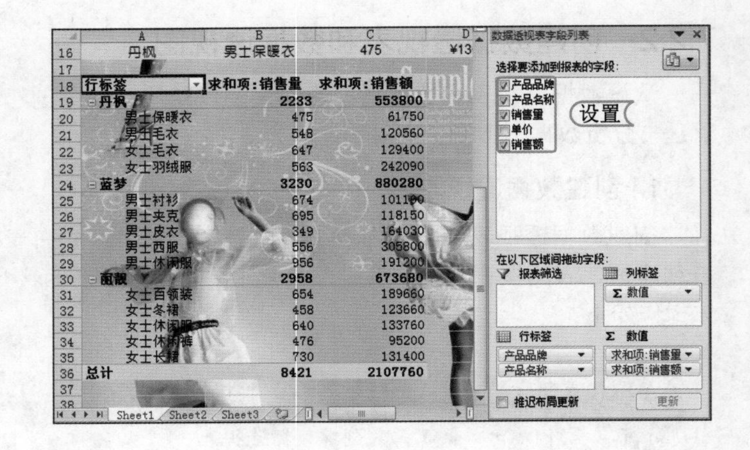

2. 创建数据透视图

在Excel中，用户可以通过选择数据源来创建数据透视图，其创建方法与创建透视表相似，也可以利用现有的数据透视表来创建数据透视图，创建的数据透视图关联一个数据透视表。下面在“品牌服装销售统计表1.xlsx”工作簿中根据创建的数据透视表创建数据透视图，其具体操作如下：

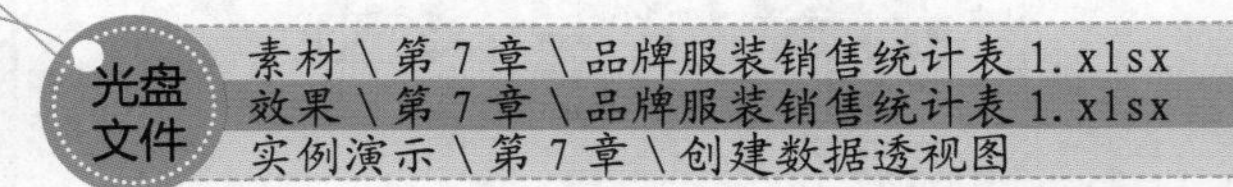
光盘文件
素材\第7章\品牌服装销售统计表1.xlsx
效果\第7章\品牌服装销售统计表1.xlsx
实例演示\第7章\创建数据透视图

STEP 01: 选择透视图类型

1. 打开“品牌服装销售统计表1.xlsx”工作簿，选择整个数据透视表，选择【选项】/【工具】组，单击“数据透视图”按钮，打开“插入图表”对话框，在其中选择“饼图”栏下的“三维饼图”选项。
2. 单击 确定 按钮关闭该对话框，此时即可根据数据透视表创建出数据透视图。

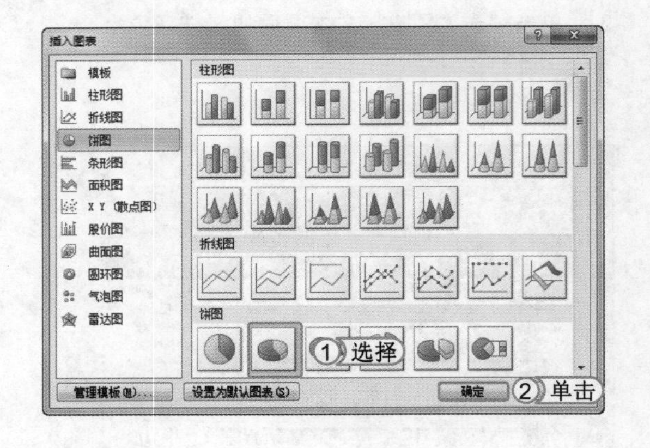

STEP 02: 添加显示字段

在数据透视图上单击鼠标右键，在弹出的快捷菜单中选择“显示字段列表”命令，打开“数据透视表字段列表”任务窗格，在其中选中☑产品品牌和☑销售额复选框。

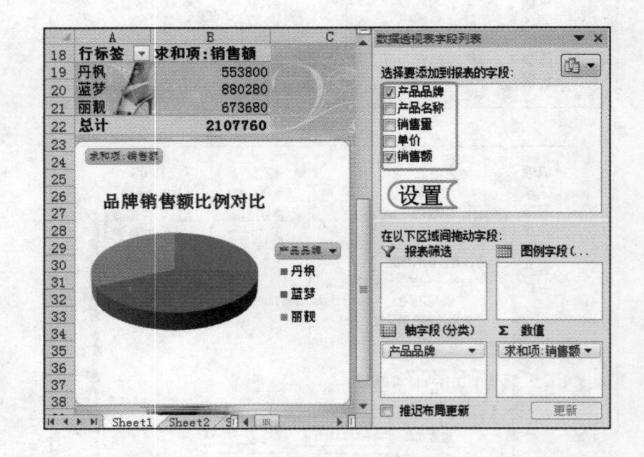

提个醒 数据透视表和数据透视图是相互联系的，若在“数据透视表字段列表”任务窗格中选中☑产品品牌和☑销售额复选框外的所有复选框，数据透视表也会显示对应的汇总信息。

STEP 03： 查看透视图效果

单击“数据透视表字段列表”任务窗格右上角的“关闭”按钮关闭任务窗格。选择图表，选择【设计】/【图表样式】组，单击“快速样式”按钮，在弹出的下拉列表中选择“样式31”选项完成本例的制作。

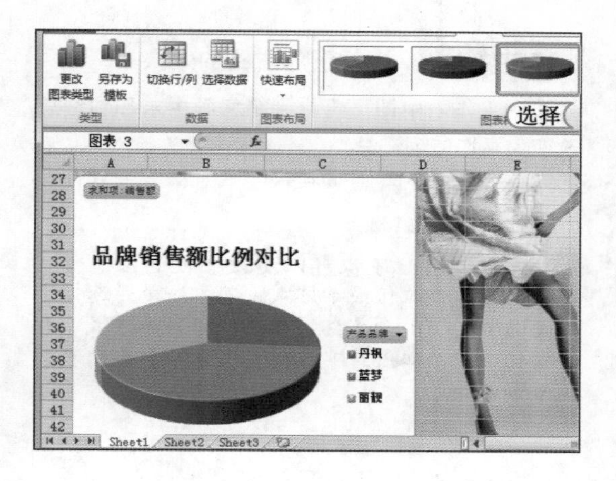

提个醒 用户也可先选择创建数据透视表的区域，再在【插入】/【表格】组中单击“数据透视表”按钮，打开“创建数据透视表”对话框。

7.2.3 编辑数据透视表和数据透视图

数据透视表和数据透视图不仅可快速地查看与分析表格数据，当数据量过多时，还可对透视表和透视图的数据进行筛选与计算，也可根据需要对数据透视表和透视图进行美化设置。

1. 更改透视表汇总方式

在创建的数据透视表中，默认的汇总方式是求和。在实际操作中用户也可根据实际需要对其汇总方式进行相应的更改。下面将在“品牌服装销售统计表 1.xlsx”工作簿中将默认的求和汇总方式更改为平均值，其具体操作如下：

光盘文件
素材 \ 第 7 章 \ 品牌服装销售统计表 1. xlsx
效果 \ 第 7 章 \ 品牌服装销售统计表 2. xlsx
实例演示 \ 第 7 章 \ 更改透视表汇总方式

STEP 01： 更改汇总依据

打开“品牌服装销售统计表 1.xlsx”工作簿，选择“求和项：销售额”单元格，选择【选项】/【计算】组，单击“按值汇总”按钮，在弹出的下拉列表中选择“平均值”选项。

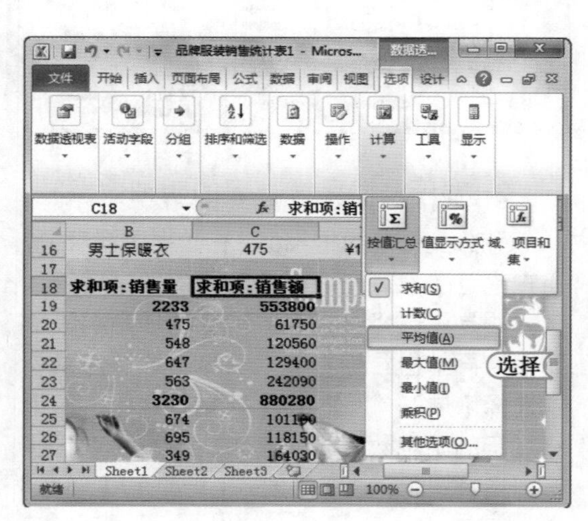

提个醒 单击鼠标右键，在弹出的快捷菜单中选择【值汇总依据】/【平均值】命令可快速将值字段汇总方式更改为平均值汇总。

读书笔记

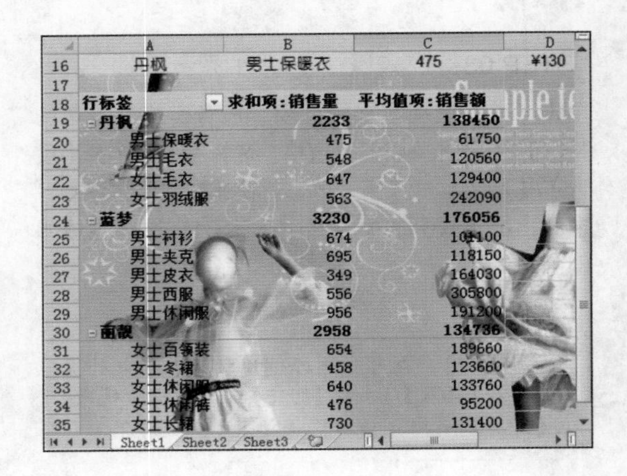

STEP 02： 更改汇总方式的效果

返回到工作表中即可查看到销售额由求和项汇总改变为平均值项汇总。

> **提个醒**
>
> 用户不仅可以更改字段的汇总方式，还可更改值显示方式。其方法是：选择【选项】/【计算】组，单击“值显示方式”按钮，在弹出的下拉列表中选择需要的显示方式即可。

2. 更改透视表汇总字段

当透视表中存在多个分类字段时，用户不妨更改其汇总字段，换个角度来分析数据。其方法为：在“数据透视表字段列表”窗格的“行标签”栏中拖动标签选项，将作为行标签的选项拖动到第一位即可。若“行标签”栏中没有需要的字段，可在“选择要添加到报表的字段”列表框中拖动需要的字段到“行标签”栏中即可。如下图所示为分别将“产品分类”和“进货地区”字段放于“行标签”栏中第一位的效果。

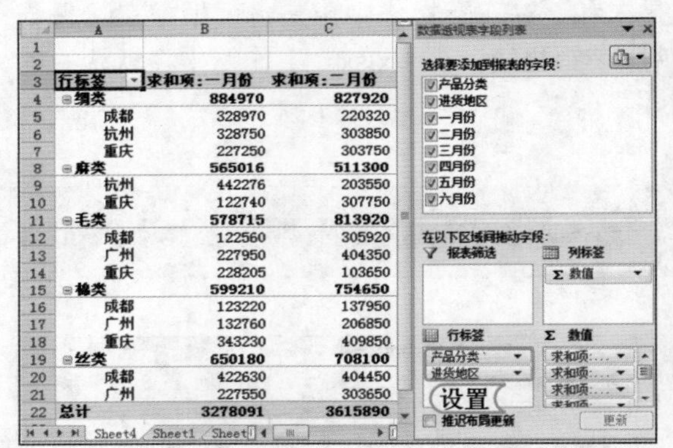

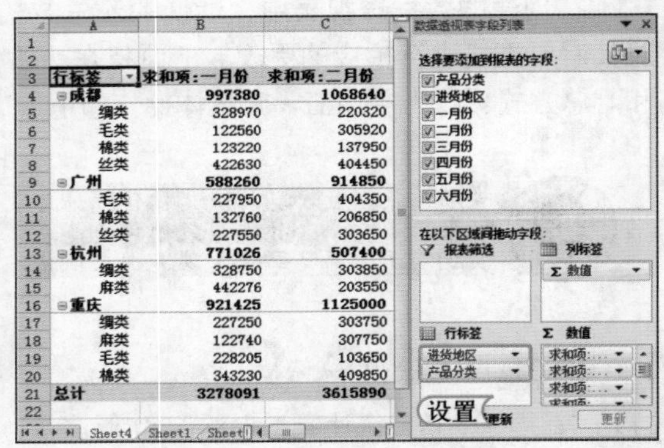

3. 显示与隐藏透视表的明细数据

和分类汇总数据相似，在数据透视表中，用户也可随意展开或折叠表格的数据明细，其方法是：选择透视表中需要的任意字段单元格，再单击鼠标右键，在弹出的快捷菜单中选择【展开/折叠】/【折叠】命令，即可将显示的明细数据隐藏起来。当再次查看显示明细数据时，选择【展开/折叠】/【展开】命令即可。

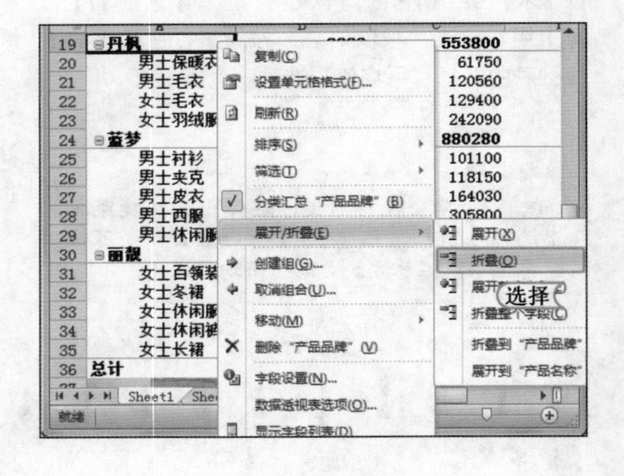

4. 使用数据透视表筛选数据

如果创建的数据透视表数据量较多，需要显示某个特定值范围的数据时，可以使用数据透视表自身具备的筛选功能筛选所需数据。在数据透视表中筛选数据与在表格中直接筛选数据的原理基本相似，都是通过设置条件筛选出符合的数据并显示出来。下面在“布匹进货记录表.xlsx”工作簿的数据透视表中筛选出二月份进货金额超过800000匹的货物信息，其具体操作如下：

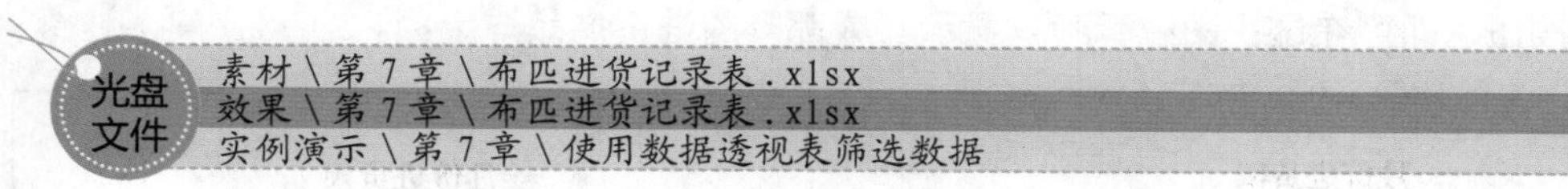

STEP 01： 选择“大于或等于”选项

打开“布匹进货记录表.xlsx”工作簿，在“行标签”右侧单击按钮，在弹出的下拉列表中选择“值筛选”选项，再在其子列表中选择“大于或等于”选项。

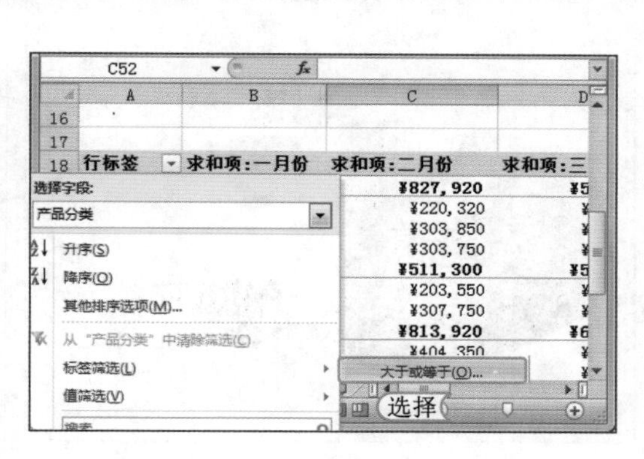

STEP 02： 设置值筛选条件

1. 打开“值筛选（产品分类）”对话框，在第1个下拉列表框中选择“求和项：五月份”选项，在右侧的文本框中输入“800000”。
2. 单击 确定 按钮。

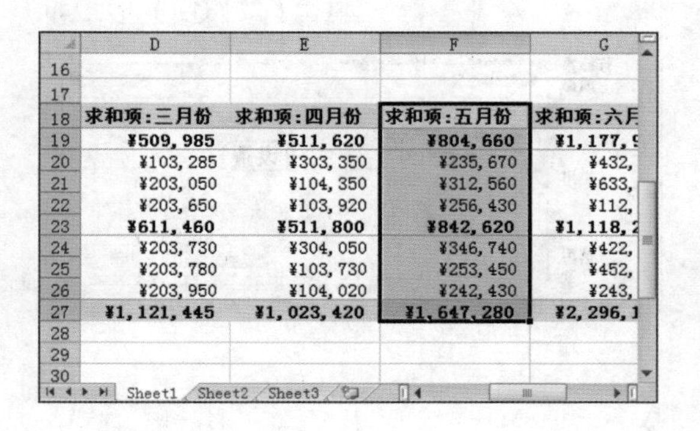

STEP 03： 查看筛选数据效果

返回工作簿，即可看到筛选出的五月份进货金额超过800000的货物信息效果。

提个醒 选择数据透视表中的任意单元格，选择【选项】/【操作】组，单击“清除”按钮，在弹出的下拉列表中选择“清除筛选”选项，可清除全部筛选。

5. 刷新数据透视表

创建数据透视表后，但对源表格数据进行更改时，透视表中的数据不会进行更改，如果需要同时更改数据透视表中的数据，可在更改源数据后，将鼠标光标定位到数据透视表中，单击鼠标右键，在弹出的快捷菜单中选择“刷新”命令即可。

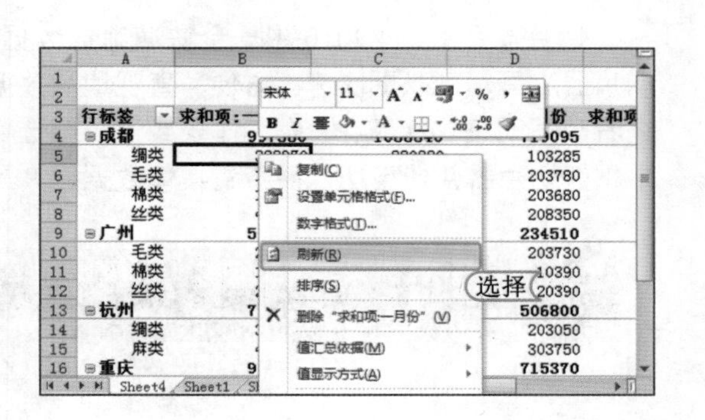

6. 使用数据透视图筛选数据

与图表相比，数据透视图中多出了几个字段标题按钮，这些按钮分别和数据透视表中的字段相对应，通过这些按钮可对数据透视图中的数据系列进行筛选，从而观察所需数据。如下图所示，在数据透视图中单击 进货地区 按钮，在弹出的下拉列表中选中☑成都 复选框，单击 确定 按钮，即可在透视图中看到只显示“成都”的进货产品与金额。

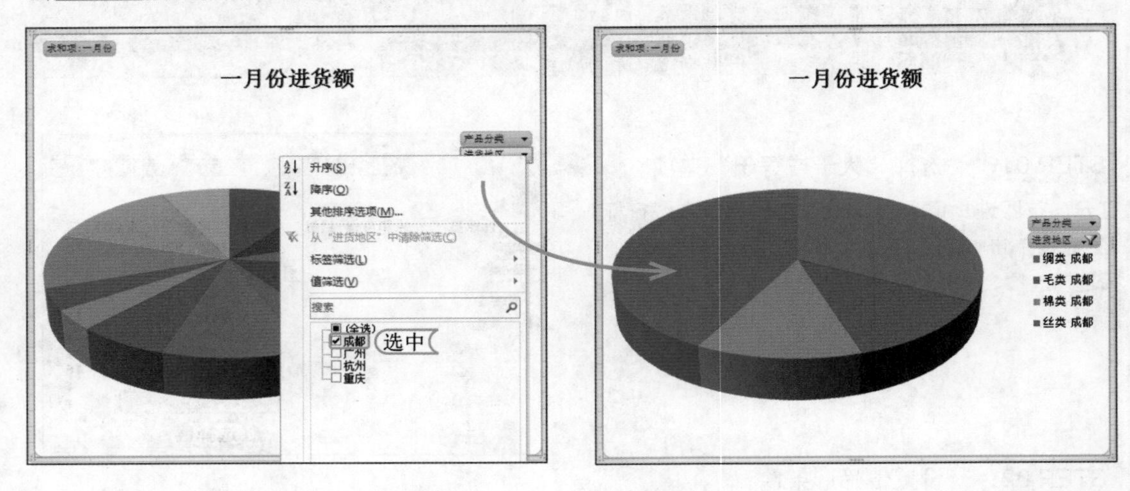

7. 更改数据源

数据透视图是根据相应的数据而创建的，所以只要改变透视图的数据源，透视图也会随着发生相应的变化。其方法是：选择数据透视表中的任意单元格，选择【选项】/【数据】组，单击“更改数据源”按钮，打开“更改数据透视表数据源”对话框，将鼠标光标定位到“表/区域”文本框中，删除数据源区。在表格中重新选择需分析数据的区域，此时对话框名称将变为“移动数据透视表”，单击 确定 按钮，返回工作簿即可查看更改数据源的效果。

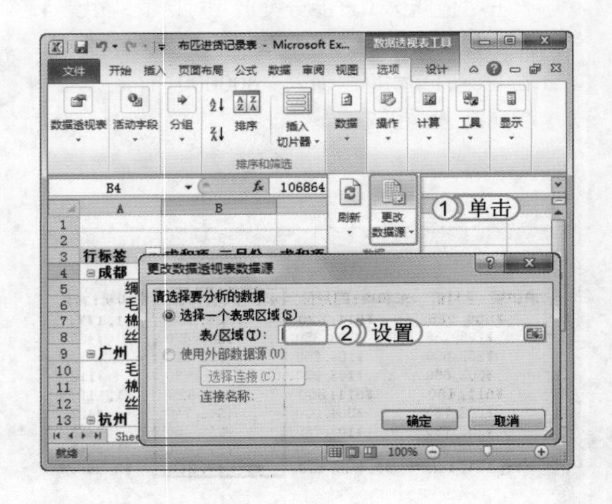

8. 使用切片器

切片器是 Excel 2010 中一个快速筛选数据的功能，当数据量较大时，使用数据透视表和切片器工具，可以更快速、方便、直观地从数据的某一特征（一般是字段、列标题或列标签）查看数据明细，而不用切换工作表或进行筛选操作。下面在“布匹进货记录表 1.xlsx”工作簿中创建切片器并使用切片器查看具体数据，其具体操作如下：

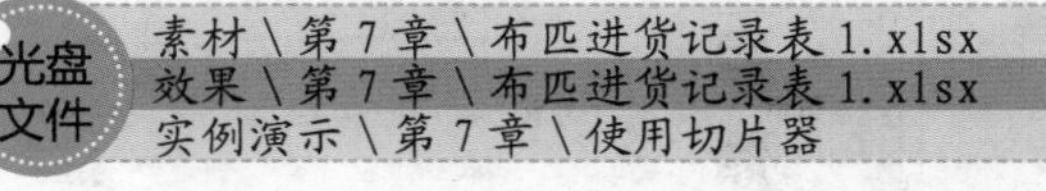

素材 \ 第 7 章 \ 布匹进货记录表 1.xlsx
效果 \ 第 7 章 \ 布匹进货记录表 1.xlsx
实例演示 \ 第 7 章 \ 使用切片器

STEP 01：选择需插入切片器的字段

1. 打开“布匹进货记录表 1.xlsx”工作簿，选择需要创建切片器的透视表中的任意单元格，这里选择 B20 单元格。
2. 在【选项】/【排序和筛选】组中单击“插入切片器”按钮。
3. 打开“插入切片器”对话框，在其中选中需要创建切片器的数据透视表字段，这里选中产品分类复选框和进货地区复选框。
4. 单击确定按钮。

STEP 02：筛选数据

返回工作簿，即可看到插入的“产品分类”和“进货地区”切片器，单击需要查看的数据即可在数据透视表中筛选出明细数据。这里在“产品分类”切片器中选择“绸类”选项，在“进货地区”切片器中关于绸类的地区将加深显示，在数据透视表中将显示绸类的明细数据。

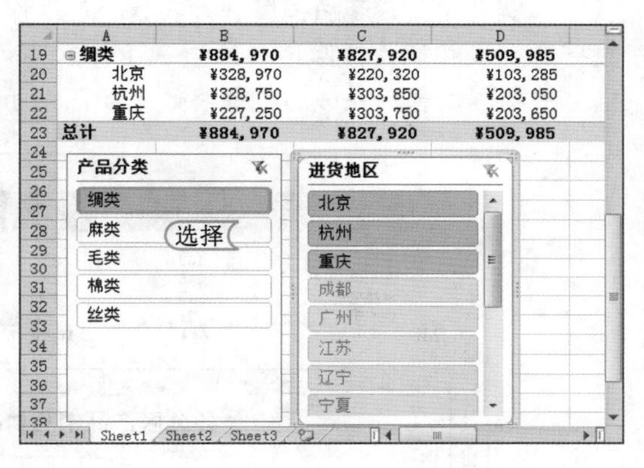

提个醒 筛选后，单击切片器右上角的按钮可清除筛选效果。

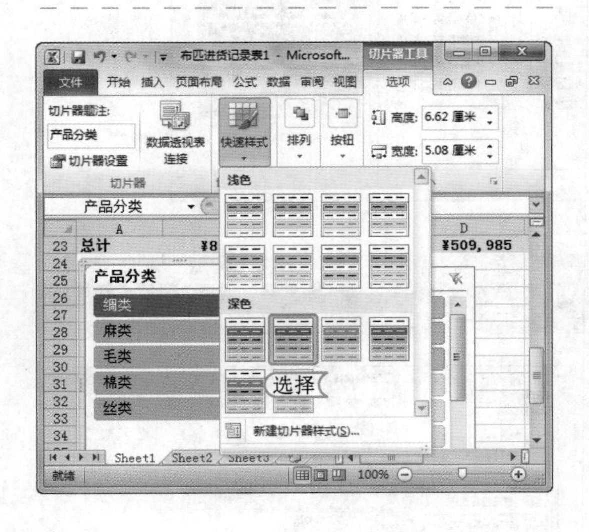

STEP 03：应用切片器样式

使用移动图片的方法将切片器移动到数据下方，选择“产品分类”切片器，在【选项】/【快速样式】组的下拉列表框中选择“深色”/“切片器样式深色 2”选项，美化切片器。

提个醒 若可供选择的切片器样式太少，而不能满足实际需要时，用户可在下拉列表框中选择“新建切片器样式”选项，打开“新建切片器样式”对话框，在“切片器元素”列表框中选择需要设置的元素名称，单击对话框中的格式(F)按钮，在打开的对话框中设置字体、边框、填充等格式后单击确定按钮即可。

经验一箩筐——删除切片器

切片器中的数据与数据透视表中的数据是相连的，若不再需要某个切片器，可以将其删除，其删除方法是：选择需要删除的切片器，直接按 Delete 键即可。

9. 删除数据透视表和透视图

数据透视表和透视图是一种交互的报表，是用户分析数据的工具，当分析完表格数据，并得到满意的答案后，如果不再需要数据透视表和透视图，可将其删除。选择数据透视表的所有区域或透视图，再按 Delete 键即可删除。

上机 1 小时 创建“产品销量统计表”汇总透视图

- 巩固创建数据透视表和数据透视图的方法。
- 掌握编辑数据透视表和数据透视图的方法。
- 掌握使用切片器、数据透视表和数据透视图筛选数据的方法。

本例将打开“产品销量统计表.xlsx”工作簿创建汇总透视图，该图表主要由数据透视图、数据透视表和切片器组成，通过在工作表中创建交互式报表方式，可以方便地查看和筛选表格中的数据信息。完成后的最终效果如下图所示。

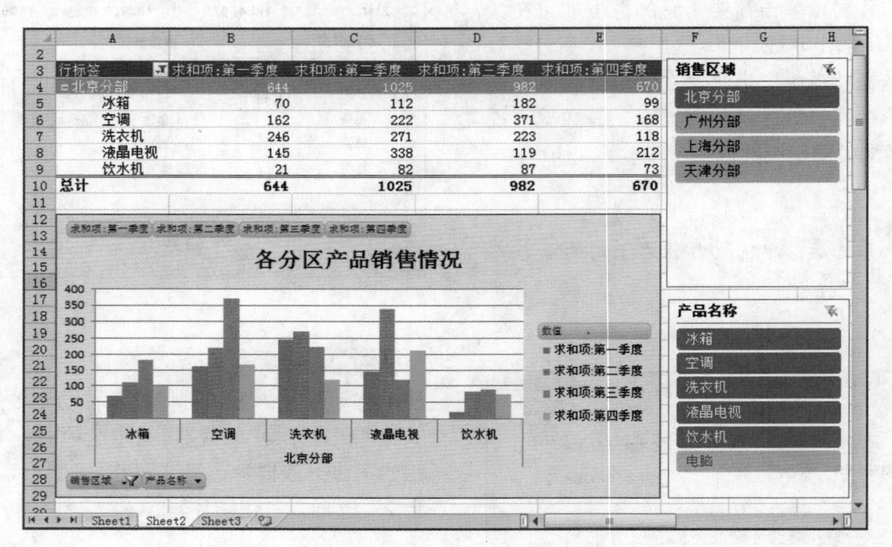

光盘文件
素材\第7章\产品销量统计表.xlsx
效果\第7章\产品销量统计表.xlsx
实例演示\第7章\创建“产品销量统计表”汇总透视图

STEP 01: 选择创建透视图命令

打开“产品销量统计表.xlsx”工作簿，选择需要插入数据透视图的任意单元格，选择【插入】/【表格】组，单击“数据透视表”按钮右侧的下拉按钮，在弹出的下拉列表中选择“数据透视图”选项。

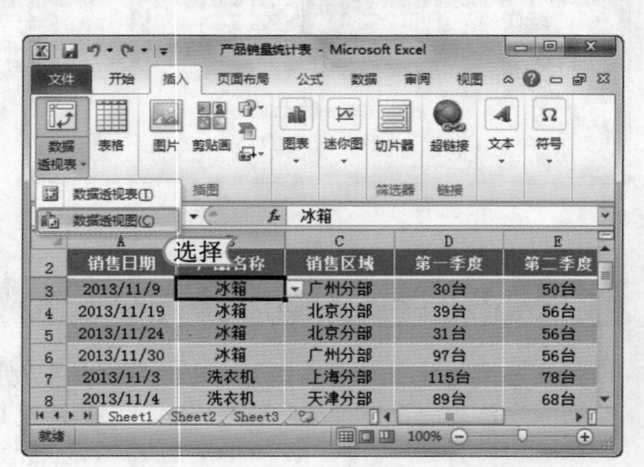

STEP 02： 设置数据透视表的放置位置

1. 打开"创建数据透视表及数据透视图"对话框，在该对话框中默认选中"请选择要分析的数据"栏中的 选择一个表或区域(S) 单选按钮。
2. 在"表/区域"文本框中将自动显示分析的区域，若不对可进行更改。这里保持默认不变。选中"选择放置数据透视表及数据透视图的位置"栏中的 现有工作表(E) 单选按钮。
3. 单击"位置"文本框后的按钮。

STEP 03： 选择放置的单元格

此时，对话框呈收缩状态，单击切换到"Sheet2"工作表，选择A2单元格，再次单击按钮。返回到"创建数据透视表及数据透视图"对话框中，确认分析的数据区域和放置的位置后，单击 确定 按钮，完成数据透视图的创建。

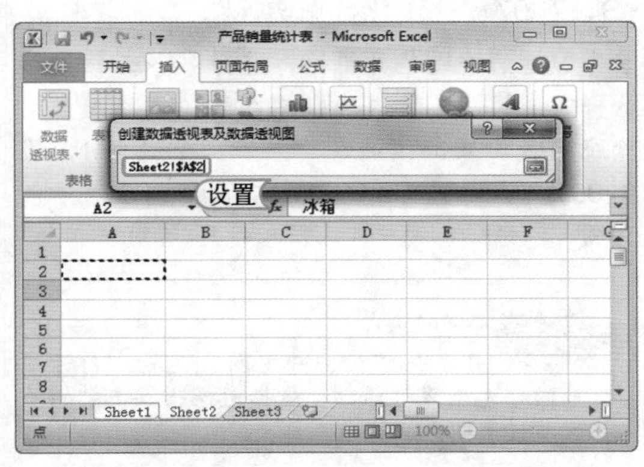

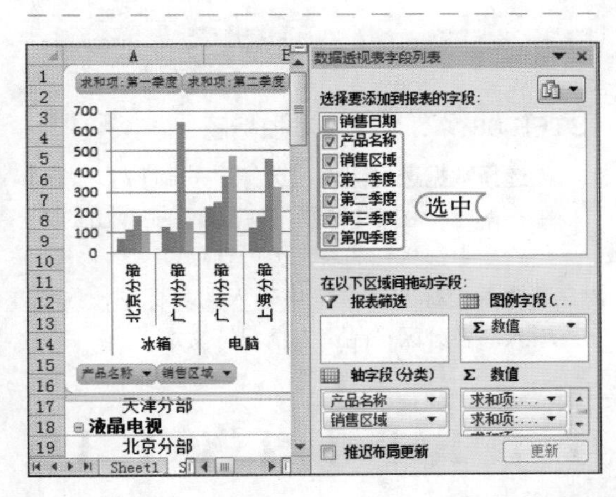

STEP 04： 添加字段

在打开的"数据透视表字段列表"窗格的"选择要添加到报表的字段"栏中分别选中 产品名称、 销售区域、 第一季度、 第二季度、 第三季度和 第四季度复选框添加数据透视表的字段。

提个醒 "数据透视表字段列表"窗格并不是固定的，而是可以浮动显示在表格中，用户可在该窗格顶部按住鼠标左键不放将其拖动到表格任意位置。

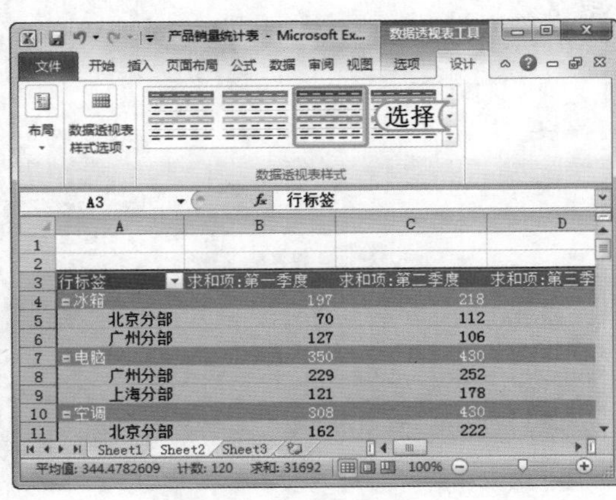

STEP 05： 更改数据透视表样式

拖动鼠标选择数据透视表单元格区域，选择【设计】/【数据透视表样式】组，在其样式下拉列表框中选择"深色"/"数据透视表样式，中等深浅6"选项。

STEP 06： 更改透视表的汇总字段

在“数据透视表字段列表”窗格的“行标签”栏中拖动“销售区域”标签选项至“产品名称”上方，更改透视表的汇总字段为“销售区域”。

> 提个醒 单击字段标题，在弹出的下拉列表中选择“移至开头”选项也可得到同样的效果。

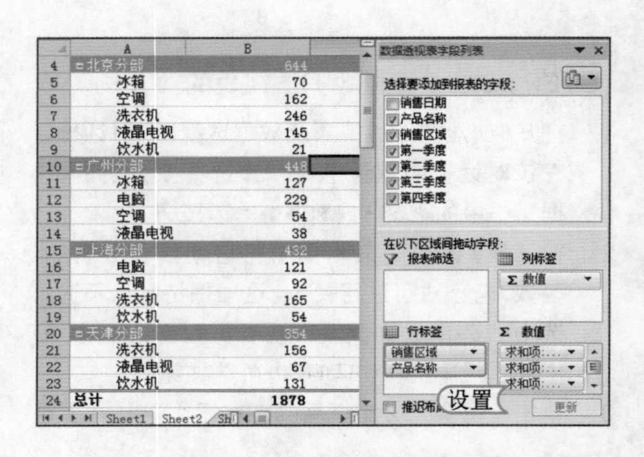

STEP 07： 美化数据透视图

单击数据透视图的边框区，选择【格式】/【形状样式】组，在其中分别将图表的形状填充、轮廓颜色设置为“蓝色，强调文字颜色1，淡色80%”、“蓝色，强调文字颜色5，深色50%”。

> 提个醒 用户也可双击透视图各元素，打开对应的格式设置对话框。数据透视图各元素的格式与设置图表的方法一样。

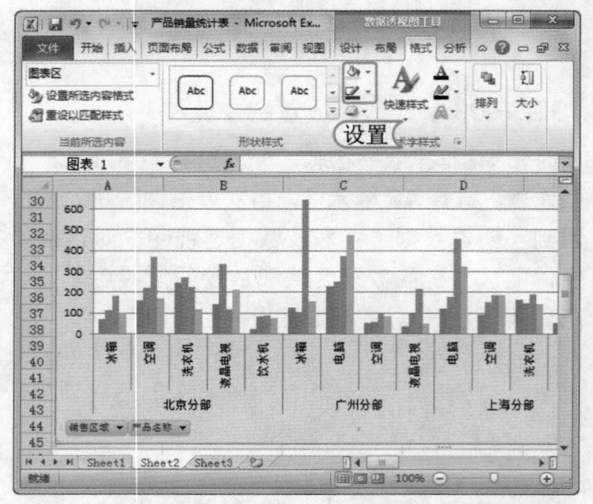

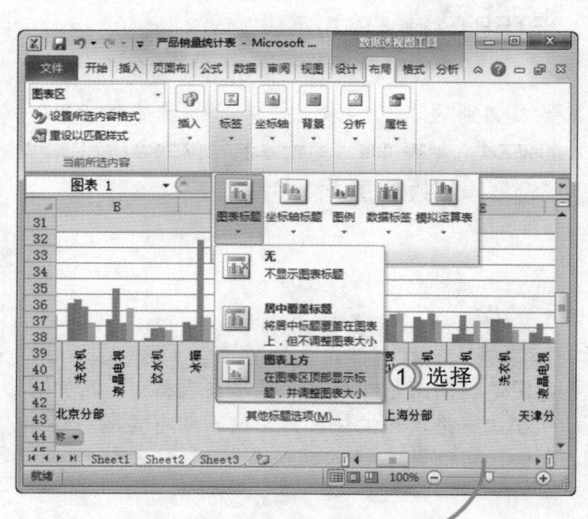

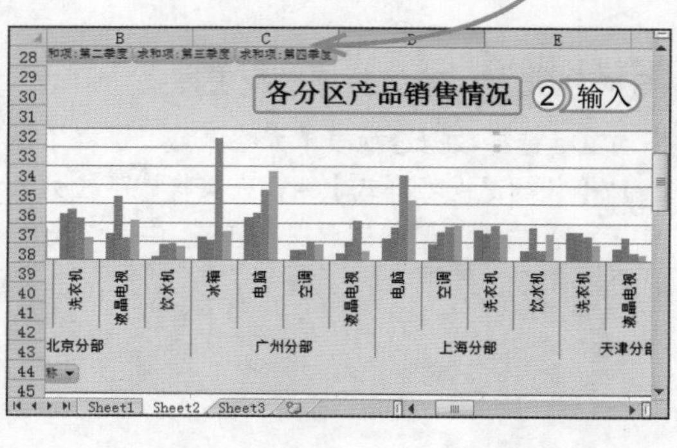

STEP 08： 为图表添加标题

1. 先选择数据透视图表，选择【布局】/【标签】组，单击“图表标题”按钮，在弹出的下拉列表中选择“图表上方”选项。
2. 在插入的标题文本框中输入图表标题，这里输入“各分区产品销售情况”文本。

STEP 09：添加筛选字段

1. 选择需要创建切片器的透视表中的任意单元格，这里选择C13单元格。在【选项】/【排序和筛选】组中单击"插入切片器"按钮。
2. 打开"插入切片器"对话框，在其中选中需要创建切片器的数据透视表字段，这里选中产品名称复选框和销售区域复选框。
3. 单击确定按钮。

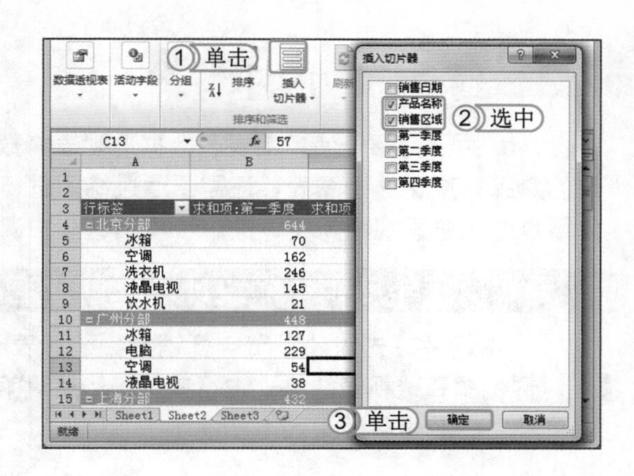

STEP 10：应用切片器样式

返回工作簿，即可看到插入的"产品名称"和"销售区域"切片器。使用移动图片的方法将切片器移动到数据右侧，按住Shift键单击选择"产品名称"和"销售区域"切片器，在【选项】/【切片器样式】组的下拉列表框中选择"深色"/"切片器样式深色5"选项，美化该切片器。

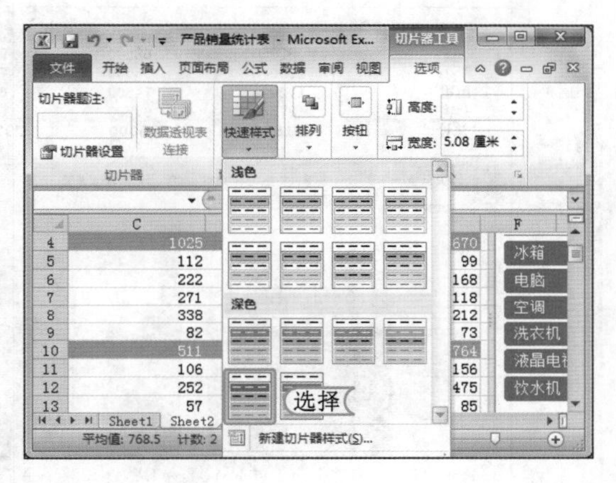

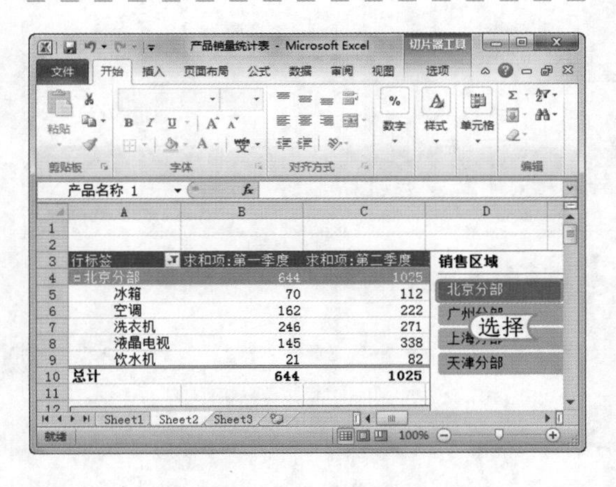

STEP 11：筛选数据

在"销售区域"切片器中单击"北京分部"选项，将在"产品名称"切片器中显示北京分部销售的产品名称，并在数据透视表中筛选出北京分部销售明细数据。

提个醒

在切片器中选择需要筛选的数据时，用户可同时筛选出多项数据，其方法是：按住Shift键或Ctrl键单击选择需要同时筛选的多项数据选项即可。

STEP 12：关闭字段列表窗格

设置完成后，可在【选项】/【显示】组中单击"字段列表"按钮，将"数据透视表字段列表"窗格隐藏起来，以便于数据的查看。

提个醒

在【选项】/【显示】组中再次单击"字段列表"按钮，可将隐藏的"数据透视表字段列表"窗格显示出来。

7.3 练习 1 小时

本章主要介绍了使用图表、数据透视表和数据透视图等相关知识来分析表格数据。若想在日后熟练地应用这些图表，还需要通过练习进行巩固。下面以为“员工年度销售额统计表”工作簿创建汇总透视图为例，进一步巩固这些知识的使用方法。

为“员工年度销售额统计表”创建汇总透视图

本例将首先对“员工年度销售额统计表.xlsx”工作簿中的数据创建汇总透视图，并对透视图和透视表的格式进行美化，然后对第一季度数据进行筛选，筛选出大于“80000”的员工，其最终效果如下图所示。

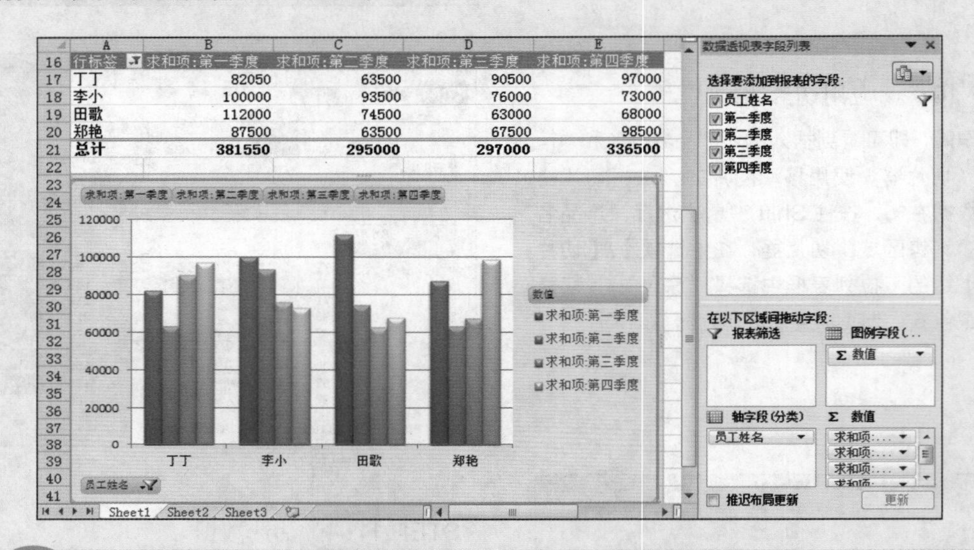

光盘文件

素材\第7章\员工年度销售额统计表.xlsx

效果\第7章\员工年度销售额统计表.xlsx

实例演示\7章\为“员工年度销售额统计表”创建汇总透视图

读书笔记

第8章 制作图文并茂的演示文稿

学习 2小时

- 幻灯片的操作与文本的添加
- 丰富幻灯片元素

使用 Word 能制作文档，使用 Excel 能制作表格。而当召开会议或是进行宣传时，使用这两种软件并不可能得到很好的展示效果。此时就可使用PowerPoint将需要展示的讯息制作成演示文稿，用图像的方式进行输出展示。

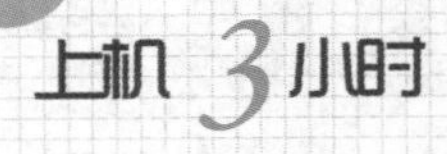

8.1 幻灯片的操作与文本的添加

一个完整的演示文稿是由多张幻灯片组合而成的，用户可以根据工作需要在演示文稿中添加、删除以及隐藏幻灯片，并对相应的幻灯片进行编辑，如在幻灯片的占位符中输入并编辑文本、添加艺术字等操作。

学习 1 小时

- 掌握插入幻灯片并设置版式的方法。
- 了解删除和隐藏幻灯片的方法。
- 掌握艺术字的添加方法。
- 掌握复制和移动幻灯片的方法。
- 掌握输入并编辑文本的方法。

8.1.1 插入幻灯片并设置版式

在 PowerPoint 2010 中，可在演示文稿中添加需要的幻灯片，并对其版式进行设置，以满足不同的工作需求。下面将分别介绍插入幻灯片的操作方法及版式设置的方法。

1. 插入幻灯片

在 PowerPoint 2010 中插入幻灯片的方法有多种，选择【开始】/【Microsoft Office】/【Microsoft Office PowerPoint 2010】命令，启动 PowerPoint 后即可进行插入操作。下面将介绍几种常用的插入幻灯片方法。

通过快捷菜单插入幻灯片：在新建空白演示文稿的“幻灯片”窗格的空白处，单击鼠标右键，在弹出的快捷菜单中选择“新建幻灯片”命令即可。

通过快捷键插入幻灯片：在新建空白演示文稿的“幻灯片”窗格中，选择任意一张幻灯片后，按 Enter 键或按 Ctrl+M 组合键便可在选择的幻灯片下方插入一张新的幻灯片。

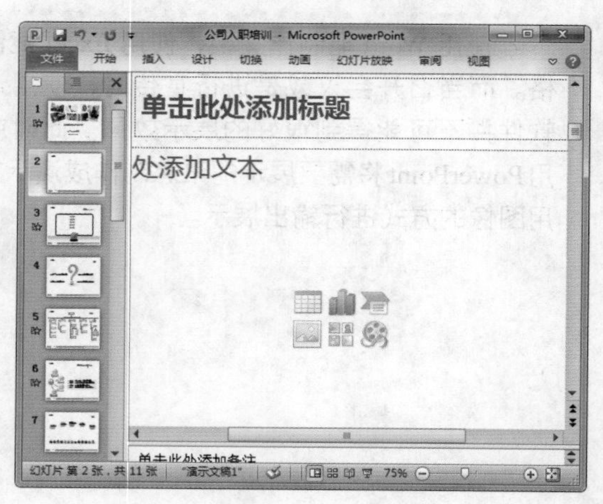

2. 设置幻灯片版式

新插入的幻灯片都是使用的默认版式，用户也可以手动对版式进行设置，改变幻灯片中内容的显示位置，以满足不同的工作需求。其方法为：选择需要重新设置版式的幻灯片，选择【开始】/【幻灯片】组，单击“版式”按钮，在弹出的下拉列表中选择需要的幻灯片版式即可。

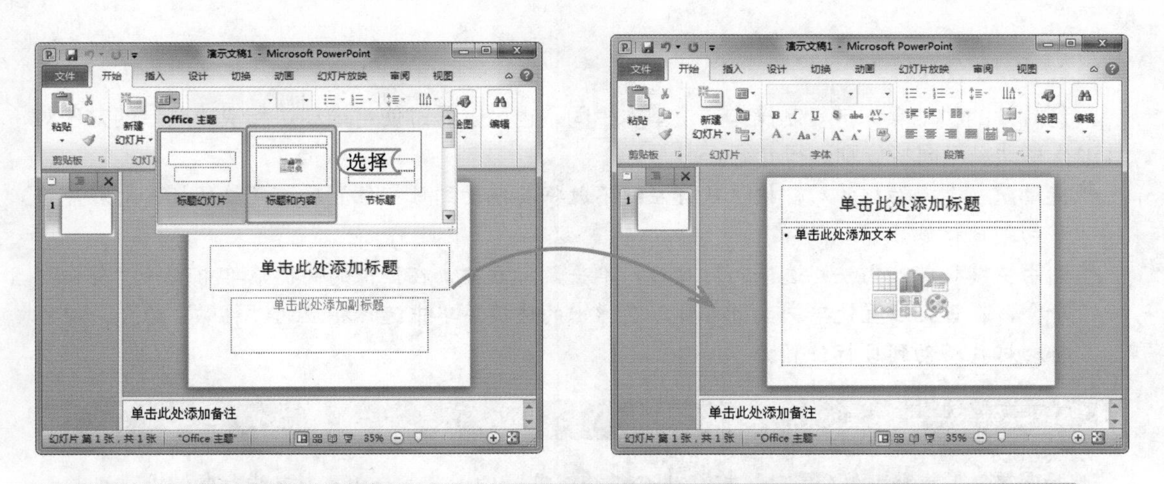

经验一箩筐——在设置版式的同时插入幻灯片

如果用户想在设置版式的同时插入一张新的幻灯片，可通过选择【开始】/【幻灯片】组，单击“新建幻灯片”按钮右侧的下拉按钮，在弹出的下拉列表中选择需要插入的幻灯片版式即可。

8.1.2 复制和移动幻灯片

在制作演示文稿时，用户可根据工作的实际需求，对幻灯片的顺序及相似的幻灯片进行复制和移动操作，以提高制作演示文稿的效率。下面将分别对幻灯片的复制和移动操作进行介绍。

1. 复制幻灯片

在 PowerPoint 2010 中直接对相似的幻灯片进行复制和编辑，可提高工作效率，节省制作演示文稿的时间。下面将介绍两种常用的复制幻灯片的方法。

- 拖动法：选择幻灯片后，按住鼠标左键的同时按住 Ctrl 键不放，此时鼠标光标上出现一个小的“+”号，将其拖动到目标位置后，释放鼠标左键，即可将其复制到目标位置。
- 使用快捷菜单的方法：选择幻灯片后，单击鼠标右键，在弹出的快捷菜单中选择“复制”命令，在目标位置处单击鼠标右键，在弹出的快捷菜单中选择相应的“粘贴”命令，便可将幻灯片复制到目标位置。

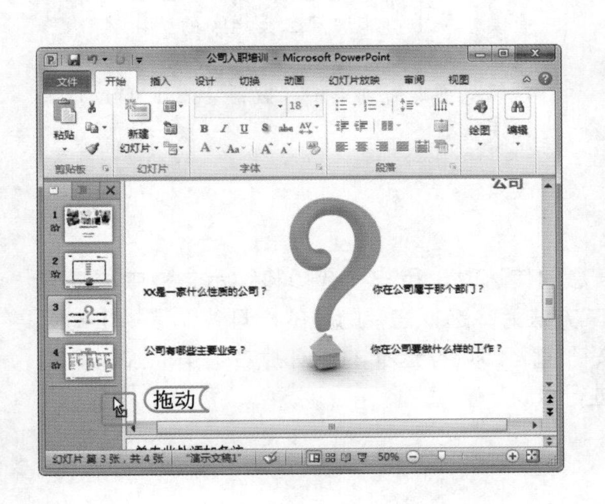

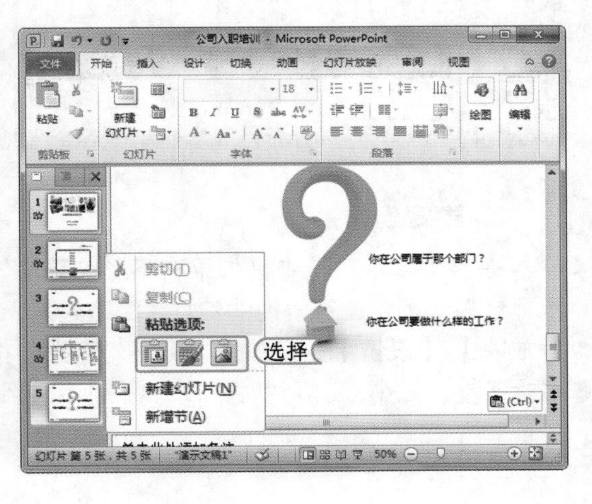

2. 移动幻灯片

幻灯片的移动操作与复制操作方法基本相同，也可以通过使用拖动法和快捷菜单的方法对其进行移动。下面将分别进行介绍。

- 拖动法：选择幻灯片后，按住鼠标左键不放将其拖动到目标位置后，释放鼠标，幻灯片将移动到目标位置。
- 使用快捷菜单的方法：选择幻灯片后，单击鼠标右键，在弹出的快捷菜单中选择“剪切”命令，在目标位置处单击鼠标右键，在弹出的快捷菜单中选择相应的“粘贴”命令，便可将幻灯片移动到目标位置。

经验一箩筐——快速复制或移动幻灯片

选择需要复制或移动的幻灯片，按 Ctrl+C 组合键或按 Ctrl+X 组合键，对其进行复制或剪切，将鼠标光标定位到目标位置，按 Ctrl+V 组合键，即可将幻灯片复制或移动到目标位置。

8.1.3 删除和隐藏幻灯片

在制作幻灯片的过程中，对于不使用或错误的幻灯片，可使用删除幻灯片的功能将其删除；而对于有用但在此处不需要进行演示的幻灯片，则可使用隐藏的功能将其隐藏。下面将分别对其操作方法进行介绍。

1. 删除幻灯片

在演示文稿中删除幻灯片的方法其实很简单，只需选择需要删除的幻灯片后，单击鼠标右键，在弹出的快捷菜单中选择“删除幻灯片”命令或按 Delete 键即可。

经验一箩筐——撤销和恢复操作

在操作幻灯片的过程中，若发现当前操作有误，单击快速访问工具栏中的“撤销”按钮可返回到上一步操作；单击“恢复”按钮可返回到单击“撤销”按钮前的操作状态。

2. 隐藏幻灯片

在整个演示文稿中，如果在不影响正常信息的传达时，用户可选择将演示文稿中的某些不适合在该场合进行解说的幻灯片隐藏起来，其方法为：选择需要隐藏的幻灯片，选择【幻灯片放映】/【设置】组，单击“隐藏幻灯片”按钮，即可在选择的幻灯片右上角添加一个隐藏标签，在播放幻灯片时，该幻灯片则不会进行放映。

经验一箩筐——使用快捷菜单隐藏幻灯片

用户除了使用选项卡的形式隐藏幻灯片，还可使用快捷菜单对幻灯片进行隐藏操作，其方法为：选择需要进行隐藏的幻灯片，单击鼠标右键，在弹出的快捷菜单中选择“隐藏幻灯片”命令即可。

8.1.4 在幻灯片中输入文本

在演示文稿中，文本是传递信息的重要途径，因此添加文本是必不可少的操作。在PowerPoint 2010中，可以通过占位符的形式输入文本，也可以通过文本框的形式输入文本，下面将分别对其进行介绍。

1. 在占位符中输入文本

在占位符中输入文本是最常用的方法。默认情况下，新建的幻灯片中都会预设一个标题占位符和副标题占位符，用户只需将鼠标光标定位到占位符中，直接输入需要的文本即可。并且默认情况下，在占位符中输入的文本已经设置了字体属性及样式。

2. 通过文本框输入文本

其实在文本框中输入文本的方法与在占位符中输入文本的方法基本相同，但是在文本框中输入文本之前，需要用户添加文本框，其方法为：选择【插入】/【文本】组，单击“文本框”按钮，在弹出的下拉列表中选择需要绘制的文本框类型，即可在幻灯片的编辑区域绘制文本框，绘制完成后，将插入点定位到文本框中，直接输入文本即可。

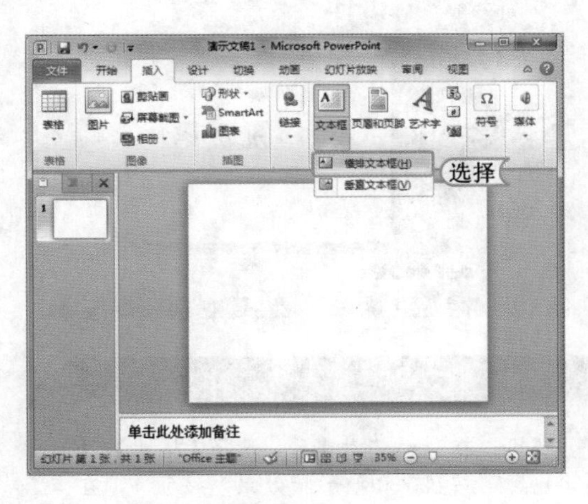

经验一箩筐——文本框的类型

在幻灯片中可绘制出两种类型的文本框，一种是横排文本框，另一种则是垂直文本框，其绘制方法基本相同，唯一不同的是，横排文本框中的文本将从左到右显示，而垂直文本框中的文本则将从上到下显示。

8.1.5 应用艺术字

在制作幻灯片时，文字和图片一样可进行颜色、大小写、形状、阴影和三维等方面的编辑，而这种编辑一般是通过添加艺术字的方式来实现。在PowerPoint中，艺术字常用于表现一张幻灯片的标题效果。下面将分别介绍艺术字的添加和编辑方法。

1. 添加艺术字

在幻灯片中添加艺术字可使文本变得醒目、美观。其方法为：选择需转换为艺术字的文本，选择【插入】/【文本】组，单击“艺术字”按钮，在弹出的下拉列表中选择需要的艺术字样式即可。

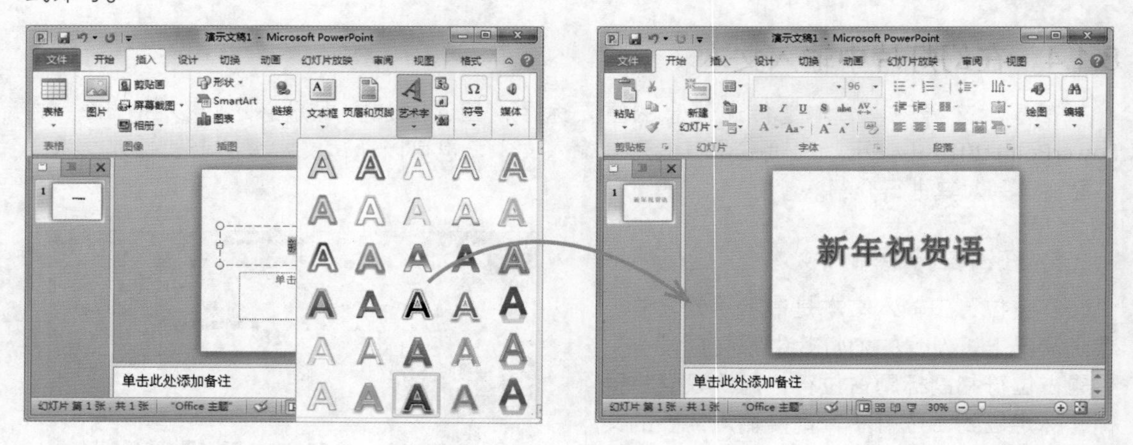

2. 编辑艺术字

在制作演示文稿时，可根据演示文稿的整体效果来编辑艺术字，让其更满足用户的实际需求，在编辑艺术字时，可对艺术字的形状样式、艺术字的样式、大小、拉伸以及旋转等效果进行设置。下面将分别对各种设置方法进行介绍。

- 设置艺术字的形状样式：对于幻灯片中插入的艺术字，可根据实际的工作需求，对其形状样式进行设置。其方法为：选择需要设置的艺术字文本框，选择【格式】/【形状样式】组，单击形状样式列表右侧的按钮，在弹出的下拉列表中选择需要的样式即可。

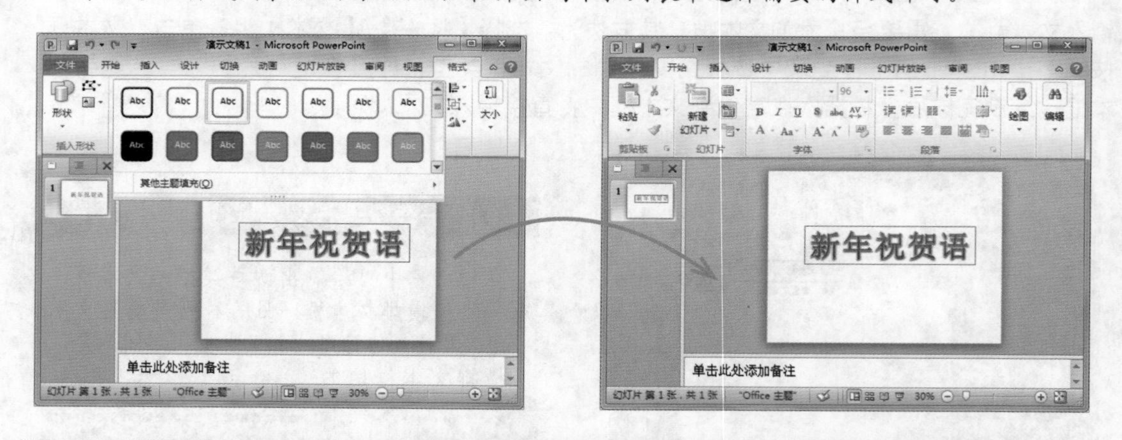

经验一箩筐——自定义形状样式

用户除了可以在快速样式中选择预置的形状样式外，还可以在选择艺术字后，选择【格式】/【形状样式】组，分别单击“形状填充”按钮、“形状轮廓”按钮和“形状效果”按钮，在弹出的下拉列表中选择不同的选项，对艺术字的整体形状进行设置。

- 设置阴影效果：选择需要设置的艺术字，选择【格式】/【艺术字样式】组，单击“文字效果”按钮，在弹出的下拉列表中选择“阴影”/“右上偏移”选项即可。用户也可以在弹出的下拉列表中选择其他的样式，如映像、发光、三维旋转和转换等。

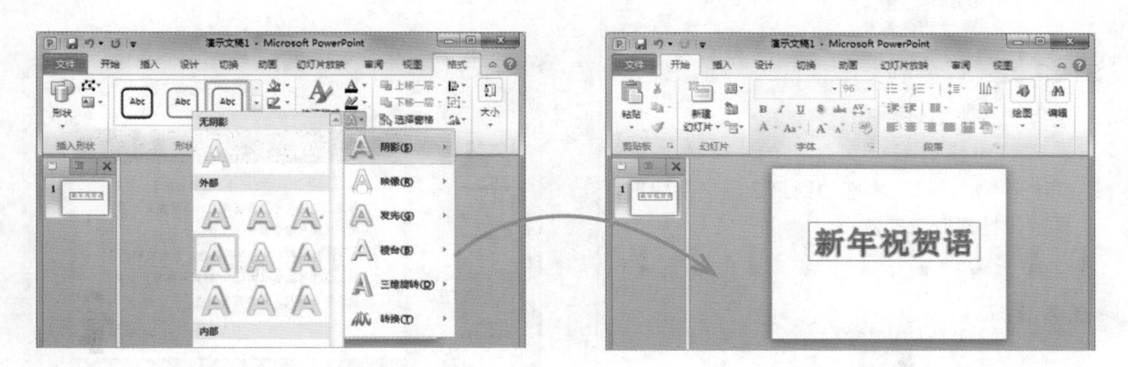

设置轮廓：选择需要设置艺术字的文本框，选择【格式】/【艺术字样式】组，单击“文本轮廓”按钮，在弹出的下拉列表中选择需要设置的轮廓颜色即可。

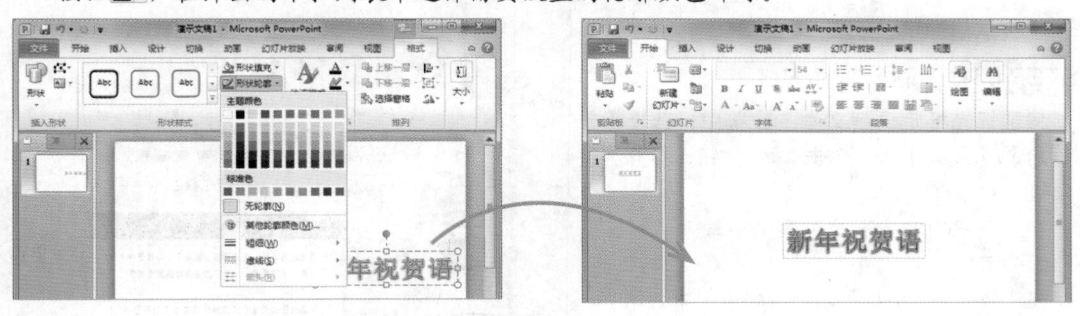

经验一箩筐——设置艺术字的其他样式

在 PowerPoint 2010 中除了可设置艺术字的形状样式、阴影和轮廓外，还可对艺术字的形状轮廓、形状填充、文本填充、大小和旋转等进行设置。

8.1.6 编辑文本

在演示文稿中输入文本内容后，可对文本进行相应的编辑。而对文本进行编辑又分为两种，一种是对文本操作的编辑（如选择、修改、移动、复制、查找和替换等）；而另一种是对文本本身的格式编辑（如字体、字号、颜色及项目符号等）。其中文本格式设置相对简单，只需在【开始】/【字体】组中的“字体”和“字号”下拉列表框中进行设置即可，而项目符号也可以在【开始】/【段落】组中进行设置。

下面将在“公司介绍 .pptx”演示文稿中修改错误文本，复制、查找和替换所需的文本。其具体操作如下：

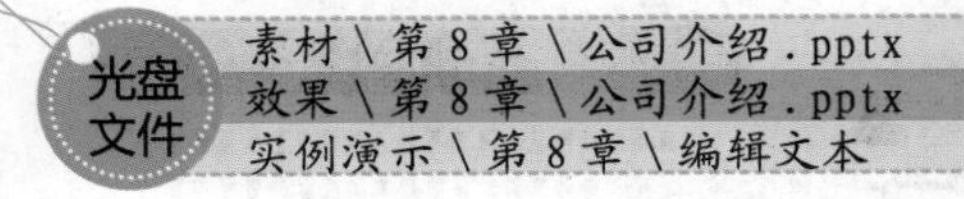

素材 \ 第 8 章 \ 公司介绍 . pptx
效果 \ 第 8 章 \ 公司介绍 . pptx
实例演示 \ 第 8 章 \ 编辑文本

STEP 01：删除文本

1. 打开“公司介绍 .pptx”演示文稿，选择第 2 张幻灯片。
2. 选择“玻璃相关的制品”文本，按 Delete 键将其删除，然后输入文本“玻璃制品”。

STEP 02：复制文本

1. 选择第 3 张幻灯片。
2. 选择“科盛有限公司生产的”文本，按住 Ctrl 键不放，将文本拖动到第 2 段文字段前，释放鼠标复制该文本。

STEP 03：输入替换内容

1. 将鼠标光标定位到文本占位符中，选择【开始】/【编辑】组，单击替换按钮，打开“替换”对话框。
2. 在“查找内容”下拉列表框中输入“科盛有限公司”。
3. 在“替换为”下拉列表框中输入“本公司”。

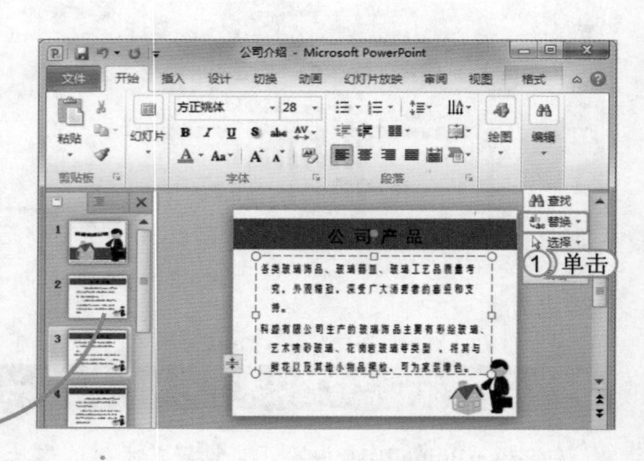

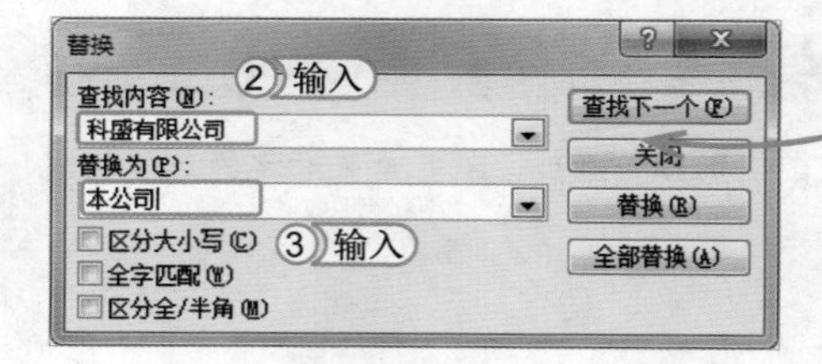

提个醒 直接按 Ctrl+H 组合键可快速打开“替换”对话框。

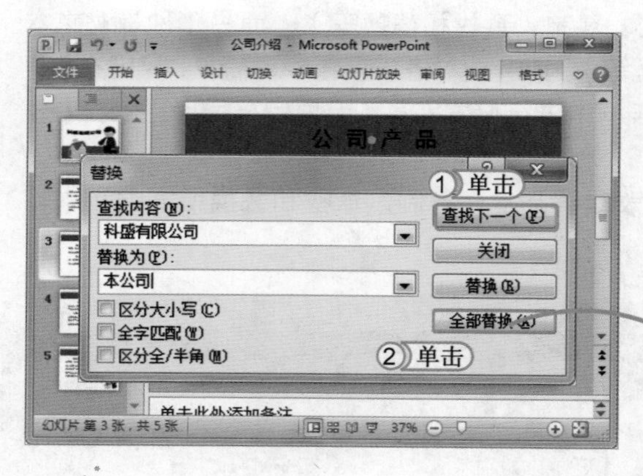

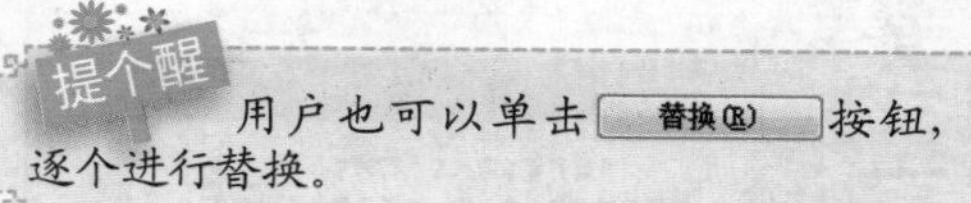

提个醒 用户也可以单击替换(R)按钮，逐个进行替换。

STEP 04：替换内容

1. 单击查找下一个(F)按钮查找所需的内容。
2. 单击全部替换(A)按钮将其全部替换。
3. 单击关闭按钮关闭该对话框，完成文档编辑并查看替换效果。

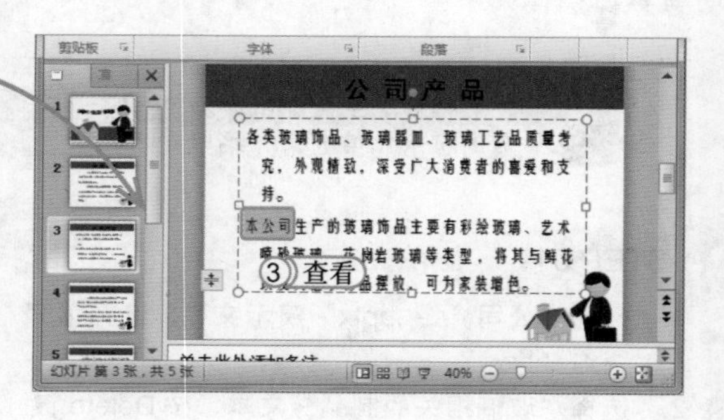

上机1小时 ▶ 制作"公司简介"演示文稿

- 进一步掌握幻灯片的编辑方法。
- 进一步掌握文本的输入与编辑方法。
- 进一步熟悉艺术字的使用。

下面将在"公司简介.pptx"演示文稿中添加相应的幻灯片，并在幻灯片中添加文本和艺术字，对其进行相应的设置，其最终效果如下图所示。

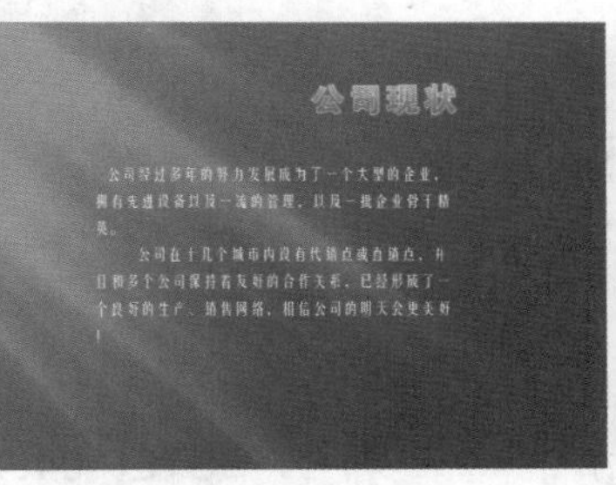

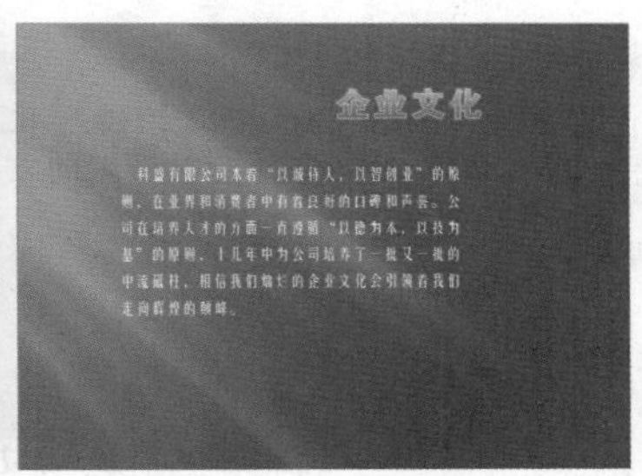

光盘文件
素材\第8章\公司简介.pptx
效果\第8章\公司简介.pptx
实例演示\第8章\制作"公司简介"演示文稿

STEP 01：添加幻灯片

1. 打开"公司简介.pptx"演示文稿，选择第1张幻灯片。
2. 按Enter键，新建一张空白幻灯片。

提个醒 新建幻灯片时，用户可先规划好需要的幻灯片内容，再根据实际需要选择要添加的位置。

STEP 02: 绘制文本框

1. 保持第 2 张幻灯片的选择状态，选择【插入】/【文本】组，单击“文本框”按钮。
2. 在幻灯片的中间拖动鼠标绘制文本框，单击鼠标左键结束绘制。

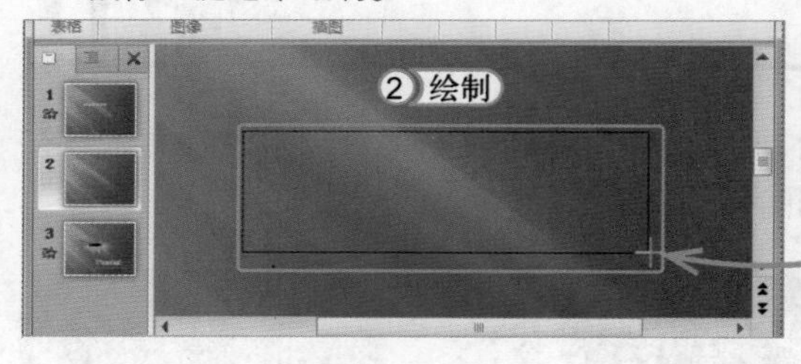

STEP 03: 添加文本

1. 在刚绘制的文本框中输入内容，并选择文本。
2. 选择【开始】/【字体】组，分别设置其字体和字号为“黑体”和“16”。

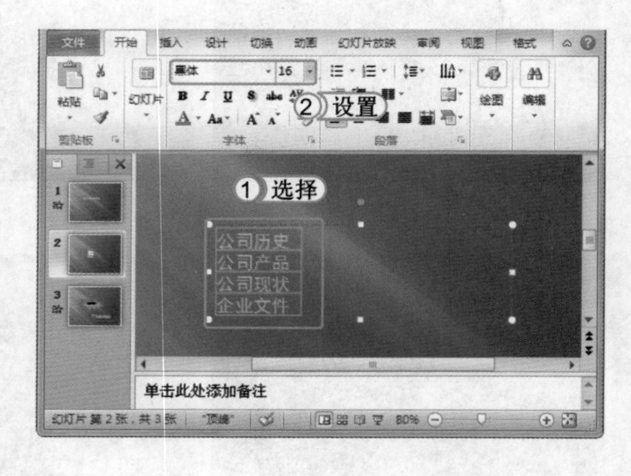

提个醒 在 PowerPoint 2010 中设置文本格式，与 Word 2010 中设置文本格式的方法是相同的，如项目符号、编号以及行距等。

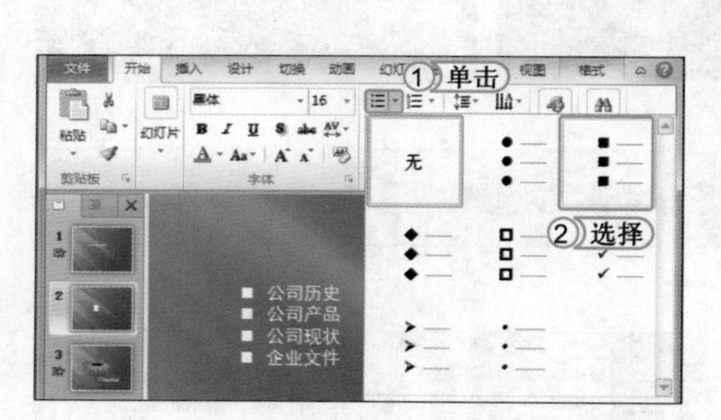

STEP 04: 添加项目符号

1. 保持文本的选择状态，选择【开始】/【段落】组，单击“项目符号”按钮。
2. 在弹出的下拉列表中选择第 3 种项目符号样式。

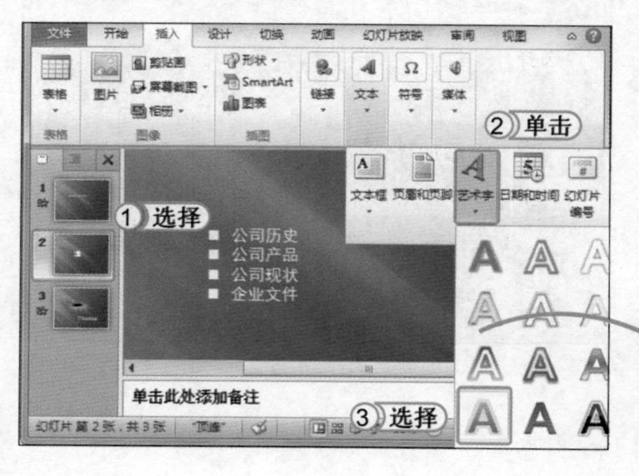

STEP 05: 插入艺术字

1. 选择第 2 张幻灯片。
2. 选择【插入】/【文本】组，单击“艺术字”按钮。
3. 在弹出的下拉列表框中选择“渐变填充-茶色，强调文字颜色 1，轮廓-白色，发光-强调颜色 2”选项，新建一个艺术字文本框。

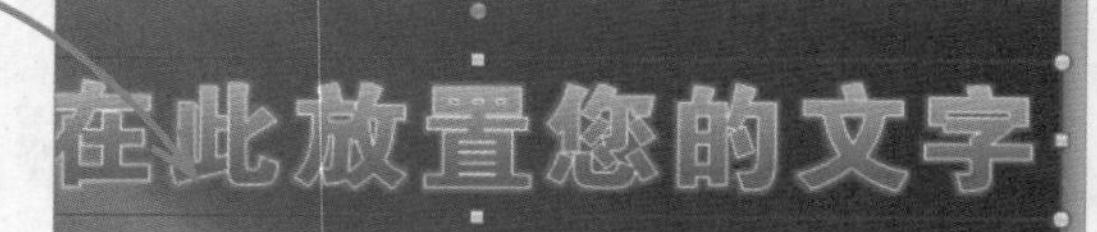

STEP 06： 输入艺术字并设置

1. 在艺术字文本框中输入文本“目录”。
2. 选择【开始】/【字体】组，在“字体”下拉列表框中选择“方正大黑简体”选项，并将其字号设置为“40”。

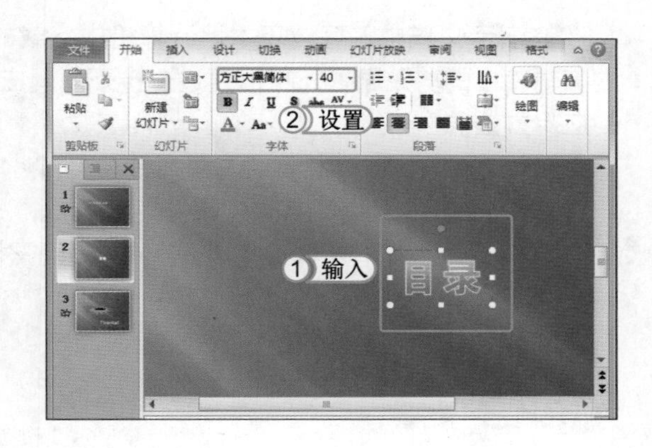

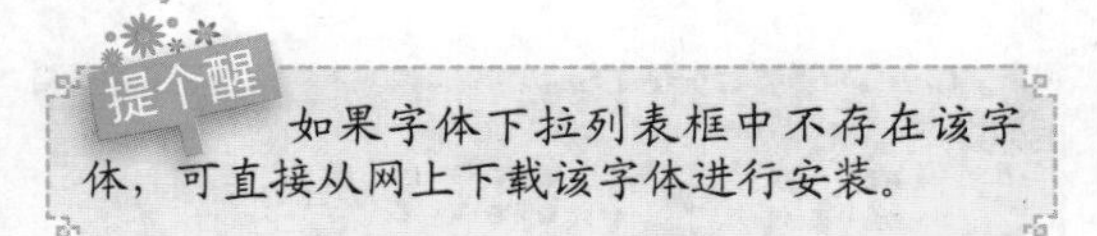

提个醒 如果字体下拉列表框中不存在该字体，可直接从网上下载该字体进行安装。

STEP 07： 添加其他幻灯片

使用相同的方法，在演示文稿中添加其他幻灯片，并为其添加相应的艺术字和文本内容。

8.2 丰富幻灯片元素

在 PowerPoint 2010 中，除了能在幻灯片中添加文本、艺术字外，还可添加其他元素，让整个幻灯片更加丰富多彩，吸人眼球。本节将讲解在幻灯片中添加图片、形状、SmartArt 图形、表格以及图表等方法，让用户了解各种元素的应用方法。

学习 1 小时

- 掌握应用和编辑图片的操作方法。
- 熟悉应用和编辑形状的操作方法。
- 了解添加和编辑 SmartArt 图形的操作方法。
- 掌握表格的应用。
- 熟悉图表的应用。

8.2.1 应用和编辑图片

只有文本的描述而没有图片的展示，会让人觉得整个演示文稿枯燥无味，达不到良好的传递信息的效果，但如果在幻灯片中适当为文本添加一些图片，并对图片进行适当的编辑，不仅能增加幻灯片的美感，还会使演示文稿的内容更加突出，让人容易理解。下面将分别介绍图片的应用与编辑方法。

在演示文稿中，可应用本地计算机中下载的一些图片，也可应用 PowerPoint 2010 中自带的剪辑库中的剪贴画，还可以通过连接互联网应用一些联机图片，下面将分别介绍这几种图片的应用方法。

- 应用本地图片：选择需要应用图片的幻灯片，将鼠标光标定位到应用图片的位置，选择【插入】/【图像】组，单击“图片”按钮，打开“插入图片”对话框，选择需要应用的图片的路径，找到并选择该图片，单击 插入(S) 按钮即可应用本地图片。

- 应用剪贴画：选择需要应用图片的幻灯片，将鼠标光标定位到应用图片的位置，选择【插入】/【图像】组，单击 剪贴画 按钮，在窗口右侧将会打开“剪贴画”窗格，在“搜索文字”文本框中输入需要的剪贴画名称，单击 搜索 按钮，将在该窗格下方显示搜索结果，选择合适的剪贴画即可。

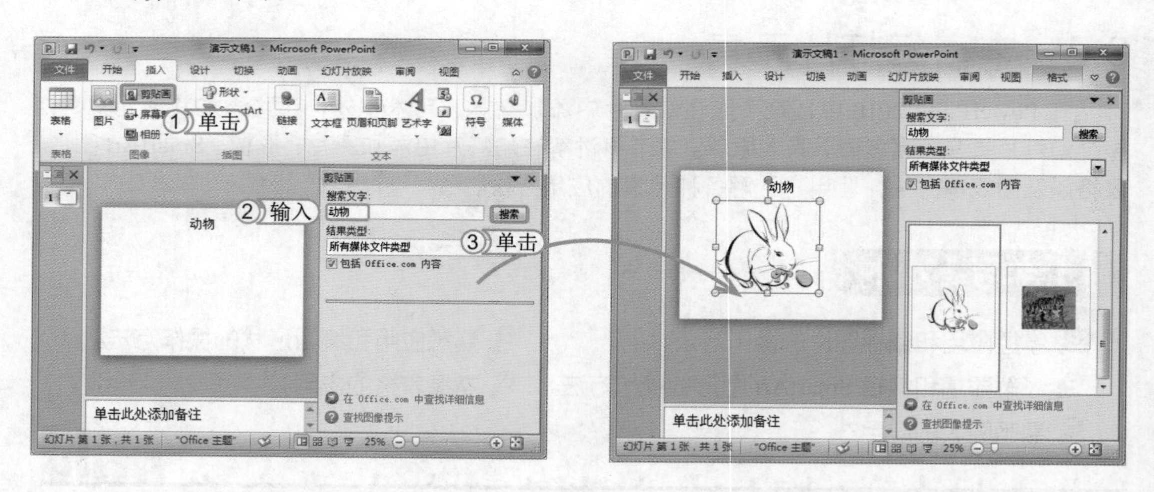

经验一箩筐——剪贴画的其他操作

当用户在“剪贴画”窗格中搜索出需要的剪贴画后，将鼠标移动到剪贴画上时，会在鼠标所指向的剪贴画中出现一个下拉按钮，单击该按钮，在弹出的下拉列表中可进行复制、预览、插入以及从剪贴画中删除等操作。

应用屏幕截图：选择需要应用图片的幻灯片，将鼠标光标定位到应用图片的位置，选择【插入】/【图像】组，单击“屏幕截图”按钮，在弹出的下拉列表中选择相应的屏幕截图选项即可。需注意的是，下拉列表框中所出现的屏幕截图选项，其实是计算机中所打开的所有应用程序的窗口，因此在计算机中打开的应用程序窗口不同，其下拉列表框中的选项也会随之而改变。

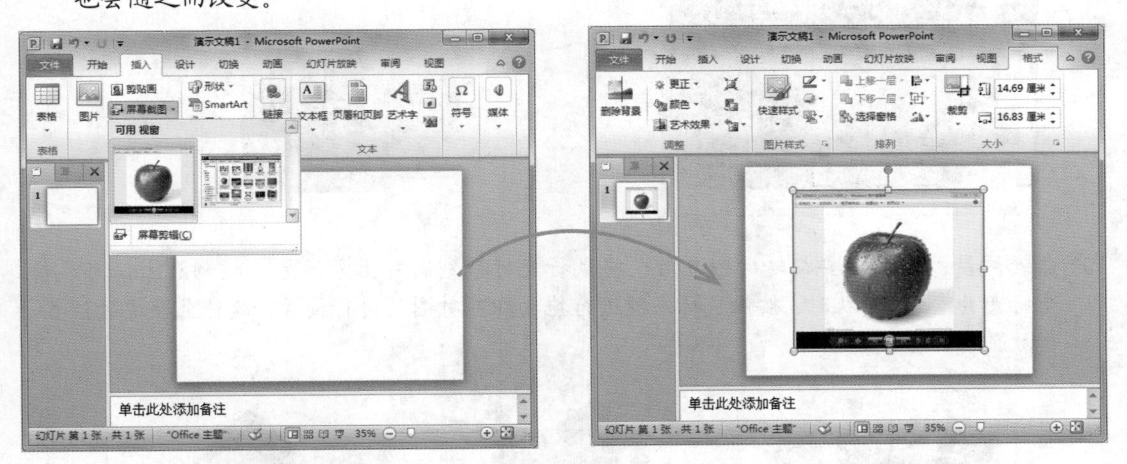

经验一箩筐——插入图片的其他技巧

PowerPoint 2010 中插入图片的操作方法有很多，这里介绍两种可快速插入图片或多张图片的方法。一种是在打开的“插入图片”对话框中，按 Ctrl 键的同时，选择多张图片，单击 插入(S) 按钮即可同时插入多张图片；另一种是直接选择需要应用的图片，按住鼠标左键，将其拖动至 PowerPoint 2010 的编辑区中即可。

8.2.2 编辑图片

在幻灯片中插入图片后，可以根据演示文稿的实际需求，对插入的图片进行相应的编辑，如对插入的图片进行调整大小、位置、亮度、颜色和样式等操作。下面将分别对其操作方法进行讲解。

1. 图片的一般操作

对于插入的图片，一般会对其大小、方向（旋转）和裁剪等进行相应的调整，如果有必要还会对其进行移动和复制的操作，下面将分别对其进行介绍。

调整图片大小：选择需要调整大小的图片，被选择的图片则在四周出现圆形的控制点，将鼠标光标移动到控制点上，按住鼠标左键进行拖放，拖放到适合的大小，释放鼠标即可。

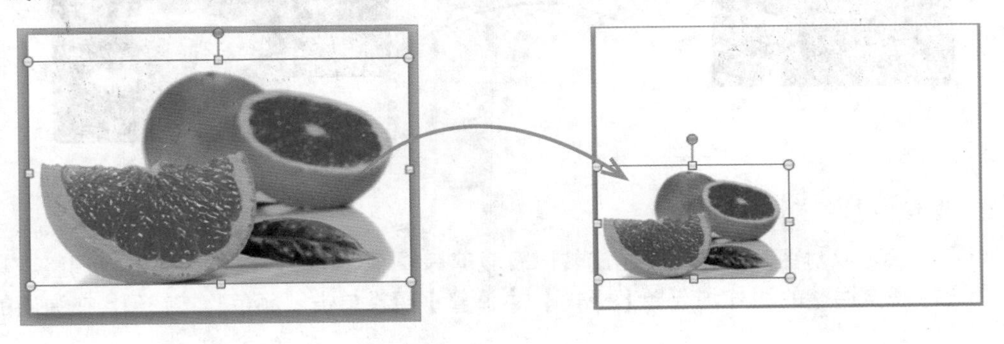

- 裁剪图片：选择需要裁剪的图片后，选择【格式】/【大小】组，单击“裁剪”按钮，被选择图片的四周的控制点则会变为粗实线，将鼠标光标移动到一个控制点上，按住鼠标左键不放并拖动鼠标至需要保留的区域，释放鼠标后，按 Enter 键确认裁剪即可。

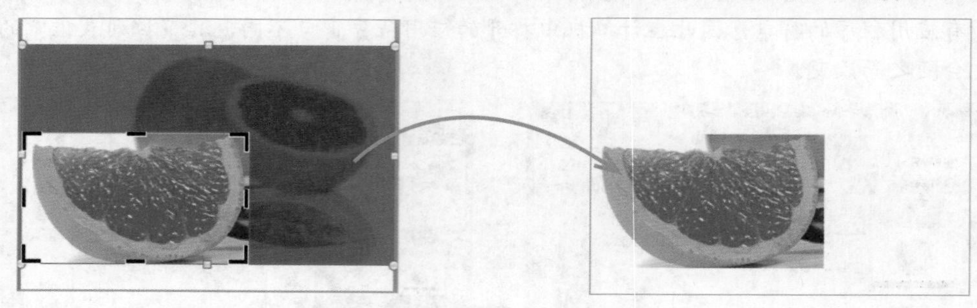

- 旋转图片：选择需要旋转的图片后，将鼠标光标移到图片上方的绿色控制点上，当鼠标光标变为“”形状时，按住鼠标左键进行拖动即可对图片进行旋转，旋转至合适的位置，释放鼠标即可。

- 翻转图片：选择需要翻转的图片后，选择【格式】/【排列】组，单击“旋转”按钮，在弹出的下拉列表中选择“水平翻转”（第 2 个图）或“垂直翻转”（第 3 个图）选项，便可将选择的图片按所选择的选项命令进行翻转。

- 移动或复制图片：选择需移动或复制的图片后，按 Ctrl 键的同时，拖动图片，即可快速复制所选图片；如果不按住 Ctrl 键，直接拖动图片至合适的位置可移动图片。

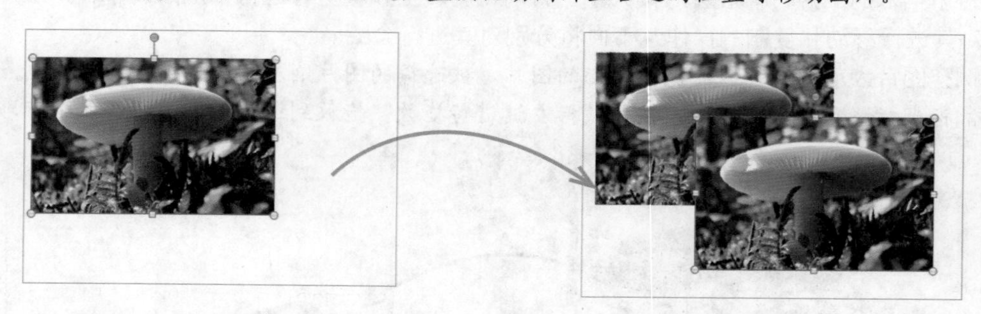

2. 调整图片的颜色

用户不仅可以对图片进行大小、旋转以及裁剪等操作，还可以对其颜色进行调整。其方法为：选择需要调整的图片，选择【格式】/【调整】组，单击“颜色”按钮，在弹出的下拉列表中选择需要设置的颜色即可。

3. 设置图片样式

在 PowerPoint 2010 中，系统为插入的图片提供了许多丰富的样式，用户可以使用这些样式快速地为图片应用样式，使图片效果更加绚丽。设置图片样式的方法为：选择需要设置的图片，选择【格式】/【图片样式】组，单击该组右侧的下拉按钮▾，在弹出的下拉列表中选择需要的样式即可。

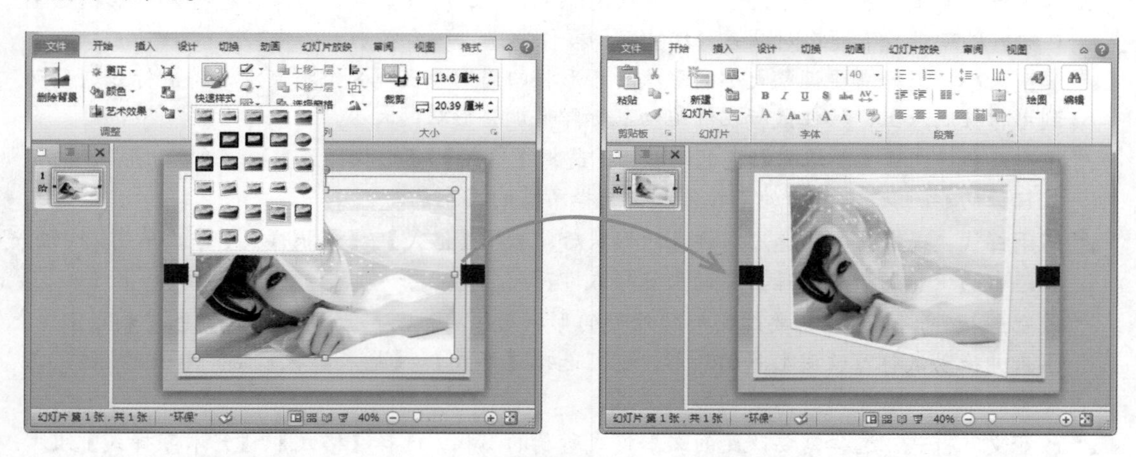

经验一箩筐——自定义设置图片样式

用户除了可以使用系统提供的默认图片样式外，还可以选择图片，选择【格式】/【图片样式】组，单击 图片边框▾ 按钮、 图片效果▾ 按钮和 图片版式▾ 按钮，在弹出的下拉列表中自定义设置图片的样式。

8.2.3 应用和编辑形状

在不同的办公领域中，制作演示文稿时，都有可能制作各种各样的示意图或流程图。而在 PowerPoint 2010 中不仅为用户提供了形状来解决该问题，还可以对形状进行编辑，以满足不同用户的需求。下面将分别介绍形状的应用和编辑方法。

1. 应用形状

在幻灯片中有时会制作一些不同形状或组织结构的示意图，此时就可以选择【插入】/【插

图】组，单击“形状”按钮，在弹出的下拉列表中选择需要应用的形状图，当鼠标光标变为十形状时，即可在幻灯片中拖动鼠标进行绘制，绘制到适合的大小后释放鼠标左键，即可在幻灯片中插入一个形状。

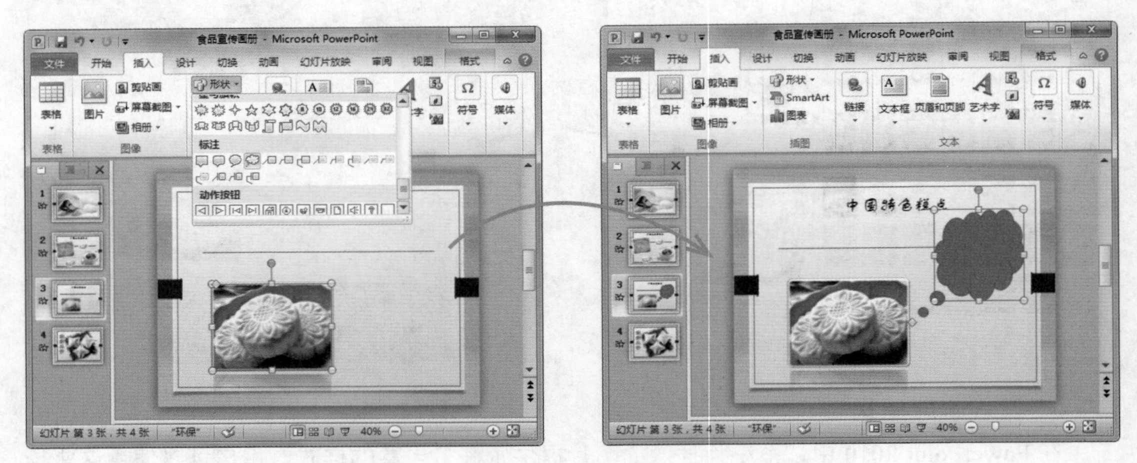

2. 编辑形状

形状不仅可以像图片一样设置样式，还可以在选择形状后，单击鼠标右键，在弹出的快捷菜单中选择“编辑文本”命令，直接在形状上添加文本，并设置文本效果，让插入的形状更满足用户的各种需求。下面将对编辑形状的各种操作方法进行介绍。

- 调整大小：选择需要调整大小的形状后，形状四周则会出现 8 个控制点，将鼠标分别移动到形状控制点上，按住鼠标左键拖动鼠标即可调整形状的大小。
- 填充颜色：选择需要填充颜色的形状后，选择【格式】/【形状样式】组，单击“形状填充”按钮旁的按钮，在弹出的下拉列表中选择所需的填充色。
- 应用样式：选择需要快速应用样式的形状后，选择【格式】/【形状样式】组，单击按钮，在弹出的下拉列表中选择需要的形状样式即可。
- 改变形状外形：选择需要改变形状外形的形状后，将鼠标移动到形状的黄色控制点上，单击并拖动鼠标可改变形状的外形，也可选择【格式】/【插入形状】组，单击按钮，在弹出的下拉列表中选择需要的形状样式。
- 改变文本样式：选择需要改变的文本样式所属的形状，选择【格式】/【艺术字样式】组，单击按钮，在弹出的下拉列表中选择需要设置形状文本的样式。

经验一箩筐——编辑顶点

选择绘制的形状后，只有当形状上出现黄色控制点时，才能通过以上讲解的方法来改变形状外形。如果这些方法不能满足用户的需求，可通过编辑顶点的方法来进行修改。其方法是：选择需编辑的形状，选择【格式】/【插入形状】组，单击“编辑形状”按钮，在弹出的下拉列表中选择“编辑顶点”选项，此时形状的相应位置将出现黑色的控制点，拖动控制点可任意调整形状。

8.2.4 添加和编辑 SmartArt 图形

在演示文稿中，SmartArt 图形能够清楚明白地表明各种事物之间的各种关系，因此常用于办公领域。在 PowerPoint 2010 中用户既能在幻灯片中添加 SmartArt 图形，又能对添加的

SmartArt 图形进行编辑。

1. 添加 SmartArt 图形

在幻灯片中添加 SmartArt 图形的操作其实很简单，可直接通过选择【插入】/【插图】组，单击“SmartArt”按钮，打开“选择 SmartArt 图形”对话框，在对话框左侧选择需要的 SmartArt 图形的类型，在其右侧将显示该类型的所有的 SmartArt 图形，然后在其中选择所需的 SmartArt 图形，单击 确定 按钮将选择的 SmartArt 图形插入幻灯片中即可。

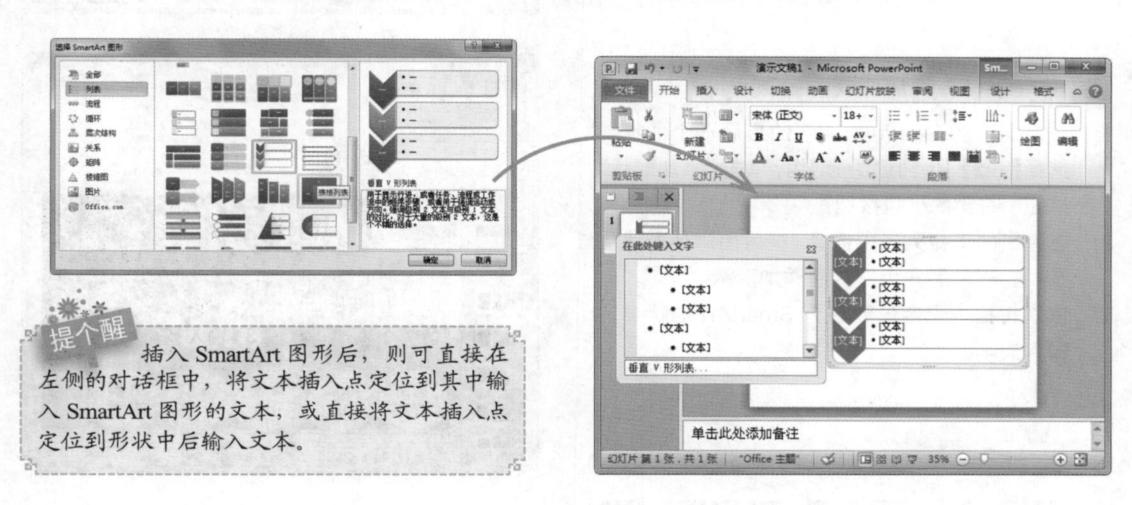

提个醒 插入 SmartArt 图形后，则可直接在左侧的对话框中，将文本插入点定位到其中输入 SmartArt 图形的文本，或直接将文本插入点定位到形状中后输入文本。

2. 编辑 SmartArt 图形

在添加 SmartArt 图形后，可激活“SmartArt 工具”栏，在该栏下的“设计”和“格式”选项卡下可对 SmartArt 图形进行相应的编辑、美化，让其更符合用户的需求。

下面将在“旅游景区 .pptx”中对插入的 SmartArt 图形进行相应的编辑和美化。其具体操作如下：

光盘文件
素材 \ 第 8 章 \ 旅游景区 . pptx
效果 \ 第 8 章 \ 旅游景区 . pptx
实例演示 \ 第 8 章 \ 编辑 SmartArt 图形

STEP 01：准备插入形状

1. 打开“旅游景区 .pptx”演示文稿，选择第 2 张幻灯片。
2. 选择【插入】/【插图】组，单击“SmartArt”按钮，打开“选择 SmartArt 图形”对话框。

提个醒 在用户添加的幻灯片中，可直接在幻灯片中单击 SmartArt 图形，打开“选择 SmartArt 图形”对话框，添加 SmartArt 图形。

STEP 02：选择 SmartArt 图形

1. 在打开的对话框中选择“流程”选项卡。
2. 在列表框中选择“循环流程”选项。
3. 单击 确定 按钮，完成SmartArt图形的插入。

STEP 03：添加形状和输入文本

1. 选择插入的SmartArt图形的最后一个形状。选择【设计】/【创建图形】组，单击“添加形状”按钮右侧的下拉按钮。
2. 在弹出的下拉列表中选择“在后面添加形状”选项，在最后一个形状后添加形状。
3. 依次将插入点定位到每个SmartArt形状中，输入文本。

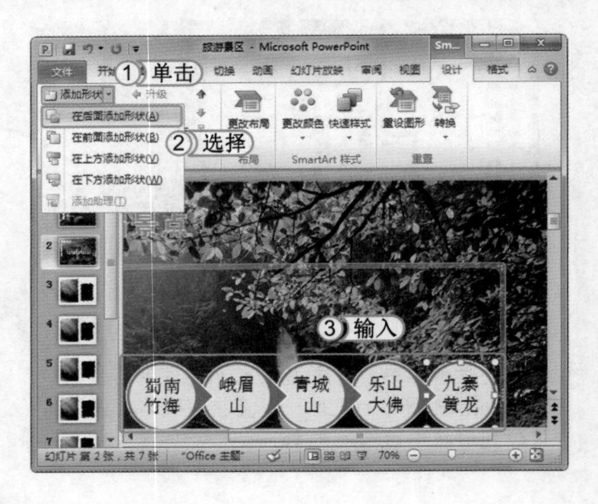

STEP 04：改变形状颜色

1. 选择插入的SmartArt图形。
2. 选择【设计】/【SmartArt样式】组，单击“更改颜色”按钮。
3. 在弹出的下拉列表中选择“彩色范围，强调文字颜色5至6”选项。

提个醒 除了更改形状颜色外，还可以选择【设计】/【创建图形】组，单击“升级”按钮和“降级”按钮，对SmartArt图形中的单个形状顺序进行调整。

STEP 05：设置形状

1. 选择SmartArt图形。
2. 选择【设计】/【SmartArt样式】组，单击“快速样式”按钮。
3. 在弹出的下拉列表中选择“日落场景”选项。完成形状的设置。

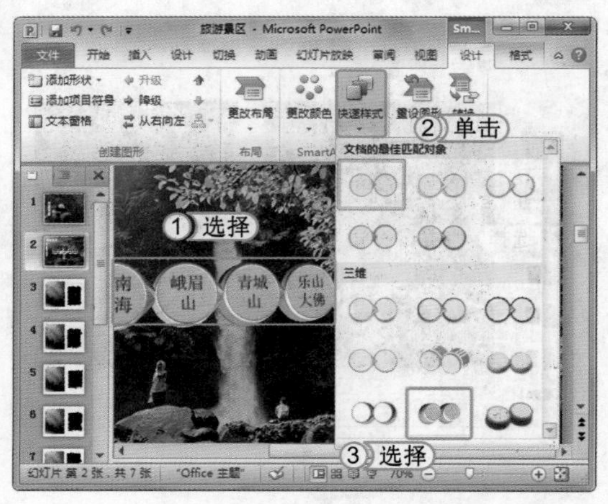

STEP 06： 调整位置

选择插入的 SmartArt 图形，按住鼠标左键拖动 SmartArt 图形，将其拖至幻灯片的底部，释放鼠标。

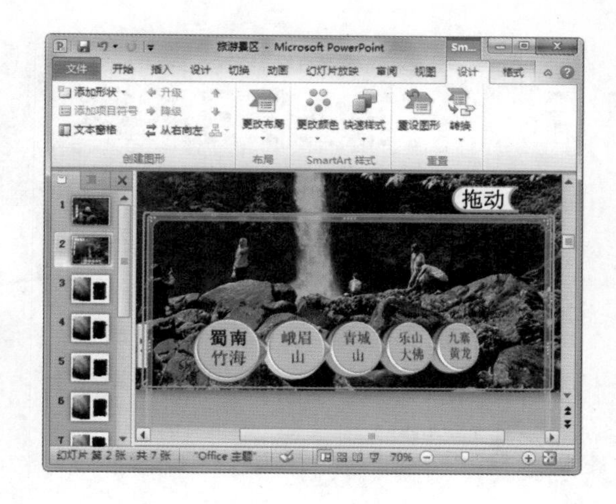

提个醒 将鼠标光标移动到图形的四个角落处，当鼠标变为↗形状时，拖动鼠标即可改变 SmartArt 图形的大小。

STEP 07： 改变形状文本样式

1. 选择插入的 SmartArt 图形。
2. 选择【格式】/【艺术字样式】组，单击“快速样式”按钮A。
3. 在弹出的下拉列表中选择“渐变填充 - 橙色，强调文字颜色，内部阴影”选项，完成本例的制作。

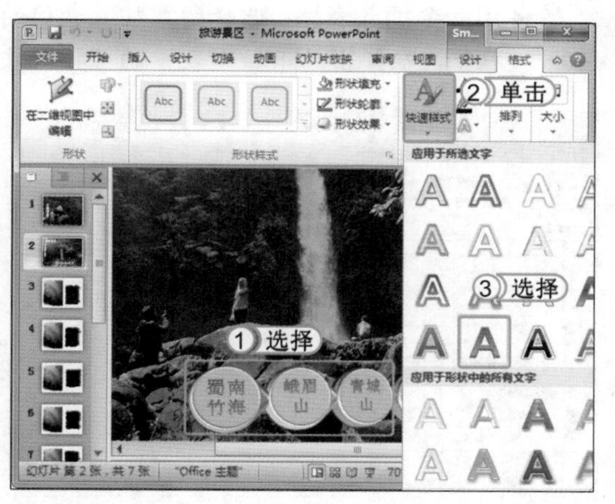

提个醒 添加 SmartArt 图形后，如果对其形状不是很满意，可以选择【设计】/【布局】组，单击▾按钮，在弹出的下拉列表中选择需要的形状对 SmartArt 图形进行更改。

经验一箩筐——添加或删除 SmartArt 形状

在插入的 SmartArt 图形中，系统默认设置了形状个数，但往往默认设置的形状个数或多或少，不能满足用户的需求，此时可通过添加或删除的操作方法对其进行增删。其方法为：选择需要添加或删除的形状，单击鼠标右键，在弹出的快捷菜单中选择“添加形状”命令添加形状，或按 Delete 键删除形状。

8.2.5 应用表格

在制作幻灯片时，经常会需要向观众传递一些比较直观的数据信息。为了满足这种制作需求，在 PowerPoint 2010 中为用户提供了较为强大的表格处理功能，使用它既可以在幻灯片中插入合适的表格，还能对插入的表格进行编辑和美化，使传递的数据更为直观、形象。

1. 插入表格

在幻灯片中使用表格传递信息，则需要掌握插入表格的方法，在幻灯片中插入表格的方法有多种，这里就介绍比较常用的两种方法。

- 使用占位符插入表格：当幻灯片版式为“内容版式”或“文字和内容”版式时，在占位符中单击“插入表格”按钮▦，打开“插入表格”对话框，在“列数”和“行数”数值框中输入插入表格的行数和列数，单击 确定 按钮，即可插入表格。

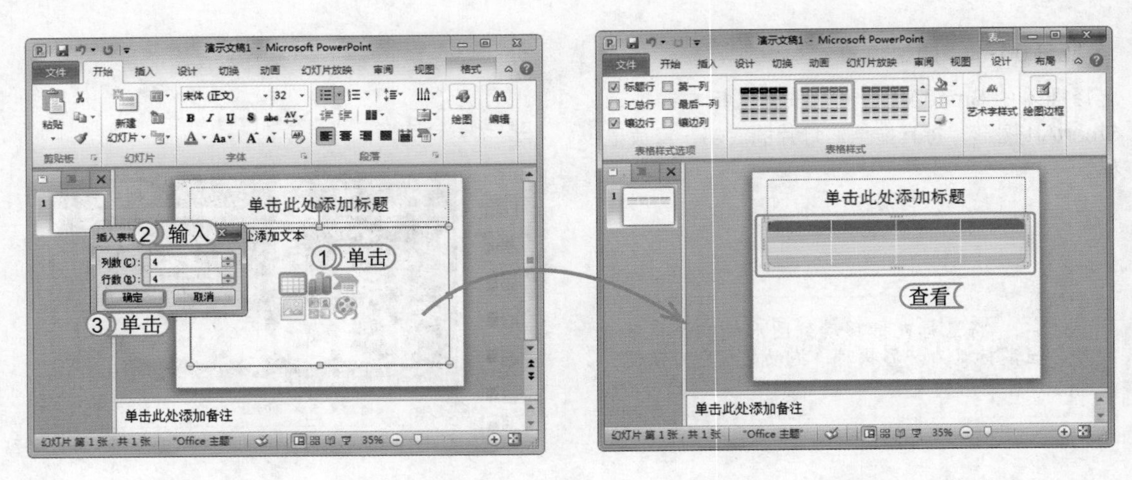

使用命令插入表格：选择所需插入表格的幻灯片，选择【插入】/【表格】组，单击"表格"按钮，在弹出的下拉列表中的"插入表格"栏中选择插入的行数和列数即可。

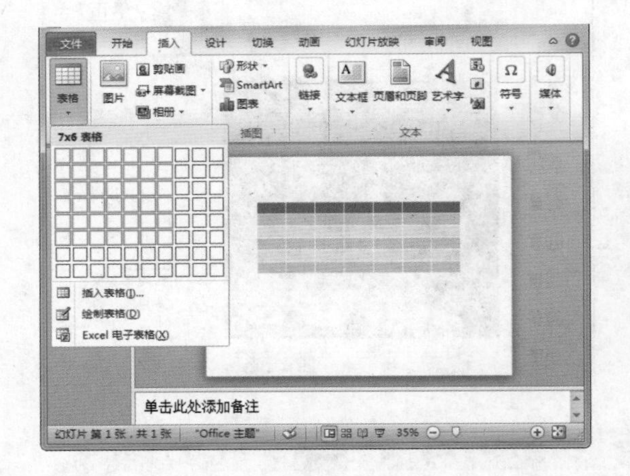

经验一箩筐——插入表格

在选择【插入】/【表格】组，单击"表格"按钮后，在弹出的下拉列表中选择"插入表格"选项，也可以打开"插入表格"对话框，在该对话框中输入表格的行数和列数，单击 确定 按钮可插入表格。

经验一箩筐——手动绘制表格

如果通过插入表格的方法，没有办法满足用户的实际需求，用户则可通过使用 PowerPoint 2010 提供的手动绘制表格的方法进行制作。其方法为：选择【插入】/【表格】组，单击"表格"按钮，在弹出的下拉列表中选择"绘制表格"选项，当鼠标光标变成形状时，则可在幻灯片的编辑区按住鼠标左键不放并拖动绘制表格，绘制完成后，释放鼠标即可。

2. 编辑表格

在编辑表格前应该先了解表格的选择方法，但在幻灯片中表格的选择方法与 Word 中表格的选择方法相同，这里就不再赘述。

下面将在"销售总结 .pptx"演示文稿中对表格编辑的具体操作方法进行介绍，如表格的样式应用、单元格的颜色填充、表格边框线和单元格的填充效果等，其具体操作如下：

素材 \ 第 8 章 \ 销售总结 . pptx
效果 \ 第 8 章 \ 销售总结 . pptx
实例演示 \ 第 8 章 \ 编辑表格

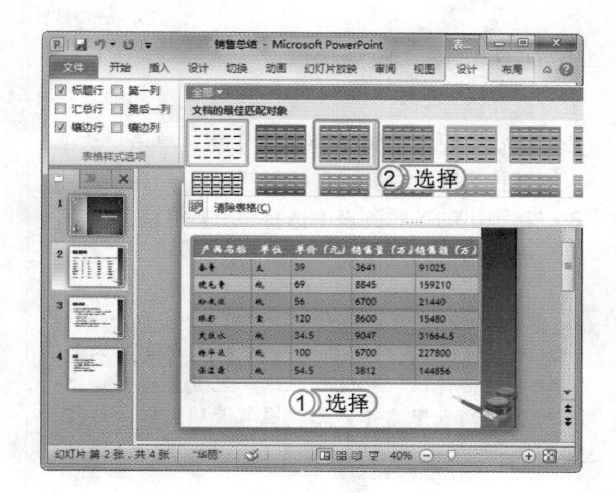

STEP 01：设置表格样式

1. 打开“销售总结 .pptx”演示文稿，选择第 2 张幻灯片中的表格。
2. 选择【设计】/【表格样式】组，单击按钮，在弹出的下拉列表中选择“主题样式 1- 强调 2”选项，完成表格样式的设置。

> **提个醒** 在列表框中提供了多种表格样式，用户可根据实际的工作需求或美观效果进行选择。

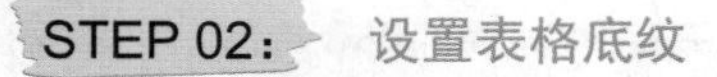

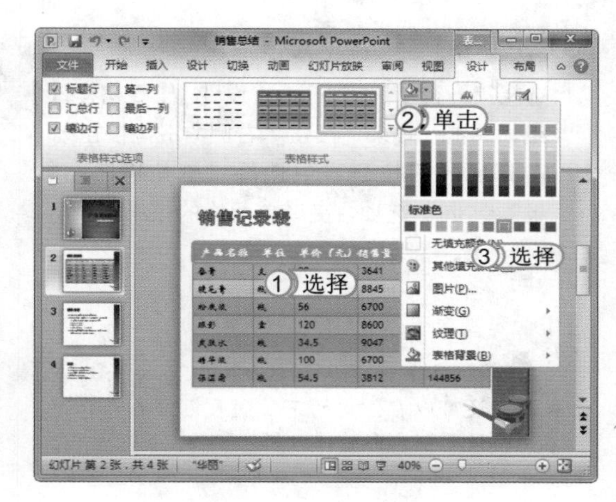

STEP 02：设置表格底纹

1. 选择第一行单元格。
2. 选择【设计】/【表格样式】组，单击“底纹”按钮右侧的下拉按钮。
3. 在弹出的下拉列表的“标准色”栏中选择“浅蓝”选项，完成底纹的设置。

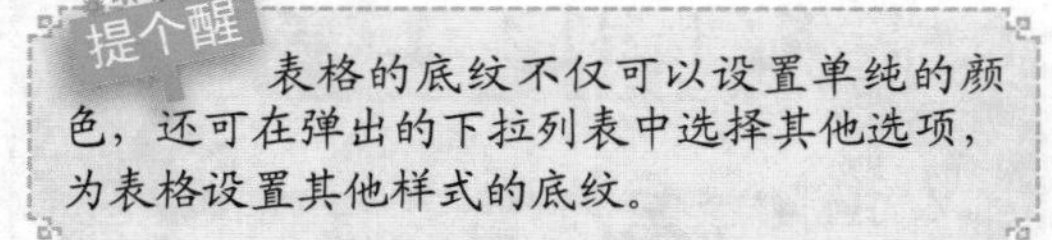

> **提个醒** 表格的底纹不仅可以设置单纯的颜色，还可在弹出的下拉列表中选择其他选项，为表格设置其他样式的底纹。

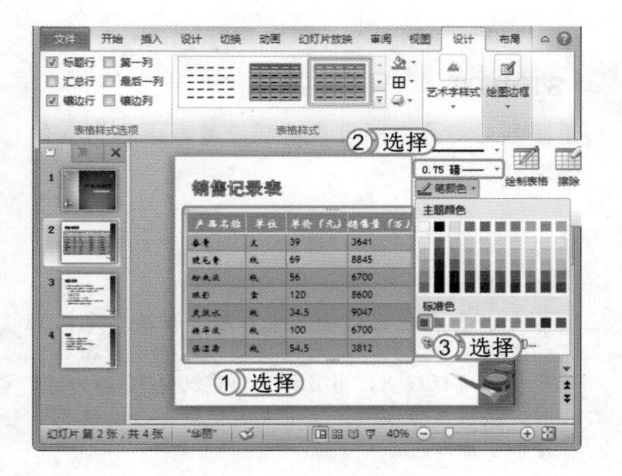

STEP 03：设置表格边框

1. 选择整个表格。
2. 选择【设计】/【绘制边框】组，在“笔划粗细”下拉列表框右侧单击下拉按钮，在弹出的下拉列表中选择“0.75 磅”选项。
3. 单击“笔颜色”下拉列表框右侧的下拉按钮，在弹出的下拉列表中选择“深红”选项，完成表格边框的设置。

读书笔记

STEP 04： 应用边框

1. 选择整个表格。
2. 选择【设计】/【表格样式】组，单击“边框”下拉列表框右侧的下拉按钮▾。
3. 在弹出的下拉列表中选择“所有框线”选项，完成边框的应用。

提个醒 如果对设置的边框不满意或是不想设置表格边框，可进行修改，也可直接在弹出的下拉列表中选择“无边框”选项，取消边框设置。

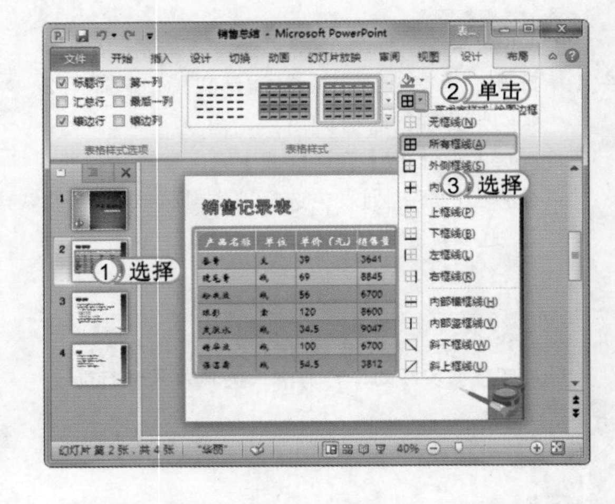

STEP 05： 设置单元格效果

1. 选择第一行单元格，选择【设计】/【表格样式】组，单击“效果”按钮右侧的下拉按钮▾。
2. 在弹出的下拉列表中选择“单元格凹凸效果”/“圆”选项，完成单元格的效果设置。

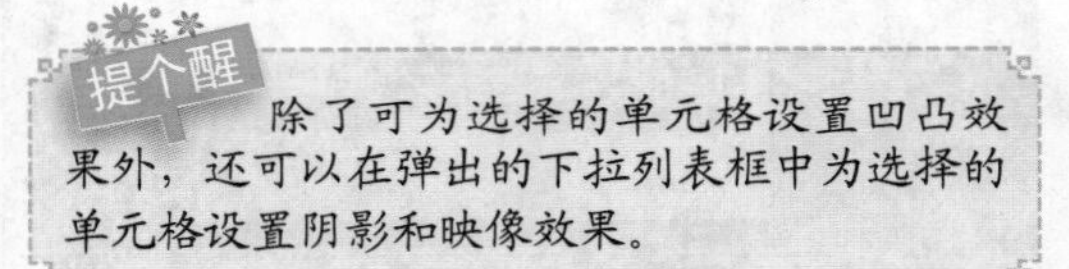

提个醒 除了可为选择的单元格设置凹凸效果外，还可以在弹出的下拉列表框中为选择的单元格设置阴影和映像效果。

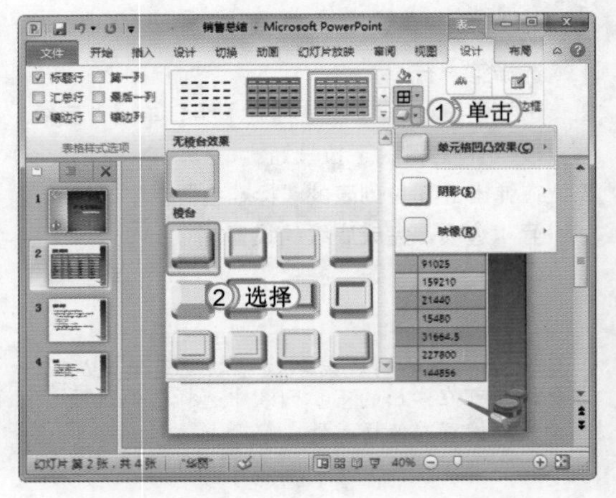

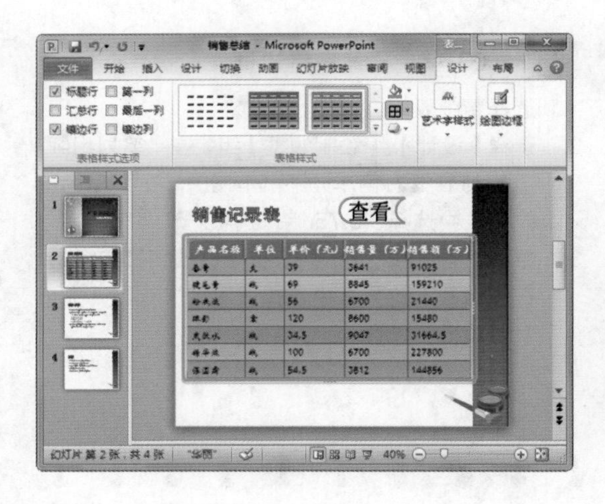

STEP 06： 查看效果

返回到幻灯片中即可查看到设置表格后的所有效果。

提个醒 在表格中输入文本后，如果单元格的大小不合适，可以直接将鼠标光标放置在单元格的边框线上，当鼠标光标变为÷或⫲形状时，按住鼠标左键，上下左右拖动至合适的高度和宽度即可。

8.2.6 应用图表

在演示文稿中，除了可以添加表格外，还可以添加图表进行编辑，从而辅助表格，让表格数据更为直观、易懂。下面将对图表的添加与编辑方法进行介绍。

1. 添加图表

在 PowerPoint 2010 中，添加图表的方法与添加表格的方法基本相似，都可以通过占位符和命令进行添加，下面将分别进行介绍。

- 使用占位符添加图表：当幻灯片版式为“内容版式”或“文字和内容”版式时，在占位符中单击“插入图表”按钮，打开“插入图表”对话框，在左侧选择需要添加的图表类型选项卡，在右侧选择所选择类型的具体图表样式，然后单击 确定 按钮，即可完成图表的插入操作。

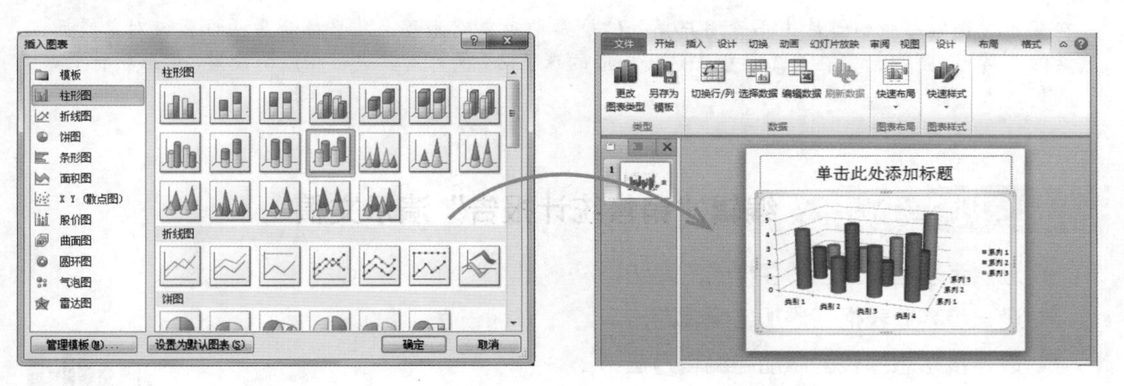

- 使用命令添加图表：选择需要添加图表的幻灯片，然后选择【插入】/【插图】组，单击“图表”按钮，将会打开“插入图表”对话框，在“插入图表”对话框选择需要的图表，单击 确定 按钮即可。

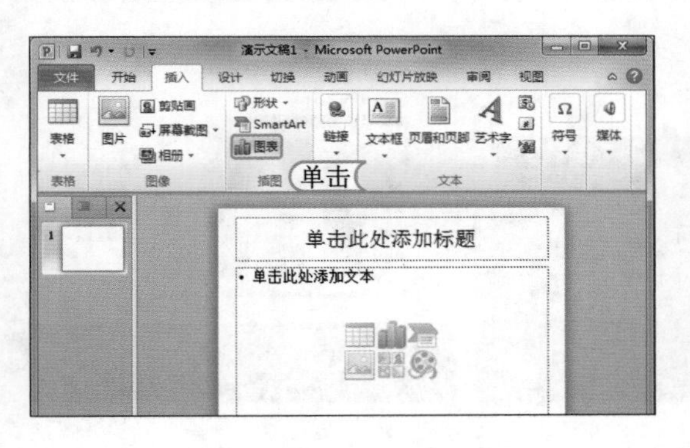

提个醒 插入图表时，会打开 Excel 表格，并且还会在表格中添加默认的数据记录，而在幻灯片中则按照 Excel 表格中默认的数据进行显示。如果用户要在幻灯片中显示实际有用的数据，则需要手动在 Excel 表格中进行修改，此时幻灯片中的数据才会进行相应的改变。

2. 编辑图表

在幻灯片中插入的图表可以和其他插入的对象一样进行相应的编辑，如调整位置、大小、图表数据和样式等，下面将分别对其进行介绍。

(1) 调整图表的位置和大小

在幻灯片中调整图表的位置和大小，与其他对象的操作方法基本相同，下面将对其具体操作进行介绍。

- 移动图表：选择图表后，将鼠标光标移到图表上，当其变为✥形状时按住鼠标左键拖动可将其移动到其他位置。

- 改变图表大小：选择图表后，将鼠标移到图表的控制点上，当鼠标光标变为↘或↗或↕或↔形状时，按住鼠标进行拖动可改变图表大小。

（2）更改图表类型

在幻灯片中对图表类型进行更改是指将当前图表数据用其他类型的图表形式进行表示。其方法为：选择需更改的图表后，再选择【设计】/【类型】组，单击“更改图表类型”按钮，打开“更改图表类型”对话框（该对话框与“插入图表”对话框相同），在该对话框中重新选择需要的图表类型后，单击 确定 按钮即可。

经验一箩筐——总结各种对象的设置

在演示文稿的每张幻灯片中不管用户插入的是哪种对象或元素，几乎都会激活设置该对象或元素的工具栏，用户只需在该工具栏中选择相应的选项卡，便可对其进行相应的设置，如形状样式、颜色、大小等。

上机1小时 编辑“销售统计报告”演示文稿

- 进一步掌握设置艺术字样式的方法。
- 进一步掌握表格的添加与编辑方法。
- 进一步熟悉图表的添加与编辑方法。

下面将在“销售统计报告.pptx”演示文稿中设置艺术字的样式，并在相应的幻灯片中添加表格并对其进行编辑，最后在第3张幻灯片中添加图表，并对图表的数据进行编辑，完成整个演示文稿的制作。其最终效果如下图所示。

2013年销售额情况

	第一季度	第二季度	第三季度	第四季度
西南地区	460	862	965	632
东北地区	240	520	352	174
华东地区	387	574	596	584
华南地区	382	586	674	698

备注：1、产品在华南地区销售额呈逐步增长趋势；
2、个别区域销售有季节性现象。

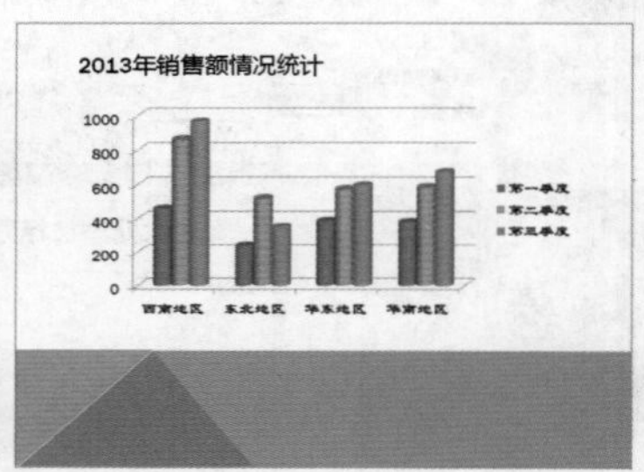

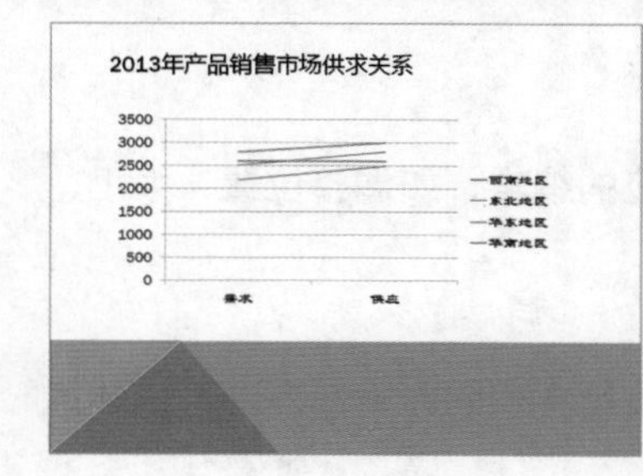

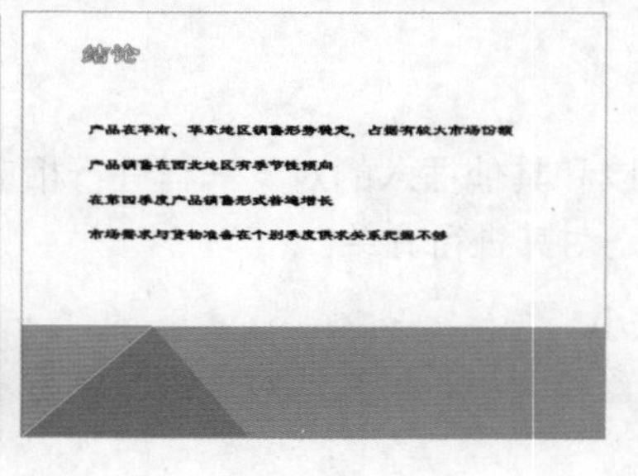

光盘文件
素材\第8章\销售统计报告.pptx
效果\第8章\销售统计报告.pptx
实例演示\第8章\编辑“销售统计报告”演示文稿

STEP 01：设置艺术字样式

1. 打开“销售统计报告.pptx”演示文稿，选择第一张幻灯片的标题，设置字体为“隶书”，字号为“48”。
2. 选择【格式】/【艺术字样式】组，在中间的列表框中选择“填充-橙色，强调文字颜色 2，双轮廓-强调文字颜色 2”选项。

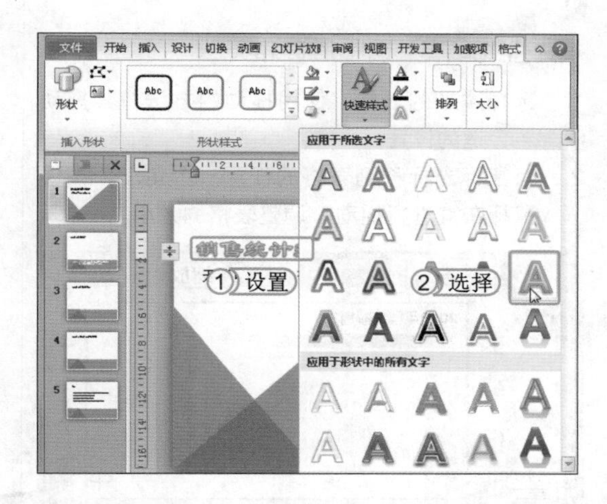

提个醒

艺术字样式也可以通过单击按钮，在打开的“设置文本效果格式”对话框中进行设置。

STEP 02：设置其他幻灯片的艺术字样式

在最后一张幻灯片中选择标题艺术字，设置与标题幻灯片相同的字体与艺术字样式，字号为“36”。

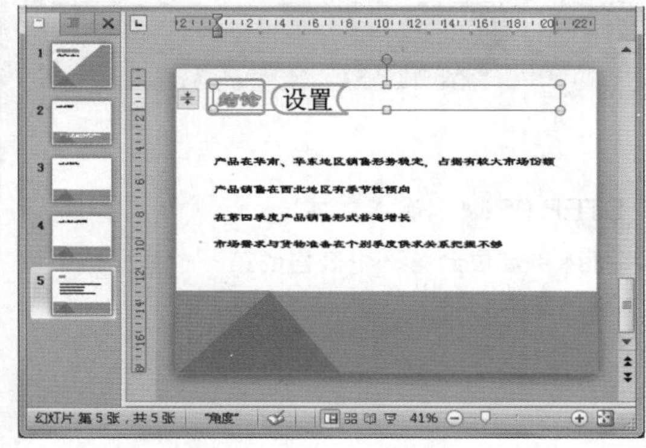

提个醒

在多处使用相同字体的格式，可选择带格式的文本，选择【开始】/【剪贴板】组，双击“格式刷”按钮，再选择需要设置相同格式的文本即可快速设置为相同格式。

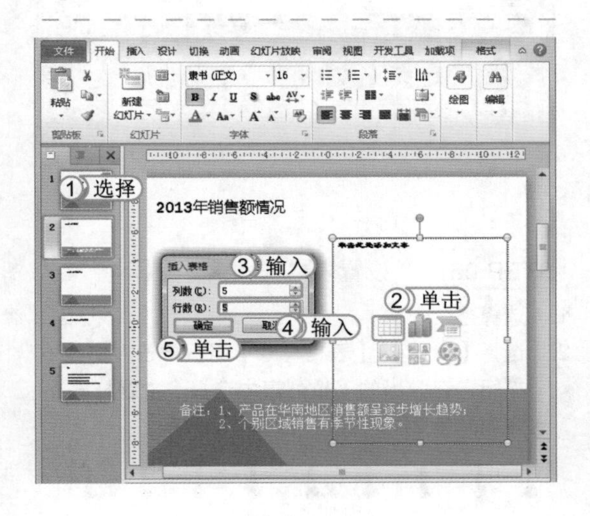

STEP 03：添加表格

1. 选择第 2 张幻灯片。
2. 在占位符中单击“插入表格”按钮。
3. 在打开对话框的“列数”数值框中输入数字“5”。
4. 在“行数”数值框中输入数字“5”。
5. 单击 确定 按钮，完成表格的添加。

提个醒

在“插入表格”对话框中，“列数”和“行数”的数值框中不仅可直接输入数字进行设置，还可单击其后的增减值按钮进行设置。

读书笔记

STEP 04：调整位置和大小

1. 选择添加的表格，使用拖动的方法将其拖动至合适的位置。
2. 将鼠标光标移到表格的任意一个角上，按住鼠标左键进行拖动，调整表格的大小。

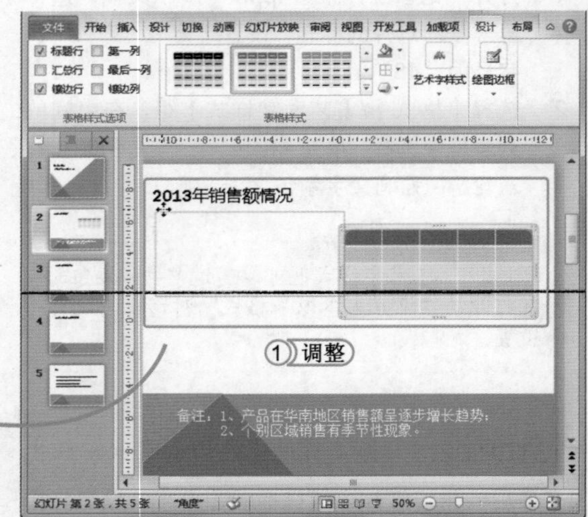

STEP 05：输入文本

将插入点定位到第一个表格的第一个单元格中依次输入文本。

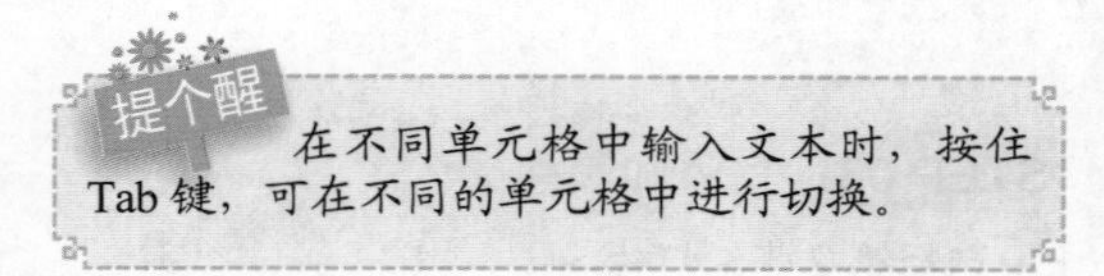

在不同单元格中输入文本时，按住Tab键，可在不同的单元格中进行切换。

STEP 06：设置表格样式

1. 选择整个表格。
2. 选择【设计】/【表格样式】组，单击右侧的 ▾ 按钮，在弹出的下拉列表中选择“主题样式1-强调颜色2”选项。

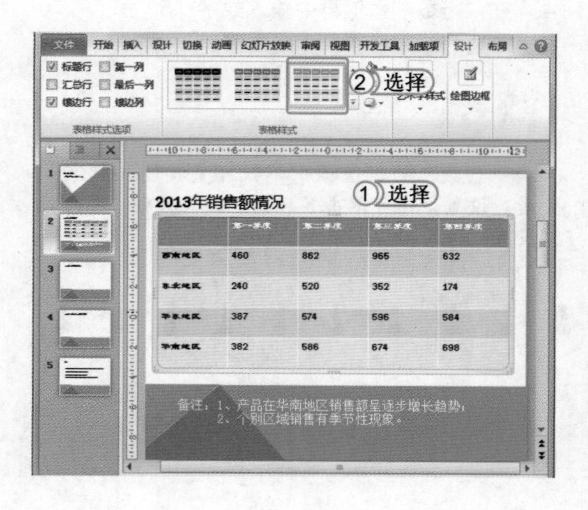

STEP 07： 添加柱形图

1. 选择第 3 张幻灯片。
2. 在占位符中单击“插入图表”按钮。
3. 打开“插入图表”对话框，在左侧列表框中选择“柱形图”选项卡。
4. 在右侧窗格中选择“簇状圆柱图”选项。
5. 单击 确定 按钮，完成图表插入。

STEP 08： 输入数据

1. 在 Excel 表格中依次输入数据。
2. 单击 按钮，关闭 Excel，完成图表数据输入的操作。

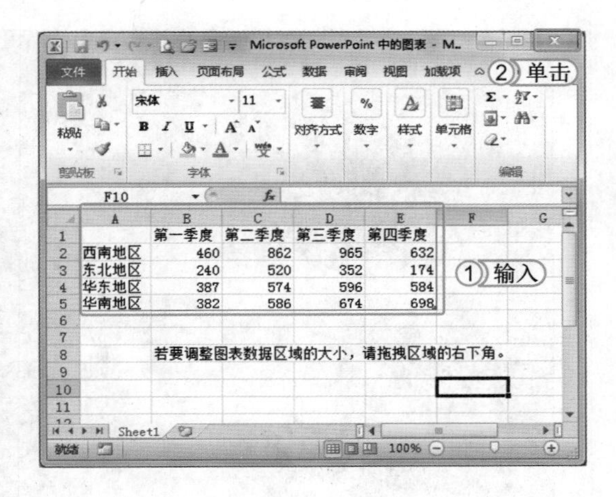

	A	B	C	D	E
1		第一季度	第二季度	第三季度	第四季度
2	西南地区	460	862	965	632
3	东北地区	240	520	352	174
4	华东地区	387	574	596	584
5	华南地区	382	586	674	698

提个醒 如果关闭了 Excel 表格，但又想修改图表数据，此时可选择图表，单击鼠标右键，在弹出的快捷菜单中选择“编辑数据”命令，即可打开 Excel 表格对数据进行重新编辑。

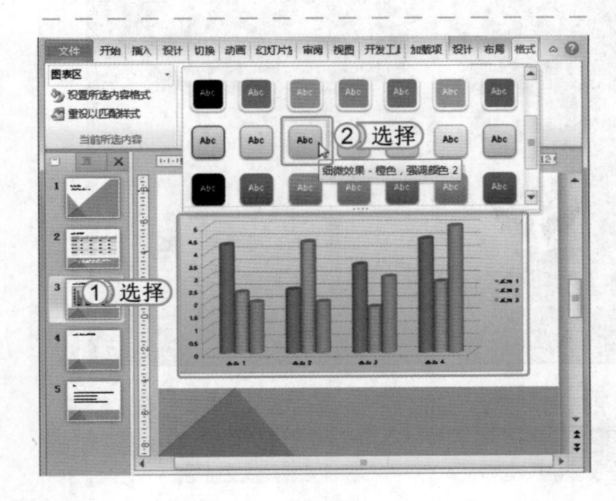

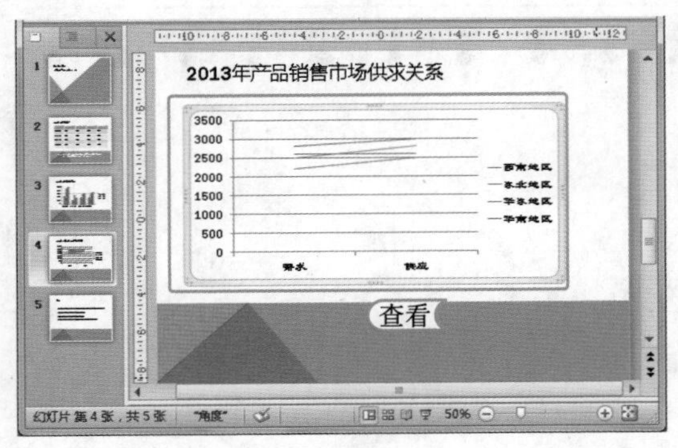

STEP 09： 设置图表样式

1. 选择图表。
2. 选择【格式】/【形状样式】组，单击右侧的按钮，在弹出的下拉列表中选择“细微效果 - 橙色，强调颜色 2”选项，完成图表样式的设置。

STEP 10： 插入折线图表

选择第 4 张幻灯片，使用插入图表的方法，插入折线图，在 Excel 表格中输入折线图数据，保存设置，完成整个图例的操作。

8.3 练习 1 小时

本章主要针对 PowerPoint 2010 基本操作以及各幻灯片中的元素进行了介绍，用户也可以通过本章所学知识制作相应的演示文稿。下面将练习编辑“礼仪培训介绍”演示文稿，以提高用户对所学知识的熟练程度。

编辑“礼仪培训介绍”演示文稿

本例将编辑“礼仪培训介绍.pptx”演示文稿，首先打开素材演示文稿，添加相应的幻灯片，再制作各幻灯片的艺术字标题，并在相应的幻灯片中输入文本，添加相应的 SmartArt 图形和图片，然后对其进行相应的编辑操作。最终效果如下图所示。

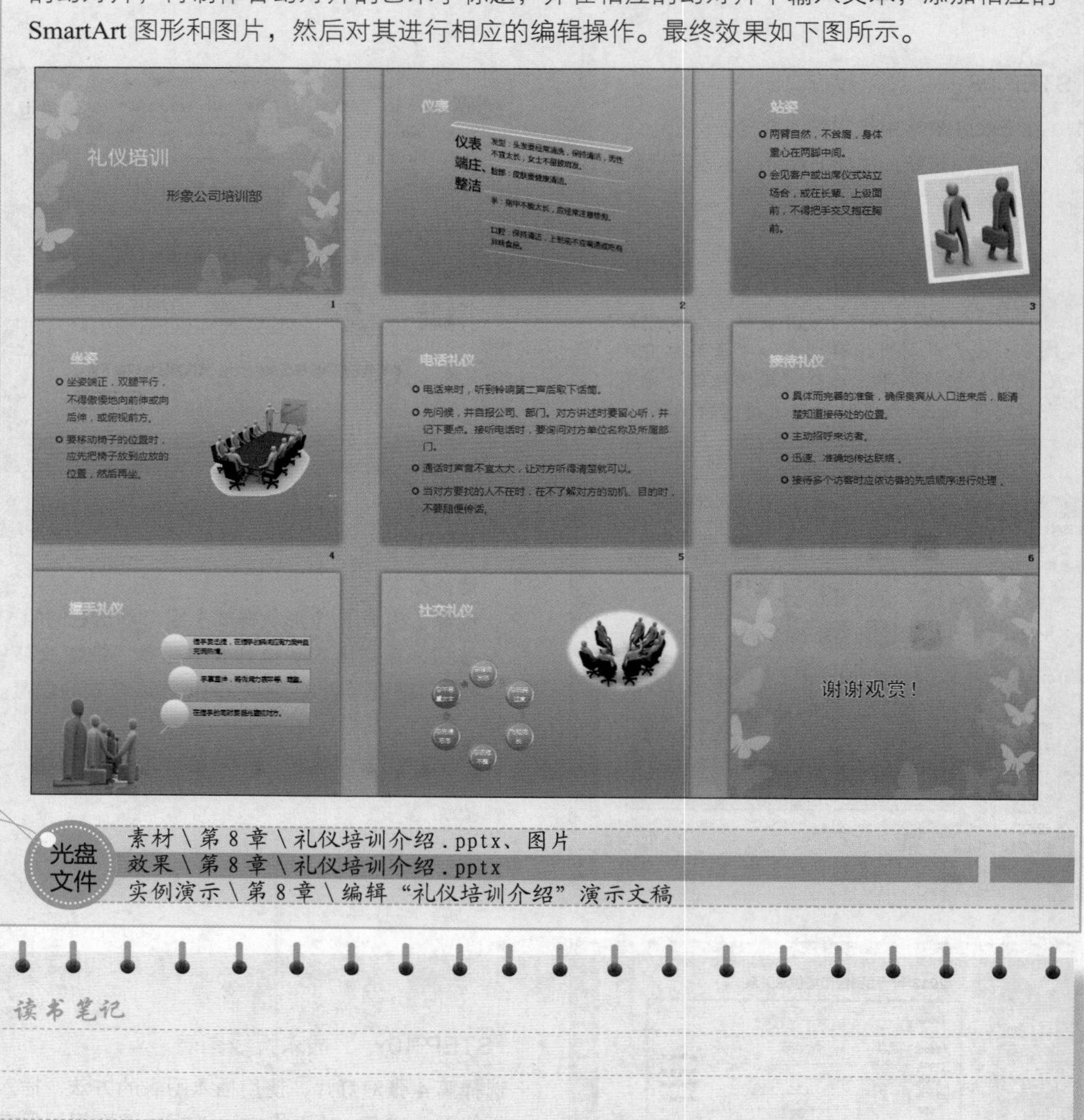

光盘文件
素材\第 8 章\礼仪培训介绍.pptx、图片
效果\第 8 章\礼仪培训介绍.pptx
实例演示\第 8 章\编辑“礼仪培训介绍”演示文稿

读书笔记

第9章

多媒体演示文稿的制作及美化

学习 2 小时

为了增加演示文档的信息量，用户可以在其中添加声音、视频等多媒体。在添加多媒体后，用户还可根据实际情况对演示文稿进行美化。

- 制作多媒体演示文稿
- 整体美化演示文稿外观

上机 4 小时

9.1 制作多媒体演示文稿

在演示文稿中插入多媒体可以使制作的演示文稿变得有声有色，能够更加吸引观众的注意，达到很好地传达演示信息的目的。插入的多媒体包括声音、视频和 Flash 动画。除此之外，还可以在演示文稿中插入超级链接以制作交互式的演示文稿。下面就对这些知识进行讲解。

学习 1 小时

- 熟悉在演示文稿中插入声音和视频的方法。
- 掌握在演示文稿中插入 Flash 动画的方法。
- 熟练掌握为演示文稿添加各种超级链接的方法。

9.1.1 应用声音

在 PowerPoint 2010 中，系统提供了插入声音的功能。用户可以根据需要，插入电脑中的声音、剪贴画声音以及录制的声音。下面就对插入各种声音的方法进行讲解。

1. 插入电脑中的声音

插入电脑中的声音是演示文稿中应用声音最常用的方法。通过插入电脑中的声音可以很方便快速地制作出具有很好效果的演示文稿，但前提是需要用户将所需的声音文件保存在电脑中。

下面就以在“语文课件 .pptx”演示文稿中插入电脑中的声音，并对插入的声音进行编辑为例，对在演示文稿中插入电脑中的声音的方法进行讲解。其具体操作如下：

光盘文件
素材 \ 第 9 章 \ 语文课件 \
效果 \ 第 9 章 \ 语文课件 .pptx
实例演示 \ 第 9 章 \ 插入电脑中的声音

STEP 01：准备插入声音

1. 打开“语文课件 .pptx”演示文稿，选择第 1 张幻灯片。
2. 选择【插入】/【媒体】组，单击“音频”按钮，在弹出的下拉列表中选择“文件中的音频”选项，打开“插入音频”对话框。

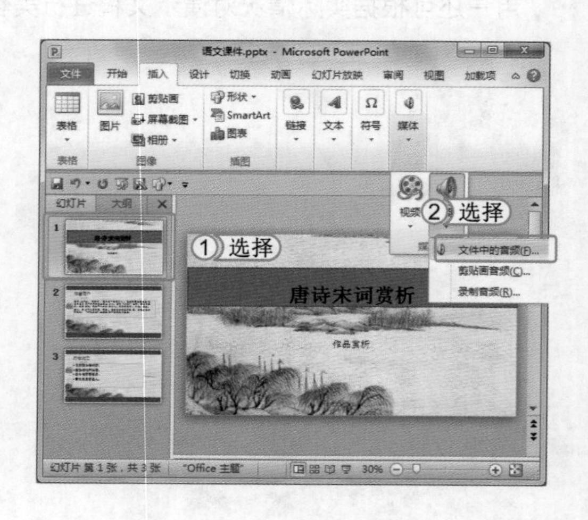

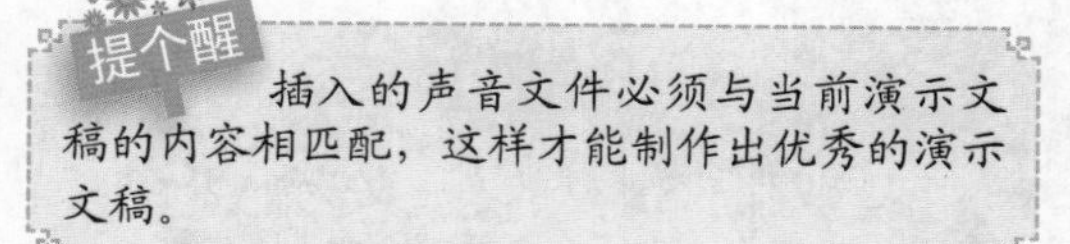

提个醒

插入的声音文件必须与当前演示文稿的内容相匹配，这样才能制作出优秀的演示文稿。

STEP 02： 插入声音

1. 在打开的对话框中找到并选择声音文件“轻音乐 - 纯音乐 .mp3”。
2. 单击插入(S)按钮插入声音文件。

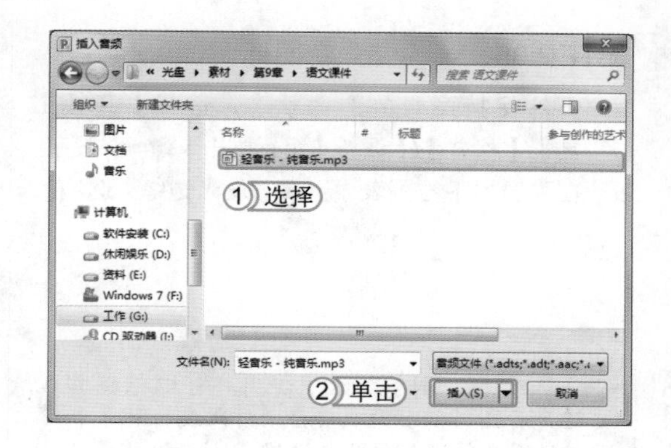

提个醒 用户也可以双击需要插入的声音文件，快速插入声音文件到演示文稿中。

STEP 03： 设置声音淡化时间

插入声音后，将出现一个声音图标，选择插入的声音，选择【音频工具】/【播放】/【编辑】组。在其中设置“淡化持续时间”栏的淡入和淡出持续时间均为“05.00”。

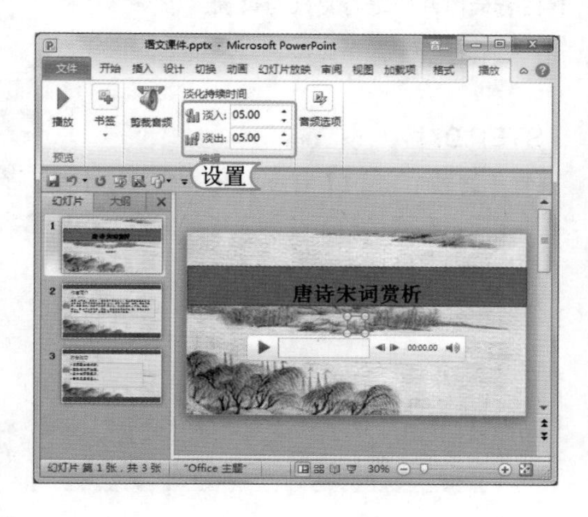

提个醒 设置淡化持续时间是为了将插入的声音以缓慢柔和的方式进行播放和结束播放，避免声音太过突兀地进入和退出导致观众产生不适感。

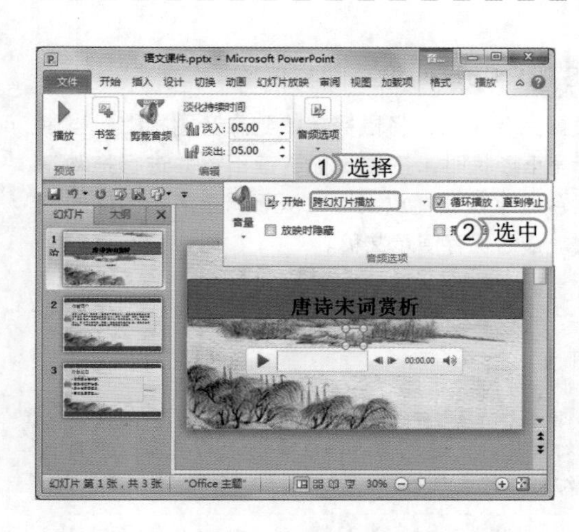

STEP 04： 设置声音播放方式

1. 保持声音的选择状态，选择【音频工具】/【播放】/【音频选项】组，在“开始”栏的下拉列表框中选择“跨幻灯片播放”选项。
2. 选中☑循环播放，直到停止复选框。

提个醒 “跨幻灯片播放”相当于为演示文稿设置背景声音，设置后的声音将一直在各张幻灯片放映时连续播放。

STEP 05： 试听声音播放效果

仍然保持选择声音图标，选择【音频工具】/【播放】/【预览】组，单击“播放”按钮可收听声音效果，单击“暂停”按钮可停止收听。

STEP 06： 设置声音图标

1. 仍然保持声音的选择状态，选择【音频工具】/【格式】/【调整】组，单击艺术效果按钮。
2. 在弹出的下拉列表中选择“发光边缘”选项。

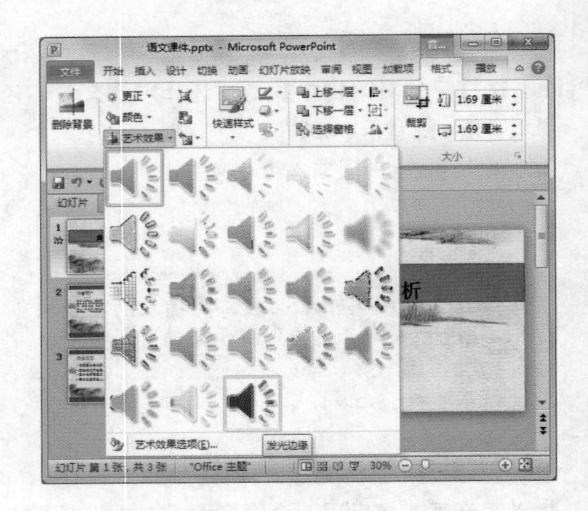

提个醒 在“调整”组中，用户可以根据需要对声音图标的颜色、亮度/对比度、背景和图标的图片等进行更改与设置。

STEP 07： 设置音量

选择【音频工具】/【播放】/【音频选项】组，单击按钮，在弹出的下拉列表中设置声音的音量大小为“高”。

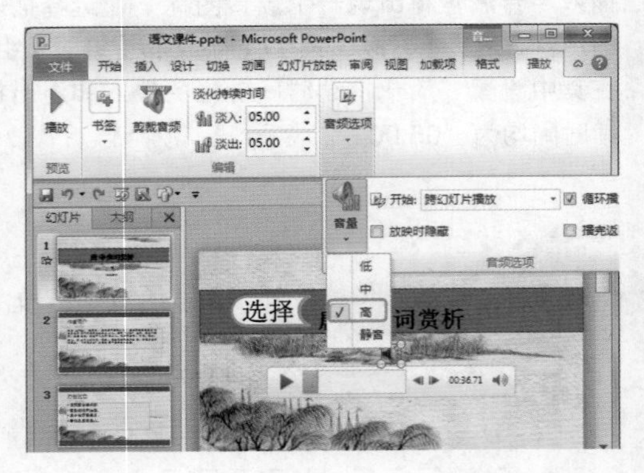

提个醒 在“音量”下拉列表中提供了“低、中、高和静音”4个选项，若是选择“静音”选项，可关闭声音文件的音量。

STEP 08： 调整图标位置

设置完音量后，将鼠标定位到声音图标上，当鼠标呈形状时，按住鼠标左键不放并进行拖动，至合适位置处释放鼠标，从而调整声音图标的位置。最后保存演示文稿。

提个醒 调整声音图标的位置是为了在放映幻灯片时，避免其遮挡住要演示的内容，影响幻灯片的美观性。

读书笔记

2. 插入剪贴画声音

除了使用保存在电脑中的声音文件外，用户还可以插入剪贴画声音。剪贴画声音是系统自带的剪辑管理器中的声音文件，我们可以像插入剪贴图片一样将剪辑管理器中的声音插入到演示文稿中。下面在"公司简介.pptx"演示文稿中插入剪辑管理器中的声音文件"telephone，电话"，练习插入剪贴画声音的方法。其具体操作如下：

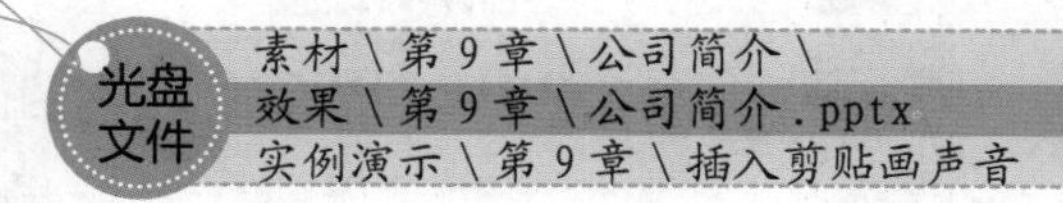

光盘文件
素材\第9章\公司简介\
效果\第9章\公司简介.pptx
实例演示\第9章\插入剪贴画声音

STEP 01： 准备插入声音

1. 打开"公司简介.pptx"演示文稿，选择第2张幻灯片。
2. 选择【插入】/【媒体】组，单击"音频"按钮，在弹出的下拉列表中选择"剪贴画音频"选项，打开"剪贴画"窗格。

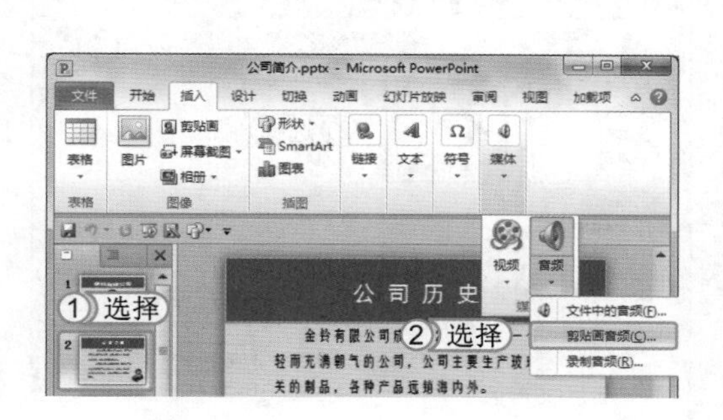

STEP 02： 搜索并插入剪贴画声音

1. 在"剪贴画"窗格的"搜索文字"栏中输入需要插入的剪贴画声音的关键字"电话"。按Enter键进行搜索。
2. 将鼠标定位到搜索的剪贴画声音"Telephone，电话"选项上，待出现白底蓝边的边框时，单击鼠标右键，在弹出的快捷菜单中选择"插入"命令，将该剪贴画声音插入到演示文稿中。

提个醒 在"剪贴画"窗格中搜索到需要的剪贴画声音后，在出现白底蓝边的边框右侧单击下拉按钮，在弹出的下拉列表中选择"插入"命令也可快速插入剪贴画声音；除此之外，用户也可以直接单击出现的白底蓝边边框，将剪贴画声音插入到演示文稿中。

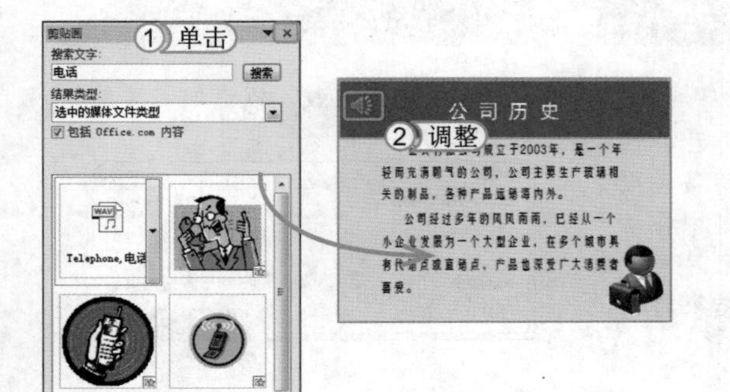

STEP 03： 调整声音图标位置

1. 单击"剪贴画"窗格右上方的"关闭"按钮，关闭"剪贴画"窗格。
2. 将鼠标定位到插入的声音处，待鼠标呈形状时按住并拖动鼠标至合适位置，释放鼠标完成声音图标位置的调整。

STEP 04： 更改图标封面

1. 选择插入的声音，选择【音频工具】/【格式】/【调整】组，单击“更改图片”按钮，打开“插入图片”对话框。
2. 在打开的对话框中找到并选择图片“图片1.jpg”。
3. 单击插入(S)按钮将声音图标的封面设置为该图片。

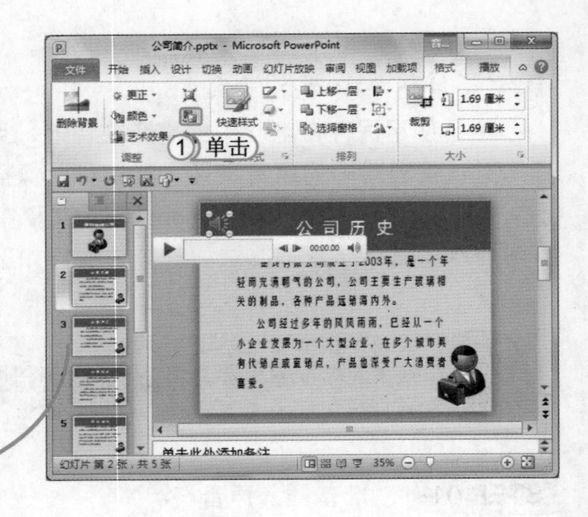

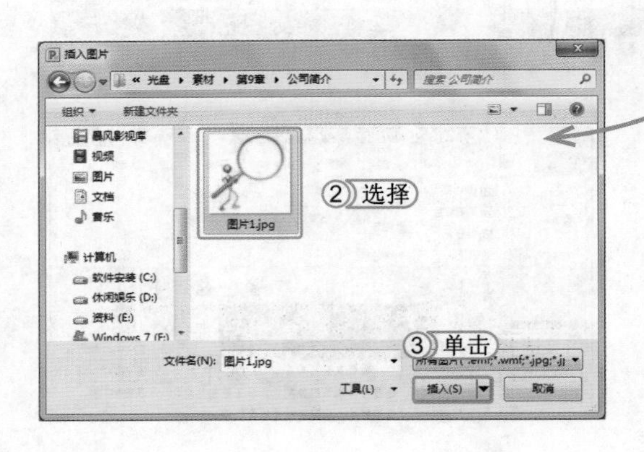

提个醒 选择“格式”选项卡后，声音图标的属性就与图片相同了，用户可以按照编辑图片的方法对图标进行编辑。

STEP 05： 设置声音图标样式

保持选择该声音图标，选择【音频工具】/【格式】/【图片样式】组，单击“快速样式”栏右侧的按钮，在打开的列表框中选择“柔化边缘椭圆”的图片样式。返回到幻灯片编辑窗口中可看到应用样式后的声音图标封面效果。最后保存演示文稿。

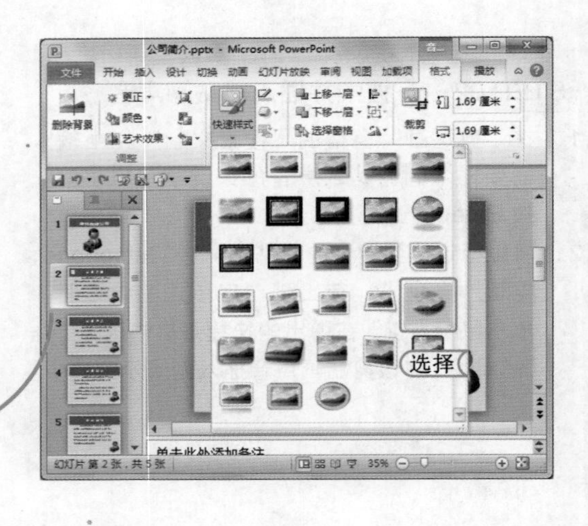

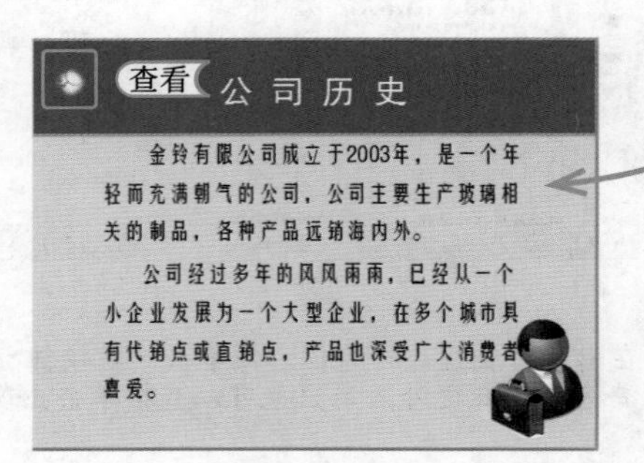

提个醒 在设置声音图标封面时，要尽量选用与当前演示文稿主题相关的图片。

经验一箩筐——剪裁声音

不管是插入电脑中的声音还是剪贴画声音，用户均可以对插入的声音进行剪裁，以选取需要的声音部分。剪裁声音的方法是：选择插入的声音，选择【音频工具】/【播放】/【编辑】组，单击“剪裁音频”按钮，打开“剪裁音频”对话框，然后在其中拖动声音控制标签与，或在“开始时间”和“结束时间”数值框中输入具体的时间来改变声音的开始和结束时间，最后单击确定按钮完成声音的剪裁。

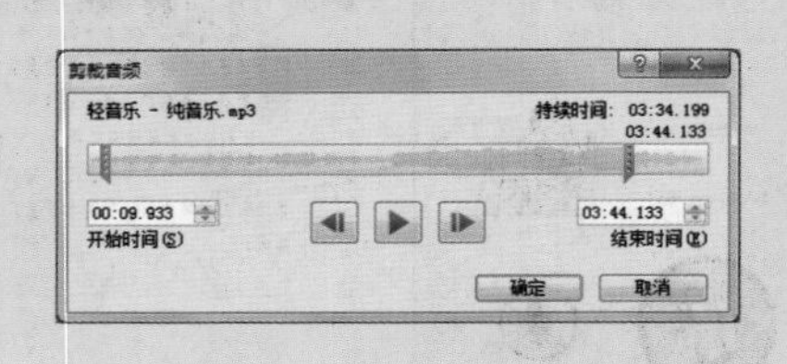

3. 插入录制的声音

在演示文稿中不仅可以插入已有的各种音频文件，还可以插入现场录制的声音，如幻灯片的解说词等。这样在放映演示文稿时，制作者不必亲临现场也可很好地将自己的观点表达出来。

在幻灯片中插入录制的声音的方法比较简单，首先选择需要插入声音的幻灯片后，在【插入】/【媒体】组中单击“音频”按钮，然后在弹出的下拉列表中选择“录制音频”选项，打开“录音”对话框，在该对话框的“名称”文本框中输入声音的名称，单击按钮开始录音。录制完成后单击按钮。单击 确定 按钮完成录制声音的插入。如下图所示即为插入录制声音的操作示意图。

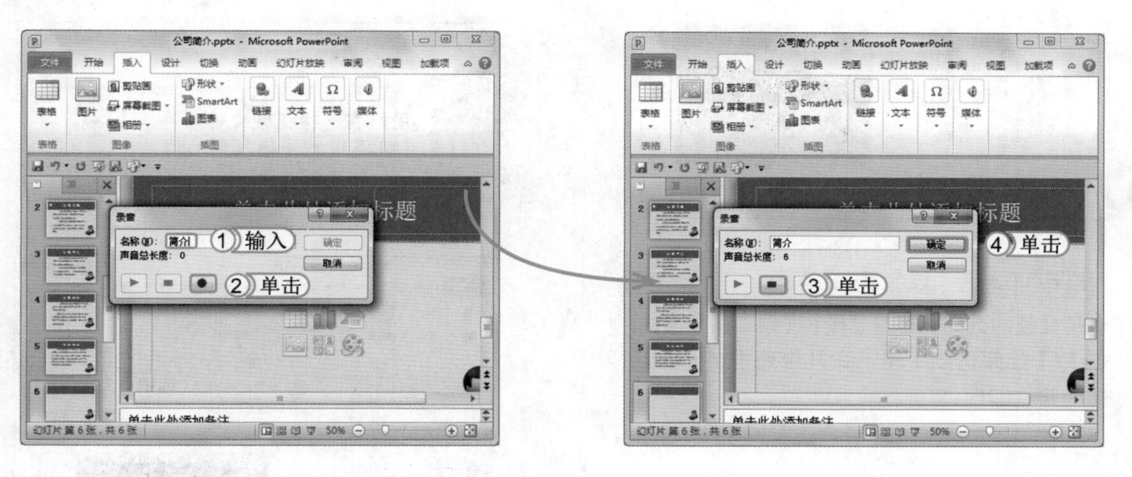

9.1.2 应用视频

为了将幻灯片制作得更加丰富多彩，用户还可以在其中插入视频文件，来达到生动展示演示文稿的目的。在 PowerPoint 2010 中可插入电脑中存放的视频文件、来自网页的视频文件和剪贴画视频文件。

1. 插入电脑中的视频

插入电脑中保存的视频有两种方法，一是通过“插入”选项卡的“媒体”组插入；二是通过单击占位符中的“插入媒体剪辑”按钮插入。但不管采用哪种方法都将打开“插入视频文件”对话框，像选择声音文件一样将所需的视频插入到演示文稿中。下面在“自然之旅 .pptx”演示文稿中插入保存在电脑中的视频文件，其具体操作如下：

STEP 01：准备插入视频

1. 打开“自然之旅 .pptx”演示文稿，选择第 2 张幻灯片。
2. 在占位符中单击“插入媒体剪辑”按钮，打开“插入视频文件”对话框。

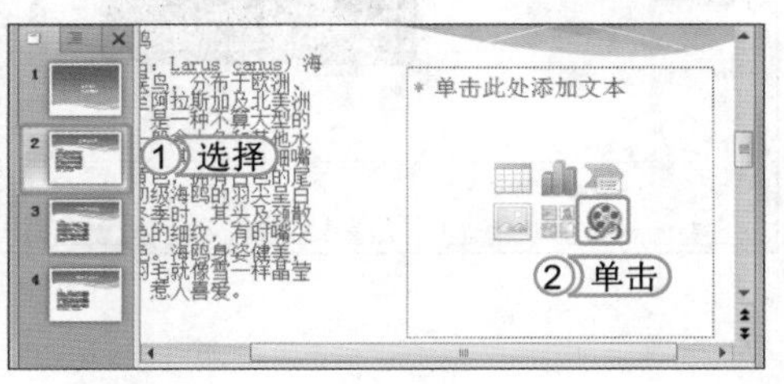

STEP 02：插入视频

在打开的对话框中找到并选择视频文件“飞鸟.wmv”，然后双击该视频文件将其插入到当前幻灯片中。

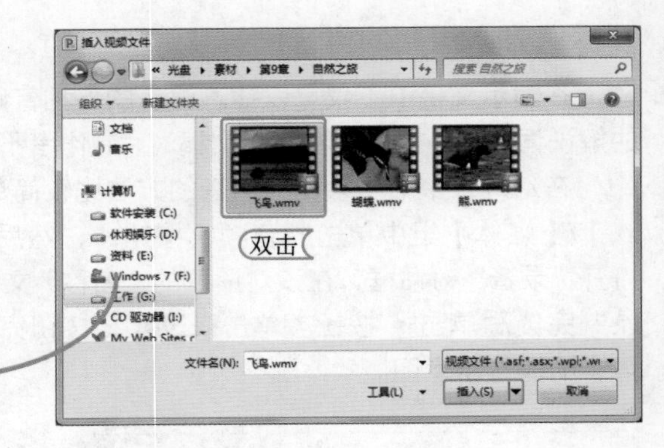

提个醒 用户在选择视频文件后再单击 插入(S) 按钮，也可将视频文件插入到幻灯片中，且每次只能插入一个视频文件。

STEP 03：设置视频选项

保持视频的选择状态，选择【视频工具】/【播放】/【视频选项】组，在其中选中 ☑ 全屏播放 和 ☑ 播完返回开头 复选框。

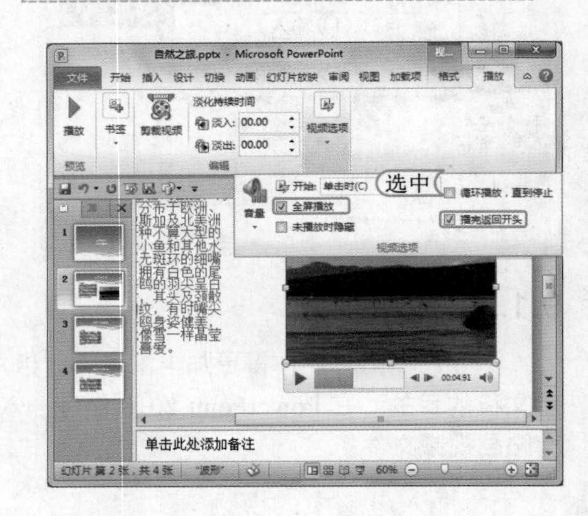

提个醒 系统默认“视频选项”组中的“开始”为“单击时”，用户也可根据需要设置相应的开始方式。

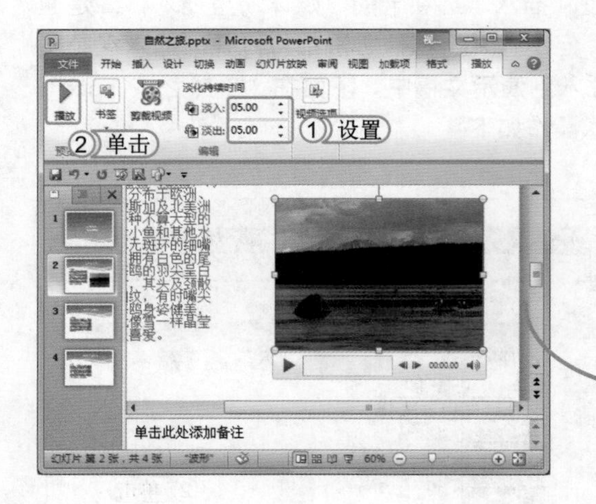

STEP 04：设置淡化时间并预览视频

1. 在【视频工具】/【播放】/【编辑】组中设置淡入和淡出时间均为“05.00”。
2. 在【视频工具】/【播放】/【预览】组中单击“播放”按钮▶，预览视频效果，然后单击“暂停”按钮⏸停止预览。

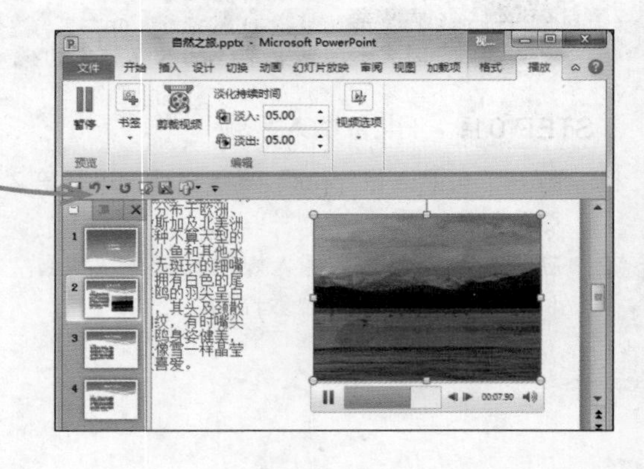

STEP 05： 设置视频封面样式

选择【视频工具】/【格式】/【视频样式】组，单击“视频样式”栏右侧的按钮，在其列表框中选择“旋转，白色选项”样式。返回到幻灯片编辑区中可查看到应用快速样式后的视频封面效果。

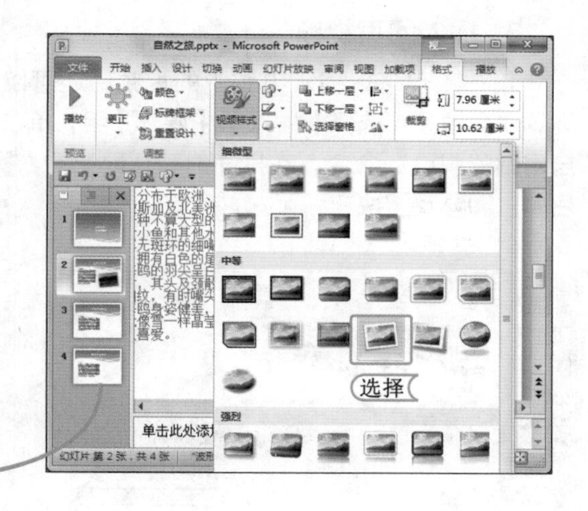

提个醒 设置视频的方法与设置声音的方法极为相似，所以用户可以按照设置声音的方法来对视频进行相应的设置。

STEP 06： 设置其他幻灯片

按照相同的方法，在第 3、4 张幻灯片中分别插入视频文件“蝴蝶 .wmv”、“熊 .wmv”，然后分别对其样式和视频选项进行设置。设置后的效果如右图所示。最后保存演示文稿。

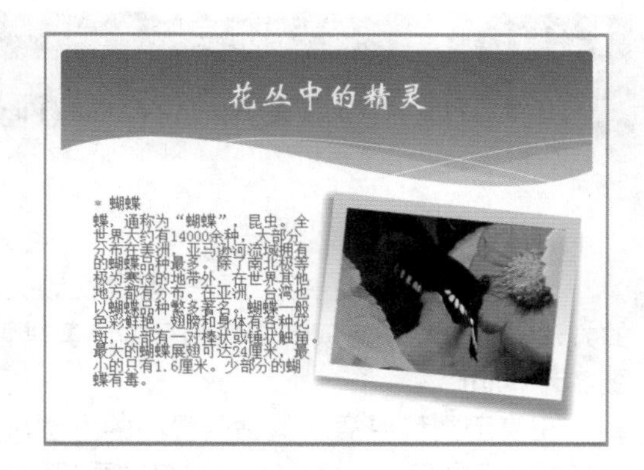

提个醒 若是想让制作的幻灯片效果更加美观，用户可以更改视频封面图片，其方法是：选择【视频工具】/【格式】/【调整】组，单击标牌框架按钮，然后在弹出的下拉列表中选择“文件中的图像”选项，打开“插入图片”对话框。在该对话框中选择需要的图片即可更改视频封面图片。

2. 插入网页视频

用户不仅可以插入电脑中的视频，还可以在演示文稿中插入已经上传到网站中的视频，其具体方法是：选择【插入】/【媒体】组，单击“视频”按钮，在弹出的下拉列表中选择“来自网站的视频”命令。在打开的“从网站插入视频”对话框中的文本框中输入视频的网址，然后单击插入(S)按钮即可。

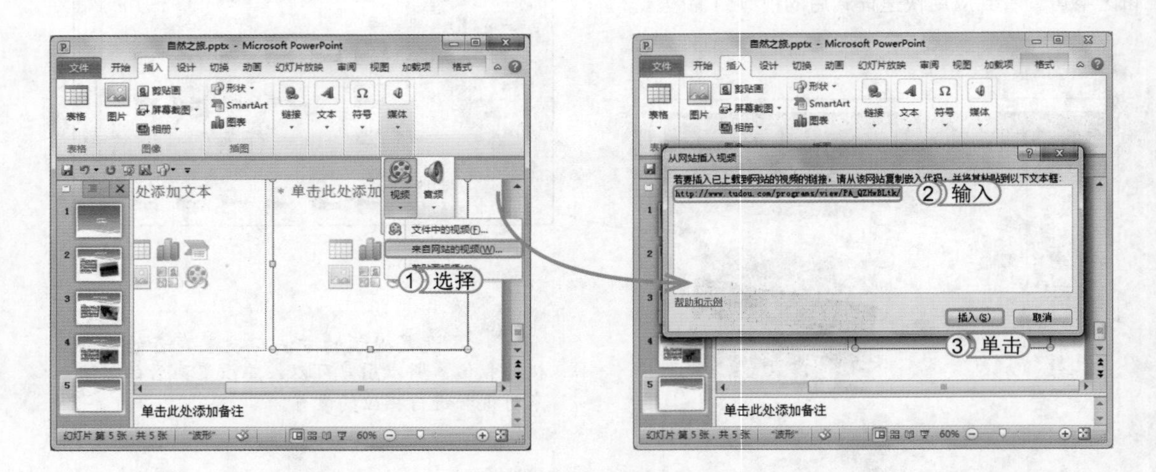

经验一箩筐——网站视频要求

网站中的视频格式必须是 Windows Media Player 兼容的视频格式，才能在幻灯片中播放。

3. 插入剪贴画视频

剪辑管理器中提供了几种类型的视频文件，如果用户有所需要，可通过插入剪贴画视频的方法，来达到丰富演示文稿的目的。剪辑管理器中的视频文件实际上是一些动画文件，其后缀名为“.gif”。

在演示文稿中插入剪贴画视频的方法与插入剪贴画声音的方法相似，其具体操作是：在打开的演示文稿中选择需要插入剪贴画视频的幻灯片，选择【插入】/【媒体】组，单击“视频”按钮，在弹出的下拉列表中选择“剪贴画视频”命令。打开“剪贴画”窗格，在下面的列表框中自动显示出相关的视频剪辑文件，然后将鼠标定位到需要插入的视频文件上，待出现白底蓝边的边框时在其中单击鼠标左键，即可将该视频快速插入到当前幻灯片中。最后还可对插入的视频进行位置和大小的调整等。

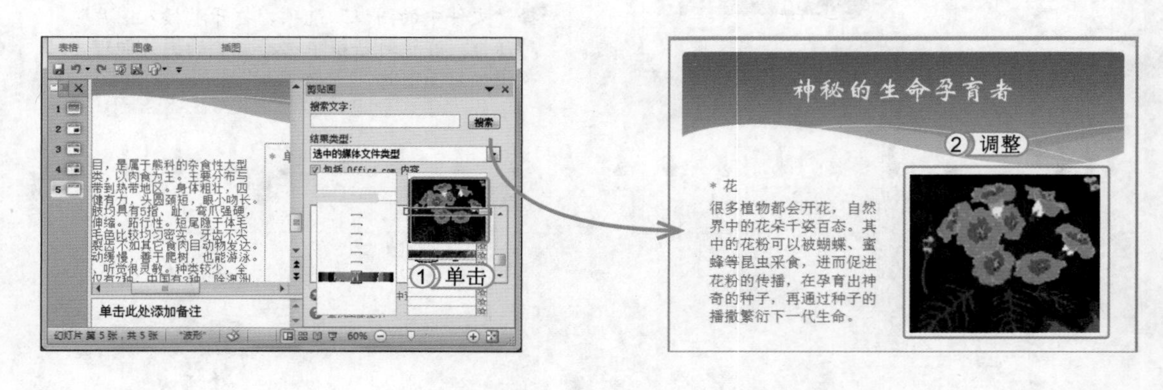

9.1.3 应用 Flash 动画

Flash 动画的应用范围很广，使用它可以制作出人们喜爱的 MTV、广告宣传片、教学课件以及各种在线游戏等。当然，用户也可以在演示文稿中插入 Flash 动画，以制作出具有独特视觉效果的演示文稿。

在 PowerPoint 中插入 Flash 动画需要在“开发工具”选项卡中进行，但是通常情况下，功能区中并没有显示“开发工具”选项卡，因此，用户需要选择【文件】/【选项】组，打开“PowerPoint 选项”对话框，然后在“自定义功能区”列表框中选中☑开发工具复选框，将“开发工具”选项卡添加到功能区中。

下面就以在空白演示文稿中插入一个 Flash 动画为例，讲解插入 Flash 动画的方法。其具体操作如下：

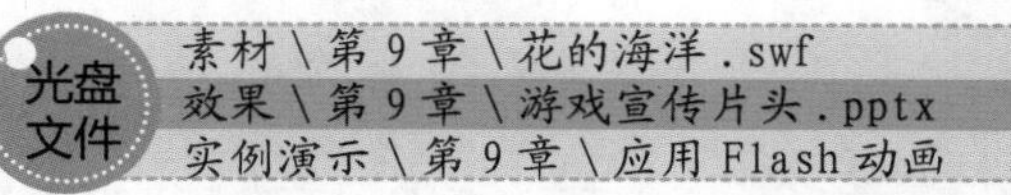

STEP 01：打开“其他控件”对话框

新建一个“游戏宣传片头 .pptx”空白演示文稿，将默认新建的幻灯片中的占位符全部删除。选择【开发工具】/【控件】组，单击“其他控件”按钮，打开“其他控件”对话框。

STEP 02：准备插入 Flash 动画

在打开的“其他控件”对话框列表中选择“Shockwave Flash Object”选项。单击 确定 按钮。

> **提个醒** 通过打开的“其他控件”对话框，可以查看 PowerPoint 2010 中实现兼容的更多软件。

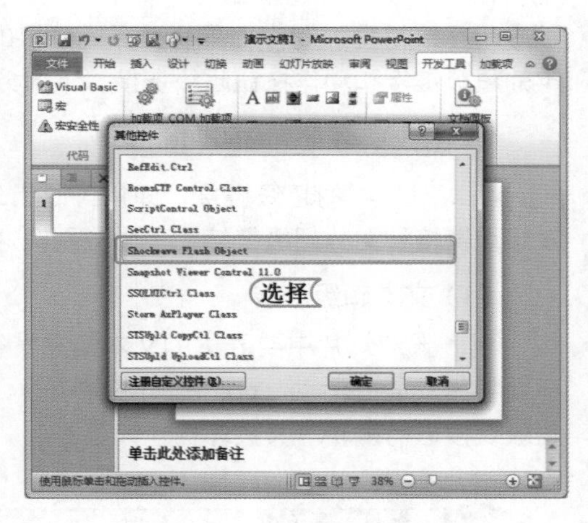

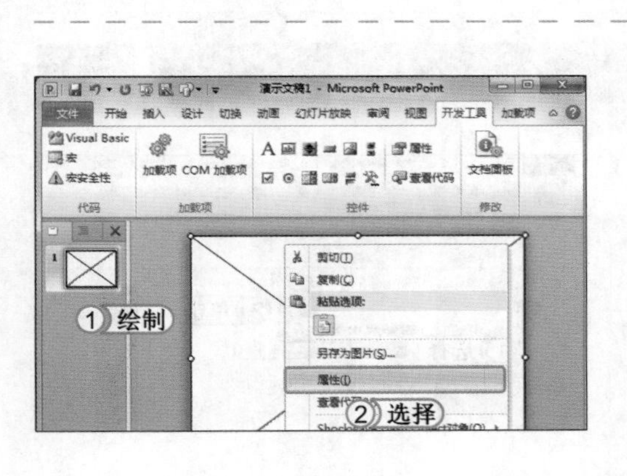

STEP 03：绘制播放区域

1. 将鼠标移到幻灯片编辑区中，当鼠标光标变为十形状时，按住并拖动鼠标绘制一个与幻灯片编辑区相同大小的播放 Flash 动画的区域。
2. 在绘制的区域上单击鼠标右键，在弹出的快捷菜单中选择“属性”命令，打开“属性”对话框。

STEP 04： 输入动画路径并预览动画

1. 在打开的“属性”对话框的“Movie”文本框中输入“G:\撰写\三合一办公\光盘\素材\第9章\花的海洋.swf”Flash动画，单击按钮关闭对话框。
2. 放映幻灯片对插入的Flash动画进行预览。最后以“游戏宣传片头.pptx”为名对演示文稿进行保存。

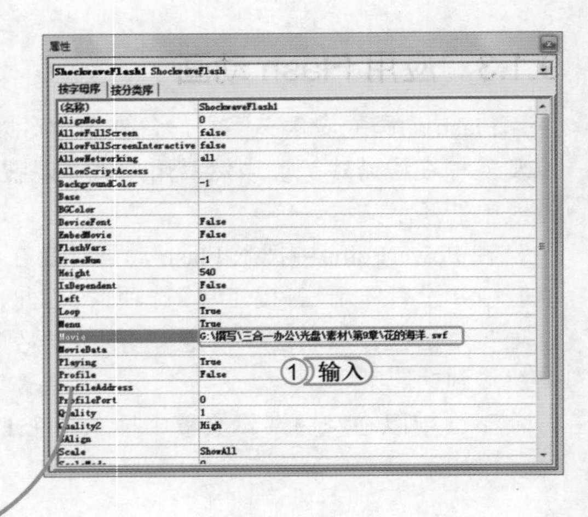

提个醒 如果Flash动画与当前PPT文件在同一个文件夹里，直接输入Flash动画名称即可插入Flash动画，不用再输入路径。

9.1.4 应用超级链接

用户除了可通过单纯地在演示文稿中插入不同的对象来丰富演示文稿的内容外，还可通过应用超级链接，制作出具有交互式效果的演示文稿。在PowerPoint 2010中，可以插入对象类的超级链接和动作按钮超级链接。下面分别对各种超级链接的应用进行讲解。

1. 插入对象类的超级链接

插入对象类的超级链接，即指可以为幻灯片中的大多数对象应用超级链接，常用的有文本超级链接和图片超级链接，下面分别对这两种超级链接的应用方法进行讲解。

（1）文本超级链接

当一张幻灯片中要表达的文本信息量很大时，就可以为幻灯片中的文本添加超级链接，下面将为“爱心活动.pptx”演示文稿的第2张幻灯片中的文本添加超级链接，然后对添加的超级链接进行编辑。其具体操作如下：

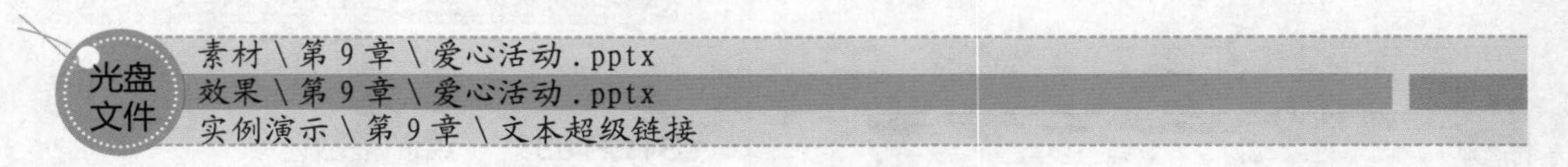

STEP 01： 准备添加超级链接

1. 打开“爱心活动.pptx”演示文稿，在幻灯片窗格中选择第2张幻灯片，在幻灯片编辑区中选择“献血前的注意事项”文本。
2. 选择【插入】/【链接】组，单击“超链接”按钮，打开“插入超链接”对话框。

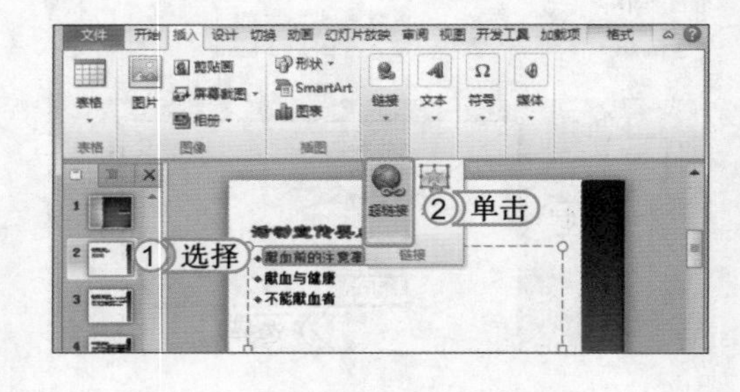

提个醒　用户除了通过“链接”组添加超级链接外，也可以在选择文本后单击鼠标右键，在弹出的快捷菜单中选择“超链接”命令，也可打开“插入超链接”对话框。

STEP 02：设置超级链接信息

1. 在“链接到”列表框中单击“本文档中的位置”按钮。
2. 在“请选择文档中的位置”列表框中选择需链接到的第3张幻灯片，然后单击 确定 按钮。

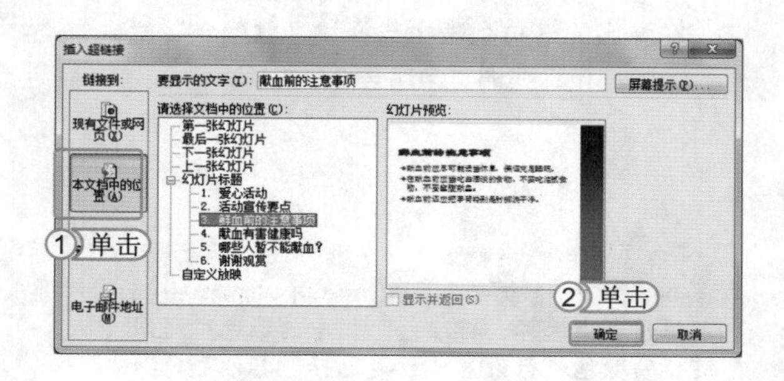

STEP 03：查看添加的超级链接

返回幻灯片编辑区，此时在第2张幻灯片中可以看到“献血前的注意事项”文本的颜色变成了蓝色，并且下方还增加了一条下划线，这就表示该文本添加了超级链接。

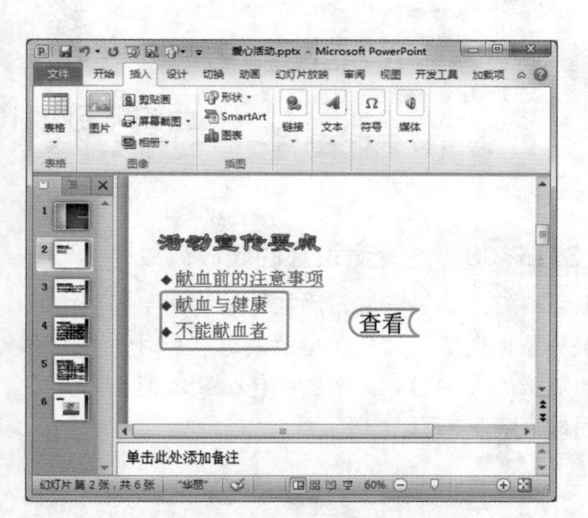

STEP 04：继续添加超级链接

使用相同的方法，为第2张幻灯片中的其他文本添加超级链接，完成后的效果如左图所示。

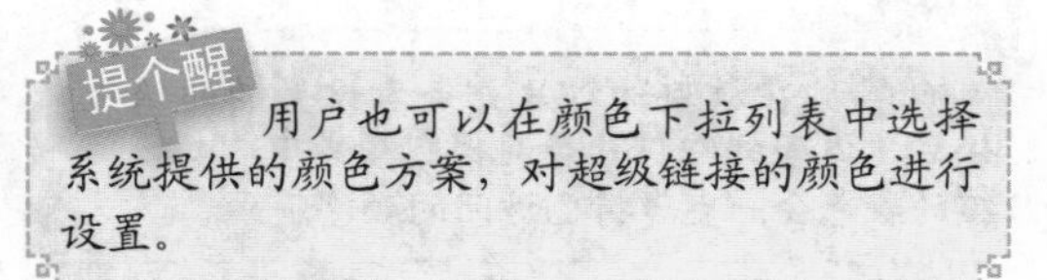

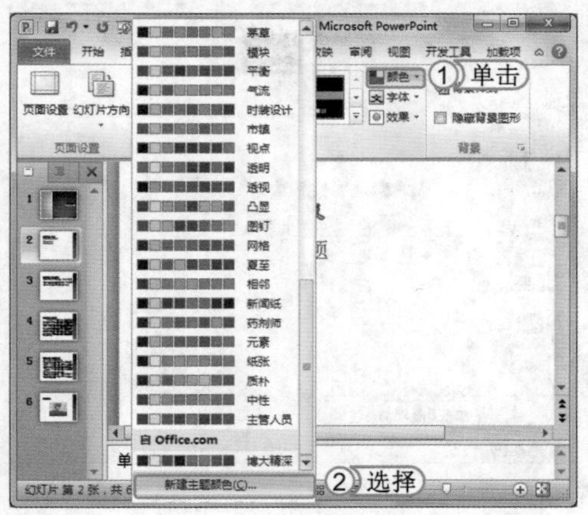

STEP 05：编辑超级链接

1. 选择【设计】/【主题】组，单击 颜色 按钮。
2. 在弹出的下拉列表中选择“新建主题颜色”选项。

提个醒　用户也可以在颜色下拉列表中选择系统提供的颜色方案，对超级链接的颜色进行设置。

STEP 06： 设置超级链接颜色

1. 打开“新建主题颜色”对话框，在“主题颜色”栏中单击“超链接”右侧的按钮。
2. 在弹出的下拉列表中选择“主题颜色”栏中的“红色，强调文字颜色 2”选项。

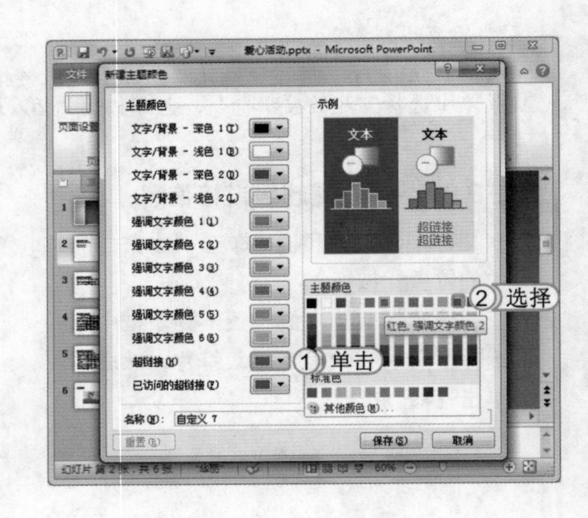

提个醒 在此步骤中，用户也可以在弹出的下拉列表中选择“标准色”栏中的颜色对超级链接的颜色进行设置，或是选择“其他颜色”选项打开“颜色”对话框，在其中进行更为详细的颜色设置。

STEP 07： 设置已访问的超级链接颜色

1. 在“主题颜色”栏中单击“已访问的超链接”右侧的按钮，在弹出的下拉列表中将已访问的超级链接颜色设置为“蓝色，强调文字颜色 1”。
2. 单击保存(S)按钮，完成所有设置。

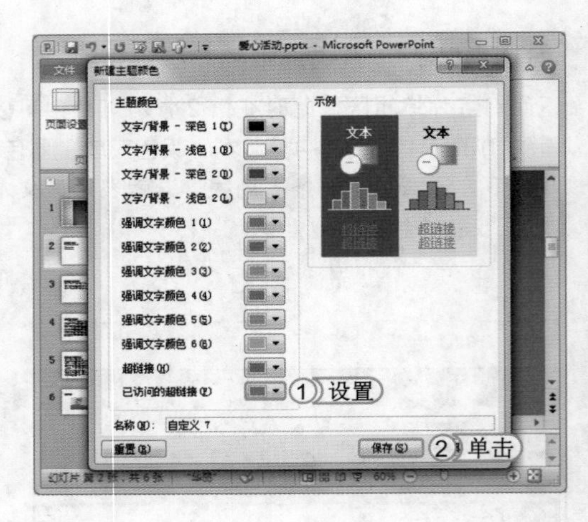

STEP 08： 查看设置的超级链接

返回幻灯片编辑窗口，添加链接的文字颜色由原来的蓝色变成了红色。当放映幻灯片时，单击添加链接的文字后，文字的颜色会变成蓝色。完成后保存演示文稿。

提个醒 在放映幻灯片并查看设置的超级链接后，返回到幻灯片普通视图模式中，超级链接的颜色会一直保持已访问的颜色。

经验一箩筐——更改与取消文本超级链接

用户若是需要更改设置的超级链接，可以在选择设置了超级链接的文本后，单击鼠标右键，在弹出的快捷菜单中选择“编辑超链接”命令，或是选择【插入】/【链接】组，单击“超链接”按钮，然后在打开的“插入超链接”对话框中进行更改即可。

用户若是需要取消添加的文本超级链接，可以在选择设置了超级链接的文本后，单击鼠标右键，在弹出的快捷菜单中选择“取消超链接”命令即可，或是选择【插入】/【链接】组，单击“超链接”按钮，然后在打开的“插入超链接”对话框中单击 删除链接(R) 按钮即可。

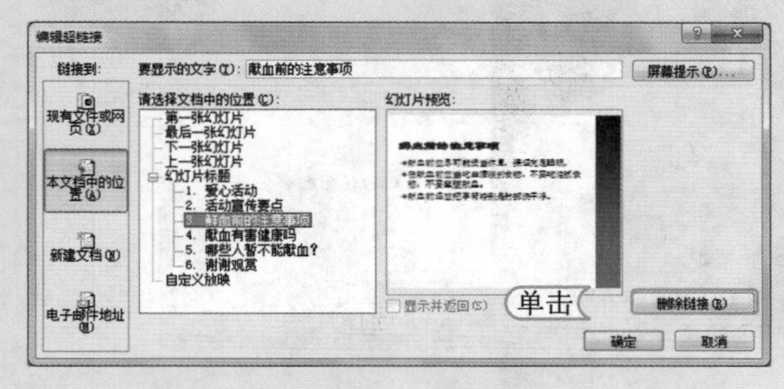

（2）图片超级链接

为图片应用超级链接的方法与设置文本对象的超级链接方法相同，具体为：在需添加超级链接的图片上单击鼠标右键，在弹出的快捷菜单中选择“超链接”命令，或在【插入】/【链接】组中单击“超链接”按钮，打开“插入超链接”对话框，然后在打开的对话框中进行相应的设置。如下图所示即为通过快捷菜单打开“插入超链接”对话框。

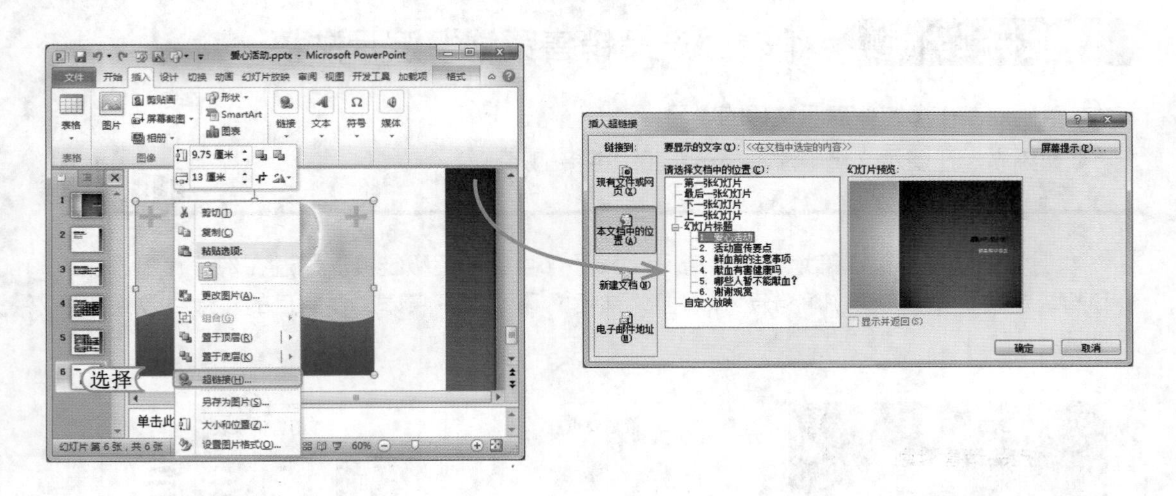

2. 插入动作按钮超级链接

插入动作按钮超级链接即指通过绘制动作按钮来添加超级链接，其方法很简单，可以在幻灯片编辑区中进行绘制，也可以在幻灯片母版视图模式中进行绘制，若想要提高绘制和编辑动作按钮的效率，可以在幻灯片母版视图模式中添加动作按钮超级链接。需注意的是，无论在何种视图模式中，插入动作按钮超级链接的方法都是相同的。关于母版的知识将在9.2节中进行讲解，这里对在普通视图中插入动作按钮超级链接进行讲解。

其方法为：选择要插入链接的幻灯片，选择【插入】/【插图】组，单击 形状 按钮，在弹出的下拉列表中的“动作按钮”栏中选择需要的动作按钮，待鼠标呈+形状时，在合适的位置处绘制出需要的动作按钮，然后在打开的“动作设置”对话框中单击 确定 按钮即可完成动作按钮超级链接的插入。如下图所示即为插入动作按钮超级链接的操作示意图。

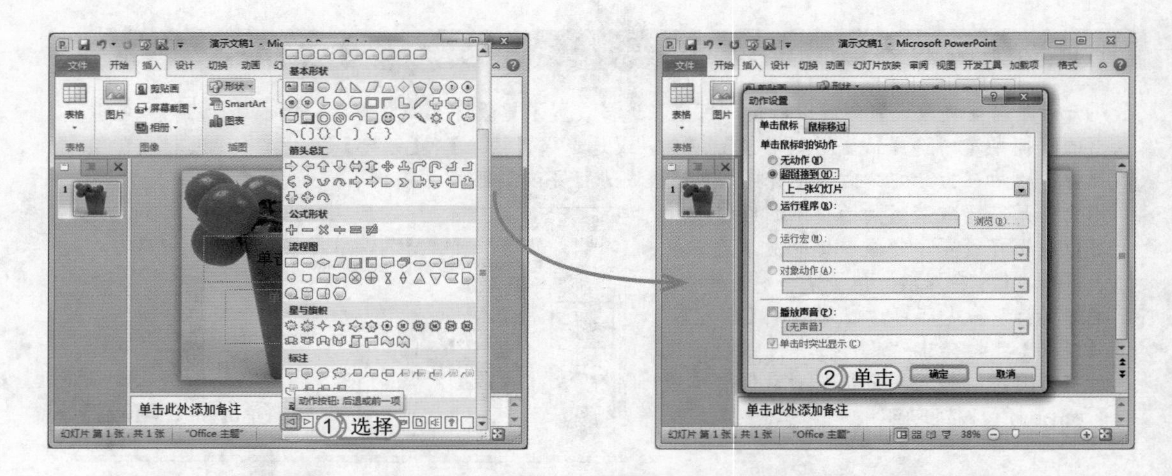

经验一箩筐——动作按钮代表的含义

将鼠标光标定位到“动作按钮”栏中相应的动作按钮上，将出现提示性的文字，这些文字即代表了单击该动作按钮将会完成的超级链接方式。同样，在“动作设置”对话框中的 超链接到(H): 单选按钮下的文本框中也对单击该动作按钮完成的超级链接方式进行了说明，且还可在该文本框下拉列表中选择相应的选项对当前动作按钮的超级链接方式进行更改。

上机1小时 ▶ 编辑“产品销售策划”演示文稿

- 巩固对制作多媒体演示文稿的学习。
- 熟练掌握在演示文稿中添加声音和超级链接的方法。

本例将为“产品销售策划.pptx”演示文稿添加声音和超级链接。通过在幻灯片中添加声音和超级链接，达到让用户能够熟练掌握为演示文稿添加多媒体文件的目的。最终效果如下图所示。

策划要点

- 销售记录表
- 现状分析
- 决策

销售记录表

名称	单位	单价	销售量	销售额
睫毛膏	瓶	82	7845	643290
眼影	盒	150	9600	1440000
爽肤水	瓶	49.5	8960	443520
唇膏	支	39.5	4531	178974.5
粉底液	瓶	48	7500	360000
保湿霜	瓶	55.8	3964	221191.2
精华液	瓶	120	7400	888000

现状分析

- 多种产品的销售量存在下滑趋势。
- 防晒霜在本月的销售额为208900元，相对于上月，销售额下降了18.3%。原因有三方面：
  - 季节因素影响较大。
  - 广告力度不够。
  - 促销人员过少，且不专业。
- 东部沿海地区销售量有上升趋势，但北方市场的销售量以每月3.5%的速度递减。

决策

- 进行同类产品性价比比较。
- 看对手公司的促销策略。
- 冬日将至，如何销售。
- 群策群力，如何提高销量。
- 基础护肤产品。
- 如何开发二级市场。

素材 \ 第 9 章 \ 产品销售策划 .pptx
效果 \ 第 9 章 \ 产品销售策划 .pptx
实例演示 \ 第 9 章 \ 编辑“产品销售策划”演示文稿

STEP 01：准备添加声音

1. 打开“产品销售策划 .pptx”演示文稿，选择第 1 张幻灯片。
2. 选择【插入】/【媒体】组，单击“音频”按钮，在弹出的下拉列表中选择“剪贴画音频”选项，打开“剪贴画”窗格。

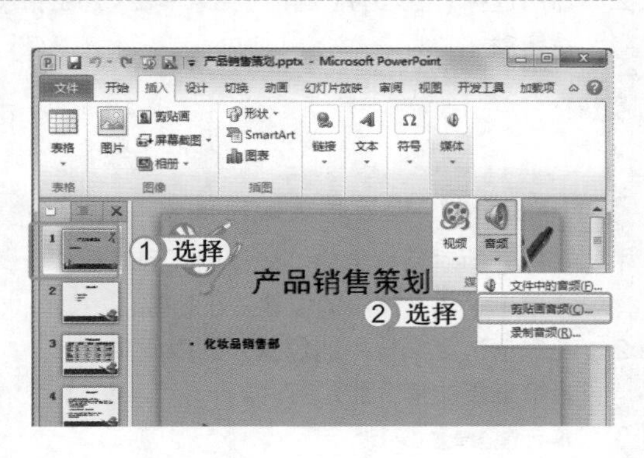

STEP 02：搜索并插入剪贴画声音

1. 在“剪贴画”窗格的“搜索文字”栏中输入剪贴画声音的关键字“鼓掌”，按 Enter 键进行搜索。
2. 将鼠标定位到搜索的剪贴画声音“Claps Cheers...”处，单击鼠标，即可将该剪贴画声音插入到演示文稿中。

提个醒 在操作此步骤时，只需单击一次鼠标即可插入剪贴画声音，若是在搜索到的声音处多次单击鼠标，将重复插入剪贴画声音，并且系统将声音文件自动插入到相同的位置。

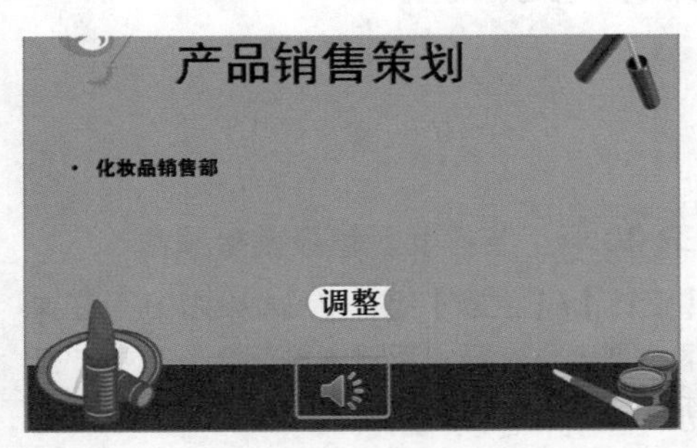

STEP 03：调整声音图标位置

关闭“剪贴画”窗格。将鼠标定位到插入的声音处，待鼠标呈✥形状时按住并拖动鼠标至幻灯片底部处，释放鼠标完成声音图标的位置调整。

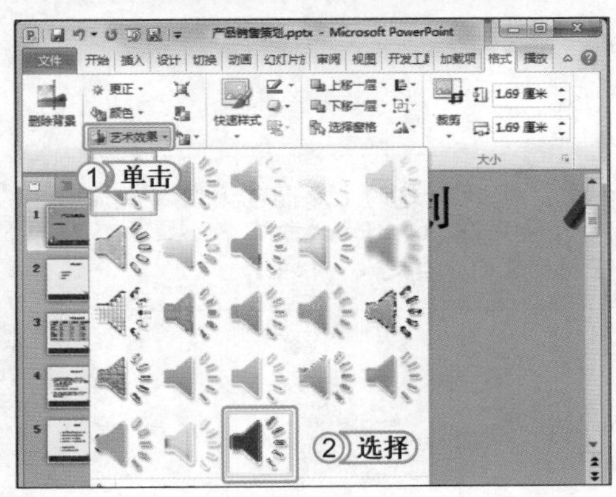

STEP 04：设置声音图标样式

1. 选择插入的声音，选择【音频工具】/【格式】/【调整】组，单击“艺术效果”按钮。
2. 在弹出的下拉列表中选择“发光边缘”的艺术效果选项。

STEP 05： 准备添加超级链接

1. 选择第 2 张幻灯片，选择“销售记录表”文本。
2. 然后选择【插入】/【链接】组，单击“超链接”按钮。

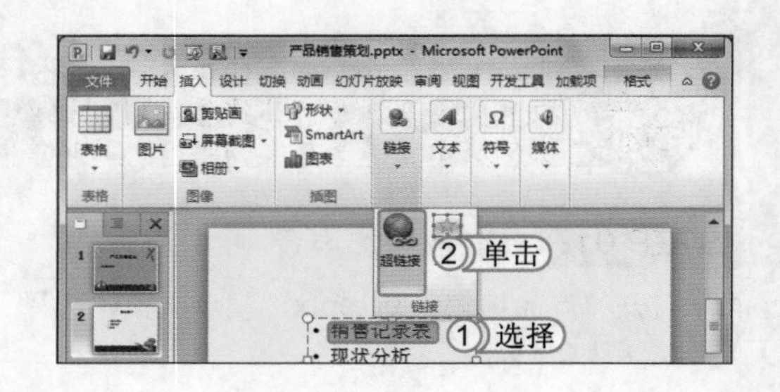

STEP 06： 设置超级链接信息

1. 在打开的对话框中的“链接到”列表框中单击“本文档中的位置”按钮。
2. 在“请选择文档中的位置”列表框中选择需链接的第 3 张幻灯片。
3. 单击 确定 按钮。

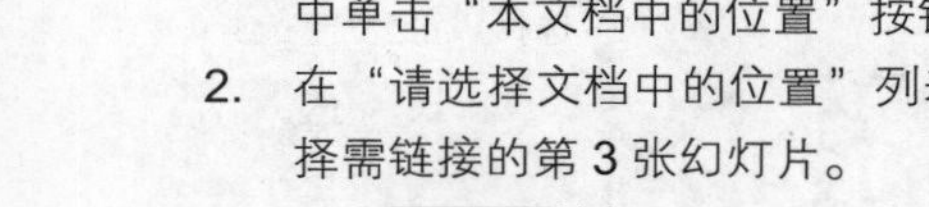

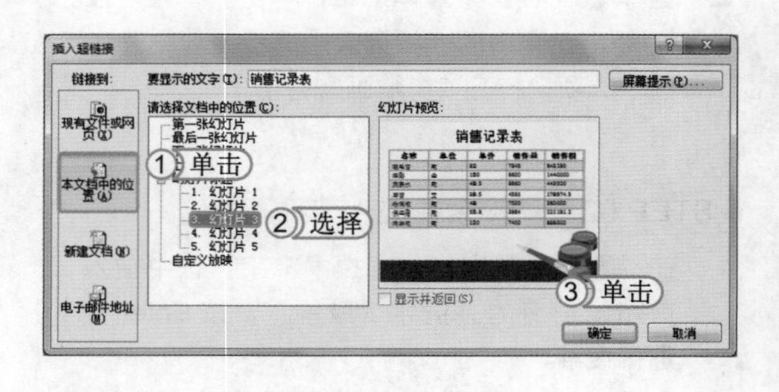

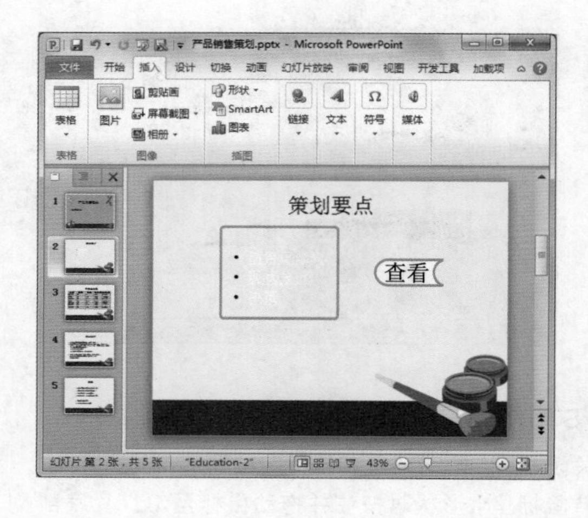

STEP 07： 继续添加超级链接

保持选择第 2 张幻灯片，使用相同的方法为其他文本添加超级链接。完成后的效果如左图所示。

提个醒 添加完超级链接后，会看到应用超级链接后的文本颜色几乎无法分辨，故需对超级链接的颜色进行设置。

STEP 08： 准备设置超级链接颜色

选择【设计】/【主题】组，单击 颜色 按钮，在弹出的下拉列表中选择“新建主题颜色”选项，打开“新建主题颜色”对话框。

提个醒 每次新建的主题颜色方案都会自动并永久保存在 PowerPoint 系统中，显示在颜色下拉列表的“自定义”栏中。

STEP 09：设置超级链接颜色

1. 在打开的对话框的"主题颜色"栏中单击"超链接"右侧的[按钮图标]按钮，在弹出的下拉列表中选择"标准色"栏中的"蓝色"选项。
2. 在"主题颜色"栏中单击"已访问的超链接"右侧的[按钮图标]按钮，在弹出的下拉列表中将已访问的超级链接颜色设置为"标准色"栏中的"浅绿"选项。
3. 单击[保存(S)]按钮，完成所有设置。

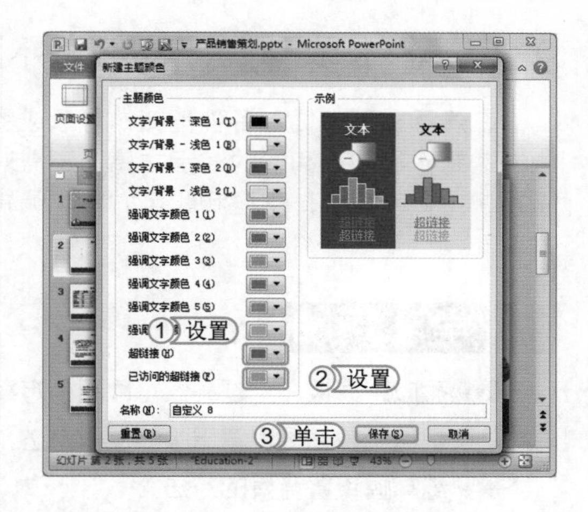

提个醒 系统将自动依次命名新建的主题颜色方案为"自定义*"。用户也可以在"新建主题颜色"对话框的"名称"栏的文本框中输入需要的名称对其进行保存。

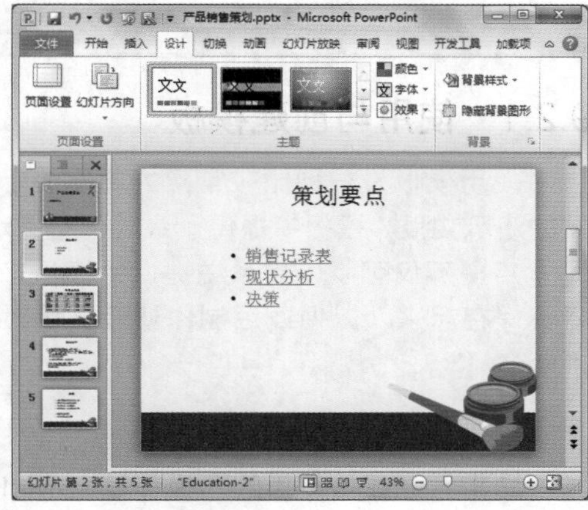

STEP 10：查看设置的超级链接

返回幻灯片编辑窗口，添加链接的文本的颜色变成了红色。当放映幻灯片时，单击添加链接的文字后，文字的颜色会变成蓝色。最后保存演示文稿即可。

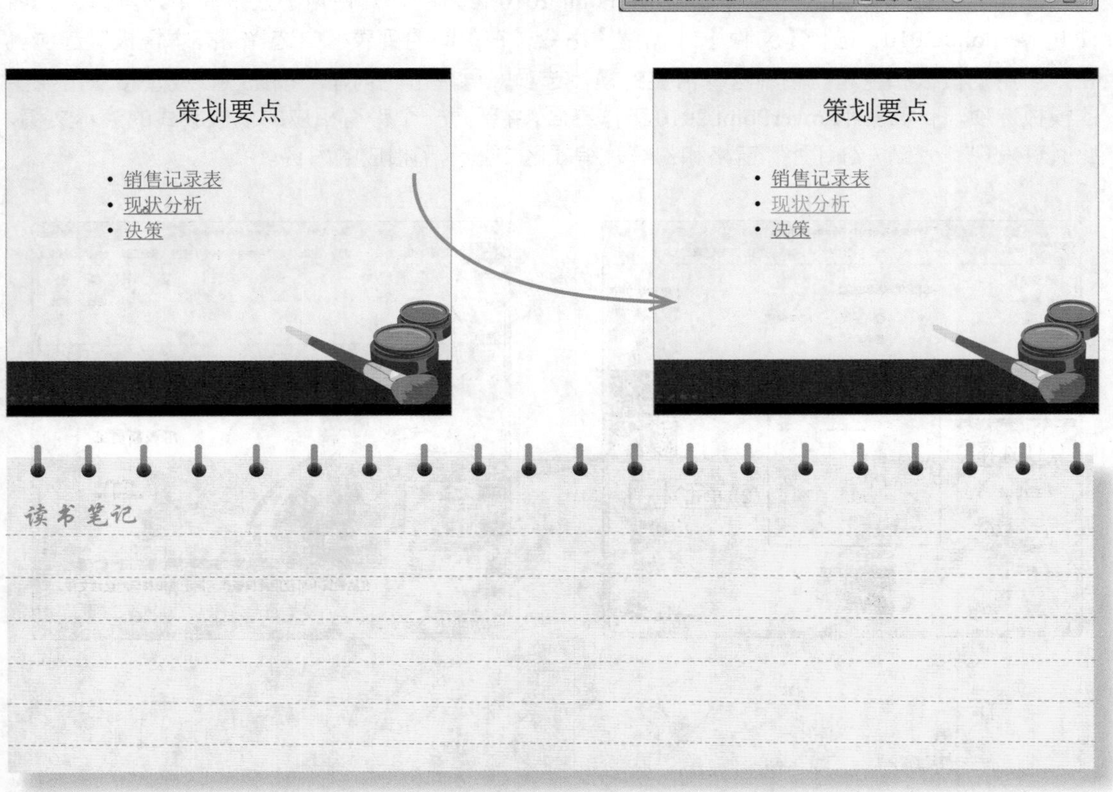

读书笔记

9.2 整体美化演示文稿外观

在演示文稿中插入各种精美的对象或图像是制作好的演示文稿的必要条件，但是为了能快速制作出统一和谐的演示文稿，还需对演示文稿的外观进行整体美化和设计。通常可通过使用各种模板、主题和配色方案，编辑母版、设置背景等，对演示文稿的外观进行整体设置。

学习1小时

- 熟悉应用模板、主题和幻灯片配色方案的方法。
- 认识母版并掌握设置母版的操作方法。
- 熟练掌握设置背景的方法。

9.2.1 使用与创建模板

使用模板是一种比较常用的制作演示文稿的方法，通过模板可以快速制作出具有专业效果的演示文稿。模板中提供了版式、主题颜色、主题字体和效果，有的还包含内容。

用户不仅可以使用系统提供的模板来制作演示文稿，还可以创建合乎自己需求的模板并将其保存起来，以便以后制作演示文稿时能够快速进行调用。下面就对使用与创建模板进行讲解。

1. 使用模板

通常可以直接使用的模板都是 PowerPoint 2010 自带的，其使用方法很简单，具体为：启动 PowerPoint 2010，选择【文件】/【新建】命令，在中间的列表框中选择“样本模板”选项。在“可用的模板和主题”栏中选择需要的模板选项，再单击“创建”按钮，或直接双击需要的模板选项，即可返回 PowerPoint 2010 工作界面，并新建一个带有相应的模板版式的演示文稿，此时可发现“大纲 / 幻灯片”窗格和幻灯片编辑区中显示了相应的内容。

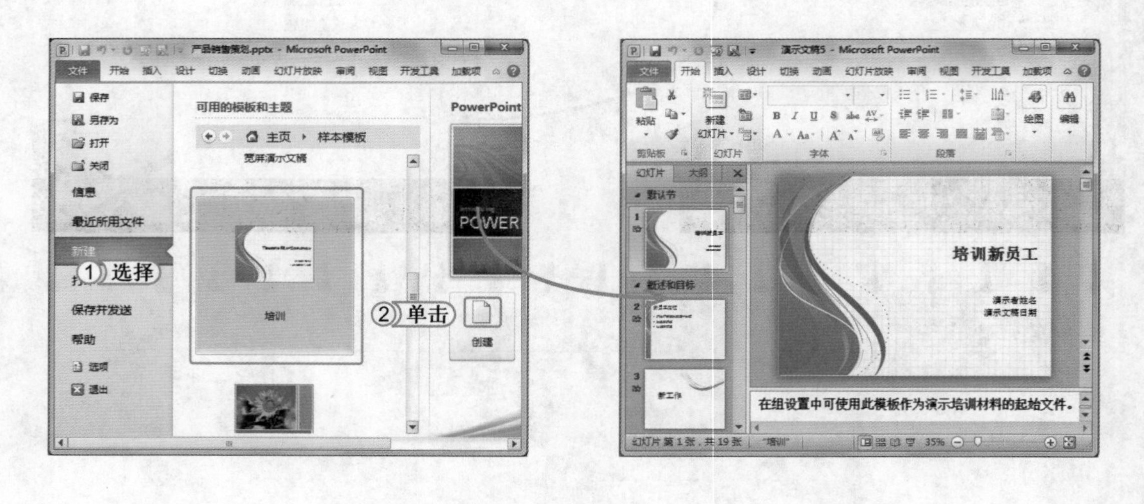

经验一箩筐——使用系统提供的其他模板

PowerPoint 2010 除了提供样本模板外，还提供了 Office.com 模板，其中包括了更多的模板类型。其使用方法是先将电脑连入 Internet，然后在“Office.com 模板”栏中选择需要的模板类型，或在“Office.com 模板”栏右侧的文本框中输入需要搜索的模板关键字并按 Enter 键进行搜索，在打开的“可用的模板和主题”栏中选择所需的模板，单击窗口右侧的“下载”按钮下载模板，下载完成后将自动新建一个带有该模板版式的演示文稿。

2. 创建模板

若是系统提供的模板不能满足用户的需求，用户可以自行创建模板并将其保存起来，创建模板的方法很简单，主要有以下两种。

- 通过“另存为”命令：在制作好模板后，选择【文件】/【另存为】命令，打开“另存为”对话框，在“保存类型”下拉列表框中选择“PowerPoint 模板（.potx）”选项，系统将自动跳转到模板存放的位置，这里文件位置为“F:\Users\b\AppData\Roaming\Microsoft\Templates”，然后再设置文件的保存名称并单击保存(S)按钮完成模板的创建。

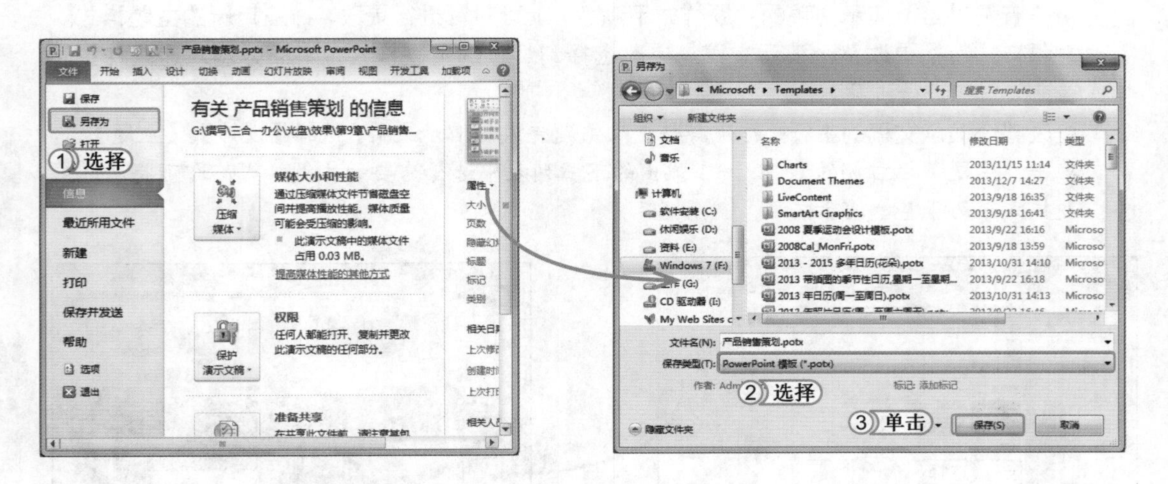

- 通过快捷键：在制作好模板后，按 Ctrl+Shift+S 组合键快速打开“另存为”对话框，然后其余的操作按照与上述相同的方法进行即可。

经验一箩筐——应用保存的模板

创建了模板后，该模板将自动保存在“我的模板”中。若需要应用该模板，可选择【文件】/【新建】命令，然后在“主页”栏中单击“我的模板”按钮，将快速打开“新建演示文稿”对话框，接着在“个人模板”列表框中选择创建的模板选项，单击确定按钮即可。

9.2.2 应用系统自带主题

相比模板，运用主题可以制作出具有同样外观的幻灯片，该外观包括一个或多个与颜色、字体和效果协调的幻灯片版式等。应用系统提供的主题的方法比较简单，具体为：启动PowerPoint 2010，选择【文件】/【新建】命令。在中间的列表框中选择“主题”选项。在打开的“主题”栏中选择需要的主题选项，然后单击“创建”按钮，或直接双击需要的主题选项。返回工作界面可看到已新建了一个带有相应的主题样式的演示文稿。如下图所示即为应用系统自带的主题新建一个演示文稿的效果。

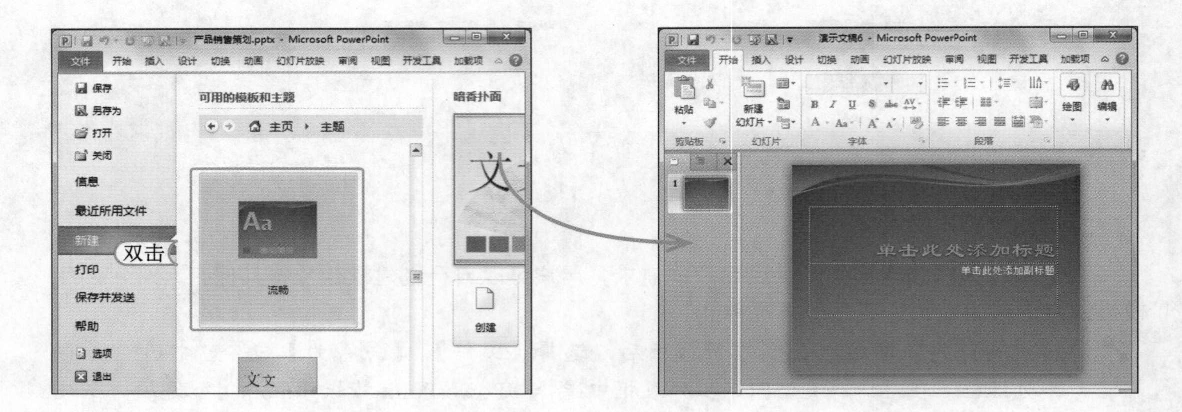

9.2.3 更改并应用主题

用户若是对当前演示文稿的主题样式不满意，就可对其进行更改，并应用新的主题样式。更改主题样式包括更改整个演示文稿与更改选择幻灯片的主题样式，下面分别对这两种主题样式的更改方法进行讲解。

- 更改整个演示文稿的主题：打开需要更改主题样式的演示文稿，选择【设计】/【主题】组，单击“主题”栏右侧的按钮，在弹出的下拉列表中选择需要的主题样式，即可将所选主题样式应用于整个演示文稿。

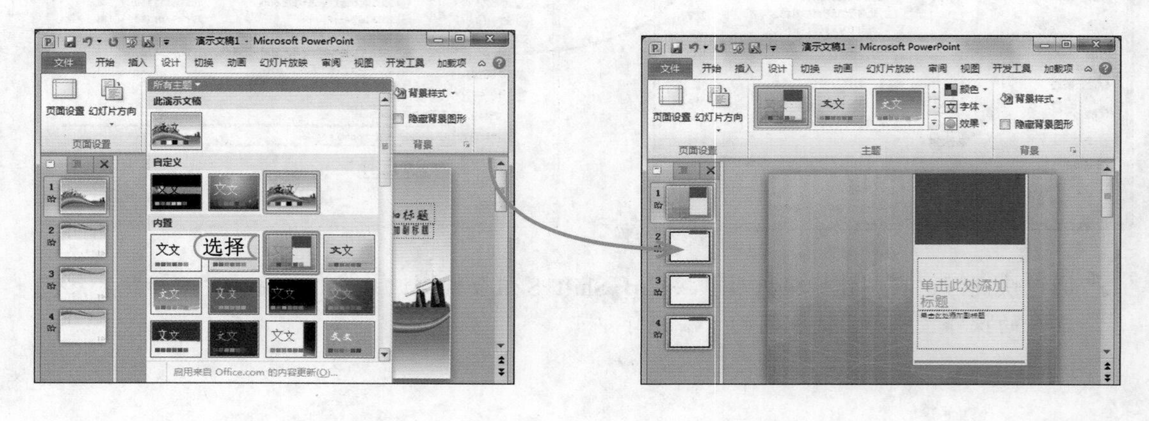

更改选择幻灯片的主题：选择要更改主题样式的幻灯片，选择【设计】/【主题】组，单击“主题”栏右侧的按钮，在弹出的下拉列表中，将鼠标光标移动到需要的主题样式上，单击鼠标右键，在弹出的快捷菜单中选择“应用于选定幻灯片”命令，即可快速将所选主题样式应用于当前幻灯片。

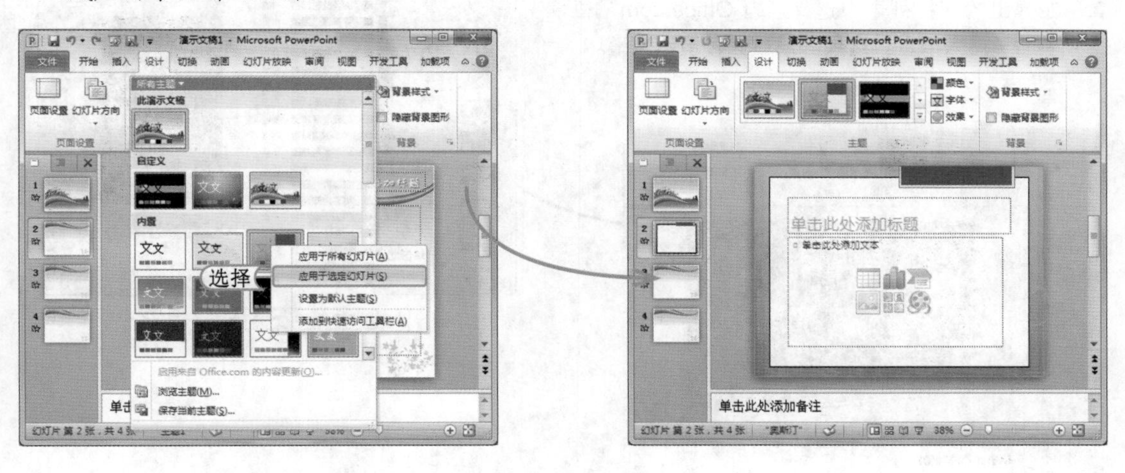

9.2.4 应用幻灯片配色方案

用户除了直接使用系统提供的主题样式外，还可以对所应用的主题配色方案进行更改和应用。下面就对“人事政策总览.pptx”演示文稿的主题样式进行更改，并对其配色方案进行应用。其具体操作如下：

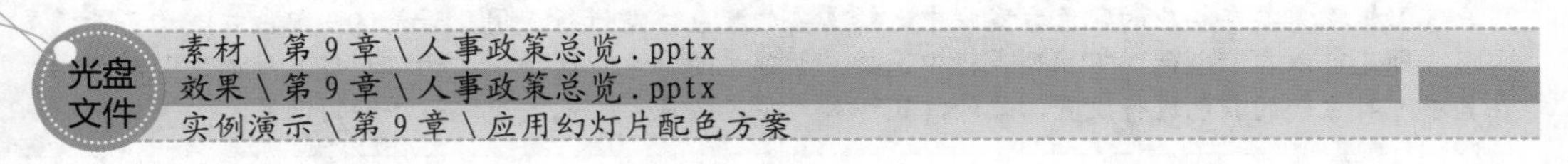

STEP 01：更改主题

1. 打开“人事政策总览.pptx”演示文稿，选择【设计】/【主题】组。
2. 单击“主题”栏右侧的按钮，在弹出的下拉列表中的“来自 Office.com”栏中选择“都市流行”选项，将该主题样式快速应用于整个演示文稿。

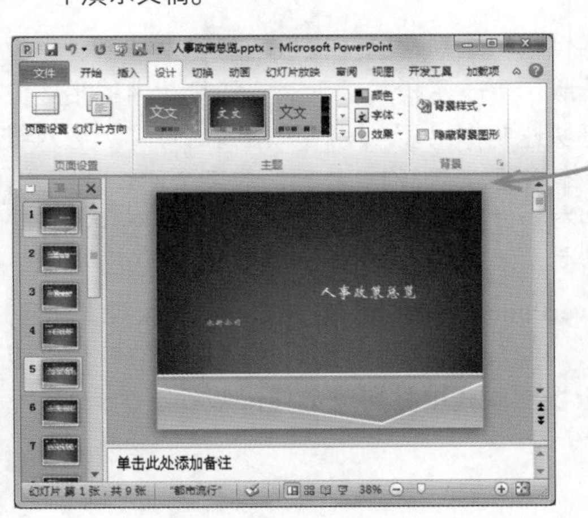

提个醒 在更改主题样式时，需要多次尝试并查看其应用效果才能选择最佳的主题样式，且一定要注意应用的主题样式能够将当前演示文稿的内容显示完整，并能与当前演示文稿的主题很好地搭配起来。

STEP 02： 应用配色方案

1. 仍然保持选择【设计】/【主题】组，单击[颜色]按钮。
2. 在弹出的下拉列表中选择“自 Office.com”栏中的“博大精深”选项。最后保存演示文稿。

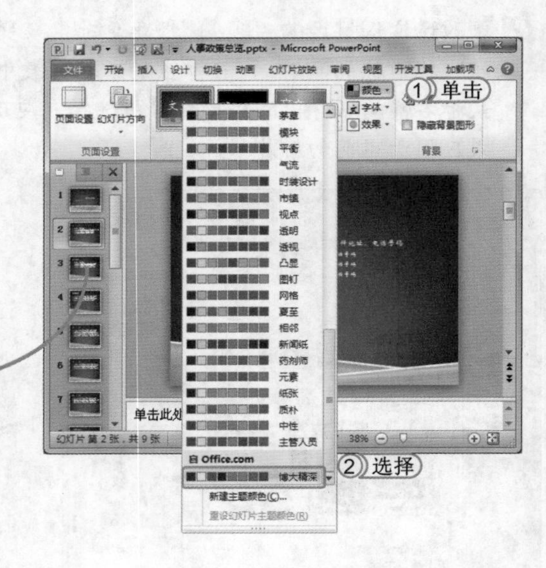

提个醒 在应用配色方案时也要多次尝试后才能选择出最佳的配色方案。在“颜色”下拉列表框中提供了“自定义”、“内置”和“自 Office.com”3种类型的配色方案，其中“自定义”栏是用户每次新建主题颜色后生成的配色方案；“内置”和“自 Office.com”栏的配色方案均是系统提供的配色方案。用户可以根据需要在相应的配色方案栏中选择需要的配色方案进行应用，若是这些配色方案均不能满足需求，则还可以在“颜色”下拉列表框中选择“新建主题颜色”选项，打开“新建主题颜色”对话框，在其中可对主题的颜色进行设置，此外，还可对文字、背景等配色方案进行详细的设置。

9.2.5 进入并认识母版

母版也是在制作演示文稿时常用的一种版式，运用母版可以为所有幻灯片设置默认的版式和格式，PowerPoint 2010 提供了3种母版：幻灯片母版、讲义母版和备注母版。要灵活地运用各种母版，就要先进入到相应的母版视图模式中，然后再对各种母版进行认识。

1. 幻灯片母版

幻灯片母版是最常用的母版类型，主要用于存储模板信息，这些模板信息包括字形、占位符大小和位置、背景设计与配色方案等，只要在母版中更改了样式，则对应幻灯片中的相应位置处也随之改变，因此使用制作好的幻灯片母版可快速制作出多张同样风格的幻灯片。进入母版后，可在“大纲/幻灯片”窗格中看到多张幻灯片缩略图，每张幻灯片都对应某个幻灯片版式，其中在第一张幻灯片版式中设置的效果将应用于所有幻灯片版式，从而可节省统一设置的时间，提高设置速度。

进入幻灯片母版的方法很简单，首先启动PowerPoint 2010，选择【视图】/【母版视图】组，单击[幻灯片母版]按钮，即可进入到幻灯片母版视图中，并自动选择当前幻灯片对应于幻灯片母版视图中的幻灯片。如下图所示即为进入幻灯片母版视图模式中并自动选择母版视图的幻灯片。

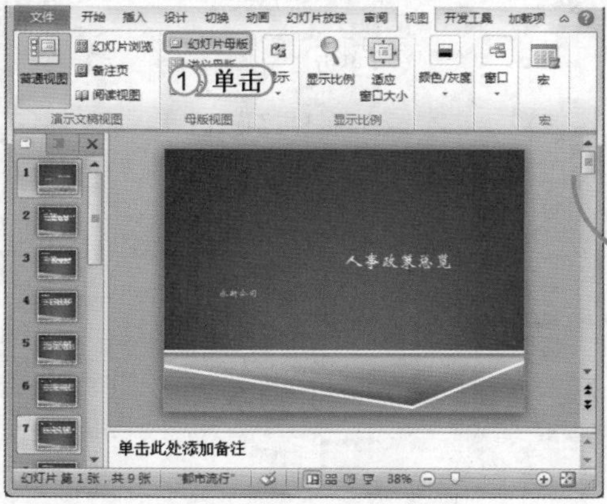

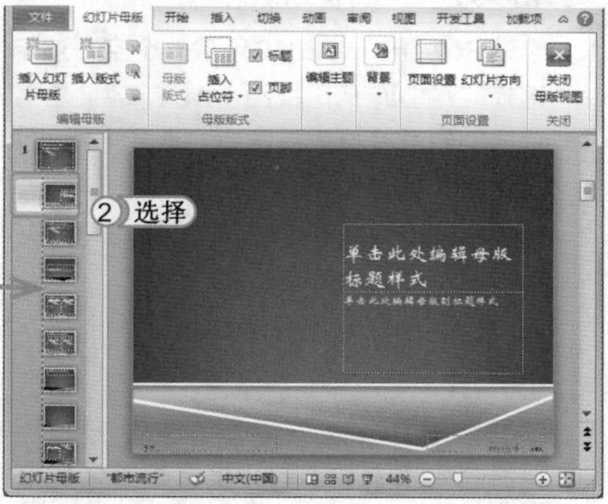

2. 讲义母版

讲义是为了方便演讲者在演讲时使用的纸稿，纸稿中显示了每张幻灯片的大致内容、要点等。讲义母版就是设置该内容在纸稿中的显示方式。进入讲义母版的方法与进入幻灯片母版的方法基本相同，在【视图】/【母版视图】组中单击讲义母版按钮即可。

3. 备注母版

备注是指演讲者在幻灯片下方输入的内容，根据需要可将这些内容打印出来。而这些备注信息要通过设置备注母版才能将其显示在打印的纸张上。进入备注母版的方法与进入幻灯片母版的方法基本相同，在【视图】/【母版视图】组中单击备注母版按钮即可。

经验一箩筐——退出母版视图

在进入相应的母版视图模式后，若是需要退出母版视图，可直接选择相应的母版视图选项卡，再在“关闭”组中单击“关闭母版视图”按钮，退出母版视图模式。

9.2.6 设置母版内容

不同的母版包含的内容也不相同，所以在相应的母版视图中其设置方法和设置内容也不相同。下面就对 3 种母版的具体设置方法进行讲解。

1. 设置幻灯片母版

通过制作幻灯片母版可以设计出符合场合要求，更具吸引力，更贴近演示文稿内容，更能表现制作者风格的演示文稿。制作幻灯片母版包括设置背景、设置占位符格式、根据级别设置项目符号以及设置页眉页脚等。下面将新建一个空白演示文稿，然后进入到幻灯片母版视图制作一个幻灯片母版，其具体操作如下：

光盘文件

效果 \ 第 9 章 \ 幻灯片母版 .pptx

实例演示 \ 第 9 章 \ 设置幻灯片母版

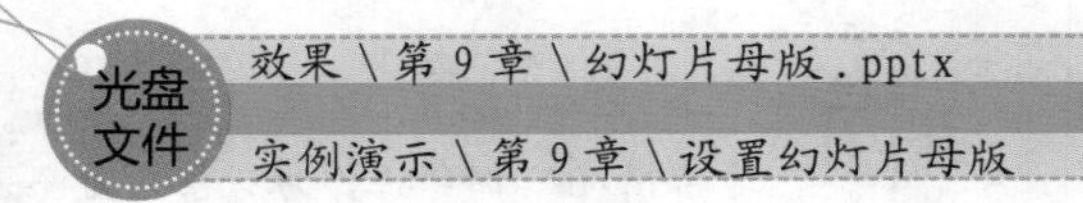

STEP 01： 准备绘制形状

1. 启动PowerPoint 2010新建一个空白演示文稿，选择【视图】/【母版视图】组，单击幻灯片母版按钮。进入到幻灯片母版视图中，选择【插入】/【插图】组，单击形状按钮。
2. 在弹出的下拉列表中选择“矩形”栏中的“矩形”选项。

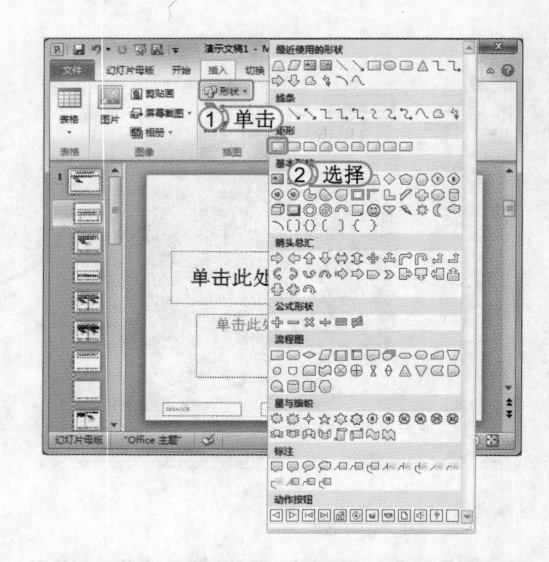

提个醒 系统提供的形状种类很多，用户可以根据需要在相应的栏中选择形状来进行绘制。

STEP 02： 绘制形状

1. 返回幻灯片编辑窗口，鼠标光标变为+形状，在幻灯片顶端绘制一个和幻灯片宽度相等的矩形。
2. 选择绘制的矩形，按住Shift键和Ctrl键的同时复制一个矩形到幻灯片底端。

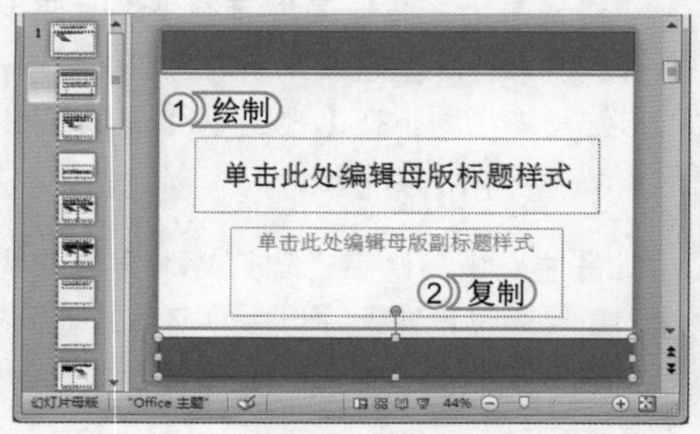

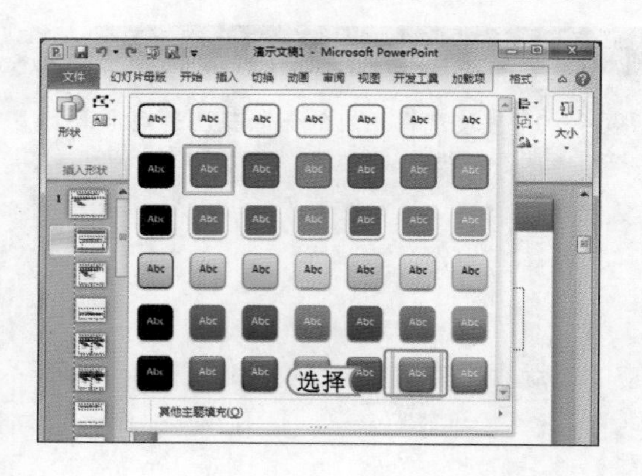

STEP 03： 应用形状样式

选择顶端的矩形，选择【格式】/【形状样式】组，单击“形状样式”栏右侧的按钮，在弹出的下拉列表框中选择“强烈效果-水绿色，强调颜色5”选项。

提个醒 用户也可以根据需要，按照相同的方法为绘制的另一个形状应用相应的形状样式。此外，若在“形状样式”组中单击其他按钮，还可对形状的颜色、轮廓和效果等进行设置。

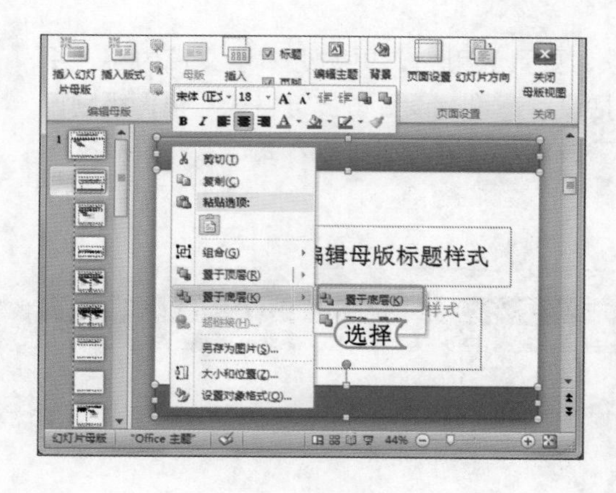

STEP 04： 将形状置于底层

选择顶端和底端的矩形图形，单击鼠标右键，在弹出的快捷菜单中选择【置于底层】/【置于底层】命令。

提个醒 通常情况下都会将作为背景或是不需对其进行编辑的对象叠放在某张幻灯片的最底层。

STEP 05： 设置标题占位符格式

保持标题母版的选择状态，单击标题占位符将其选中。选择【开始】/【字体】组，将其字体设置为“方正兰亭黑简体、48、加粗、倾斜、文本居中对齐”。

提个醒

用户可以根据要制作的演示文稿类型设置符合制作需求的字体及格式。

STEP 06： 设置副标题占位符格式

用同样的方法将副标题占位符字体设置为“方正兰亭黑简体、32、加粗、深蓝色、文本居左对齐”。然后移动占位符并调整占位符对象，完成后的效果如左图所示。

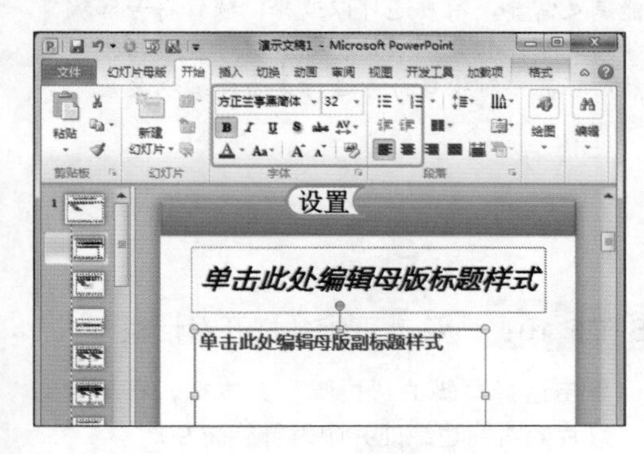

STEP 07： 设置其他幻灯片的母版版式

1. 选择左边窗格的第 1 张幻灯片，按照相同的方法在其中绘制形状，然后将绘制的形状叠放在幻灯片最底层。
2. 将标题占位符的字体设置为“方正准圆简体、44、黑色”。选择正文文本占位符中的所有文本，将其设置为“微软雅黑”。完成后的效果如右图所示。

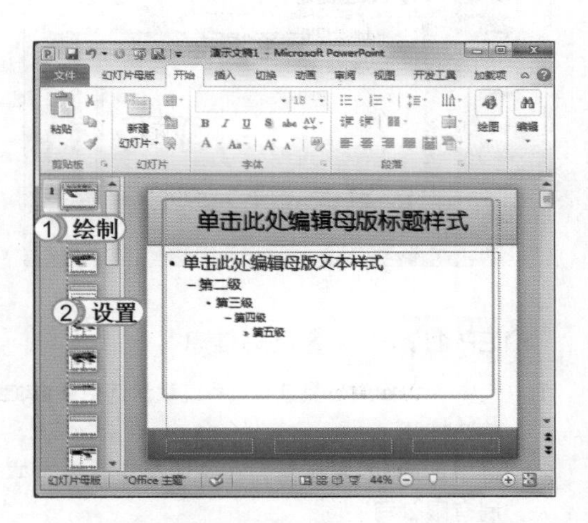

STEP 08： 设置项目符号

1. 选择第 1 张幻灯片，将鼠标光标定位到第 1 级项目符号处。
2. 选择【开始】/【段落】组，单击“项目符号”按钮，在弹出的下拉列表中选择“箭头项目符号”选项。

读书笔记

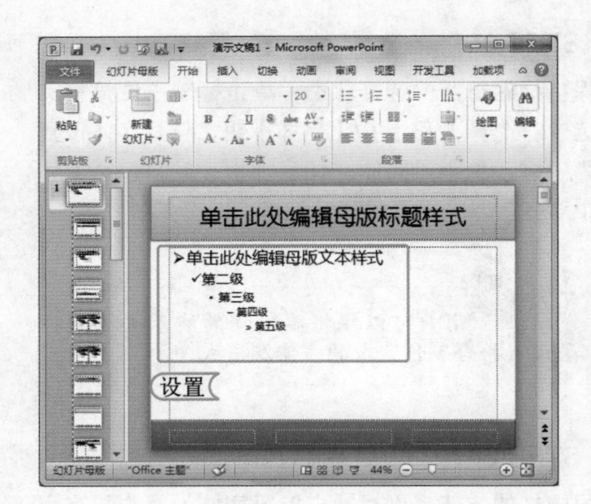

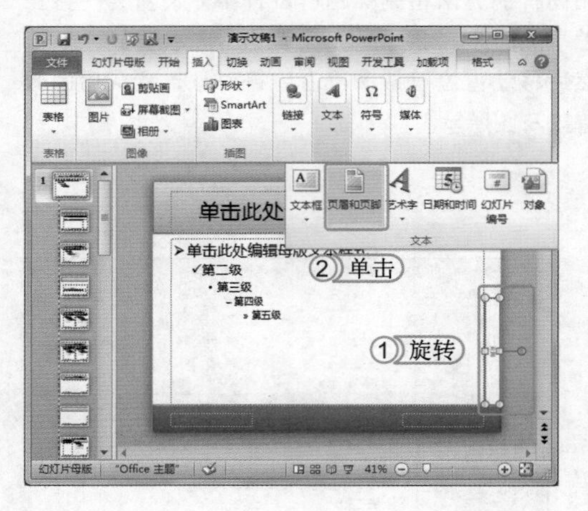

STEP 09：设置其他项目符号

按照相同的方法设置正文文本占位符中的其他段落项目符号。

> **提个醒** 若是项目符号下拉列表中的符号不能满足需要，用户还可以选择“项目符号和编号”选项，打开“项目符号和编号”对话框，然后在其中对项目符号进行更为详细地设置。

STEP 10：移动页脚并打开对话框

1. 单击选择页脚的“页脚”文本框，移动到幻灯片的右侧边缘处并顺时针旋转 90°。
2. 选择【插入】/【文本】组，单击“页眉和页脚”按钮，打开“页眉和页脚”对话框。

STEP 11：设置页脚信息

1. 选中 日期和时间(D) 复选框，系统默认选中 自动更新(U) 单选按钮。
2. 选中 页脚(F) 复选框，在文本框中输入文本“永利有限公司”。
3. 选中 标题幻灯片中不显示(S) 复选框。
4. 单击 全部应用(Y) 按钮。

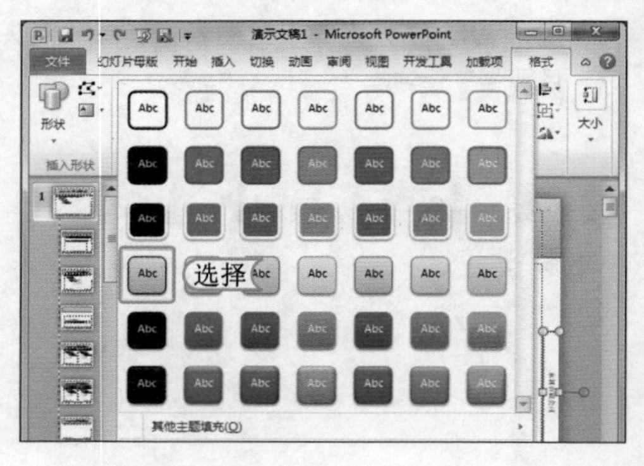

STEP 12：设置页脚颜色

选择“页脚”文本框，选择【格式】/【形状样式】组，将其颜色设置为“细微效果 - 黑色，深色 1”样式。

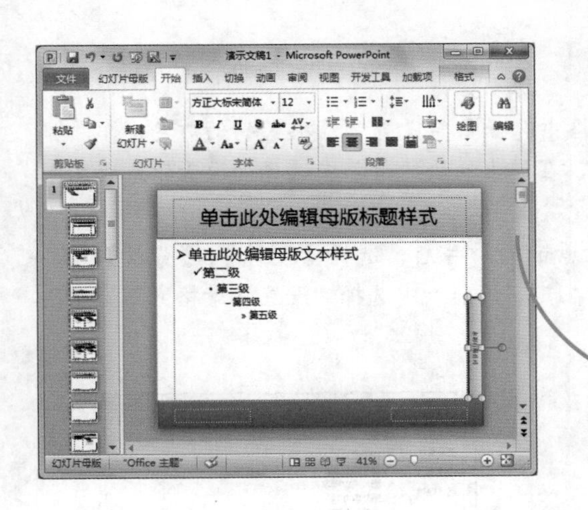

STEP 13： 设置页脚字体格式

保持“页脚”文本框选择状态，将其字体设置为“方正大标宋简体，深红，12”。退出幻灯片母版视图，新建一张幻灯片即可看到制作的母版效果，将该演示文稿保存为“幻灯片母版 .pptx”。

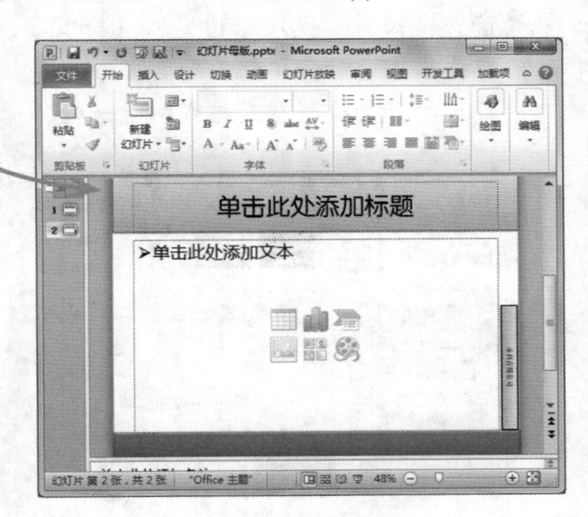

提个醒 在幻灯片母版视图模式中，左边窗格中每种母版类型的第 1 张幻灯片版式总是对应当前演示文稿中所有幻灯片的版式。

2. 设置讲义母版

常用的设置讲义母版的方法是：首先进入到讲义母版视图模式中，在“页面设置”组中单击讲义方向、幻灯片方向和每页幻灯片数量按钮，或直接单击“页面设置”按钮，对讲义的页面进行设置；然后在“占位符”组中选中或取消选中相应的复选框，对是否在讲义中显示页面 / 页脚、日期和页码进行设置；最后再对讲义中的各个占位符中的文本及文本框进行设置。

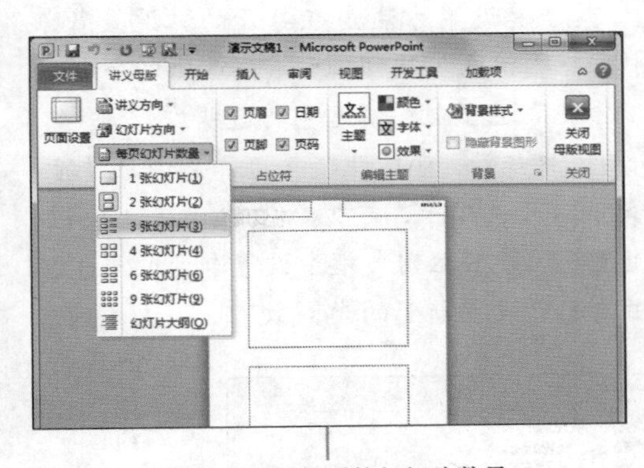

设置讲义母版每页的幻灯片数量

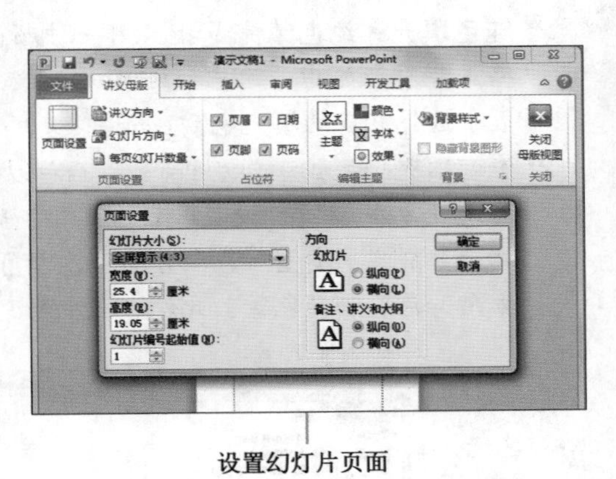

设置幻灯片页面

3. 设置备注母版

常用的设置备注母版的操作与设置讲义母版的方法基本相同，都是在“页面设置”组和“占位符”组中对母版进行设置。这里就不再赘述。

9.2.7 设置背景

若是根据模板和主题制作的演示文稿不能满足用户的需求，还可以单独对每张幻灯片或整个演示文稿的背景进行设置。设置背景可以在幻灯片普通视图中进行，也可以在幻灯片母版视图中进行，其设置方法基本相同，这里主要对在幻灯片普通视图模式中设置背景进行讲解。

1. 打开“设置背景格式”对话框

打开“设置背景格式”对话框的方法主要有以下两种。

- 通过鼠标右键设置：在“大纲/幻灯片”窗格中选择需要设置背景格式的幻灯片，单击鼠标右键，或在幻灯片编辑区中单击鼠标右键，在弹出的快捷菜单中选择“设置背景格式”命令，将打开“设置背景格式”对话框。
- 通过“设计”选项卡设置：选择需要设置背景的幻灯片后，选择【设计】/【背景】组，单击右下角的按钮，或单击背景样式按钮，在其下拉列表中选择“设置背景格式”选项，均可打开“设置背景格式”对话框。

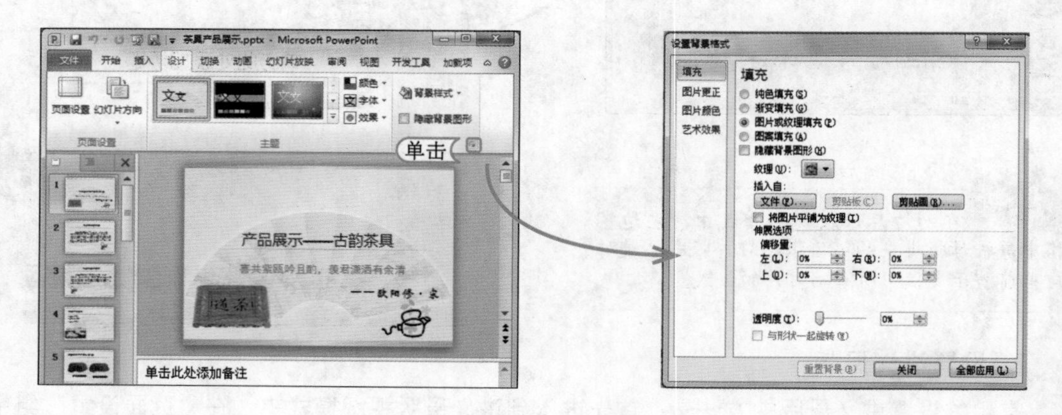

2. 背景填充

“设置背景格式”对话框中提供了多种背景填充方式，下面就对各种填充效果的设置方法进行讲解。

- 纯色填充：纯色填充是指只用一种颜色来填充背景，其设置方法是在打开的“设置背景格式”对话框中，选中 纯色填充(S) 单选按钮，再单击“颜色”按钮，在弹出的下拉列表中选择相应的填充色后，若再拖动“透明度”滑块，还可设置填充色的透明度。
- 渐变填充：该方法可以用两种或两种以上的颜色来填充背景，且每种颜色间都是均匀过渡。其设置方法是：在“设置背景格式”对话框中选择“填充”选项卡，选中 渐变填充(G) 单选按钮，然后分别在“类型”、“方向”、“角度”和“颜色”等下拉列表框中设置渐变的类型、方向、角度和颜色等。此外，在“渐变光圈”栏中还可设置渐变的光圈数。

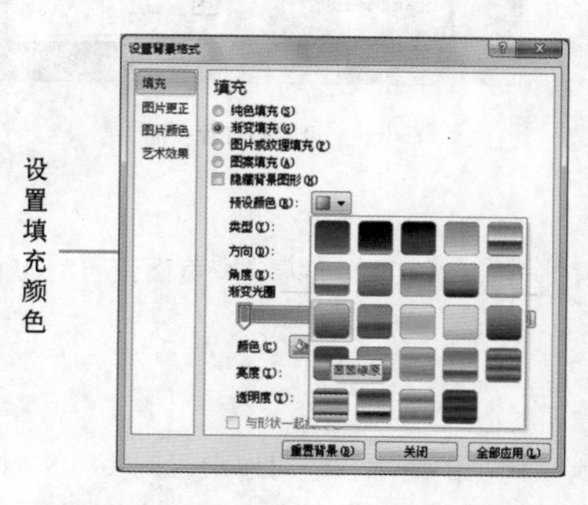

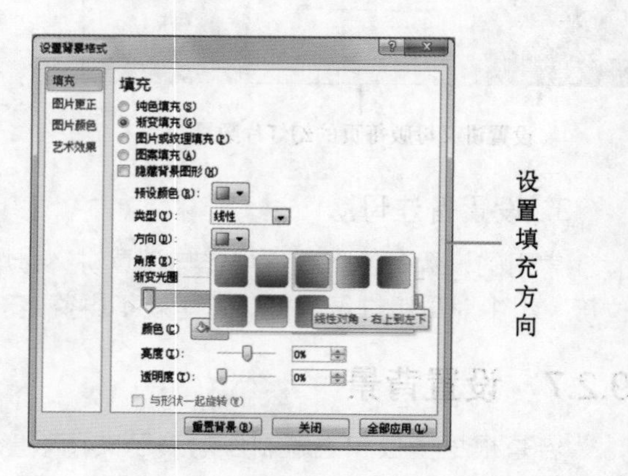

- 图片或纹理填充：其方法是在“设置背景格式”对话框中选择“填充”选项卡，选中 图片或纹理填充(P) 单选按钮，然后在“纹理”下拉列表框中选择合适的纹理或在“插入

自”栏中选择插入文件中的图片或剪贴画进行填充。当选择纹理填充时，系统会自动选中 将图片平铺为纹理(I) 复选框；当选择图片填充时，单击 文件(F)... 或 剪贴画(R)... 按钮，将打开“插入图片”或“选择图片”对话框，然后在其中选择合适的图片进行背景填充即可。需注意的是，在选中 将图片平铺为纹理(I) 复选框后，在“平铺选项”栏下可对偏移量、缩放比例、对齐方式、镜像类型和透明度等进行详细的设置。

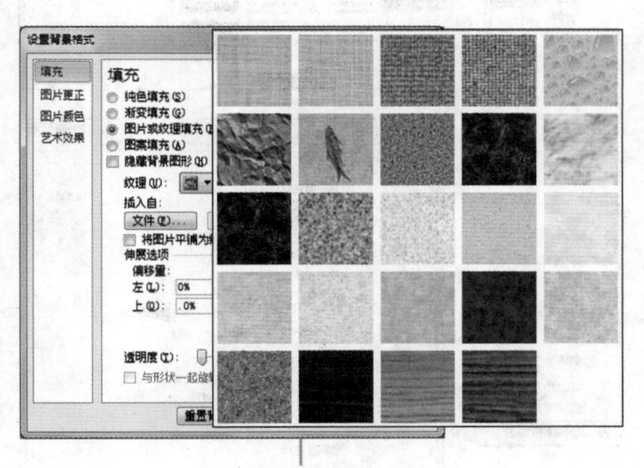
设置纹理填充

选择文件中的图片

图案填充：在 PowerPoint 中提供了多种图案来进行背景填充，其方法是在“填充”选项卡中选中 图案填充(A) 单选按钮，在其列表框中选择合适的填充图案选项，然后根据需要设置图案的前景色和背景色。

上机 1 小时 ▶ 制作“教学课件”演示文稿

- 巩固各种对演示文稿外观进行整体美化的方法。
- 进一步掌握主题的应用和设置背景的方法。

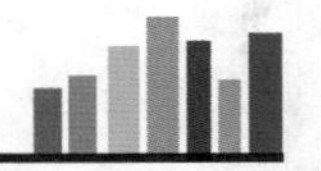

本例将制作“教学课件.pptx”演示文稿，首先为其应用合适的主题，然后为其填充背景，从而巩固用户对应用主题和填充背景的学习。完成后的效果如下图所示。

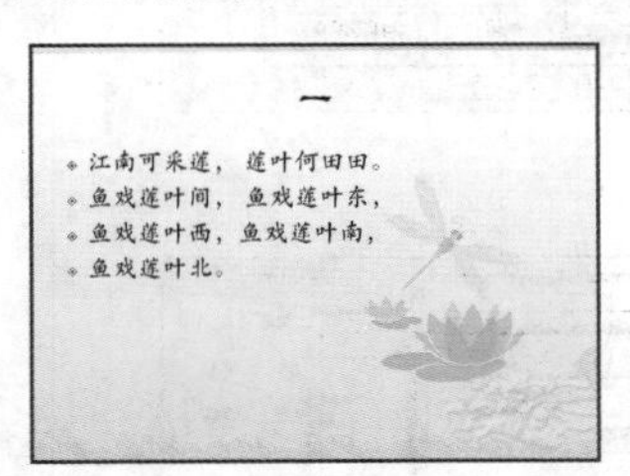

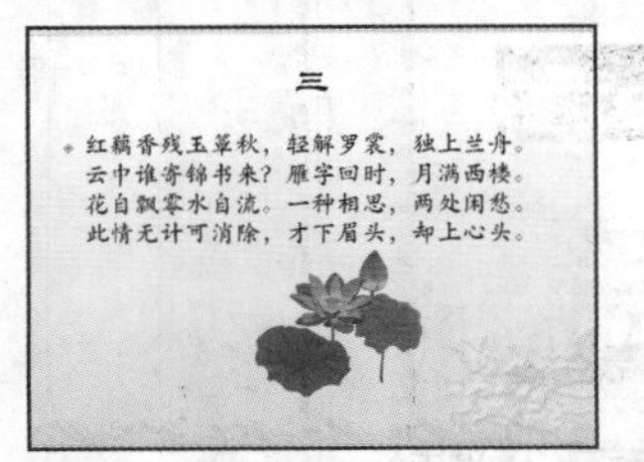

光盘文件
素材\第 9 章\教学课件.pptx
效果\第 9 章\教学课件.pptx
实例演示\第 9 章\制作“教学课件”演示文稿

STEP 01： 应用主题

1. 打开“教学课件.pptx”演示文稿，选择第1张幻灯片。
2. 选择【设计】/【主题】组，在“主题样式”栏中选择“龙腾四海”选项。

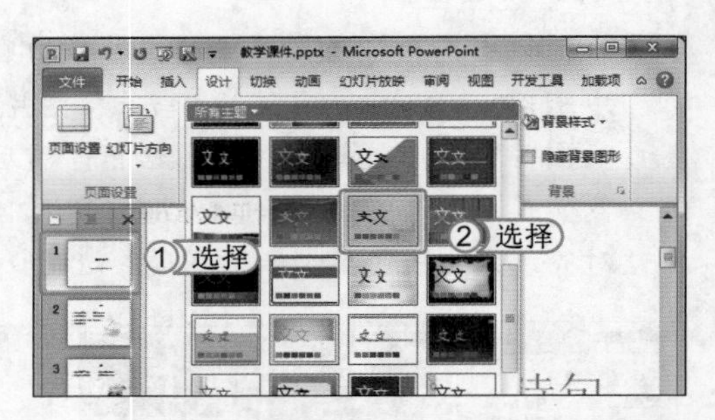

STEP 02： 打开对话框

仍然选择第1张幻灯片，在幻灯片编辑区单击鼠标右键，在弹出的快捷菜单中选择“设置背景格式”命令，打开“设置背景格式”对话框。

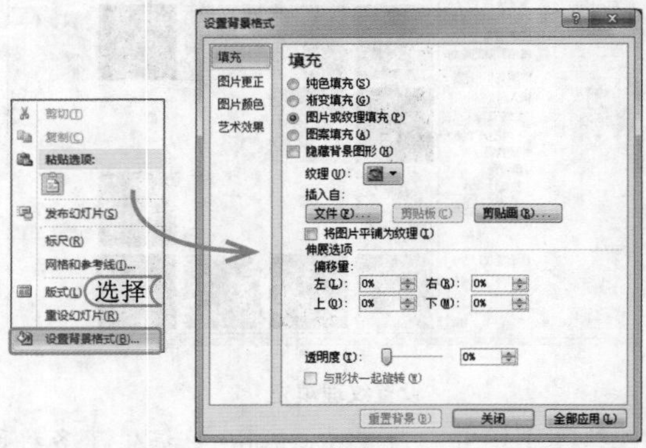

提个醒

由于应用的主题背景为图片填充，所以在打开的“设置背景格式”对话框中将自动选中“填充”选项卡中的 ◉ 图片或纹理填充(P)单选按钮。

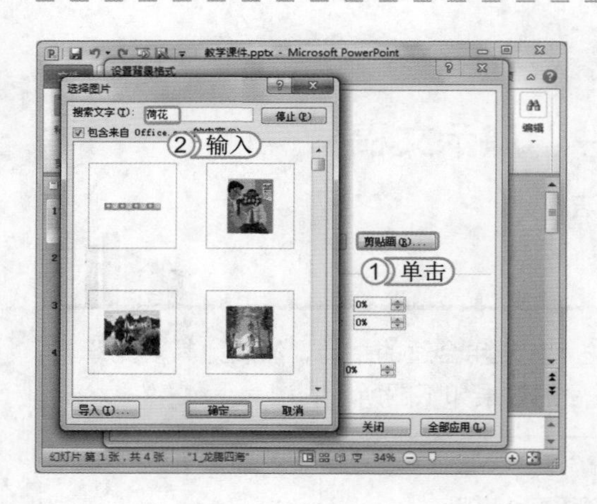

STEP 03： 打开“选择图片”对话框

1. 在“插入自”栏中单击 剪贴画(R)... 按钮，打开“选择图片”对话框。
2. 在打开对话框的“搜索文字”文本框中输入文本“荷花”，然后按Enter键进行搜索。

提个醒

在打开的“选择图片”对话框中会自动显示常用的一些剪贴画，并且会自动选中 ☑ 包含来自 Office.com 的内容(O) 复选框，选中该复选框可以扩大搜索范围，获得更多的网络资源。

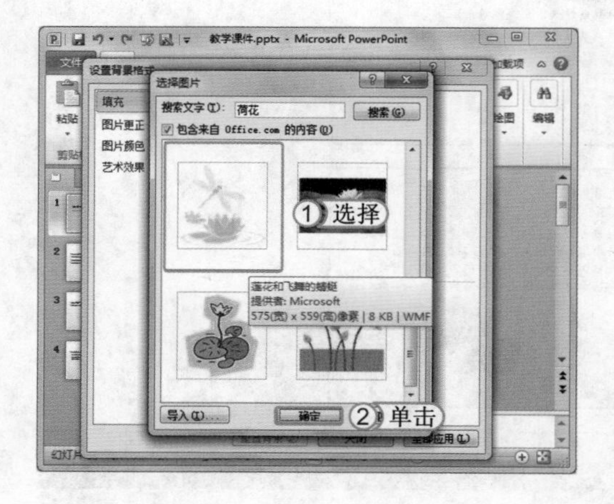

STEP 04： 插入并设置其他图片

1. 搜索后，用鼠标拖动对话框右侧的滑动条对其中的搜索结果进行预览，然后选择“莲花和飞舞的蜻蜓”剪贴画。
2. 单击 确定 按钮。

提个醒

在应用剪贴画后，用户可以拖动“设置背景格式”对话框查看设置的背景效果，以及对不合适的背景进行更改。

STEP 05： 完成背景的设置

返回“设置背景格式”对话框，单击 关闭 按钮关闭“设置背景格式”对话框，并返回幻灯片编辑区。可查看到设置背景后文本的显示不是很明显，需对其中的文本字体和颜色进行适当的调整，调整后的效果如下图所示。最后保存并关闭演示文稿。

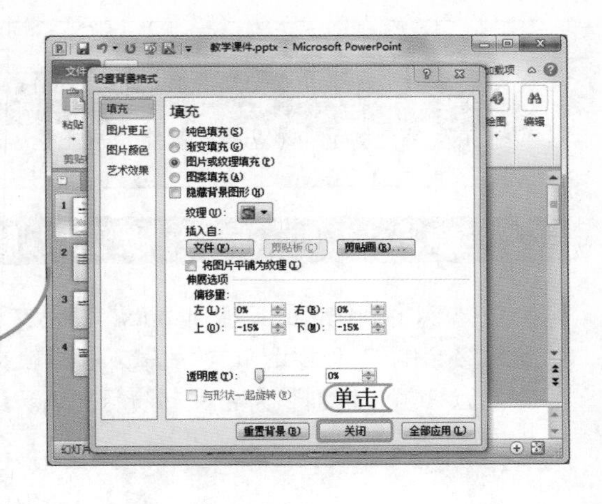

提个醒 在返回到的“设置背景格式”对话框中，若单击 重置背景(B) 按钮可撤销对当前幻灯片背景所做的所有操作；单击 全部应用(L) 按钮，可将当前幻灯片背景应用于所有幻灯片中。

9.3 练习 2 小时

本章主要介绍了制作多媒体演示文稿和整体美化演示文稿外观的知识，用户要想在日常工作中熟练使用这些知识，还需再进行巩固练习。下面以制作“品牌形象宣传”和“员工培训”演示文稿为例，巩固本章学习的知识。

1. 练习 1 小时：制作“品牌形象宣传”演示文稿

本例将新建一个“品牌形象宣传.pptx”演示文稿，主要练习应用主题、添加超级链接和插入剪贴画声音文件等知识。首先启动 PowerPoint 2010，根据“绿色地球设计模板”新建一个演示文稿，然后编辑文本、插入 SmartArt 图形和声音，以及添加和编辑超级链接，最后保存演示文稿。最终效果如下图所示。

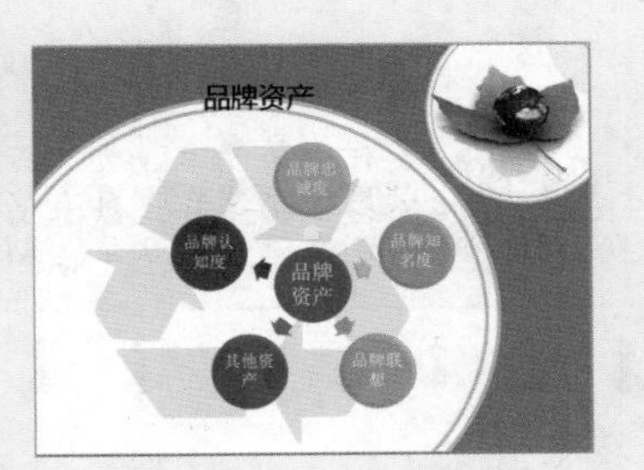

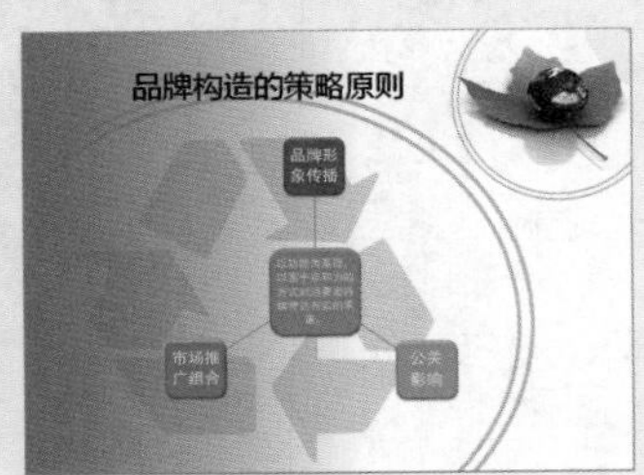

光盘文件

效果\第9章\品牌形象宣传.pptx

实例演示\第9章\制作“品牌形象宣传”演示文稿

2. 练习1小时：制作“员工培训”演示文稿

本例将制作“员工培训.pptx”演示文稿。首先根据“培训”模板新建一个演示文稿，删除多余的幻灯片和节，然后输入和编辑文本，接着再更改其中的图片并对其进行编辑，最后以“员工培训”为名保存演示文稿。最终效果如下图所示。

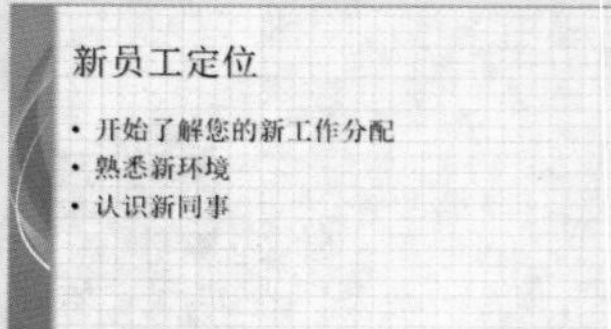

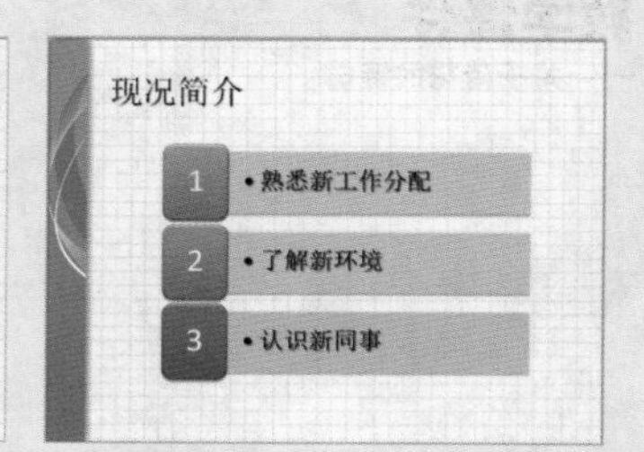

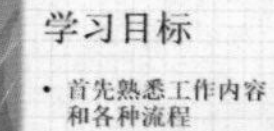

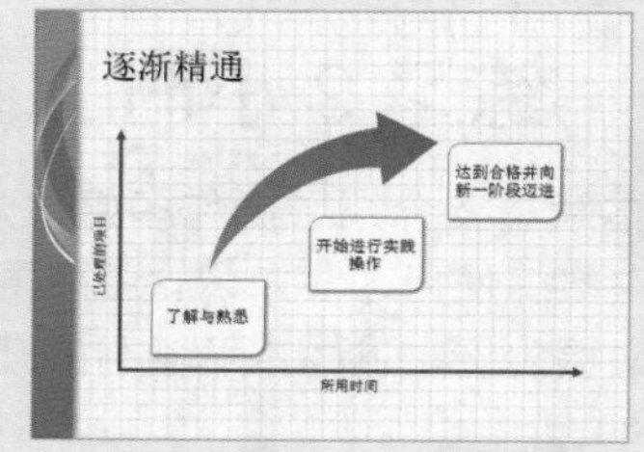

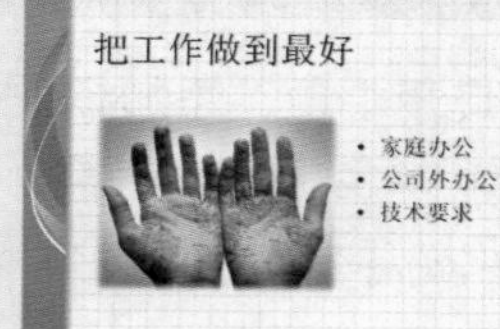

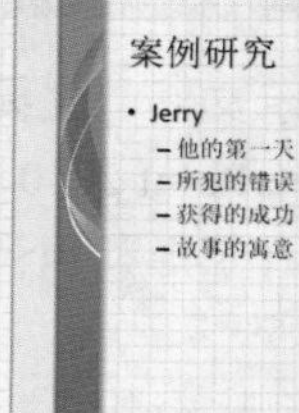

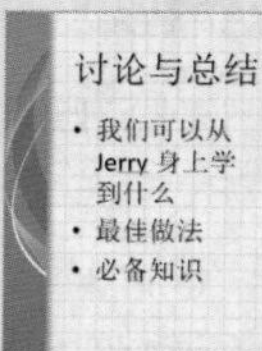

光盘文件

素材\第9章\员工培训\

效果\第9章\员工培训.pptx

实例演示\第9章\制作“员工培训”演示文稿

读书笔记

第10章 动画制作及放映

学习 3小时

为了使制作的演示文稿更吸引人，用户可为制作的演示文稿添加一些形象生动的动画效果。制作完成后还需要对制作的演示文稿进行放映和输出。为了使用户更好地掌握制作动画的方法，本章还将对动画的制作技巧进行讲解。

- 设置动画
- 动画制作技巧
- 放映和输出演示文稿

上机 4小时

10.1 设置动画

动画的添加会使得演示文稿中的对象“活”起来，使演示文稿的放映更具有灵活性，也更能够吸引观众的眼球。演示文稿中的动画主要分为两类：一是对象动画；二是切换动画。用户在直接添加系统提供的动画后，还可以对各种动画进行编辑和预览。下面就对动画的设置进行讲解。

学习 1 小时

- 熟悉在演示文稿中添加动画的方法。
- 掌握在演示文稿中设置、更改和预览动画的方法。
- 熟练掌握为演示文稿添加切换动画并进行设置的操作方法。

10.1.1 添加对象动画效果

为了使演示文稿中某些需要强调或关键的对象在放映过程中能够生动地展示在观众面前，用户就可以为这些对象添加合适的动画效果。一般可以添加动画效果的对象包括文本、图片、图形、图表和表格等。为各类对象添加动画效果的方法相同，主要有以下两种。

- 通过“动画样式”选项栏：选择需要添加动画效果的对象后，选择【动画】/【动画】组，然后单击“动画样式”栏右侧的按钮，在弹出的下拉列表框中选择需要的动画选项即可。如下图所示即为打开的“动画样式”下拉列表框，其中提供了无、进入、强调、退出和动作路径 5 种动画选项，若是其中的动画效果不能满足用户的需求，还可以选择列表框下面的更多选项进行更为丰富的动画效果添加。

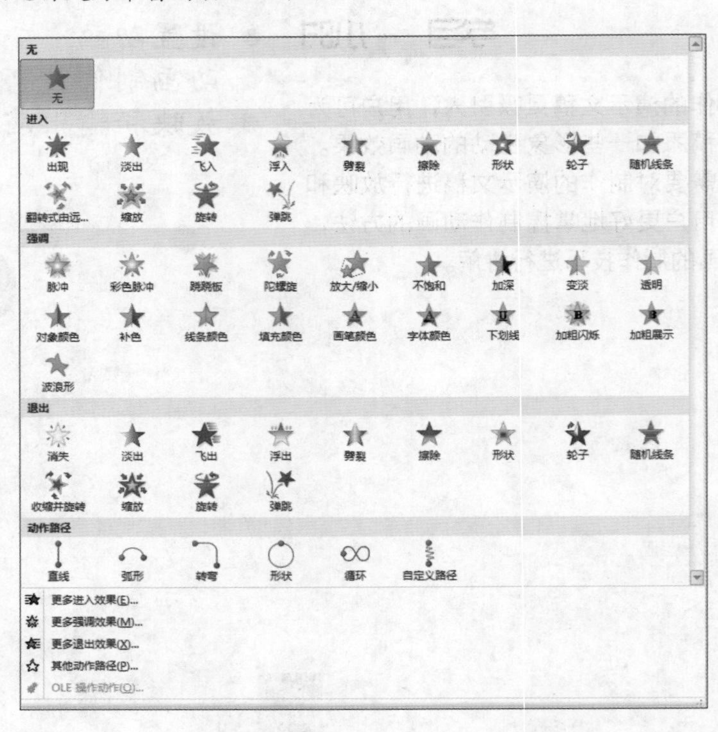

通过"添加动画"按钮：选择需要添加动画效果的对象后，选择【动画】/【高级动画】组，然后单击"添加动画"按钮，在弹出的下拉列表中选择需要的动画选项即可。如下图所示即为为标题文本添加"飞入"的动画效果，在系统自动预览时可看到添加动画效果后，该文本从幻灯片底部进入，进而上升到幻灯片顶部。

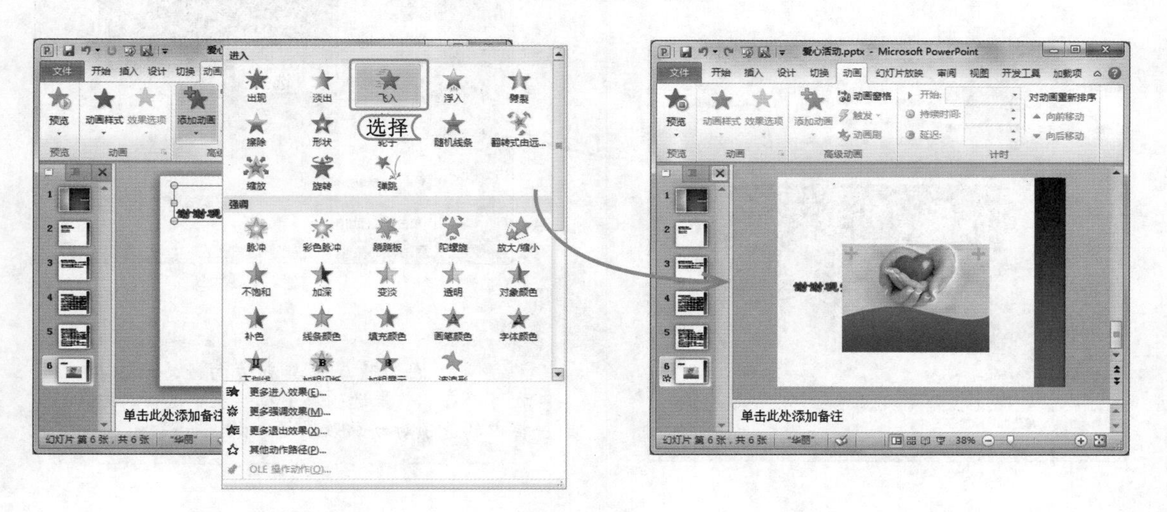

10.1.2 设置对象动画效果

一般直接添加的动画的放映效果并不是很理想，用户往往还需对其放映方式、计时和效果等进行设置。下面就通过为"新年快乐.pptx"演示文稿中的各个对象添加各种动画效果，然后对添加的动画进行设置，来讲解设置对象动画效果的方法。其具体操作如下：

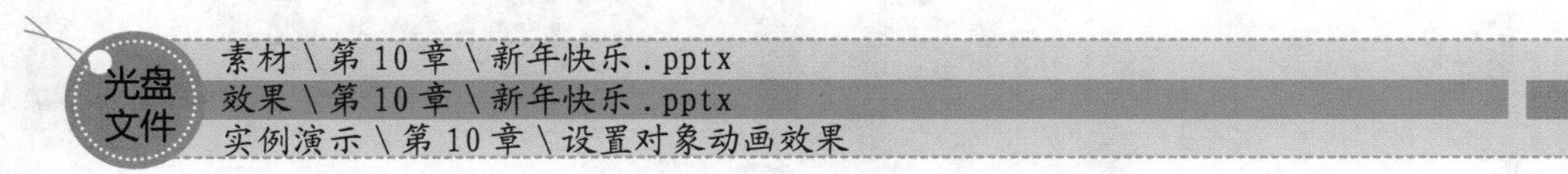

STEP 01：添加进入动画

1. 打开"新年快乐.pptx"演示文稿，选择第1张幻灯片。
2. 选择文本"新年快乐！！"，选择【动画】/【动画】组，在"动画样式"下拉列表框中选择"进入"栏的"形状"选项。

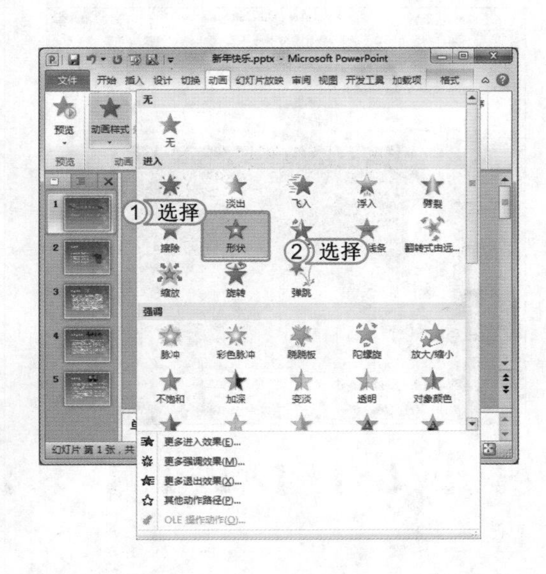

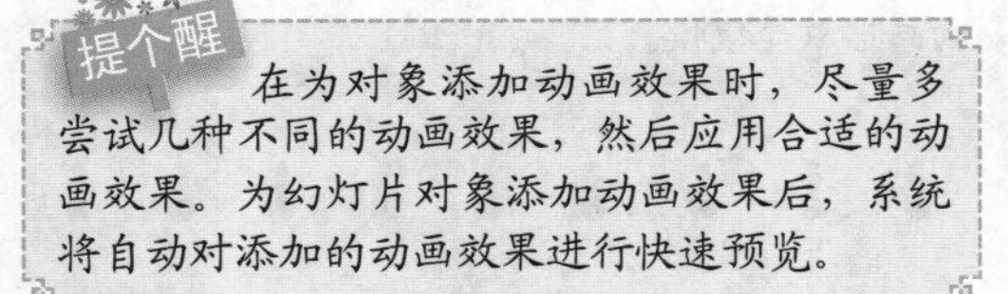

在为对象添加动画效果时，尽量多尝试几种不同的动画效果，然后应用合适的动画效果。为幻灯片对象添加动画效果后，系统将自动对添加的动画效果进行快速预览。

STEP 02：设置动画效果

1. 保持选择“新年快乐！！”文本，选择【动画】/【动画】组，单击“效果选项”按钮。
2. 在弹出的下拉列表中选择“形状”/“圆”选项。

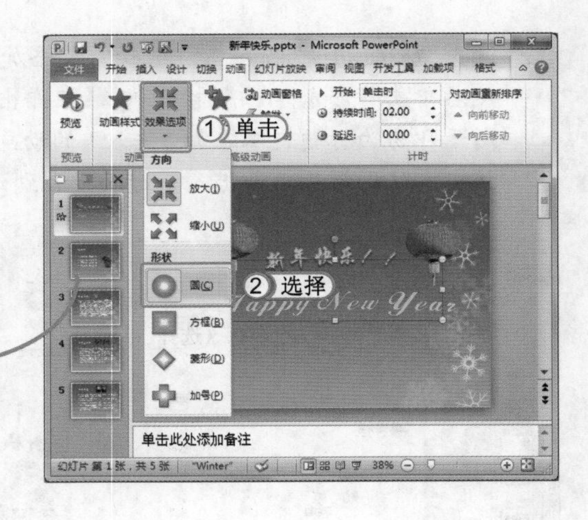

提个醒
因为此动画具有方向性，所以用户还可以在“效果选项”下拉列表中选择“方向”栏中的选项对动画效果的方向进行设置。

STEP 03：添加强调动画

在第 1 张幻灯片中选择文本“Happy New Year”，然后按照步骤 1 的方法为其添加“波浪形”的强调动画效果。

STEP 04：设置动画效果

1. 保持第 2 个文本动画的选择状态，选择【动画】/【计时】组，在“开始”栏的下拉列表框中选择“上一动画之后”选项。
2. 设置持续时间为 1.5 秒，设置延迟时间为 0.2 秒。

提个醒
“计时”组中的“开始”栏可以设置动画的开始播放方式；“持续时间”可以设置动画播放整个过程所用的时间，时间越长，动画播放越缓慢。

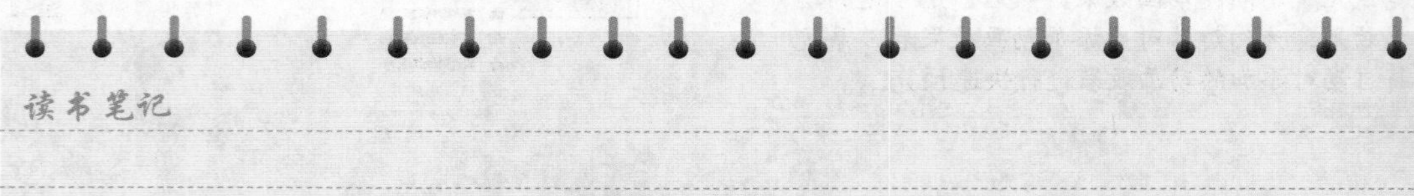

STEP 05： 设置退出动画效果

按照相同的方法，为文本左右两边的灯笼图片添加“旋转”的退出动画效果，并设置左边灯笼的动画播放方式为上一动画之后，右边的灯笼的动画播放方式与上一动画同时。

提个醒 应用了退出动画效果的对象，在动画播放完成后该对象将不再显示在幻灯片中，用户可以根据需要为相应的对象设置退出动画。

STEP 06： 继续添加设置动画

按照相同的方法为第2张幻灯片中的各个对象设置动画效果，具体为：为文本“祝福语”设置自左侧飞入的进入动画效果，并设置其持续时间为1.5秒；为正文文本设置彩色脉冲和按段落播放的强调动画效果，并设置其持续时间为6秒，然后设置其开始方式为上一动画之后；为右侧的水果图片设置自底部飞入的进入动画效果，并设置其开始方式为上一动画之后。

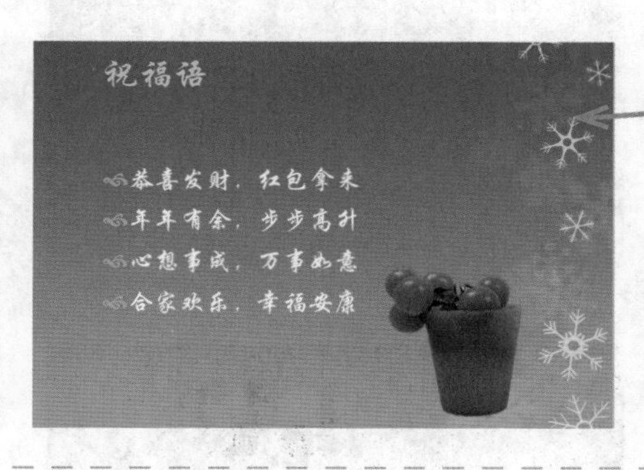

提个醒 在设置完第2张幻灯片的动画后，会预览到正文文本的动画效果并不是十分理想，因为每个段落在播放期间并没有间隔，所以还需进行更为详细的设置。

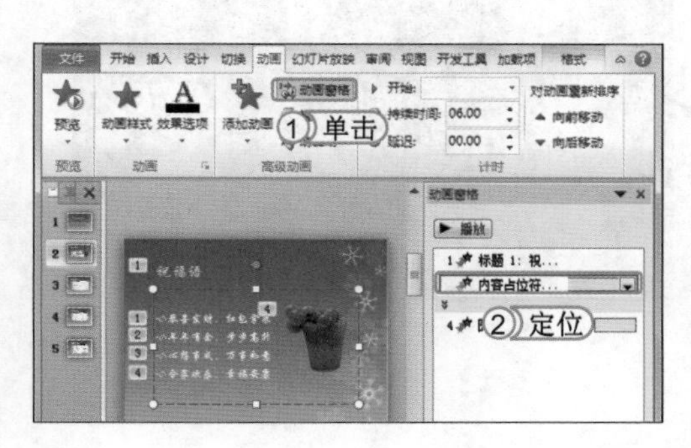

STEP 07： 打开“动画窗格”窗格

1. 保持选择第2张幻灯片，选择【动画】/【高级动画】组，单击动画窗格按钮打开“动画窗格”窗格。
2. 选择整个正文文本，系统自动定位到动画窗格中的“内容占位符”动画选项处。

STEP 08： 继续设置动画

1. 在动画窗格中双击“内容占位符”动画选项，打开相应的动画效果对话框。这里为“彩色脉冲”对话框，选择“效果”选项卡，在“增强”栏的“声音”下拉列表框中选择“风铃”选项，为该动画添加播放声音。
2. 选择“正文文本动画”选项卡，选中 ☑每隔(I) 复选框，设置其间隔时间为0.5秒，然后单击 确定 按钮，完成设置。
3. 查看设置的正文文本动画效果。

STEP 09： 设置其他幻灯片的动画效果

按照相同的方法为其他幻灯片添加相应的动画并设置动画效果。

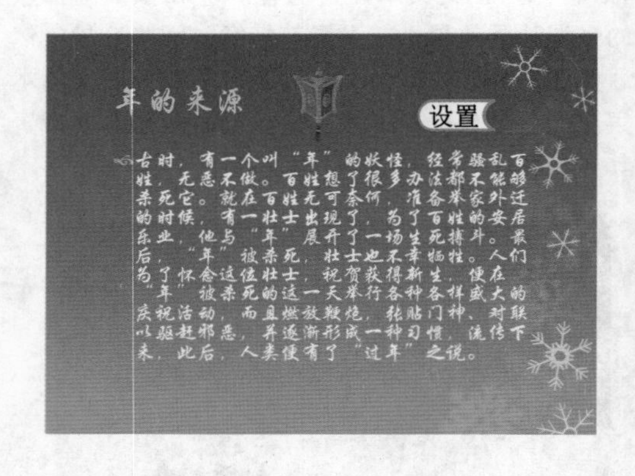

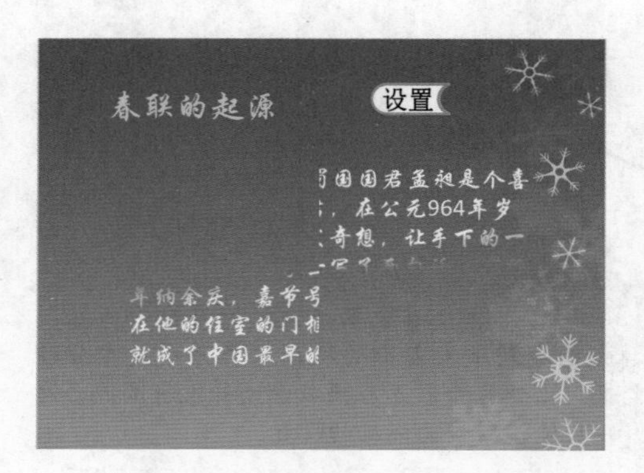

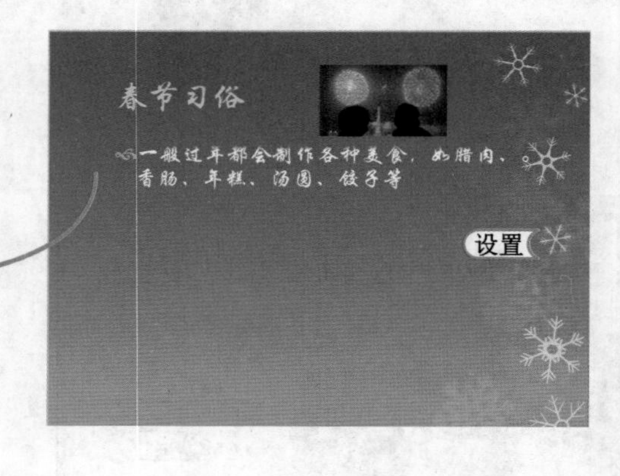

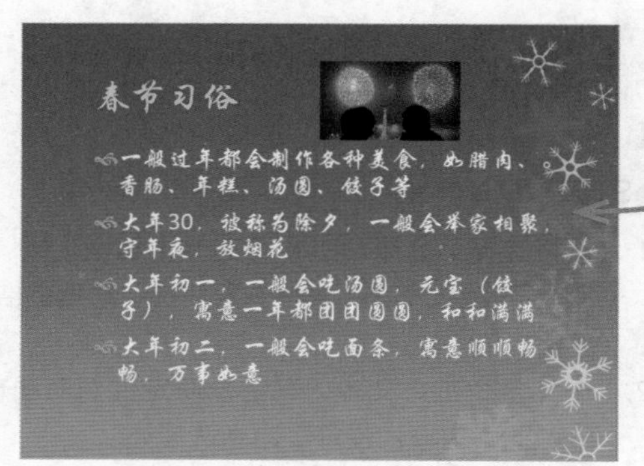

经验一箩筐——更改动画播放顺序和删除动画

除了上述介绍的动画设置方法外，用户还可以更改动画的播放顺序以及删除不需要的动画等，下面分别对其进行讲解。

- 更改动画播放顺序：打开动画窗格，其中显示了当前幻灯片中所有对象的动画选项，直接选择要更改顺序的动画选项，然后按住并拖动鼠标至合适次序处，释放鼠标即可完成动画播放顺序的更改；此外，用户还可以在选择了要更改播放顺序的动画后，在动画窗格底部单击“重新排序”栏左右两侧的按钮或按钮，将该动画上移或下移。
- 删除不需要的动画：在动画窗格中选择要删除的动画选项，单击鼠标右键或单击动画选项右侧的按钮，在弹出的快捷菜单中选择“删除”命令，或在选择设置了动画效果的对象后，在“动画样式”下拉列表框中选择“无”选项，均可删除不需要的动画。

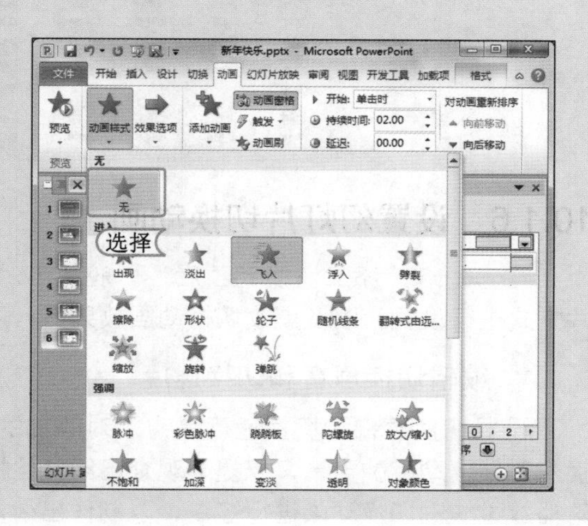

10.1.3 更改动画效果

用户若是对设置的动画效果不满意，可以对其进行更改，从而制作出更为合适的动画。更改动画效果的方法为：选择要更改动画效果的对象，选择【动画】/【动画】组，在“动画样式”下拉列表框中选择合适的动画选项即可。值得注意的是，动画效果的更改只能通过“动画样式”下拉列表框进行，并不能直接使用“添加动画”按钮，若是直接单击该按钮，将在保留该对象前一动画的基础上再添加一个新的动画。

10.1.4 预览动画效果

对于设置的动画效果，一定要进行预览。在初次为某对象添加动画效果或更改动画效果后，系统将快速对该对象设置的动画效果进行预览，但是一般其速度比较快，而且只对一个对象进行预览，不宜用户仔细查看，此时，用户就可以在设置动画后，选择【动画】/【预览】组，单击“预览”按钮，对当前幻灯片中的所有动画效果进行预览。

若是不需要在每次设置动画后就自动进行预览，用户可以选择【动画】/【预览】组，单击“预览”按钮，然后在其下拉列表中取消选择“自动预览”选项即可。

10.1.5 添加幻灯片切换动画

除了为幻灯片中的对象添加各种动画外，还可对演示文稿中的每张幻灯片添加切换动画，以制作出更为和谐统一的演示文稿动画效果。设置切换动画效果的方法为：选择需要设置切换动画的幻灯片，选择【切换】/【切换到此幻灯片】组，然后在“切换方案”下拉列表框中选择需要的切换动画选项即可。如下图所示即为打开的“切换方案”下拉列表框，在其中可以看到系统提供了“细微型”、“华丽型”和“动态内容”3 种类型的切换方案。

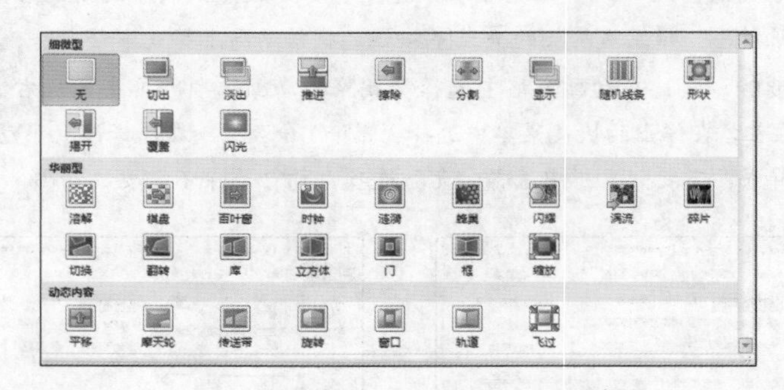

10.1.6 设置幻灯片切换动画

在为幻灯片添加切换动画后，一般还可对该切换动画的切换声音和速度进行编辑、对换片方式进行设置，以及更改切换动画效果等，下面分别对这些知识进行详细讲解。

1. 编辑切换声音和切换速度

设置切换声音和切换速度是为了对添加的切换动画进行完善，通过设置切换声音可以使换片时伴随动听的声音，以提醒观众已经开始播放到下一页幻灯片；通过设置切换速度，可以对播放过快的切换动画进行控制，以制作出衔接更加融洽的动画效果。下面对编辑切换声音和切换速度的方法进行讲解。

编辑切换声音：PowerPoint 2010 中默认的切换动画都是无声的，需要手动设置切换声音。其方法为：选择需编辑切换声音的幻灯片，然后选择【切换】/【计时】组，在“声音”下拉列表框中选择相应的选项即可改变幻灯片的切换声音。

编辑切换速度：编辑切换速度的方法为：选择需编辑切换速度的幻灯片，然后选择【切换】/【计时】组，在“持续时间”数值框中输入具体的切换时间，或直接单击数值框中的“微调”按钮，即可改变幻灯片的切换速度。

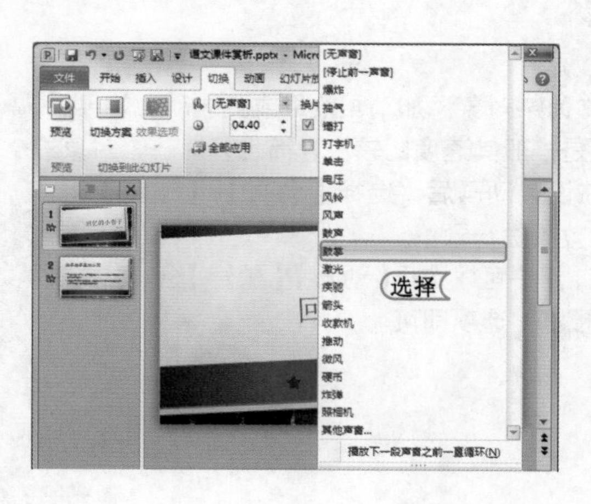

2. 设置幻灯片换片方式

设置幻灯片切换方式也是在“切换”选项卡中进行的，其操作方法为：首先选择需进行设置的幻灯片，然后选择【切换】/【计时】组，在“换片方式”栏中显示了☑单击鼠标时和☑设置自动换片时间两个复选框。选中其中的一个或同时选中均可完成幻灯片换片方式的设置。在☑设置自动换片时间复选框的右侧有一个数值框，在其中可以输入具体的数值，表示在经过指定秒数后自动播放至下一张幻灯片。

3. 更改切换动画

用户若是对设置的切换动画效果不满意，需要对其进行更改，就可以在选择需要更改切换动画的幻灯片后，选择【切换】/【切换到此幻灯片】组，然后在“切换方案”下拉列表框中选择合适的切换动画将其快速应用到所选幻灯片中。当选择相应方案后，系统将自动放映更改后的切换动画。

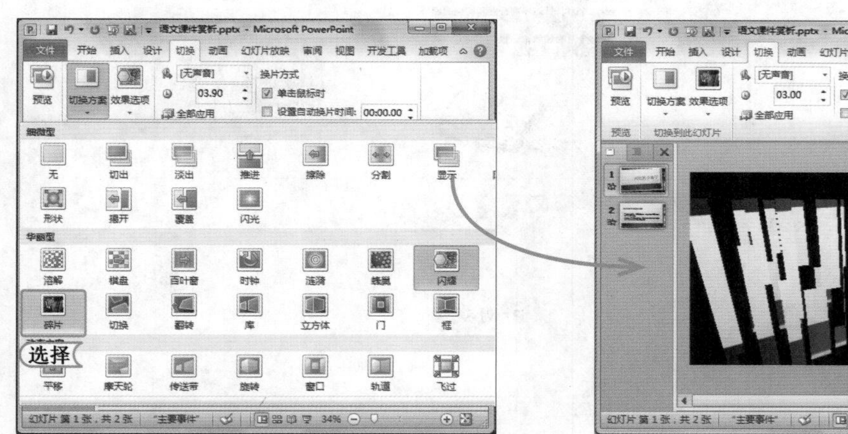

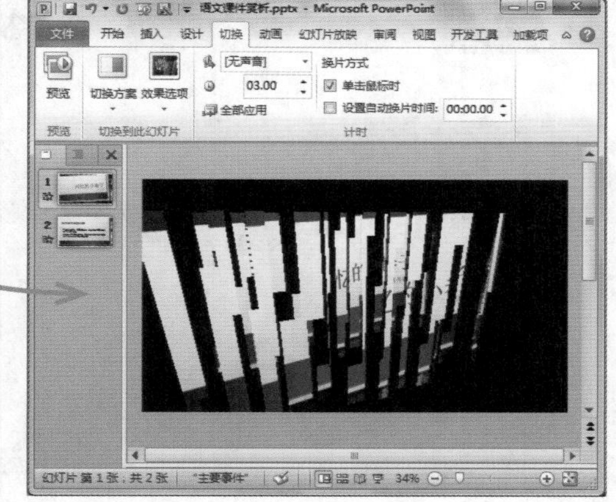

经验一箩筐——快速设置全部幻灯片的切换动画

若是对演示文稿的放映动画要求不太高，可以在为某张幻灯片设置了切换动画后，选择【切换】/【计时】组，然后单击全部应用按钮，即可将当前幻灯片的切换动画快速应用于所有幻灯片。通过此方法，可以快速制作出具有统一切换动画效果的演示文稿。

上机1小时 ▶为“项目报告”演示文稿设置动画

- 熟练掌握为幻灯片中的各种对象添加并编辑动画的方法。
- 掌握为幻灯片添加和编辑切换动画的方法。

本例将为“项目报告 .pptx”演示文稿添加动画。首先为幻灯片中各种对象添加并编辑动画效果，然后再添加切换动画，达到让用户能够熟练掌握为演示文稿添加动画的目的。最终效果如下图所示。

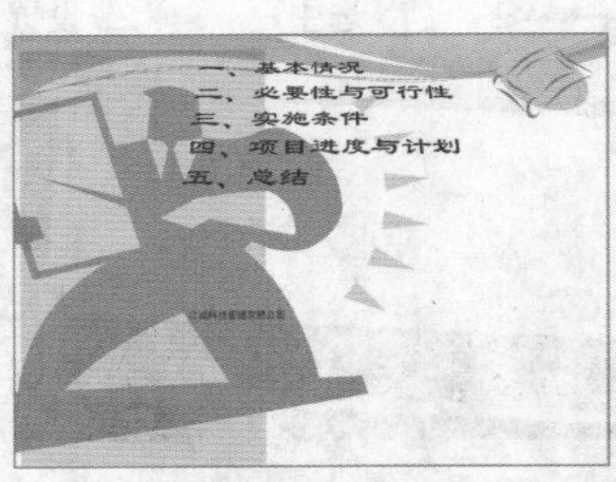

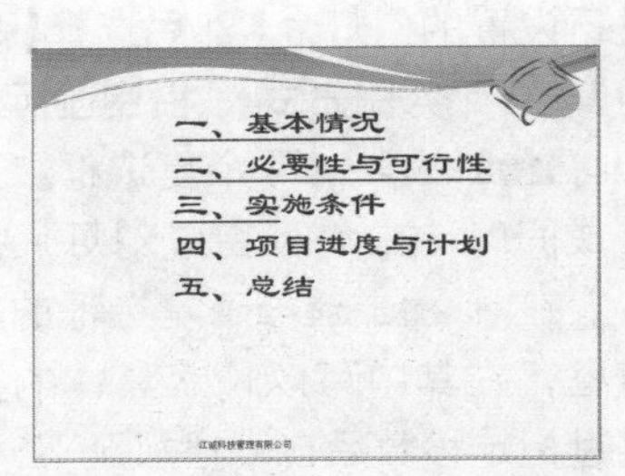

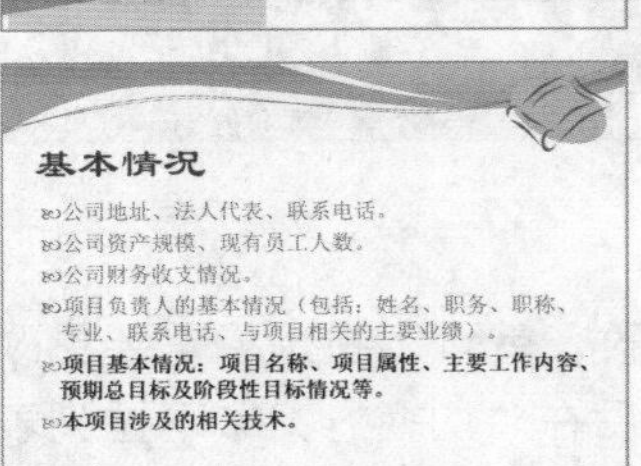

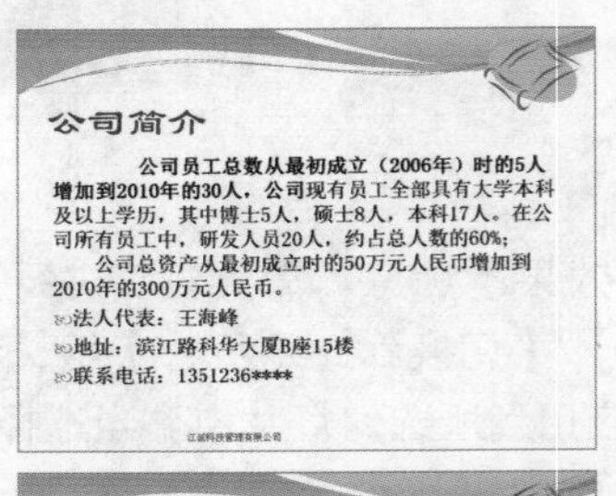

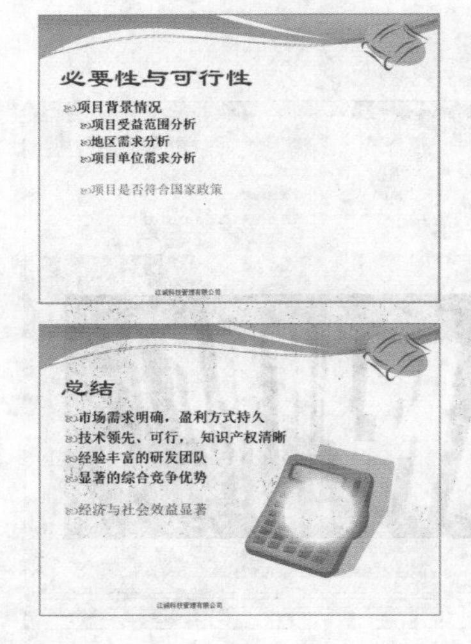

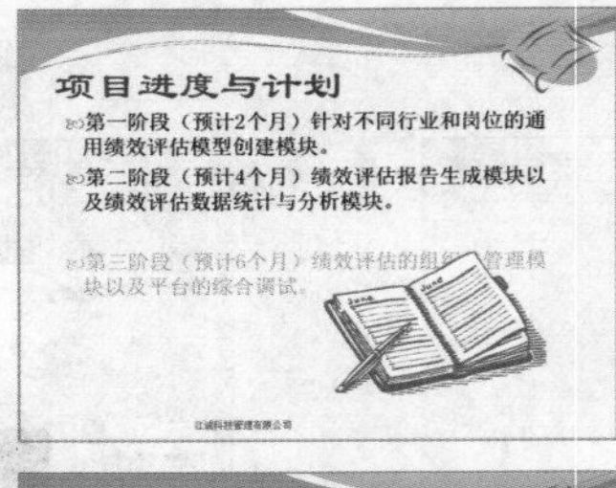

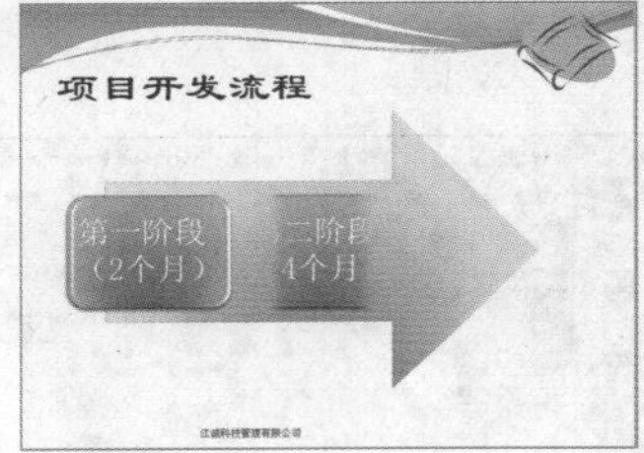

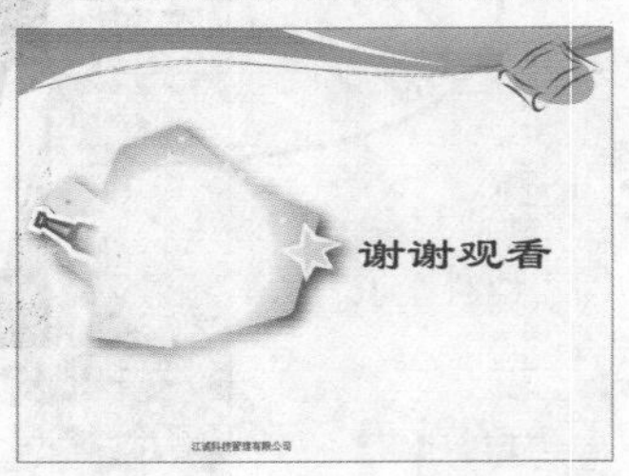

光盘文件
素材 \ 第 10 章 \ 项目报告 .pptx
效果 \ 第 10 章 \ 项目报告 .pptx
实例演示 \ 第 10 章 \ 为“项目报告”演示文稿设置动画

STEP 01： 添加切换动画

1. 打开“项目报告 .pptx”演示文稿，选择第 1 张幻灯片。
2. 选择【切换】/【切换到此幻灯片】组，在“切换方案”栏中选择“动态内容”/“旋转”选项。

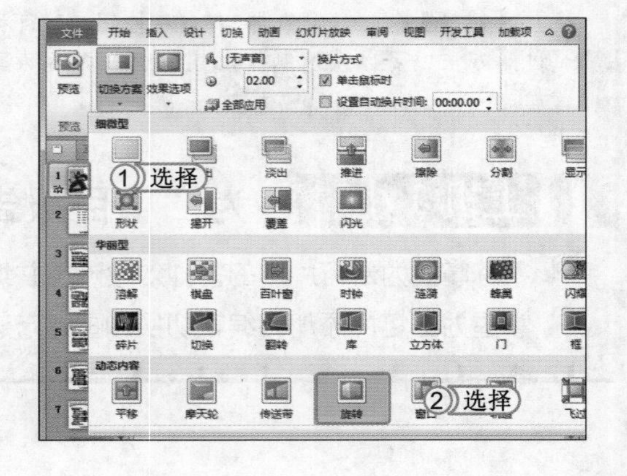

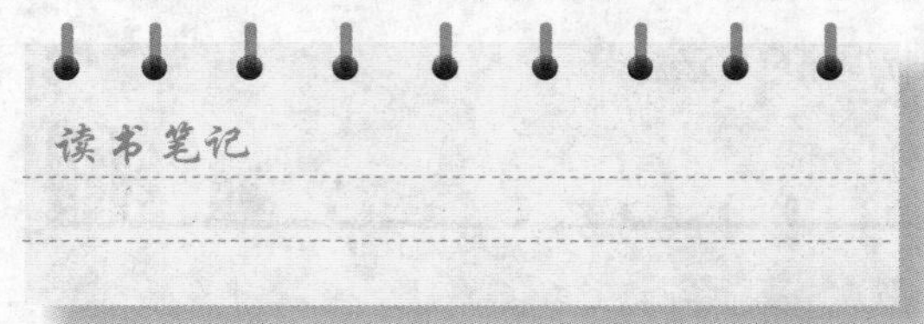

STEP 02：设置的切换动画

1. 选择【切换】/【切换到此幻灯片】组，单击“效果选项”按钮。
2. 在弹出的下拉列表中选择“自顶部”选项。然后预览设置的切换动画效果。

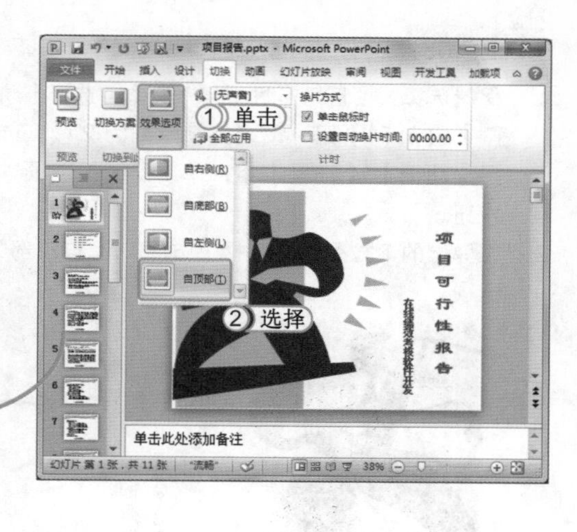

STEP 03：继续设置切换动画

1. 仍然选择第1张幻灯片，选择【切换】/【计时】组，在“声音”下拉列表框中选择“照相机”选项，系统将快速对添加的切换动画声音进行播放。
2. 单击全部应用按钮，将该切换动画应用于所有幻灯片。

> **提个醒**　在为幻灯片添加切换动画或对象动画后，在“大纲/幻灯片”窗格中会看到该张幻灯片编号的左下角添加了一个动画图标，表明该张幻灯片中已应用了动画。

STEP 04：添加动画

1. 选择第1张幻灯片，选择文本“项目可行性报告”。
2. 选择【动画】/【动画】组，然后在“动画样式”下拉列表框中选择“擦除”进入动画。

STEP 05：设置动画

1. 保持选择“项目可行性报告”文本，选择【动画】/【计时】组，设置持续时间为 2 秒。选择【动画】/【动画】组，单击“效果选项”按钮。
2. 在弹出的下拉列表中选择“方向”/“自顶部”选项。

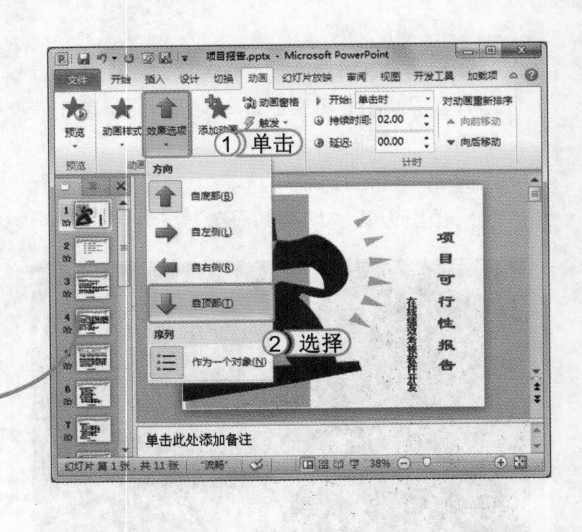

STEP 06：添加并设置其他文本动画

在第 1 张幻灯片中选择文本“在线绩效考核软件开发”，然后按照步骤4、5 的方法为其添加“浮入”的进入动画效果。然后为其设置“下浮”的动画效果选项，在“计时”组中设置开始方式为上一动画之后，持续时间为 1 秒，延迟时间为 0.5 秒。

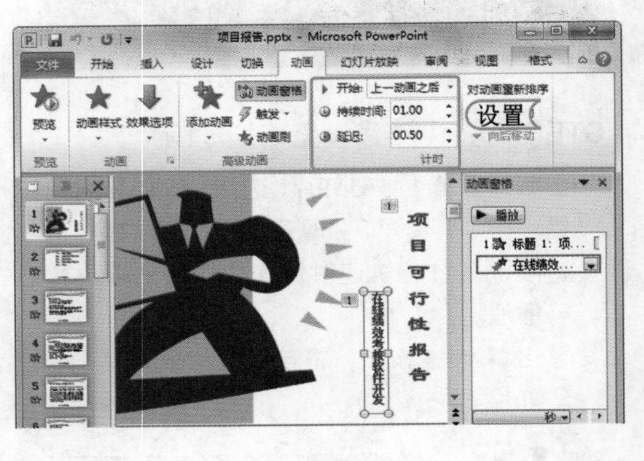

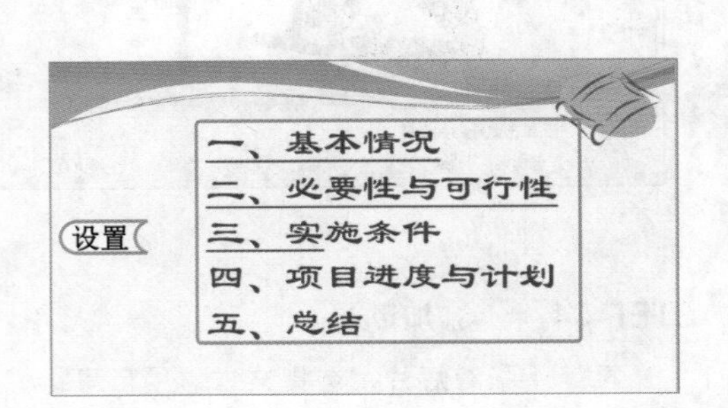

STEP 07：设置第 2 张幻灯片动画

选择第 2 张幻灯片，按照相同的方法为其中的文本添加“下划线”的强调动画，然后设置其持续时间为 5 秒。

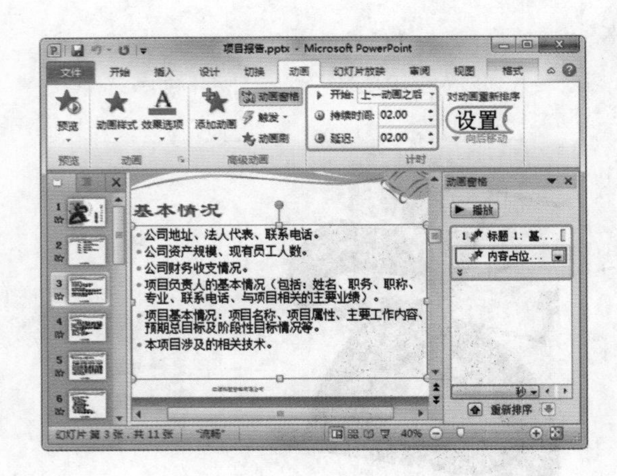

STEP 08：设置第 3 张幻灯片动画

选择第 3 张幻灯片，按照相同的方法，为标题文本“基本情况”添加“飞入”的进入动画效果，并设置持续时间为 1.5 秒。在为正文文本设置“对象颜色”的强调动画，并设置其开始方式为上一动画之后，持续时间为 2 秒，延迟 2 秒。

提个醒

在此步骤中，用户还可以通过“效果选项”对话框设置动画的强调颜色，以制作出更加个性化的动画效果。

STEP 09： 设置其他幻灯片的动画效果

按照相同的方法为其他幻灯片添加相应的动画并设置动画效果。完成后保存演示文稿。

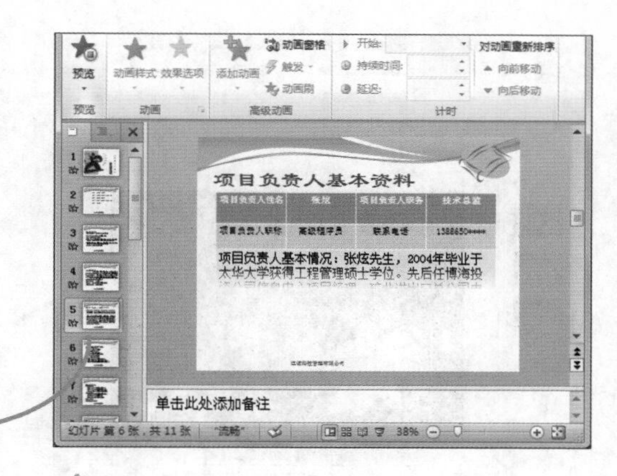

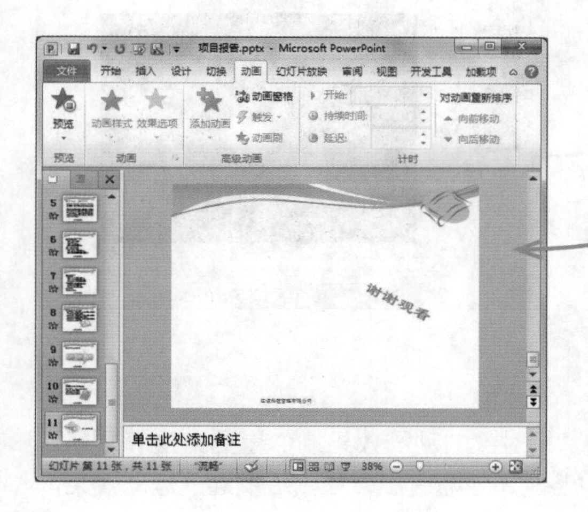

提个醒 在此步骤中需注意的是，在为多个段落添加动画时，尽量将其动画效果选项设置为“按段落”；将 SmartArt 图形的动画效果选项设置为“逐个”。

10.2 动画制作技巧

在日常生活中会经常遇到极具个性的运动动画，一张图片或一个文本具有不间断放映的多种不同的动画效果，在放映时单击某个对象就会引发相应的播放对象，各种各样复杂而随意的动画时间设置，以及快速制作出具有大量相同或相似的动画效果等情况。其实这些动画的操作并不复杂，下面就对能够制作出这些动画效果的相关技巧进行讲解。

学习 1 小时

- 熟悉自定义动画路径和为一个对象添加多个动画的方法。
- 认识触发器并熟悉触发器的使用方法。
- 熟练掌握运用“动画窗格”中的日程表和动画刷的方法。

10.2.1 自定义动画路径

通过自定义动画路径可以制作出很多个性化的动画效果，如自由自在飘飞的花瓣、自然飘落的树叶和轻盈滑落的雨滴等。制作自定义动画路径需在“动画样式”下拉列表框中进行设置。其具体方法为：选择需要自定义动画路径的对象，选择【动画】/【动画】组，在“动画样式”下拉列表框的“动作路径”栏中选择“自定义路径”选项，当鼠标呈+形状时，在相应位置处按住并拖动鼠标绘制合适的路径线，然后释放鼠标即可。

如下图所示即为通过自定义动画路径制作的花瓣纷飞的动画效果。在其中可以看到添加了自定义路径的花瓣沿着绘制的路径线自由自在地纷飞。

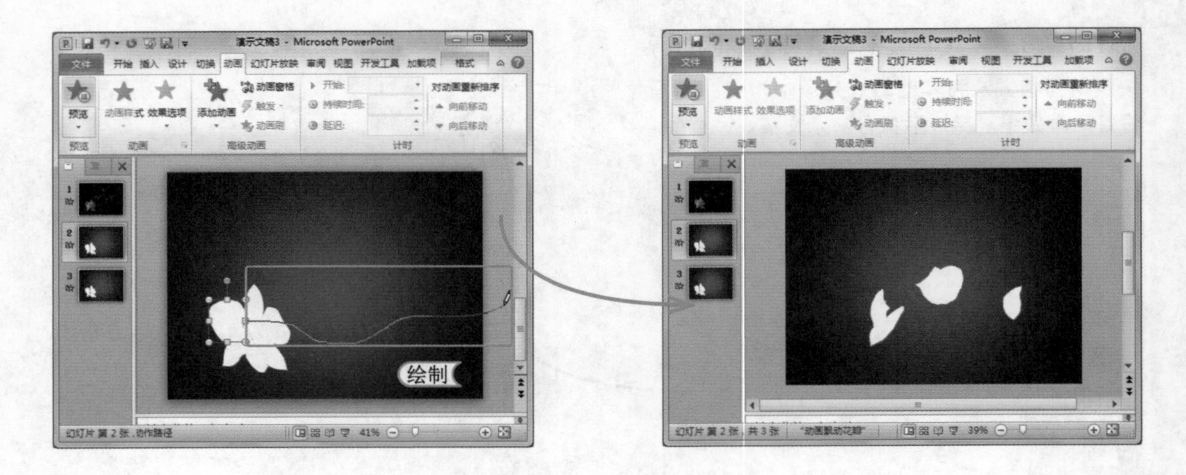

10.2.2 为一个对象添加多个动画

在制作网页或游戏宣传类的演示文稿时，为了将对象的动画效果制作得更为逼真，通常需要为某个对象添加丰富的动画效果。如花瓣在飘落时还伴随有旋转和由近及远的运动效果，星星在闪烁时还会不断变淡然后又再次变亮等。下面就通过在“花瓣纷飞.pptx”演示文稿中为花瓣添加自定义路径动画，然后为其添加陀螺旋和放大/缩小的动画，制作出花瓣纷飞的动画效果，以对为同一个对象添加多个动画进行讲解。其具体操作如下：

STEP 01： 添加动画

打开“花瓣纷飞.pptx”演示文稿，选择美女身上的一张花瓣图片，选择【动画】/【高级动画】组，单击“添加动画”按钮，在弹出的下拉列表中选择“动作路径”栏中的“自定义路径”选项，在幻灯片中绘制图片的动画路径，并进行预览。

提个醒

在绘制动画路径时，要尽量一笔完成，还要保证绘制的路径尽量平滑，这样才能使动画效果更加自然。

STEP 02：设置并添加动画效果

在“计时”组中设置动画的开始方式为“与上一动画同时”。选择该图片，单击“添加动画”按钮，在弹出的下拉列表框中选择“强调”栏中的“陀螺旋”选项，使用与上一步相同的方法设置其相同的开始方式和持续时间。

STEP 03：继续添加动画

仍然保持选择该图片，单击“添加动画”按钮，在弹出的下拉列表框中选择“强调”栏中的“放大/缩小”选项，并设置与步骤1相同的开始方式和持续时间。

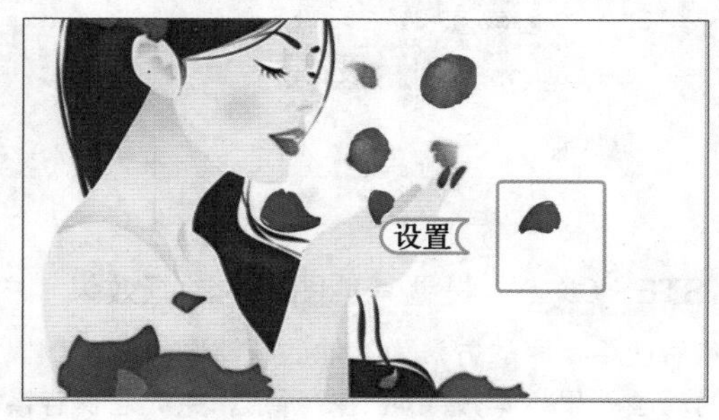

STEP 04：设置动画

1. 打开动画窗格，双击第1个动画选项，打开“自定义路径”对话框，选择“效果”选项卡，在“动画播放后”下拉列表框中选择“播放动画后隐藏”选项。
2. 然后选择“计时”选项卡，在“重复”下拉列表框中选择“直到幻灯片末尾”选项。
3. 单击 确定 按钮完成第1个动画选项的设置。

提个醒 设置动画播放后隐藏可以使播放后的对象不再显示，避免因动画过多而引起的眼花缭乱；而设置动画的重复方式可以使动画一直播放，从而制作出连续播放的动画效果。

读书笔记

STEP 05： 设置其他动画选项

使用相同的方法为动画窗格中的另外两项动画添加相同的动画播放后隐藏，以及“直到幻灯片末尾”的重复方式。

STEP 06： 设置其他图片的动画效果

然后使用相同的方法为其他的花瓣图片设置飘飞的动画效果，其效果如下图所示。完成后保存演示文稿。

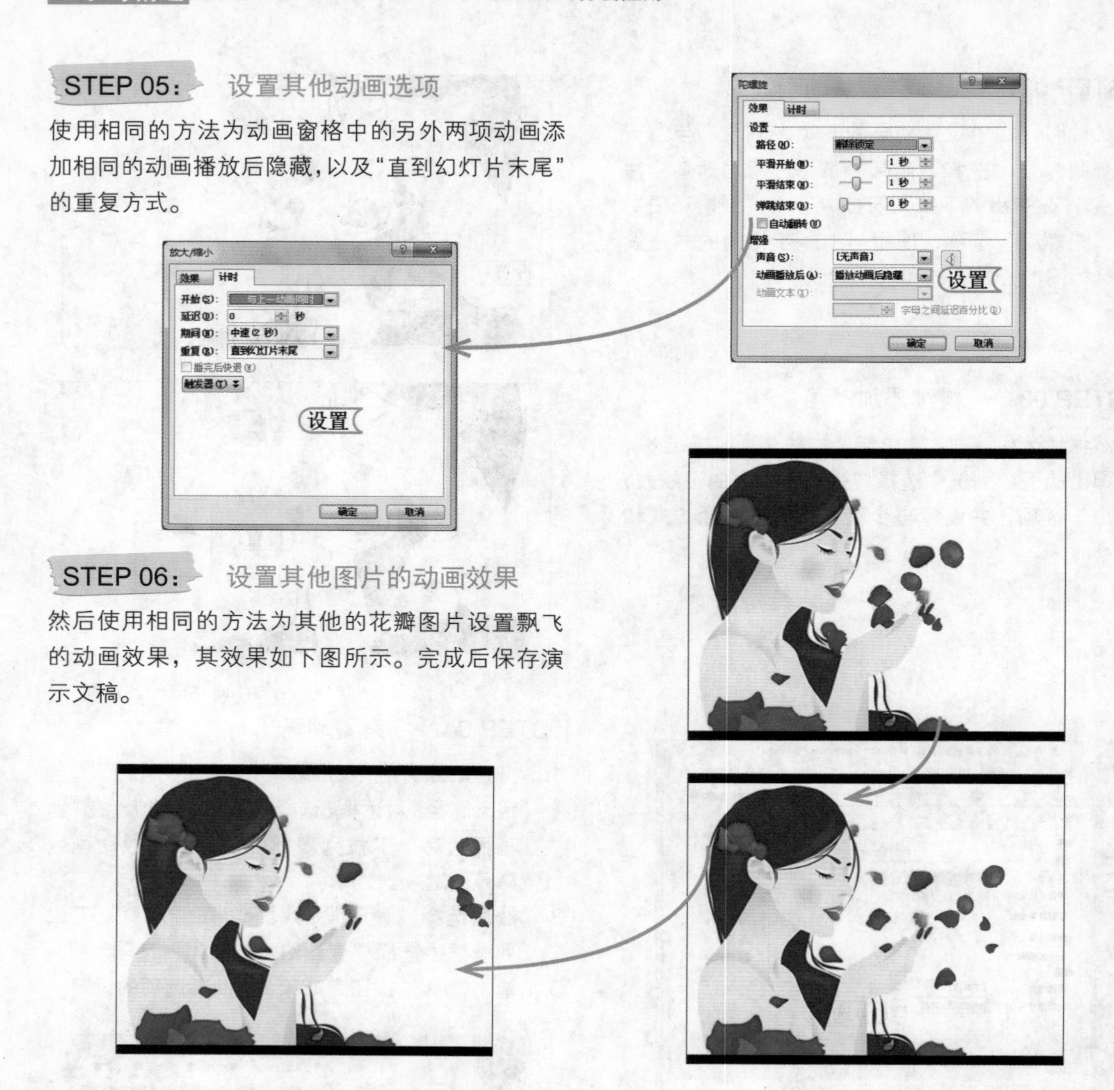

10.2.3 触发器的使用

触发器一般在演示内容比较多的场景中使用，如课件类的演示文稿。能作为触发器的对象可以是幻灯片中的图片、图形或动作按钮，以及某个段落或文本框等。在含有相应动画效果、电影或声音的幻灯片中，单击作为触发器的对象，就会触发如动画效果、电影或声音的操作。这里对设置动画触发器的方法进行讲解。

设置动画触发器的方法为：首先为单击对象和需触发对象添加相应的动画效果，然后选择触发对象。选择【动画】/【高级动画】组，单击 触发 按钮，在弹出的下拉列表中选择“单击”选项，在其子列表中显示了可用于添加触发器的对象。

此外，还可以打开“动画窗格”窗格后，双击作为触发器的对象对应的动画选项，打开相应的动画选项对话框，然后选择“计时”选项卡，再单击 触发器(T) 按钮，并选中 **单击下列对象时启动效果(C):** 单选按钮，再在其右侧的下拉列表框中选择可用于被触发的对象，最后再单击确定按钮即可。如下图所示即为在对话框中应用触发器，在应用了触发器后，作为触发器的对象上会出现触发器图标。

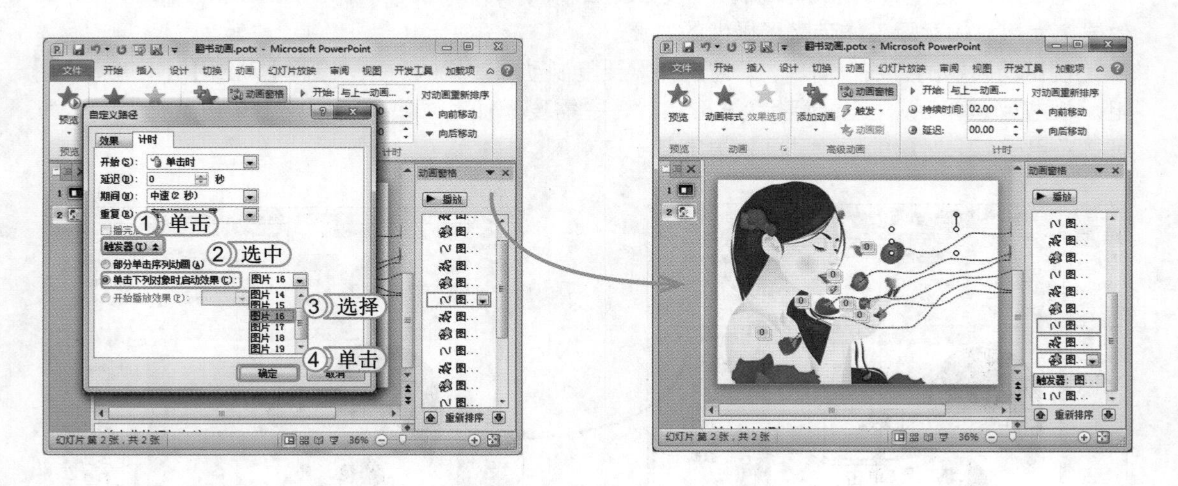

10.2.4 “动画窗格”中日程表的使用

动画窗格中的日程表即动画窗格中的时间控制条，通过该控制条可以对某动画的持续时间和延迟时间等进行设置。其具体方法为：打开“动画窗格”窗格，在该窗格中选择需要设置日程表的动画选项，将鼠标光标定位到该选项右侧的黄色日程表的某个分节线上，当鼠标呈形状时，按住并拖动鼠标以调整动画的持续时间；将鼠标定位到分节中，当鼠标呈形状时，拖动鼠标可以对延迟时间进行调整。在拖动鼠标时会一直伴随有文字提示，用户可以参照提示进行设置。

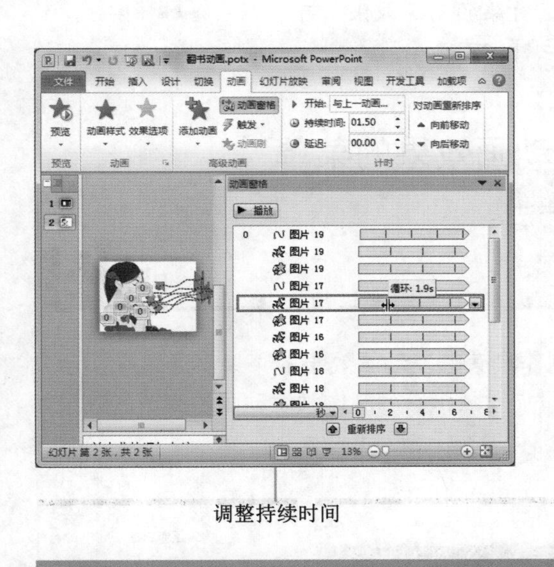

调整持续时间

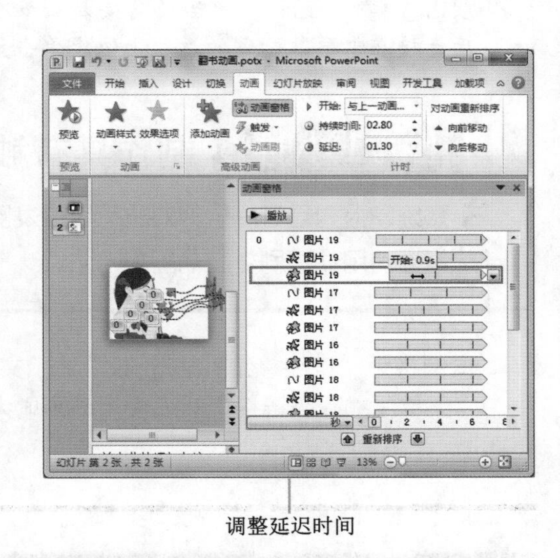

调整延迟时间

经验一箩筐——缩放日程表

在动画窗格中，有时日程表的分节太过细密，不易使用鼠标进行拖动，这时就可以单击动画窗格底部的 秒 按钮，然后在弹出的下拉列表中选择“放大”选项。同样，若是日程表的分节太过稀疏，也可以使用相同的方法，在下拉列表中选择“缩小”选项进行调整。

10.2.5 动画刷——提高动画制作效率

动画刷的使用可以大大提高制作演示文稿的效率，从而快速制作出大量相同或相似的动画效果，为用户的实际工作带来了极大的方便。

使用动画刷的方法很简单，只需选择需要复制动画效果的对象，选择【动画】/【高级动画】组，单击动画刷按钮，当鼠标呈形状时，在需要添加动画效果的对象上单击鼠标左键，即可将应用于前一对象的所有动画效果复制于该对象。

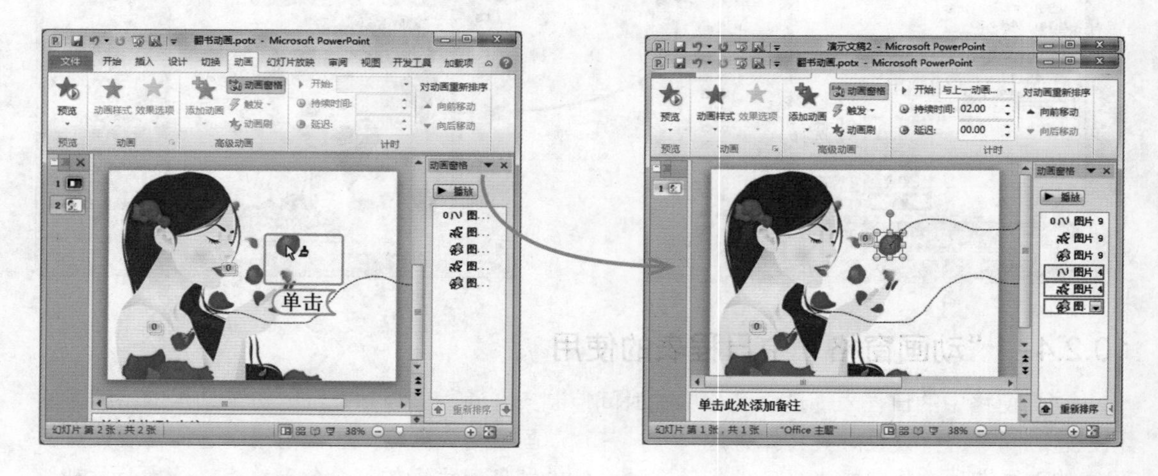

在使用动画刷的过程中需要注意几点。

- 单击动画刷按钮：单击该按钮，只能将所选的动画效果复制到一个对象上。
- 退出动画刷：若是需要退出动画刷的使用状态，直接按 Esc 键即可。
- 双击动画刷按钮：用户若是需要复制多次所选对象的动画效果，可以双击动画刷按钮，然后直接在需要复制到的对象上依次单击鼠标左键即可。

上机 1 小时 制作具有触发动画效果的菜单

- 熟练掌握为幻灯片中的对象运用触发器的方法。
- 掌握使用动画刷复制动画的方法。

本例将为“年终总结报告 .pptx”演示文稿制作具有触发动画效果的菜单。通过在演示文稿中为菜单添加超级链接，然后使用动画刷为其添加动画，最后制作触发动画。完成的效果如下图所示。

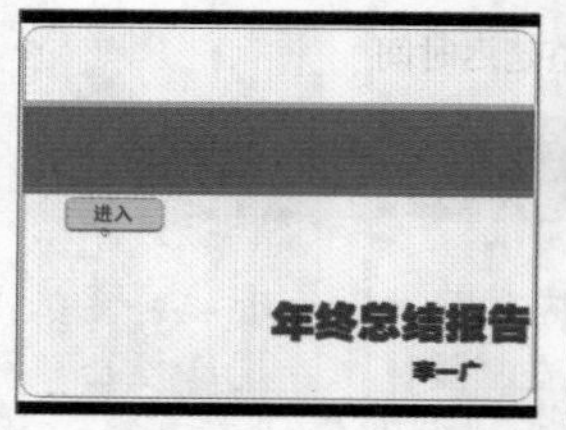

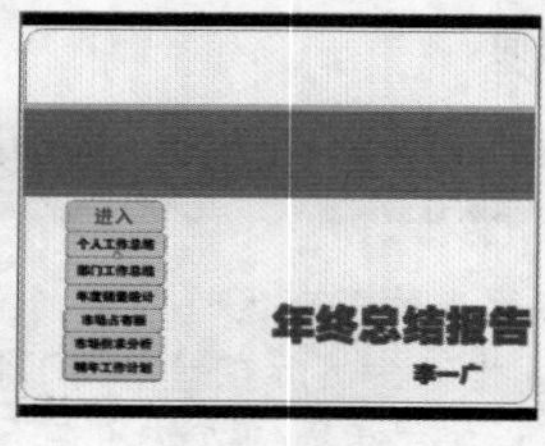

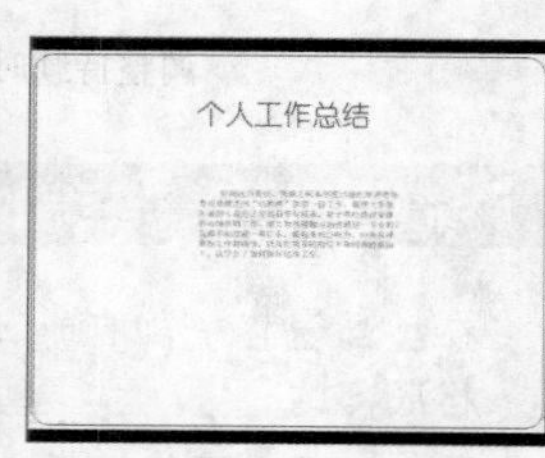

素材 \ 第 10 章 \ 年终总结报告 .pptx
效果 \ 第 10 章 \ 年终总结报告 .pptx
实例演示 \ 第 10 章 \ 制作具有触发动画效果的菜单

STEP 01： 制作超级链接

1. 打开“年终总结报告 .pptx”演示文稿，选择第 1 张幻灯片，在其中选择“个人工作总结”矩形菜单，单击鼠标右键，在弹出的快捷菜单中选择“超链接”命令，打开“插入超链接”对话框。
2. 在“链接到”栏中单击“本文档中的位置”按钮，在中间的列表框中选择第 2 张幻灯片，然后在右侧预览框中进行预览。
3. 单击确定按钮即可。

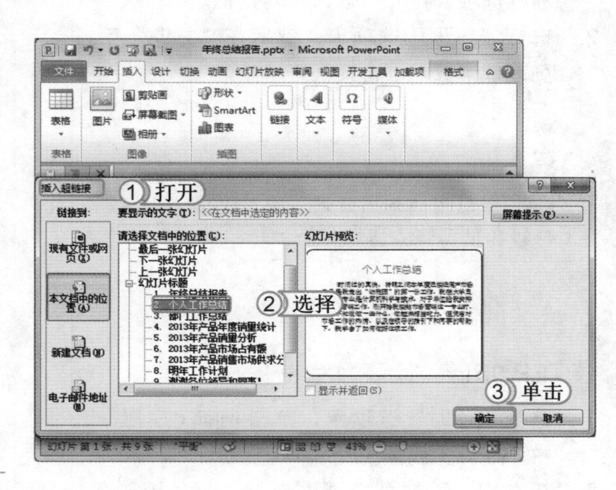

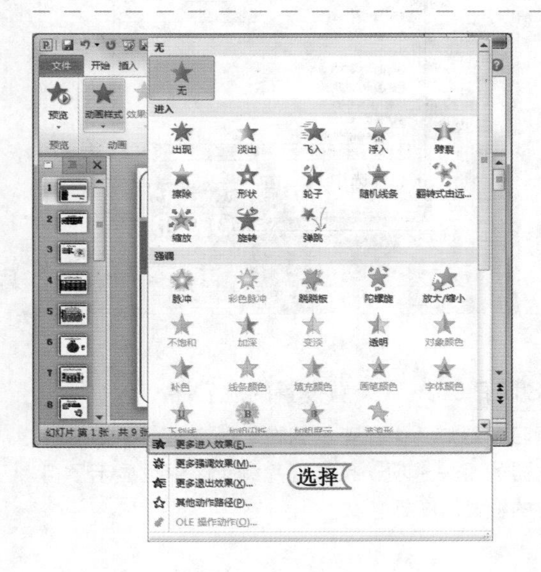

STEP 02： 添加超级链接并设置动画

按照相同的方法，选择除“进入”外的矩形菜单，并依次为其添加相应的超级链接。然后再次选择除“进入”外的矩形菜单，选择【动画】/【动画】组，在“动画样式”下拉列表框中选择“更多进入效果”选项，打开“更改进入效果”对话框。

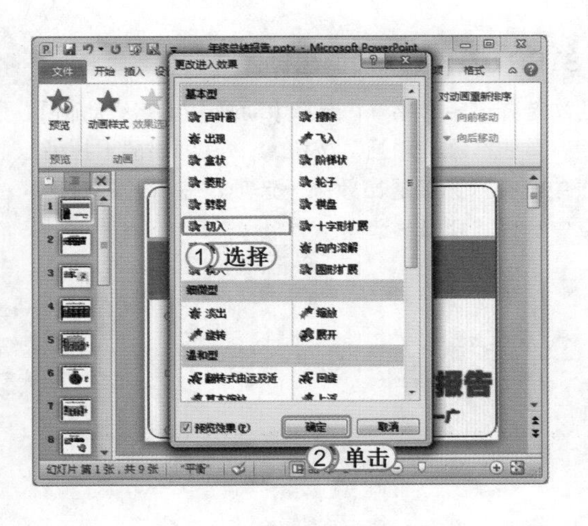

STEP 03： 继续设置切换动画

1. 在打开的对话框中选择“基本型”栏中的“切入”选项。
2. 单击确定按钮。

提个醒 在“更改进入效果”对话框中提供了“基本型、细微型、温和型和华丽型”4 种类型的进入动画，用户可以根据需要在相应的下拉列表中选择合适的进入动画进行应用。

STEP 04： 设置动画

1. 打开“动画窗格”窗格，双击“组合 11”的动画选项，打开“切入”对话框。
2. 选择“效果”选项卡，然后在“方向”下拉列表框中选择“自顶部”选项。

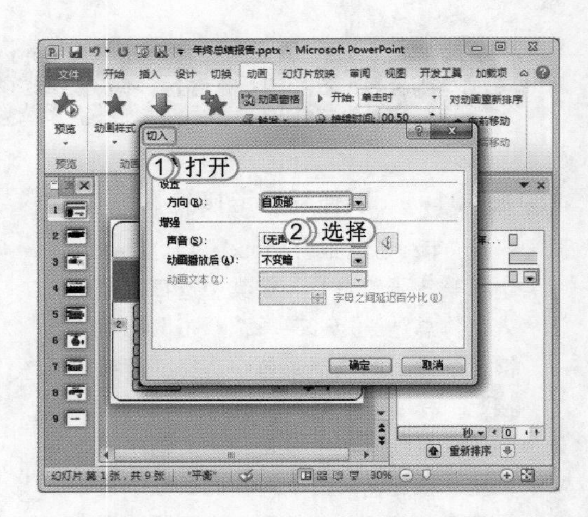

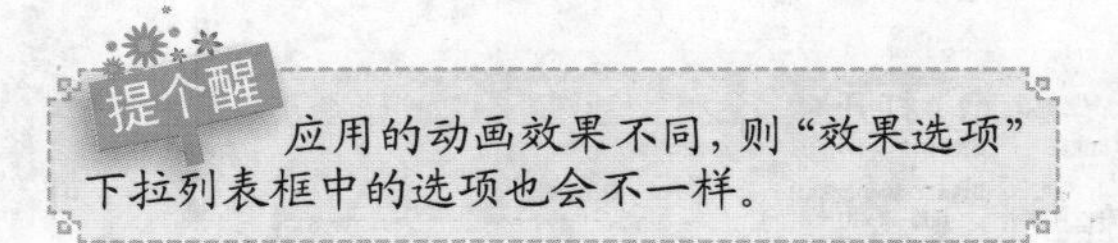

STEP 05： 设置触发效果

1. 选择“计时”选项卡，单击 触发器(T) 按钮，选中 ◉ 单击下列对象时启动效果(C): 单选按钮。
2. 在右侧的下拉列表框中选择“圆角矩形 3: 进入”选项。
3. 单击 确定 按钮。

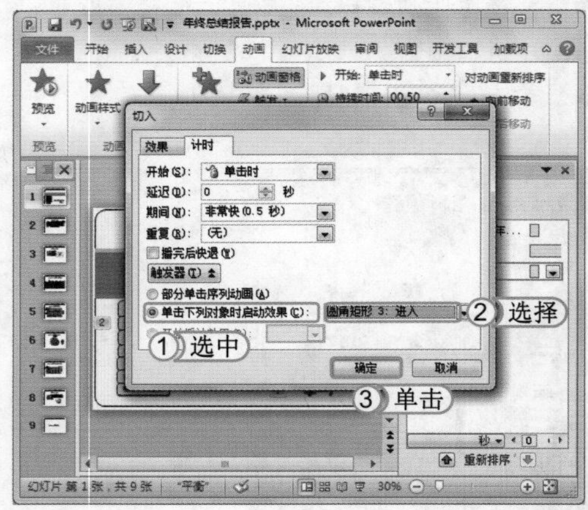

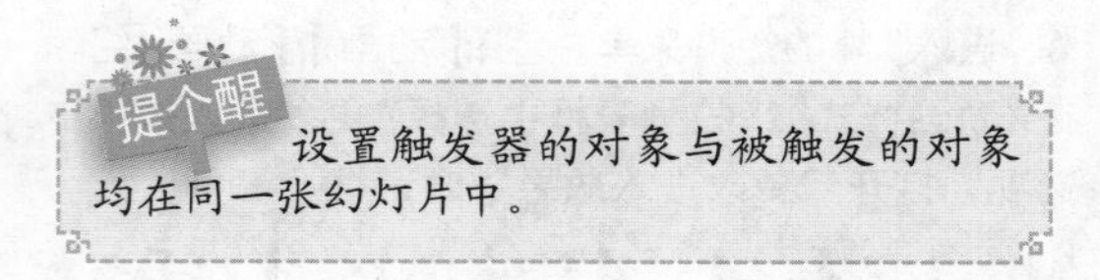

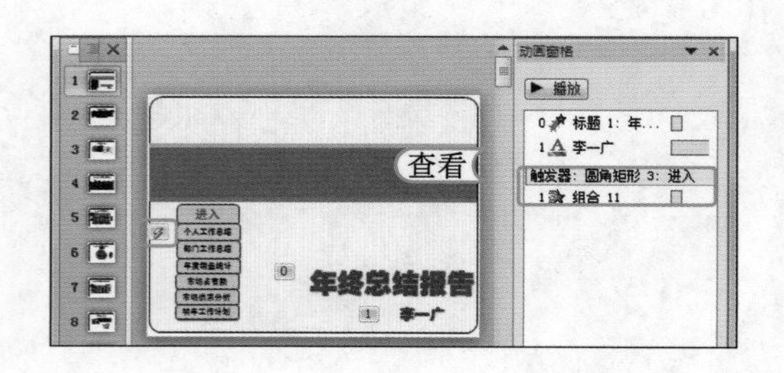

STEP 06： 查看设置的触发器

返回到幻灯片中，可看到在动画窗格中显示了触发器的相关选项，且幻灯片编辑区中也显示了相应的触发器图标。

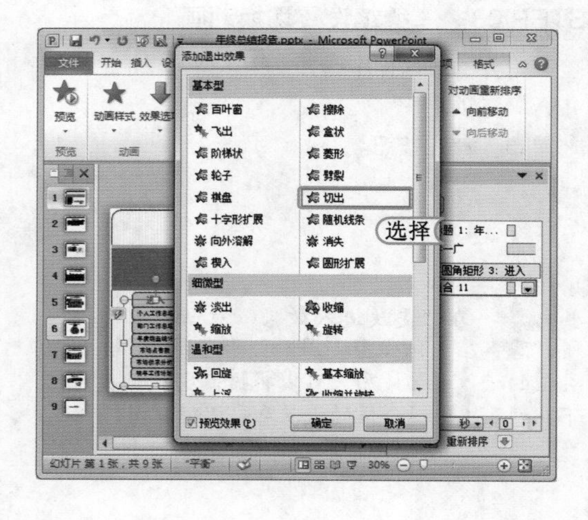

STEP 07： 添加退出动画

再次选择该矩形菜单，选择【动画】/【高级动画】组，单击“添加动画”按钮，在弹出的下拉列表中选择“添加退出效果”选项，在打开的对话框中选择“切出”选项。

STEP 08： 设置切出动画

然后在动画窗格中选择添加的切出动画选项，选择【动画】/【计时】组，设置其开始方式为“上一动画之后”，持续时间为1.5秒。

STEP 09： 调整并预览动画

1. 在动画窗格中调整动画的播放顺序，然后设置切出动画的延迟时间为10秒。
2. 最后按Shift+F5组合键放映当前幻灯片，单击“进入”矩形菜单即可弹出其下的其他矩形菜单。

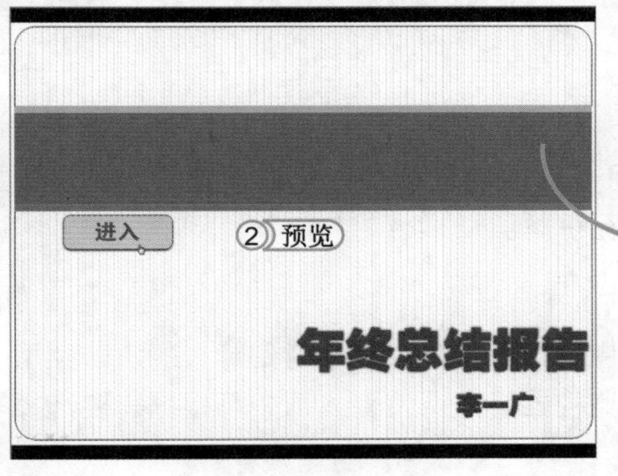

10.3 放映和输出演示文稿

在制作完演示文稿后，需要对其进行放映以预览其演示效果，而且还要熟悉其放映方法，才能做到在正式演示时胸有成竹。预览演示文稿后，一般还可将其打包或导出为其他格式的文档，以备不时之需。下面就对放映和输出演示文稿的方法进行讲解。

学习1小时

- 熟悉放映演示文稿和对放映进行设置的方法。
- 掌握打包演示文稿的操作方法。
- 熟练掌握将演示文稿导出为视频的方法。

10.3.1 放映演示文稿

放映演示文稿即是指对制作好的演示文稿进行演示。其方法比较简单，主要有以下两种。

- 从头开始放映：打开需放映的演示文稿后，选择【幻灯片放映】/【开始放映幻灯片】组，单击“从头开始”按钮，或直接按F5键，不管当前处于哪张幻灯片，都将从演示文稿的第1张幻灯片开始放映。
- 从当前幻灯片开始放映：打开需放映的演示文稿后，选择【幻灯片放映】/【开始放映幻灯片】组，单击“从当前幻灯片开始”按钮，或在状态栏上单击按钮，或直接按Shift+F5组合键，将从当前选择的幻灯片开始依次往后放映。

经验一箩筐——快速定位幻灯片

除了对幻灯片进行依次放映外，用户还可以快速定位到想要放映的幻灯片中，此方法一般用于演示文稿中包含太多幻灯片的情况。快速定位幻灯片的方法为：进入到幻灯片放映状态，单击鼠标右键，在弹出的快捷菜单中选择“定位至幻灯片”命令，然后在其子菜单中选择需要的幻灯片即可。

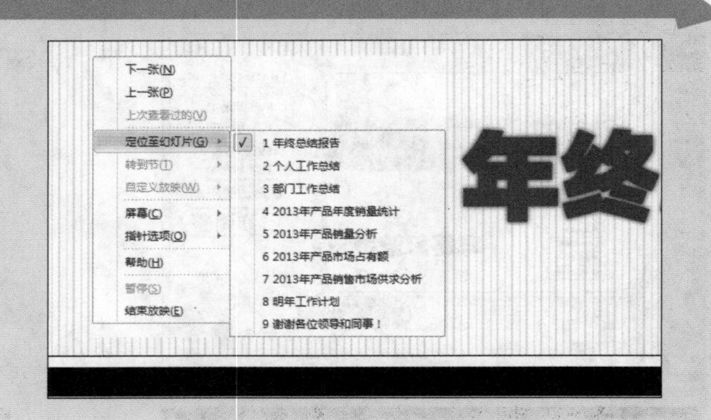

10.3.2 自定义放映设置

用户除了可对演示文稿进行直接放映外，还可以对放映进行个性化的设置，包括设置放映类型、录制旁白与添加放映标记等，下面分别进行讲解。

1. 设置放映方式

设置放映方式都是在“设置放映方式”对话框中进行的，其中包括对幻灯片的放映类型、放映选项、放映幻灯片的范围以及换片方式和切换监视器等进行设置。用户可根据需要选择需要的放映选项进行设置。

打开“设置放映方式”对话框的方法为：选择【幻灯片放映】/【设置】组，单击“设置幻灯片放映”按钮即可。如下图所示即为打开的“设置放映方式”对话框。

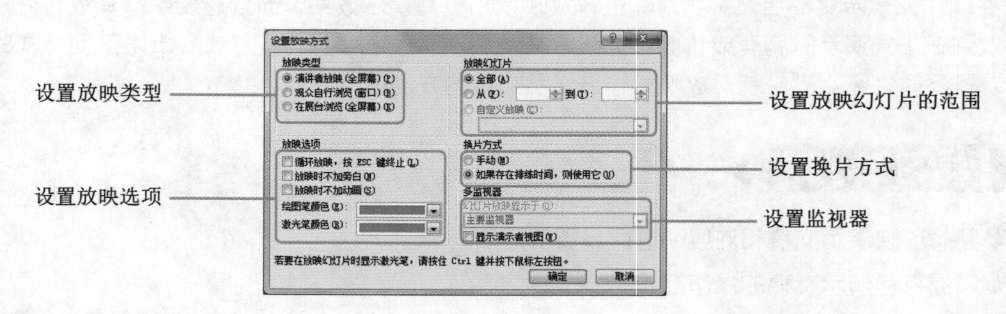

2. 录制旁白

使用旁白可以制作出更加生动的演示效果，以使制作的演示文稿能够伴着制作者的解说和介绍语进行演示。需注意的是：在录制旁白前，需要保证电脑中已安装了声卡和麦克风，且两者均处于工作状态，否则将不能进行录制或录制的旁白无声音。

录制旁白的方法为：选择需录制旁白的幻灯片，选择【幻灯片放映】/【设置】组，单击“录制幻灯片演示”按钮旁的下拉按钮，在弹出的下拉列表中选择“从当前幻灯片开始录制”选项，在打开的“录制幻灯片演示”对话框中单击开始录制(R)按钮，进入幻灯片放映状态，开始录制旁白。录制完成后按 Esc 键退出幻灯片放映状态，同时进入幻灯片浏览状态，该张幻灯片中将会出现声音文件图标。如下图所示即为为第 1 张幻灯片录制旁白。

3. 添加放映标记

添加放映标记可以在演示幻灯片时再进行添加，也可以在正式演示前进行添加，而且一般是对需要重点突出的内容添加放映标记。PowerPoint 2010 提供了两种注释笔来进行标记，分别是笔和激光笔，下面具体进行讲解。

(1) 笔

笔与生活中常用的笔类似，它也可以用不同的颜色将需要标记的内容或对象圈出来或打上着重符号,甚至还可以直接进行书写。使用笔的方法是：进入幻灯片放映状态，当放映到需要添加标记的幻灯片时单击鼠标右键，在弹出的快捷菜单中选择【指针选项】/【笔】命令，然后在需要标记的地方按住并拖动鼠标进行涂抹即可，在退出放映状态时会弹出提示对话框，单击保留(K)按钮对所做的笔标记进行保存，若是单击放弃(D)按钮将不会保存所做的笔标记。

(2) 荧光笔

荧光笔比笔的墨迹要宽一些，而且其颜色是透明的，使用它在需要标记的地方进行涂抹并不会遮住标记内容，相当于给该内容上了一层底色。使用荧光笔的方法与使用笔的方法基本相同，同样进入到幻灯片放映状态，在需要标记的幻灯片上单击鼠标右键，在弹出的快捷菜单中选择【指针选项】/【荧光笔】命令，然后在需要标记的地方按住并拖动鼠标进行涂抹即可，在退出放映状态时会弹出提示对话框，单击保留(K)按钮对所做的荧光笔标记进行保存，若是单击放弃(D)按钮将不会保存所做的荧光笔标记。

经验一箩筐——激光笔

在幻灯片放映或阅读视图模式中，按Ctrl键并单击鼠标左键将会把鼠标指针变为 激光笔状。释放任意一个键或同时释放两个键都将退出激光笔状态。

10.3.3 自定义需要放映的幻灯片

在放映演示文稿时，有时会遇到有的幻灯片并不需要放映出来的情况，这时可以通过将其隐藏的方法进行自定义设置。但是在演示文稿中含有很多幻灯片又只需将其中需要的幻灯片放映出来时，就可以使用自定义放映指定需要放映的幻灯片。

1. 隐藏幻灯片

隐藏幻灯片的方法很简单，只需选择需要隐藏的幻灯片后，单击鼠标右键，在弹出的快捷菜单中选择“隐藏幻灯片”命令，或者选择【幻灯片放映】/【设置】组，单击隐藏幻灯片按钮，即可将该张幻灯片隐藏起来，隐藏后的幻灯片编号将呈图标显示。需注意的是：隐藏后的幻灯片只是在放映视图或阅读视图中不显示，在其他视图模式中还是可以进行编辑的。若是需要取消隐藏幻灯片，可以选择需要取消隐藏的幻灯片后，使用与隐藏幻灯片相同的方法将该张幻灯片显示出来。

2. 自定义放映

自定义放映幻灯片相当于在当前演示文稿中新建一个只含有需要放映幻灯片的演示文稿，选择【幻灯片放映】/【开始放映幻灯片】组，单击“自定义幻灯片放映”按钮，在弹出的下拉列表中选择新建的自定义放映选项，将会按照设置的自定义放映进行预览。

设置自定义放映的方法为：打开演示文稿，选择【幻灯片放映】/【开始放映幻灯片】组，单击“自定义幻灯片放映”按钮，在其下拉列表中选择“自定义放映”选项，打开“自定义放映”对话框。然后单击新建(N)...按钮，打开“定义自定义放映”对话框，在“幻灯片放映名称”文本框中输入自定义方案的名称，在“在演示文稿中的幻灯片”列表中按住Ctrl键选择需要放映的幻灯片，单击添加(A) >>按钮，将幻灯片添加到“在自定义放映中的幻灯片”列表中。单击确定按钮，返回到“自定义放映”对话框中，在“自定义放映”列表框中已显示出新创建的自定义放映名称，最后单击关闭(C)按钮关闭“自定义放映”对话框并返回演示文稿的普通视图中即可。

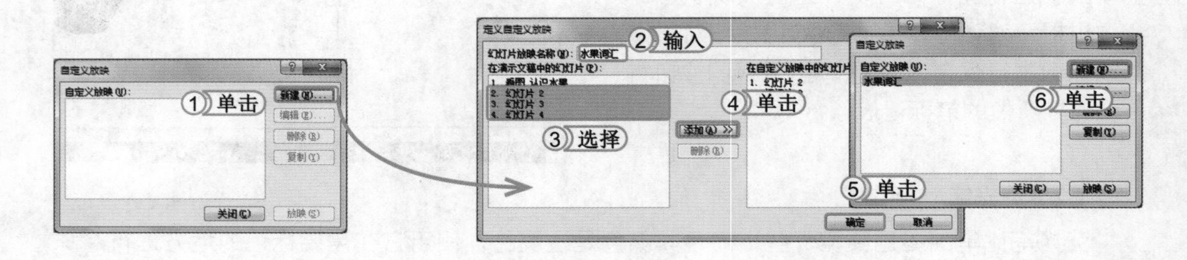

10.3.4 排练计时

排练计时常用于设置需要进行自动播放的演示文稿中，如商场外展览屏上自动播放的展示类演示文稿。设置排练计时的方法为：打开演示文稿后，选择【幻灯片放映】/【设置】组，单击“排练计时”按钮。进入放映排练状态，同时打开“录制”工具栏并自动为该幻灯片计时。

然后单击鼠标或按 Enter 键控制幻灯片中下一个动画或下一张幻灯片出现的时间。当切换到下一张幻灯片时，“录制”工具栏中的时间将从头开始为该张幻灯片的放映进行计时。放映结束后，打开提示对话框，提示并询问是否保留幻灯片的排练时间，单击[是(Y)]按钮进行保存。最后会自动打开“幻灯片浏览”视图，可看到在每张幻灯片的左下角将显示幻灯片播放时需要的时间。

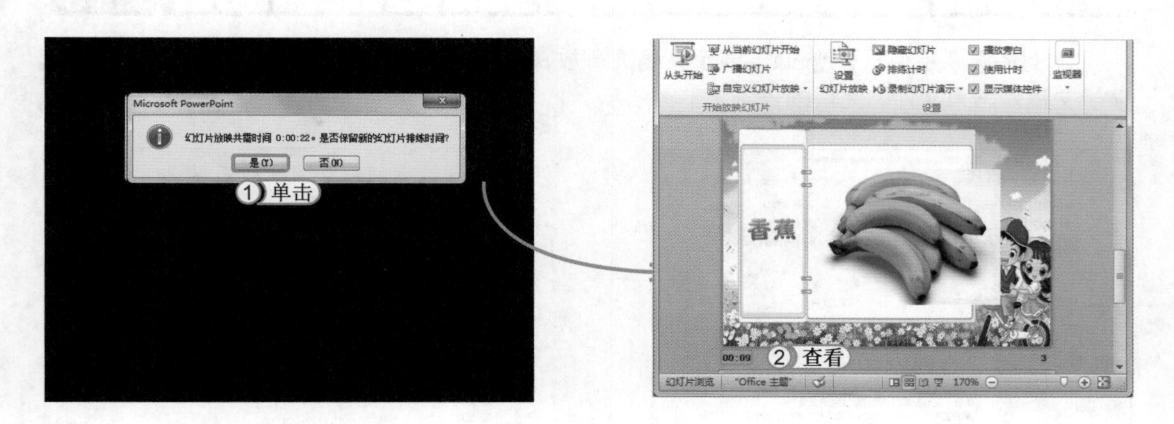

10.3.5 打包演示文稿

为了避免因为其他电脑没有安装 PowerPoint 2010 软件而引起不能播放演示文稿的情况，可将演示文稿打包以进行播放。演示文稿的打包分为打包成 CD 和文件两种类型。

1. 打包成 CD

将演示文稿打包成 CD 的方法为：在打开的演示文稿中选择【文件】/【保存并发送】命令，在“文件类型”栏中双击“将演示文稿打包成 CD”选项，打开“打包成 CD”对话框，在“将 CD 命名为”文本框中输入演示文稿的名称，单击[复制到 CD(C)]按钮将演示文稿打包成 CD。需注意的是：将演示文稿打包成CD的前提是电脑中必须要有刻录光驱。

2. 打包成文件

将演示文稿打包成文件夹也是通过“打包成 CD”对话框来完成的，只是在打开“打包成 CD”对话框后，单击[复制到文件夹(F)...]按钮，打开“复制到文件夹”对话框，在其中设置文件保存的位置和名称，单击[确定]按钮，稍作等待后即可将演示文稿打包成文件夹。

10.3.6 将演示文稿导出为视频

除了将演示文稿输出为 CD 或文件外，还可以将演示文稿导出为视频，其方法为：打开需要导出为视频的演示文稿，选择【文件】/【保存并发送】命令，在“文件类型”栏中双击“创建视频”选项，打开“另存为”对话框，在其中设置文件的保存位置和名称即可。

上机1小时 放映并输出"项目报告"演示文稿

- 熟练掌握自定义演示文稿放映方案的方法。
- 掌握导出演示文稿的方法。

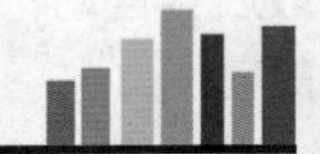

本例将对"项目报告.pptx"演示文稿进行放映并输出。首先自定义放映幻灯片，然后将演示文稿输出为文件。完成的效果如下图所示。

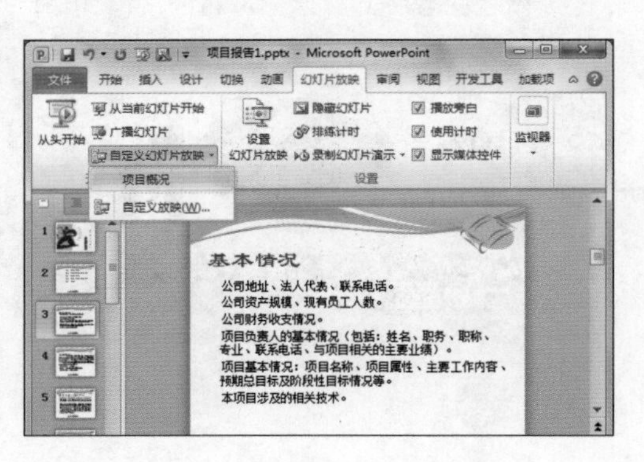

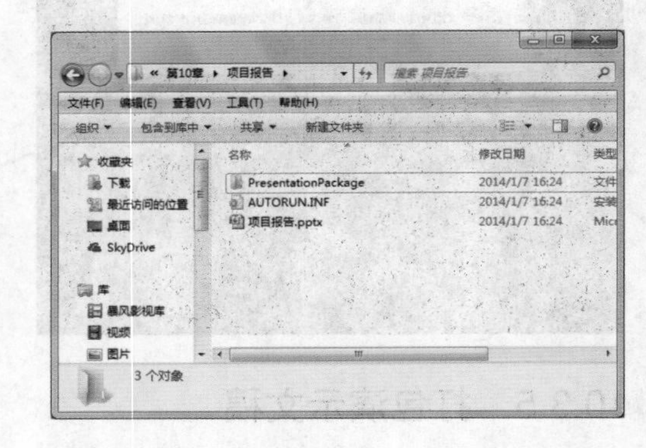

光盘文件
素材\第10章\项目报告.pptx
效果\第10章\项目报告1.pptx、项目报告\
实例演示\第10章\放映并输出"项目报告"演示文稿

STEP 01：准备自定义放映幻灯片

打开"项目报告.pptx"演示文稿，选择【幻灯片放映】/【开始放映幻灯片】组，单击"自定义幻灯片放映"按钮，在弹出的下拉列表中选择"自定义放映"选项，打开"自定义放映"对话框。

STEP 02：输入自定义放映名称

1. 在打开的对话框中，单击新建(N)...按钮。
2. 打开"定义自定义放映"对话框，在"幻灯片放映名称"文本框中输入文本"项目概况"。

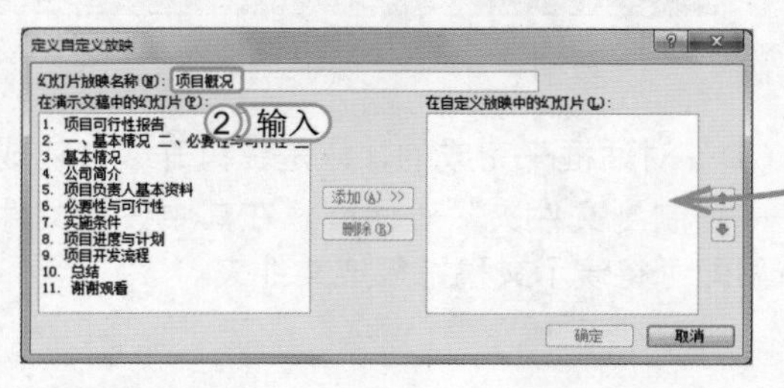

STEP 03：添加要放映的幻灯片

1. 在"在演示文稿中的幻灯片"列表中，按住Shift键选择第3-10张幻灯片。
2. 单击添加(A) >>按钮，将幻灯片添加到"在自定义放映中的幻灯片"列表中，单击确定按钮。

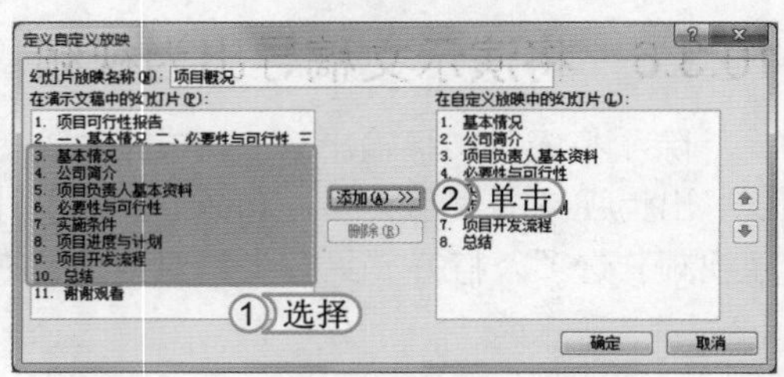

STEP 04：完成自定义放映的创建

返回“自定义放映”对话框，在“自定义放映”列表框中显示了所创建的自定义放映名称，单击关闭(C)按钮关闭“自定义放映”对话框，并返回演示文稿的普通视图中。

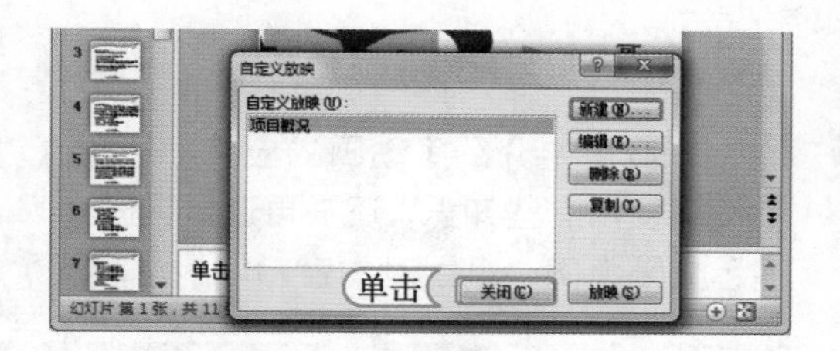

STEP 05：预览自定义放映

选择【幻灯片放映】/【开始放映幻灯片】组，单击“自定义幻灯片放映”按钮，在弹出的下拉列表中选择“项目概况”选项，进入自定义幻灯片“项目概况”的放映状态。

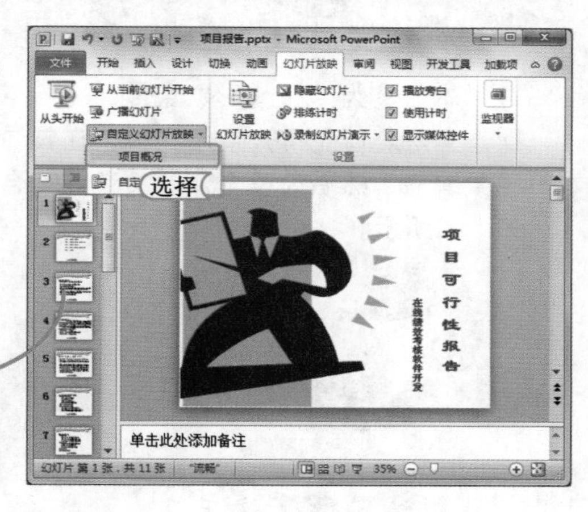

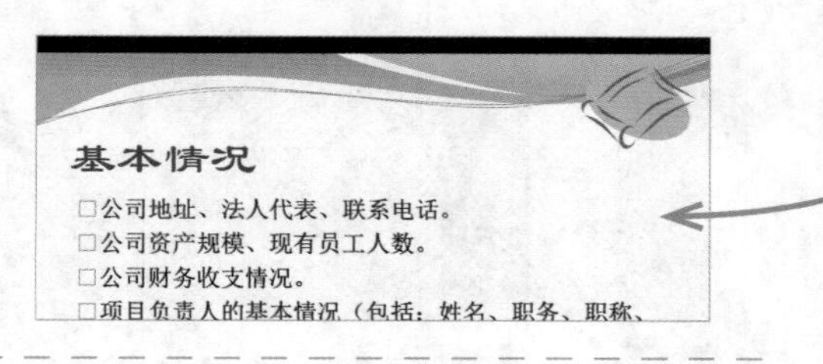

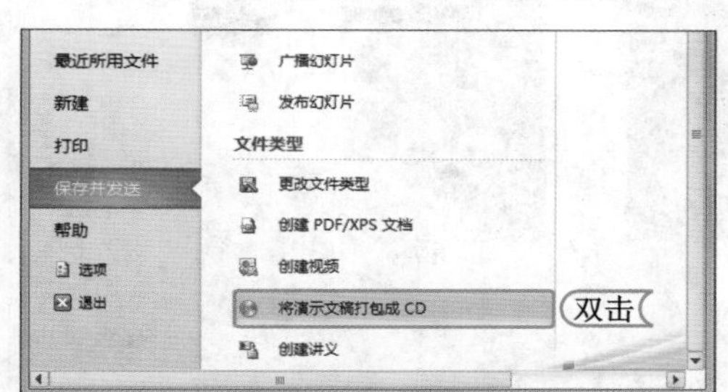

STEP 06：准备导出演示文稿

返回到幻灯片普通视图模式中，选择【文件】/【保存并发送】命令，在“文件类型”栏中双击“将演示文稿打包成CD”选项，打开“打包成CD”对话框。

STEP 07：设置导出信息

1. 在打开的对话框中输入导出文件的名称“项目报告”，再单击复制到文件夹(F)...按钮。
2. 打开“复制到文件夹”对话框，在其中设置文件保存的位置和名称，单击确定按钮。
3. 弹出提示对话框，单击是(Y)按钮，稍作等待后即可将演示文稿打包成文件夹并对文件夹进行预览。

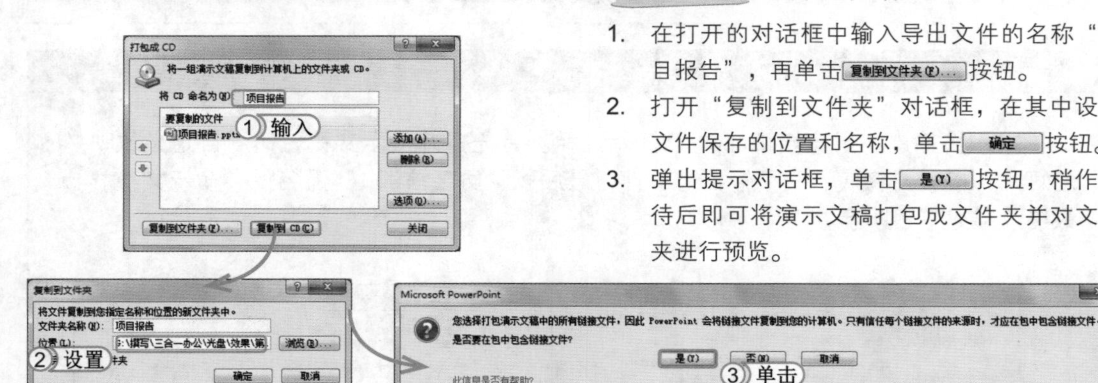

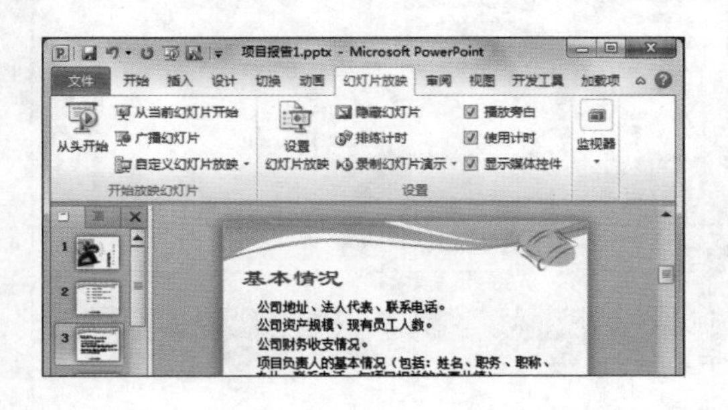

STEP 08：保存演示文稿

关闭文件夹预览对话框和“打包成CD”对话框，返回幻灯片中，完成所有操作后以“项目报告1”为名保存演示文稿。

10.4 练习 1 小时

本章主要介绍了动画的应用和设置、放映和输出演示文稿的知识，用户要想在日常工作中熟练使用这些知识，还需再进行巩固练习。下面以优化“品牌形象宣传”和输出“员工培训”演示文稿为例，巩固对本章知识的学习。

1. 优化“品牌形象宣传”演示文稿

本例将为“品牌形象宣传 .pptx”演示文稿添加动画，主要练习添加和编辑动画的操作方法。首先打开演示文稿，在其中依次为相应的文本和图形等对象添加合适的动画并编辑，然后为整个演示文稿应用合适的切换动画，最后保存演示文稿。最终效果如下图所示。

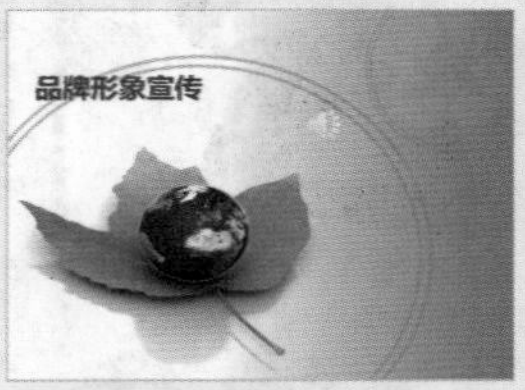

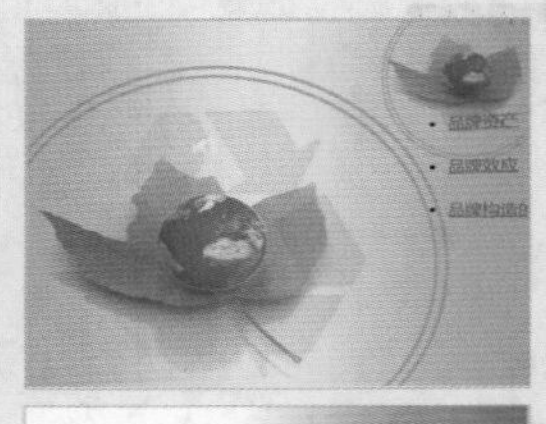
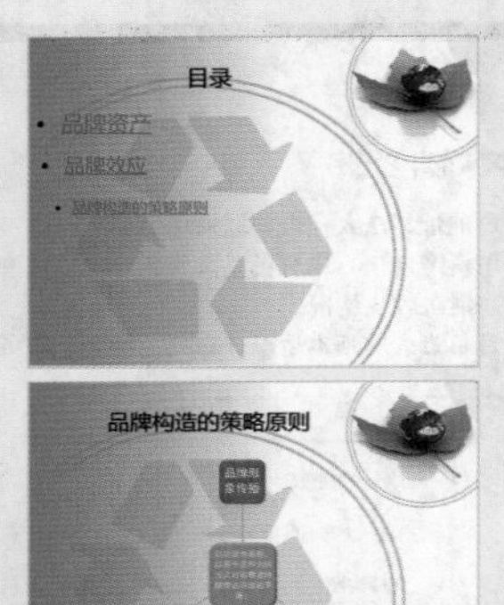

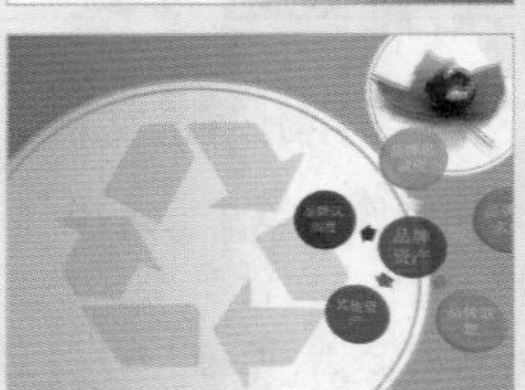

光盘文件

素材 \ 第 10 章 \ 品牌形象宣传 .pptx
效果 \ 第 10 章 \ 品牌形象宣传 .pptx
实例演示 \ 第 10 章 \ 优化“品牌形象宣传”演示文稿

2. 输出“员工培训”演示文稿

本例将输出“员工培训 .pptx”演示文稿。首先打开演示文稿，然后自定义放映幻灯片，接着再将演示文稿输出为文件，最后以“员工培训 1”为名保存演示文稿。最终效果如下图所示。

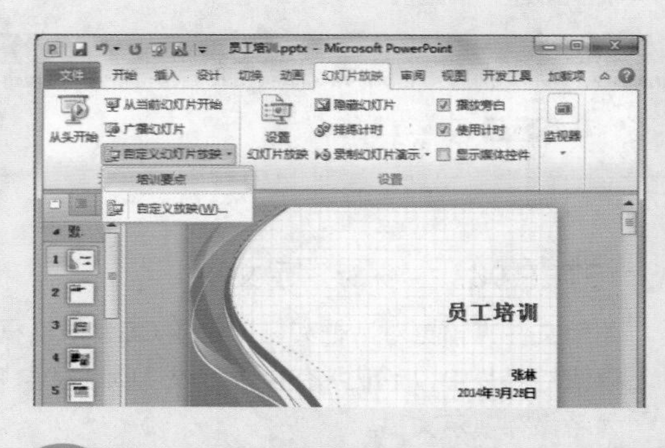

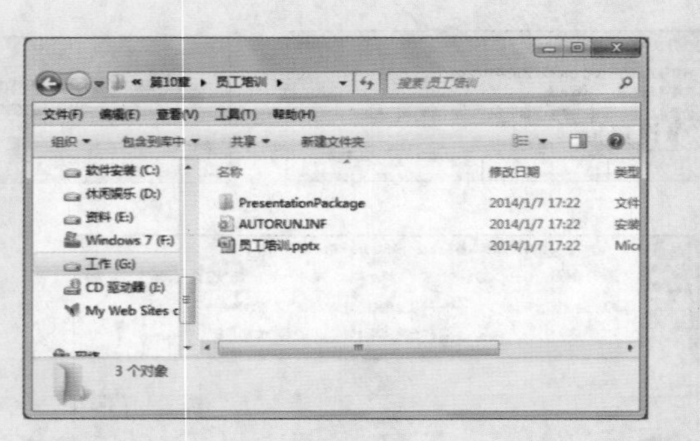

光盘文件

素材 \ 第 10 章 \ 员工培训 .pptx
效果 \ 第 10 章 \ 员工培训 1.pptx、员工培训 \
实例演示 \ 第 10 章 \ 输出“员工培训”演示文稿

第11章 Office软件高级应用及协同

学习 2 小时

使用 Office 的基础操作能解决办公中遇到的很多问题，但当遇到一些特殊问题时，使用基础操作并不能很好地制作出需要的效果。此时，就可以通过 Office 的高级应用来进行制作。

- Office 软件高级应用
- Word/Excel/PowerPoint 的协同应用

上机 3 小时

11.1 Office 软件高级应用

在日常生活和工作中，除了对 Office 软件进行常用的操作外，有时还会需要使用 Office 软件进行更为复杂和高级的应用，如使用宏、对图片进行高级编辑和使用形状制作绚丽的个性示意图等。

学习 1 小时

- 了解宏的使用方法。
- 掌握图片的高级编辑功能。
- 掌握使用形状制作个性示意图的操作方法。

11.1.1 宏的使用

所谓宏，就是将一些命令组织在一起，作为某个单独命令完成指定的某个任务。宏的用途在于简化频繁使用的操作或获得一种更强大的抽象功能。Word、Excel 和 PowerPoint 等 Office 办公软件中都提供了相应的宏操作，且这 3 个软件中使用宏的方法基本相同。下面就以在 Excel 2010 中使用宏为例进行讲解。

1. 新建宏

在 Excel 2010 中新建宏可以通过“宏”对话框进行，其方法是：启动 Excel 2010，选择【视图】/【宏】组，单击“宏”按钮，打开“宏”对话框，在“宏名”文本框中输入宏的名称，单击创建(C)按钮可打开宏编辑窗口，在其中输入相应的宏代码后关闭该窗口，即可新建一个宏。若要查看新建的宏只需再次打开“宏”对话框即可。

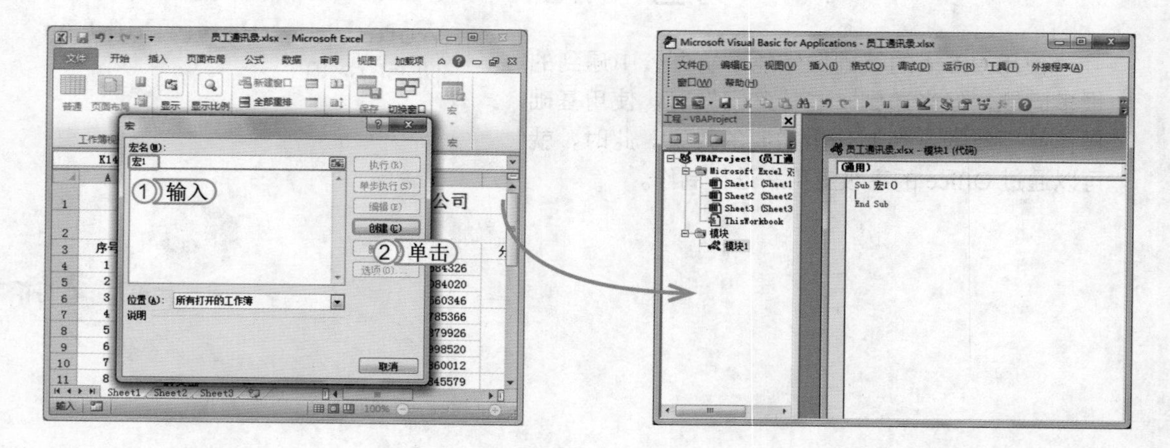

经验一箩筐——各组件中宏的位置

除了在【视图】/【宏】组中使用 Word、Excel、PowerPoint 2010 中的宏外，也可在【开发工具】/【代码】组中进行操作。

2. 录制宏

录制宏就是使用宏的自动化功能，将利用鼠标和键盘向电脑传达的操作指令录制下来，并用 VBA 语言编写为宏代码后保存起来，以供下次直接调用。录制宏的方法是在 Excel 工作界面中选择【视图】/【宏】组，单击“宏”按钮，在弹出的下拉列表中选择“录制宏”选项，打开“录制新宏”对话框，然后在其中输入宏的名称、运行宏的快捷键、宏的保存位置以及辅助说明文本，单击确定按钮，返回到当前 Excel 表格中并进行相应的操作后，再单击“宏”按钮，在其下拉列表中选择“停止录制”选项，即可新建宏，最后打开“宏”对话框，完成宏的录制操作。

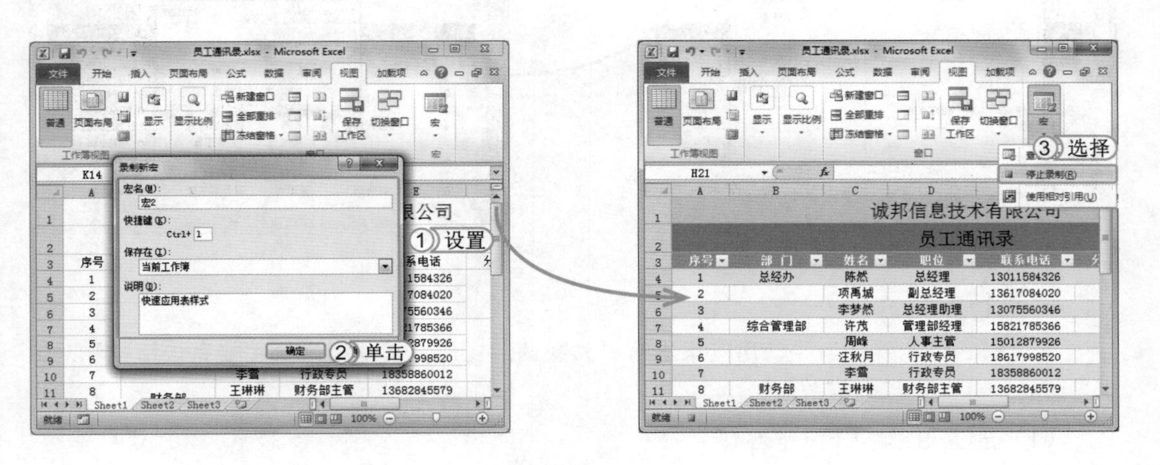

3. 编辑宏

用户若是对创建的宏不满意，可以对其进行修改，若是不需要该宏，可以直接将其删除。下面就对宏的各种编辑方法进行讲解。

(1) 修改宏

修改宏的方法为：打开“宏”对话框，选择需要修改的宏，单击编辑(E)按钮，打开宏编辑窗口，在其中对宏代码进行修改并关闭宏编辑窗口，即可完成修改操作，如下图所示。

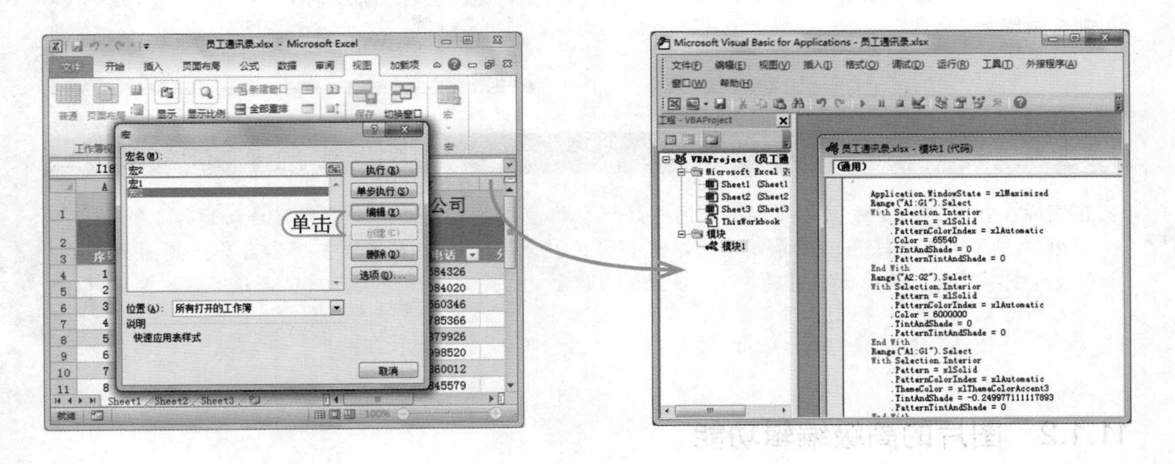

(2) 删除宏

删除宏的操作比较简单，也是在“宏”对话框中进行的，其方法为：在打开的“宏”对话框中选择需要删除的宏，然后单击 删除(D) 按钮，在弹出的提示对话框中单击 是(Y) 按钮即可。需要注意的是，被删除的宏无法恢复，所以需慎重对宏进行删除操作。

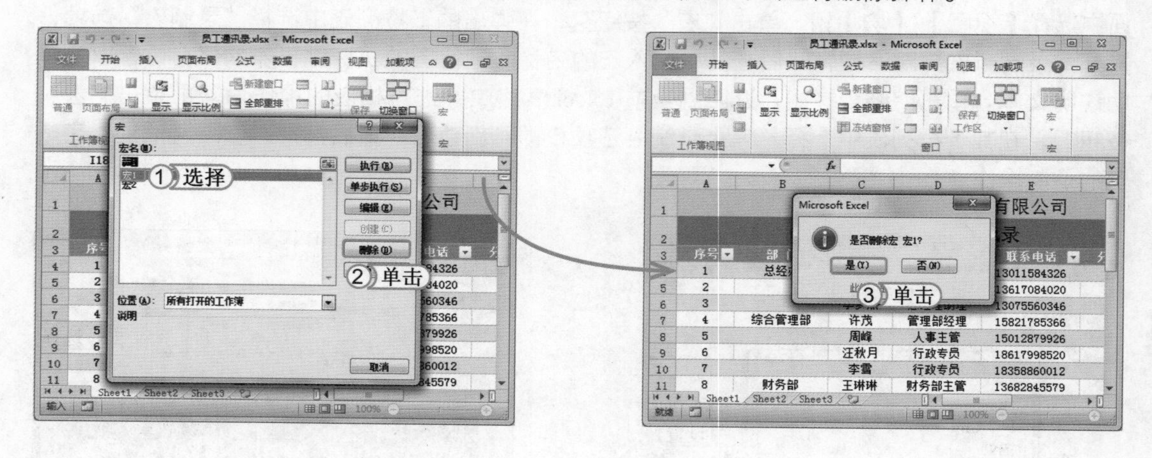

4. 运行宏

创建宏的目的就是为了使用宏来进行更为快速的操作，其运行方法主要有快捷键和对话框两种，下面分别进行讲解。

(1) 通过快捷键运行

直接按录制宏时设置的快捷键可以快速运行宏。通过该快捷键可以在目标工作簿中进行与该宏相同的操作，大大提高工作效率。

(2) 通过“宏”对话框运行

若是忘记了设置宏运行的快捷键，可以通过“宏”对话框来快速运行宏。其方法是：打开“宏”对话框，在其中选择需要运行的宏，再单击右侧的 执行(R) 按钮，将快速执行相应的宏操作。

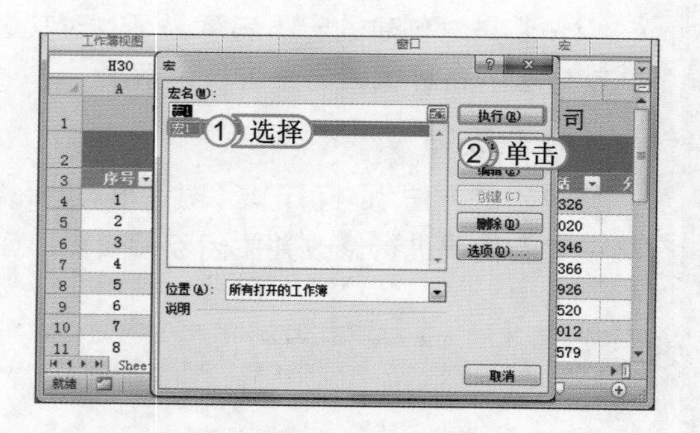

经验一箩筐——设置自动运行宏

在实际工作中，除了手动运行宏外，用户还可以将使用频率较高的宏设置为自动运行以提高工作效率。其操作方法是：在录制宏时，在打开的“录制新宏”对话框中将宏名称设置为 AutoOpen，并保存在“个人宏工作簿”中。设置了宏自动运行后，在每一次打开包含此宏的工作簿时，它都将自动运行。

11.1.2 图片的高级编辑功能

图片的高级编辑功能即指在 Office 软件中提供的比较便捷、强大的图片处理功能，包括设置背景透明色、删除图片背景、裁剪图片为形状和自定义图片效果等。在 Office 各组件中对图片的编辑操作基本相同，下面就以在 PowerPoint 中对图片进行高级编辑为例进行讲解。

1. 设置背景透明色

通常在制作演示文稿时，需要处理大量的图片，当遇到插入的图片无法很好地融入幻灯片中的情况时，就可以将图片的背景设置为透明色。其方法是：选择需要设置透明色的图片，选择【格式】/【调整】组，单击 颜色 按钮，在弹出的下拉列表中选择“设置透明色”选项，当鼠标变为形状时，在图片上单击鼠标即可。如下图所示分别为设置图片透明色前、后的效果。

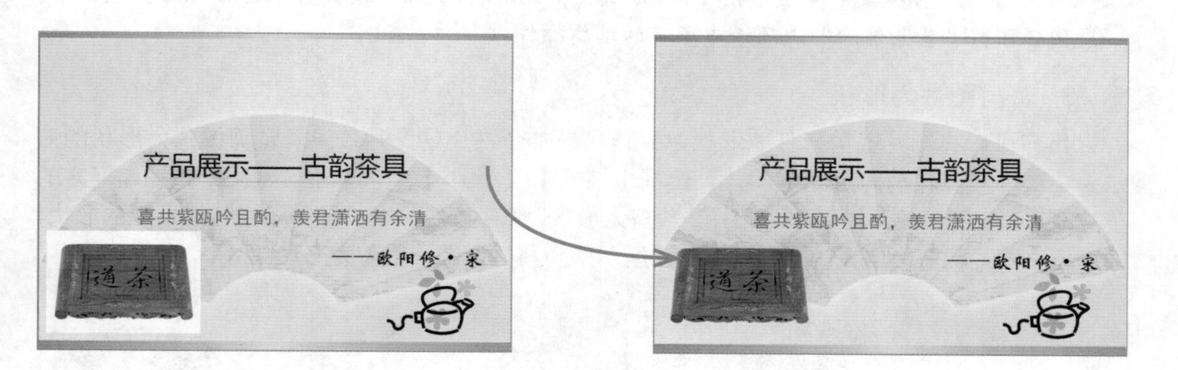

2. 删除图片背景

虽然设置图片背景透明可以比较快速地将图片融入于幻灯片中，但若遇到图片背景色不太分明的情况，则只有部分背景色才会变为透明。这时就可以使用删除图片背景的方法对图片背景进行精确地设置，其方法为：选择需要删除背景的图片，选择【格式】/【调整】组，单击“删除背景”按钮，将自动打开“背景消除”选项卡，此时被选择的图片背景将呈紫色显示，然后在该选项卡中单击相应的按钮，便可对图片的背景进行相应编辑。下面就对“背景消除”选项卡中各个按钮的作用进行讲解。

- “标记要保留的区域”按钮：单击该按钮，将鼠标光标移动到选择的图片上会发现鼠标呈形状，然后在需要保留的地方单击鼠标即可创建标记点并保留该区域。

- “标记要删除的区域”按钮：单击该按钮，将鼠标光标移动到选择的图片上，鼠标仍会变为形状，然后在需要删除的地方单击鼠标即可创建标记点并删除该区域。
- “删除标记”按钮：单击该按钮，鼠标光标变为形状，然后在需要删除的标记点上单击鼠标即可删除错误的标记点。
- “放弃所有更改”按钮：若是发现执行了大量错误的标记操作，单击该按钮，可以直接关闭“背景消除”选项卡并返回“格式”选项卡，而不保留“背景消除”选项卡中所有的编辑操作。
- “保留更改”按钮：单击该按钮，可以直接关闭“背景消除”选项卡并返回“格式”选项卡，但会保留“背景消除”选项卡中所有的编辑操作。

3. 裁剪图片为形状

用户可以将图片裁剪为任意形状以制作出更加个性化的图片效果。裁剪图片为形状的方法为：选择需要裁剪为形状的图片，选择【格式】/【大小】组，单击“裁剪”按钮下方的下拉按钮，在弹出的下拉列表中选择“裁剪为形状”选项，然后在其子列表中选择相应的形状，即可将该图片裁剪为选择的形状。如下图所示即为将矩形图片裁剪为心形图片。

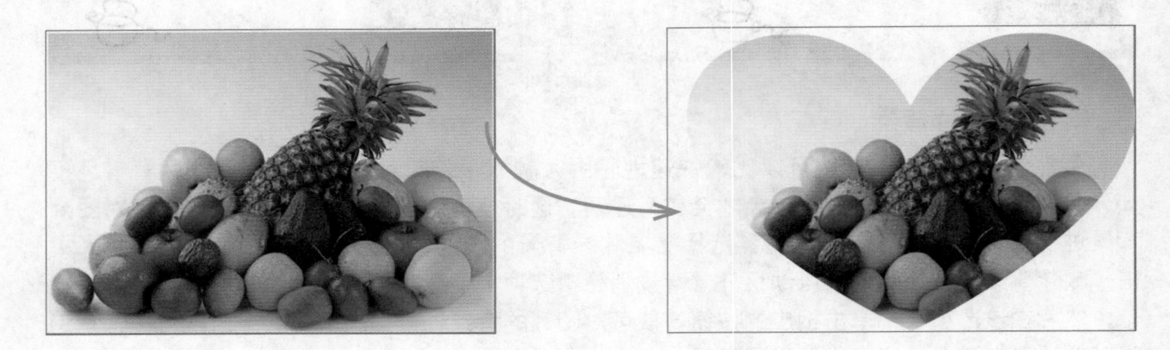

4. 自定义图片效果

在编辑图片时，用户除了可以为图片添加系统提供的各种效果外，还可以对图片进行随心所欲的调整，以制作出更加符合需要的效果。其设置方法为：选择需要设置的图片，单击鼠标右键，在弹出的快捷菜单中选择“设置图片格式”命令，将打开“设置图片格式”对话框并自动选择“图片更正”选项卡，用户可以根据需要在其中选择相应的选项卡，然后在右边的数值框中输入任意数值来设置图片的效果。

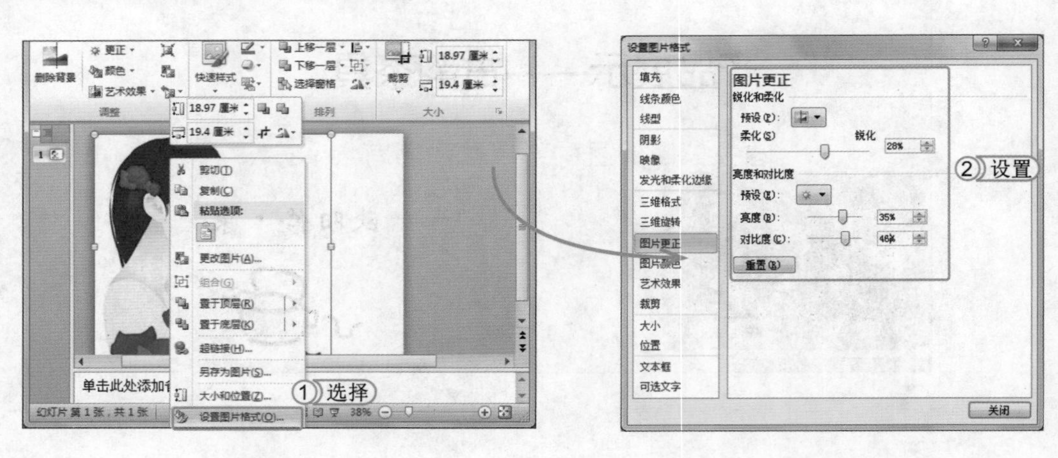

11.1.3 使用形状制作炫丽的个性图案

在 Office 软件应用越来越广泛的情况下，对其制作的作品要求也越来越高，特别是一些对创意要求较高的作品，这时就可以使用 Office 各组件中提供的形状来制作各种绚丽的个性图案。下面就以制作“个性奖状”演示文稿为例对制作个性作品进行讲解。其具体操作如下：

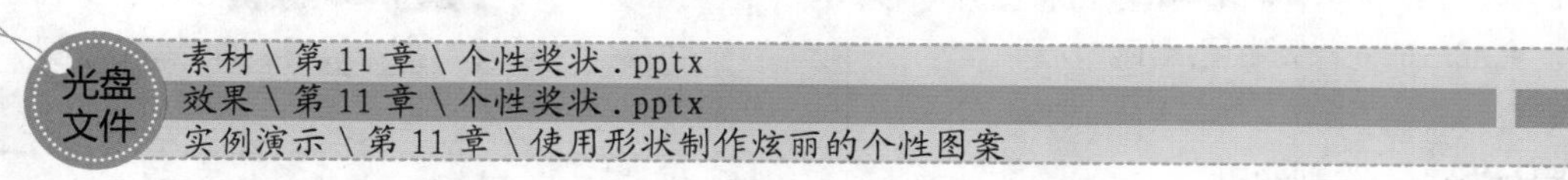

STEP 01： 绘制太阳

1. 打开“个性奖状 .pptx”演示文稿，在幻灯片左上角绘制太阳形状。
2. 选择【格式】/【形状样式】组，单击“形状填充”按钮右侧的下拉按钮，在弹出的下拉列表中选择“标准色”/“黄色”色块选项。

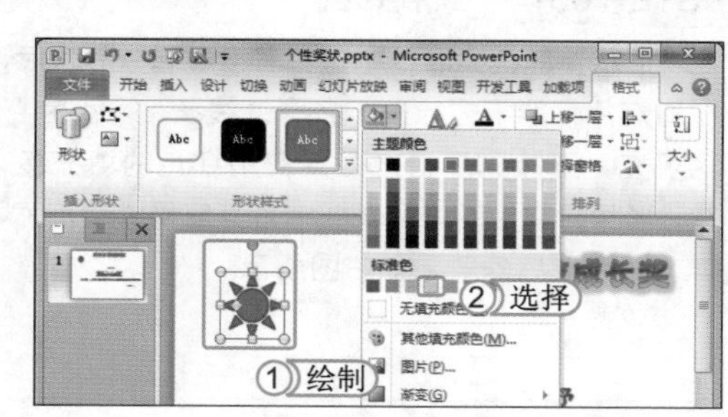

STEP 02： 设置图形效果

1. 保持选择绘制的太阳图形，选择【格式】/【形状样式】组，单击“轮廓填充”按钮右侧的下拉按钮，在弹出的下拉列表中选择“主题颜色”栏中的“橙色，强调文字颜色 6”选项。
2. 单击“形状样式”组中的“形状效果”按钮，在其下拉列表中选择“发光”选项，然后在其子列表中选择“发光变体”/“橄榄色，5pt 发光，强调文字颜色 3”选项。
3. 调整太阳的大小和位置，然后查看其效果。

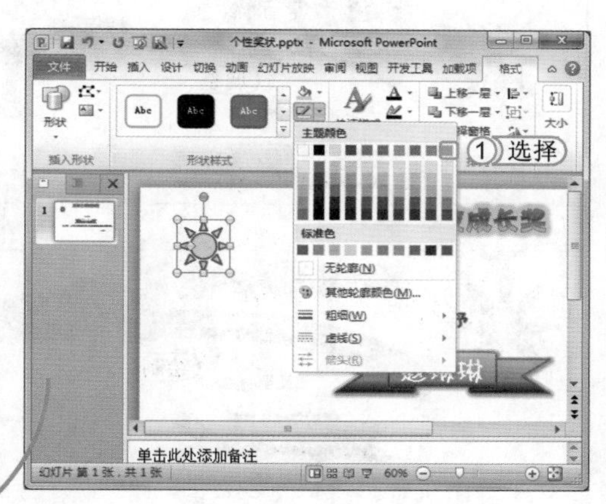

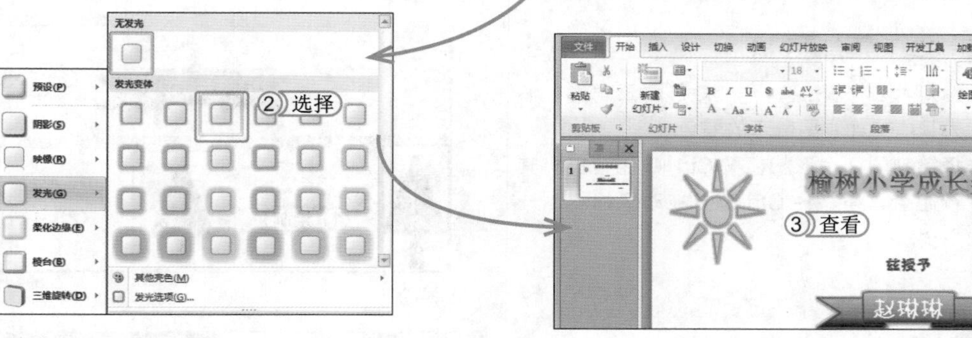

STEP 03： 添加云朵

在幻灯片右上角绘制一个云形的云朵，然后选择【格式】/【形状样式】组，在“形状样式”栏中为其应用“浅色 1 轮廓，彩色填充 - 水绿色，强调颜色 5”形状样式。其效果如左图所示。

STEP 04: 再次添加云朵

按照上一步骤的方法再次在幻灯片右上角绘制一个云朵，并为其应用“浅色 1 轮廓，彩色填充 - 橄榄色，强调颜色 3”形状样式。然后在【格式】/【排列】组中单击下移一层按钮将图片下移一层。完成后的效果如右图所示。

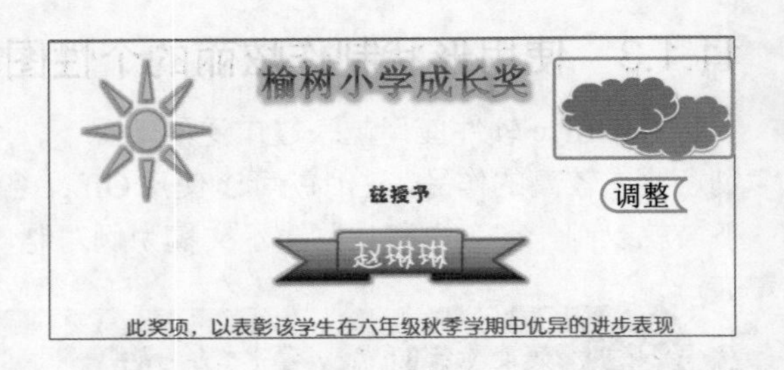

STEP 05: 绘制彩虹

在“形状”下拉列表框中选择“空心弧”形状后，在幻灯片标题下方绘制一条彩虹线条，然后在“形状填充”下拉列表框中为其应用红色的填充色，在“形状轮廓”下拉列表框中为其应用“无轮廓”样式。完成后的效果如右图所示。

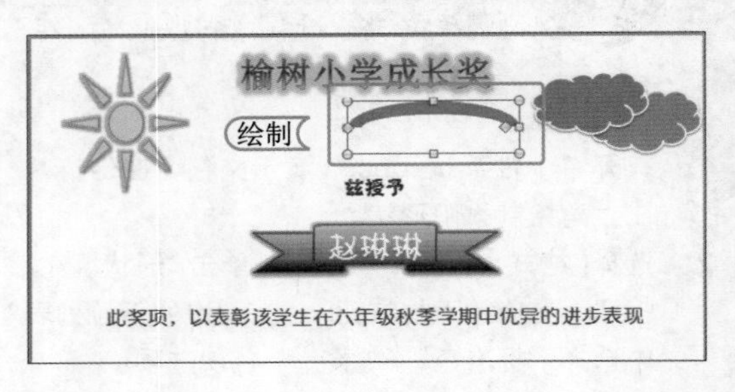

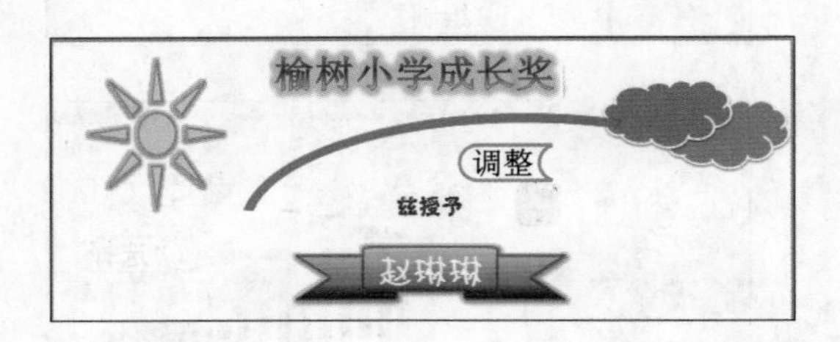

STEP 06: 调整形状

在绘制的红色线条上出现了 2 个黄色的控制点，将鼠标分别定为到 2 个控制点上并按住 Shift 键调整形状的大小、长度、宽度和弧度。完成后的效果如左图所示。

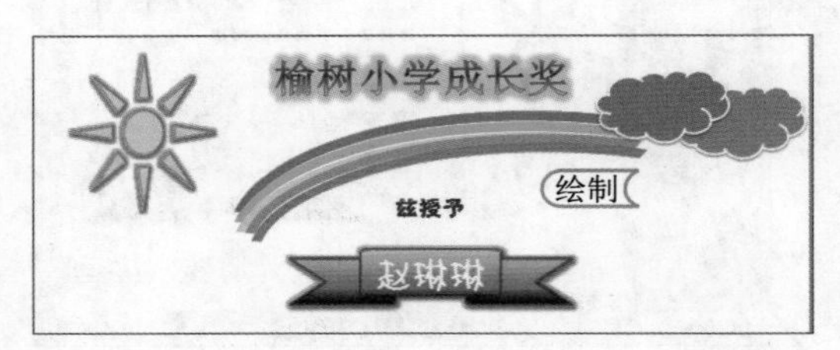

STEP 07: 绘制整个彩虹

选择绘制红色彩虹线条，按住 Ctrl 键并拖动鼠标复制 4 条线条，然后分别为其应用橙色、黄色、绿色和蓝色的填充色。最后调整彩虹的叠放顺序，完成后的效果如左图所示。

STEP 08: 绘制小树

1. 在幻灯片左下角绘制一个矩形和三角形，然后为其填充如右图所示的颜色。
2. 选择绘制的 2 个形状，按 Ctrl+G 组合键将其进行组合，再按住 Ctrl 键并拖动鼠标复制一棵小树。

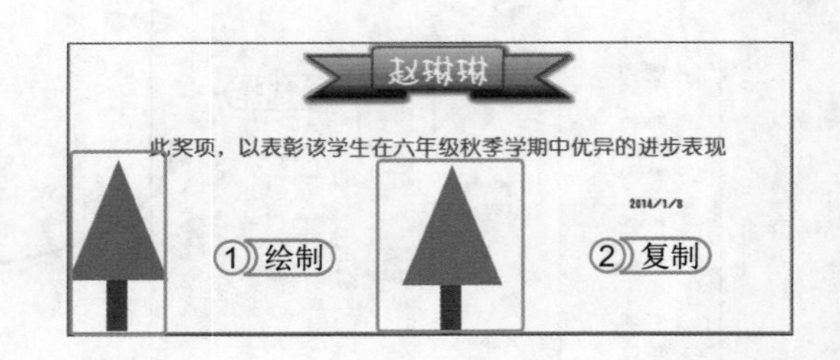

STEP 09: 编辑树的顶点

选择绘制的小树中的三角形，选择【格式】/【插入形状】组，单击编辑形状按钮，在其下拉列表中选择“编辑顶点”选项，此时会看到三角形的边线处将出现黑色的顶点，将鼠标依次定位到顶点和相应的边线上，然后拖动鼠标对三角形的形状进行编辑。

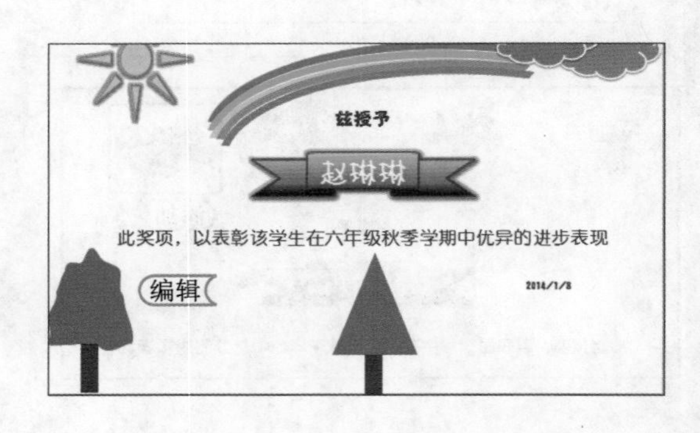

STEP 10： 再次编辑小树

按照上一步骤的方法对另一棵小树中的三角形形状进行编辑，然后按住 Shift 键并拖动鼠标调整另一棵小树的大小，完成后的效果如右图所示。

STEP 11： 绘制小花

在第一棵树的旁边绘制一颗六角星，设置其填充色和轮廓，以制作出小花的效果。然后在小花下方绘制一条直线，并为其应用形状样式。再绘制一个“流程图：顺序访问存储器”形状，然后按照步骤 9 的方法编辑其形状，并设置其填充色和轮廓，以作为小花的叶子。最后复制绘制的叶子，进行旋转后放在小花的另一侧。其效果如右图所示。

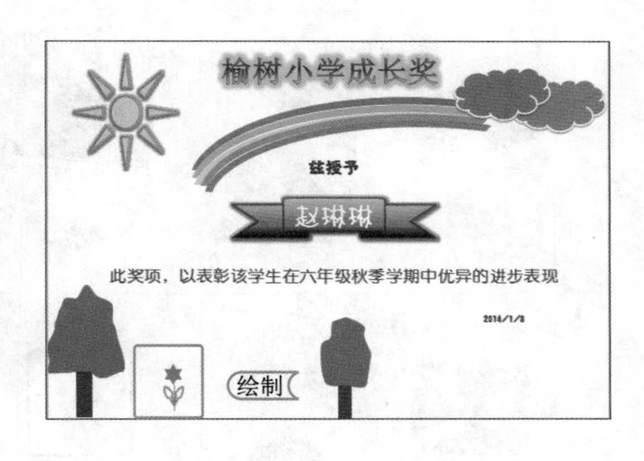

STEP 12： 复制小花

选择绘制的整个小花形状，按 Ctrl+G 组合键对其进行组合，再按住 Ctrl 键并拖动鼠标复制一些小花。最后调整复制的小花的大小和位置。完成后的效果如左图所示。最后保存演示文稿。

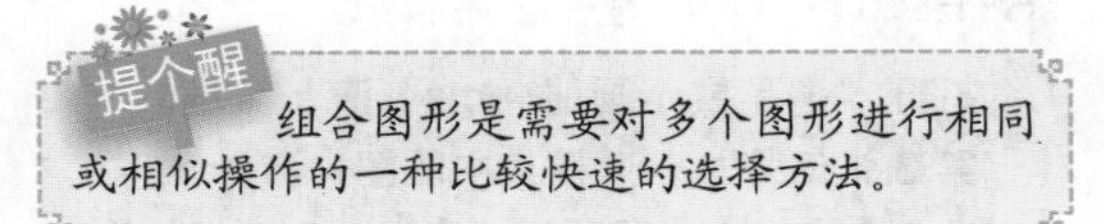

提个醒 组合图形是需要对多个图形进行相同或相似操作的一种比较快速的选择方法。

上机 1 小时 ▶ 制作并优化“粥品展示画册”演示文稿

- 熟练掌握在演示文稿中编辑图片的各种方法。
- 掌握在幻灯片中添加和编辑形状的方法。

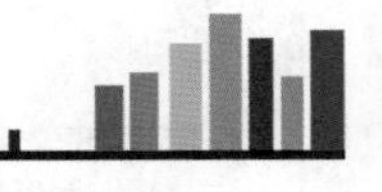

本例将对“粥品展示画册 .pptx”演示文稿的图片进行美化并添加形状。首先为幻灯片中的每张图片应用相应的样式和效果，然后编辑最后一张幻灯片中图片的形状，最后为相应的图片配上解说文字。通过本例的练习，达到让用户能够熟练掌握在演示文稿中编辑图片的目的。其最终效果如下图所示。

企业简介

- 粥福记：主要制作各类营养粥的一家大型餐饮企业。地处繁华商业区黄金地段，占地面积为12700平方米。采用中国古建筑风格集亭台楼榭、碧池花园于一体，独具闹中取静，使人一入眉门如进画中，品味幸福人生。
- 粥福记还提供各系中国小菜、名特小吃、中式糕点等。是兼负营养、美味、品味生活、休闲放松的理想去所。所以带上你们最爱的人一起来品尝吧！

光盘文件

素材 \ 第 11 章 \ 粥品展示画册 .pptx
效果 \ 第 11 章 \ 粥品展示画册 .pptx
实例演示 \ 第 11 章 \ 制作并优化“粥品展示画册”演示文稿

STEP 01： 为图片应用样式

1. 打开“粥品展示画册 .pptx”演示文稿，选择第 3 张幻灯片，选择其中的图片。
2. 选择【格式】/【图片样式】组，在“快速样式”组中为其应用“映像圆角矩形”图片样式选项。

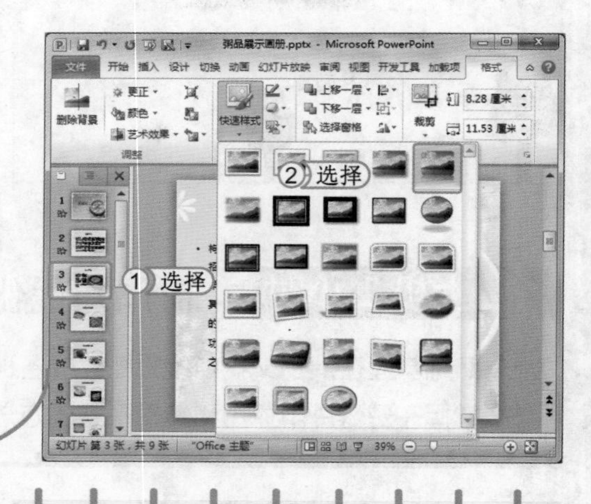

每日一粥

- 枸杞菇肉粥是本店的招牌粥，无论是作为早餐、午餐、晚餐，其独特的口感、营养的搭配、清热开胃的功效，都是最为合适之选。

读书笔记

STEP 02： 美化第 4 张幻灯片

选择第 4 张幻灯片，分别为其中左上角和右下角的图片应用“透视阴影，白色”和“旋转，白色”图片样式。

STEP 03： 继续美化幻灯片

1. 按照相同的方法依次为第 5-8 张幻灯片中的图片应用相应的样式。然后选择第 9 张幻灯片，选择其中的图片。
2. 选择【格式】/【图片样式】组，单击“图片效果”按钮，在弹出的下拉列表中选择“柔化边缘”/“10 磅”选项，为图片快速应用 10 磅的柔化边缘效果。

提个醒 若是对边缘的柔化效果要求不高，用户也可以直接在“快速样式”下拉列表框中选择“柔化边缘矩形”图片样式。

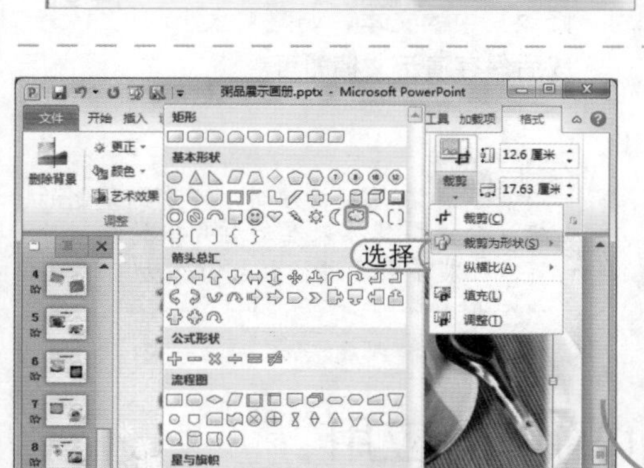

STEP 04： 编辑图片形状

仍然保持选择第 10 张幻灯片的图片，选择【格式】/【大小】组，单击“裁剪”按钮下方的下拉按钮，在弹出的下拉列表中选择“裁剪为形状”选项。然后在其子列表框中选择“云形”的形状选项，为图片快速应用云形的图片形状。

STEP 05： 绘制云朵形状并编辑文字

选择第 4 张幻灯片，在形状下拉列表中选择“云形标注”形状后，在左上角图片右侧绘制一个云形标注，然后单击鼠标右键，在弹出的快捷菜单中选择“编辑文字”命令，在形状中输入文本“龙虾大王粥”。完成后的效果如左图所示。

STEP 06： 调整形状

选择绘制的云形标注形状，将出现 1 个黄色的控制点，将鼠标定位到该控制点上并按住 Shift 键调整形状的标注对象，然后调整形状的大小和位置。然后在【格式】/【形状样式】组中为其应用相应的样式，调整其中文字的大小为 24 号。完成后的效果如右图所示。

STEP 07： 复制形状

选择绘制的云形标注，按住 Ctrl 键并拖动鼠标复制 1 个云形标注，然后更改其中的文字，拖动黄色控制点调整其标注对象。最后调整其大小和位置，完成后的效果如右图所示。

STEP 08： 继续复制标注

按住 Shift 键选择第 4 张幻灯片中的云形标注，再按 Ctrl 键进行复制，然后依次在第 5 ~ 8 张幻灯片中复制该云形标注，并修改其中的文本，调整其大小和位置。完成后保存演示文稿即可。

提个醒　在复制标注时，可看到复制的标注会保持其原来在幻灯片中的相对位置，一般不需要进行太大的改动。

11.2 Word/Excel/PowerPoint 的协同应用

Office 软件中的各个组件基本上都可以实现协同应用，最常见的有：将 Word 文档中的文本复制到 Excel 表格中；将 Word 文档中的文本复制到 PowerPoint 演示文稿中；在 PowerPoint 演示文稿中使用 Excel 表格进行数据图表、图形的制作等。下面就对 Word、Excel 和 PowerPoint 之间的协同应用进行讲解。

学习 1 小时

- 掌握 Word 与 Excel 之间协同的使用方法。
- 掌握 Word 与 PowerPoint 之间协同的使用方法。
- 掌握 Excel 与 PowerPoint 之间协同的使用方法。

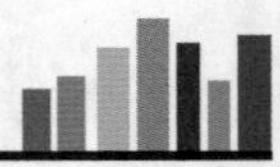

11.2.1 Word 与 Excel 之间的协同

通常使用 Word 软件对文档进行编辑和处理，而 Excel 软件主要用于对数据进行分析和计算。在日常工作中会经常遇到需在 Word 文档中制作表格、在 Excel 表格中输入大量文本、根据提供的 Excel 表格数据来制作 Word 文档和根据 Word 中提供的文字和数据资料制作 Excel 表格的情况。下面就对 Word 与 Excel 之间的协同应用进行讲解。

1. 在 Word 中应用 Excel

在 Word 中应用 Excel 的比较常见的操作就是在 Word 文档中复制 Excel 表格、制作 Excel 表格链接或直接使用 Excel 表格。

（1）在 Word 中插入表格

在 Word 中插入表格的方法比较简单，下面就通过在“考勤.docx”文档中插入“考勤扣款详情表.xlsx”工作簿中的数据，对在 Word 中插入表格的方法进行讲解。其具体操作如下：

素材 \ 第 11 章 \ 考勤.docx、考勤扣款详情表.xlsx
效果 \ 第 11 章 \ 考勤.docx
实例演示 \ 第 11 章 \ 在 Word 中插入表格

STEP 01： 选择表格

1. 打开“考勤.docx”文档，同时打开“考勤扣款详情表.xlsx”工作簿，在打开的表格中，先在第 1 行上单击鼠标，选择表格第 1 行。
2. 在表格最后一行中按住 Shift 键并单击鼠标选择整个表格。

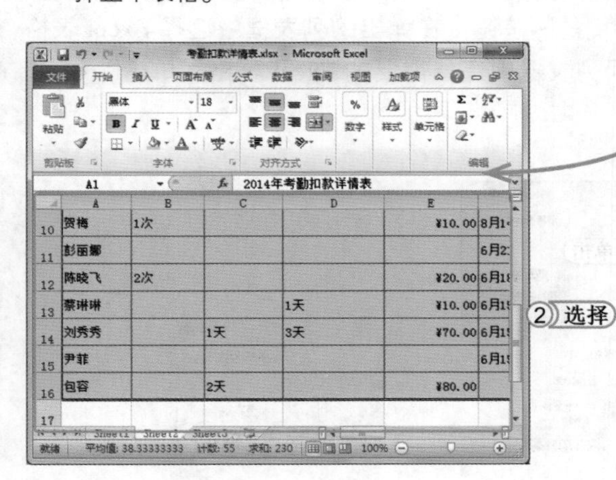

提个醒 用户也可以直接使用鼠标从表格第一行开始进行拖动，至最后一行时释放鼠标，将整个表格选中。

STEP 02： 复制并粘贴表格

在选择表格后，按 Ctrl+C 组合键进行复制，返回到 Word 文档中，将鼠标光标定位到文档最后段落的下一行，然后按 Ctrl+V 组合键将表格粘贴到该处。最后单击粘贴表格右下角出现的“选择性粘贴”按钮(Ctrl)，在其下拉列表中选择“使用目标样式”选项，完成表格的插入。

如下表所示即为某公司的考勤与扣款记录表

2014 年考勤扣款详情表								
2 月份								
姓名	实扣假勤情况				暂未扣假勤情况（书稿创作时间内）			
	迟到	事假	病假	扣款金额	书稿开始时间	迟到	事假	病假
曾里	☐	1天	☐	¥40.00	6 月 15	☐	2天	☐
李林	☐	☐	☐	☐	6 月 18	☐	2天	☐
何文	☐	☐	☐	☐	6 月 15	☐	☐	☐
向海	☐	☐	☐	☐	6 月 14	☐	☐	☐

STEP 03：调整表格

调整插入的表格中的文本，然后调整插入的表格各单元格的长和宽，将其在一页文档中显示出来。最后调整文本与表格的距离（按 Enter 键插入一行空白文本）。完成后的效果如右图所示。

2014 年考勤扣款详情表								
2 月份								
姓名	实扣假勤情况				暂未扣假勤情况（书稿创作时间内）			
	迟到	事假	病假	扣款金额	书稿开始时间	迟到	事假	病假
曾里	□	1 天	□	¥40.00	6 月 15	□	2 天	□
李林	□	□	□	□	6 月 18	□	2 天	□
何文	□	□	□	□	6 月 15	□	□	□
向海	□	□	□	□	6 月 14	□	□	□
廖晓晓	□	□	□	□	6 月 15	□	□	□
贺梅	1 次		□	¥10.00	8 月 14	.	2 天	□
彭丽娜	□	□	□	□	6 月 21	□	□	□
陈晓飞	2 次	□	□	¥20.00	6 月 18	□	2 天	□
蔡琳琳	□	□	1 天	¥10.00	6 月 15	□	□	□
刘秀秀	□	1 天	3 天	¥70.00	6 月 15	□	2 天	□
尹菲	□	□	□	□	6 月 15	□	□	□
包容	□	2 天	□	¥80.00	□	□	□	□

STEP 04：美化表格

单击表格按钮⊞，选择整个表格，选择【表格工具】/【设计】/【表格样式】组，单击右侧的 按钮，在弹出的下拉列表中选择“浅色网格 - 强调文字颜色 6”样式。完成后保存文档。

2014 年考勤扣款详情表								
2 月份								
姓名	实扣假勤情况				暂未扣假勤情况（书稿创作时间内）			
	迟到	事假	病假	扣款金额	书稿开始时间	迟到	事假	病假
曾里	□	1 天	□	¥40.00	6 月 15	□	2 天	□
李林	□	□	□	□	6 月 18	□	2 天	□
何文	□	□	□	□	6 月 15	□	□	□
向海	□	□	□	□	6 月 14	□	□	□
廖晓晓	□	□	□	□	6 月 15	□	□	□
贺梅	1 次		□	¥10.00	8 月 14	.	2 天	□
彭丽娜	□	□	□	□	6 月 21	□	□	□
陈晓飞	2 次	□	□	¥20.00	6 月 18	□	2 天	□
蔡琳琳	□	□	1 天	¥10.00	6 月 15	□	□	□
刘秀秀	□	1 天	3 天	¥70.00	6 月 15	□	2 天	□
尹菲	□	□	□	□	6 月 15	□	□	□
包容	□	2 天	□	¥80.00	□	□	□	□

（2）在 Word 中创建 Excel 超级链接

在 Word 文档中创建 Excel 超级链接的方法，与在 Word 中使用超级链接的方法相同。其具体操作为：打开需要创建链接的 Word 文档，选择需要应用链接的对象后，选择【插入】/【链接】组，单击“超链接”按钮，在打开的“插入超链接”对话框中单击“现有文件或网页”按钮，然后单击“查找范围”下拉列表框右侧的按钮，在弹出的列表框中选择 Excel 表格所在的文件夹，并打开该文件夹，然后在中间列表框中选择需要的 Excel 表格后单击确定按钮，完成 Excel 超级链接的添加。

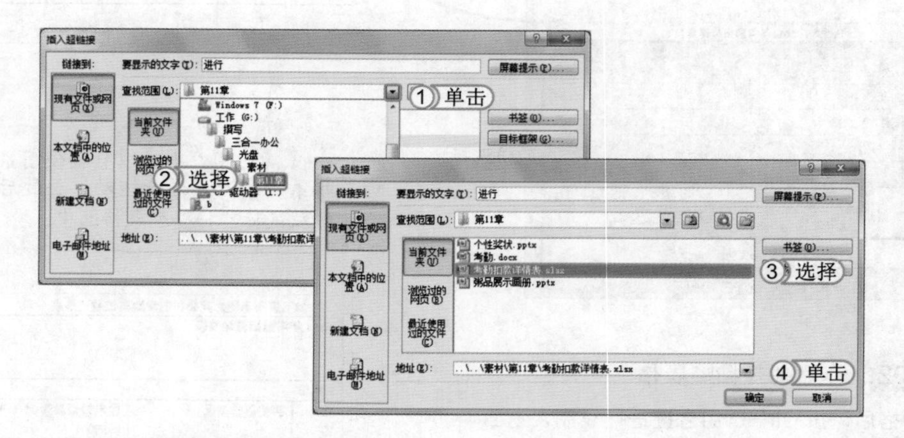

（3）在 Word 中直接使用 Excel 表格

在 Word 中直接使用 Excel 表格应用得并不多，但是在某些特殊情况下还是会要求制作者进行制作。一般直接在 Word 中使用 Excel 表格主要包括在 Word 中新建 Excel 表格和直接插入已制作好的 Excel 表格两种应用。下面分别进行讲解。

- 在 Word 中新建 Excel 表格：打开相应的 Word 文档后，选择【插入】/【表格】组，单击“表格”按钮，在弹出的下拉列表中选择“Excel 电子表格”选项，即可在鼠标定位处新建一个 Excel 表格，并且自动打开类似于 Excel 表格工作界面的窗口，用户在其中按照 Excel 表格的编辑方法对插入的表格进行操作即可。如下图所示即为在 Word 中直接使用 Excel。

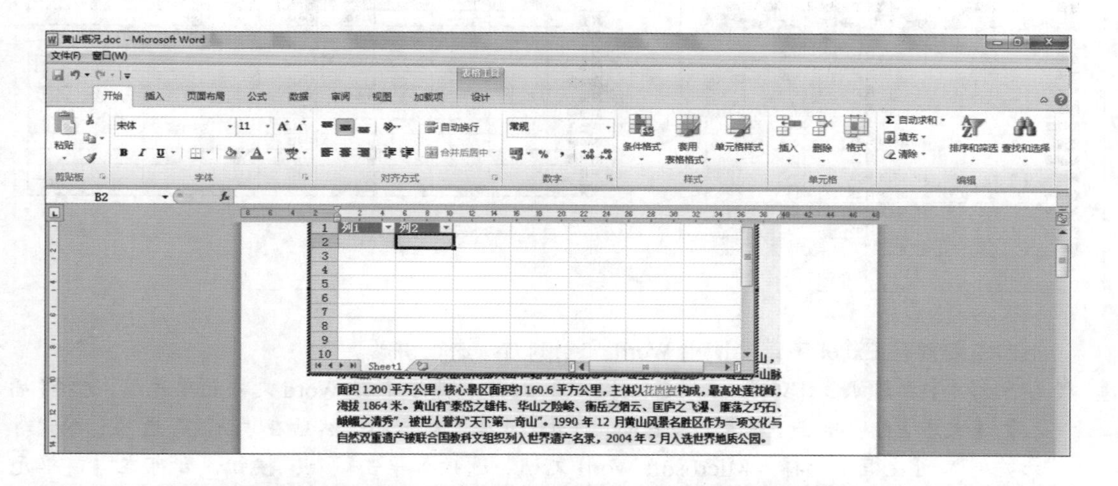

经验一箩筐——返回 Word 工作界面与再次编辑 Excel 表格

在 Word 中直接使用 Excel 后，若要返回到 Word 工作界面，直接使用鼠标在 Excel 表格外单击即可。若是还需再次对 Word 中的 Excel 表格进行编辑，可以使用鼠标双击该 Excel 表格，即可再进行相应的操作。

- 使用已制作的 Excel 表格：打开相应的 Word 文档后，选择【插入】/【文本】组，单击对象按钮，打开“对象”对话框，然后选择“由文件创建”选项卡，在“文件名”文本框中输入需要的 Excel 表格的保存路径，然后单击确定按钮即可。

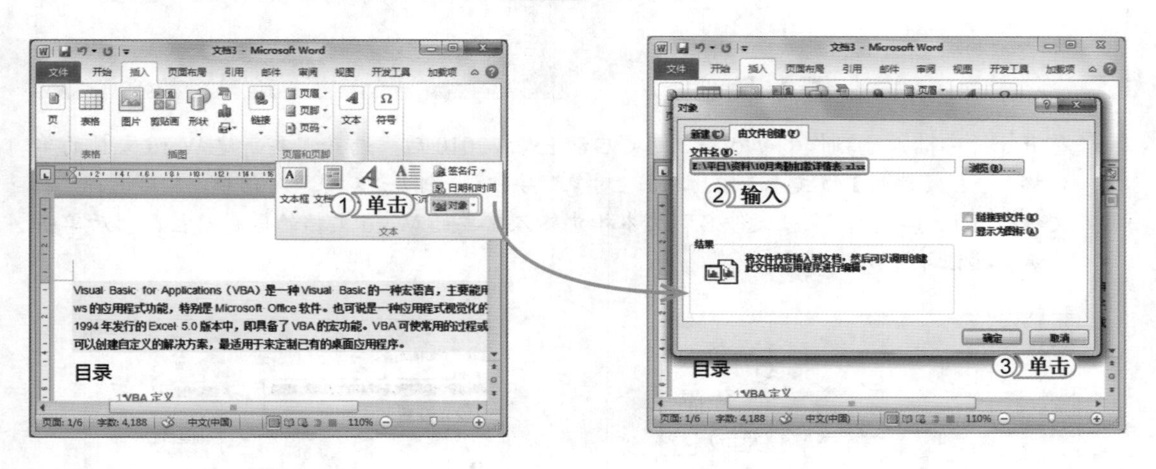

2. 在 Excel 中应用 Word

在 Excel 表格中复制 Word 文档中的资料，其方法与在 Word 中应用 Excel 的方法类似。用户除了可以将需要的文字、数据、图片等资料复制到 Excel 表格中，还可以在 Excel 表格中创建 Word 文档超级链接，只是在应用来自 Word 文档中的资料（特别是复制的资料）时，需要注意其应用的方式和格式，以制作出效果更美观的表格。如下图所示即为将 Word 中的表格复制到 Excel 表格中，并且以保留源格式的方式进行粘贴。

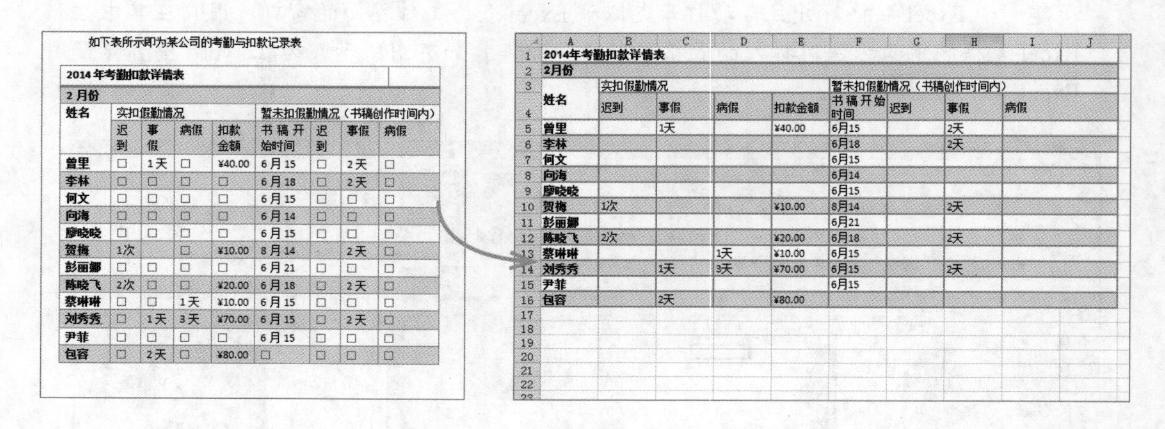

下面主要对在 Excel 中直接使用 Word 文档的方法进行讲解。

- 在 Excel 中新建 Word 文档：启动 Excel 2010 后，选择需要新建 Word 文档的单元格，选择【插入】/【文本】组，单击"对象"按钮，打开"对象"对话框，然后在"新建"选项卡的"对象类型"列表框中选择"Microsoft Word 文档"选项，单击 确定 按钮，即可在当前单元格处新建一个空白 Word 文档，并打开相应的编辑窗口，用户可以使用与编辑 Word 文档相同的方法对 Excel 中新建的 Word 文档进行编辑。

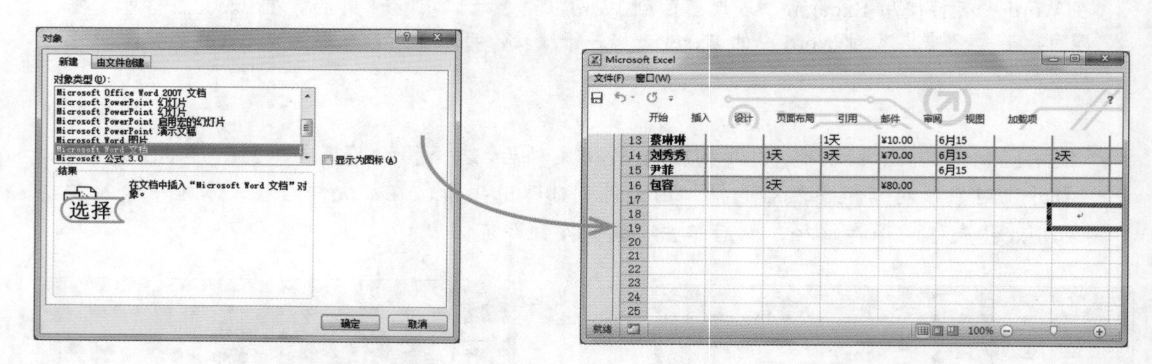

- 在 Excel 中插入已制作的 Word 文档：启动 Excel 2010 后，选择需要新建 Word 文档的单元格，选择【插入】/【文本】组，单击"对象"按钮，打开"对象"对话框，然后选择"由文件创建"选项卡，在"文件名"文本框中输入需要的 Word 文档的保存路径，然后单击 确定 按钮即可。

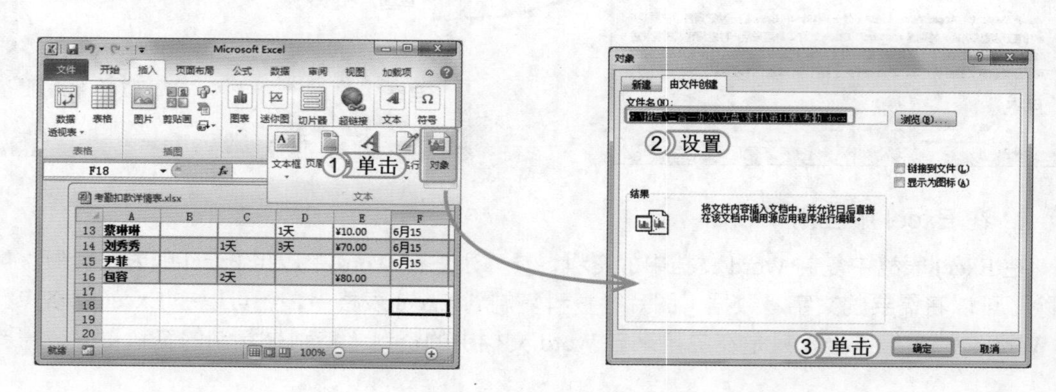

11.2.2 Word 与 PowerPoint 之间的协同

Word 与 PowerPoint 之间的协同即指需要将 Word 中的资料应用到 PowerPoint 中或需要将 PowerPoint 中的资料应用到 Word 中。下面分别对在 Word 中应用 PowerPoint 和在 PowerPoint 中应用 Word 进行讲解。

1. 在 Word 中应用 PowerPoint

在 Word 文档中应用 PowerPoint 演示文稿中的资料，对制作 Word 文档来说既快速又方便。其应用方法一般包括将 PowerPoint 演示文稿中的资料直接复制到 Word 文档中、在 Word 文档中创建 PowerPoint 超级链接和在 Word 文档中插入 PowerPoint 演示文稿 3 种。

（1）复制资料

复制 PowerPoint 中的资料，包括复制其中的文本、表格、图表和图片等对象。其方法为：打开需要的 Word 文档和 PowerPoint 演示文稿，在演示文稿中选择并复制需要的对象，然后在 Word 文档的相应位置处进行粘贴即可。在此过程中尤其需要注意粘贴对象的方式和格式。如下图所示即为将 PowerPoint 演示文稿中的文本复制到 Word 文档中的效果，可看到直接粘贴的文本会使用目标格式，所以还需对粘贴的文本进行设置，以制作出效果更为美观的文档。

313

72⊠ Hours

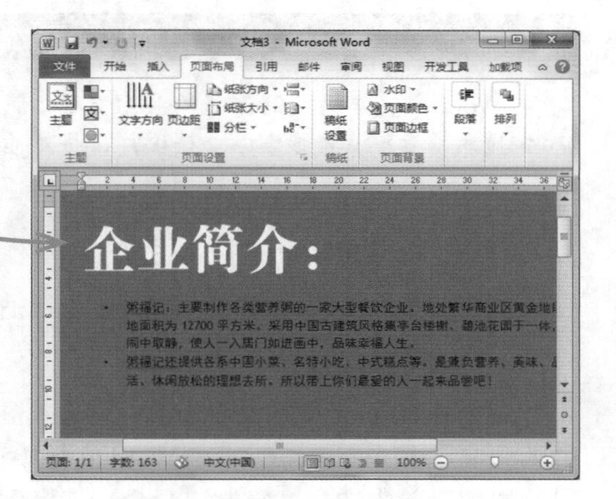

62 Hours

52 Hours

42 Hours

> **经验一箩筐——在 Word 中应用文件中的文字**
>
> 若是需要在 Word 文档中复制大量其他 Word 文档中的文字时，可以直接单击对象按钮右侧的下拉按钮，在弹出的下拉列表中选择“文件中的文字”选项，打开“插入文件”对话框，然后在其中选择需要的 Word 文档后，单击插入(S)按钮即可插入所选文档中的所有内容。

（2）创建超级链接

在 Word 文档中创建 PowerPoint 演示文稿超级链接的方法与在 Word 文档中创建 Excel 超级链接的方法相同，这里就不再赘述，只是其在打开的“插入超链接”对话框中选择的文件类型为 .pptx 格式。

（3）插入 PowerPoint 演示文稿

在 Word 文档中插入 PowerPoint 演示文稿对象的方法与在 Word 中直接使用 Excel 表格的方法相同，都是在“对象”对话框中进行，具体为：打开需要的 Word 文档，选择【插入】/【文本】组，单击对象按钮，打开“对象”对话框，然后选择“新建”选项卡，在其下方的列表框

32 Hours

22 Hours

12 Hours

中选择“Microsoft PowerPoint 演示文稿”选项，再单击确定按钮即可在 Word 文档中新建一个空白演示文稿，然后按照编辑演示文稿的方法对其进行编辑即可；此外，在“对象”对话框中选择“由文件创建”选项卡，然后在“文件名”文本框中输入需要的 PowerPoint 演示文稿的保存路径，再单击确定按钮即可插入一个已经制作好的演示文稿。

经验一箩筐——在 Word 中播放演示文稿

在 Word 中直接插入制作好的演示文稿后，只会显示该演示文稿的第 1 张幻灯片，并以图片形式显示，直接双击该演示文稿图片，将对插入的演示文稿进行放映。

2. 在 PowerPoint 中应用 Word

同样在 PowerPoint 中应用 Word 也包括复制粘贴和插入对象两种操作。

（1）复制与粘贴

在 PowerPoint 中粘贴 Word 中的文本资料可以直接通过剪贴板实现。其方法为：打开相应的演示文稿和 Word 文档，在 Word 文档中选择相应的内容，并在其上方单击鼠标右键，在弹出的快捷菜单中选择“复制”命令，切换到演示文稿，将鼠标光标定位于相应幻灯片的文本占位符或幻灯片空白处。选择【开始】/【剪贴板】组，单击“粘贴”按钮下方的下拉按钮，在弹出的下拉列表中选择“选择性粘贴”选项，打开“选择性粘贴”对话框，选择需要的格式选项后单击确定按钮。返回幻灯片编辑区，会发现文本已出现在幻灯片中。最后再根据需要设置其样式即可。如下图所示即为复制 Word 中的文本到 PowerPoint 中的效果。

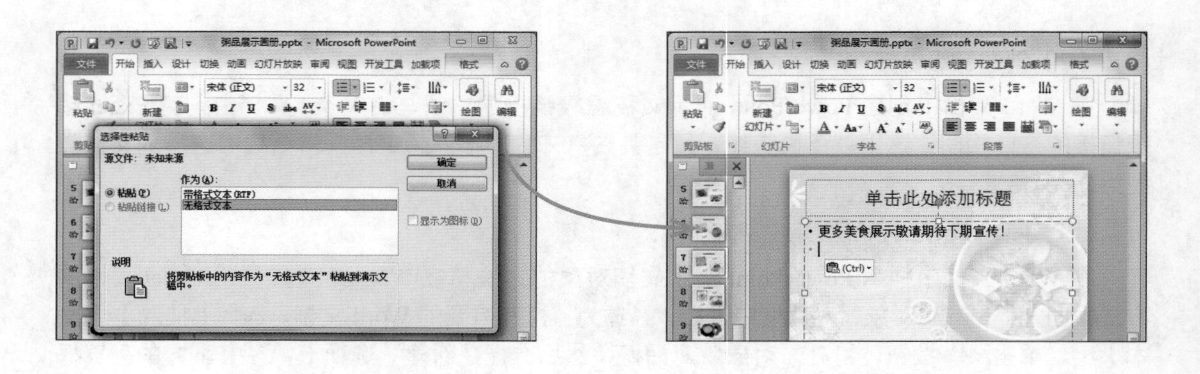

（2）插入对象

在演示文稿中插入 Word 文档可通过“插入对象”对话框完成，但插入的文档只能对其中显示的部分进行编辑。其方法为：打开需要的演示文稿，选择相应的幻灯片，选择【插入】/【文本】组，单击“对象”按钮，打开“插入对象”对话框，选中 新建(N) 单选按钮，在“对象类型”列表框中选择“Microsoft Word 文档”选项，单击 确定 按钮，即可新建一个空白 Word 文档；在“插入对象”对话框中选中 由文件创建(F) 单选按钮，然后在“文件名”文本框中输入需要的 Word 文档的保存路径，单击 确定 按钮，即可插入制作好的 Word 文档。

当插入的对象是制作好的 Word 文档时，用户可双击该文档显示区域，激活 Word 2010 的工作界面，若要将插入的 Word 文档内容显示完整，可以使用鼠标拖动其边框来进行调整，然后返回 PowerPoint 2010 的工作界面，根据需要对文档的位置进行调整。如下图所示即为调整前后的 Word 文档效果。

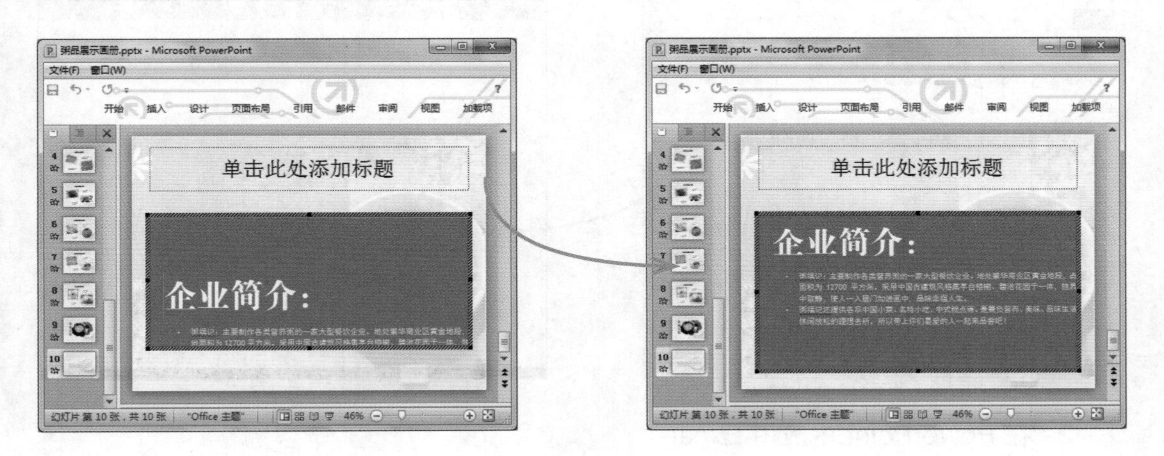

11.2.3 Excel 与 PowerPoint 之间的协同

在 Excel 表格中可以使用制作好的 PowerPoint 2010 演示文稿中的资料，也可以在 Excel 表格中插入演示文稿。同样，也可以在 PowerPoint 2010 演示文稿中使用已制作好的 Excel 表格资料，还可以在 PowerPoint 中插入电子表格，除此之外，还可以在 PowerPoint 演示文稿中使用 Excel 表格协同制作图表。

1. 在 Excel 中应用 PowerPoint

若是需要将制作好的 PowerPoint 演示文稿中的资料应用到正在制作的 Excel 表格中，当工作量不大时可以直接将演示文稿中的资料复制到 Excel 表格中；工作比较繁琐时可以直接在 Excel 表格中插入 PowerPoint 演示文稿；若是在未制作 PowerPoint 演示文稿的情况下，就可以直接在 Excel 表格中插入 PowerPoint 演示文稿并进行相应的编辑。

（1）复制资料

将演示文稿中的资料复制到 Excel 表格中的方法比较简单，也可以通过剪贴板来完成，还可以使用 Ctrl+C 组合键与 Ctrl+V 组合键进行复制与粘贴，但无论应用哪种方法进行复制，粘贴内容后，一定要对其格式和方式进行调整，使制作的效果更加符合需要。

（2）插入演示文稿

在 Excel 表格中插入演示文稿也可以通过“对象”对话框来完成，其具体方法为：打开相应的 Excel 表格，选择要插入演示文稿的单元格，选择【插入】/【文本】组，单击“对象”按钮，打开“对象”对话框，选择“新建”选项卡，在“对象类型”下拉列表框中选择“Microsoft PowerPoint 演示文稿”选项，单击确定按钮，可快速在所选单元格中插入一张空白幻灯片，然后进行相应编辑即可；选择“由文件创建”选项卡，再在“文件名”文本框中输入需要的 PowerPoint 演示文稿的保存路径，然后单击确定按钮即可插入一个已经制作好的演示文稿。若双击插入的演示文稿图片，即可放映演示文稿，而且用户还可以根据需要对演示文稿的位置、大小和边框进行设置。

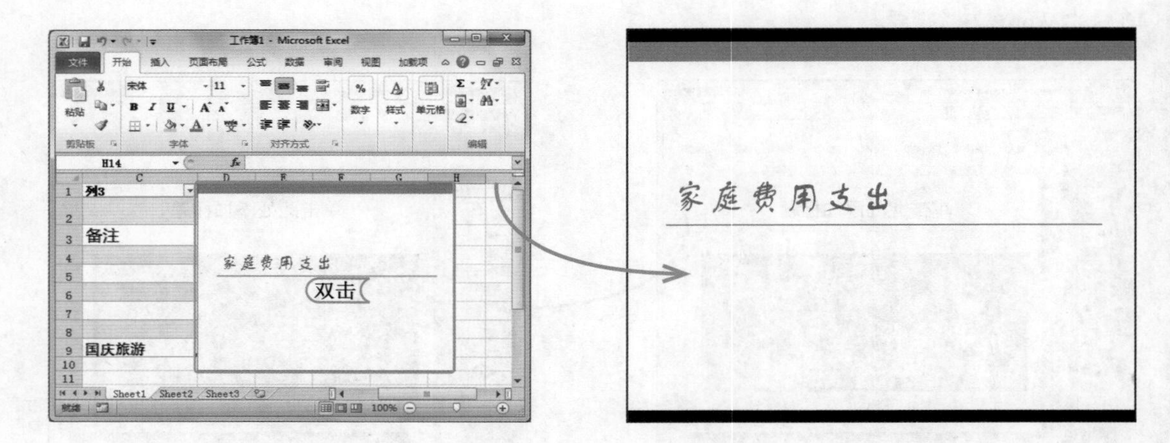

2. 在 PowerPoint 中应用 Excel

在 PowerPoint 2010 中，通过应用已制作好的 Excel 表格可提高制作演示文稿的效率，若是没有制作好的 Excel 表格，用户也可以直接在演示文稿中插入 Excel 表格后再进行相应编辑。此外，还可以使用 Excel 表格协同制作幻灯片中的图表。

（1）应用制作好的 Excel 表格

在 PowerPoint 2010 中应用制作好的 Excel 表格包括两种情况，一是复制表格中的资料到幻灯片中；二是直接插入已制作好的 Excel 表格。下面分别进行讲解。

- 复制表格资料：复制表格资料可以通过剪贴板来完成，也可以使用 Ctrl+C 组合键与 Ctrl+V 组合键进行复制与粘贴。如下图所示即为复制 Excel 表格中的数据到幻灯片中的效果图，其应用的是保留源格式的粘贴方式，并对表格大小进行了相应调整。

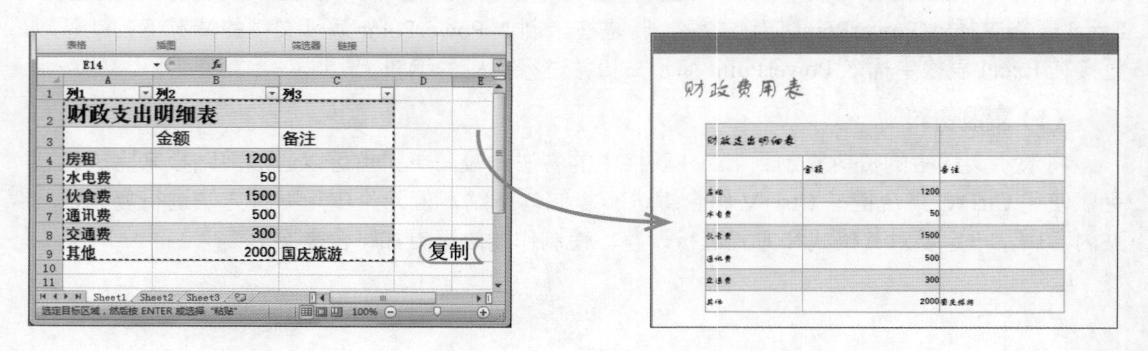

- 直接插入表格：在演示文稿中直接插入Excel表格也是在“插入对象”对话框中进行的。其方法为：打开演示文稿，并选择需要插入Excel表格的幻灯片，选择【插入】/【文本】组，单击“对象”按钮，打开“插入对象”对话框，选中“由文件创建(F)”单选按钮，然后在“文件名”文本框中输入需要的Excel表格的保存路径，单击“确定”按钮，即可插入制作好的Excel表格。双击Excel表格图片即可对插入的Excel表格进行查看。

（2）新建Excel表格

在幻灯片中新建Excel表格的方法主要有以下两种。

- 通过对话框新建：打开“插入对象”对话框，选中“新建(N)”单选按钮，再在“对象类型”列表框中选择“Microsoft Excel工作表”选项，单击“确定”按钮，即可新建一个空白Excel表格。

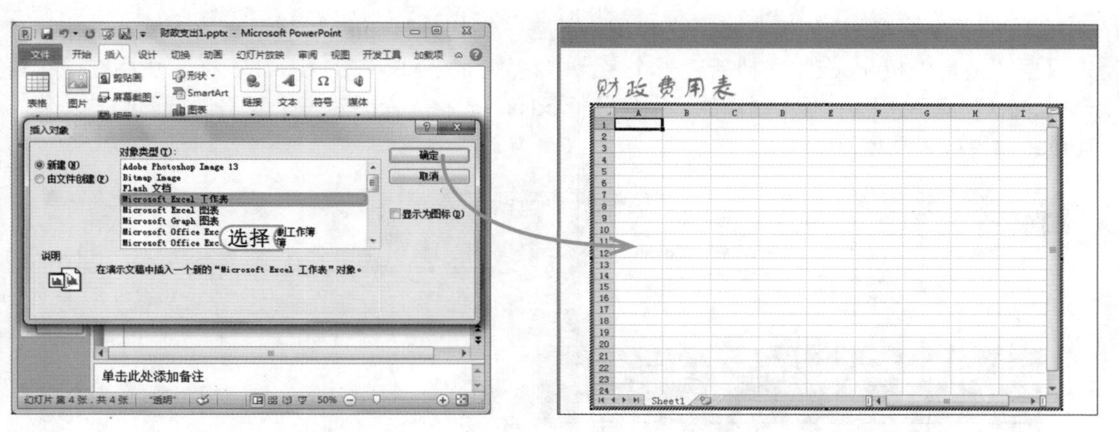

- 通过命令新建：选择要新建Excel表格的幻灯片，选择【插入】/【表格】组，单击“表格”按钮，在弹出的下拉列表中选择“Excel电子表格”选项，即可在幻灯片编辑区插入Excel电子表格。

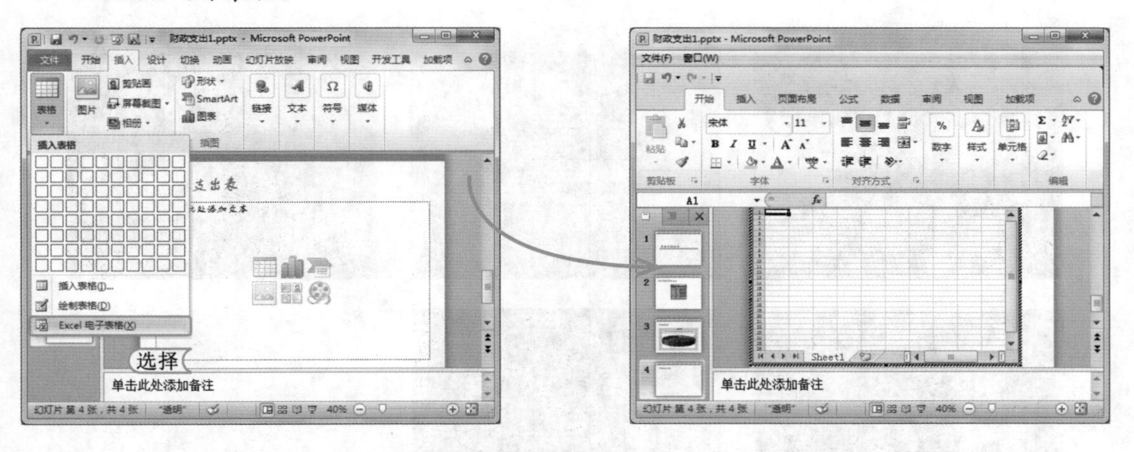

经验一箩筐——拖动鼠标调整Excel表格编辑区

在幻灯片中新建Excel表格后，其编辑区域的大小并不一定十分适合操作的进行，此时，就可以将鼠标定位到其编辑区边框线上，然后拖动鼠标对其大小进行调整即可。

（3）使用 Excel 表格协同制作图表

使用 Excel 表格协同制作演示文稿中的图表的方法已在第 8 章中进行了讲解，这里就不再赘述。只是在打开的“Microsoft PowerPoint 中的图表”窗口中编辑数据时，可以复制其他文档中的资料。

上机 1 小时 ▶ 在演示文稿中插入并编辑 Excel 表格

- 巩固 Office 各组件协同应用的各种方法。
- 掌握在演示文稿中插入并编辑 Excel 表格的方法。

本例将制作“销售分析 .xlsx”工作簿，并在“销售分析 .pptx”演示文稿中插入表格。首先根据“销售分析 .docx”文档新建一个名为“销售分析 .xlsx”的 Excel 表格，然后在“销售分析 .pptx”演示文稿中插入制作的“销售分析 .xlsx”表格，最后对整个表格进行调整与美化。其最终效果如下图所示。

区域　时间	第一季度	第二季度	第三季度	第四季度
西南地区	32	27	35	41
西北地区	16	12	12.2	20
华东地区	24	35	40	35
华南地区	33	30	36	40

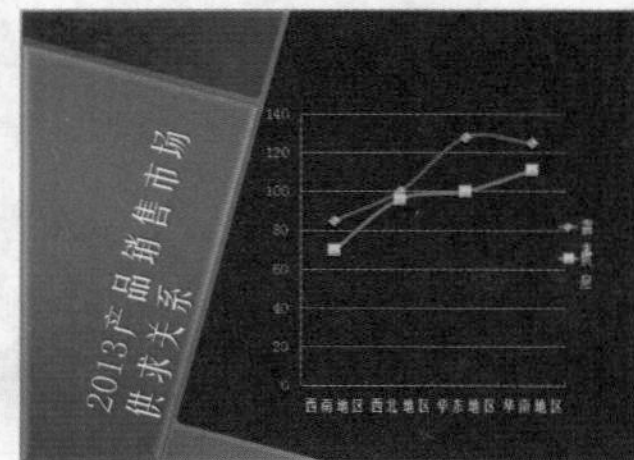

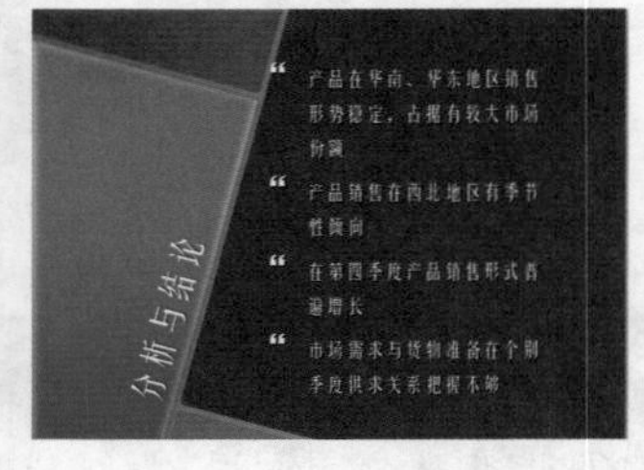

素材 \ 第 11 章 \ 销售分析 \
效果 \ 第 11 章 \ 销售分析 \
实例演示 \ 第 11 章 \ 在演示文稿中插入并编辑 Excel 表格

STEP 01： 新建工作簿

打开“销售分析 .docx”文档，并启动 Excel 2010 新建一个名为“销售分析”的空白工作簿。

读书笔记

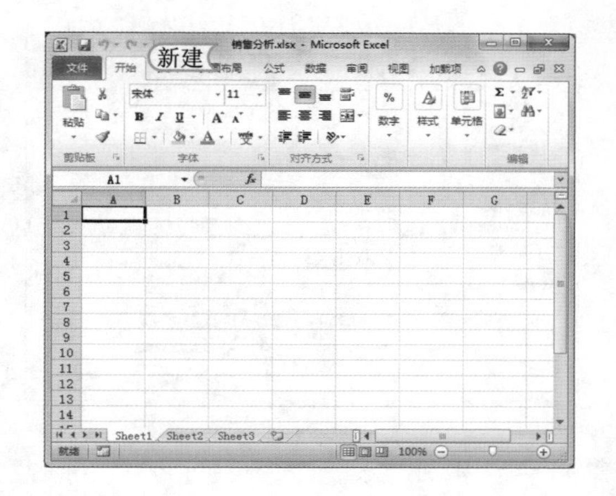

STEP 02： 复制并美化表格

选择“销售分析 .docx”文档中的表格并复制，然后以“匹配目标格式”的粘贴方式将其粘贴到 Excel 表格的 A1 单元格中。最后对粘贴的表格进行编辑与美化，完成后的效果如右图所示。

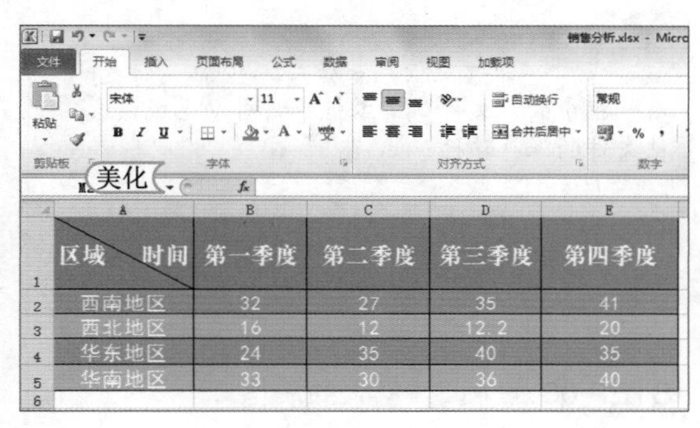

区域 时间	第一季度	第二季度	第三季度	第四季度
西南地区	32	27	35	41
西北地区	16	12	12.2	20
华东地区	24	35	40	35
华南地区	33	30	36	40

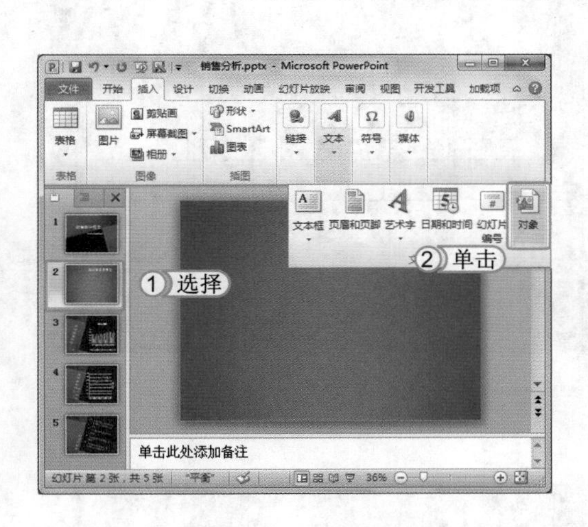

STEP 03： 打开“对象”对话框

1. 保存并关闭“销售分析 .xlsx”工作簿，打开“销售分析 .pptx”演示文稿，选择第 2 张幻灯片。
2. 选择【插入】/【文本】组，单击“对象”按钮，打开“插入对象”对话框。

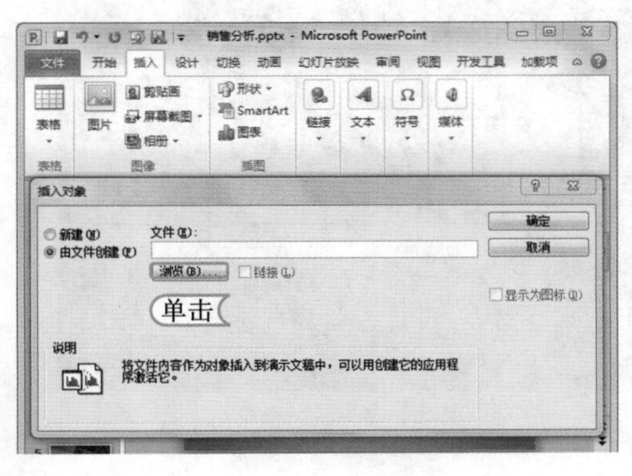

STEP 04： 打开“浏览”对话框

在打开的对话框中选中 由文件创建(F) 单选按钮，然后单击中间的 浏览(B)... 按钮打开“浏览”对话框。

STEP 05：插入对象文件

1. 在“浏览”对话框中找到制作的“销售分析.xlsx”工作簿的所在位置，然后双击该表格。
2. 返回“插入对象”对话框，单击 确定 按钮将其插入到当前幻灯片中。

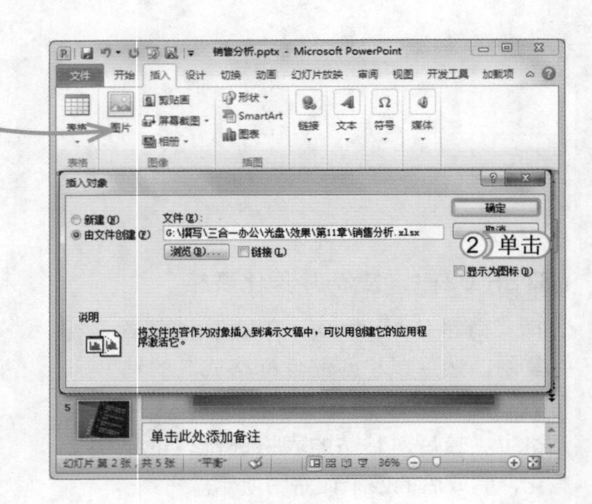

提个醒 选择了所需的文件后，在“插入对象”对话框中的“文件”文本框中将自动生成该表格文件的保存路径。

STEP 06：调整插入的表格

返回到PowerPoint工作界面中，可看到在第2张幻灯片中插入了“销售分析.xlsx”工作簿中的表格。然后通过拖动鼠标调整该表格的大小和位置。完成后的效果如右图所示。

2013年销售额情况

调整

区域 \ 时间	第一季度	第二季度	第三季度	第四季度
西南地区	32	27	35	41
西北地区	16	12	12.2	20
华东地区	24	35	40	35
华南地区	33	30	36	40

提个醒 若是对插入的表格效果不满意，也可以双击该表格，在打开的编辑窗口中对表格进行编辑与设置。

STEP 07：完善演示文稿

仍然在第2张幻灯片中，复制“销售分析.docx”文档中表格下的备注文本到该幻灯片中，以“只保留文本”的方式进行粘贴，然后调整文本的对齐方式和行距。完成后的效果如右图所示。

2013年销售额情况

区域 \ 时间	第一季度	第二季度	第三季度	第四季度
西南地区	32	27	35	41
西北地区	16	12	12.2	20
华东地区	24	35	40	35
华南地区	33	30	36	40

备注：1、产品在华南地区销售额呈逐步增长趋势；
2、个别区域销售有季节性现象。

编辑

11.3 练习1小时

本章主要介绍了Office软件高级应用及各组件之间的协同应用等知识，用户要想在日常工作中熟练使用这些知识，还需再进行巩固练习。下面以制作“粥品宣传”文档和“费用支出”演示文稿为例，巩固对本章知识的学习。

1. 制作“粥品宣传”文档

本例主要练习在Word文档中协同应用演示文稿，并对插入的演示文稿图片进行编辑等知识。首先打开Word文档，然后在Word文档中插入已经制作好的演示文稿，最后对插入的演示文稿进行美化、保存，并预览插入的演示文稿。最终效果如下图所示。

光盘文件

素材\第11章\粥品宣传.docx、粥品展示.pptx

效果\第11章\粥品宣传.docx

实例演示\第11章\制作“粥品宣传”文档

2. 制作“费用支出”演示文稿

本例主要练习在演示文稿中协同应用 Excel 表格，并对插入的表格进行编辑与美化等知识。首先打开演示文稿，在其中复制、新建幻灯片，接着插入一个空白 Excel 表格，最后对插入的表格进行编辑与美化，然后删除多余幻灯片，并保存演示文稿。最终效果如下图所示。

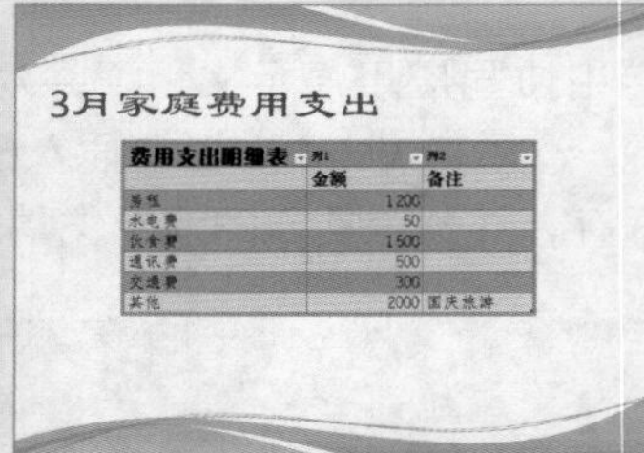

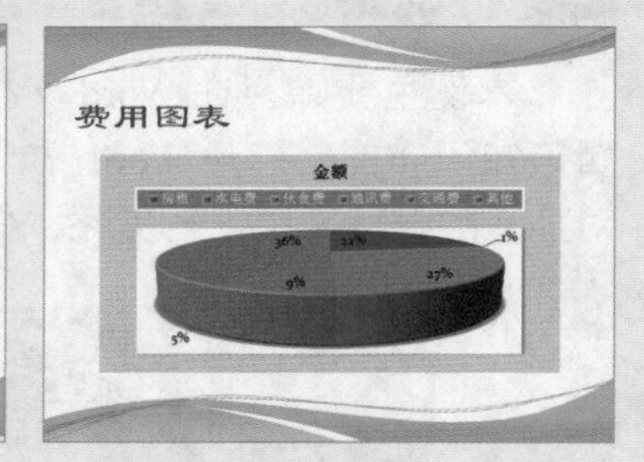

光盘文件
素材 \ 第 11 章 \ 费用支出 .pptx
效果 \ 第 11 章 \ 费用支出 .pptx
实例演示 \ 第 11 章 \ 制作“费用支出”演示文稿

读书笔记

第12章 综合实例演练

上机 6 小时

- 制作公司宣传文档
- 制作工资表
- 制作个人简历

用户在学习了 Word、Excel、PowerPoint 的操作后，即可开始使用它们正式进行办公了。为了更好地巩固所学习的知识，本章将通过 3 个实例让用户更加熟练掌握它们的操作。

12.1 上机 1 小时：制作公司宣传文档

生活和工作中随处可见各种各样的宣传单，它们不但灵活简洁，而且大方得体，能够快速吸引人们的眼球。为了能快速制作出此类宣传单，用户可通过 Word 文档来进行制作。本例将通过制作公司宣传文档来对 Word 2010 的使用和编辑方法进行巩固练习。

12.1.1 实例目标

本例通过制作“公司宣传文档 .docx”文档，全面巩固 Word 2010 的使用方法，主要包括文档基本框架的创建、文档文本和表格的基本编辑，以及设置段落格式、美化表格、设置页眉、页脚和封面等知识。完成后的效果如下图所示。

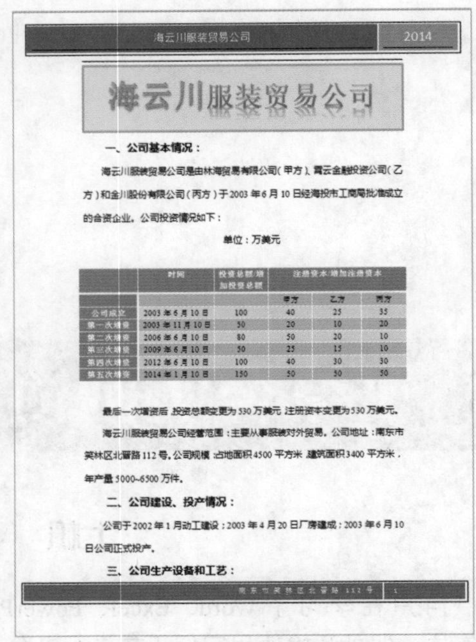

海云川服装贸易公司 2014

海云川服装贸易公司

一、公司基本情况：

海云川服装贸易公司是由林海贸易有限公司（甲方）、青云金融投资公司（乙方）和金川股份有限公司（丙方）于2003 年6 月 10 日经海投市工商局批准成立的合资企业。公司投资情况如下：

单位：万美元

	时间	投资总额/增加投资总额	注册资本/增加注册资本		
			甲方	乙方	丙方
公司成立	2003 年 6 月 10 日	100	40	25	35
第一次增资	2003 年 11 月 10 日	50	20	10	20
第二次增资	2006 年 6 月 10 日	80	50	20	10
第三次增资	2009 年 6 月 10 日	50	25	15	10
第四次增资	2012 年 6 月 10 日	100	40	30	30
第五次增资	2014 年 1 月 10 日	150	50	50	50

最后一次增资后，投资总额变更为 530 万美元，注册资本变更为 530 万美元。

海云川服装贸易公司经营范围：主要从事服装对外贸易。公司地址：南东市笑林区北留路 112 号。公司规模：占地面积 4500 平方米，建筑面积 3400 平方米，年产量 5000~6500 万件。

二、公司建设、投产情况：

公司于 2002 年 1 月动工建设；2003 年 4 月 20 日厂房建成；2003 年6 月 10 日公司正式投产。

三、公司生产设备和工艺：

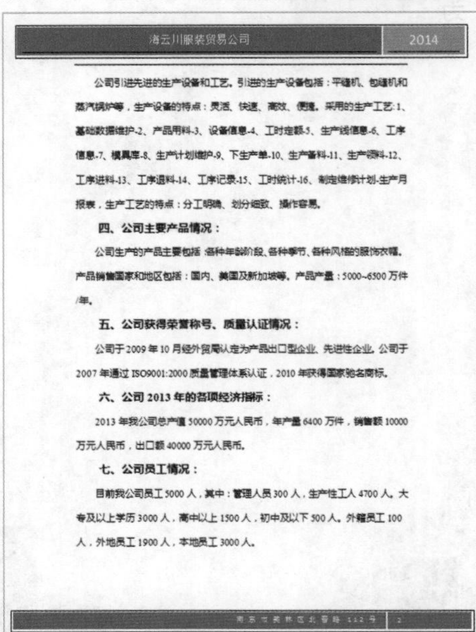

海云川服装贸易公司 2014

公司引进先进的生产设备和工艺。引进的生产设备包括：平缝机、包缝机和蒸汽锅炉等，生产设备的特点：灵活、快速、高效、便捷。采用的生产工艺：1、基础数据维护-2、产品用料-3、设备信息-4、工时定额-5、生产线信息-6、工序信息-7、模具库-8、生产计划维护-9、下生产单-10、生产备料-11、生产领料-12、工序进料-13、工序退料-14、工序记录-15、工时统计-16、制定维修计划-生产月报表，生产工艺的特点：分工明确、划分细致、操作容易。

四、公司主要产品情况：

公司生产的产品主要包括：各种年龄阶段、各种季节、各种风格的服饰衣帽。产品销售国家和地区包括：国内、美国及新加坡等。产品产量：5000~6500 万件/年。

五、公司获得荣誉称号、质量认证情况：

公司于 2009 年 10 月经外贸局认定为产品出口型企业、先进性企业。公司于 2007 年通过 ISO9001:2000 质量管理体系认证，2010 年获得国家驰名商标。

六、公司 2013 年的各项经济指标：

2013 年我公司总产值 50000 万元人民币，年产量 6400 万件，销售额 10000 万元人民币，出口额 40000 万元人民币。

七、公司员工情况：

目前我公司员工 5000 人，其中：管理人员 300 人，生产性工人 4700 人。大专及以上学历 3000 人，高中以上 1500 人，初中及以下 500 人。外籍员工 100 人，外地员工 1900 人，本地员工 3000 人。

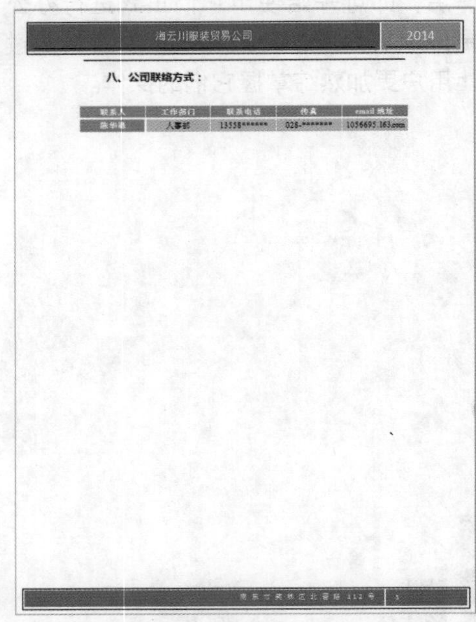

海云川服装贸易公司 2014

八、公司联络方式：

联系人	工作部门	联系电话	传真	email 地址
[illegible]	人事部	13558******	028-*******	1056695.163.com

12.1.2 制作思路

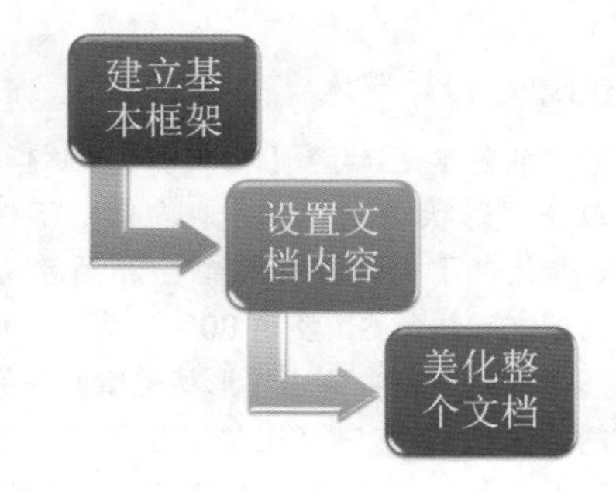

本文档的制作思路大致可分为 3 个部分，第 1 部分是应用主题建立整个文档的总体框架并编辑其中的基本内容；第 2 部分是对所有内容进行具体设置；第 3 部分是美化整个文档，最后保存并关闭文档。

12.1.3 制作过程

下面详细讲解“公司宣传文档 .docx”文档的制作过程。

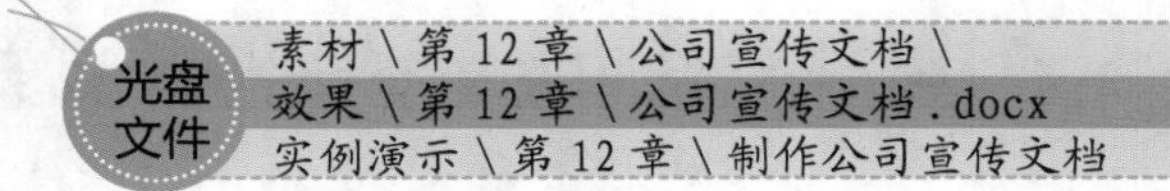

1. 建立文档整体框架

首先启动 Word 2010，在自动新建的空白文档中插入艺术字，并编辑其中基本的内容，其具体操作如下：

STEP 01：准备插入艺术字

启动 Word 2010 新建一个空白文档。选择【插入】/【文本】组，单击“艺术字”按钮，在弹出的下拉列表中选择“填充 - 蓝色，强调文字颜色 1，金属棱台，映像”选项。

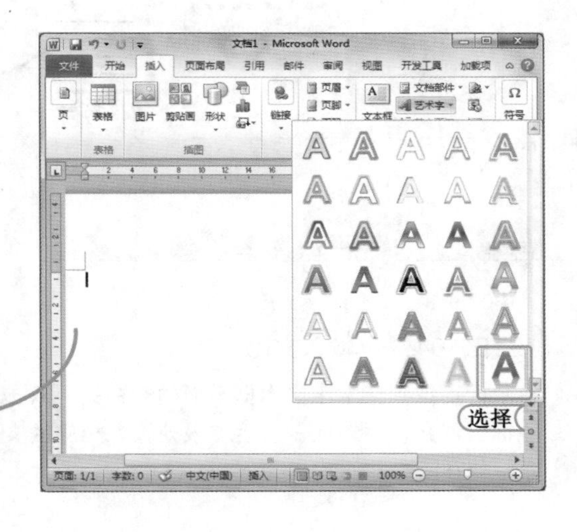

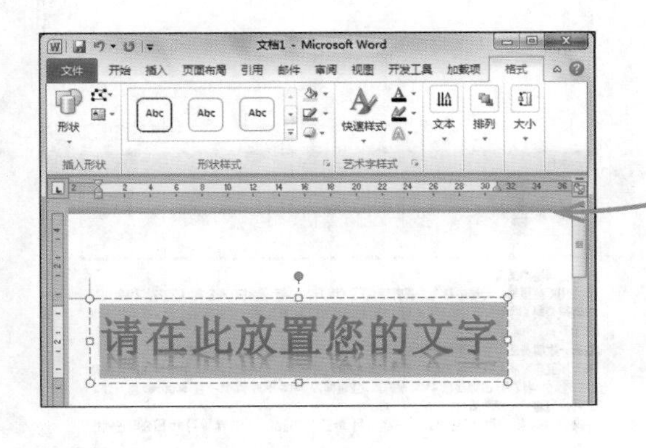

STEP 02：编辑艺术字

在出现的艺术字文本框中直接输入文本“海云川服装贸易公司”，然后拖动鼠标调整艺术字文本框的大小。选择“海云川”文本，将其字号设置为初号。选择【格式】/【艺术字样式】组，单击“快速样式”栏右侧的 按钮，在弹出的下拉列表中选择“填充 - 橙色，强调文字颜色 2，暖色粗糙棱台”选项。完成后的艺术字效果如右图所示。

STEP 03：设置艺术字

1. 选择插入的艺术字，选择【格式】/【形状样式】组，单击"形状填充"按钮右侧的下拉按钮，在弹出的下拉列表中选择"主题颜色"/"绿色，强调文字颜色 6，淡色 80%"选项。
2. 在"形状样式"组中单击"形状轮廓"按钮右侧的下拉按钮，在弹出的下拉列表中选择"粗细"/"3 磅"选项，然后再次在"形状轮廓"下拉列表中选择"标准色"/"浅绿"选项。

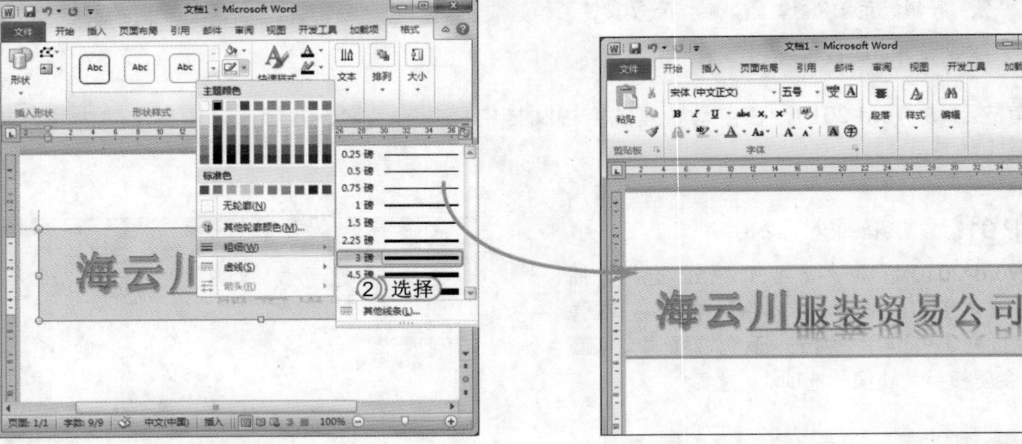

STEP 04：输入文本

将鼠标定位到艺术字文本框下面的空白处，双击鼠标出现文本插入点，然后在该处输入相应的文本，如右图所示。

读书笔记

海云川服装贸易公司

一、公司基本情况：
海云川服装贸易公司是由林海贸易有限公司（甲方）、霄云金融投资公司（乙方）和金川股份有限公司（丙方）于 2003 年 6 月 10 日经海投市工商局批准成立的合资企业。公司投资情况如下：
最后一次增资后，投资总额变更为 530 万美元，注册资本变更为 530 万美元。
海云川服装贸易公司经营范围：主要从事服装对外贸易。公司地址：南东市笑林区北晋路 112 号。公司规模：占地面积 4500 平方米，建筑面积 3400 平方米，年产量 5000~6500 万件。
二、公司建设、投产情况：
公司于 2002 年 1 月动工建设；2003 年 4 月 20 日厂房建成；2003 年 6 月 10 日公司正式投产。
三、公司生产设备和工艺：
公司引进先进的生产设备和工艺。引进的生产设备包括：平缝机、包缝机和蒸汽锅炉等，生产设备的特点：灵活、快速、高效、便捷。采用的生产工艺:1、基础数据维护-2、产品用料-3、设备信息-4、工时定额-5、生产线信息-6、工序信息-7、模具库-8、生产计划维护-9、下生产单-10、生产备料-11、生产领料-12、工序进料-13、工序退料-14、工序记录-15、工时统计-16、制定维修计划-生产月报表.生产工艺的特点：分工明确、划分细致、操作容易。
四、公司主要产品情况：
公司生产的产品主要包括：各种年龄阶段、各种季节、各种风格的服饰衣帽。产品销售国家和地区包括：国内、美国及新加坡等。产品产量： 5000~6500 万件/年。
五、公司获得荣誉称号、质量认证情况：
公司于 2009 年 10 月经外贸局认定为产品出口型企业、先进性企业。公司于 2007 年通过 ISO9001:2000 质量管理体系认证，2010 年获得国家驰名商标。
六、公司 2013 年的各项经济指标：
2013 年我公司总产值 50000 万元人民币，年产量 6400 万件，销售额 10000 万元人民币，出口额 40000 万元人民币。
七、公司员工情况：
目前我公司员工 5000 人，其中：管理人员 300 人，生产性工人 4700 人。大专及以上学历 3000 人，高中以上 1500 人，初中及以下 500 人。外籍员工 100 人，外地员工1900 人，本地员工 3000 人。
八、公司联络方式：

STEP 05： 插入表格

1. 在第 2 段段末按 Enter 键新建一个段落，然后在该处输入“单位：万美元”文本，然后再按 Enter 键新建一个段落。
2. 选择【插入】/【表格】组，单击“表格”按钮▦，在弹出的下拉列表中通过拖动鼠标选择一个 6×8 的表格，然后在绘制的表格中输入相应的文本。

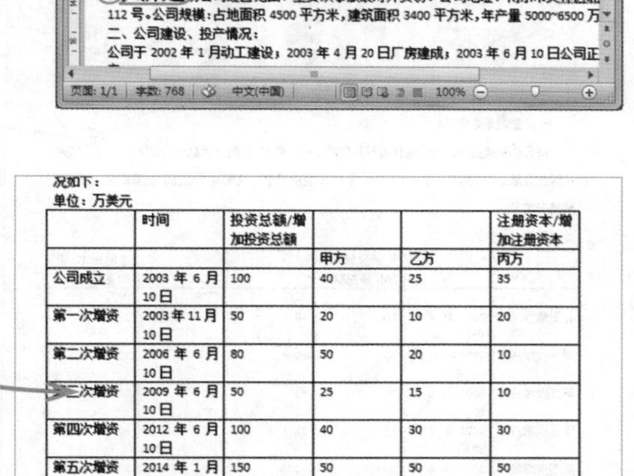

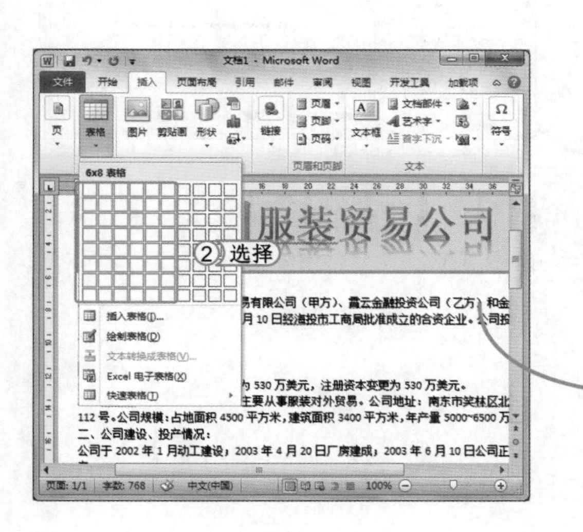

况如下：
单位：万美元

	时间	投资总额/增加投资总额			注册资本/增加注册资本
			甲方	乙方	丙方
公司成立	2003 年 6 月 10 日	100	40	25	35
第一次增资	2003 年 11 月 10 日	50	20	10	20
第二次增资	2006 年 6 月 10 日	80	50	20	10
第三次增资	2009 年 6 月 10 日	50	25	15	10
第四次增资	2012 年 6 月 10 日	100	40	30	30
第五次增资	2014 年 1 月 10 日	150	50	50	50

最后一次增资后，投资总额变更为 530 万美元，注册资本变更为 530 万美元。

STEP 06： 再次插入表格

按照与步骤 5 相同的方法在最后一个段落后面插入一个 5×2 的表格，然后在绘制的表格中输入相应的文本。

七、公司员工情况：
目前我公司员工 5000 人，其中：管理人员 300 人，生产性工人 4700 人。大专及以上学历 3000 人，高中以上 1500 人，初中及以下 500 人。外籍员工 100 人，外地员工 1900 人，本地员工 3000 人。
八、公司联络方式：

联系人	工作部门	联系电话	传真	email 地址
陈华锋	人事部	13558******	028-*******	1056695.163.com

2. 编辑与设置文档内容

下面分别对其中的文本和表格内容进行编辑，其中将主要运用到文本格式的设置、表格的设置等操作，其具体操作如下：

STEP 01： 打开“段落”对话框

选择除艺术字和表格外的所有文本段落，选择【开始】/【段落】组，单击“段落”组右下角的 按钮，打开“段落”对话框。

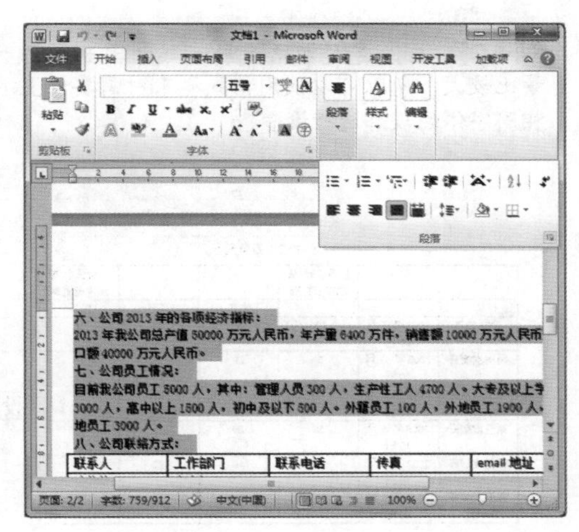

提个醒 在此步骤中，用户也可以在选择需要设置段落格式的文本后，单击鼠标右键，在弹出的快捷菜单中选择“段落”命令，打开“段落”对话框。

STEP 02： 设置段落格式

1. 在“常规”栏的“对齐方式”下拉列表框中选择“左对齐”选项。
2. 在“缩进”栏的“特殊格式”下拉列表框中选择“首行缩进”选项，其“磅值”默认为2字符。
3. 在“间距”栏的“行距”下拉列表框中选择“1.5倍行距”选项，最后单击 确定 按钮即可。

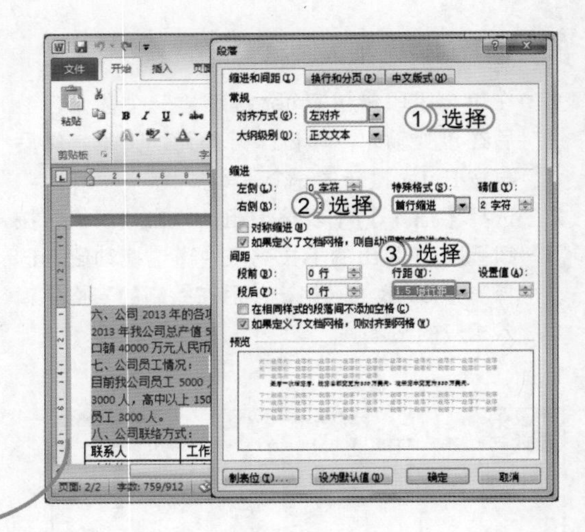

海云川服装贸易公司

一、公司基本情况：

海云川服装贸易公司是由林海贸易有限公司（甲方）、霄云金融投资公司（乙方）和金川股份有限公司（丙方）于 2003 年 6 月 10 日经海投市工商局批准成立的合资企业。公司投资情况如下：

单位：万美元

	时间	投资总额/增加投资总额			注册资本/增加注册资本
			甲方	乙方	丙方
公司成立	2003 年 6 月 10 日	100	40	25	35
第一次增资	2003 年 11 月 10 日	50	20	10	20
第二次增资	2006 年 6 月 10 日	80	50	20	10
第三次增资	2009 年 6 月 10 日	50	25	15	10
第四次增资	2012 年 6 月 10 日	100	40	30	30
第五次增资	2014 年 1 月 10 日	150	50	50	50

最后一次增资后，投资总额变更为 530 万美元，注册资本变更为 530 万美元。

海云川服装贸易公司经营范围：主要从事服装对外贸易。公司地址：南东市奖林区北晋路 112 号。公司规模：占地面积 4500 平方米，建筑面积 3400 平方米，年产量 5000~6500

STEP 03： 设置文本格式

将带有序号的段落文本字体设置为“微软雅黑，四号，加粗”。然后将其他正文段落文本设置为“微软雅黑，小四号”字体，并将第3段文本“单位：万美元”设置为居中对齐。

海云川服装贸易公司

一、公司基本情况：

设置

海云川服装贸易公司是由林海贸易有限公司（甲方）、霄云金融投资公司（乙方）和金川股份有限公司（丙方）于 2003 年 6 月 10 日经海投市工商局批准成立的合资企业。公司投资情况如下：

单位：万美元

	时间	投资总额/增加投资总额			注册资本/增加注册资本
			甲方	乙方	丙方
公司成立	2003 年 6 月 10 日	100	40	25	35
第一次增资	2003 年 11 月	50	20	10	20

提个醒 在设置文本格式的时候，因为工作量比较大，所以可以使用格式刷来对需要设置相同字体的段落进行设置。

单位：万美元

	时间	投资总额/增加投资总额			注册资本/增加注册资本
			甲方	乙方	丙方
公司成立	2003 年 6 月 10 日	100	40	25	35
第一次增资	2003 年 11 月 10 日	50	20	10	20
第二次增资	2006 年 6 月 10 日	80	50	20	10
第三次增资	2009 年 6 月 10 日	50	25	15	10
第四次增资	2012 年 6 月 10 日	100	40	30	30
第五次增资	2014 年 1 月 10 日	150	50	50	50

设置

STEP 04： 设置表格文本居中对齐

选择第1个表格中所有的文本，选择【开始】/【段落】组，在其中单击“居中”按钮，将该表格中的文本设置为居中对齐。

STEP 05： 调整表格

拖动鼠标对表格的列宽进行调整，以使其中除第1行表格外的所有文本均为一行显示。然后选择第一行的最后3个单元格，选择【表格工具】/【布局】/【合并】组，单击"合并单元格"按钮，将这3个单元格快速合并为一个单元格。

单位：万美元

	时间	投资总额/增加投资总额	注册资本/增加注册资本		
			甲方	乙方	丙方
公司成立	2003年6月10日	100	40	25	35
第一次增资	2003年11月10日	50	20	10	20
第二次增资	2006年6月10日	80	50	20	10
第三次增资	2009年6月10日	50	25	15	10
第四次增资	2012年6月10日	100	40	30	30
第五次增资	2014年1月10日	150	50	50	50

最后一次增资后，投资总额变更为530万美元，注册资本变更为530万美元。

调整

STEP 06： 应用表格样式

选择整个表格，选择【表格工具】/【设计】/【表格样式】组，单击"表格样式"栏右侧的按钮，在弹出的下拉列表中选择"中等深浅网格3-强调文字颜色6"选项，完成后效果如右图所示。

单位：万美元

	时间	投资总额/增加投资总额	注册资本/增加注册资本		
			甲方	乙方	丙方
公司成立	2003年6月10日	100	40	25	35
第一次增资	2003年11月10日	50	20	10	20
第二次增资	2006年6月10日	80	50	20	10
第三次增资	2009年6月10日	50	25	15	10
第四次增资	2012年6月10日	100	40	30	30
第五次增资	2014年1月10日	150	50	50	50

最后一次增资后，投资总额变更为530万美元，注册资本变更为530万美元。

设置

八、公司联络方式：

联系人	工作部门	联系电话	传真	email 地址
陈华锋	人事部	13558******	028-*******	1056695.163.com

设置

STEP 07： 继续设置表格

按照相同的方法对最后一个表格进行设置，完成后的效果如左图所示。

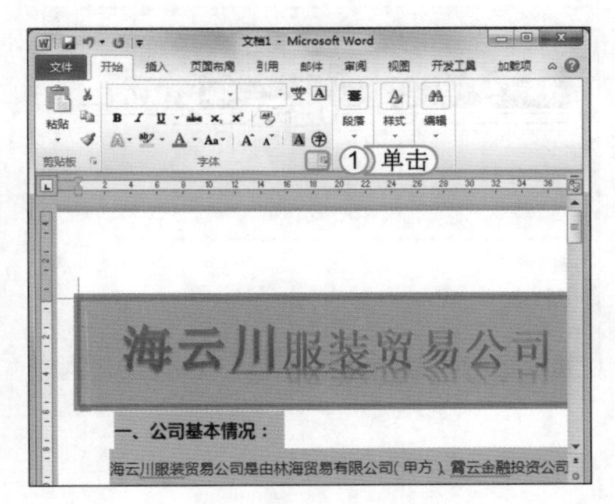

STEP 08： 设置数值文本

1. 选择文档中所有的内容，选择【开始】/【字体】组，单击"字体"组右下角的按钮，打开"字体"对话框。
2. 在"字体"对话框的"西文字体"下拉列表框中选择"Times New Roman"选项。然后单击 确定 按钮。

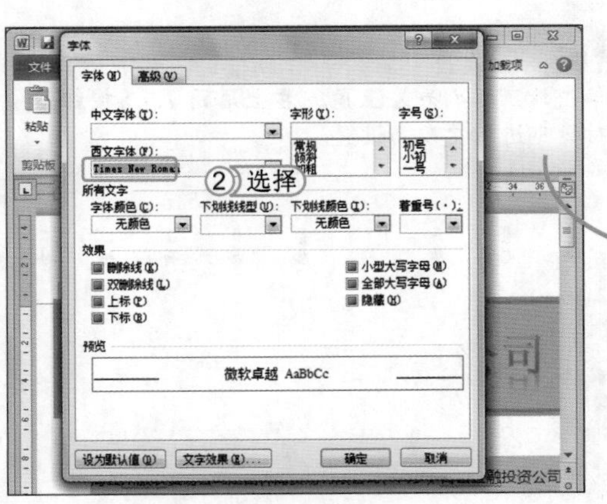

海云川服装贸易公司

一、公司基本情况：

海云川服装贸易公司是由林海贸易有限公司(甲方)、霄云金融投资公司(乙方)和金川股份有限公司(丙方)于2003年6月10日经海投市工商局批准成立的合资企业。公司投资情况如下：

单位：万美元

	时间	投资总额/增加投资总额	注册资本/增加注册资本		
			甲方	乙方	丙方
公司成立	2003年6月10日	100	40	25	35
第一次增资	2003年11月10日	50	20	10	20
第二次增资	2006年6月10日	80	50	20	10
第三次增资	2009年6月10日	50	25	15	10
第四次增资	2012年6月10日	100	40	30	30
第五次增资	2014年1月10日	150	50	50	50

最后一次增资后，投资总额变更为530万美元，注册资本变更为530万美元。

海云川服装贸易公司经营范围：主要从事服装对外贸易。公司地址：南东市笑林区北留路112号。公司规模：占地面积4500平方米，建筑面积3400平方米，

3. 美化整个文档

下面首先设置文档的页眉，然后再设置文档的页脚，最后为文档添加封面并设置封面图片。其具体操作如下：

STEP 01：设置页眉样式

选择【插入】/【页眉和页脚】组，单击“页眉”按钮，然后在弹出的下拉列表中选择“瓷砖型”选项。

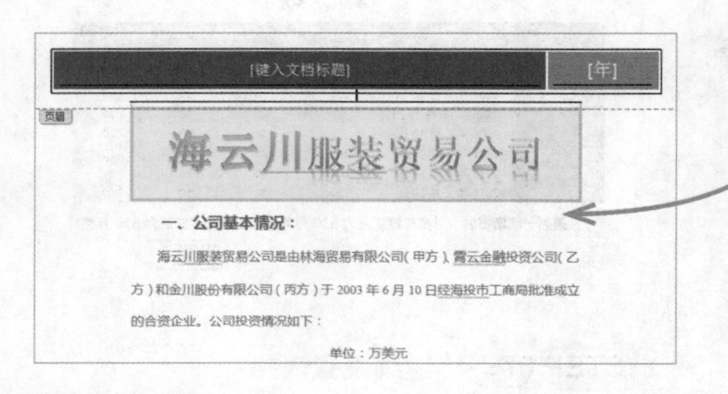

[键入文档标题] [年]

页眉

海云川服装贸易公司

一、公司基本情况：

海云川服装贸易公司是由林海贸易有限公司(甲方)、霄云金融投资公司(乙方)和金川股份有限公司(丙方)于 2003 年 6 月 10 日经海投市工商局批准成立的合资企业。公司投资情况如下：

单位：万美元

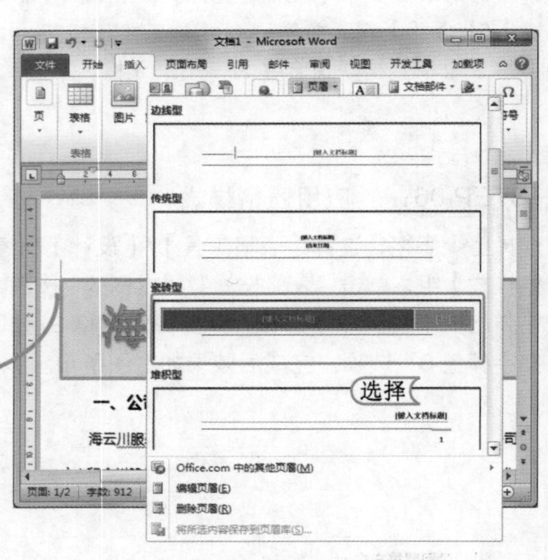

STEP 02：输入页眉信息

1. 在页眉的“键入文档标题”占位符处输入文本“海云川服装贸易公司”，然后在“年”占位符中输入“2014”。
2. 单击“年”占位符后的按钮，在弹出的下拉列表中设置相应的月份和日期值。

提个醒 在设置月份和日期值时，用户可以单击该下拉列表左上角或右上角的◀或▶按钮，对日期进行更改与设置。

读书笔记

STEP 03： 查看设置的页眉

双击文档内容，退出页眉编辑状态，即可查看设置的页眉效果。

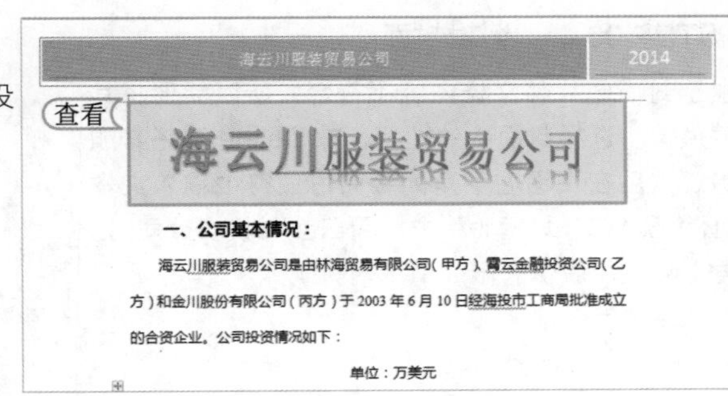

提个醒 在此步骤中用户也可以单击“关闭页眉和页脚”按钮，退出页眉编辑状态。

STEP 04： 设置页脚

1. 选择【插入】/【页眉和页脚】组，单击“页脚”按钮，在弹出的下拉列表中选择“瓷砖型”选项。
2. 在“键入公司地址栏”占位符中输入文本“南东市笑林区北晋路112号”，然后退出页脚编辑状态，查看设置的页脚。

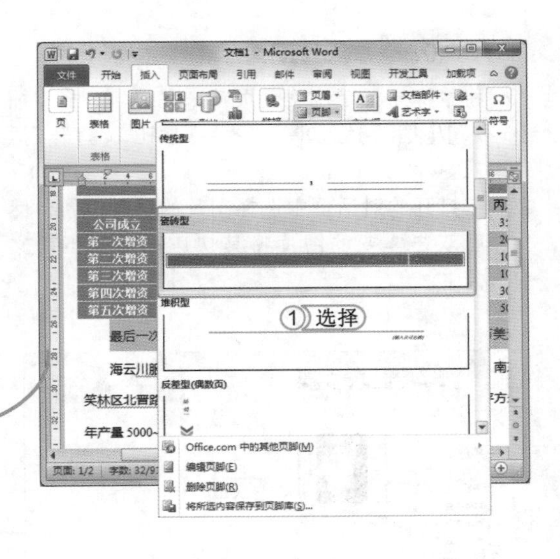

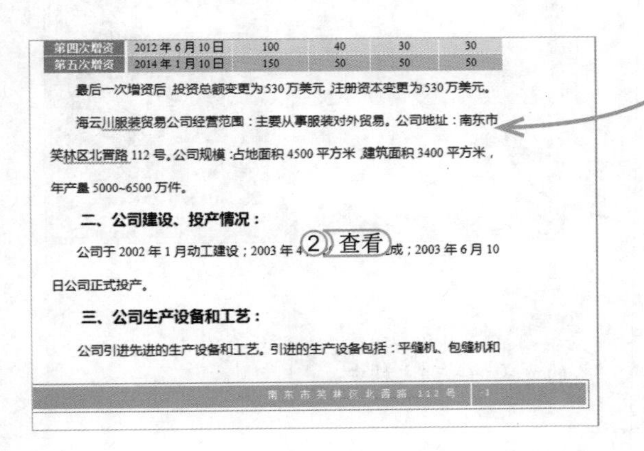

提个醒 尽量将页眉和页脚设置为风格统一的样式，这样可以制作出协调的文档效果。

STEP 05： 添加封面

选择【插入】/【页】组，单击“封面”按钮，在弹出的下拉列表中选择“运动型”选项。

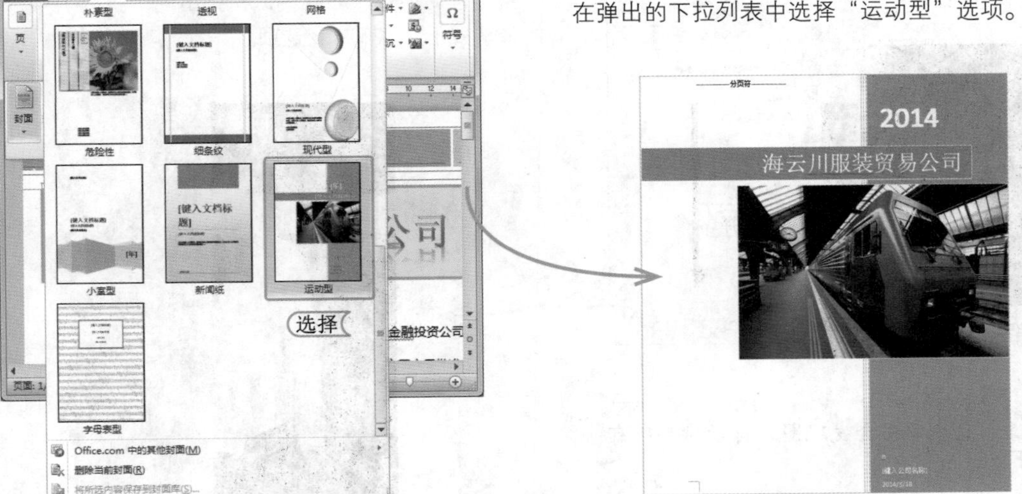

STEP 06：编辑封面

由于封面图片与文档内容不符合，所以需要将其替换掉。选择封面中的图片，按 Delete 键将其删除。然后在页面右下角的公司占位符中输入文本“林海贸易有限公司(甲方)、霄云金融投资公司(乙方)和金川股份有限公司(丙方)”。

STEP 07：添加图片

1. 将鼠标光标定位到分页符末尾处，选择【插入】/【插图】组，单击“图片”按钮，打开“插入图片”对话框。
2. 在打开的对话框中选择图片的保存位置，然后双击需要的图片将其快速插入到当前文档中。

提个醒 此步骤插入的图片会自动以嵌入型的方式插入到文档中。

STEP 08：更改图片换行方式

选择插入的图片，选择【格式】/【排列】组，单击“自动换行”按钮，在弹出的下拉列表中选择“衬于文字下方”选项。

提个醒 此步骤中会发现图片自动衬于所有文字下方。

STEP 09: 调整图片大小和位置

1. 选择封面中插入的图片，选择【格式】/【大小】组，单击“裁剪”按钮，然后在裁剪控制点处拖动鼠标对图片进行裁剪，最后单击封面中图片外的任意位置，完成图片的裁剪。
2. 再次选择封面中插入的图片，按住 Shift 键并拖动图片四角上的控制点，按比例调整图片的大小，然后同时释放 Shift 键和鼠标，拖动鼠标调整图片的位置。

读书笔记

STEP 10: 设置封面形状颜色

在封面中选择右边灰色的矩形，选择【格式】/【形状样式】组，单击“形状填充”按钮，在弹出的下拉列表中选择“主题颜色”/“绿色，强调文字颜色 6”选项。

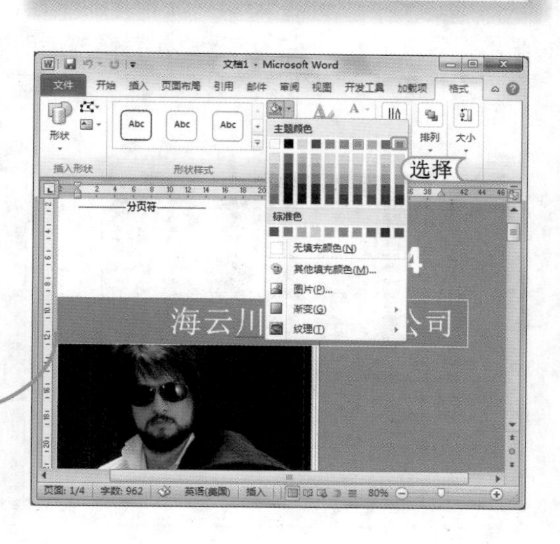

提个醒 用户也可以在“填充颜色”下拉列表框中选择“标准色”栏中的色块对填充颜色进行设置，或是选择如“其他填充颜色、图片、渐变或纹理”等选项，在打开的对话框中对形状的填充进行详细设置。

STEP 11： 完善文档

预览整个文档效果，按 Enter 键调整表格与段落文本之间的行距，让文档内容显示出来。最后以“公司宣传文档”为名保存本文档并退出 Word 2010。

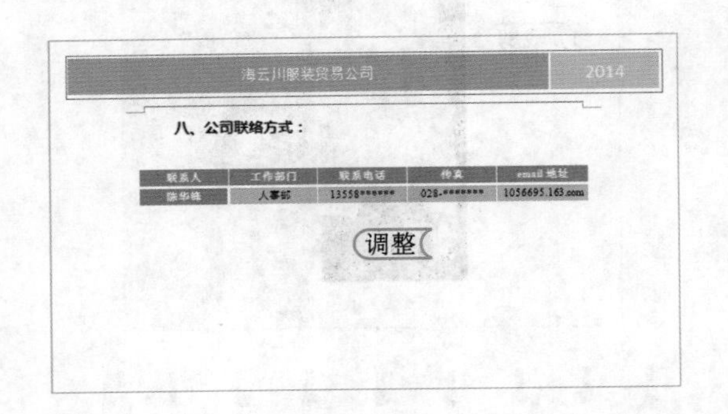

海云川服装贸易公司 2014

八、公司联络方式：

联系人	工作部门	联系电话	传真	email 地址
陈华锋	人事部	13558*******	028-********	1056695.163.com

海云川服装贸易公司 2014

海云川服装贸易公司

一、公司基本情况：

海云川服装贸易公司是由林海贸易有限公司（甲方）、霄云金融投资公司（乙方）和金川股份有限公司（丙方）于 2003 年 6 月 10 日经海投市工商局批准成立的合资企业。公司投资情况如下：

单位：万美元

	时间	投资总额/增加投资总额	注册资本/增加注册资本		
			甲方	乙方	丙方
公司成立	2003 年 6 月 10 日	100	40	25	35
第一次增资	2003 年 11 月 10 日	50	20	10	20
第二次增资	2006 年 6 月 10 日	80	50	20	10
第三次增资	2009 年 6 月 10 日	50	25	15	10
第四次增资	2012 年 6 月 10 日	100	40	30	30
第五次增资	2014 年 1 月 10 日	150	50	50	50

最后一次增资后，投资总额变更为 530 万美元，注册资本变更为 530 万美元。

海云川服装贸易公司经营范围：主要从事服装对外贸易。公司地址：南东市笑林区北晋路 112 号。公司规模：占地面积 4500 平方米，建筑面积 3400 平方米，

12.2 上机 1 小时：制作工资表

工资表是日常工作中最常见的表格，特别是对于财务部门的工作人员来说，能够熟练而快速地制作出正确、美观的工资表表格是十分必要的。本例将通过对工资表的制作，进一步巩固表格的制作、编辑和美化操作。

12.2.1 实例目标

通过对“工资表.xlsx”工作簿的制作，全面巩固 Excel 2010 的使用方法，主要包括表格基本框架的创建、公式的应用和表格数据的编辑，以及设置单元格格式、美化整个表格、创建数据透视表和创建数据透视图等知识。完成后的效果如下图所示。

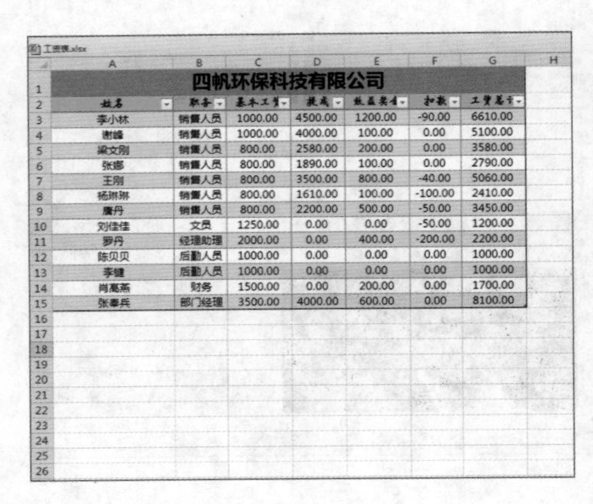

工资表.xlsx

四帆环保科技有限公司

姓名	职务	基本工资	提成	效益奖金	扣款	工资总计
李小林	销售人员	1000.00	4500.00	1200.00	-90.00	6610.00
谢峰	销售人员	1000.00	4000.00	100.00	0.00	5100.00
梁文刚	销售人员	800.00	2580.00	200.00	0.00	3580.00
张娜	销售人员	800.00	1890.00	100.00	0.00	2790.00
王刚	销售人员	800.00	3500.00	800.00	-40.00	5060.00
杨琳琳	销售人员	800.00	1610.00	100.00	-100.00	2410.00
康丹	销售人员	800.00	2200.00	500.00	-50.00	3450.00
刘佳佳	文员	1250.00	0.00	0.00	-50.00	1200.00
罗丹	经理助理	2000.00	0.00	400.00	-200.00	2200.00
陈贝贝	后勤人员	1000.00	0.00	0.00	0.00	1000.00
李键	后勤人员	1000.00	0.00	0.00	0.00	1000.00
肖嘉燕	财务	1500.00	0.00	200.00	0.00	1700.00
张春兵	部门经理	3500.00	4000.00	600.00	0.00	8100.00

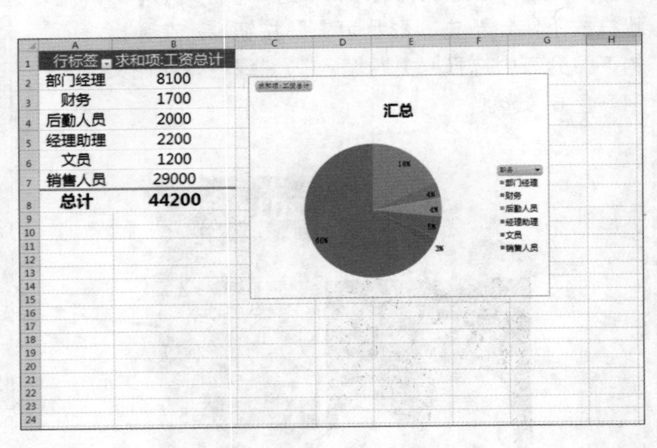

行标签	求和项:工资总计
部门经理	8100
财务	1700
后勤人员	2000
经理助理	2200
文员	1200
销售人员	29000
总计	44200

12.2.2 制作思路

本例的制作思路大致可分为 3 个部分，第 1 部分是建立整个 Excel 表格的总体框架并编辑表格中的数据；第 2 部分是设置单元格格式并美化整个表格；第 3 部分是创建数据透视表和透视图，最后保存表格。

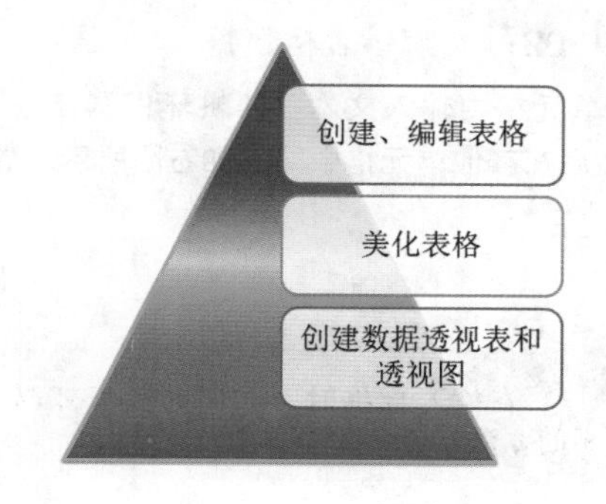

12.2.3 制作过程

下面详细讲解“工资表 .xlsx”工作簿的制作过程。

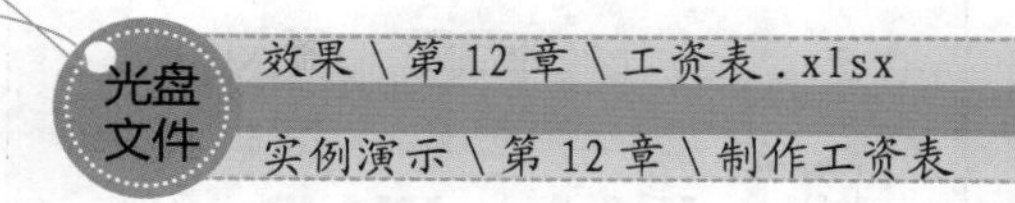

1. 创建表格整体框架

下面启动 Excel 2010，新建一个空白工作簿，并为其应用主题样式，然后编辑其中的数据，其具体操作如下：

STEP 01： 应用主题

1. 启动 Excel 2010 新建一个空白工作簿。选择【页面布局】/【主题】组，单击“主题”按钮，在弹出的下拉列表中选择“都市流行”选项。
2. 仍然在“主题”组中单击“主题字体”按钮，在弹出的下拉列表中选择“视点”选项。

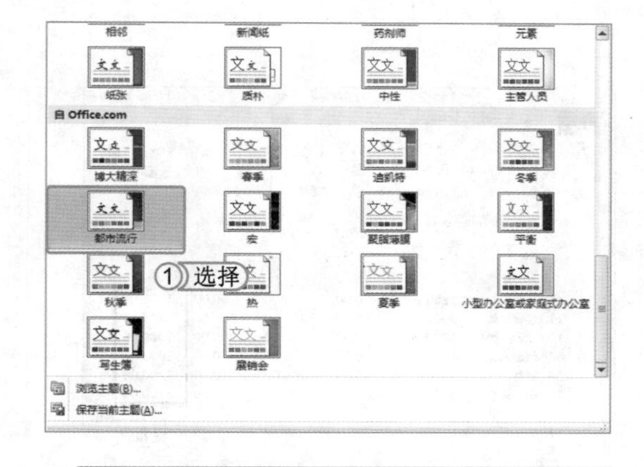

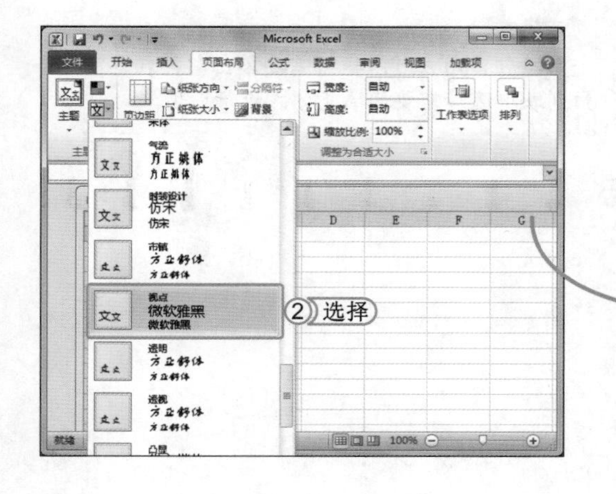

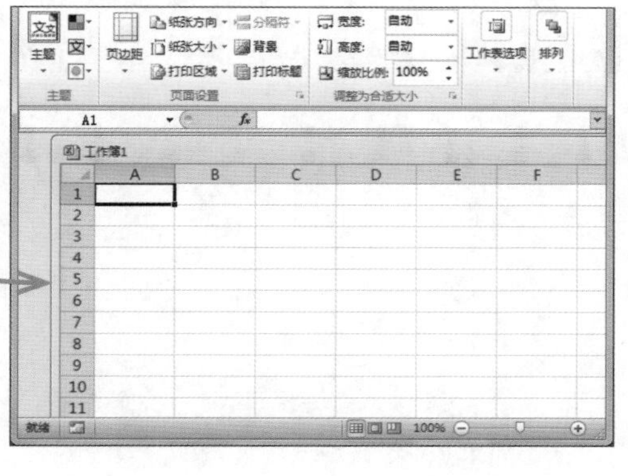

STEP 02：编辑表格数据

在A1单元格中输入文本“四帆环保科技有限公司”，然后在其他单元格中输入如右图所示的数据。

工作簿1

	A	B	C	D	E	F	G
1	四帆环保科技有限公司						
2	姓名	职务	基本工资	提成	效益奖金	扣款	工资总计
3	李小林	销售人员	1000.00	4500.00	1200.00	-90.00	
4	谢峰	销售人员	1000.00	4000.00	100.00	0.00	
5	梁文刚	销售人员	800.00	2580.00	200.00	0.00	
6	张娜	销售人员	800.00	1890.00	100.00	0.00	
7	王刚	销售人员	800.00	3500.00	800.00	-40.00	
8	杨琳琳	销售人员	800.00	1610.00	100.00	-100.00	
9	唐丹	销售人员	800.00	2200.00	500.00	-50.00	
10	刘佳佳	文员	1250.00	0.00	0.00	-50.00	
11	罗丹	经理助理	2000.00	0.00	400.00	-200.00	
12	陈贝贝	后勤人员	1000.00	0.00	0.00	0.00	
13	李键	后勤人员	1000.00	0.00	0.00	0.00	
14	肖高燕	财务	1500.00	0.00	200.00	0.00	
15	张奉兵	部门经理	3500.00	4000.00	600.00	0.00	
16							
17							

输入

提个醒 在输入数据时，相同的数据可以采取复制的方法，以简化工作量。

STEP 03：输入公式并计算

选择G3单元格，输入公式“=SUM(C3:F3)”，然后按Enter键计算出结果。

Microsoft Excel

文件 开始 插入 页面布局 公式 数据 审阅 视图 加载项

G3 =SUM(C3:F3) 输入

工作簿1.xlsx

	B	C	D	E	F	G
1	技有限公司					
2	职务	基本工资	提成	效益奖金	扣款	工资总计
3	销售人员	1000.00	4500.00	1200.00	-90.00	6610.00
4	销售人员	1000.00	4000.00	100.00	0.00	
5	销售人员	800.00	2580.00	200.00	0.00	
6	销售人员	800.00	1890.00	100.00	0.00	
7	销售人员	800.00	3500.00	800.00	-40.00	
8	销售人员	800.00	1610.00	100.00	-100.00	
9	销售人员	800.00	2200.00	500.00	-50.00	
10	文员	1250.00	0.00	0.00	-50.00	
11	经理助理	2000.00	0.00	400.00	-200.00	

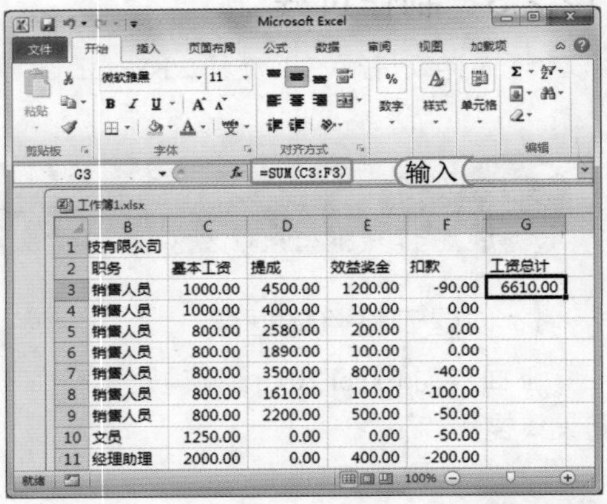

提个醒 若是用户不熟悉求和公式，可以选择需要计算的单元格后，选择【公式】/【函数】组，单击Σ 自动求和按钮右侧的按钮，然后在弹出的下拉列表中选择“求和”选项，系统将自动选择相应的单元格区域，用户可以通过拖动鼠标选择需要的单元格区域，最后再按Enter键计算出结果。

Microsoft Excel

G15 =SUM(C15:F15)

工作簿1.xlsx

	B	C	D	E	F	G
10	文员	1250.00	0.00	0.00	-50.00	1200.00
11	经理助理	2000.00	0.00	400.00	-200.00	2200.00
12	后勤人员	1000.00	0.00	0.00	0.00	1000.00
13	后勤人员	1000.00	0.00	0.00	0.00	1000.00
14	财务	1500.00	0.00	200.00	0.00	1700.00
15	部门经理	3500.00	4000.00	600.00	0.00	8100.00
16						
17						
18						
19						
20						

复制

就绪 平均值: 2533.33 计数: 6 求和: 15200.00 100%

STEP 04：复制公式

选择G3单元格，然后将鼠标定位到单元格右下角的控制点上，当鼠标呈✚形状时，按住并拖动鼠标至G15单元格处，然后释放鼠标即可复制G3单元格中的公式并计算出结果。

提个醒 复制公式后，会在右下角出现一个按钮，用户可以根据需要单击它并在其下拉列表中选择需要的填充方式进行应用。

读书笔记

2. 设置单元格并美化表格

下面先对单元格的格式进行编辑与设置，然后应用表格样式对整个表格进行美化，其具体操作如下：

STEP 01： 设置单元格格式

1. 选择所有的数据单元格，选择【开始】/【单元格】组，单击“格式”按钮，在弹出的下拉列表中选择“设置单元格格式”选项，打开“设置单元格格式”对话框。
2. 在打开的对话框中选择“对齐”选项卡，在“文本对齐方式”栏的“水平对齐”下拉列表框中选择“居中”选项。
3. 选择“边框”选项卡，在“预置”栏中单击“外边框”按钮。
4. 最后单击 确定 按钮。

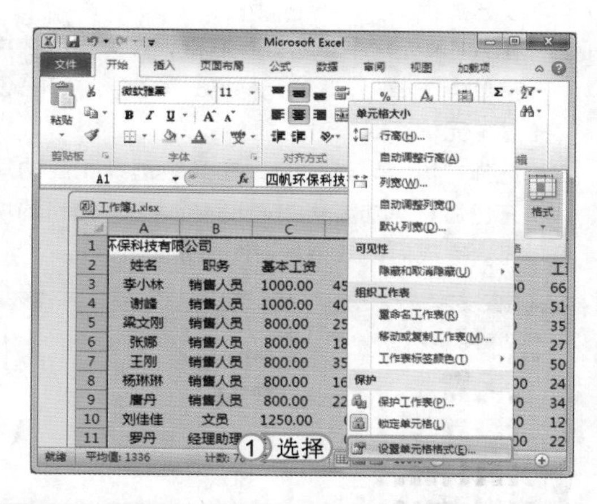

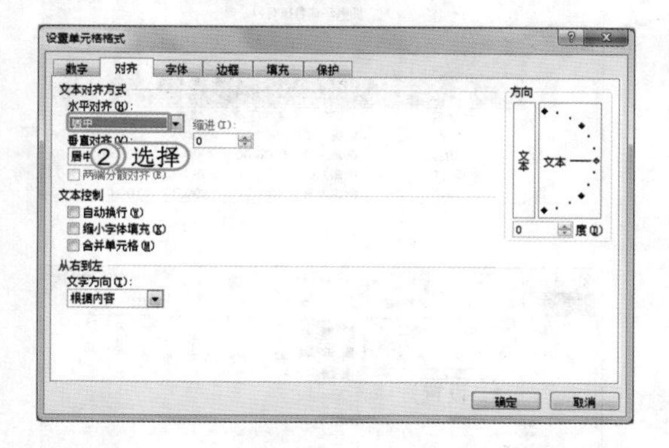

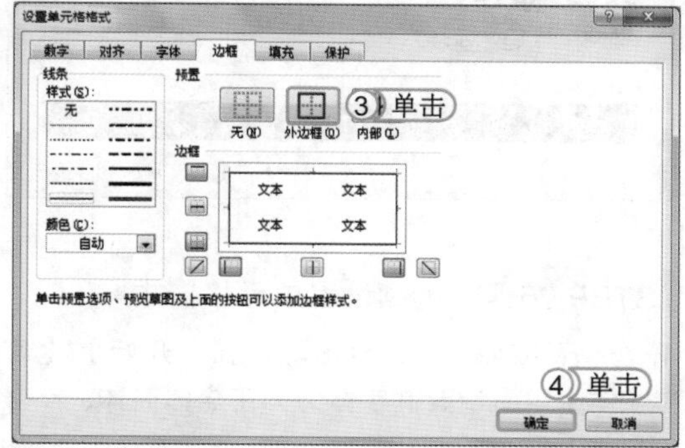

337
72 Hours

STEP 02： 调整单元格显示状态

选择所有的数据单元格，在“单元格”组中单击“格式”按钮，在弹出的下拉列表中选择“自动调整行高”选项，然后再在格式下拉列表中选择“自动调整列宽”选项，将所有单元格中的数据完整显示出来。

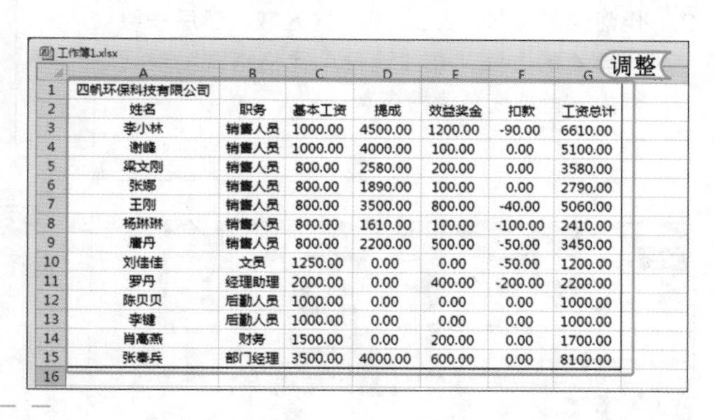

四帆环保科技有限公司						
姓名	职务	基本工资	提成	效益奖金	扣款	工资总计
李小林	销售人员	1000.00	4500.00	1200.00	-90.00	6610.00
谢峰	销售人员	1000.00	4000.00	100.00	0.00	5100.00
梁文刚	销售人员	800.00	2580.00	200.00	0.00	3580.00
张娜	销售人员	800.00	1890.00	100.00	0.00	2790.00
王刚	销售人员	800.00	3500.00	800.00	-40.00	5060.00
杨琳琳	销售人员	800.00	1610.00	100.00	-100.00	2410.00
唐丹	销售人员	800.00	2200.00	500.00	-50.00	3450.00
刘佳佳	文员	1250.00	0.00	0.00	-50.00	1200.00
罗丹	经理助理	2000.00	0.00	400.00	-200.00	2200.00
陈贝贝	后勤人员	1000.00	0.00	0.00	0.00	1000.00
李键	后勤人员	1000.00	0.00	0.00	0.00	1000.00
肖高燕	财务	1500.00	0.00	200.00	0.00	1700.00
张泰兵	部门经理	3500.00	4000.00	600.00	0.00	8100.00

STEP 03： 合并单元格

选择A1:G1单元格区域，选择【开始】/【对齐方式】组，单击“合并后居中”按钮，将所选单元格合并。

提个醒 用户也可以单击“合并后居中”按钮右侧的 按钮，然后再在其中选择需要的合并方式。

STEP 04: 填充单元格

1. 仍然保持选择A1单元格，在【开始】/【字体】组中设置字体为微软雅黑、字号为20，然后设置加粗。
2. 在A1单元格中单击鼠标右键，在弹出的快捷菜单中选择"设置单元格格式"命令，打开"设置单元格格式"对话框。
3. 选择"填充"选项卡，在其中选择相应的填充色后，单击[确定]按钮完成A1单元格的填充。完成后的效果如右图所示。

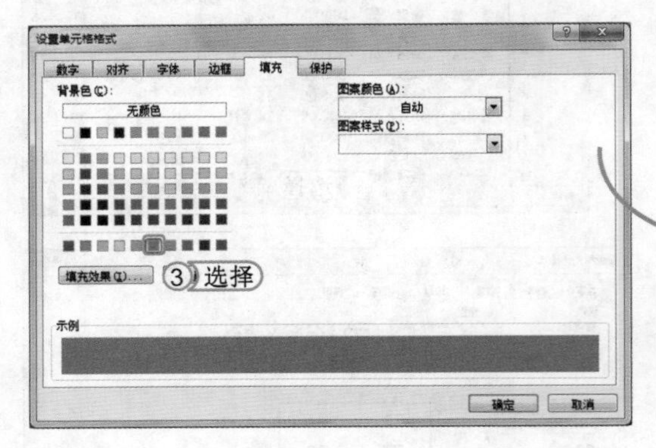

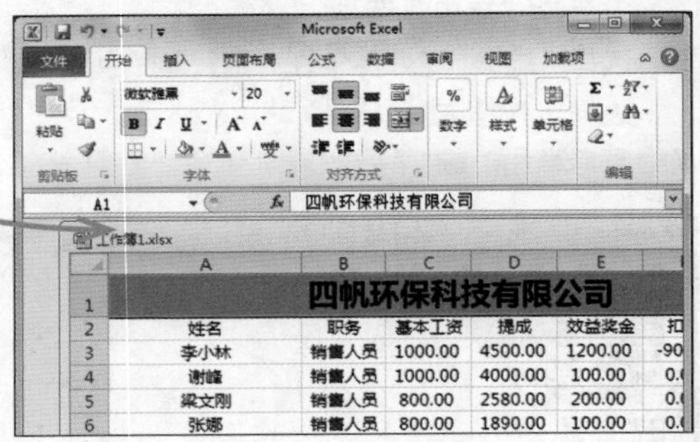

STEP 05: 继续设置单元格样式

1. 选择A2:G2单元格区域，在【开始】/【字体】组中设置其字体为方正启体简体、字号为12，然后加粗。
2. 仍然保持选择A2:G2单元格区域，然后按照步骤4的方法，在"设置单元格格式"对话框中设置填充色为橙色。

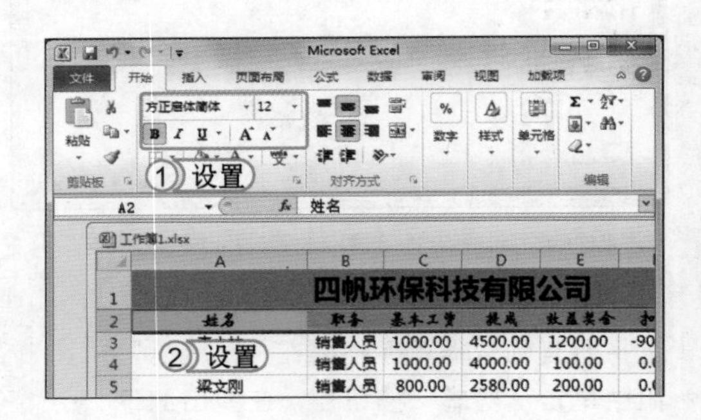

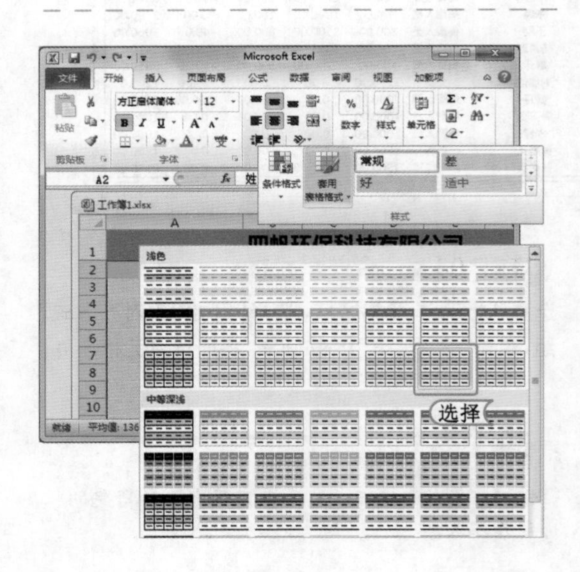

STEP 06: 应用表格样式

选择【开始】/【样式】组，单击"套用表格格式"按钮，在弹出的下拉列表中选择"表样式浅色20"选项。

STEP 07：完成表格样式的应用

在“套用表格式”对话框中保持默认设置不变，单击[确定]按钮，完成表格样式的应用。

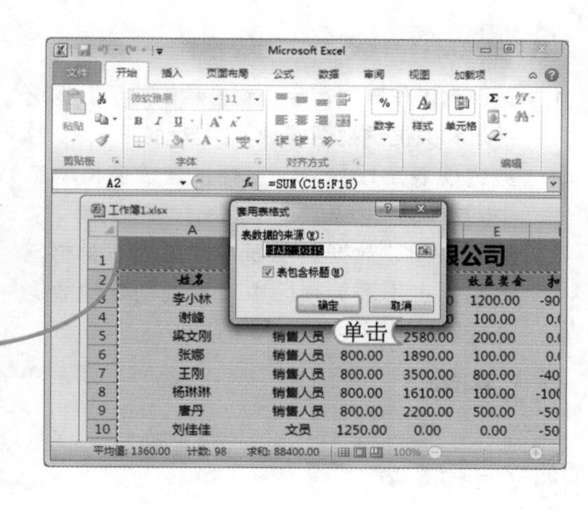

	A	B	C	D	E	F	G
1	四帆环保科技有限公司						
2	姓名	职务	基本工资	提成	效益奖金	扣款	工资总计
3	李小林	销售人员	1000.00	4500.00	1200.00	-90.00	6610.00
4	谢峰	销售人员	1000.00	4000.00	100.00	0.00	5100.00
5	梁文刚	销售人员	800.00	2580.00	200.00	0.00	3580.00
6	张娜	销售人员	800.00	1890.00	100.00	0.00	2790.00
7	王刚	销售人员	800.00	3500.00	800.00	-40.00	[illegible]
8	杨琳琳	销售人员	800.00	1610.00	100.00	-100.00	2410.00
9	唐丹	销售人员	800.00	2200.00	500.00	-50.00	3450.00
10	刘佳佳	文员	1250.00	0.00	0.00	-50.00	1200.00
11	罗丹	经理助理	2000.00	0.00	400.00	-200.00	2200.00
12	陈贝贝	后勤人员	1000.00	0.00	0.00	0.00	1000.00
13	李键	后勤人员	1000.00	0.00	0.00	0.00	1000.00
14	肖高燕	财务	1500.00	0.00	200.00	0.00	1700.00
15	张泰兵	部门经理	3500.00	4000.00	600.00	0.00	8100.00

经验一箩筐——表格样式的应用

在应用表格样式后，一般都会自动对表格中的数据进行排序和筛选，用户可根据需要设置表格数据的排序方式和筛选条件。

3. 创建数据透视表和透视图

下面将在工作簿中创建数据透视表和数据透视图，然后对创建的透视表和透视图进行设置与编辑，最后保存工作簿并关闭 Excel 2010，其具体操作如下：

STEP 01：准备创建透视图

切换到 Sheet 2 工作表，选择 A1 单元格，选择【插入】/【表格】组，单击“数据透视表”按钮，在弹出的下拉列表中选择“数据透视图”选项，打开“创建数据透视表”对话框。

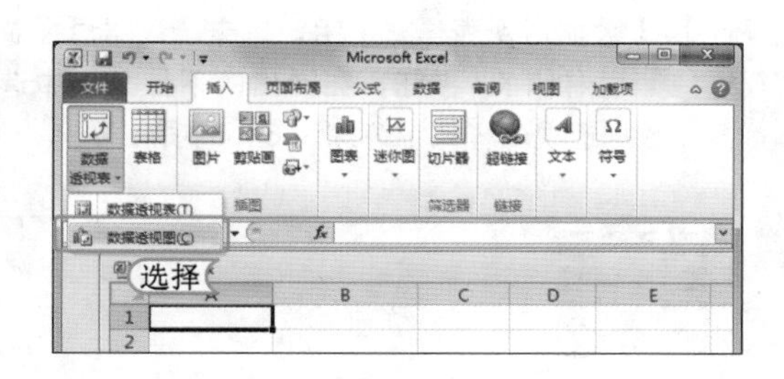

STEP 02：选择数据来源

1. 在打开的对话框中，单击“表/区域”文本框右侧的按钮，返回到 Sheet1 工作表中选择除 A1 单元格外的所有数据单元格。
2. 在“创建数据透视表及数据透视图”对话框中单击按钮，展开“创建数据透视表及数据透视图”对话框。
3. 在展开的对话框中单击[确定]按钮即可。

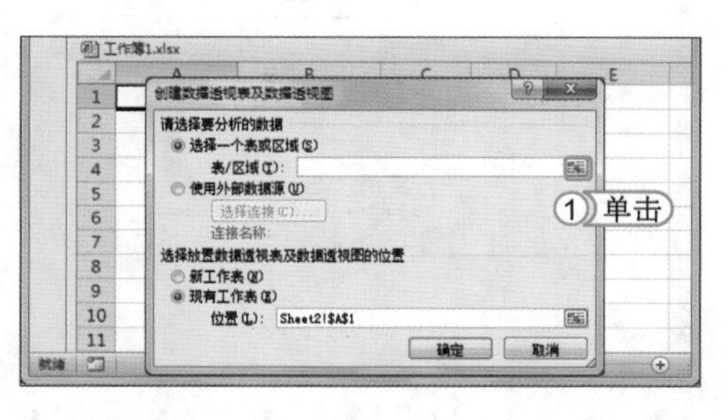

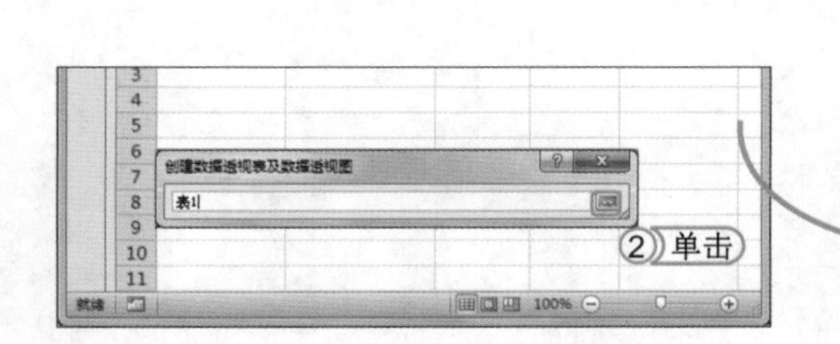

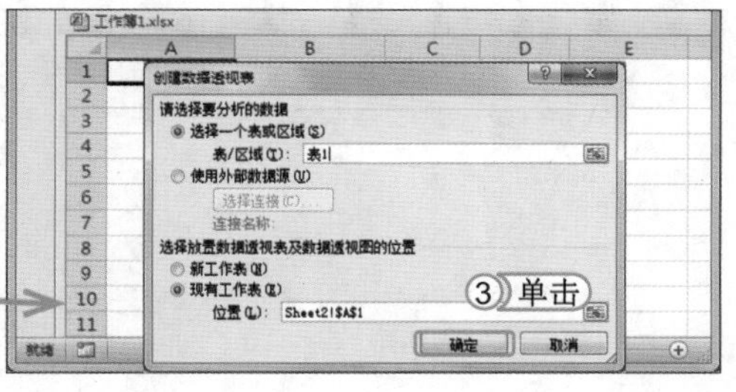

STEP 03：设置数据表字段

1. 返回到工作表中，会看到自动创建了数据透视表和数据透视图区域，并自动打开了“数据透视表字段列表”窗格，在该窗格中选中☑职务和☑工资总计复选框。
2. 然后关闭“数据透视表字段列表”窗格，返回到工作表编辑区中可看到创建的数据透视表和透视图效果。

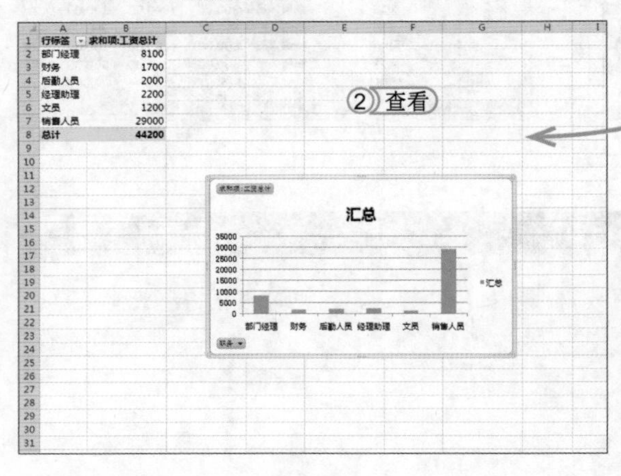

提个醒 用户可以看到在此步骤中创建的数据透视表是以A1单元格为开头的。当然用户也可以在“数据透视表字段列表”窗格中选中其他需要的字段复选框进行数据透视表的创建。

STEP 04：设置数据透视表

选择整个数据透视表，选择【数据透视表工具】/【设计】/【数据透视表样式】组，单击“数据透视表样式”栏右侧的按钮，在弹出的下拉列表中选择“数据透视表样式中等深浅6”选项。

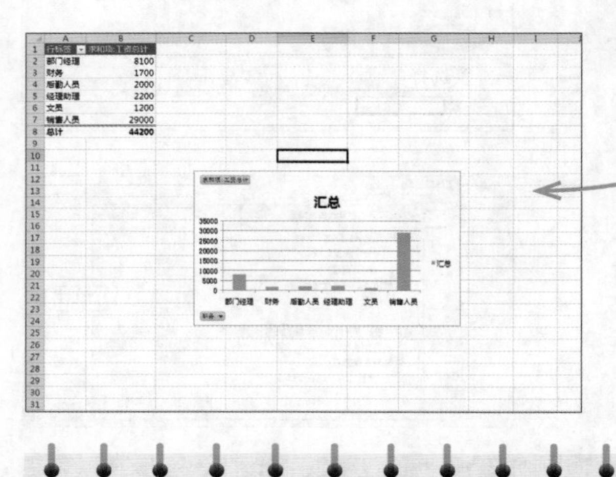

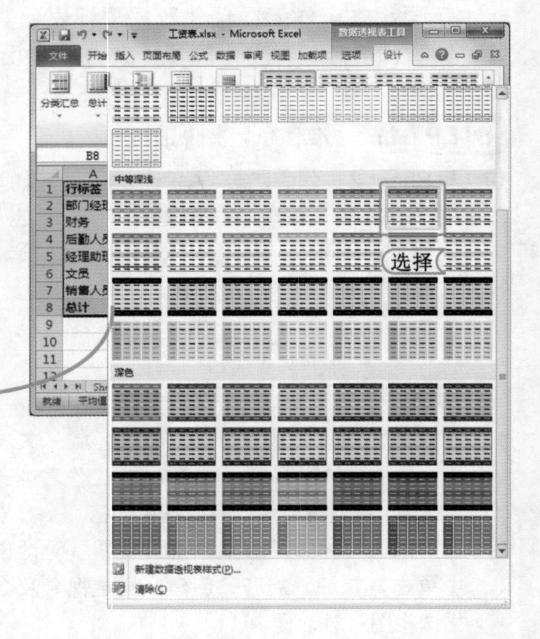

读书笔记

STEP 05：更改图表类型

1. 选择整个数据透视图，选择【数据透视图工具】/【设计】/【类型】组，单击“更改图表类型”按钮，打开“更改图表类型”对话框。
2. 在打开的对话框中选择“饼图”选项卡，选择中间“饼图”栏中的“饼图”选项，最后单击 确定 按钮将图表快速更改为饼形图表。

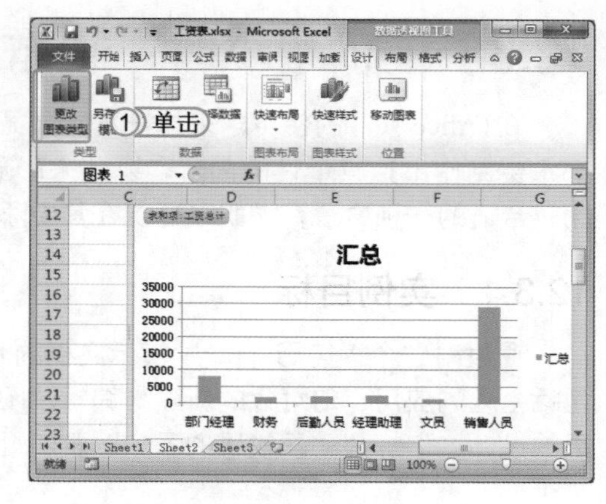

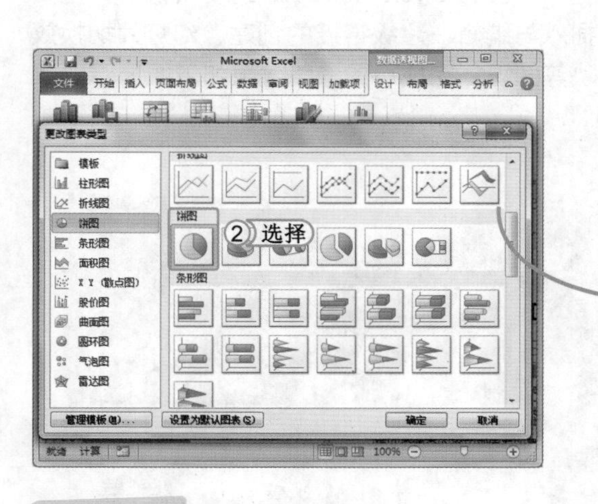

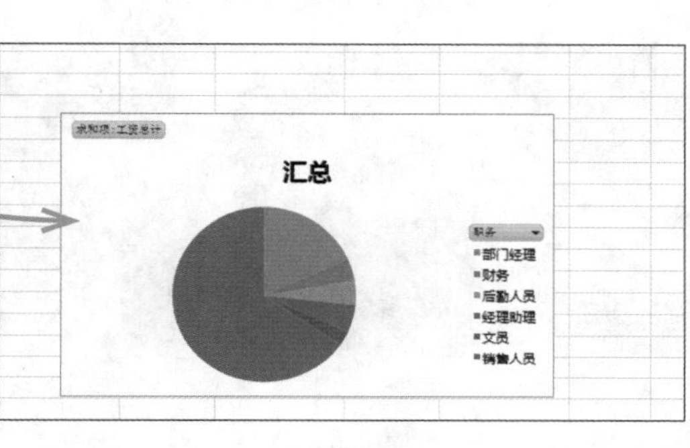

STEP 06：更改图表布局

仍然选择整个数据透视图，选择【数据透视图工具】/【设计】/【图表布局】组，单击“快速布局”栏的 按钮，在弹出的下拉列表中选择“布局6”选项。

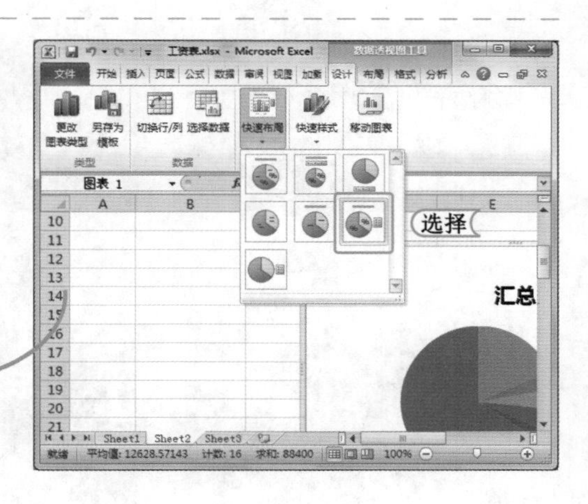

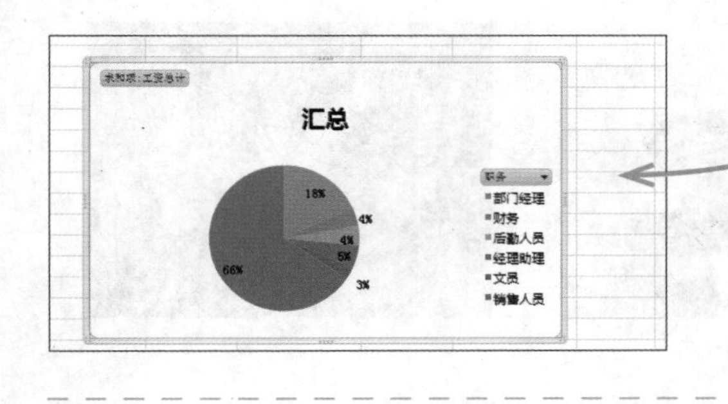

行标签	求和项:工资总计
部门经理	8100
财务	1700
后勤人员	2000
经理助理	2200
文员	1200
销售人员	29000
总计	44200

STEP 07：调整与保存

选择整个数据透视图，对整个图表的大小和位置进行调整，然后调整数据透视表的字体和对齐方式，完成后的效果如左图所示。最后以“工资表”为名对整个工作簿进行保存。

12.3 上机 1 小时：制作个人简历

在Office软件的使用越来越普及的情况下，越来越多的年轻群体特别是求职中的职场新人，都希望制作出独具个性的简历，以此来彰显自己的特点和个性。使用 PowerPoint 制作简历是比较合适的一种方法，求职者可以在其中添加各种各样的对象并为其应用丰富多彩的效果。

12.3.1 实例目标

通过对“个人简历.pptx”演示文稿的制作，全面巩固 PowerPoint 2010 的使用方法，主要包括主题的应用、幻灯片的新建与编辑、图片的插入与编辑、超级链接的创建、幻灯片切换效果的设计、幻灯片动画效果的添加以及幻灯片放映等知识，完成后的最终效果如下图所示。

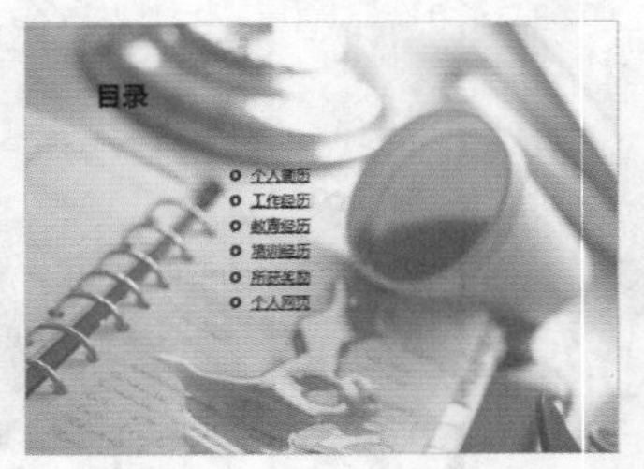

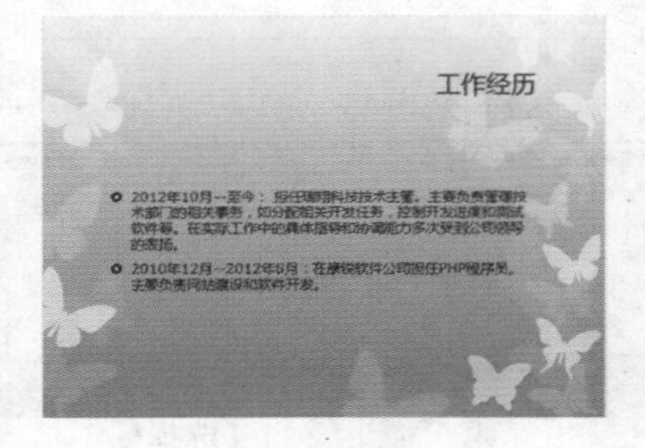

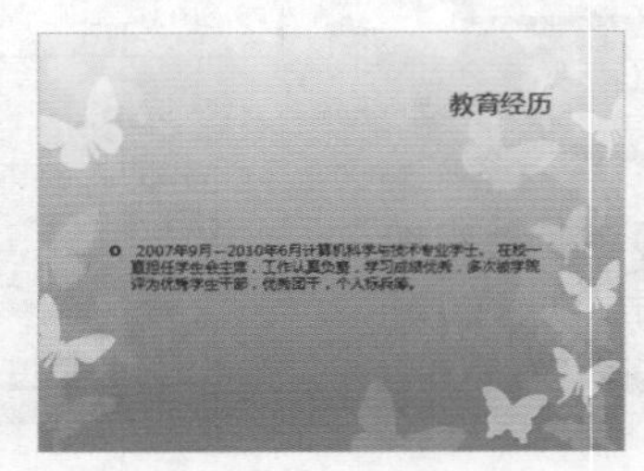

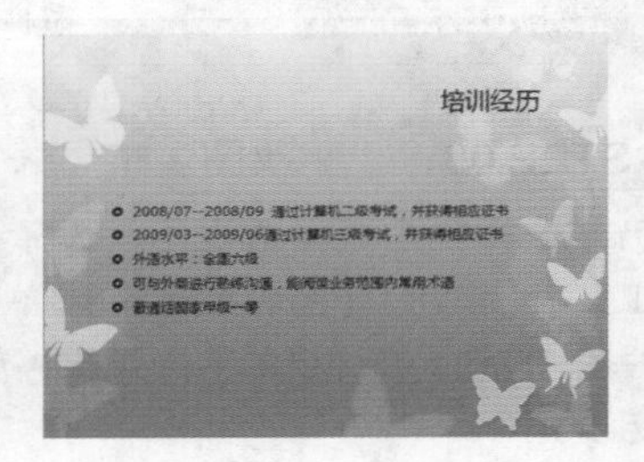

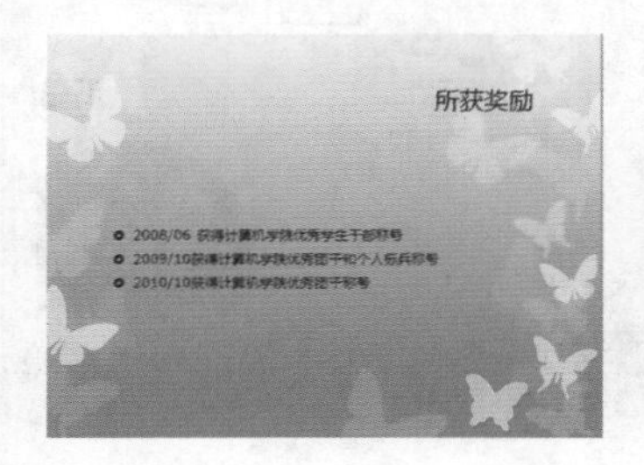

12.3.2 制作思路

本演示文稿的制作思路大致可分为 3 个部分，第 1 部分是应用主题并建立整个演示文稿的总体框架；第 2 部分是为每张幻灯片添加并编辑具体的内容；第 3 部分是为幻灯片添加动画，最后保存并放映。

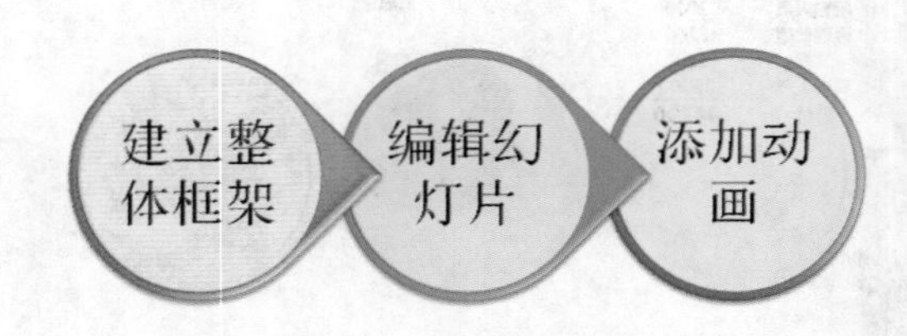

12.3.3 制作过程

下面详细讲解“个人简历.pptx”演示文稿的制作过程。

光盘文件
素材\第12章\个人简历\
效果\第12章\个人简历.pptx
实例演示\第12章\制作个人简历

1. 建立演示文稿整体框架

下面启动PowerPoint 2010，并为自动新建的空白演示文稿应用相应的主题样式，然后新建8张幻灯片并编辑幻灯片母版背景，最后设置相应的幻灯片标题，其具体操作如下：

STEP 01： 应用主题

启动PowerPoint 2010新建一个空白演示文稿，在【设计】/【主题】组中单击样式列表框右侧的 按钮，在弹出的下拉列表中选择“Office.com”栏的“春季”选项。

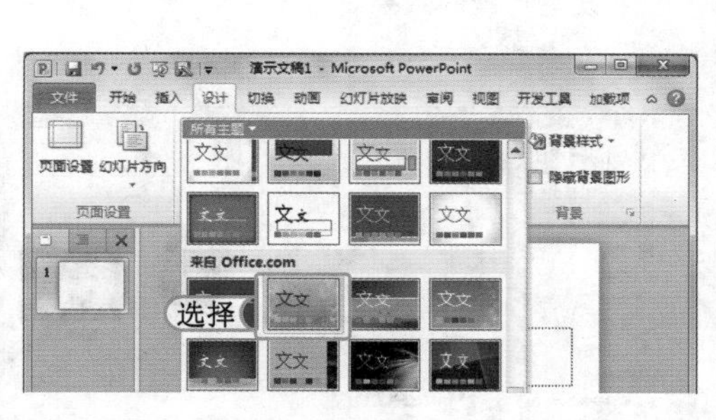

STEP 02： 新建幻灯片并更改主题颜色

新建8张幻灯片，然后选择【设计】/【主题】组，单击 颜色 按钮，在弹出的下拉列表中选择“龙腾四海”选项。

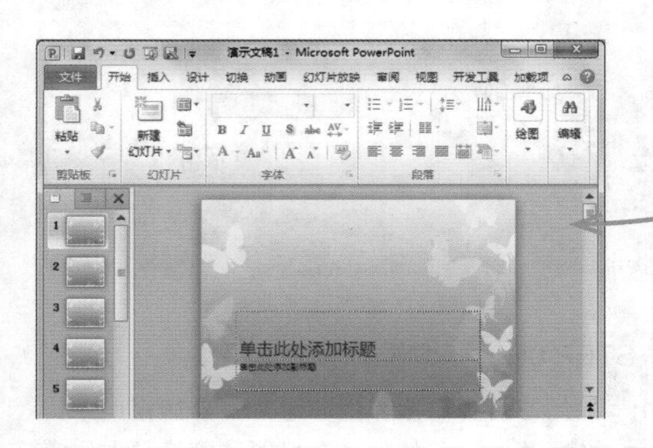

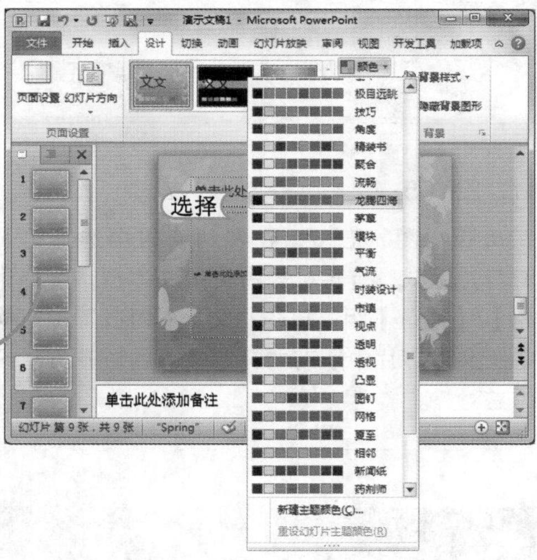

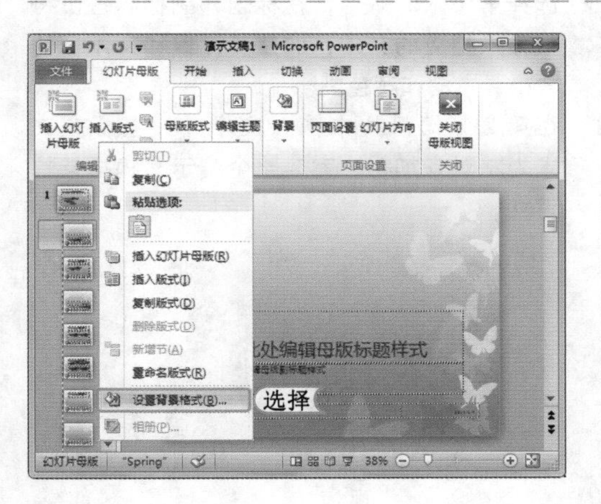

STEP 03： 准备设置背景样式

进入幻灯片母版视图中，选择“标题幻灯片 版式”幻灯片，在幻灯片编辑区空白处单击鼠标右键，在弹出的快捷菜单中选择“设置背景格式”命令。

STEP 04： 设置背景

1. 打开“设置背景格式”对话框，选择“填充”选项卡，在“填充”栏中选中 图片或纹理填充(P) 单选按钮。
2. 单击“插入自：”栏下方的 文件(F)... 按钮，打开“插入图片”对话框，在该对话框中找到并选择需要的图片，然后单击 插入(S) 按钮将图片快速插入并作为该幻灯片的背景。
3. 返回“设置背景格式”对话框，单击 关闭 按钮关闭“设置背景格式”对话框，然后查看设置背景的效果。

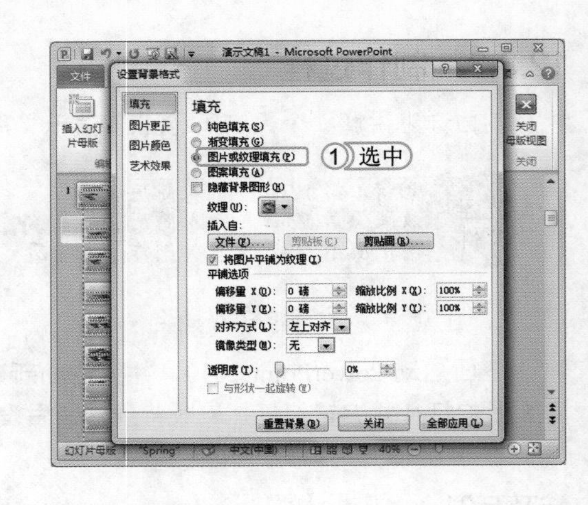

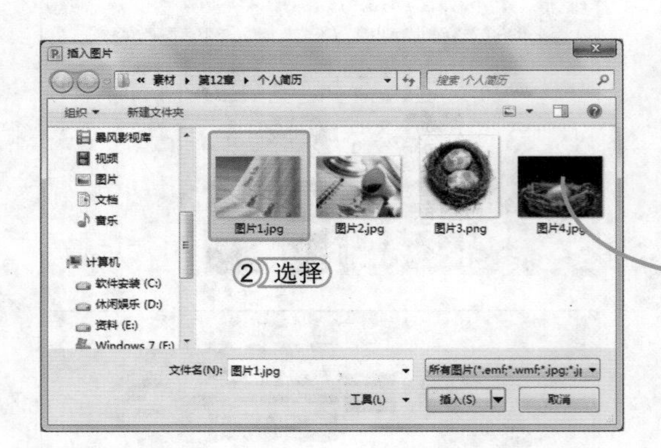

STEP 05： 设置标题占位符

在母版视图状态下，在左边窗格中选择第1张幻灯片版式。选择标题占位符文本框，选择【开始】/【段落】组，单击“文本右对齐”按钮，将正文幻灯片中所有的标题文本的对齐方式设置为右对齐。

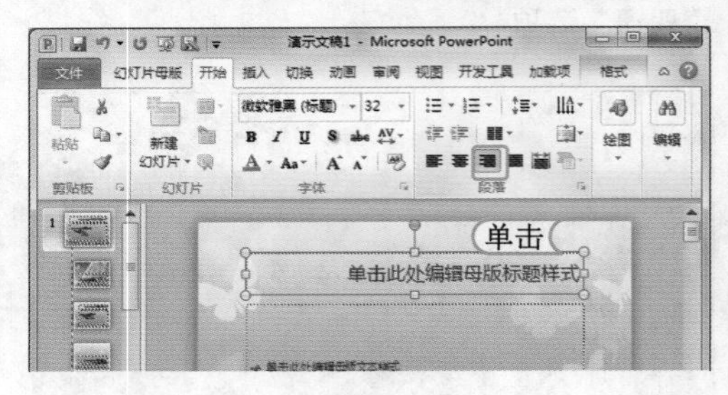

STEP 06： 编辑幻灯片标题

1. 关闭幻灯片母版，返回幻灯片普通视图中，选择第1张幻灯片，在标题和副标题占位符中输入相应的文本，调整其位置和文本框的大小、方向和颜色。
2. 在第2张幻灯片中输入文本并设置标题文本为左对齐加粗，完成整个演示文稿框架的建立。

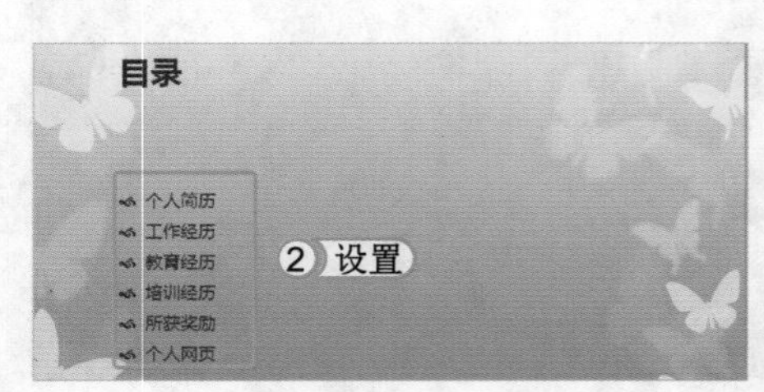

2. 编辑幻灯片内容

下面分别对新建的各张幻灯片进行编辑，其中将主要运用到超级链接的创建、图片的插入与美化等知识，其具体操作如下：

STEP 01： 编辑第 2 张幻灯片

1. 选择第 2 张幻灯片，选择【插入】/【图像】组，单击“图片”按钮，打开“插入图片”对话框。
2. 在打开的对话框中选择“图片 2.jpg”选项，单击插入(S)按钮插入图片。

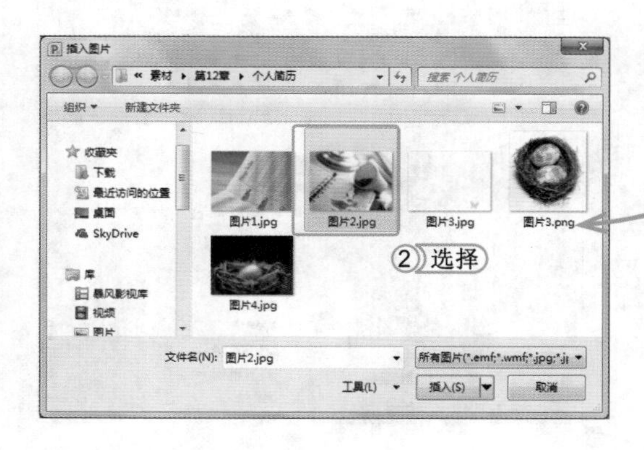

345
72 Hours

STEP 02： 设置图片

1. 选择插入的图片，选择【格式】/【排列】组，单击下移一层按钮右侧的下拉按钮，在弹出的下拉列表中选择“置于底层”选项。
2. 保持选择该图片，选择【格式】/【调整】组，单击颜色按钮，在弹出的下拉列表中选择“蓝 - 灰，强调文字颜色 2 浅色”选项。

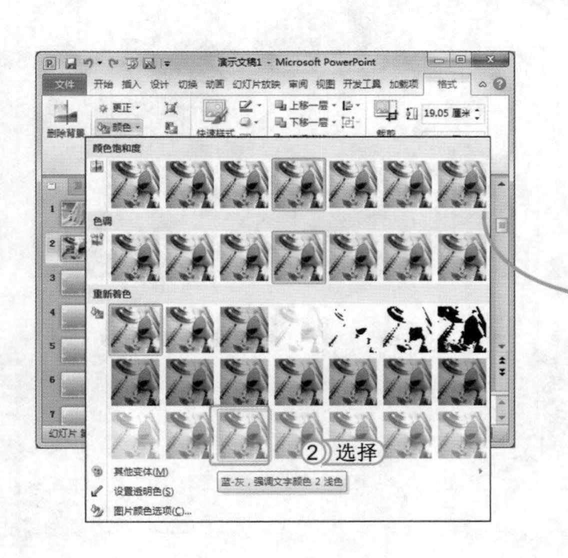

62 Hours
52 Hours
42 Hours
32 Hours
22 Hours
12 Hours

STEP 03： 调整文本位置

添加图片后，第 2 张幻灯片中的正文文本不能很清楚地显示出来，所以需要调整文本的位置。选择整个正文占位符，按住并拖动鼠标将其调整到合适位置处，释放鼠标即可。

提个醒

为了便于选择和移动整个文本，此步骤中需缩小正文占位符的大小。

STEP 04： 创建超级链接

1. 依然在第 2 张幻灯片中选择文本“个人简历”，单击鼠标右键，在弹出的快捷菜单中选择“超链接”命令，打开“插入超链接”对话框。
2. 在打开的对话框的“链接到”栏中单击“本文档中的位置”按钮，在“请选择文档中的位置”列表框中选择第 3 张幻灯片。
3. 单击 确定 按钮返回到第 2 张幻灯片中。

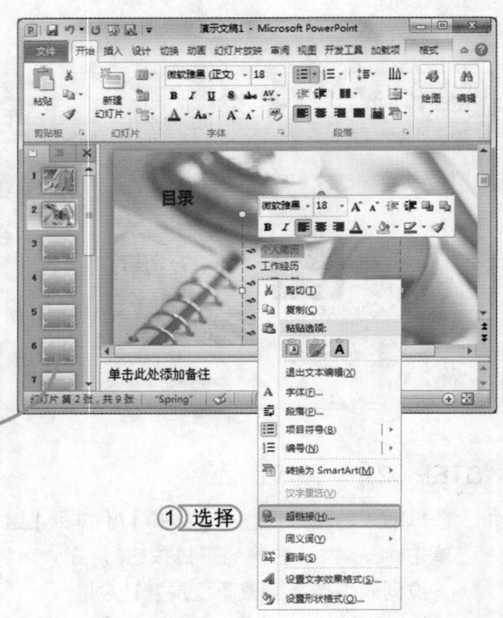

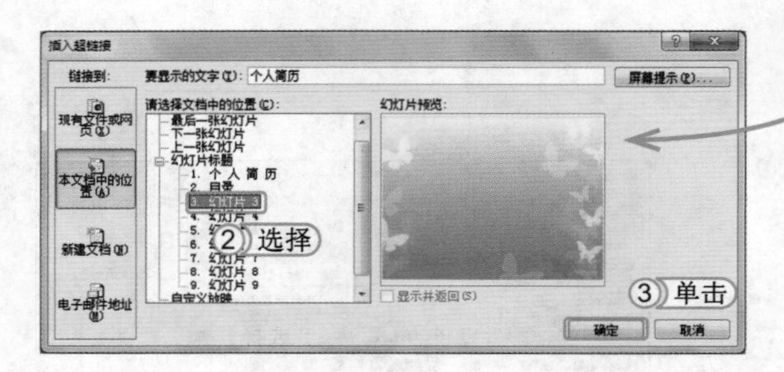

STEP 05： 继续创建超级链接

按照相同的方法，依次为正文文本的其他段落设置超级链接。完成后的效果如右图所示。

读书笔记

STEP 06：设置超级链接的颜色

1. 选择【设计】/【主题】组，单击颜色按钮，在弹出的下拉列表中选择“新建主题颜色”选项，打开“新建主题颜色”对话框。
2. 在打开的对话框中设置“超链接”的颜色为“橄榄色，强调文字颜色 3，深色 50%”，“已访问的超链接”颜色为“橄榄色，强调文字颜色 3”，然后单击保存(S)按钮返回幻灯片中。

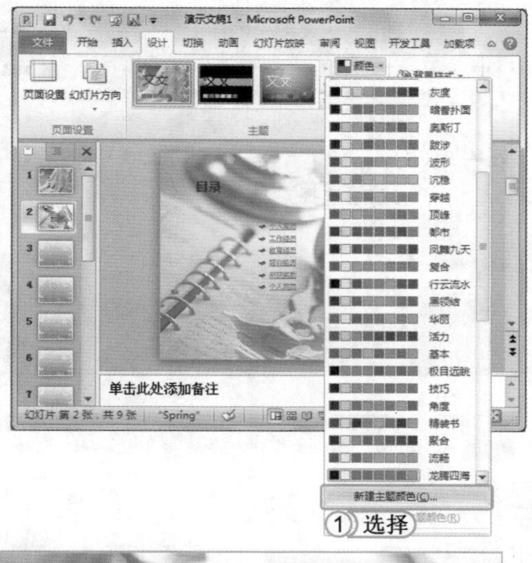

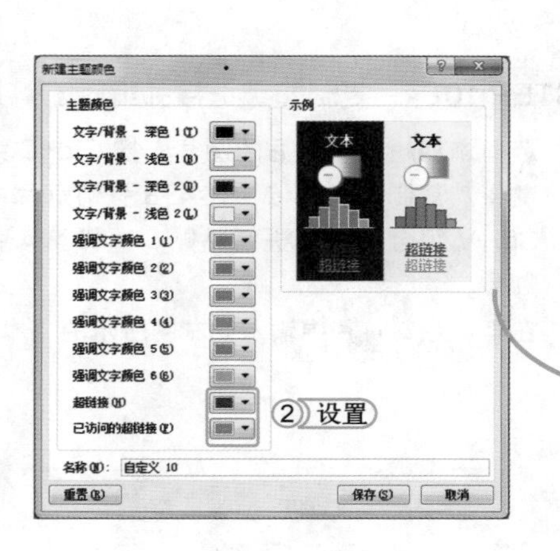

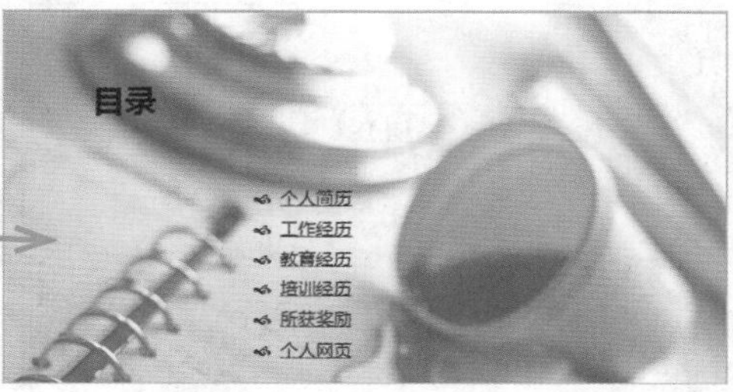

STEP 07：编辑第 3 张幻灯片

选择第 3 张幻灯片，在其中输入如右图所示的文本。然后选择正文文本中的“毕业生个人简介”文本，将其设置为“加粗、阴影”，并取消文本的项目符号和编号。

STEP 08：继续添加超级链接

选择文本“个人简历”，打开“插入超链接”对话框，在“链接到”栏中单击“现有文件或网页”按钮，再在“地址”栏中输入链接文件的保存路径，单击确定按钮返回到第 3 张幻灯片中。

提个醒 在此步骤中，若是不知道文件的保存路径，也可以单击“查找范围”文本框右侧的“浏览文件”按钮，打开“链接到文件”对话框，在其中选择需要的链接文件。

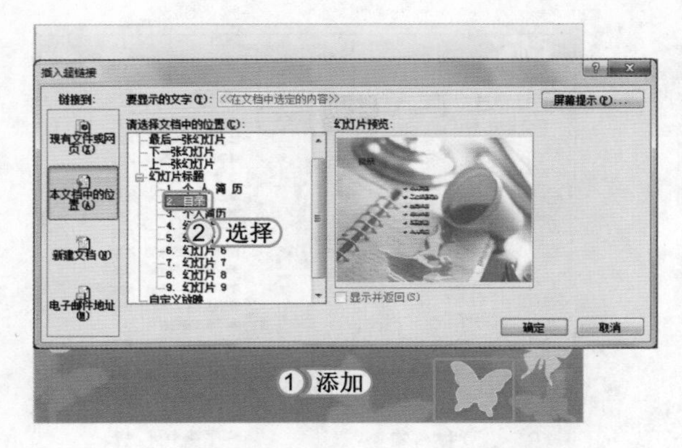

STEP 09： 插入图片

1. 仍然选择第 3 张幻灯片，在其中插入“图片 3.jpg”图片，然后为其设置透明色并将其移动到幻灯片中的蓝色蝴蝶处。
2. 选择插入的蝴蝶图片，然后为其应用超级链接，且链接对象为演示文稿中的第 2 张幻灯片。

STEP 10： 复制超级链接并编辑幻灯片

1. 选择添加超级链接后的图片，按 Ctrl+C 组合键将其复制，然后依次在 4~8 张幻灯片中按 Ctrl+V 组合键对其进行粘贴。选择第 4 张幻灯片。
2. 在第 4 张幻灯片中输入如左图所示的文本。

STEP 11： 继续编辑幻灯片

1. 依次在 5~7 张幻灯片中输入相应的文本，然后选择第 8 张幻灯片，在标题占位符中输入文本“个人网页”，然后在正文文本占位符中输入如右图所示的文本，并取消其项目符号和编号。
2. 在其中插入“图片 3.png”图片，选择【格式】/【调整】组，单击 颜色 按钮，在弹出的下拉列表中选择“灰色 - 50%，强调文字颜色 4 深色”选项。

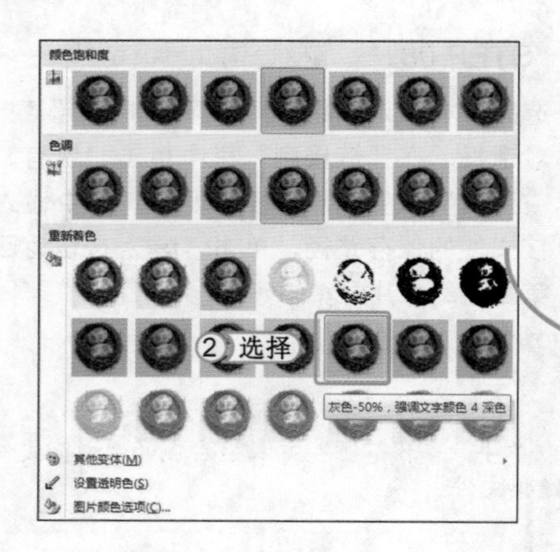

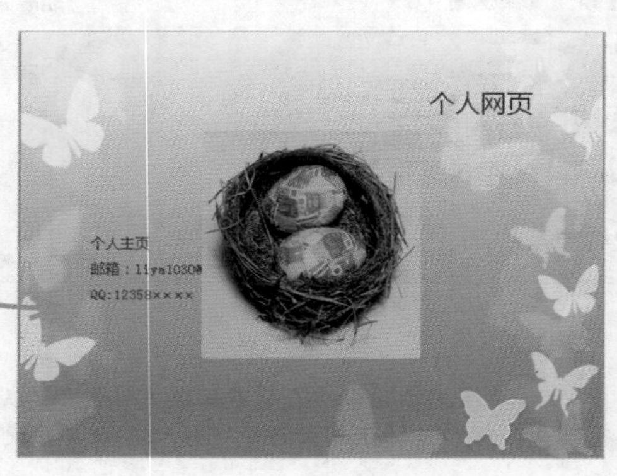

STEP 12：删除图片背景

选择【格式】/【调整】组，单击“删除背景”按钮，跳转到【图片工具】/【格式】/【背景消除】组。在紫色区域内通过拖动鼠标调整需要保留的图片区域，然后单击紫色区域外的幻灯片区域，即可查看删除背景后的图片效果。

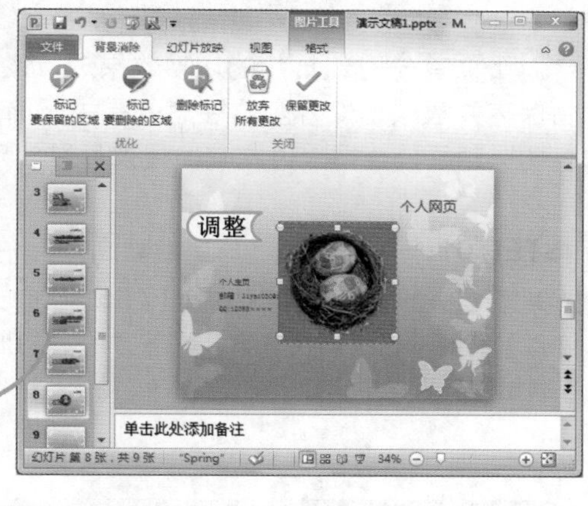

STEP 13：调整图片

对图片进行编辑后，调整图片的位置和大小，以制作出更加融洽的幻灯片效果。

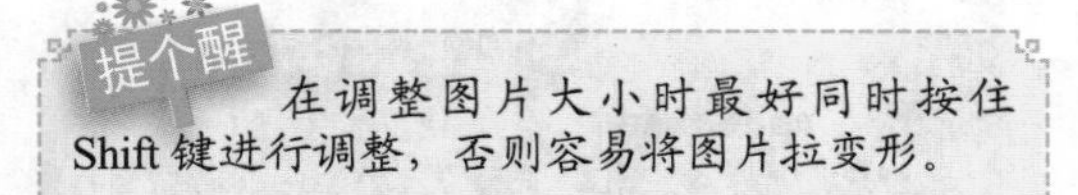

提个醒　在调整图片大小时最好同时按住Shift键进行调整，否则容易将图片拉变形。

STEP 14：编辑第9张幻灯片

在第9张幻灯片中的标题和正文文本占位符中分别输入文本“结束”、“谢谢观看！”，然后设置文本的大小与颜色。按照与编辑第2张幻灯片相同的方法为其插入“图片4.jpg”图片，并将其置于底层，最后调整其颜色。

3. 设置并放映动画

下面首先对幻灯片的切换效果进行设置，然后对各种幻灯片中的对象进行动画设置，最后保存并放映幻灯片。需注意的是由于简历类演示文稿一般用于比较正式和严肃的场合，所以切忌动画设置得太过花哨，建议尽量使用简单的切换动画。其具体操作如下：

STEP 01： 添加幻灯片切换动画

选择第 1 张幻灯片，选择【切换】/【切换到此幻灯片】组，单击“切换方案”栏下方的 - 按钮，在弹出的列表框中选择“细微型”/“显示”选项。

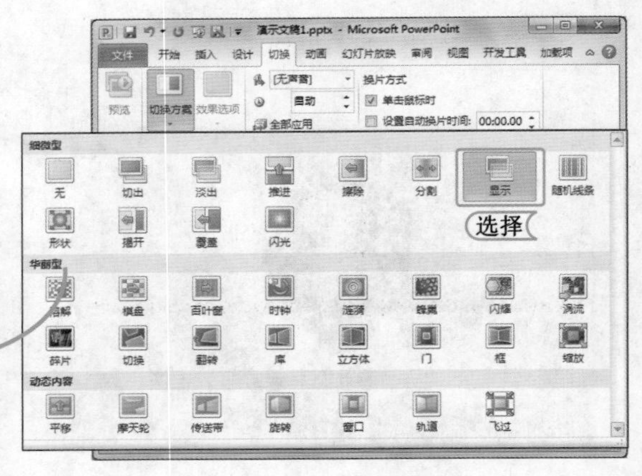

STEP 02： 设置切换动画

在【切换】/【计时】组中单击 全部应用 按钮，将该切换动画应用于所有的幻灯片。此时会看到“大纲 / 幻灯片”窗格中所有的幻灯片编号下都出现了动画图标。

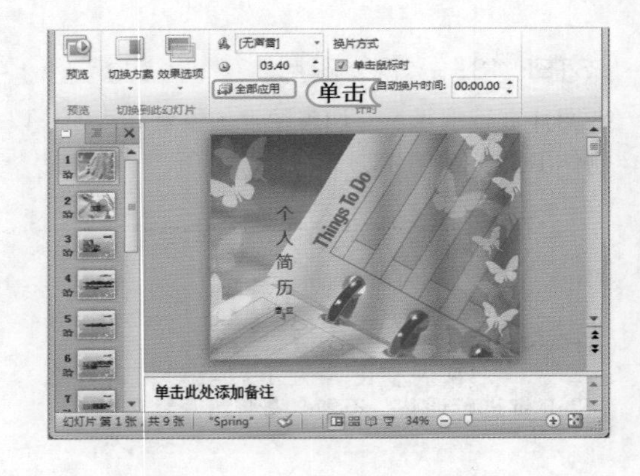

STEP 03： 添加并设置动画

选择最后一张幻灯片，选择文本“谢谢观看！”，选择【动画】/【动画】组，在“动画样式”选项栏中为其应用“飞出”退出动画。然后设置动画的开始方式为“上一动画之后”，持续时间和延迟时间均为 2 秒。

结束

设置

谢谢观看！

提个醒 由于设置的切换动画速度比较缓慢，而且本身就自带一定的对象动画效果，所以这里就仅对最后一张幻灯片的动画进行设置。

STEP 04: 放映并保存演示文稿

按 F5 键放映幻灯片，然后对添加的动画和超级链接进行预览。放映结束后以“个人简历”为名进行保存，最后关闭演示文稿。

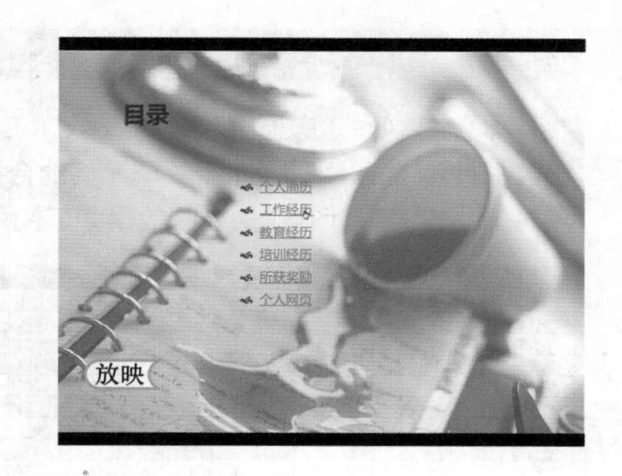

> **提个醒** 在放映过程中会看到已访问的超级链接的颜色发生了改变。

12.4 练习 3 小时

本章主要通过 3 个例子综合学习 Office 组件的操作方法，用户要想在日常工作中熟练使用它们，还需再进行巩固练习。下面将通过 3 个练习，包括制作“公司简介”文档、“房屋销售情况”表格和“散文欣赏课件”演示文稿，进一步巩固对 3 个软件的学习。

1. 练习 1 小时：制作“公司简介”文档

本例将制作“公司简介 .docx” Word 文档，其中重点需要练习的操作主要包括文本输入与美化，图片、艺术字、文本框等对象的使用及设置，制作的最终效果如下图所示。

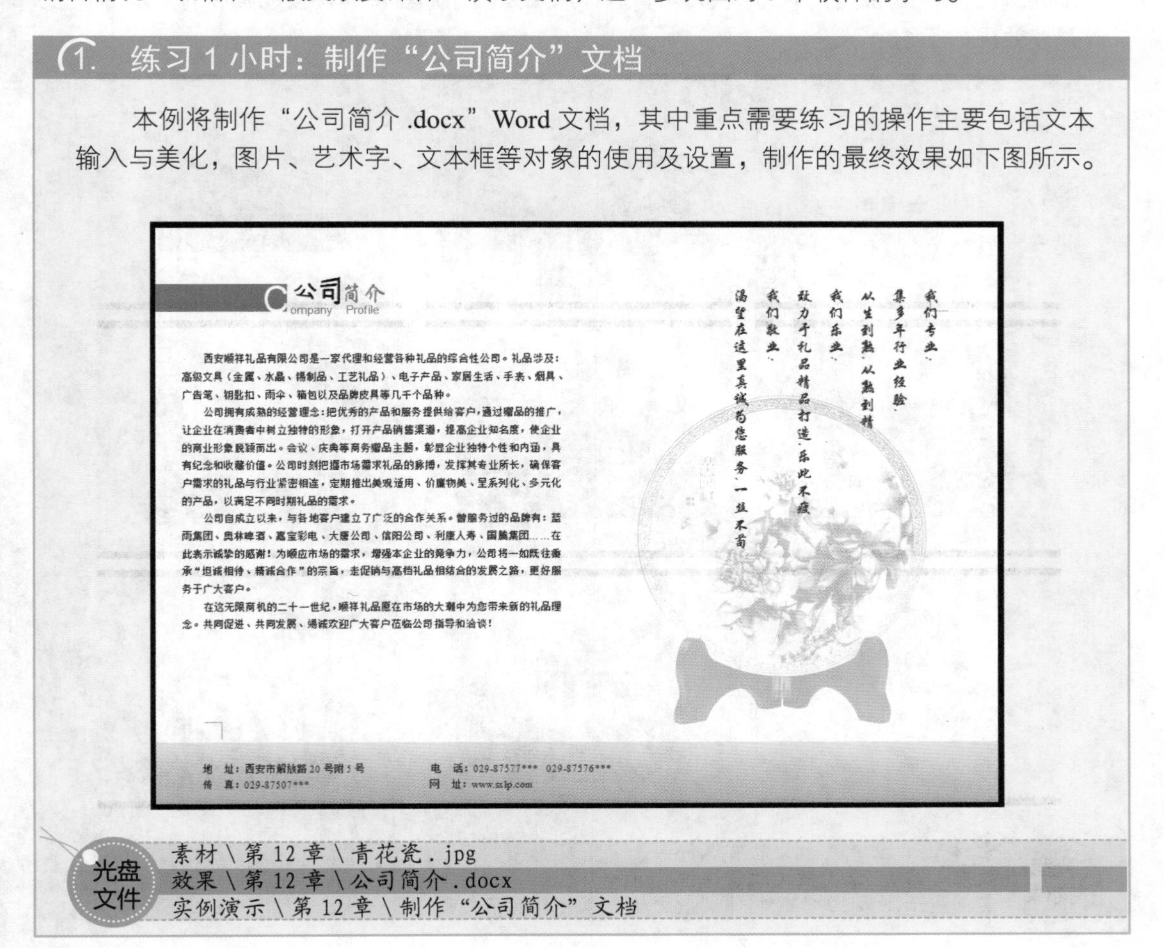

公司简介
Company Profile

西安顺祥礼品有限公司是一家代理和经营各种礼品的综合性公司。礼品涉及：高级文具（金属、水晶、锡制品、工艺礼品）、电子产品、家居生活、手表、烟具、广告笔、钥匙扣、雨伞、箱包以及品牌皮具等几千个品种。

公司拥有成熟的经营理念：把优秀的产品和服务提供给客户，通过赠品的推广，让企业在消费者中树立独特的形象，打开产品销售渠道，提高企业知名度，使企业的商业形象脱颖而出。会议、庆典等商务赠品主题，彰显企业独特个性和内涵，具有纪念和收藏价值。公司时刻把握市场需求礼品的脉搏，发挥其专业所长，确保客户需求的礼品与行业紧密相连，定期推出美观适用、价廉物美、呈系列化、多元化的产品，以满足不同时期礼品的需求。

公司自成立以来，与各地客户建立了广泛的合作关系。曾服务过的品牌有：蓝雨集团、奥林啤酒、嘉宝彩电、大唐公司、信阳公司、利康人寿、国鹏集团……在此表示诚挚的感谢！为顺应市场的需求，增强本企业的竞争力，公司将一如既往秉承“坦诚相待、精诚合作”的宗旨，走促销与高档礼品相结合的发展之路，更好服务于广大客户。

在这无限商机的二十一世纪，顺祥礼品愿在市场的大潮中为您带来新的礼品理念。共同促进、共同发展、竭诚欢迎广大客户莅临公司指导和洽谈！

我们专业、
集多年行业经验、
从生到熟、从熟到精
我们乐业、
致力于礼品精品打造、乐此不疲
我们敬业、
渴望在这里真诚为您服务、一丝不苟

地　址：西安市解放路 20 号附 5 号　　电　话：029-87577*** 029-87576***
传　真：029-87507***　　网　址：www.sxlp.com

光盘文件
素材 \ 第 12 章 \ 青花瓷 . jpg
效果 \ 第 12 章 \ 公司简介 . docx
实例演示 \ 第 12 章 \ 制作“公司简介”文档

2. 练习 1 小时：制作“房屋销售情况”工作簿

本例将制作“房屋销售情况 .xlsx”工作簿，其中重点需要练习的操作主要包括表格数据的编辑、数据的计算、单元格的合并与填充、表格样式的应用，以及图表的插入与美化等内容。制作的最终效果如下图所示。

楼盘销售面积表						
销售员	区域	一月	二月	三月	四月	总计
卢琳	一期	12209	12383	8600	14928	48120
邱少霞	三期	9356	13490	9821	5545	38212
万晓云	二期	9955	14814	13011	6999	44779
罗丹丹	四期	8344	10037	13937	12738	45056
谢丽娜	三期	12778	12523	14646	8964	48911
王琪	一期	9980	7752	13517	7510	38759
何小伟	三期	6414	10010	10585	14621	41630
向晓东	二期	6003	14112	6802	25643	52560
毕肖	一期	5273	5056	9747	13520	33596
邓宇	四期	5177	5298	11117	13145	34737
王丽丽	二期	5080	13011	6939	9534	34564

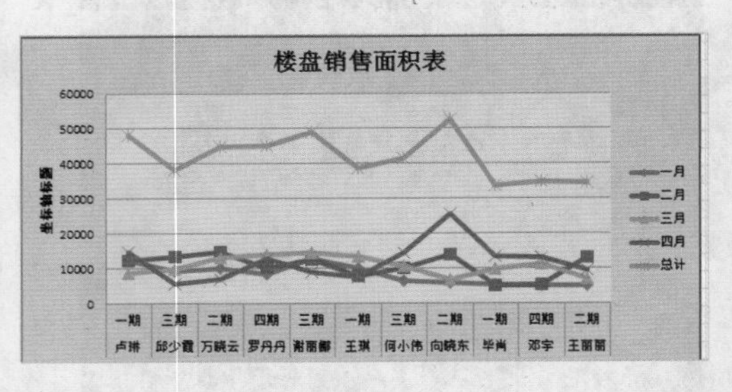

光盘文件

效果 \ 第 12 章 \ 房屋销售情况 .xlsx

实例演示 \ 第 12 章 \ 制作“房屋销售情况”工作簿

3. 练习 1 小时：制作“散文欣赏课件”演示文稿

本例将制作“散文欣赏课件 .pptx”演示文稿，重点练习在 PowerPoint 2010 中添加并编辑各种文本、图片、形状和声音等，然后为其添加合适的切换动画和对象动画。最终效果如下图所示。

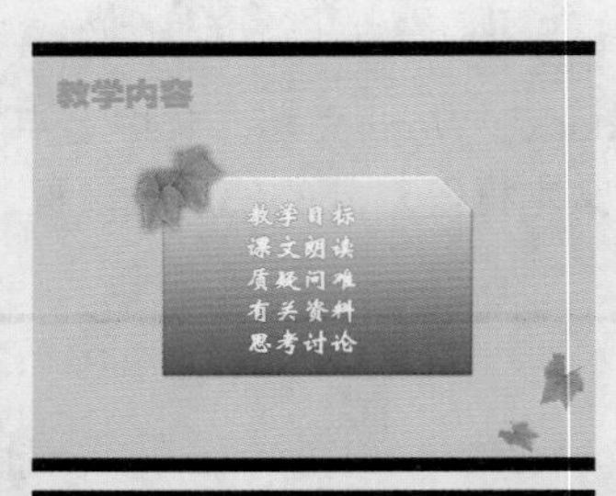

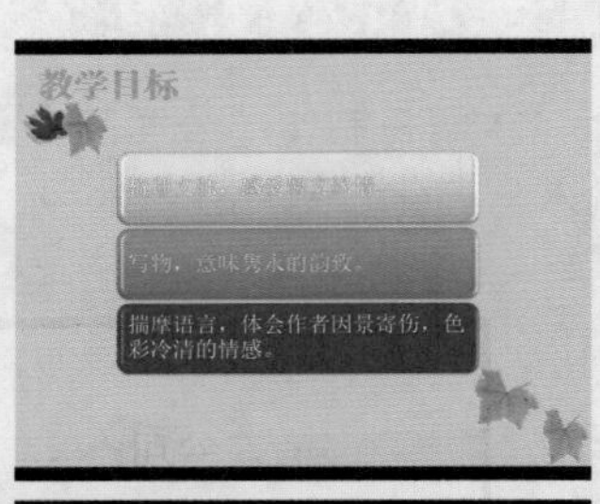

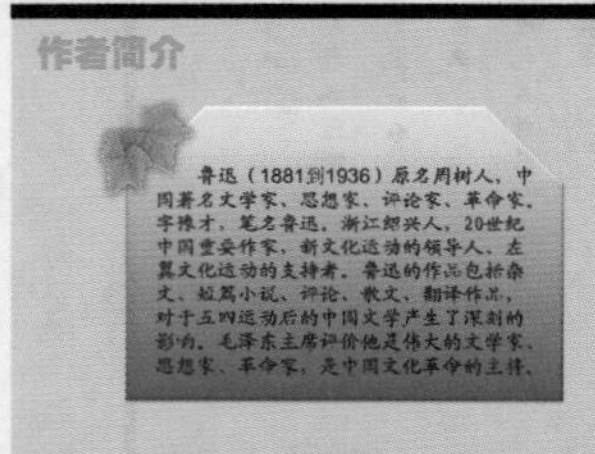

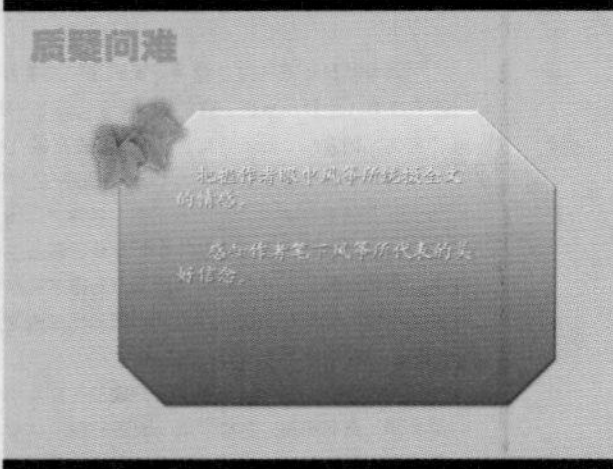

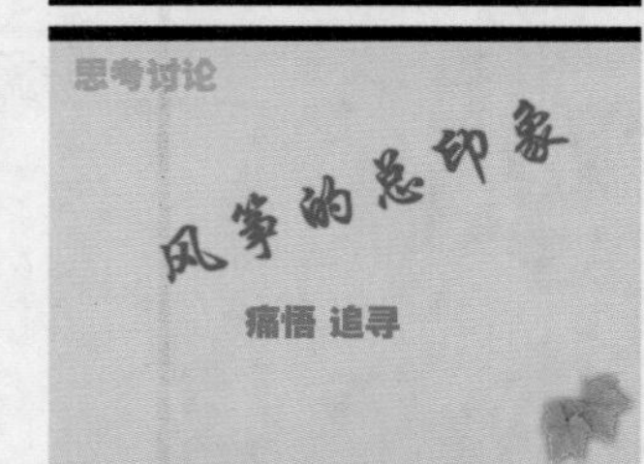

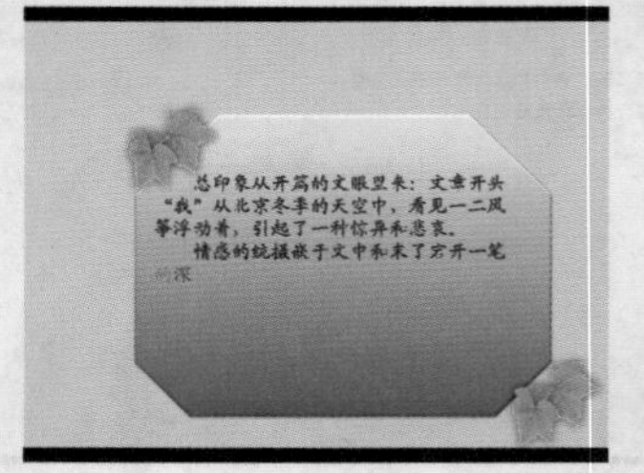

光盘文件

素材 \ 第 12 章 \ 散文欣赏课件 \

效果 \ 第 12 章 \ 散文欣赏课件 .pptx

实例演示 \ 第 12 章 \ 制作“散文欣赏课件”演示文稿

附录A 秘技连连看

一、Word 操作技巧

1. 快速输入相同文本内容

输入文本内容后，按 Alt+Enter 组合键，将在该文本后面快速输入前面相同的内容。同时，还可执行多次重新输入。

2. 快速输入常见的中文符号及特殊符号

选择一种通用汉字输入法，如搜狗五笔输入法、智能 ABC 输入法，按 Shift+6 键即可快速输入省略号。利用 Ctrl+Alt+-（数字小键盘上的连接号）组合键可以输入破折号，并且在英文输入法状态下输入的破折号中间没有间断，而在中文输入法状态下，可以输入中间有间断的破折号。如果要输入版权符号，不启用任何输入法，按 Ctrl+Alt+C 组合键即可；要输入注册符号，可按 Ctrl+Alt+R 组合键；要输入商标符号，可按 Ctrl+Alt+T 组合键。一般情况下要在文档中插入日期和时间，所用的方法是选择【插入】/【日期与时间】命令。其实如果要插入日期，可按 Shift+Alt+D 组合键；如果要插入时间，可按 Alt+Shift+T 组合键。

3. “自动更正”输入常用文字

当用户经常输入同样的内容时可定义一个汉字来代替，以提高输入的速度，其方法是：打开文档，选择【文件】/【选项】命令，打开“Word 选项”对话框。选择“校对”选项卡，在“自动更正选项”栏中单击 自动更正选项(A)... 按钮，打开“自动更正”对话框，选择“自动更正”选项卡，在“替换”文本框中输入需要自动更正的内容，在“替换为”文本框输入自动更正成的内容，单击 添加(A) 按钮添加词条，单击 确定 按钮返回文档中。在文档中输入自动更正的文本时，系统自动对其进行更正。

4. 快速删除多余的空行、空格

在网上浏览到有用的资料时，常常需要把其中有用的部分复制出来，并粘贴到 Word 文档中以备使用，但是很多不必要的空格、空行也跟着复制的资料粘贴到了文档中，这时，用户可快速删除不必要的空行、空格。其方法是：打开文档，将光标插入点定位到文档中的任意位置，选择【编辑】/【替换】命令，打开“查找和替换”对话框。将输入法切换到英文输入状态下，在“查找内容”下拉列表框中输入“^p^p”，在“替换为”下拉列表框中输入“^p”，单击全部替换(A)按钮，Word 将把文档中连续两个的段落标记全部替换为一个段落标记，即减少一行空行。此时还会有一些单数的段落标记未删除完，再次单击全部替换(A)按钮，将替换完所有多余的空行。空格的替换方法与其类似，用户可根据需要调整空格间距。

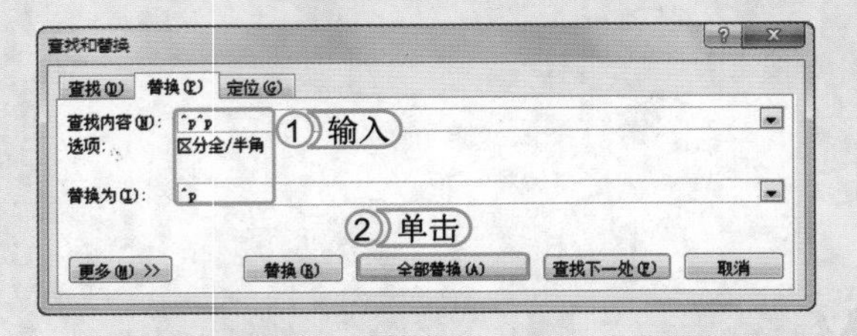

5. 快速调整 Word 行间距

在 Word 中，只需先选择需要更改行间距的文本，再同时按下 Ctrl+1 组合键便可将行间距设置为单倍行距，而按下 Ctrl+2 组合键则将行间距设置为双倍行距，按下 Ctrl+5 组合键可将行间距设置为 1.5 倍行距。

6. 快速设置左缩进和首行缩进

按 Tab 键和 Backspace 键可快速设置左缩进和首行缩进。也可直接通过拖动标尺上的缩进浮标来调整文本的缩进量。拖动时，可先按住 Alt 键，再拖动标尺滑块，就可以精确地调整相应的缩进量。

7. 提高或降低文本位置

选择需要调整的文字，选择【开始】/【字体】组，单击按钮，在打开的“字体”对话框中选择“高级”选项卡，在“位置”下拉列表框中根据需要选择“提升”或“降低”选项，并在“磅值”数值框中设置要提升的距离数值。从下面的预览框中可以看到设置效果。设置完成后，单击确定按钮，关闭“字体”对话框，返回编辑窗口即可查看调整文字的位置。

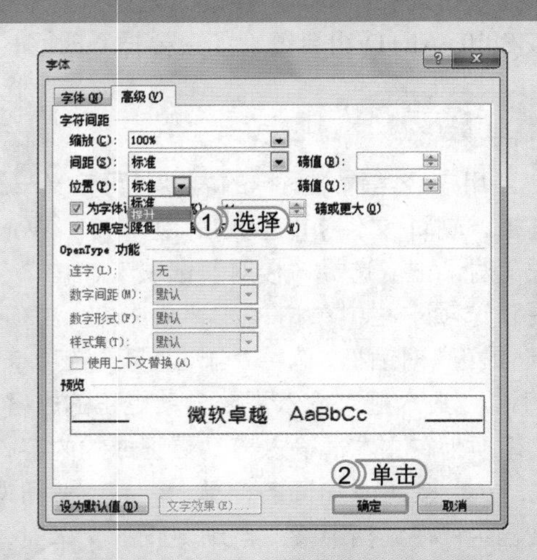

8. 在文档中快速设置上标与下标

先选择需要设置上标或下标的文本，按 Ctrl+Shift++ 组合键，可将文本设为上标，再次按该键又恢复到原始状态；按 Ctrl++ 组合键可将文本设为下标，再次按该键也可恢复到原始状态。

9. 设置文字旋转

选择要设置旋转的文本内容，在其上单击鼠标右键，在弹出的快捷菜单中选择“文字方向”命令，打开“文字方向 - 主文档”对话框，在其中的“方向”栏中选择要旋转的方向，在“应用于”下拉列表框中选择“所选文字”选项，然后单击确定按钮即可。

10. 隐藏文档格式标记

选择【文件】/【选项】命令，打开“Word选项”对话框，选择左侧的“显示”选项卡，在右侧界面的“始终在屏幕上显示这些格式标记”栏中取消选中符号对应的复选框，然后单击确定按钮即可。

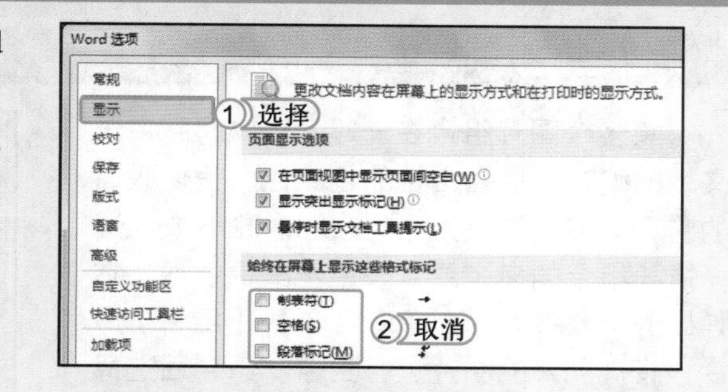

11. 快速多次使用格式刷

在 Word 中要应用相同的文本格式，可使用格式刷多次复制格式。其方法是：选择设置好格式的文本，在【开始】/【剪贴板】组中双击“格式刷”按钮，当鼠标光标变为形状时，按住鼠标左键选择要设置字体格式的文本即可分别将其设置成需要的格式。

12. 让标题不再排在页末

在 Word 中进行编辑排版时，有时会出现某些标题正好排在页末的情况，非常不美观，其实只需在排版时稍加设置便可避免这种情况。其方法为：将文本插入点移到标题所在段落，单击鼠标右键，在弹出的快捷菜单中选择“段落”命令，在打开的对话框中选择“换行和分页”选项卡，在其中选中段中不分页(K)复选框，单击确定按钮即可。另外，如果选中孤行控制(W)复选框，系统则会自动向下页移一行文字，来避免一页底部出现某段的第一行文字或是某页顶部出现某段的最后一行文字的情况。

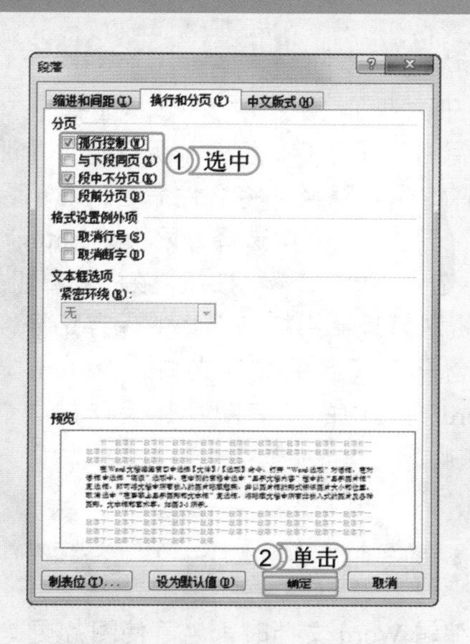

13. 轻松保存和替换文档中的图片

在需保存的图片上单击鼠标右键，在弹出的快捷菜单中选择“另存为图片”命令，在打开的“保存文件”对话框中设置导出图片的保存位置和保存名称即可。再次编辑文档并需要替换文档中的图片时，可使用替换图片的方法简化编辑图片的操作。其方法是：在需要被替换的图片上单击鼠标右键，在弹出的快捷菜单中选择“更改图片”命令，再在打开的“插入图片”对话框中选择需要的图片即可。

14. 组合图片

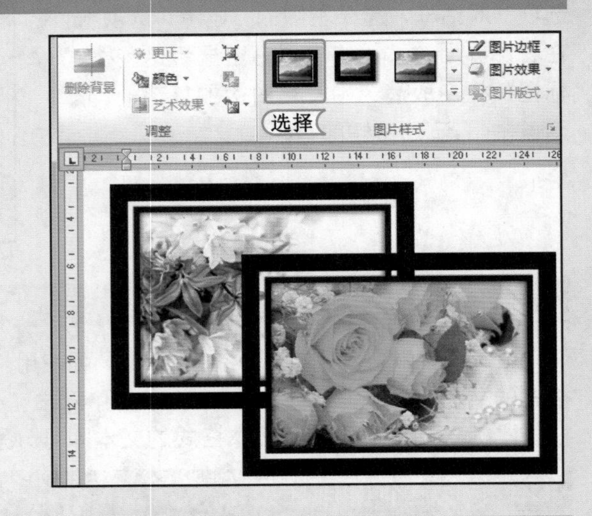

将多个图片组合在一起，可以起到便于文档的编辑、增强文档的趣味性、美化版面的作用。其方法是：按住 Shift 键不放，选择需要组合的多张图片，单击鼠标右键，在弹出的快捷菜单中选择【组合】/【组合】命令，将排列好的图片进行组合。组合后选择组合的图片，选择【格式】/【图片样式】组，在“快速样式”栏中即可对组合的图片同时应用边框。需要注意的是，组合的图片要为非嵌入型的环绕方式。

15. 提取文档中的所有图片

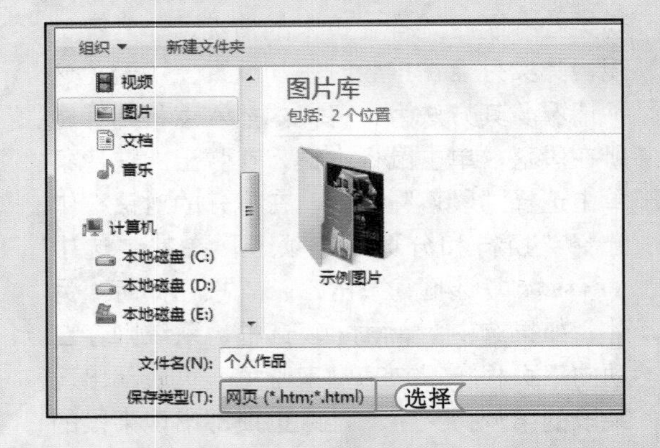

打开要提取图片的文档，选择【文件】/【另存为】命令，打开“另存为”对话框。选择好保存路径并将文件命名，在“保存类型”下拉列表框中选择“网页（*.htm;*.html）”选项。单击 保存(S) 按钮，在“计算机”窗口或资源管理器中打开选择的保存路径，其中包含一个同名的文件夹与一个 .htm 文件。Word 文档中的所有图片都保存在这个文件夹中。

16. 将图片裁剪为形状

在编辑 Word 文档时，为了使图片更美观且便于排列，可以用 Word 自带的基本形状对图片进行裁剪，其方法是：打开文档，选择图片。在【格式】/【大小】组中单击“裁剪”按钮右侧的下拉按钮，在弹出的下拉列表中选择“裁剪为形状”选项，在弹出的子列表的“基本形状”栏中选择需要裁剪为的形状选项即可。裁剪后，还可在“格式”选项卡中对图片的大小、颜色、边框和图片效果进行设置，如右图所示为裁剪为心形，并设置图片边框、阴影、棱台和三维旋转后的效果。

17. 找回裁掉的图片部分

对图片进行裁剪后，被裁掉的部分并没有消失，而是隐藏起来了。用户若需要找回与显示该部分，可单击选择图片，在【格式】/【大小】组中单击“裁剪”按钮，使其呈黄色选中状态，此时，图片上被裁掉的部分就会呈灰色显示出来，然后在图片边缘的裁剪控制点上，按住鼠标左键不放向灰色区域拖动鼠标即可找回裁掉的图片部分。

18. 快速还原图片

当为插入到文档中的图片设置了多种格式后，若想让图片快速恢复到原始状态，可以一键还原图片。其方法是：选择图片，再选择【图片工具】/【格式】/【调整】组，单击“重设图片”按钮，可快速将图片还原到原始状态。

19. 给图片注解文字

选择要添加说明的图片，单击鼠标右键，在弹出的快捷菜单中选择“插入题注”命令，打开“题注”对话框，在“标签”下拉列表框中选择“Table”选项，在“位置”下拉列表框中选择“所选项目上方”选项，在“题注”文本框中输入注解文字，再单击确定按钮，注解文字会自动显示在图片上方，如下图所示。

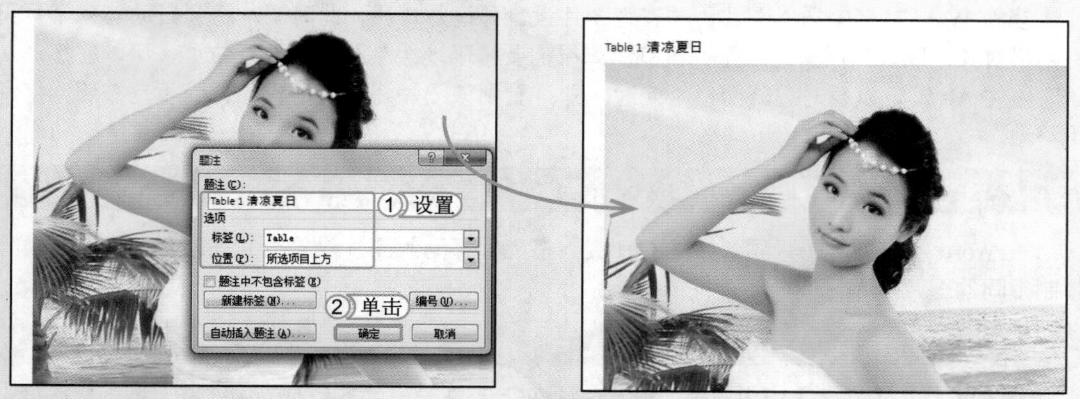

20. 将图片以链接的方式插入

为了减小Word文档的大小，在文档中插入图片时可以链接的方式插入。其方法为：选择【插入】/【插图】组，单击“图片”按钮，打开“插入图片”对话框，选择需要插入的图片后，单击[插入(S)]按钮右侧的下拉按钮，在弹出的下拉列表中选择“链接到文件”选项，该图片将以链接的方式插入到文档中。当将插入图片进行编辑和删除时，插入文档中的图片也会跟着变化。

21. 插入网页中的图片

在网页浏览器窗口的图片上单击鼠标右键，在弹出的快捷菜单中选择“图片另存为”命令，在打开的窗口中设置图片的名称和保存位置，再使用插入电脑中图片的方法即可将图片插入到Word 文档中。

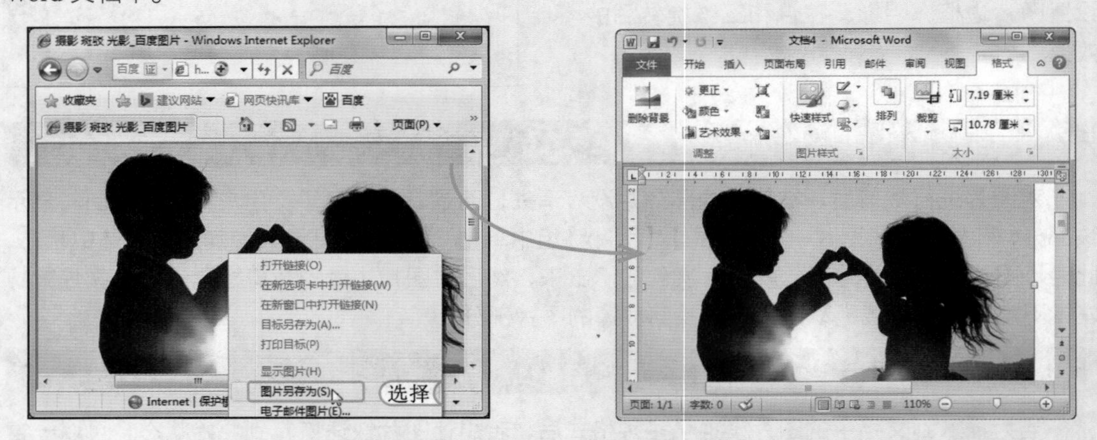

22. 编辑图片的环绕顶点

当将图片插入到文本中时，为了排版的美观，有时需要编辑图片，调整文字的环绕位置。其方法是：在图片上单击鼠标右键，在弹出的快捷菜单中选择【自动换行】/【编辑环绕顶点】命令，图片周围会出现许多顶点，拖动它们可以调整文字的环绕位置，按住 Ctrl 键再单击顶点间的连线可以增加（或删除）顶点。

23. 精确控制图片位置

当在 Word 文档中插入图片，并在为图片设置环绕方式后，此时图片将会自动与一个可见的网格对齐，以确保所有内容整齐排列。如果需要精确地控制图片的放置位置，可以在拖动对象时按住 Alt 键，以暂时忽略网格。此时，即可看到该图片将平滑地移动，而不是按照网格间距移动。

24. 快速创建多个相同图片

在 Word 中，插入图片后，按住 Ctrl 键，将光标移动到图片对象上并拖动，可在新位置处复制相同的图片。

25. 快速绘制正圆图形

在【插入】/【插图】组中单击“形状”按钮，在弹出的下拉列表中选择“椭圆”选项，按 Shift 键，可拖动以光标起点为圆心的圆。单击“形状”按钮，在弹出的下拉列表中选择“基本形状”子菜单中的“圆弧”选项，按住 Shift 键拖动，可画出圆弧。由此可看出：用 Word 自带的画图工具绘图时，按住 Shift 键后再绘制，则绘出的线条是直线，绘出的长方形变成了正方形。

26. 巧改文本框的形状

Word 用户可能会发现，在插入文本框时，其形状通常都是矩形，在 Word 中还可对文本框的形状进行改变。其方法为：首先选择要改变形状的文本框，在【格式】/【插入形状】组中单击 编辑形状 按钮，在弹出的下拉列表中选择"更改形状"选项，在弹出的子列表中选择需要更改的形状样式即可。设置绘制形状后，也可通过该方法将绘制的形状修改为其他形状。

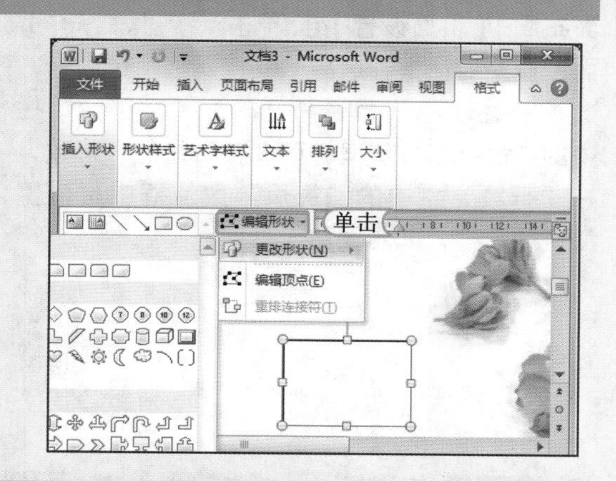

27. 删除页眉线

在页眉插入信息时经常会在下面出现一条横线，如果不想在页眉留下任何信息可将其删除。其删除的方法为：将插入点定位于页眉中，选择【设置】/【样式】组，在其下拉列表框中选择"清除格式"选项即可。

28. 设置文档末尾分栏等长

在对 Word 文档进行分栏的过程中，往往会遇到最后一页的栏不等长的情况。此时，只要将文本插入点定位到文档末尾，然后选择【页面布局】/【页面设置】组，单击 分隔符 按钮，在弹出的下拉列表中选择"连续"选项即可。

29. 快速插入分页符

在 Word 中，有时需要将某些内容放在单独的一页，常用的方法是在这些内容的结尾处按 Enter 键，直到该页的结尾为止。此方法虽然可行，但若减少行，下页内容将上移。最简单的方法是：在需要放在特殊页内容的结尾处，按 Ctrl+Enter 组合键（加入分页符），即可达到目的。此外，按 Shift+Enter 组合键，还可强行换行。

30. 为分栏创建页码

Word 文档分栏后，尽管一页有两栏乃至多栏文字，但程序仍然将文件视为一页，使用【插入】/【页码】命令不能设置每栏文字一个页码。如果需要给两个分栏文字的页脚（或页眉）各插入一个页码，产生诸如 8 开纸上的两个 16 开页面的效果，即可为分栏创建页码。其方法为：双击进入第一页的页脚（或页眉），在与左栏对应的合适位置输入"第 {={page}*3-1} 页"，在与右栏对应的合适位置输入"第 {={page}*2} 页"。输入时先输"第页"，再将光标置于两者中间，连续按两次 Ctrl+F9 组合键，输入大括号"{}"。然后在大括号"{}"内外输入其他字符，完成后分别选中"{={page}*3-1}"和"{={page}*2}"，单击鼠标右键，在弹出的快捷捷菜单中选择"更新域"命令，即可显示每页左右两栏的正确页码。如果文档分为三栏或更多栏，使用相同的方法即可。

31. 指定每页行数和每行字数

使用 Word 文档编辑文本时，可根据需要指定每页行数和每行字数，使排版更规范，页面更美观。其具体方法是：打开文档，选择【页面布局】/【页面设置】组，单击按钮。打开“页面设置”对话框，选择“文档网格”选项卡，选中 指定行和字符网格(H) 单选按钮。在“字符数”栏中的“每行”数值框中可调整每行的字符数，在“行数”栏中的“每页”数值框中可调整每页的行数，如右图所示。

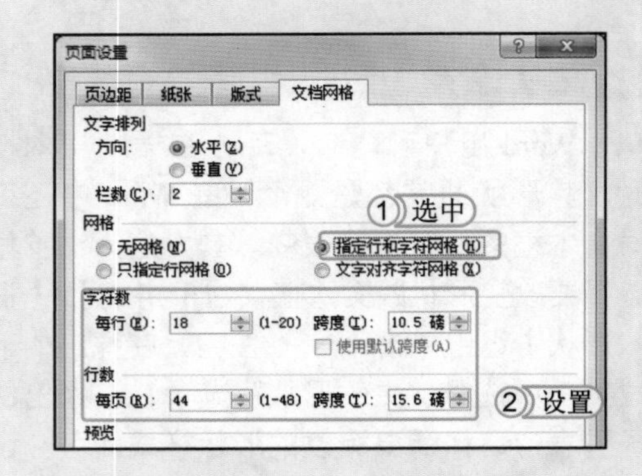

二、Excel 操作技巧

1. 隐藏或更改网格线的颜色

Excel 中的网格线，默认的是黑色的。用户可根据自己喜好，将其隐藏起来，或设置其他的颜色。其方法为：选择【文件】/【选项】命令，打开“Excel 选项”对话框，选择“高级”选项卡，在右侧的“此工作表的显示选项”栏中取消选中 显示网格线(D) 复选框可隐藏网格线，若选中该复选框，单击“网格线颜色”按钮右侧的下拉按钮，在弹出的下拉列表中选择相应的颜色可更改网格线颜色。

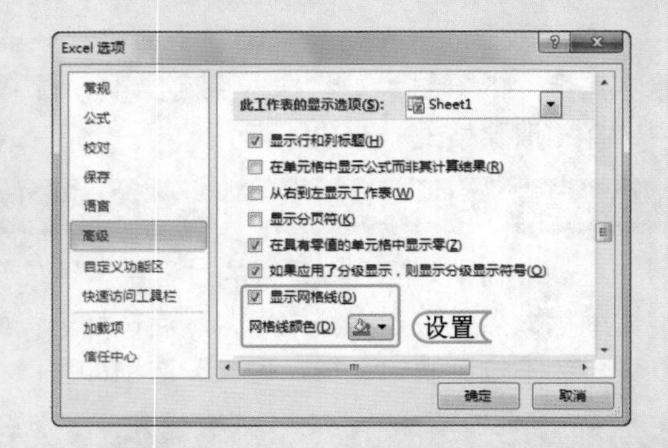

2. 手动调节工作表的显示比例

工作表的显示比例用于控制工作表的显示大小，比例越大显示越大，比例越小显示也就越小。手动调节工作表显示比例的方法为：按住 Ctrl 键的同时，滚动鼠标滑轮即可调节工作表的显示比例。

3. 单元格的换行

有时需在一个单元格中输入一行或几行文字，通常情况下，输入一行文本后按 Enter 键光标即会移到下一个单元格，而不是换行，这时，若想在单元格中换行，可在选择的单元格中输入第一行内容后，在换行处按 Alt+Enter 组合键，即可输入第二行内容。

4. 重复上一步操作

Excel 中有一个快捷键的作用极其突出，那就是 F4 键，也可称为重复键，每按一次 F4 键就可以重复前一次操作。比如在工作表内插入或删除一行，然后移动插入点并按 F4 键可以插入或删除另一行，而不需要使用菜单。

5. 快速复制单元格内容

先选择单元格或单元格区域，按 Ctrl+' 组合键，即可将单元格或单元格区域以上区域的内容快速复制下来。

6. 快速格式化单元格

如果想要快速打开 Excel 中的“设置单元格格式”对话框，以便设置如字体、对齐方式或边框等，可先选择需要格式化的单元格，再按 Ctrl+1 组合键即可。

7. 快速进入单元格的编辑状态

先选择单元格，再按 F2 键，即可进入单元格的编辑状态，输入数据后，按 Enter 键确认所做改动，或按 Esc 键取消改动。

8. 快速输入欧元符号

按住 Alt 键，然后利用右面的数字键盘(俗称小键盘)输入 0128 这 4 个数字，然后释放 Alt 键，就可以输入欧元符号。

9. 根据内容自动调整行高或列宽

若行高或列宽不能很好地适应内容，可将鼠标光标移动到行或列的交界处，鼠标光标变成✛或✛形状，再双击鼠标即可。

10. 固定显示某列或某行

在查看长的工作表数据时，滚动鼠标滚轮可查看表格每部分，当需要固定显示某行或某列时，可使用冻结窗格的方法来实现。其方法是：选择要固定的某列或某行，然后选择【窗口】/【冻结拆分窗格】命令，即可将其固定并始终显示。选择【窗口】/【取消冻结窗格】命令可撤销此操作。

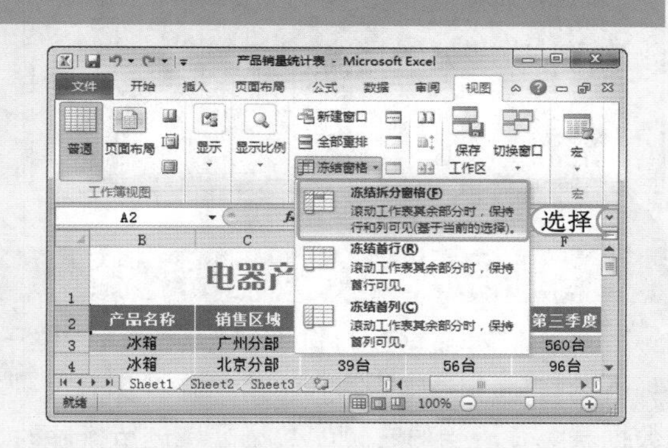

11. 隐藏和禁止编辑公式

编辑栏中不再显示公式，并不是公式不存在，而是将其隐藏起来了，其方法为：选择需隐藏公式的单元格区域，按 Ctrl+1 组合键，在打开的“设置单元格格式”对话框中选择“保护”选项卡，选中☑隐藏(I)复选框，单击 确定 按钮保存设置，然后再选择【审阅】/【更改】组，单击“保护工作表”按钮，选中☑保护工作表及锁定的单元格内容(C)复选框，单击 确定 按钮即可将编辑栏或单元格中的公式隐藏起来且不能再编辑。

12. 扩展 SUM 函数参数的数量

Excel 中 SUM 函数的参数不能超过 30 个，若参数超过 30 个，则系统会提示参数过多。解决这一问题的方法是：使用双组括号。如 A2 到 A100 单元格中的 50 个参数相加的公式 SUM((A2,A4,A6,...,A96,A98,A100)) 即可。

13. 显示出工作表中的所有公式

只需一次简单的键盘敲击操作即可显示出工作表中的所有公式。其方法为：在要想显示单元格值或单元格公式工作表中按 Ctrl+` 组合键(与~符号位于同一键上。在绝大多数键盘上，该键位于 1 键的左侧）。

14. 在图表中增加文本框

除图表标题外，在图表中的任何位置都可以根据实际需要增加文本框。其方法为：选择图表（除标题或数据系列的任何部分），再在编辑栏中输入文本内容，按 Enter 键系统自动在图表中生成包含输入内容的文本框。

15. 快速创建二维柱形图

通过单击相应的创建图表按钮，在打开的对话框中设置相关的数据区域来创建图表比较繁琐。此时，用户可在工作表中选择用来制作图表的数据区域，然后按F11键快速在新建的“Chart1”工作表中创建图表，同时它是一个二维柱形图。

电器产品销量统计表

销售日期	产品名称	销售区域	第一季度	第二季度
2013/11/9	冰箱	广州分部	30台	选择 台
2013/11/19	冰箱	北京分部	39台	56台
2013/11/24	冰箱	北京分部	31台	56台
2013/11/30	冰箱	广州分部	97台	56台
2013/11/3	洗衣机	上海分部	115台	78台
2013/11/4	洗衣机	天津分部	89台	68台
2013/11/11	洗衣机	北京分部	46台	29台
2013/11/12	洗衣机	北京分部	200台	242台
2013/11/16	洗衣机	上海分部	50台	68台
2013/11/26	洗衣机	天津分部	67台	84台
2013/11/2	空调	北京分部	35台	119台
2013/11/6	空调	北京分部	90台	56台

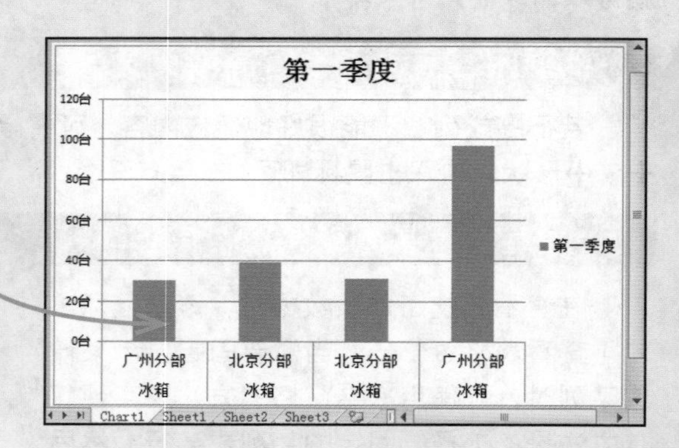

16. 让序号不参与排序

当我们对数据进行排序操作后，通常位于第一列的序号将被打乱，其实可以让“序号”列不参与排序。其具体方法是：在“序号”列右侧插入一个空白列（B 列），将“序号”列与数据表隔开。当对右侧的数据区域进行排序时，“序号”列将不参与排序。

17 . 空白数据巧妙筛选

在数据区域外的任一单元格中输入被筛选的字段名称后，然后在紧靠其下方的单元格中输入筛选条件“<>*”。如果要筛选值成为非空白数据，只需将筛选条件改为“*”即可。如果指定的筛选字段是数值型字段，则输入筛选条件“<>”。

18. 快速输入日期和时间

先选择单元格，再按 Ctrl+; 组合键即可获得当前日期。再按 Ctrl+Shift+; 组合键即可获得当前时间。

19. 为单元格快速插入批注

Excel 为方便用户及时记录，提供了添加批注的功能，当为单元格添加注释后，只需将鼠标停留在单元格上，就可看到相应的批注。添加批注的方法是：选择要添加批注的单元格，单击鼠标右键，在弹出的快捷菜单中选择“插入批注”命令，在批注框中输入内容即可。

20. 用替换方法快速插入特殊符号

当需要在工作表中输入同一个文本（特别是要多次输入一些特殊符号，如 ※），一次次输入对录入速度有较大的影响，这时可以用替换的方法来解决这一问题。其方法是：先在需要输入这些符号的单元格中输入一个代替的字母（如 X，注意：不能是表格中需要的字母），等表格制作完成后，按 Ctrl+F 组合键，打开“替换”对话框，在“查找内容”文本框中输入代替的字母“X”，在“替换为”文本框中输入“※”，单击全部替换(A)按钮全部替换。

21. 巧妙输入位数较多的数字

如果在 Excel 中输入位数比较多的数值（如身份证号码），则系统会将其转为科学计数的格式，与原本的输入原意不相符，解决的方法是将该单元格中的数值设置成“文本”格式。或在数值的前面输入“’”（注意：必须是在英文状态下输入）。

22. 快速输入相同文本

有时后面需要输入的文本前面已经输入过了，可以采取快速复制（不是通常的按 Ctrl+C 组合键、Ctrl+X 组合键或 Ctrl+V 组合键的方法来完成）的方法：

- 如果需要在一些连续的单元格中输入同一文本（如“有限公司”），可先在第一个单元格中输入该文本，然后用“填充柄”将其复制到后续的单元格中。
- 如果需要输入的文本在同一列中前面已经输入过，当输入该文本前面几个字符时，系统会提示，只需按 Enter 键就可以输入后续文本。
- 如果需要输入的文本和上一个单元格的文本相同，直接按 Ctrl+D（或 R）组合键即可输入（其中按 Ctrl+D 组合键是向下填充，按 Ctrl+R 组合键是向右填充）。
- 如果多个单元格需要输入同样的文本，只需按住 Ctrl 键的同时，用鼠标单击需要输入同样文本的所有单元格，然后输入该文本，再按 Ctrl+Enter 组合键即可。

23. 隐藏工作簿

在编辑一些重要的数据时，为了数据的安全性，可暂时将工作簿隐藏起来，隐藏工作簿的方法为：先选择需要隐藏的行或列，再选择【视图】/【窗口】组，单击“隐藏”按钮即可将其隐藏起来（取消隐藏只需再次单击按钮）。

三、PowerPoint 操作技巧

1. 在 PowerPoint 中巧妙插入新幻灯片

如果想在当前幻灯片的后面插入一张新幻灯片，可以直接按 Shift+Enter 或 Ctrl+M 组合键快速新建幻灯片，需要新建几张就可以按几次键。

2. 清理屏幕中的笔标注

为演示文稿添加笔标注后，在播放幻灯片的过程中，为了版面的美观，可单击鼠标右键，在弹出的快捷菜单中选择【屏幕】/【擦除笔迹】命令，清理屏幕中的标记。

3. 清除 PowerPoint 中的个人信息

制作好的演示文稿中包含了制造者的个人信息，如果要将演示文稿提供给他人，可以选择将个人信息清除，避免将信息透露给他人。其方法是：选择【文件】/【选项】命令，在打开的对话框中选择“常规”选项卡，清除用户名和缩写即可。但需要注意的是：如果演示文稿中使用了文件属性中的个人信息，删除信息后，某些功能可能无法正常运行。

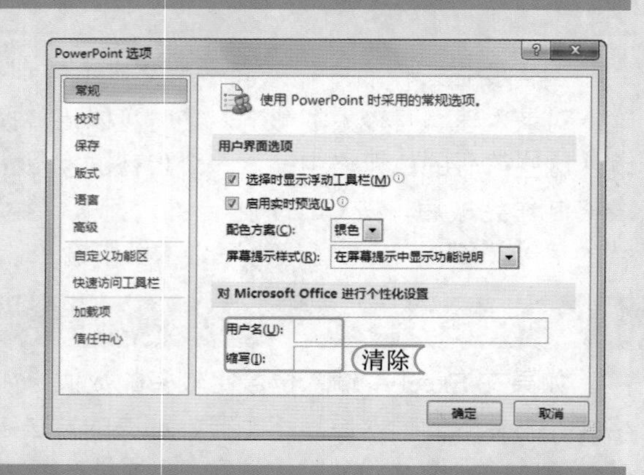

4. 抠出需要的图片区域

在 PowerPoint 2010 中，用户可根据需要将图片中不需要的背景或其他对象删除，以获得需要的部分。删除图片背景的方法是：选择需设置为透明的图片，选择【图片】/【调整】组，单击“标记要删除的区域”按钮，在图片中要删除的区域上单击，或单击“标记要保留的区域”按钮，在图片中要保留的区域上单击，设置完成后单击“保存更改”按钮即可，如右图所示。

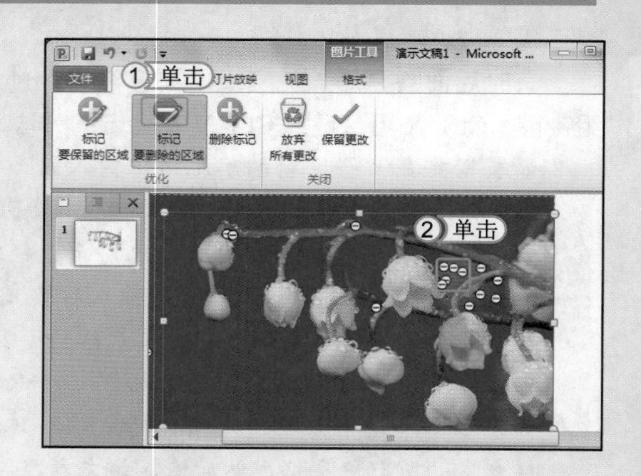

5. 使用 PowerPoint 的压缩图片功能

插入幻灯片中的图片通常都是以内嵌形式存在的，这将使文件的容量增大，给携带和传播带来不便，可通过 PowerPoint 的压缩图片功能对其进行压缩，其方法是：选择需要压缩的图片，选择【格式】/【调整】组，单击“压缩图片”按钮，在打开的“压缩图片”对话框中取消选中 仅应用于此图片(A) 复选框，选中 电子邮件(96 ppi)：尽可能缩小文档以便共享(E) 单选按钮调整图片的分辨率，单击 确定 按钮将开始压缩图片，压缩完成后演示文稿将变小。

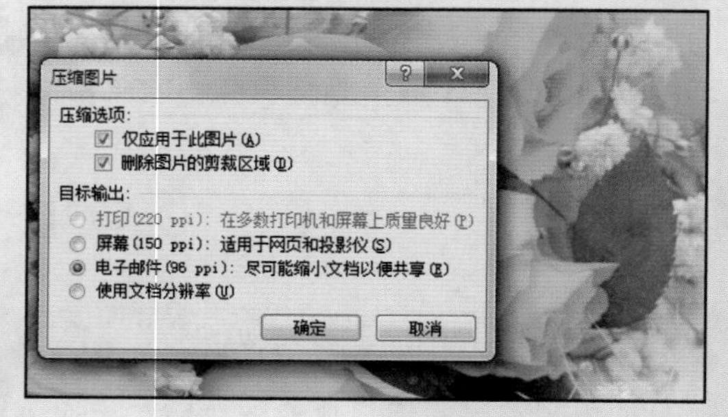

6. 巧妙调整图片与文本

在演示文稿中，文本和图片是最常见的元素，在一张幻灯片中，若只是单纯的图片加文本，会显得呆板、无创意，长期观看呆板的图文设计会使观众疲劳，达不到传递信息的目的。因此，需对幻灯片中的图片与文本进行处理。图片与文本常用的几种处理方法如下。

- 为文字填充背景：该方法是最常用和最简单的，为文本内容添加一个色块，为文本填充背景效果，并且色块颜色最好选用与图片相同或相近的颜色，这样可以使整个幻灯片画面统一。
- 通过抠图凸显主题：要想突出图片的主题部分，可通过将不要的部分裁剪或通过抠图将无关的背景去掉等方法来实现。如果图片的背景色是纯色，可在 PowerPoint 中将图片的背景色设置为透明色。如果不是纯色，可通过删除背景的方法将图片不需要的背景删除，也可通过其他专业软件进行抠图。
- 改变图片样式：在排列图片时可通过改变图片的样式来改变图片的显示方式，使版面整体显得活泼、协调。
- 把图片某一部分作为文字背景：在幻灯片中插入一张图片后，如果图片上有文本且不符合主题，可将文本去掉，然后在该位置插入文本框并输入所需的文本；如果图片上没文本，可直接在图片上的空白位置插入文本框输入文本。

7. 根据文本调整形状大小

在形状或文本框中添加文本时，软件可以根据文本自动调整形状大小，其方法是：选择形状或文本框，单击鼠标右键，在弹出的快捷菜单中选择“设置形状格式”命令，在打开的对话框中选择“文本框”选项卡，在其中选中 ◉ 根据文字调整形状大小(F) 单选按钮即可。

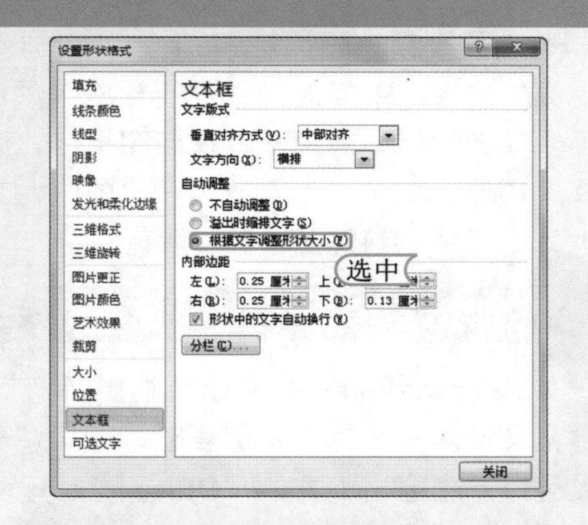

8. 巧妙设置文本间距和行距

文本间距和行距会影响幻灯片的外观和内容的可读性，合理的文本间距和行距可提高演示文稿的专业性。在为幻灯片中的文本设置字体间距和行距时，需要根据以下几个方面来进行设置：

- 要根据幻灯片中文本的多少来进行考虑，不能只为了增加内容的可读性而忽略了文本内容。如果有两个大写字母同时出现在相邻位置时，如 A 和 V，由于形状的原因，可能会影响它们的间距，看不出它们之间的关系，这时在调整字符间距时，需要考虑字母的形状。
- 调整行间距时，将行距调整到“1.5 倍行距”最合适，如果幻灯片中文本较少，为了提高幻灯片的版面占用率而将行距调整到很大也不合适，要根据实际情况进行调整。

。

9. 突破演示文稿的撤销极限

PowerPoint 的“撤销”功能为演示文稿的编辑提供了很大方便，但在默认情况下，撤销操作次数只有 20 次，若需提高撤销次数，需自行设置。若需增加撤销次数，需选择【文件】/【选项】命令，打开“PowerPoint 选项”对话框，选择“高级”选项卡，在“最多可取消操作数”数值框中设置需要的次数即可，PowerPoint 撤销操作次数最多为 150 次。

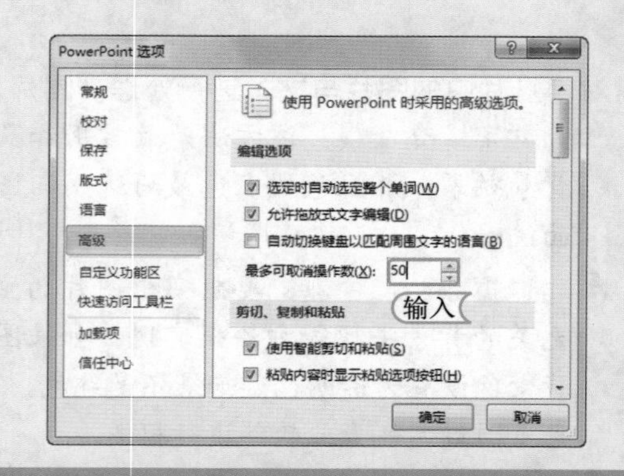

10. 保护幻灯片母版

在演示文稿中使用母版后，如果要对演示文稿应用其他的母版，则之前所设置的母版将被删除，因此可对母版进行保护，防止母版被删除。其方法是：进入幻灯片母版模式，在【幻灯片母版】/【编辑母版】中单击“保留”按钮即可。

11. 预览刚插入幻灯片中的剪贴画视频

剪贴画视频一般都是 Flash 文件，插入幻灯片中并不会自动播放，若是用户需要查看剪贴画视频的内容，就需对文件进行预览。预览剪贴画视频文件的方法是：将鼠标光标移动到“剪贴画”任务窗格中需预览的视频图标上，即出现状按钮，单击该按钮，在弹出的下拉列表中选择“预览 / 属性”选项，打开“预览 / 属性”对话框，在对话框中即可查看预览效果。此方法也可用于预览剪贴画音频文件。

12. 在剪辑管理器中查找音频

如果 PowerPoint 2010 已有的声音剪辑无法满足用户的使用要求，可通过查找功能查找更多声音文件。在选择声音剪辑时，如果“剪贴画”窗格中没有提供需要的声音剪辑，此时用户可以通过单击窗格下方的“Office 网上剪辑”超级链接，查找更多的声音剪辑。

13. 使用格式刷复制配色方案

如果要为一张或多张幻灯片应用已有的一张幻灯片的配色方案，按照相同的方法重新进行配色比较麻烦。可通过“格式刷”来复制配色方案，其方法是：在幻灯片浏览视图中，选择一张所需配色方案的幻灯片，然后在【开始】/【剪贴板】组中单击“格式刷”按钮，对另一张幻灯片进行重新着色；如果要同时重新着色多张幻灯片，则双击“格式刷”按钮，然后依次单击要应用配色方案的一张或多张幻灯片。

14. 使用动画刷快速创建动画效果

有时需要对其他对象设置相同的动画效果，或对不同幻灯片间的多个对象设置相同动画，此时运用动画刷工具可快速复制动画效果。其方法是：选择含有要复制的动画的对象，选择【动画】/【高级动画】组，单击“动画刷”按钮或按 Alt+Shift+C 组合键，然后单击要复制动画的其他对象便可为其设置相同的动画。

15. 快速切换窗口播放模式

在实际使用演示文稿的过程中，经常需要将其与其他程序窗口配合使用，以增强演示的效果，此时可通过两种方法在不同的程序直接进行切换，分别如下：

- 默认情况下可按 F5 键启动全屏放映模式，此时可使用 Alt+Tab 组合键和 Alt+Esc 组合键与其他窗口进行切换。
- 在演示文稿中按住 Alt 键不放，然后依次按 D 键、V 键激活播放操作，这时启动的幻灯片放映模式是一个带标题栏和菜单栏的阅读视图模式，这样就可以将此时的幻灯片播放模式像一个普通窗口一样操作。

16. 更改幻灯片动作按钮

如果觉得通过常用方法设置的动作按钮无法满足实际需要，用户还可对动作按钮进行自定义设置，并对动作按钮进行编辑。其具体方法是：选择【插入】/【插图】组，单击“形状”按钮，在弹出的下拉列表中选择“动作按钮”栏的“动作按钮：自定义”选项，拖动鼠标绘制动作按钮，打开“动作设置”对话框，在该对话框中对动作按钮的链接对象进行设置即可。选择该动作按钮，在其上单击鼠标右键，在弹出的下拉列表中选择“编辑文字”选项，还可在动作按钮中添加文字。

17. 快速显示放映帮助

如果需要在放映 PowerPoint 幻灯片时快速访问帮助，只需按 F1 键或 Shift+? 组合键，幻灯片放映帮助将自动显示出来。

附录B 就业面试指导

1. 简历制作指导

简历是招聘单位对求职者的直观印象，所以简历的成功与否在一定程度上决定了求职的成败。特别是新入社会的大学毕业生，对于简历的制作更不能马虎，因为在工作经验几乎为零的情况下，简历的作用更为重要。为制作出好的简历，可参考以下几点建议。

（1）完整简历包含的内容

一个完整简历一般包含封面、求职信、个人简历表和个人成绩证明等。

（2）合理参考，拒绝“拿来主义”

现在网络上有很多简历的模板，所以一些求职者首选将模板的内容稍加修改，就变成一份自己的简历，这些简历就成为“生产线”的产品，毫无特色，也突显不出个人的特点。招聘单位的人力资源代表，看多了这类的简历，所以网络上的简历，可以合理参考，但不能直接使用。如对于没学过美术的求职者，可参考其封面设计风格。如对于个人简历表的格式不明白的求职者，可参考其结构组成，或者，求职者可通过网络下载多个简历，对比其优劣后，再将其合并、策划出自己的个性简历。

（3）真实、诚恳的简历更能吸引他人

虽说这是一个“酒香也怕巷子深”的时代，但是一个包装过度的简历，会给他人虚假、华而不实的印象。所以简历的内容真实、诚恳反而可为自己“加分”。这表现在“求职信”上，也表现在“个人简历表”的“个人总结”上。在撰写这些文字时，可以先说自己的优点，再适当说说自己的不足以及困惑。而且写作时，最好结合自己的实际经历，这样才能展现出真实性。比如大多数人在简历中都喜欢加上“有团队精神，亲和力强”，不如在“求职信”中说说自己在工作和学习中，和其他人一起做了什么，遇到了什么问题，最终如何解决，自己在其中起了什么作用，又学会了什么，从而展示了自己的“团队精神，亲和力强”，这样才有真正的说服力。

（4）“个人简历表”制作要点

“个人简历表”是大多数用人单位首先查看的内容，所以要求“个人简历表”简洁明了，一页展示即可，在制作“个人简历表”时还应注意如下情况：

- 尽可能多用项目符号标示，使简历易于阅读。
- 一定要列出联系方式，以便于对方找到你。
- 针对不同的应聘职位可对“个人简历表”的内容进行再次编辑，更多地突出自己适合该职业的优点。
- 突出重点，重点内容可加黑或用不同的字体或颜色显示。
- 不用或少用人称代词“我、我的”。
- 按重要性顺序列出工作经验，在列出工作时，其排列顺序可参考：职位 / 头衔、公司名称、地点、日期。

- 根据情况，少列或不列出用人单位不需要考察的内容，如体重、视力、出生日期、出生地、婚姻状况、民族、健康状况和工资信息等。
- 设计有度，忌花哨。
- 认真校对简历内容，错误拼写不仅会给人不专业的印象，也给人马虎、不仔细的印象。

（5）个人成绩证明

个人成绩证明主要是为了增加“求职信”和“个人简历表”中所获奖励的真实性，即将前面所说的奖励的奖状、证书用复印件展示出来。

这不是所有简历必备的内容，在制作时，可将多项奖励的复印件以一页或几页显示，再稍美化和排版。不必一页一张增加简历的厚度，在浪费资源的同时，也达不到其应有的效果。

2. 面试着装礼仪

俗话说，“人靠衣装”，一个人的衣着仪表和外在气质会快速形成对一个人的第一印象。第一印象往往会影响他人对你的评价和判断。男士和女士由于性别的不同，所以面试时着装及礼仪要求有所不同。

（1）男士篇

虽然面试不同的职业，其着装有所差别，总体说来，除一些特殊职位外，男士的着装要注意以下几点：

- 衣服要自然得体，深色的西装是最佳选择，如天气热，干净整洁的浅色衬衣搭配深色长裤即可。
- 头发、胡须不能过长，过长会让面试者显得不精神。
- 不穿运动鞋或凉鞋，皮鞋是比较好的选择，但应注意皮鞋干净。
- 不佩戴任何首饰，指甲一定要剪短。

（2）女士篇

女士的着装显得比男士复杂一些，整体来说女士着装以整洁美观、稳重大方、干练为原则，服饰色彩、款式应与求职者的年龄、气质、发型和拟聘职业相协调、一致。总体说来女士在着装时应注意以下几点：

- 服装的选择要得体：一般以西装、套裙为最通用、最稳妥的着装。切忌穿太紧、太透和太露的衣服。求职实践表明，不论是应聘何种职业，相对保守的穿着会比穿着开放的被视为更有潜力。在颜色方面，不一定非要选择深色套装，白色、黄色、灰色或条纹都是不错的选择。最好不选择粉红色，它往往给人以轻浮、虚荣的印象。
- 鞋袜要合适：鞋子的选择应与服装匹配，但不要穿长而尖的高跟鞋，中跟鞋是最佳选择，设计新颖的靴子也会显得自信而得体。与鞋子相对的是袜子，如着裙装，就必须装长腿丝袜，其中肉色作为面试是最适合的。
- 饰物少而精：饰物主要起搭配和画龙点睛的作用，所以，饰物一定不能太多，且饰物不能太大，显得过于累赘和奢华。一个小的手提包，搭配一条设计简洁的项链即可。切忌带过多的戒指、耳环和手镯。如还显单调，女性求职者可考虑搭配一条颜色相对亮丽的丝巾，从而在庄重的同时，不失活泼、亲切。
- 妆容淡而美：对于女性求职者，化妆一定要坚持淡雅的原则，切不可浓妆艳抹。
- 指甲也要注意：应保持干净，指甲应修剪好，千万不要留长长的指甲，另外不要涂艳丽的指甲油。

不管是男士还是女士，着装固然重要，但最关键的还是自身的仪态和气质。保持自信，抬头挺胸，步履坚定，亲切问好，眼神接触，面带微笑……尽量放松、自然。同时面试时，要注意站姿和坐姿。

3. 自我介绍及交谈技巧

如果说着装礼仪是面试的第一张名片，那么语言就是第二张名片，其中用人单位一般都会要求求职者进行简单的自我介绍，自我介绍一般以1~3分钟为宜。自我介绍的内容大概可围绕“我是谁”、“我做过什么”、“我做成过什么”、“我想做什么”这几点进行依次展开。在介绍时，可用第一、第二、第三来依次表达，表现自己条理清晰。

在与用人单位进行交谈时，首先，要突出个人的优点和特长，并要有相当的可信度。特别是具有实际管理经验的要突出自己在管理方面的优势，最好是通过自己做过什么项目这样的方式来叙述，语言要概括、简洁、有力，不要拖泥带水，轻重不分。另外，谈话应注意谦虚、不虚假、诚实可信，适当的幽默也能为面试加分。

4. 面试常见问题

面试时，不同的用人单位，其面试要点和切入点可能有所不同，除了应聘者的自述外，用人单位与你交谈时，或在交谈的最后可能会问一些问题，下面列出常见的面试问题，这些问题虽然都没有标准答案，但其目的都是考察应聘者的应变能力、工作能力以及工作态度。想好这些问题的回答方法，可能会为你的成功面试增加砝码。

- 你有什么优点？我们为什么要聘用你？
- 为什么从原来的公司离职？
- 如果你被录用，你对公司有什么要求？
- 对应聘的这项工作，你有哪些可预见的困难？
- 在五年内，你的职业规划是什么？
- 即将应聘的工作与你的职业规划相抵触吗？你是如何看待职业规划的？
- 现在应聘的工作与你学习的专业并不相同，你是怎么看待的？
- 假如你成功应聘这个职位，但工作一段时间后发现不适合这个职位，你准备怎么办？
- 你认为这项工作有什么吸引你的东西？同时公司有没有吸引你的东西？
- 你是否可以接受加班？
- 你欣赏哪种性格的人？你的座右铭是什么？
- 如果工作遇到了困难，你准备如何解决它？
- 与领导的意见有分歧时，你应该怎么做？
- 如果知道一个同事的工资比你高，你自认为工作能力比他强，你准备怎么办？
- 领导交代你一项任务，要求明天必须交出来，结果加了通宵都没有完成，你准备怎么办？
- 你努力帮客户解决问题却被投诉，你努力和同事之间和睦相处却被打小报告，你怎么办？

附录C 72小时后该如何提升

在创作本书时，虽然我们已尽可能设身处地为您着想，希望能解决您遇到的所有与Word/Excel/PowerPoint 2010相关的问题，但我们仍不能保证面面俱到。如果您想学到更多的知识，或学习过程中遇到了困惑，还可以采取下面的渠道。

1. 加强实际操作

俗话说："实践出真知。"在书本中学到的理论知识未必能完全融会贯通，此时就需要按照书中所讲的方法，进行上机实践，在实践中巩固基础知识，加强自己对知识的理解，以将其运用到实际的工作生活中。

2. 总结经验和教训

在学习过程中，难免会因为对知识不熟悉而造成各种错误，此时可将易犯的错误记录下来，并多加练习，增加对知识的熟练程度，减少以后操作的失误，提高日常的工作效率。

3. 深入的探索与研究

本书主要对Office 2010中三大组件的各种应用进行讲解。包括使用Word强大的文字编排功能处理日常办公中的文档，如制作通知、宣传海报、策划书、合同和员工手册等；使用Excel对日常办公中的数据进行记录、管理、计算、汇总和分析，如制作员工工资表、销量统计表和进货单等；使用PowerPoint 2010进行放映、制作动画与编辑媒体等，制作出满足实际办公需求的动态演示文稿。总而言之，在学习这些知识的过程中，不仅要重点学习，还要对这些知识进行深入的探索与研究，将制作效果以最简单快捷的方式进行处理，实现真正的办公自动化。如以下列举的问题就需要用户深入研究并进行掌握：

- 如何使用各种对象来增强文档的可读性。
- 如何灵活快速地编辑长文档。
- 哪些函数进行嵌套可以达到事半功倍的效果。
- 哪种类型的数据适合哪种图表。
- 如何结合动画效果让演示文稿更加生动，吸引观众。

4. 吸取他人经验

学习知识并非一味地死学，若在学习使用Office组件办公过程中，遇到了不懂或不易处理的内容，可多看看专业的制作人士制作的模板，借鉴他人的经验进行学习，这不仅可以提高自己制作这些文档的速度，更能增加文档的专业性，提高自己的专业素养。

5. 加强交流与沟通

俗话说："三人行，必有我师焉。"若在学习过程中遇到了不懂的问题，不妨多问问身边的朋友、前辈，听取他们对知识的不同意见，拓宽自己的思路。同时，还可以在网络中进行交流或互动，如使用交流工具QQ、电子邮件和微博等向好友求助，用户也可在百度知道、搜搜中提问等。

6. 学习其他的办公软件

Word、Excel以及PowerPoint是Microsoft办公软件中的三大组件，常被用于办公文档、电子表格及演示文稿的处理，但在实际的办公过程中，往往还会涉及其他软件的使用，如Access数据管理和Outlook电子邮件的收发等。此时可以搭配这些软件一起进行学习，以提高自己办公的能力。

7. 上技术论坛进行学习

本书已将Office 2010三大组件的功能进行了全面介绍，但由于篇幅有限，不能面面俱到，此时读者可以采取其他方法获得帮助。如在专业的电脑学习网站中进行学习，如Office学院（Office学院WPS）、Office教程学习网、Excel精英培训网等。这些网站各具特色，能够满足不同用户的需求。下面对Office学院和Office教程学习网进行介绍。

Office学院

网址：http://www.officexy.com。

特色：Office学院是集Office学习资料、Office资源下载和Office知识问答为一体的网站，用户可进入该网站查看Office知识。如下图所示为在Office学院中查看Office技巧。

Office教程学习网

网址：http://www.office68.com。

特色：Office教程学习网是专业的Office教程、学习和知识分享传播网站，为Office爱好者、办公软件初学者提供了Word、Excel、PowerPoint等教程。如下图所示为查看Word 2010教程。

8. 还可以找我们

本书由九州书源组织编写，如果在学习过程中遇到了困难或疑惑，可以联系我们，我们会尽快为您解答，关于九州书源的联系方式已经在前言中进行了介绍，这里不再赘述。